Perspektiven der Mathematikdidaktik

Herausgegeben von
G. Kaiser, Hamburg, Deutschland
R. Borromeo Ferri, W. Blum, Kassel, Deutschland

In der Reihe werden Arbeiten zu aktuellen didaktischen Ansätzen zum Lehren und Lernen von Mathematik publiziert, die diese Felder empirisch untersuchen, qualitativ oder quantitativ orientiert. Die Publikationen sollen daher auch Antworten zu drängenden Fragen der Mathematikdidaktik und zu offenen Problemfeldern wie der Wirksamkeit der Lehrerausbildung oder der Implementierung von Innovationen im Mathematikunterricht anbieten. Damit leistet die Reihe einen Beitrag zur empirischen Fundierung der Mathematikdidaktik und zu sich daraus ergebenden Forschungsperspektiven.

Björn Schwarz

Professionelle Kompetenz von Mathematiklehramtsstudierenden

Eine Analyse der strukturellen Zusammenhänge

Mit einem Geleitwort von Prof. Dr. Gabriele Kaiser

Springer Spektrum

RESEARCH

Björn Schwarz
Universität Hamburg, Deutschland

Dissertation Universität Hamburg, 2011

ISBN 978-3-658-01112-3 ISBN 978-3-658-01113-0 (eBook)
DOI 10.1007/978-3-658-01113-0

Die Deutsche Nationalbibliothek verzeichnet diese Publikation in der Deutschen Nationalbibliografie; detaillierte bibliografische Daten sind im Internet über http://dnb.d-nb.de abrufbar.

Springer Spektrum

Gedruckt auf säurefreiem und chlorfrei gebleichtem Papier

Springer Spektrum ist eine Marke von Springer DE. Springer DE ist Teil der Fachverlagsgruppe Springer Science+Business Media.
www.springer-spektrum.de

Meiner Familie gewidmet.

Geleitwort

Die Dissertation von Björn Schwarz zum Thema „Strukturelle Zusammenhänge der professionellen Kompetenz von Mathematiklehramtsstudierenden" ist in einem hochaktuellen Themenbereich angesiedelt, nämlich der Frage nach strukturellen Zusammenhängen zwischen den verschiedenen Facetten von Lehrerprofessionswissen, eingeschränkt auf Lehramtsstudierende des Fachs Mathematik. Die Dissertation ist nicht nur in der Mathematikdidaktik angesiedelt, sondern ist auch in erziehungswissenschaftliche Fragestellungen zum Bildungsgang von Lehramtsstudierenden und die Diskussion zur Wirksamkeit der Lehrerausbildung eingebettet. Dabei schließt die Studie theoretisch an die internationale Vergleichsstudie „Mathematics Teaching in the 21st Century" (MT21) an, die als eigenständige Studie die IEA-Studie Teacher Education and Development Study in Mathematics (TEDS-M) vorbereitet hat.

Die Dissertation knüpft an die aktuelle Diskussion zur Wirksamkeit der Lehrerausbildung am Beispiel der Mathematiklehrerausbildung an, die sowohl im nationalen wie internationalen Raum seit einigen Jahren geführt wird, konzentriert sich dann aber auf Aussagen zu strukturellen Zusammenhängen zwischen verschiedenen Kompetenzfacetten. Solche Zusammenhangsanalysen sind bisher eher quantitativ orientiert vorgelegt worden. Die Dissertation von Björn Schwarz wagt solche Analysen mit qualitativen Methoden, genauer mit Methoden der qualitativen Inhaltsanalyse.

Insbesondere die Frage, welche Rolle Lehrerfahrung bereits während des Studiums spielt, ist eine bisher nur wenig untersuchte Fragestellung, die zu interessanten Aussagen zwischen den einzelnen Facetten professioneller Kompetenz führt. Mit innovativen und neuartigen Analysen zu den rekonstruierten strukturellen Zusammenhängen zwischen den einzelnen Kompetenzfacetten, gelingen Björn Schwarz neuartige Erkenntnisse, die auf eine stärkere Unabhängigkeit von Fachwissen und fachdidaktischem Wissen hinweisen als es bisher in der Diskussion gesehen wurde und die Fachwissen stärker als deutlichen, aber nicht ausschließlichen Einflussfaktor für das fachdidaktische Wissen sehen.

Am Beispiel der eigenen Vorstellungen vom Modellierungsprozess wird deutlich, wie die eigenen Vorstellungen vom Vorgehen und der erwarteten Lösung das zur Anwendung kommende fachdidaktische Wissen beeinflussen. Damit wird deutlich, wie schwierig die schulpraktische Umsetzung didaktischer Ansätze des Wertschätzens von Schüleransätzen, insbesondere wenn sie unterschiedlich von den eigenen sind, zu realisieren ist.

Auch bzgl. der von den Studierenden vertretenen beliefs gelingen Björn Schwarz innovative Erkenntnisse, die einigen bisher in der einschlägigen Diskussion vertretenen empirischen Ergebnissen widersprechen wie die geringe Rolle von mathematikbezogenen beliefs beim Wissenserwerb sowie die Korrespondenz der lehr- und lernprozessbezogenen beliefs sowie der mathematikbezogenen beliefs.

In abschließenden Analysen verdeutlicht Björn Schwarz die Rolle von Lehrerfahrungen, die Studierende während des Studiums bzw. außerhalb des Studiums erwerben und zeigt die hohe Bedeutung dieser Erfahrungen für den Wissenserwerb und der Verknüpfung der verschiedenen Facetten professioneller Kompetenz. Dieses Ergebnis verdeutlicht die immer vorgetragene hohe Bedeutung von Praxiserfahrungen und die Notwendigkeit, Theoriephasen stärker mit Praxisphasen im Studium zu verknüpfen.

Mit diesen Ergebnissen knüpft Björn Schwarz unmittelbar an zentrale Punkte der aktuellen Diskussion zur Lehrerkompetenz an und bringt äußerst anregende Ergebnisse in diese Diskussion ein. Insgesamt wird mit der komplexen und anspruchsvollen Anlage der Studie und dem methodisch innovativen und äußerst sorgfältigen Vorgehen beispielgebend gezeigt, wie komplexe Zusammenhangsanalysen qualitativ umgesetzt werden können. Es ist zu hoffen, dass es Björn Schwarz mit dieser Studie gelingen wird, sowohl der Mathematikdidaktik als auch der erziehungswissenschaftlichen Diskussion zur Lehrerprofessionalisierung entscheidende Impulse zu geben.

Hamburg, Oktober 2012 Prof. Dr. Gabriele Kaiser

Danksagung

Es gehört zum Wesen eines Vorwortes, dass es im Allgemeinen ganz zum Schluss geschrieben wird. Damit hat es die besondere Eigenschaft, dass es einerseits formal den Beginn einer Arbeit markiert und andererseits gleichsam umgekehrt für den Verfasser der Arbeit den Abschluss des Entstehungsprozess der Arbeit darstellt. Für mich geht das Schreiben des Vorwortes daher untrennbar einher mit einer Rückschau auf die letzten Jahre, in denen ich diese Arbeit geschrieben habe. Gedanken an inhaltliche Überlegungen kehren zurück, ebenso werden Erinnerungen an zentrale Momente wach und auch verschiedene Emotionen während der Entstehung der Arbeit prägen das persönliche Resümee. Vor allem aber denke ich an die vielen wunderbaren Menschen, die den Entstehungsprozess der Arbeit und damit auch mich in den letzten Jahren hilfreich, unterstützend und vor allem menschlich bereichernd begleitet haben. Und damit ist es dann auch wieder mehr als passend, dass das Vorwort ganz am Anfang steht, damit ich gleich zu Beginn und an erster Stelle Gelegenheit habe, mich bei diesen Menschen ganz herzlich zu bedanken, ohne die diese Arbeit nie hätten entstehen können.

Vor allen anderen geht mein zutiefst empfundener Dank dabei an die Erstbetreuerin der Arbeit, Prof. Dr. Gabriele Kaiser, die mir stets und in unbeschreiblicher Vielfalt zur Seite gestanden hat und deren unschätzbare Hilfe maßgeblich zum Gelingen der Arbeit beigetragen hat. Ein weiterer herzlicher Dank geht an Prof. Dr. Sigrid Blömeke, Prof. Dr. Marianne Nolte, Prof. Dr. Meinert Meyer und Prof. Dr. Claus Peter Ortlieb, die durch ihre fachliche Unterstützung sowie die Bereitschaft zur Übernahme der weiteren Gutachten bedeutenden Anteil an dieser Arbeit haben.

Da ich das Glück hatte, die Arbeit als assoziiertes Mitglied im Umfeld des DFG-Graduiertenkollegs „Bildungsgangforschung“ der Fakultät für Erziehungswissenschaft, Psychologie und Bewegungswissenschaft der Universität Hamburg schreiben zu können, sei an dieser Stelle ebenfalls allen am Kolleg Beteiligten für viele fachliche Anregungen, aber auch für viele schöne Momente herzlich gedankt. Ein besonderes Dankeschön geht dabei an die Mitkollegiatinnen und den Mitkollegiaten aus der Mathematik- und Physikdidaktik, das heißt an Maike Vollstedt, Katrin Vorhölter und Andreas Gedaschko, die durch Ihre vielfältigen Anregungen, aber vor allem auch durch unser vertrauensvolles Miteinander den Entstehungsprozess der Arbeit bedeutend mitgeprägt haben. Katrin Vorhölter danke ich darüber hinaus ganz herzlich für ihre unschätzbare Hilfe bei der Frage, wie aus einem Text ein sinnvoll im Computer gespeicherter Text und daraus ein gedruckter Text wird.

Da die Arbeit wesentlich im Rahmen meiner Tätigkeit als wissenschaftlicher Mitarbeiter am Arbeitsbereich Mathematikdidaktik des Fachbereichs Erziehungswissenschaft der Universität Hamburg entstanden ist, war ihre Entwicklung auch begleitet durch eine Vielzahl von Impulsen durch die Mitglieder dieses Arbeitsbereiches. Daher danke ich dem gesamten Forschungskolloquium von Prof. Dr. Gabriele Kaiser sowie der gesamten mathematikdidaktischen Arbeitsgruppe ganz herzlich für viele Anregungen, aber viel mehr noch für das stets überaus gute Arbeitsklima, die unseren Flur geprägt hat und prägt. Dies gilt auch für Karen Stadtlander, deren Unterstützung, aber auch deren soziale Präsenz maßgeblich nicht nur zu dieser Arbeit beigetragen haben. Ebenso danke ich Matthäus Jereczek für ungezählte effektive technische Problemlösungen.

Sowohl wegen der Einbindung in das Graduiertenkolleg als auch wegen der Einbindung in den Arbeitsbereich hatte ich außerdem das Glück, dass während der verschiedenen Entstehungsphasen die Arbeit und damit auch ich immer wieder von der engagierten Beteiligung weiterer Mitwirkender profitieren konnten. Allen voran ist hier Nils Buchholtz zu nennen, der die Arbeit fast von Beginn bis zum Ende hin in verschiedensten Funktionen begleitet hat und dem dafür und vor allem für die durchgehend zutiefst angenehme Zusammenarbeit ein besonderer Dank gilt. Daneben haben Hannah Heinrichs und Björn Wissmach hintereinander jeweils das Trio komplettiert. Auch ihnen möchte ich daher herzlich für ihre Mitarbeit, aber auch für ihren Beitrag zu einer guten Arbeitsatmosphäre danken. Ebenfalls danke ich Jessica Benthien, Johanna Ehrich, Eva Müller zum Hagen, Silke Tiedemann, Beeke Tillert, Sebastian Krackowitz sowie Nikolai Redlich, die in unterschiedlichen Funktionen im Rahmen ihres Studiums Anteil am Entstehungsprozess der Arbeit hatten.

Ein riesiges Dankeschön geht natürlich auch an meine Freunde, die mich während der gesamten Zeit immer unterstützt, ermutigt und motiviert haben. Vielen, vielen, vielen Dank Euch allen, ich bin stolz und glücklich, dass Ihr da seid!

Der größte Dank gebührt aber natürlich meiner wundervollen Familie, die mir alles bedeutet. Ohne meine Mutter Inge, meinen Vater Werner und meinen Bruder Erik wäre nicht eine Zeile dieser Arbeit, wäre nicht einmal mein Studium, wäre nicht einmal das Abitur, wäre nichts möglich gewesen. Ihnen ist diese Arbeit in tiefster Dankbarkeit gewidmet.

Winsen (Luhe), Oktober 2012 Björn Schwarz

Inhaltsverzeichnis

Abbildungsverzeichnis

Tabellenverzeichnis

I. Einleitung

Professionelle Kompetenz von Lehrerinnen und Lehrern ist ein national wie international intensiv und vielschichtig diskutiertes Thema. Bedingt durch unterschiedliche Erkenntnisinteressen und Fragestellungen oder auch verschiedene Adressaten und nationale Rahmenbedingungen haben sich viele, zum Teil stark unterschiedliche Theorien und Ansätze zur professionellen Qualifikation von Lehrkräften herausgebildet (für einen Überblick siehe Blömeke, 2002). Die Vielschichtigkeit der Diskussion zeigt sich dabei auch in unterschiedlichen Perspektiven: So lassen sich eher theoretisch motivierte Kontroversen bezüglich der Frage, inwieweit der Beruf einer Lehrerin oder eines Lehrers zu den Professionen gezählt werden kann genauso ausmachen wie stärker konkret beziehungsweise praxisorientierte Diskussionen darüber, wie und unter Einbezug welcher Bestandteile die Kompetenz einer Lehrerin oder eines Lehrers beschrieben werden kann.

Ein zentraler Grund für diese vielfältige und intensive Auseinandersetzung mit den verschiedenen Aspekten von Lehrerausbildung[1] liegt dabei in der weitreichenden gesellschaftlichen Bedeutung der Ausbildung von Lehrkräften, insbesondere im Hinblick auf Prozesse der Schulentwicklung. So geschieht Lehrerausbildung selbstverständlich nicht um ihrer selbst willen, ist kein Selbstzweck, sondern stellt vielmehr die Vorbereitung für eine anschließende berufliche Tätigkeit dar, deren Aufgabe wiederum die im Rahmen des schulisch-institutionalisierten Bildungswesens angestrebte Unterrichtung und damit Lebensvorbereitung der nachwachsenden Generation ist. Ohne, dass damit die übrigen, vielfältigen, ebenfalls relevanten Einflussfaktoren auf die verschiedenen Glieder dieser Verkettung von Ausbildungsprozessen sowie andere Einflüsse auf die Entwicklung von Schülerinnen und Schülern in ihrer Bedeutung geschmälert werden sollen, lässt sich daher annehmen, dass vermittels der Lehrerausbildung zumindest mittelbar die schulische Ausbildung der nachkommenden Gesellschaftsmitglieder mitbeeinflusst wird, wodurch sich die weitreichende, nämlich fundamental gesellschaftliche Bedeutung der Lehrerausbildung erklärt (vgl. Blömeke, 2004).

---

1 Aus Gründen der besseren Lesbarkeit des Textes wird bei Komposita, die einen geschlechtsbelegten Wortanteil enthalten, zum Beispiel Lehrerausbildung oder Schülerlösung, keine explizite sprachliche Inklusion des weiblichen Geschlechtes vorgenommen.

Neben der vielfältigen Diskussion über die Lehrerausbildung findet diese grundsätzliche Bedeutung der Lehrerausbildung ihren Niederschlag in jüngerer Zeit besonders deutlich auch in umfangreichen Bestrebungen zur empirischen Untersuchung dieses Komplexes. Im Einklang mit der besonderen Relevanz des Themas haben sich diesbezüglich gleich mehrere, nationale wie internationale large-scale-Studien zur Untersuchung der Wirksamkeit der Lehrerausbildung und zur Lehrerbildung entwickelt, die sich dem Thema aus teilweise ähnlichen, teilweise unterschiedlichen Perspektiven und mit ebenfalls teilweise ähnlichen, teilweise unterschiedlichen Konzeptualisierungen und methodischen Herangehensweisen nähern. Insbesondere sind hier mit Bezug auf die Lehrerausbildung angehender Lehrerinnen und Lehrer die Studien Mathematics Teaching in the 21st Century (MT21, Blömeke, Kaiser & Lehmann, 2008), Teacher Education and Development Study: Learning to Teach Mathematics (TEDS-M 2008, Blömeke, Kaiser & Lehmann, 2010a und Blömeke, Kaiser & Lehmann, 2010d) sowie mit Bezug auf die Lehrerbildung praktizierender Lehrkräfte Cognitive Activation in the Classroom (COACTIV, Kunter et al., 2011) zu nennen. Mit großem, eindrucksvollen Aufwand wird in diesen Studien aus quantitativer Sicht untersucht, was angehende oder praktizierende Lehrerinnen und Lehrer können oder wissen beziehungsweise welchen Einfluss dies auf Schülerleistungen hat.

Die vorliegende Studie ordnet sich – in vollem Bewusstsein ihrer selbstverständlich deutlich geringeren Stellung hinsichtlich Aufwand, Umfang und Bedeutung – in diesen Rahmen der empirischen Untersuchungen der Lehrerausbildung ein und versteht sich als qualitative Ergänzungs- und Vertiefungsstudie zu diesen nationalen und internationalen Vergleichsstudien zur Lehrerausbildung und ist in diesem Zusammenhang insbesondere im Forschungskontext und -umfeld von MT21 entstanden. Im Gegensatz zu den quantitativen, auf die Wirksamkeit der Lehrerausbildung ausgerichteten Studien verfolgt die vorliegende Studie dabei einen deutlich weniger messenden und stattdessen deutlich stärker interpretativ-rekonstruktiven Ansatz, und zielt damit auf ergänzende Aussagen zu strukturellen Zusammenhängen zwischen verschiedenen Kompetenzfacetten. Das Ziel der vorliegenden Studie ist damit grundlegend die Formulierung von Hypothesen über strukturelle Ausprägungen der professionellen Kompetenz angehender Lehrerinnen und Lehrer, wobei die Studie die Ausrichtung auf angehende Lehrerinnen und Lehrer zweifach präzisiert beziehungsweise einschränkt. Zum Einen stehen diesbezüglich im Einklang mit der entsprechenden Fokussierung von MT21 und

TEDS-M 2008 angehende Lehrerinnen und Lehrer mit dem zukünftigen Unterrichtsfach Mathematik im Zentrum. Zum Anderen ist darüber hinaus für die vorliegende Studie eine weitere Einschränkung zentral, die sich auf die verschiedenen Phasen der Lehrerausbildung im Sinne einer Unterscheidung von universitärer Lehrerausbildung und anschließendem Referendariat bezieht. So bezieht sich die Untersuchung ausschließlich auf angehende Mathematiklehrerinnen und Mathematiklehrer in der ersten Phase der Lehrerausbildung, das heißt auf angehende Mathematiklehrkräfte in der Phase ihres universitären Lehramtsstudiums. Mit dieser Ausrichtung grenzt sich die Studie ab gegen Ansätze, die die Entwicklung der professionellen Kompetenz von Lehrerinnen und Lehrern im Sinne der Vernetzung von verschiedenen Kompetenzfacetten erst im Kontext beziehungsweise im Zuge beruflicher Erfahrung als praktizierende Lehrerin oder praktizierender Lehrer verorten (vgl. Berliner, 2001, 1994). Stattdessen geht die Studie der Frage nach, welche Zusammenhänge von Kompetenzfacetten bei Lehramtsstudierenden rekonstruiert werden können, das heißt bei angehenden Lehrerinnen und Lehrern, deren bisherige Lehrerausbildung inhaltlich von überwiegend theoretischen und häufig aufgrund der Beteiligung verschiedener universitärer Fachbereiche unabhängig nebeneinander vermittelten Inhalten charakterisiert ist. Da dennoch auch Lehramtsstudierende bereits über Lehrerfahrung verfügen können, sei es einerseits durch entsprechende Erfahrungen im Verlauf des Studiums, etwa durch Schulpraktika, oder andererseits durch entsprechende außeruniversitär erworbene Erfahrungen, etwa im Rahmen von Jugendarbeit, ist die Studie vor diesem Hintergrund in einem zweiten Schritt dann auch auf Zusammenhänge zwischen der professionellen Kompetenz von Mathematiklehramtsstudierenden und ihrer bisherigen Lehrerfahrung ausgerichtet.

Neben der vor dem Hintergrund der verschiedenen Phasen der Lehrerausbildung einzuordnenden Einschränkung auf die ausschließliche Berücksichtigung von Lehramtsstudierenden weist die vorliegende Arbeit darüber hinaus auch eine inhaltliche Fokussierung auf, die aus der diesbezüglichen Vielschichtigkeit der Ansätze zur professionellen Kompetenz von Lehrerinnen und Lehrern resultiert. Durchgängig steht dabei die grundlegende Frage nach strukturellen Zusammenhängen der professionellen Kompetenz von Mathematiklehramtsstudierenden unter einer mathematikdidaktischen Perspektive im Vordergrund. Dieses bedeutet im Rahmen der vorliegenden Studie, dass insbesondere auf das Lehren und

Lernen von Mathematik ausgerichtete und damit verbunden allgemein auf Mathematik ausgerichtete Kompetenzfacetten betrachtet werden.
Den Ausgangspunkt der Arbeit bildet dabei im nächsten Kapitel die Darstellung des theoretischen Rahmens der Studie. Dabei werden zuerst zentrale Aspekte der Frage nach der Professionalität des Lehrerberufs sowie der Wirksamkeit von Lehrerausbildung diskutiert, die Basis für zwei zentrale Grundannahmen der Arbeit sind, genauer für die Grundannahmen, dass es einerseits überhaupt gerechtfertigt ist, von einer professionellen Kompetenz von Lehrerinnen und Lehrern auszugehen und weiterhin andererseits von einer Relevanz dieser professionellen Kompetenz im Hinblick auf die Wirksamkeit der Lehrerausbildung ausgegangen werden kann. Davon ausgehend wird dann der Begriff der professionellen Kompetenz von Lehrerinnen und Lehrern in zweifacher Hinsicht näher präzisiert, zuerst hinsichtlich des allgemein zugrundeliegenden Konzeptes von Kompetenz und anschließend im speziellen Bezug auf Lehrerinnen und Lehrer, hier genauer Mathematiklehrerinnen und Mathematiklehrer. Insbesondere werden unter dieser Perspektive verschiedene Wissensbereiche sowie verschiedene Bereiche von beliefs als konstituierende Bestandteile beziehungsweise Facetten der professionellen Kompetenz von Mathematiklehrkräften genauer beschrieben und es werden die für die vorliegende Arbeit vorgenommenen theoretischen Fokussierungen hinsichtlich spezieller für die vorliegende Studie tatsächlich berücksichtigter Kompetenzfacetten beschrieben. Darüber hinaus werden im inhaltlichen Anschluss an diese kompetenzorientierte Analyse der Lehrerprofessionalität ergänzend entsprechende standardbasierte Konzeptionen betrachtet. Auf dieser theoretischen Basis wird anschließend die der Arbeit zugrundeliegende Fragestellung entwickelt und genauer ausdifferenziert. Eine anschließende Skizze der fachdidaktischen Grundlagen hinsichtlich der aus mathematischer Hinsicht für die vorliegende Studie berücksichtigten mathematikbezogenen Aktivitäten schließt im Anschluss daran die Darlegung des theoretischen Rahmens der Studie ab.

Wie erwähnt, zielt die vorliegende Studie im Sinne der Fragestellung auf die Rekonstruktion struktureller Zusammenhänge innerhalb der professionellen Kompetenz angehender Mathematiklehrerinnen und Mathematiklehrer, weswegen im Rahmen des qualitativen, interpretativ-rekonstruktiven Ansatzes der Studie methodisch genauer auf die qualitative Inhaltsanalyse nach Mayring (2008, 2007, 2000) und hierbei spezieller auf die strukturierende Interpretationsform mit besonderem Bezug zur skalierenden Strukturierung zurückgegriffen wurde. Vor diesem Hintergrund wird im Anschluss an die Darstellung des theoretischen Rahmens der Studie im nachfolgenden Kapitel zuerst die methodologische Verortung der vorliegenden Studie vorgenommen, bevor anschließend der der Arbeit zugrundeliegende methodische Ansatz sowie das konkrete Vorgehen der Datenauswertung begründet und beschrieben werden. Damit verbunden findet sich in diesem Abschnitt weiterhin die Beschreibung des für die Arbeit verwendeten Instruments sowie der befragten Stichprobe als Grundlage der hier vorgestellten Auswertungen und Analysen.

An diese theoretischen und methodischen Grundlegungen schließt sich dann die Beschreibung und Darstellung der im Rahmen der vorliegenden Studie erlangten Ergebnisse an. Durchgehend werden dafür die auf Basis der Datenauswertung beobachteten Zusammenhänge zwischen verschiedenen vorgenommenen Codierungen zum Ausgangspunkt für die Formulierung entsprechender Hypothesen bezüglich struktureller Zusammenhänge der professionellen Kompetenz angehender Mathematiklehrerinnen und Mathematiklehrer in der ersten Phase ihrer Lehrerausbildung gemacht. Aus inhaltlicher Perspektive ist die Darstellung der Ergebnisse dabei im Einklang mit der geschilderten Ausrichtung der Studie ebenfalls zweigeteilt. In einem ersten Teil werden hier zuerst die verschiedenen für die befragten Mathematiklehramtsstudierenden rekonstruierten Zusammenhänge zwischen den Kompetenzfacetten vorgestellt. Dies geschieht genauer getrennt nach Zusammenhängen zwischen den kognitiv geprägten Facetten, das heißt den Zusammenhängen zwischen fachmathematischem Wissen und mathematikdidaktischem Wissen, einerseits und Zusammenhängen zwischen diesen kognitiven geprägten Facetten und den beliefs andererseits. In einem zweiten Teil folgt dann eine Beschreibung der rekonstruierten Zusammenhänge zwischen Facetten der professionellen Kompetenz der befragten Mathematiklehramtsstudierenden und ihrer im Rahmen des Studiums oder unabhängig von der Lehrerausbildung erlangten bisherigen Lehrerfahrung.

Den Abschluss der vorliegenden Arbeit bilden dann im Anschluss unter einer insgesamt zusammenfassenden Perspektive eine kritische Betrachtung der Grenzen der vorliegenden Studie sowie eine Diskussion ihrer zentralen Ergebnisse.

Wie erwähnt, beginnt daher im nächsten Kapitel als Ausgangspunkt für die nachfolgenden Ausführungen die Darlegung des theoretischen Rahmens der vorliegenden Studie.

II. Theoretischer Ansatz der Studie: Professionelle Kompetenz von Lehrkräften

Sowohl in begrifflicher wie auch konzeptueller Hinsicht stellt die professionelle Kompetenz von Lehrerinnen und Lehrern die Grundlage für den theoretischen Ansatz der vorliegenden Studie dar. Im Folgenden werden deshalb grundlegend die beiden begrifflichen Komponenten der „professionellen Kompetenz“ separat theoretisch analysiert. Dafür wird zuerst im nächsten Abschnitt der Frage nachgegangen, ob und bis zu welchem Grad der Lehrerberuf als „Profession“ angesehen werden kann. Insbesondere werden verschiedene unter erziehungswissenschaftlicher Perspektive zentrale Ansätze vorgestellt, um darzulegen, dass es überhaupt gerechtfertig ist, von einer professionellen Kompetenz von Lehrerinnen und Lehrern auszugehen. Anschließend werden verschiedene theoretische Ansätze zur begrifflichen und inhaltlichen Konzeptualisierung dieser professionellen Kompetenz beschrieben.

1 Der Beruf einer Lehrerin oder eines Lehrers als Profession

1.1 "Profession“ als uneinheitliches Konzept

Sowohl im allgemeinen Bezug auf professionalisierte Berufe als auch im speziellen Hinblick auf den Lehrerberuf lässt sich keine umfassend akzeptierte Charakterisierung einer Profession identifizieren. Vielmehr ist die Diskussion geprägt durch „multiple, conflicting definitions of 'professionalism'“ (Richardson & Placier, 2002, S. 929), was eine starke Divergenz in den entsprechenden Konzeptualisierungen wie auch hinsichtlich des Verständnisse einzelner Begriffe zur Folge hat (vgl. Blömeke, 2002, Bastian & Helsper, 2000 und die Arbeiten in Apel, Horn, Lundgreen & Sandfuchs, 1999). Trotz dieser Heterogenität hinsichtlich der Konzeptualisierungen lassen sich zumindest einige in vielen Ansätzen (vgl. die verschiedenen Arbeiten in Combe & Helsper, 1996 und Dewe, Ferchhoff & Radtke, 1992) wiederkehrende Charakteristika als konstituierende Bestandteile einer Profession zusammenfassen. So definiert Radtke (1999, 2000) mit grundlegendem Bezug schon auf Hartmann (1968) und Oevermann (1996) eine Profession über drei wesentliche Eigenschaften:

(a) „Wissenschaftliche Fundierung der Tätigkeit in

(b) gesellschaftlich relevanten, ethisch normierten Bereichen der Gesellschaft wie Gesundheit, Recht, auch Erziehung und

(c) ein besonders lizensiertes Interventions- und Eingriffsrecht in die Lebenspraxis von Individuen". (Radtke, 2000, S. 1)

In ähnlicher Weise argumentiert Tenorth (1999, S. 438), wenn er „für die Dimensionen pädagogischer Professionalität drei Referenzbegriffe", nämlich „(1) Status, (2) Ethos und (3) Kompetenz" (ebd.) unterscheidet.

Der Lehrerberuf lässt sich gemäß diesen Definitionen zwanglos den Professionen zuordnen, allerdings verbleiben beide Definitionen auch auf einem sehr allgemeinen Niveau. Viele Ansätze der Professionalisierungsdebatte sind dem entgegen jeweils, abhängig vom Theoriehintergrund, von einer stärkeren Spezifizierung des Begriffs der Profession geprägt, die eine so direkte Zuordnung des Lehrerberufs zu den Professionen erschweren. Ein zugespitztes Beispiel, das einige wesentliche Elemente dieser stärkeren Ausdifferenzierung des Professionsbegriffs zusammenfasst, findet sich bei Hoyle (1982, 1991).

> "A profession is an occupation which performs a crucial social function. The exercise of this function requires a considerable degree of skill. This skill is exercised in situations which are not wholly routine but in which new problems and situations have to be handled.
>
> Thus, although knowledge gained through experience is important this recipe knowledge is insufficient to meet professional demands and the practitioner has to draw on a body of systematic knowledge. The acquisition of this body of knowledge and the new development of specific skills require a lengthy period of higher education.
>
> This period of education and training also involves the process of socialization into professional values.
>
> These values tend to centre on the pre-eminence of clients´ interests and to some degree are made explicit in a code of ethics.
>
> Because knowledge-based skills are exercised in non-routine situations, it is essential for the professional to have the freedom to make his own judgements with regard to appropriate practice.
>
> Because professional practice is so specialized the organized profession should have a strong voice in the shaping of relevant

public policy, a large degree of control over the exercise of professional responsibilities, and a high degree of autonomy in relation to the state.

Lengthy training, responsibility and client-centredness are necessarily rewarded by high prestige and a high level of remuneration." (Hoyle, 1982, S. 162)

Es wird deutlich, wie die Definition von Hoyle einerseits die wesentlichen Inhalte der vorangegangenen Definitionen nach Radtke und Tenorth enthält und andererseits weitere Bedingungen für das Vorhandensein einer Profession umfasst. Eine Zuordnung des Lehrerberufs zu den Professionen, wie sie bei den vorangegangenen Definitionsansätzen noch vollständig möglich war, ist daher hier nur noch teilweise möglich. Zum Einen ist das Kriterium der Autonomie gegenüber dem Staat verletzt durch die „Abhängigkeit vom Staat als Arbeitgeber" (Sandfuchs, 2004, S. 16). Zum Anderen wird in entsprechenden Professionsdebatten oft auf das „Technologiedefizit" des Lehrerberufs (Luhmann, 2002, 1982) verwiesen. Demgemäß ist es aufgrund der offenen, naturgemäß nur bedingt kalkulierbaren Verläufe im schulischen Lehr-Lern-Prozess zwingend unmöglich, „technische" Handlungsregeln für Lehrerinnen und Lehrer aufzustellen, die situationsabhängig die jeweils bestmögliche Reaktion oder Handlungsweise benennen. Dies steht nicht notwendig im Widerspruch, zumindest aber in einem Spannungsverhältnis zu der Forderung nach einem systematischen Wissenskorpus von Lehrerinnen und Lehrern (vgl. Reinhold, 2004, Sandfuchs, 2004). Häufig wird der Lehrerberuf daher vor dem Hintergrund solcher Einschränkungen nur als „semi-professionalisiert" (vgl. Blömeke & Haag, 2009, Terhart, 2001) bezeichnet. Die Beantwortung der Frage, inwieweit der Lehrerberuf professionalisiert ist, hängt also insgesamt stark davon ab, welche unterschiedlichen Aspekte des Professionsbegriffs in Abhängigkeit vom jeweiligen Theoriehintergrund jeweils besonders betont beziehungsweise überhaupt berücksichtigt werden.

Im Folgenden werden vor diesem Hintergrund einige unter erziehungswissenschaftlicher Perspektive besonders bedeutsame Ansätze der Professionsdebatte vorgestellt. Im Vordergrund steht dabei jeweils die Frage, inwieweit der Lehrerberuf entsprechend des jeweiligen Ansatzes zu den Professionen gezählt wird, inwieweit es also gerechtfertigt ist, im weiteren Verlauf der Arbeit von professioneller Kompetenz von Lehrerinnen und Lehrern auszugehen. Weiterhin fokussieren die Darstellungen im Hinblick auf die Fragestellung der vorliegenden Arbeit auf die je nach Ansatz unterschiedlichen Sichtweisen auf die professionelle Wissensbasis von Lehrerinnen und Lehrern[2].

1.2 Unterscheidung zwischen makro- und mikrosoziologischen Ansätzen

Einhergehend mit der Vielzahl von Ansätzen zur professionellen Qualifikation von Lehrerinnen und Lehrern lassen sich auch sehr unterschiedliche Gliederungsansätze entwickeln. Häufig werden die verschiedenen Richtungen dabei chronologisch nach ihrer Entstehungszeit geordnet (z. B. Böllert & Gogolin, 2002, mit stärkerem Bezug auf die institutionellen Rahmenbedingungen Sandfuchs, 2004). Auf eine zentrale Schwierigkeit dieses Vorgehens weist jedoch Blömeke (2002) hin, wenn sie herausstellt, dass eine solche chronologische Ordnung unterschiedlicher Ansätze keine ausreichende Unterscheidung des jeweils zugrunde liegenden Erkenntnisinteresses ermöglicht. Dies ist insbesondere problematisch, wenn in verschiedenen Ansätzen abhängig vom zugrunde liegenden Erkenntnisinteresse ein abweichendes Begriffsverständnis für identische Begriffe wie Kompetenz oder Profession vorliegt. Alternativ schlägt Blömeke (ebd.) daher vor, die verschiedenen theoretischen Ansätze genau entlang einer Gliederung zu ordnen, die sich an den unterschiedlichen Erkenntnisinteressen orientiert. Sie schlägt damit eine Unterscheidung vor, die orientiert ist an

> „der klassischen sozialwissenschaftlichen Aufteilung von Theorien nach *makro*soziologischer Herangehensweise – in diesem Fall mit der Frage nach den Strukturzusammenhängen des Lehrerberufs und seinen Funktionen aus der Perspektive des sozialen Systems – und *mikro*soziologischer Herangehensweise – i. d. F. mit der Frage nach den Strukturen des Lehrerhandelns aus der Perspektive des Individuums“ (ebd., S.11).

Wichtig ist, dass die beiden Perspektiven nicht als disjunkt aufzufassen sind, sondern vielmehr in wechselseitiger Ergänzung und Abhängigkeit

---

[2] Auf eine kritische Einordnung der Ansätze wird an dieser Stelle, bis auf einige Ausnahmen im Bezug auf die Arbeiten Oevermanns (Abschnitt II.1.5), verzichtet und stattdessen etwa auf die Übersicht in Blömeke (2002) sowie insbesondere im Hinblick auf die strukturtheoretischen Ansätze auch auf Baumert und Kunter (2006) verwiesen. Hier steht vielmehr die unterschiedliche Sichtweise auf den Lehrerberuf als Profession und auf die professionelle Wissensbasis von Lehrerinnen und Lehrern im Vordergrund.

voneinander stehen (vgl. ebd, und zum Beispiel bereits Tenorth, 1977). Folgt man dieser Aufteilung, lassen sich der auf die Machttheorie bezogene Ansatz (Rabe-Kleberg, 1996, Daheim, 1992, Larson, 1977) sowie der auf die Systemtheorie bezogene Ansatz (Luhmann, 2002, Stichweh, 1992, 1996) als wichtige Vertreter der makrosoziologischen Sichtweise und der auf die Strukturtheorie bezogene Ansatz (Oevermann, 1996, 2002) als zentraler Vertreter der mikrosoziologischen Sichtweise[3] unterscheiden (vgl. Helsper, 2004, Blömeke, 2002).

1.3 Machttheoretischer Ansatz

Larson (1977) und später Daheim (1992) und Rabe-Kleberg (1996) lassen sich im Bereich der makrosoziologischen Ansätze vor dem Hintergrund der Machttheorie verorten. Aus professionstheoretischer Sicht geht es dabei um die Frage, inwieweit und unter welchen Bedingungen Professionsinhaberinnen und Professionsinhaber aufgrund der Stellung oder Bedeutung ihrer Tätigkeit Teilhabe an gesellschaftlichen Gütern und sozialen Aufstiegsmöglichkeiten haben. Den Professionsinhabenden wie auch den Professionen wird in diesem Modell das Charakteristikum eines „ehrenhaften Status" (ebd., S. 287) zugesprochen. Besondere Bedeutung hat dabei das „Machtmodell der Professionalisierung" (Daheim, 1992, S 23) mit seinen verschiedenen Fortentwicklungen erlangt. Es wurde als Weiterentwicklung und Reaktion auf die Kritik am „Goode-Modell" [4] (Goode, 1972) formuliert und fand zuerst im angelsächsischen Raum Verbreitung (Larson, 1977). Mit landesspezifisch verschobenen Akzentsetzungen kann es auch auf die kontinental-europäische Situation verall-

---

[3] In diese Kategorie gehört auch der auf den Symbolischen Interaktionismus bezogene Ansatz (Schütze, 1996). Dieser wird hier jedoch im Hinblick auf die vorliegende Arbeit nicht weiter thematisiert, da er einerseits weniger den Lehrerberuf als mehr die Sozialarbeit in den Mittelpunkt rückt und andererseits stark auf individuumsbezogene Prozesse im Kontext von Organisation und systemischen Rahmenbedingungen fokussiert.

[4] Viele Elemente des im Folgenden skizzierten Machtmodells der Professionalisierung finden sich tatsächlich schon bei Goode, beispielsweise Hinweise auf die für Professionsinhaberinnen und -inhaber berufsbedingt verfügbaren „gesellschaftlich sanktionierten Privilegien" (Goode, 1972, S. 159), auf die „Monopolstellung am Arbeitsmarkt" (ebd.) oder auf die „hohe qualifizierende Ausbildung" (ebd.). Die Weiterentwicklung des Machtmodells der Professionalisierung „liegt in der Thematisierung der gesellschaftlichen Aspekte der Professionalisierung wie auch in der historischen Perspektive" (Daheim, 1992, S. 24). Bei Goode hingegen liegt der Schwerpunkt noch vorrangig auf dem „Ideal des Dienens" (Goode, 1972, S. 158) und der „Berufsgemeinschaft" (ebd.) und den damit verbundenen soziologischen Betrachtungen.

gemeinert werden (vgl. Daheim, 1992). Im Zentrum dieser Modelle und ihrer späteren Fortentwicklungen stehen Überlegungen zur makrosoziologischen Zugänglichkeit zu berufsbedingten Sozialprivilegien einer Profession, also Überlegungen zu der Frage, wann und unter welchen Bedingungen ein Berufsbereich den Status einer Profession erlangt. Dem Ansatz des Machtmodells nach versucht eine „Elite' der Praktiker" (ebd., S. 23) dafür „mittels Verbandsbildung samt Ideologie der gesellschaftlichen Verantwortlichkeit und unter Ausnutzung ihrer Verbindungen zu ‚den Herrschenden' Lizenz und Mandat zu erwerben und damit ihren Markt zu kontrollieren" (ebd.). Im Erfolgsfall mündet dies in der gesellschaftlichen beziehungsweise staatlichen Anerkennung eines Berufes als Profession und damit einhergehend für die Professionsinhaberinnen und Professionsinhaber in der Teilhabe an unterschiedlichen berufsbedingten Vorteilen oder Gütern. Zentral sind dabei zwei Gesichtspunkte: Im Hinblick auf das Erlangen einer Profession die dafür notwendigen Ausbildungsschritte, die grundsätzlich im oberen Bereich der Bildungsinstitutionen angesiedelt sind, und im Hinblick auf das Innehaben einer Profession die damit verbundene Autonomie im Rahmen der Berufsausübung.

> „Professionalisierung als Mittelschicht-Projekt der Berufsaufwertung durch mehr Ausbildung, eingeleitet von Kollegenschaft, Arbeitgebern oder Staat. Immer ist die Verbindung zum höheren Ausbildungswesen wichtig. Soweit das Projekt gelingt, ergeben sich für die Berufsangehörigen materielle und immaterielle Privilegien, insbesondere Autonomie des beruflichen Handelns." (ebd., S. 25)

Die Frage, inwieweit im Rahmen dieses Modells der Lehrerberuf den Professionen zugeordnet werden kann, wird von verschiedenen Vertretern dieser Richtung zwar mit dem gleichen Ergebnis beantwortet, allerdings mit unterschiedlichen Begründungen in Abhängigkeit davon, welche der beiden zentralen Perspektiven – Ausbildung und Autonomie – jeweils im Vordergrund steht. So formuliert bereits Larson (1977) einen Kriterienkatalog von Merkmalen, die eine Profession auszeichnen und kommt auf diesen Katalog bezogen im Hinblick auf den Lehrerberuf zu dem Schluss, dass es sich hierbei nur um eine „Semi-Profession" handele, da dem Beruf ein ausgewiesenes wissenschaftliches Fundament fehle und er nur auf der „uncertain 'science of pedagogy'"[5] (ebd. S. 184) beruhe. In die-

[5] Man erkennt unmittelbar, dass deshalb die Bedeutung dieses Ansatzes für eine aktuelle Diskussion der Ansätze zur professionellen Qualifikation von Lehrerinnen und Lehrern

sem Fall dominiert also die Perspektive der Ausbildung. Im Gegensatz dazu sprechen neuere Ansätze den Lehrerinnen und Lehrern das entsprechende Fachwissen nicht mehr ab, sehen darin aber nur eine „notwendige, aber keine hinreichende Bedingung für den Charakter einer Profession“ (Daheim, 1992, S. 26). Vielmehr sei eine Profession zusätzlich durch „die institutionalisierte öffentliche Anerkennung und damit die Zuerkennung von Autonomie“ (ebd.) gekennzeichnet.

> „,Wirkliche Professionen' sind dadurch definiert, dass ihnen als Gruppe sowohl von den Klienten wie auch von den beschäftigenden Organisationen Autonomie zuerkannt wird. 'Semiprofessionen' sind entweder organisations- oder klientenautonom.“ (ebd.)

Auch aus dieser Perspektive ist der Beruf der Lehrerin oder des Lehrers damit trotz anerkannter wissenschaftlicher Ausbildung nur semiprofessionell[6]. Zwar ist die berufliche Tätigkeit einer Lehrerin oder eines Lehrers wenigstens in der Theorie von einer – zumindest relativ – hohen Autonomie gegenüber den Schülerinnen und Schüler geprägt, jedoch sind Lehrerinnen und Lehrer in hohem Maße eingebunden in die Organisationsstrukturen des Bildungssystems. Beispielhaft seien hierfür curriculare Vorgaben sowie Rahmenvorgaben bedingt durch die schulische Struktur oder zentrale Abschlussprüfungen genannt. Der Lehrberuf erfüllt damit in diesem Ansatz nur die Bedingungen der Semi-Professionalität, da er nach Daheim „relativ klienten-, aber nur schwach organisationsautonom“ (ebd.) ist.

1.4 Systemtheoretischer Ansatz

Ebenfalls unter makrosoziologischer Perspektive, jedoch vor dem Hintergrund der Systemtheorie zählen Luhmann (2002) und Stichweh (1992, 1996) den Lehrerberuf zumindest seit der Moderne vollständig zu den Professionen. Die moderne Gesellschaft ist für Stichweh gekennzeichnet

---

nicht in dessen Einschätzung der entsprechenden wissenschaftlichen Qualifikation liegen kann. Seine Bedeutung erlangt der Ansatz vielmehr dadurch, wie Blömeke (2002) ausführt, dass von ihm und seinen offensichtlich Widersprüchen zur unstrittig wissenschaftlichen Ausbildung von Lehrerinnen und Lehrern eine Diskussion über das tatsächliche wissenschaftliche Fundament des Lehrerberufes und dessen sinnvolle Ausgestaltung im Hinblick auf die Gestaltung der Ausbildung von Lehrerinnen und Lehrern ausgehen kann.

[6] Eine sehr ähnliche Einschränkung, nämlich die Forderung nach einer Autonomie gegenüber dem Staat, wurde bereits oben im Zusammenhang mit der Definition von Hoyles diskutiert.

durch die Existenz von „Funktionssystemen“ als primäre gesellschaftliche Subsysteme, die die Stände als ehemalige primäre Subsysteme ablösten. Die gesellschaftliche Entwicklung ist damit dem Strukturbildungsprinzip „einer funktionalen Spezialisierung auf Sachthemen“ (Stichweh, 1992, S. 38) gefolgt. Beispiele für solche Funktionssysteme sind etwa das Gesundheitssystem oder das Erziehungssystem. Eine Profession lässt sich nun gemäß dieses Ansatzes einem Funktionssystem in dem Sinne zuordnen, dass sie gleichsam das entsprechende Funktionssystem durch ihr berufliches Wirken teilweise oder ganz verwaltend betreut und leitet. Das heißt, eine Berufsgruppe wird zur Profession, wenn sie *„in ihrem beruflichen Handeln die Anwendungsprobleme der für ein Funktionssystem konstitutiven Wissensbestände verwaltet* und wenn sie dies in entweder *monopolistischer* oder *dominanter* – d. h. den Einsatz der anderen in diesem Funktionsbereich tätigen Berufe steuernder oder dirigierender – Weise tut.“ (ebd., S. 40). Im Beispiel des Gesundheitssystems ist diese Bedingung durch die Profession der Ärztin oder des Arztes erfüllt, der Krankheiten heilt (Verwalten von Anwendungsproblemen des konstitutiven Wissensbestandes, hier also des Wissens um den menschlichen Körper und seiner Funktionen und Dysfunktionen) und gleichzeitig zum Beispiel dem Pflegepersonal vorgesetzt ist (Steuern anderer im Funktionsbereich tätigen Berufe). Das bedeutet jedoch nicht, dass jedem Funktionssystem genau eine Profession zugeordnet werden kann, vielmehr gibt es auch Funktionssysteme, in dem mehrere Professionen nebeneinander tätig sind, wie beispielsweise das Rechtssystem mit den beiden zugehörigen Professionen Richterschaft sowie Anwaltschaft.

Wesentlich für die Charakterisierung einer Profession gemäß dieses Ansatzes ist weiterhin die Beschreibung ihres Verhältnisses zu den nichtprofessionellen Gesellschaftsmitgliedern, die ebenfalls vom jeweiligen Funktionssystem betroffen sind. Allgemein gibt es viele Möglichkeiten, wie das Verhältnis von Mitgliedern einer Berufsgruppe zu den Nicht-Mitgliedern dieser Berufsgruppe beschaffen sein kann, aber „von Professionalisierung kann in diesem Spektrum von Varianten nur dann die Rede sein, wenn *die Komplementärrolle in einen Klientenstatus transformiert wird*“ (ebd., S. 42). In dieser Sichtweise fasst man alle von dem Funktionssystem betroffenen Gesellschaftsmitglieder, die nicht selber im Sinne einer Profession die Anwendungsprobleme des jeweiligen Funktionssystems bearbeiten, als Klienten auf, für die die Professionellen dann die Probleme bearbeiten. Im Beispiel des Gesundheitssystems ist damit die Rolle der Patienten beschrieben, die sich als Laien mit dem Wunsch nach Heilung ihrer Krankheiten[7] (der Anwendungsprobleme) an die Ärztinnen und Ärzte als professionelle Mitglieder des Funktionssystems wenden. Für dieses Verhältnis zwischen Klienten und Professionellen sind zwei Aspekte wesentlich: Jedes nicht-professionelle Mitglied hat, sofern es vom Funktionssystem betroffen ist, den Status eines Klienten beziehungsweise kann ihn haben. Aufgrund der besonderen Expertise des Professionellen ist eine „Asymmetrie im Professionellen/Klienten-Verhältnis" (ebd.) zu beobachten. Die Ausprägung der professionellen Arbeit ist weiterhin durch eine „Interaktionsabhängigkeit[8]" geprägt, das heißt, dass „die Träger von Funktionsrollen und von Komplementärrollen ihre Partizipation am Systemgeschehen nicht etwa in voneinander separierten Situationen ausüben" (ebd.), sondern entweder in direkter Anwesenheit beider Prozessparteien oder im Hinblick auf eine spätere Interaktion. Mit Stichweh lassen sich diese Gesichtspunkte wie folgt zusammenfassen:

> „Von Professionalisierung kann überall dort die Rede sein, wo eine signifikante kulturelle Tradition (ein *Wissenszusammenhang*), die in der Moderne in der Form der Problemperspektive eines Funktionssystems ausdifferenziert worden ist, in *Interaktionssystemen* handlungsmäßig und interpretativ durch eine auf diese Aufgabe spezialisierte Berufsgruppe für die Bearbeitung von *Problemen der Strukturänderung, des Strukturaufbaus und der Identitätserhaltung von Personen* eingesetzt wird." (ebd., S. 43)

In dieser Sichtweise wird der Lehrerberuf vollständig als eine Profession beschrieben, die dem Erziehungssystem als Funktionssystem zugeordnet wird. Die professionelle Arbeit der Lehrerinnen und Lehrer besteht dann darin, ihren Schülerinnen und Schülern – den Klienten – bei der Bearbeitung des in diesem Funktionssystem relevanten Anwendungsproblems zu helfen, nämlich bei „der Aneignung gesellschaftlichen Wissens und gesellschaftlicher Normen" (ebd.).

---

7 Stichweh (1992) weist jedoch ausdrücklich darauf hin, dass dieses nicht ausschließlich im Sinne eines „technischen Vollzugs" (ebd., S. 43) zu verstehen sei, sondern beispielsweise auch bedeutet, „den Körperbezug des jeweiligen Patienten in einer Sinnperspektive mit zu thematisieren" (ebd.).

8 Der Grund für diese „Interaktionsabhängigkeit" liegt im Wesen der professionellen Arbeit als Bearbeitung von Problemen von Klienten durch Professionelle. Dies erfordert eine Interaktion der Parteien, da „Interaktionssysteme als ein Ort der Problembearbeitung" (Stichweh, 1992, S. 42 f.) geeignet sind.

Trotz der vollständigen Einordnung des Lehrerberufs in den Professionszusammenhang weist er vor diesem Theoriehintergrund ein Alleinstellungsmerkmal gegenüber anderen Professionen auf, das aus der professionellen Wissensbasis von Lehrerinnen und Lehrern folgt. Allen Professionen gemeinsam ist im Rahmen der beruflichen Tätigkeit ein Element der Vermittlung in dem Sinne, dass die Professionsinhaberinnen und -inhaber nicht nur die Probleme der Klienten bearbeiten, sondern gleichzeitig versuchen, deren Unvertrautheit mit der jeweiligen Sachthematik zu überbrücken. Eine Ärztin oder ein Arzt versucht beispielsweise nicht nur, eine Krankheit zu heilen, sondern auch, der Patientin oder dem Patient unter anderem Informationen über die Krankheit, Behandlungsmethoden und -risiken oder zukünftige Präventionsmaßnahmen zu vermitteln. Allen anderen Professionen ist dabei gemeinsam, dass die Bearbeitung des jeweiligen Anwendungsproblems und der dem Klienten zu vermittelnden Sachinhalt sich auf denselben inhaltlichen Hintergrund beziehen. Im Beispiel der Medizinerin oder des Mediziners verlangt das Heilen einer Krankheit genauso Kenntnisse aus dem Bereich der Medizin wie auch dem Patienten medizinische Inhalte vermittelt werden müssen. Die Professionsinhaberinnen und -inhaber vermitteln den Klienten also Inhalte aus demjenigen Wissenszusammenhang, in dem auch die Bearbeitung der Probleme des Klienten angesiedelt ist. Daraus folgt umgekehrt die Sonderstellung der Profession des Lehrerberufs: Für eine Lehrerin oder einen Lehrer ist das Vermitteln von Inhalten genau die professionelle Aufgabe, also die Bearbeitung des Anwendungsproblems. Für diese Bearbeitung des Problems, das heißt für die Vermittlung von Kenntnissen an die Schülerinnen und Schüler, sind deshalb Kenntnisse im pädagogischen[9] Bereich notwendig. Im Gegensatz zu anderen Professionen wird die Lehrkraft als Professionelle oder Professioneller den Lernenden, das heißt den Klienten, jedoch nicht Kenntnisse aus diesem Bereich, also der Pädagogik, vermitteln, sondern vielmehr andere Inhalte, beispielsweise mathematische Kenntnisse.

[9] Die Verwendung des Begriffs „Pädagogik“ als zusammenfassende Bezeichnung für die fachliche Basis von Vermittlungs- und Erziehungsprozessen wurde in Anlehnung an Stichweh (etwa Stichweh, 1996) gewählt.

> „Auch der Lehrer arbeitet daher nur insofern professionell, als er ein Wissen und Können benutzt, das er nicht lehren, nicht übertragen will" (Luhmann, 2002, S. 151)[10].

Dies bedeutet weiterhin, dass die Lehrerin oder der Lehrer neben den Kenntnissen im pädagogischen Bereich, also dem fachlichen Hintergrund für die Bearbeitung des Anwendungsproblems, auch Kenntnisse über die zu vermittelnden Inhalte haben muss[11]. Dies führt nach Stichweh (1992, S. 44) zu einem „Spannungsverhältnis [...], für das es in den anderen Professionen kein Äquivalent gibt".

> „Eine Sonderstellung nimmt in dieser Hinsicht allerdings die Lehrerschaft ein, die zwischen den disziplinären Wissenssystemen der modernen Wissenschaft und der Pädagogik als einer Handlungslehre[12], die sich mit der Reflexion und den »Techniken« der Erziehung von Personen und der Vermittlung von Wissen befasst, steht – und die insofern eine unhintergehbare Ambiguität der Orientierungen aufgeprägt bekommt." (Stichweh, 1996, S. 61)

1.5 Strukturtheoretischer Ansatz

Im Hinblick auf die mikrosoziale Perspektive nimmt der strukturtheoretische Ansatz nach Oevermann (1996, 2002), auch wegen seiner besonderen „Anschlussfähigkeit für erziehungswissenschaftliche Erkenntnisin-

---

10 Besonders bemerkenswert ist, dass für Luhmann die Professionalität des Lehrerberufs damit insbesondere durch die „pädagogische und didaktische Komponente" (Luhmann, 2002, S. 151) bedingt ist. Da diese seiner Ansicht nach umso bedeutender ist, je niedriger die Klassenstufe ist, ordnet er Grundschullehrerinnen und -lehrern die höchste Professionalisierung zu.

11 Diese Aussage ist für sich alleine genommen eine der Grundlagen von zumindest fast jeder theoretischen Konzeptualisierung des professionellen Wissens von Lehrerinnen und Lehrern (vgl. Abschnitt II.3.2) und daher natürlich kein Spezifikum des hier vorgestellten Ansatzes. Seine besondere Bedeutung in diesem Kontext erlangt die Aussage vielmehr durch die Abgrenzung zu den Vermittlungsprozessen in den anderen Professionen, in denen eben der dem Klienten vermittelte Inhalt denselben fachlichen Hintergrund wie das zu bearbeitende Problem hat.

12 Auch wenn Stichweh den Lehrerberuf vollständig zu den Professionen zählt und die wissenschaftliche Basierung des Berufes insgesamt nicht in Abrede stellt, ist die spezielle Bezeichnung der Pädagogik als „Handlungslehre" zumindest diskussionswürdig und deutet in eine ähnliche Richtung wie die oben geschilderte Formulierung der „uncertain 'science of pedagogy'" von Larson (1977, S. 184).

teressen[13]" (Blömeke, 2002, S. 45), eine zentrale Position in der theoretischen Debatte ein.

> „Alle strukturtheoretisch argumentierenden Arbeiten beziehen sich letztlich auf OEVERMANNs Theorie des professionellen Handelns" (Baumert & Kunter, 2006, S. 470).

Oevermann überträgt dabei Begriffe und Konzepte des „im Focus von Therapie analysierten allgemeinen Strukturmodells therapeutischer Praxis" (Oevermann, 1996, S. 141) auf das pädagogische Handeln von Lehrerinnen und Lehrern. Dies folgt daraus, dass für ihn der beruflichen Tätigkeit der Lehrerin oder des Lehrers neben der „Wissens- und Normenvermittlung[14]" (ebd., S. 145) immer auch „eine *dritte Funktion des pädagogischen Handelns, die implizit therapeutische*" (ebd., S. 146) immanent ist, „ob der Pädagoge es will oder nicht" (ebd.). Diese Funktion ergibt sich daraus, dass eine Lehrerin oder ein Lehrer zwangsläufig immer dann, wenn sie oder er Wissen oder Normen im unterrichtlichen Prozess vermittelt, in Interaktion mit den Schülerinnen und Schülern tritt. Zumindest bis zum Abschluss der Pubertät[15] können die Lernenden dabei noch nicht nur ihre „Rolle" als Schülerinnen und Schüler mit den jeweiligen Zuschreibungen wahrnehmen, sondern agieren in diesem Interaktionsprozess als ganze Person mit der Lehrerin oder dem Lehrer. Damit ist also gemeint, dass sie noch nicht „die Rolle des Schülers gegenüber der Rolle des Lehrers mit allem, was an Rollendistanz, Rollenkomplementarität, Rollenambivalenz und Rollenflexibilität dazugehört, übernehmen" (ebd., S. 147) können. Da von dieser Interaktion zwischen Lernenden und Leh-

---

13 Vgl. hierfür exemplarisch die ausführliche Auseinandersetzung mit dem Ansatz von Oevermann im Überblicksartikel zur Lehrerbildung von Baumert und Kunter (2006) in der Zeitschrift für Erziehungswissenschaft, aus der auch das nachfolgende Zitat entnommen ist.

14 Wobei Oevermann im Bezug auf diese beiden Begriffe trotz der *„Amalgamierung von Wissens- und Normenvermittlung"* (Oevermann, 1996, S. 145) vom *„Primat der Wissensvermittlung"* (ebd.) ausgeht.

15 Auf die Phase bezieht sich Oevermann *„zur Vereinfachung der Modellbildung"* (Oevermann, 1996, S. 146). Eine Abgrenzung des Ansatzes erfolgt dabei gegen die Arbeit mit erwachsenen Schülerinnen und Schülern, jedoch auch dann nur in dem Sinne einer Abgrenzung gegen die Arbeit mit Schülerinnen und Schüler, die die Adoleszenzkrise beendet haben. Diese Schülerinnen und Schüler können „sich selbst schützen und ihre schon vorhandene Integrität selbst wahren" (ebd., S. 174 f.) Inwieweit diese Bedingung bei Oberstufenschülerinnen und –schülern vollständig erfüllt ist oder ob hinsichtlich dieser Bedingung auch in der Oberstufe noch Teile des skizzierten therapeutischen Ansatzes Gültigkeit beanspruchen könnten, soll hier nicht weiter diskutiert werden.

renden also die gesamte Persönlichkeit der Schülerin oder des Schülers betroffen ist, haben die entsprechenden Prozesse zwangsläufig auch Auswirkungen auf die weitere Entwicklung dieser Persönlichkeit. Weiterhin besteht für Lehrerinnen und Lehrer damit auf der anderen Seite die Möglichkeit, nicht-schulische negative Einflüsse auf die Persönlichkeitsentwicklung der Schülerinnen und Schüler durch diesen Interaktionsprozess zumindest teilweise auszugleichen. Aus diesem zweifachen Einfluss des beruflichen Tuns von Lehrerinnen und Lehrern auf die Entwicklung der Schülerinnen und Schüler leitet Oevermann die therapeutische Perspektive auf Lehrerhandeln ab.

Lehr-Lernprozesse werden damit zu einem „Arbeitsbündnis" zwischen Schülerin oder Schüler und Lehrerin oder Lehrer. Mit Bezug auf Parsons charakterisiert Oevermann dieses Arbeitsbündnis näher, in dem er es als Vereinigung der grundsätzlich gegensätzlichen „diffusen" und „spezifischen" Beziehungen zwischen Klientin oder Klient und Therapeutin oder Therapeut ausdifferenziert. Allgemein besteht eine spezifische Beziehung zwischen Klientin oder Klient und Professionsinhaberin oder Professionsinhaber dabei in der Wahrung „berufsförmig ausgeübter Rollenbeziehungen[16]" (Oevermann, 1996, S. 117). Das bedeutet, dass beide Parteien sich so verhalten, wie es ihre „Rolle", ihre „formelle Position" (ebd., S. 118), verlangt[17]. Dem entgegen steht auf der anderen Seite die gleichzeitig notwendige diffuse Beziehung im Sinne diffuser Sozialbe-

---

16 Dies sind Sozialbeziehungen, „die ihre strukturelle Identität auch dann beibehalten, wenn das Personal wechselt." (Oevermann, 1996, S. 110). Solche Sozialbeziehungen „sind normativ idealisiert oder durch aufeinander bezogene Rollendefinitionen gekennzeichnet" (ebd.). Ein Beispiel für das Wahren der spezifischen Beziehung ist, dass die Patientin oder der Patient der Therapeutin oder dem Therapeuten ihre beziehungsweise seine Probleme schildert und nicht umgekehrt.

17 Dieses Wahren der spezifischen Beziehung ist für Oevermann aus Sicht der Patientin oder des Patienten „selbstverständlich", während es für die Therapeutin oder den Therapeuten durch die „Abstinenzregel" gesichert wird. Damit ist Folgendes gemeint: Wenn die Patientin oder die Patientin ihre oder seine Gefühle und Probleme schildert, bewirkt dies etwas im Bezug auf die Therapeutin oder den Therapeuten in dem Sinne, dass sie oder er in sich „Empfindungen und Gefühle «aufsteigen» lässt, was zum abgekürzten Sinnverständnis der Re-Inszenierung und der Symptome des Patienten notwendig ist" (Oevermann, 1996, S. 117). Die Abstinenzregel bestimmt nun, dass diese Gefühle zwar in der Therapeutin oder dem Therapeuten entstehen dürfen und müssen, aber „nicht tatsächlich als eine konkrete Praxis sich realisieren oder entäußern. Sie dürfen nicht «ausagiert» werden" (ebd.). Dadurch, dass die Gefühle also nur innerlich entstehen, verhält sich die Therapeutin oder der Therapeut damit ihrer oder seiner Rolle entsprechend, was nicht der Fall wäre, wenn die Gefühle „ausagiert" würden.

ziehungen als allgemein „nicht-rollenförmige Sozialbeziehungen zwischen ganzen Personen[18]" (ebd., S. 110). Die Beziehung zwischen einer Professionsinhaberin oder einem Professionsinhaber und der Klientin oder dem Klienten lässt sich damit dann als diffuse Sozialbeziehung charakterisieren, wenn das Verhalten der beiden Menschen gerade nicht an ein für die jeweilige spezielle Rolle vorgegebenes Verhaltensmuster gebunden ist[19]. Im Bezug auf das Arbeitsbündnis zwischen Lehrenden und Lernenden bedeutet dies, dass die Schülerin oder der Schüler bezogen auf den durch die spezifische Sozialbeziehung gegebenen Anteil die Rolle der oder des Unterweisungsbedürftigen hat, die Lehrperson die Rolle derer, die im schulischen Umfeld und unter dessen Bedingung diese Unterweisung vornehmen kann. Mit jeder Rolle sind dabei spezielle Zuschreibungen verbunden, die individuumsunabhängig sind, also nicht von der Person abhängen, die die Rolle ausübt, sondern einfach aufgrund der jeweiligen Funktion der Rolle im Arbeitsbündnis gelten. So ist die Rolle der Schülerin oder des Schülers beispielsweise dadurch geprägt, dass sie ein Wissensdefizit im Vergleich zur Rolle der Lehrkraft aufweist. Auf der anderen Seite ist die Rolle der Lehrerin oder des Lehrers beispielsweise durch die Verantwortung geprägt, für die Vermittlung von Wissen sinnvolle und relevante Inhalte auszuwählen. Die diffusen Rollenanteile zeigen sich im Gegensatz dazu primär in der alters- und entwicklungsbedingten Unfähigkeit der Schülerin oder des Schülers, nur gemäß dieser Schülerrolle agieren zu können und der daraus folgenden Interaktion mit der Lehrerin oder dem Lehrer immer als ganzer Person[20]. Umgekehrt wäre die Lehrerin oder der Lehrer aufgrund ihrer diesbezüglich personell abgeschlossenen Entwicklung zwar in der Lage, nur gemäß der Zu-

---

[18] In einer diffusen Sozialbeziehung gilt, dass „alles thematisierbar ist" (Oevermann, 1996, S. 111). Im Bezug auf die therapeutische Situation bedeutet das Eingehen einer diffusen Sozialbeziehung, dass die Patientin oder der Patient verpflichtet ist, „alles zu thematisieren, was ihm durch den Kopf geht und ihm einfällt, vor allem eben auch das, was er für ganz unwichtig hält und was ihm eher peinlich ist" (ebd., S. 116).

[19] Zum Einhalten der diffusen Sozialbeziehung in diesem Sinne ist die Patientin oder der Patient nach Oevermann durch die „Grundregel" (Oevermann, 1996, S. 119) verpflichtet. In Umkehrung der Situation bei der spezifischen Sozialbeziehung ist die Erfüllung der diffusen Sozialbeziehung dabei für die Therapeutin oder den Therapeuten „selbstverständlich" in dem Sinne, dass es „aufgrund seiner Kompetenz und Erfahrung kein Problem mehr, sondern zur beruflichen Selbstverständlichkeit geworden" (ebd., S. 118) ist, dass die Patientin oder der Patient sich ihr oder ihm gegenüber vollständig öffnet.

[20] Dies ist, wie oben beschrieben, ein wesentlicher Grund für die Übertragung der therapeutischen Strukturen auf die Beschreibung professionellen Handelns von Lehrerinnen und Lehrern.

schreibungen zu der Lehrerrolle zu agieren, muss dies jedoch als Teil der Anforderungen an eine professionelle Ausübung des Berufs unterlassen. Stattdessen muss die Lehrerin oder der Lehrer sich der diffusen Rollenanteile des Arbeitsbündnisses seitens der Schülerin oder des Schülers bewusst sein, muss also wissen, dass die Lernenden aufgrund ihrer noch nicht abgeschlossenen Entwicklung zwangsläufig nicht rollenkonform nur in der Schülerrolle agieren, also in der Rolle derer, die etwas lernen möchten, sondern immer als ganze Persönlichkeit handeln. Das heißt, es ist notwendig, dass die Lehrerin oder der Lehrer „diese Mischung als widersprüchliche Einheit annimmt und sich zu eigen macht, so dass er selbst sich komplementär in einer widersprüchlichen Einheit von diffusen und spezifischen Anteilen seines Handelns an der Kooperation mit dem Schüler beteiligt" (ebd., S. 155).

Neben dieser Vereinigung von spezifischen und diffusen Beziehungen ist für Oevermann weiterhin die Vereinigung autonomer und abhängiger Strukturen charakteristisch für das therapeutische Arbeitsbündnis und daraus folgend auch für das Arbeitsbündnis zwischen Lehrerin oder Lehrer und Schülerin oder Schüler. Hinsichtlich der autonomen Anteile ist es für das therapeutische Arbeitsbündnis charakteristisch, dass die Patientin oder der Patient von sich aus und freiwillig eine Therapeutin oder einen Therapeuten aufsucht und die Therapie jederzeit abbrechen kann. In Analogie dazu fordert Oevermann daher, dass auch pädagogisches Handeln immer nur auf einer freiwilligen Beteiligung der Schülerinnen und Schüler basieren darf. Damit wird bereits deutlich, dass in diesem Modell die Komponente der Abhängigkeit der Schülerin oder des Schülers von der Lehrerin oder dem Lehrer nicht durch Schulnoten oder ähnliches erzeugt werden kann. Vielmehr liegt die Abhängigkeit der Lernenden von den Lehrenden darin, dass die Lehrerin oder der Lehrer eben den „Wissensdurst" der oder des Lernenden stillen kann. Die Schülerin oder der Schüler wird bezogen auf die abhängige Komponente des Arbeitsbündnisses damit zum „*Unterweisungsbedürftigen* analog zur sozialen Rolle des Patienten als eines Heilungsbedürftigen" (ebd.). Man erkennt unmittelbar, wie insbesondere die autonomen Komponenten des pädagogischen Arbeitsbündnisses nach Oevermann in scharfem Gegensatz zu der gesellschaftlichen gegenwärtigen Realität stehen, da hier bedingt durch die Schulpflicht keine fakultative, sondern eine obligatorische Beteiligung der Schülerinnen und Schüler am schulisch-institutionalisierten Lernprozess vorliegt.

> *„Die dieser Arbeitsbündniskonstruktion korrespondierende Definition des Schülers bricht vor allem mit jener der gesetzlichen Schulpflicht innewohnenden.“* (ebd., S. 162)

Unter Berücksichtigung der therapeutischen Perspektive analysiert Oevermann auch die Frage, inwieweit der Lehrerberuf gemäß dieses Ansatzes eine Profession ist. Allgemein hält er das berufliche Tun von Lehrerinnen und Lehrern für zwar professionalisierungsbedürftig, jedoch in der täglichen realen Praxis für nicht professionalisiert. Dabei wird die Professionalisierungsbedürftigkeit des Lehrerberufs für ihn nicht schon mit Bezug auf die Vermittlung von Wissen und Normen relevant, sondern erst mit Bezug auf die therapeutische Dimension von Lehrerhandeln. Unter dieser Perspektive leitet er dann die fehlende Professionalisierung zweifach ab aus den beiden wesentlichen Charakteristika des zugehörigen Arbeitsbündnisses – das heißt der Vereinigung von Autonomie und Abhängigkeit sowie der Vereinigung von diffusen und spezifischen Rollenbeziehungen.

Bezüglich der Vereinigung von diffusen und spezifischen Rollenbeziehungen zeige sich professionelles pädagogisches Handeln darin, dass die Lehrerin oder der Lehrer die dargestellten diffusen und spezifischen Anteile im Lehr-Lern-Prozess gleichzeitig einhalten und wahrnehmen könne. Dieses Kriterium für professionelles Arbeiten verletzten Lehrerinnen und Lehrer nach Oevermann in der täglichen Praxis, was seiner Meinung nach dadurch deutlich wird, *„dass die Lehrer diese widersprüchliche Einheit von Diffusität und Spezifizität nicht aufrechterhalten können, sondern entweder zur distanzlosen „Verkindlichung“ des Schülers oder zum technologischen, wissensmäßigen und verwaltungsrechtlichen Expertentum zerfallen lassen“* (ebd.). Während hinsichtlich dieses Kriteriums eine Entscheidung, ob der Lehrerberuf professionalisiert ist oder nicht, also noch stark davon abhängt, ob man diese Einschätzung teilt, lässt sich die gegenwärtige Professionalisierung des Lehrerberufs unter der therapeutischen Perspektive anhand des auf die Vereinigung von Autonomie und Abhängigkeit bezogenen Kriteriums objektiver[21] beantworten. Lehrerhandeln kann diesbezüglich nur professionell sein, wenn die auf Autonomie bezogenen Anforderungen an ein professionelles pädagogisches Arbeitsbündnis erfüllt sind, insbesondere also die Forderung, dass Schülerinnen und Schüler freiwillige Teilnehmerinnen und Teilnehmer am

---

21 Wobei das Ergebnis dieser objektiven Einschätzung natürlich dennoch nur dann Gültigkeit haben kann, wenn man den zugrunde liegenden Ansatz als zutreffend bewertet.

Lehr-Lern-Prozess sind. Es ist unmittelbar erkennbar, dass sich damit die allgemeine Schulpflicht und eine Professionalisierung des Lehrerberufs gegenseitig ausschließen.

> „Zweifellos ist die *Unvereinbarkeit zwischen einem auf der gesetzlichen Schulpflicht beruhenden Schulsystem und der Strukturlogik eines pädagogischen Arbeitsbündnisses als dem Kern der Professionalisierung des Lehrerberufes zwingend und unhintergehbar*" (ebd., S. 163).

Auch wenn damit im Rahmen dieses Ansatzes eine Professionalisierung des Lehrerberufes gegenwärtig nicht gegeben sein kann, lassen sich Schlüsse darüber ziehen, welche Kenntnisse Lehrerinnen und Lehrer für ihr berufliches Tun gemäß dieses Ansatzes für professionelles Handeln haben müssen. Allgemein bezeichnet Oevermann die auf die therapeutischen Strukturen bezogenen Berufe, und damit unter der Vorrausetzung der Professionalisierung auch den Lehrerberuf, als „in einer *doppelten Weise professionalisiert*" (ebd., S. 124). Einerseits benötigen Lehrerinnen und Lehrer demnach „*eine methodisch kontrollierte und nach expliziten Geltungskriterien bewährte erfahrungswissenschaftliche Wissensbasis*" (ebd.), das heißt theoretische Kenntnisse über ihr berufliches Tun, um ihr Handeln reflektieren und begründen zu können. Um dieses theoretische Wissen aber in der praktischen Arbeit anwenden zu können, benötigen Lehrerinnen und Lehrer andererseits eine „*praktische Einübung in eine Kunstlehre und Handlungspraxis*" (ebd., S. 123). Die Vermittlung dieser zweifachen Professionalisierung im Rahmen der Lehrerbildung soll dabei klar zwischen diesen beiden Komponenten trennen[22]. Zentraler Bestandteil wäre die Einübung der Kunstlehre „in einer Kombination von fallorientierter, fallrekonstruktiver exemplarischer Materialerschließung in der Ausbildung selbst und von Formen des praktischen 'learning by doing' unter Anleitung jeweils erfahrener Kollegen" (ebd., S. 177). Daneben, und also nicht im Zentrum der Ausbildung, steht dann die Vermittlung „von bewährtem relevanten methodischen und theoretischen Wissen" (ebd.). Dieses darf jedoch nicht „in sich verselbstständigende lizensierende Wissensreviere zerfallen, die wie Vokabeln um ihrer selbst willen 'eingetrichtert' werden müssen" (ebd.).

---

[22] Ob dies im Rahmen der in Deutschland realisierten zweiphasigen Lehrerausbildung mit universitärem Teil und Referendariat geschehen soll, lässt Oevermann offen.

1.6 Professionalisierung des Lehrerberufs

Vergleicht man die unterschiedlichen Positionen, erkennt man, dass die Frage nach der Professionalisierung des Lehrerberufs, abhängig von Erkenntnisinteresse und Theoriehintergrund, durchaus kontrovers diskutiert wird. Insbesondere die kategorisch ablehnende Position Oevermanns war dabei jedoch häufig Gegenstand dezidierter Kritik beziehungsweise deutlicher Relativierung der Position (vgl. etwa die „Neujustierung der theoretischen Perspektive" in Baumert & Kunter, 2006, S. 472 ff.). So wird Oevermanns zentrales Argument, der Lehrerberuf könne nicht professionalisiert sein, solange die allgemeine Schulpflicht ein freiwilliges Arbeitsbündnis verhindere, von Blömeke (2002) dahingehend relativiert, dass für sie im Einklang mit der Annahme eines professionalisierten Lehrerberufes aus der Schulpflicht vielmehr eine „besondere Verantwortung" hervorgeht, die „die Notwendigkeit einer ethischen Fundierung des Berufs betont" (ebd., S. 50). Noch weiter geht Tenorth (2003, 2006), der die Analyse des Lehrerberufs unter therapeutischer Perspektive als „falsch, irreführend und eine schulisch nicht einlösbare Generalisierung der ‚Erziehungs'-Erwartung gegenüber Lehrer und Schule" (Tenorth, 2006, S. 585) bezeichnet. Er verweist stattdessen auf eine lange Tradition von im Kern durchaus erfolgreicher Lehr-Lern-Prozesse innerhalb der Institution Schule und führt aus, dass für ihn die Widersprüchlichkeit zwischen der Professionalität des Lehrerberufs und der Schulpflicht nicht in der Sache begründet, sondern vielmehr Ergebnis der eingenommenen theoretischen Perspektive sei.

> „Diese Orientierung an Therapie und der ihr impliziten Normativität erzeugt auch erst die Schwierigkeiten, die anschließend in komplizierten Überlegungen im Zeichen von „Professionstheorie" bearbeitet werden müssen." (ebd.)

Berücksichtigt man diese Relativierungen der Position Oevermanns, lässt sich vor dem Hintergrund der hier vorgestellten zentralen theoretischen Richtungen zusammenfassen, dass der Lehrerberuf zumindest zu großen Teilen zu den Professionen gezählt werden kann[23]. Hericks fasst in

[23] Dies gilt zumindest für die heutige Situation. Eine Professionalisierung ist immer auch von politischen und gesellschaftlichen Randbedingungen abhängig (vgl. für den Lehrerberuf Apel, Horn, Lundgreen und Sandfuchs (1999)), wie beispielsweise bei Stichweh (s.o.) deutlich wird, der den Lehrerberuf erst seit der Moderne vollständig zu den Professionen zählt. Da die vorliegende Arbeit aber nicht auf historische Entwicklungen fokus-

diesem Kontext die Professionalisierung weiterhin als zentrale Entwicklungsaufgaben für Lehrerinnen und Lehrer (Hericks, 2006). Mögliche Einschränkungen, beispielsweise eine Akzeptanz des Lehrerberufes lediglich als „Semi-Profession", ergeben sich dabei teilweise in Abhängigkeit des jeweiligen Theoriehintergrunds. Weiterhin wird zum Teil in der entsprechenden Diskussion auch zwischen den verschiedenen Lehrämtern unterschieden[24]. Beispielsweise verweisen etwa Jaumann-Graumann und Köhnlein (2000b) darauf, dass die Anerkennung als Profession im Vergleich zu anderen Lehrämtern dem „Grundschullehramt dennoch am schwersten" (ebd., S. 12) fällt. Trotzdem wäre die pauschale Schlussfolgerung, dass etwa das Grundschullehramt weniger professionalisiert sei, unzutreffend (vgl. etwa Einsiedler, 2004 und die Aufsätze in Jaumann-Graumann & Köhnlein, 2000a). Stattdessen unterscheiden sich die verschiedenen Lehrämter weniger hinsichtlich ihres Professionalisierungsgrades als vielmehr hinsichtlich der jeweils notwendigen Argumentationen zum Nachweis der Professionalität bei den verschiedenen Lehrämtern (vgl. etwa Terhart, 2001). In dieser Arbeit wird daher keine Unterscheidung bezüglich des Professionsgrades verschiedener Lehrämter vorgenommen. Unterschiedlich weit fortgeschrittene Professionalisierungsprozesse in den Lehrerberufen für die verschiedenen Schulstufen werden jedoch nicht ausgeschlossen (vgl. für die Grundschule Einsiedler, 2004, für Haupt- und Realschule Spanhel, 2004 und für das Gymnasium Herrmann, 2004). Vor diesem Hintergrund lässt die voranstehend auf Basis der vorgestellten makro- und mikrosozialen Ansätzen formulierte zusammenfassende Aussage bezüglich der Professionalität des Lehrerberufs abschließend aus heutiger Sicht auch einen Einbezug der Schulstufen zu. Sie lässt sich daher insgesamt zu der Aussage erweitern, dass der Lehrerberuf, unabhängig von der konkreten Schulstufe, zumindest in großen Teilen professionalisiert ist (vgl. die umfassende Sammlung verschiedener Aufsätze aus unterschiedlichen Perspektiven in Zlatkin-Troitschanskaia, Beck, Sembill, Nickolaus & Mulder, 2009, Fried, 2004, Terhart, 2001, Radtke, 1999, Dewe, Ferchhoff, Radtke, 1992). Für die vorliegende Arbeit ist diese Feststellung des Professionalisierungsgrades

siert ist, sondern vom gegenwärtigen Zustand ausgeht, wird dieser Aspekt hier nicht weiter diskutiert.

24 Terhart 1996 spricht mit dem Begriff der Berufskultur, der mit dem der Professionalität eng verbunden ist, davon, dass die entsprechende Berufskultur von Lehrerinnen und Lehrern „nicht monolithisch ist, sondern neben vielen Gemeinsamkeiten auch deutliche Binnendifferenzierungen aufweist, Sub-Kulturen also" (ebd., S. 453).

vor allem entscheidend im Hinblick auf die daraus folgenden Konsequenzen für die Identifikation einer im professionellen Kontext zu formulierenden Kompetenz- und Wissensbasis. Dafür wird im Einklang mit den vorangegangenen Ausführungen die folgende erste Grundannahme formuliert:

Der Beruf der Lehrerin oder des Lehrers ist zumindest soweit professionalisiert, dass es gerechtfertigt ist, von professioneller Kompetenz und damit verbunden von einer dazugehörigen professionellen Wissensstruktur als Grundlage für berufliches Handeln von Lehrerinnen oder Lehrern auszugehen.

Im nächsten Abschnitt wird diese Annahme weiter präzisiert im Bezug auf die Frage, welchen Einfluss die professionelle Kompetenz von Lehrerinnen und Lehrern auf den Erfolg von Lehrerhandeln hat und welche Fragestellungen daraus im Hinblick auf die Wirksamkeit der Lehrerausbildung resultieren.

2 Die Wirksamkeit der professionellen Kompetenz von Lehrerinnen und Lehrern

2.1 Möglichkeiten der Untersuchung der Wirksamkeit von Lehrerausbildung

Eine Untersuchung der professionellen Kompetenz beziehungsweise professionellen Wissensstruktur von Lehrerinnen und Lehrern ist offensichtlich nur gerechtfertigt, wenn angenommen wird, dass diese die Wirksamkeit des Lehrerhandelns tatsächlich beeinflussen. Dies entspricht der Frage nach der Wirksamkeit von Lehrerbildung beziehungsweise Lehrerausbildung. Welchen der beiden Begriffe – Lehrerbildung oder Lehrerausbildung – man dabei verwendet, ist vorrangig eine Frage der detaillierten Schwerpunktsetzung der jeweiligen Untersuchung.

> „In der deutschen Sprache folgt der Begriff der Lehrer*bildung* einer Vorstellung ganzheitlicher Persönlichkeitsentwicklung (in einer naiven Variante reduziert auf die Vorstellung »geborener« Lehrerpersönlichkeiten). Der Begriff ist häufig auf den lebenslangen Prozess professioneller Entwicklung bezogen, der stark in der Verantwortung des Subjekts gesehen wird. Der Begriff der Lehrer*aus*bildung betont, dass es sich bei dem Lehrerberuf um einen systematisch in institutionellen Kontexten erlernbaren Beruf handele. Der Begriff fokussiert in der Regel die Erstausbildung." (Blömeke, 2009, S. 547)

Da die vorliegende Studie ausschließlich auf professionelle Kompetenz von Mathematiklehramtsstudierenden fokussiert, also auf das Wissen von angehenden Lehrerinnen und Lehrern, die sich noch in der universitären Phase der Erstausbildung befinden, bezieht sich der folgende Abschnitt durchgängig auf die Lehrerausbildung. Häufig weisen Ausführungen zur Wirksamkeit von Lehrerbildung und Lehrerausbildung jedoch starke Überschneidungen auf, was unter anderem daraus resultiert, dass die institutionelle Ausbildung von Lehrerinnen und Lehrern natürlich ein wesentlicher Teil der professionellen Entwicklung von Lehrkräften ist (vgl. Munby, Russell & Martin, 2002).

Für eine Untersuchung der Wirksamkeit der Lehrerausbildung muss vorab grundlegend festgelegt werden, wann Lehrerhandeln eigentlich „wirksam" ist, worin sich also verschiedene Stufen der Wirksamkeit von Lehrerhandeln unterscheiden. Grundsätzlich (vgl. Terhart, 2004) herrscht dabei Übereinstimmung, den Einfluss der Lehrerinnen und Lehrer auf das Lernen der Schülerinnen und Schüler als Kriterium heranzuziehen. Folglich wird Lehrerhandeln in Vergleichen dann als wirksamer angesehen, wenn es „verbesserte Lern – und Erfahrungsprozesse auf Seiten der Schüler 'erzeugen'" (ebd., S. 49) kann. Davon ausgehend lassen sich Annahmen zur Wirksamkeit der Lehrerausbildung formulieren. Als zentrales Beispiel markieren Unterschiede in den Leistungen der Schülerinnen und Schüler in verschiedenen Ländern in Vergleichsstudien wie TIMSS den gedanklichen Ausgangspunkt für die Durchführung einer Analyse der Wirksamkeit der Lehrerausbildung in verschiedenen Ländern im Rahmen der Studie MT21 (siehe Kapitel 128).

> "The other[25] feature that emerges in these studies is the importance of the teacher. The professional competence of the teacher which includes substantive knowledge regarding formal mathematics, mathematics pedagogy and general pedagogy is suggested as being significant – not just in understanding national differences but also in other studies as well." (Schmidt et al., 2008, S. 735)

Generell kann eine Untersuchung der Lehrerausbildung also nur sinnvoll sein unter der Annahme, dass durch eine Verbesserung der Lehrerausbildung eine Verbesserung von Schülerleistungen ermöglicht werden

[25] Schmidt et al. (2008) erwähnen vorher bereits einen anderen Einflussfaktor, nämlich Unterschiede in den nationalen intendierten und implementieren Curricula, das heißt Unterschiede in den sogenannten Opportunities to learn.

kann. So stellt etwa Cochran-Smith (2001, S. 530) fest: „in a certain sense, every discussion related to the outcomes question assumes that the ultimate goal of teacher education is student learning[26]". Auch wenn diese Auffassung dem allgemeinen Konsens entspricht (vgl. Blömeke, 2004), verbleibt sie dennoch auf einem „oberflächlichen" (ebd, S. 76) Niveau und bedarf im Hinblick auf eine daraus resultierende empirische Überprüfung der Wirksamkeit der Lehrerausbildung einer konkreten Ausgestaltung. Hierfür sind verschiedene Operationalisierungsmöglichkeiten mit verschiedenen Vor- und Nachteilen denkbar (vgl. ebd., Cochran-Smith, 2001). Eine mögliche Vorgehensweise ist, Schülerleistungen zu vergleichen und durch die empirisch belegte Annahme, dass Schülerleistungen durch Lehrerhandeln positiv beeinflusst werden kann (vgl. Helmke & Jäger, 2002, Wright, Horn & Sanders, 1997), auf die zugehörigen Lehrerfähigkeiten und damit auf die Lehrerausbildung zu schließen. Dieses Vorgehen hat den Vorteil, dass es das Ziel von Lehrerausbildung, nämlich die Förderung von Schülerleistungen, zum Ausgangspunkt der Untersuchung macht. Auf der anderen Seite bedeutet es jedoch auch eine nur indirekte Messung der Wirksamkeit der Lehrerausbildung und erfordert eine sorgfältige Kontrolle von anderen Einflüssen auf Schülerleistungen wie etwa den sozio-kulturellen Status der Schülerinnen und Schüler (vgl. Baumert, Watermann & Schümer, 2003).

Die alternative Vorgehensweise ist, vorher definierte Fähigkeiten oder Kompetenzen von Lehrerinnen und Lehrern, von denen man annimmt, dass sie relevant für eine positive Beeinflussung der Schülerleistungen sind, direkt zu messen. Dies vermeidet eine indirekte Messung der Wirksamkeit der Lehrerausbildung, beinhaltet aber das Problem, dass

> „es für die Profession der Lehrperson noch kein festes, international anerkanntes und als absolut notwendig betrachtetes Set von Kompetenzen gibt. Desweiteren wandeln sich die gesellschaftlichen Erfordernisse an die Schule andauernd, was zu neuen For-

[26] Eine zugespitzte Formulierung findet sich bei Möller (2006, S. 5): „Schüler sind nach internationalen Leistungsvergleichen so gut wie ihre Lehrer, und die sind so gut wie die jeweilige Lehrerbildung. Wenn deutsche Schüler bei den PISA-Vergleichsstudien also nicht vorteilhaft abschneiden, dann ist das weniger auf die Kompetenz der Schüler als auf die Lehrerbildung zurückzuführen."

derungen hinsichtlich der professionellen Ausbildung führt." (Oser, 2001a, S.67)[27].

Dies hat zu vielen, häufig normativ geprägten Konzepten über Ziele, notwendige Inhalte und Wirksamkeitsmodelle (vgl. ebd.) der Lehrerausbildung geführt. Weiterhin ist als direkte Konsequenz daraus auch die zugehörige empirische Forschungslage vielschichtig, da sich die Studien stark hinsichtlich ihrer grundsätzlichen Annahmen und theoretischen Modelle unterscheiden und die Interpretation der Ergebnisse zudem beispielsweise vom jeweiligen bildungspolitischen Standpunkt abhängt (vgl. für einen Überblick Blömeke, 2004).

2.2 Wirksamkeit von Komponenten der Lehrerausbildung

Betrachtet man die Gemeinsamkeiten der verschiedenen Studien im Hinblick auf den Einfluss von Komponenten der Lehrerausbildung auf Schülerleistungen, lässt sich zuerst festhalten, dass kein diesbezüglicher ausschließlicher Zusammenhang festzustellen ist. Vielmehr wird deutlich, dass der Lernerfolg von Schülerinnen und Schülern nicht nur durch Lehrerhandeln beeinflusst wird, sondern erwartungsgemäß auch durch viele weitere Faktoren, beispielsweise individuelle Lernvoraussetzungen, sozio-kulturelle Rahmenbedingungen oder institutionelle Rahmenbedingungen, beeinflusst wird (vgl. Helmke, 2005, Bromme, 1997). Im Hinblick auf die Fähigkeiten der Lehrerin oder des Lehrers kann weiterhin ein „linearer" Zusammenhang ausgeschlossen werden. Stattdessen lässt sich beispielsweise ein „Deckeneffekt" (vgl. Blömeke, 2004) beobachten in dem Sinne, dass ab einem gewissen Grad von Fachwissen der Lehrerin oder des Lehrers eine weitere Erhöhung dieses Fachwissens häufig mindestens keinen positiven Einfluss mehr, teilweise sogar einen negativen Einfluss auf die Leistungen der Schülerinnen und Schüler hat (vgl. mit Bezug zur Mathematik Loewenberg Ball, Lubienski & Mewborn, 2002). Ein möglicher Grund ist, dass beispielsweise fachmathematische universitäre Veranstaltungen häufig von tendenziell konservativen Lehr-Lern-Arrange-

---

[27] "Die Überprüfung der Qualität der Ausbildung steht aber vor dem Problem, dass genau diese Qualität eine noch unbekannte Größe darstellt." (Oser, 2001a, S. 67). Dies war einer der Hauptgründe für die Durchführung der Studie MT21, die ursprünglich als Pilotstudie für die Studie TEDS-M 2008 angelegt war und eine Konzeptualisierung und Operationalisierung des theoretischen Rahmens von „Wirksamkeit von Lehrerausbildung" liefern sollte (vgl. Kapitel II.6).

ments geprägt sind und das verstärkte Wahrnehmen entsprechender Veranstaltungen bei den angehenden Lehrerinnen und Lehrern eine Fokussierung auf entsprechende Unterrichtsmethoden bedeuten könnte. Solche Methoden stehen einem auf die Bedürfnisse von Schülerinnen und Schülern ausgerichteten Unterricht jedoch häufig entgegen. Ein weiterer möglicher Grund ist, dass ein zu hohes universitäres mathematisches Fachwissen die Distanz der Lehrerin oder des Lehrers zu schulmathematischen Inhalten und den dazugehörigen Darstellungsweisen erhöhen könnte.

> "One explanation might rest with the increasing compression of knowledge that accompanies increasingly advanced mathematical work, a compression that may interfere with the unpacking of content that teachers need to do [...]. Another explanation might be that more course work in mathematics is accompanied by more experience with conventional approaches to teaching mathematics. Such experience may imbue teachers with pedagogical images and habits that do not contribute to their effectiveness with young students [...]." (ebd., S. 442)

Durch solche Begrenzungen bei der Untersuchung des Lehrerhandelns auf die Schülerleistungen, wie etwa den Deckeneffekt oder den Einfluss anderer Faktoren auf die Schülerleistung, sind allgemeine Aussagen über die Wirksamkeit der Lehrerausbildung nur teilweise möglich. Ebenfalls werden allgemeine Aussagen erschwert durch die Vielfalt der Studien mit der zugehörigen Vielfalt an teilweise widersprüchlichen Ergebnissen und Interpretationen, was insbesondere an der Vielfalt der Konzepte zur Lehrerausbildung und deren Komponenten liegt. Weiterhin ist ein Großteil der vorliegenden Studien unter einer stark US-amerikanischen Perspektive entstanden, insbesondere, wenn es sich um Programmevaluationen handelt, das heißt, Studien, „in denen die Lehrerbildung als Ganzes oder zumindest substanzielle Teile untersucht werden" (Blömeke, 2004, S. 66). Dabei werden keine individuellen Merkmale von Lehrerinnen und Lehrern untersucht, sondern globale Merkmale des Lehrerberufs, wie beispielsweise Ausbildungsmerkmale, werden im Hinblick auf ihre Auswirkungen zum Beispiel auf Schülerleistungen untersucht. Wegen der US-amerikanischen Perspektive ist für die entsprechenden Studien naturgemäß keine direkte Übertragbarkeit der Ergebnisse auf andere Gesellschafts- und Bildungssysteme möglich, aber „ihre zentralen Erkenntnisse können für die deutsche Diskussion wichtige Hinweise liefern" (ebd.).

Berücksichtigt man diese verschiedenen Einschränkungen, lassen sich unter dieser Voraussetzung dennoch übergreifend einige generelle Tendenzen zur Wirksamkeit verschiedener Komponenten der Lehrerausbildung ausmachen. Dies gilt insbesondere im Bereich der „mathematikspezifischen Lehrerbildungsforschung, die im Unterschied zu anderen Unterrichtsfächern vergleichsweise häufig zu finden ist“ (ebd, S. 69) und wegen der mathematikdidaktischen Fokussierung der vorliegenden Arbeit als Referenzrahmen besonders geeignet ist. Es zeigt sich, dass zumindest teilweise ein Zusammenhang zwischen den Leistungen der Schülerinnen und Schüler und den verschiedenen Facetten und typischen Komponenten der Lehrerausbildung besteht (vgl. Künsting, Billich & Lipowsky, 2009, Baumert & Kunter, 2006, Lipowsky, 2006, Blömeke, 2004, Wayne & Youngs, 2003).

So betonen Wayne und Youngs (2003) unter einer stärker institutionellen Perspektive einen Zusammenhang zwischen den Lernerfolgen von Schülerinnen und Schülern und vor allem institutionell bedingten Charakteristika der Lehrerausbildung ihrer Lehrerinnen und Lehrer wie der Qualität der Lehrerausbildungsstätte, den dort vermittelten Studieninhalten und den Abschlüssen der Lehrkräfte. Speziell im Bezug auf letztere sind die Ergebnisse vor allem im Bezug auf das Unterrichtsfach Mathematik deutlich:

> "In the case of degrees, coursework, and certification, findings have been inconclusive except in mathematics, where high school students clearly learn more from teachers with certification in mathematics, degrees related to mathematics, and coursework related to mathematics[28]." (Wayne & Youngs, 2003, S. 107)

Unter einer mehr individuumsbezogenen Sichtweise fassen Baumert und Kunter (2006) den Einfluss von fachlichem und fachdidaktischem Wissen von Lehrerinnen und Lehrern auf Schülerleistungen zusammen. Aus dieser Perspektive

> „erwiesen sich das fachdidaktische Wissen von Lehrkräften und – vermittelt über das fachdidaktische Wissen – auch das Fachwissen als wichtige Prädiktoren für eine kognitiv herausfordernde und gleichzeitig konstruktive Unterstützung gewährende Unterrichtsführung. Mediiert über die Merkmale der Unterrichtsgestaltung sind Fachwissen und fachdidaktisches Wissen auch für die

[28] Die Aussage hat möglicherweise besondere Bedeutung vor dem Hintergrund der Debatte um die sogenannten „Quereinsteiger“ ins Lehramt.

Fachleistungen von Schülerinnen und Schülern substantiell bedeutsam.“ (ebd., S. 496).

Einen deutlichen Bezug zwischen dem unterrichtsbezogenen fachmathematischen Wissen von Lehrerinnen und Lehrern und den Schülerleistungen stellen auch Hill, Rowan und Ball (2005) her. Ihre Ergebnisse verdeutlichen insbesondere, dass entsprechende Zusammenhänge auch zwischen dem Fachwissen der Lehrerin oder des Lehrers und den Schülerleistungen nicht erst in höheren Jahrgangsstufen, das heißt, beim Lehren von fortgeschrittener Mathematik bedeutsam sind, sondern auch bereits in den ersten Klassenstufen, in denen elementare Mathematikkenntnisse vermittelt werden.

> "Teachers´ content knowledge for teaching mathematics was a significant predictor of student gains in both models at both grade levels.“ (ebd., S. 396) „That it also had a positive effect on student gains in the first grade suggests that teachers´ content knowledge plays a role even in the teaching of very elementary mathematics content.“ (ebd., S. 399)

Zusammenfassend kann also von einem Einfluss verschiedener Bereiche des professionellen Wissens, das heißt verschiedener Subfacetten der professionellen Kompetenz von Lehrerinnen und Lehrern (eine detaillierte Konzeptualisierung des Begriffs der professionellen Kompetenz von Lehrerinnen und Lehrern erfolgt in Kapitel II.3) auf die Schülerleistung ausgegangen werden[29]. Betrachtet man erfolgreiches Lehrerhandeln also in dem Sinne, dass dadurch Lernprozesse von Schülerinnen und Schülern positiv beeinflusst werden, kann also von einem Einfluss der professionellen Kompetenz auf erfolgreiches berufliches Handeln von Lehrerinnen und Lehrern ausgegangen werden. Damit lässt sich die im vorigen Ab-

---

[29] Dabei beschränkt sich hinsichtlich der Individualebene der Lehrerinnen und Lehrern der Einfluss der Lehrkräfte auf die Schülerleistungen erwartungsgemäß nicht nur auf das professionelle Wissen, das in Komponenten der Lehrerausbildung erworben werden kann. Vielmehr beeinflussen auch andere Faktoren, die nur mittelbar durch die Lehrerausbildung beeinflusst werden können, wie etwa die Einstellungen der Lehrerinnen und Lehrer (vgl. Kapitel II.4) und ihr konkretes unterrichtliches Handeln den Lernerfolg der Schülerinnen und Schüler. Zusammenfassend stellt Lipowsky (2006, S. 65) daher fest: „Lehrer haben mit ihren Kompetenzen und ihrem unterrichtlichen Handeln erheblichen Einfluss auf die Lernentwicklung von Schülern. Insbesondere für das Fach Mathematik konnte gezeigt werden, dass das Wissen und die Überzeugungen von Lehrern direkte und auch indirekte Effekte auf Schülerleistungen haben können".

schnitt formulierte Annahme zur professionellen Kompetenz von Lehrerinnen und Lehrern weiter präzisieren zu folgender Grundannahme:
Der Beruf der Lehrerin oder des Lehrers ist zumindest soweit professionalisiert, dass es gerechtfertigt ist, von professioneller Kompetenz und damit verbunden von einer dazugehörigen professionelle Wissensstruktur als Grundlage für berufliches Handeln von Lehrerinnen oder Lehrern auszugehen. Weiterhin beeinflusst diese professionelle Kompetenz und damit verbunden das zugehörige professionelles Wissen angemessenes und erfolgreiches Lehrerhandeln positiv.

Im Bezug auf die Wirksamkeit der Lehrerausbildung resultieren daraus insbesondere zwei zentrale Problemstellungen. Dies ist erstens die Frage, aus welchen Komponenten die professionelle Kompetenz von Lehrerinnen und Lehrern besteht. Wie geschildert, gibt es hier bisher eine Fülle von unterschiedlichen Ansätzen und Konzeptualisierungen. Aufgrund der Beobachtungen, dass verschiedene Bereiche des professionellen Wissens, die nahezu durchgehend der professionellen Kompetenz von Lehrerinnen und Lehrern zugerechnet werden, eine positive Wirkung auf das erfolgreiche Lehrerhandeln haben, folgt aus der Annahme zweitens die Frage, inwieweit Lehrerausbildungsinstitutionen professionelle Kompetenz oder Teile davon wirksam vermitteln können. Vor dem Hintergrund dieser Fragen entstanden verschiedene nationale und internationale Studien (siehe Kapitel 128), unter anderem die internationale Vergleichsstudie zur Lehrerbildung MT21 (**M**athematics **T**eaching in the **21**[st] Century). Ziel dieser Studie war es, als Vorbereitung der anschließenden Studien von TEDS-M 2008 (**T**eacher **E**ducation and **D**evelopment **S**tudy: Learning to Teach **M**athematics) erstmals die Wirksamkeit der Lehrerbildung empirisch vergleichend international zu untersuchen. Dafür waren im Vorfeld umfangreiche theoretische Konzeptualisierungen nötig, um das Konstrukt „professionelle Kompetenz von Lehrerinnen und Lehrern“ unter der Fragestellung der Wirksamkeit der Lehrerausbildung empirisch erfassen zu können.

Die vorliegende Studie ist in diesem Zusammenhang als qualitative Vertiefungs- und Ergänzungsstudie zu den entsprechenden größer angelegten, internationalen Vergleichsstudien zur Wirksamkeit der Lehrerausbildung angelegt und orientiert sich vor diesem Hintergrund hinsichtlich der theoretischen Ansätze insbesondere an MT21, in dessen Forschungskontext sie entstanden ist. Im Zentrum der vorliegenden Studie steht dabei nicht, wie beispielsweise bei MT21 und TEDS-M 2008, die Frage der Wirksamkeit der Lehrerausbildung im Bezug auf die Vermittlung professioneller Kompetenz, sondern die professionelle Kompetenz selber. Genauer sollen vor dem Hintergrund ihrer Bedeutung für erfolgreiches Lehrerhandeln im Sinne einer qualitativen Vertiefung typische Strukturen dieser professionellen Kompetenz speziell von Mathematiklehramtsstudierenden rekonstruiert werden. Die Arbeit fokussiert also auf die Rekonstruktion struktureller Zusammenhänge zwischen den verschiedenen Teilbereichen professioneller Kompetenz von Mathematiklehramtsstudierenden (vgl. Kapitel II.7). Im Hinblick auf diese Analysen werden im folgenden Abschnitt der Begriff der professionellen Kompetenz von Lehrerinnen und Lehrern und die dazugehörigen Teilbereiche, in der Form wie sie der vorliegenden Arbeit zugrunde liegen, vorgestellt. Die hier vorgestellten theoretischen Ansätze sind dabei, wie erwähnt, insbesondere an MT21 und den dort vorgenommenen entsprechenden theoretischen Konzeptualisierungen orientiert, so dass im Folgenden jeweils ein besonderer Bezug zu MT21 hergestellt wird.

3 Konzeptualisierung der professionellen Kompetenz von Lehrerinnen und Lehrern

3.1 Kompetenzorientierte Ansätze

Die in den vorangegangenen Abschnitten vorgestellten Ansätze zur Professionalität des Lehrerberufs, also der machttheoretische und der systemtheoretische Ansatz sowie der Ansatz aus der strukturtheoretischen Perspektive, sind geprägt durch unterschiedliche makro- oder mikrosoziale Sichtweisen auf den Lehrerberuf. Die zugehörigen Diskussionen, etwa bezüglich des Professionalisierungsgrades des Lehrerberufs oder der Basis für professionelles Lehrerhandeln, sind damit einhergehend auf einer stark theoriebezogenen Ebene angesiedelt. Insbesondere werden die von Lehrerinnen und Lehrern benötigten Fähigkeiten, Fertigkeiten und Kenntnisse größtenteils nur in theoretisch abstrahierter Form thematisiert. So verwendet Stichweh (1992) beispielsweise die offene Formulierung, die Wissensdimensionen des Lehrerberufs stünden in einem „Spannungsverhältnis“ (ebd., S. 44), das sich in einer „unhintergehbaren Ambiguität der Orientierungen“ (ebd., S. 61) manifestiert (vgl. Abschnitt II.1.4). Gemeinsam ist den Ansätzen also, dass keine Operationalisierung der professionellen Handlungsbasis von Lehrerinnen und Lehrern dargestellt wird, das heißt eine detaillierte Aufschlüsselung dieser Handlungsbasis in einzelne Komponenten, die Grundlage für eine empirische Messung sein könnte. Im Gegenteil wird in diesen Ansätzen eine Messbarkeit der professionellen Handlungsbasis zumindest deutlich nicht angestrebt beziehungsweise sogar weitgehend abgelehnt[30] (vgl. Blömeke, 2009). Eine entsprechende Entwicklung und Formulierung von Theorien zur Qualifikation von Lehrerinnen und Lehrern, die Grundlage einer empirischen Messung sein können, findet sich stattdessen in den kompetenzorientierten Ansätzen (vgl. Blömeke, Felbrich, Müller, 2008). Hierbei stehen „konkrete Modellierungen des Wissens und der Fähigkeiten von Lehrpersonen" (ebd., S. 16) im Zentrum. Es geht also um die tatsächliche Beschreibung der Bestandteile von „professioneller Kompetenz" von Lehrerinnen und Lehrern.

Theoretischer Bezugspunkt dieser Ansätze ist grundlegend die Konzeptualisierung des Begriffs der „Kompetenz". Im Einklang mit dem Vorgehen von MT21 bezieht sich die vorliegende Arbeit diesbezüglich auf die Ansätze von Weinert (2001a, 2001b), der Kompetenz im folgenden Sinne definiert:

> „Dabei versteht man unter Kompetenzen die bei Individuen verfügbaren oder durch sie erlernbaren kognitiven Fähigkeiten und Fertigkeiten, um bestimmte Probleme zu lösen, sowie die damit verbundenen motivationalen, volitionalen und sozialen Bereitschaften und Fähigkeiten um die Problemlösungen in variablen Situationen erfolgreich und verantwortungsvoll nutzen zu können." (Weinert, 2001b, S. 27f.)

Kompetenz wird in diesem Sinne also als vielschichtiges Konstrukt aufgefasst, das neben einer wissensbezogenen Komponente auch verschiedene nicht-kognitive Komponenten beinhaltet. Insbesondere greift die Definition zentrale Aspekte der geschilderten Professionsdebatte (vgl. Kapitel II.1) auf. So werden, da es sich um eine Kompetenzdefinition handelt, an erster Stelle „erlernbare kognitive Fähigkeiten" hervorgehoben, was in Übereinstimmung steht mit der Anforderung an eine Profession, sich auf einen, zumeist universitär erworbenen, Wissensbestand zu beziehen. Weiterhin dient Kompetenz gemäß Weinert dazu, Probleme zu lösen und diese Problemlösungen anzuwenden, was übereinstimmt mit der professionstheoretischen Auffassung, dass es Aufgabe von Professionsinhaberinnen und Professionsinhabern ist, für ihre Klientinnen und

[30] Gleiches gilt auch für die persönlichkeitsorientierten Ansätze (vgl. Bohnsack, 2004), bei denen Konzepte zur Lehrerpersönlichkeit in die Professionszusammenhänge eingebettet werden.

Klienten spezielle Probleme zu lösen beziehungsweise zu bearbeiten. Darüber hinaus steht der Hinweis, die Problemlösungen „verantwortungsvoll" zu nutzen, im Bezug zu der besonderen ethische Verantwortung, die der Arbeit von Professionsinhaberinnen und -inhabern zugesprochen wird. Dadurch, dass von „variablen Situationen" ausgegangen wird, ist die Definition weiterhin insbesondere im Bezug auf den Lehrerberuf geeignet, um das Konzept der Kompetenz mit dem Problem des „Technologiedefizits" von Lehrerhandeln in definitorischen Einklang zu bringen. Schließlich wird außerdem darauf hingewiesen, dass Kompetenz die Grundlage für erfolgreiches Handeln ist, was sich auf die in Abschnitt II.2.2 formulierten Grundannahme beziehen lässt, gemäß der professionelle Kompetenz einen positiven Einfluss auf angemessenes und erfolgreiches Lehrerhandeln hat. Insgesamt ist die Definition also anschlussfähig an die skizzierte Professionsdebatte und die vorangehend formulierte Grundannahme. Damit ist es möglich, dieses Konzept der Kompetenz auf den Lehrerberuf als Profession zu beziehen und damit als Charakterisierung der professionellen Kompetenz von Lehrerinnen und Lehrern zu verwenden[31].

Wie diese professionelle Kompetenz von Lehrerinnen und Lehrern auf der Basis dieses Kompetenzansatzes dann jeweils beschrieben beziehungsweise konzeptualisiert ist, hängt jeweils stark von der zugrundeliegenden Perspektive ab. So entwickeln Baumert und Kunter (2006) ihr theoriebezogenes Modell unter der Zielsetzung, eine möglichst umfassende Übersicht zu geben. Dafür differenzieren sie zwischen vier Dimensionen, nämlich einer Wissensdimension, einer auf persönliche Überzeugungen, Werte und Ziele bezogenen Dimension, sowie einer motivationalen und einer metakognitiven Dimension.

Betrachtet man professionelle Kompetenz von Lehrerinnen und Lehrern hingegen im Hinblick auf eine empirische Untersuchung, ist insbe-

---

[31] An anderer Stelle differenziert Weinert in diesem Zusammenhang Kompetenz ebenfalls in die oben genannten Komponenten aus, ohne dieses Mal jedoch die besonderen Anforderungen an eine Profession, wie etwa ethische Verantwortung und variable Situationen, zu nennen. Stattdessen bezieht er hier das Konzept direkt, aber nicht ausschließlich, auf Professionen: „The theoretical construct of action competence comprehensively combines those intellectual abilities, content-specific knowledge, cognitive skills, domain-specific strategies, routines and subroutines, motivational tendencies, volitional control systems, personal value orientations, and social behaviors into a complex system. Together, this system specifies the prerequisites required to fulfill the demands of a particular professional position, of a social role, or a personal project." (Weinert, 2001a, S. 51).

sondere die Frage nach der Messbarkeit der einzelnen Komponenten entscheidend. Man erkennt unmittelbar, dass die unterschiedlichen Subfacetten von Kompetenz nach Weinert in unterschiedlicher Weise für eine empirische Untersuchung zugänglich sind. So erfordert beispielsweise die Messung einer Wissensdimension sicherlich eine andere Herangehensweise als die Messung der sozialen Bereitschaft zur Lösung eines Problems (vgl. Kunter & Klusmann, 2010, Frey, 2006 und als Überblick zur Kompetenzmessung mit Bezug nicht nur auf pädagogische Felder Erpenbeck & von Rosenstiel, 2007). Für die Durchführung einer empirischen Untersuchung muss professionelle Kompetenz von Lehrerinnen und Lehrern deshalb operationalisiert werden, das heißt, es müssen abhängig von der Anlage der jeweiligen Studie Komponenten der Kompetenz ausgewählt werden, die untersucht werden sollen. Dies bedeutet im Allgemeinen eine Einschränkung der professionellen Kompetenz auf einige Komponenten, von denen angenommen wird, dass sie bezogen auf die Zielsetzungen der jeweiligen Studie die professionelle Kompetenz von Lehrerinnen und Lehrern angemessen repräsentieren. Eine solche Operationalisierung erfordert also immer eine Reduktion der professionellen Kompetenz auf einzelne, für die jeweilige Studie ausgewählte Komponenten. Das bedeutet insbesondere, dass damit keine vollständige Erfassung und Beschreibung professioneller Kompetenz intendiert ist beziehungsweise intendiert sein kann.

> „Vor diesem Hintergrund ist deutlich darauf hinzuweisen, dass die professionelle Kompetenz von Lehrpersonen ohne Zweifel mehr als das umfasst, was in MT21 getestet wurde." (Blömeke, Felbrich, Müller, 2008, S. 18)

Nachfolgend wird vor diesem Hintergrund die Konzeptualisierung von professioneller Kompetenz von Lehrerinnen und Lehrern vorgestellt, die dieser Studie zugrunde liegt. In Anlehnung an die entsprechenden theoretischen Konzeptualisierungen von MT21 (ebd.) wird dabei auf zwei Subfacetten professioneller Kompetenz von Lehrerinnen und Lehrern fokussiert. Dies sind das professionelle Wissen einerseits und die mathematischen und unterrichtsbezogenen Einstellungen andererseits. Die zugehörigen Konzeptualisierungen der beiden Teilkomponenten der professionellen Kompetenz werden in den folgenden Abschnitten vorgestellt, wobei der nächste Abschnitt sich mit dem Lehrerprofessionswissen befasst, bevor im darauffolgenden Abschnitt die theoretischen Konzepte zu den professionsbezogenen Einstellungen für Mathematiklehrerinnen und -lehrer dargestellt werden.

3.2 Das Professionswissen von Mathematiklehrerinnen und -lehrern

Ausgangspunkt für die Konzeptualisierung für das professionelle Wissen von Lehrerinnen und Lehrern ist die von Shulman (1986) entwickelte Topologie unter Einbezug der späteren Ausdifferenzierung und Erweiterung durch Bromme (1997,1994), die insbesondere auf pädagogisches Wissen und eine Ausdifferenzierung der Komponenten des fachlichen Wissens fokussiert. In anderen Publikationen (etwa Shulman, 1987) erweitert Shulman seine Liste der Wissensbereiche noch[32], beispielsweise um das Wissen über Schülerinnen und Schüler, um Kenntnisse über Ziele, Werte und historische Hintergründe des Erziehungssystems und um Wissen über Bedingungsfaktoren des schulischen Lehr-Lern-Prozess sowohl im Hinblick auf Prozesse im Klassenraum wie auch im Hinblick auf politische und soziale Rahmenbedingungen. Daneben gibt es selbstverständlich eine Vielzahl weiterer konzeptueller Ansätze zur Beschreibung des Lehrerprofessionswissens (vgl. die unterschiedlichen Beiträge in Zlatkin-Troitschanskaia et al., 2009, Lipowsky, 2006, Zeichner, 2006, Oser, 2001b, Schoenfeld, 2000, Sherin, Sherin & Madanes, 2000). Die nachfolgende Konzeptualisierung in Anlehung an Shulman und Bromme ist daher, wie erwähnt, insbesondere begründet in der entsprechenden Konzeptualisierung von MT21 vor dem Hintergrund des Charakters der vorliegenden Studie als Ergänzungsstudie zu den größer angelegten, internationalen Vergleichsstudien zur Wirksamkeit der Lehrerausbildung wie MT21 und TEDS-M 2008.

Shulman (1986, S.9) unterscheidet grundlegend allgemeines, nicht-fachgebundenes pädagogisches Wissen ("general pedagogical knowledge") und fachbezogene Wissensfacetten. Im Bezug auf letztere unterscheidet er zwischen drei Bereichen:

> "How might we think about the knowledge that grows in the minds of teachers, with special emphasis on content? I suggest we distinguish among three categories of content knowledge: (a) subject

[32] Shulman stellt fest, dass seine Auflistungen des Lehrerwissens in verschiedenen Publikationen „admittedly, not with great cross-article consistency“ (Shulman,1987, S. 8) gestaltet wurden.

> matter content knowledge, (b) pedagogical content knowledge, and (c) curricular knowledge." (ebd.)

Bromme (1997, 1994) greift diese Unterscheidung auf und führt sie fort, indem er sie einerseits ergänzt und im Bezug auf das fachliche Wissen weiter ausdifferenziert:

> "This is why I take up his suggestion, but extended by both the concept of 'philosophy of content knowledge' and a clear distinction between the knowledge of the academic discipline and that of the subject in school." (Bromme, 1994, S. 74)

Insgesamt erhält man damit die folgenden Bereiche des Lehrerprofessionswissens:

- Fachliches Wissen (Content knowledge)

  Dieser Bereich umfasst das Wissen über die rein fachbezogenen Inhalte und Konzepte der jeweiligen Referenzdisziplin. Daneben erstreckt sich das fachliche Wissen nicht nur auf die Kenntnis der zentralen Wissensbestände, sondern umfasst daneben auch das Wissen über zentrale fachliche Gliederungs- und Ordnungsstrukturen der jeweiligen wissenschaftlichen Disziplin. Insoweit entspricht das fachliche Wissen bis zu einem gewissen Grad dem Wissen einer oder eines rein fachbezogen ausgebildeten Diplom- beziehungsweise Bachelor/ Master-Absolventin oder Absolventen.

  Dennoch geht nach Shulman auch unter rein fachlicher Perspektive das Wissen einer Lehrerin oder eines Lehrers über das einer oder eines rein fachlich ausgebildeten Absolventin oder Absolventen hinaus. Insbesondere benötigen Lehrerinnen oder Lehrer Kenntnisse über die Fachsystematik, das heißt fachliche Kenntnisse, nicht nur vor dem innerfachlichen Hintergrund, sondern auch als Grundlage für spätere unterrichtliche Entscheidungen.

  > "We expect that the subject matter content understanding of the teacher be at least equal to that of his or her ley colleague, the mere subject matter major. The teacher need not only understand that something is so; the teacher must further understand why it is so, on what grounds its warrant can be asserted, and under what circumstances our belief in its justification can be weakened and even denied." (Shulman, 1986, S. 9)

  Dies ist notwendig, da Lehrerinnen und Lehrer das fachliche Wissen nicht erwerben, um *auf* Basis dieses Wissens zu arbeiten, sondern, um Teile davon später Schülerinnen und Schülern zu vermitteln.

> "Teachers must not only be capable of defining for students the accepted truths in a domain. They must also be able to explain why a particular proposition is deemed warranted, why it is worth knowing, and how it relates to other propositions, both within the discipline and without, both in theory and in practice." (ebd.)

Einhergehend mit der Kenntnis über die fachsystematische Ordnung der jeweiligen Referenzdisziplin verlangt Shulman von den Lehrerinnen und Lehrern auch Kenntnisse über die unterschiedliche Bedeutung verschiedener Themengebiete. Dies ist eine notwendige Grundlage für spätere Entscheidungen bei der Auswahl der im Unterricht thematisierten Inhalte.

> "Moreover, we expect the teacher to understand why a given topic is particularly central to a discipline whereas another may be somewhat peripheral. This will be important in subsequent pedagogical judgments regarding relative curricular emphasis." (ebd.)

Man erkennt hier unmittelbar die engen Bezüge zum curricularen Wissen. Weiterhin wird durch Shulmans besondere Analyse des fachlichen Wissens vor dem Hintergrund der Anforderungen an eine Lehrerin oder einen Lehrer bereits die später von Bromme (1994, S. 74) explizierte Unterscheidung zwischen fachlichem Wissen über Mathematik als Wissenschaftsdisziplin ("Content Knowledge About Mathematics as a Discipline") und Wissen über Schulmathematik ("School Mathematical Knowledge") angedeutet. Mathematik als Wissenschaftsdiziplin bedeutet bei Bromme „among other things, mathematical propositions, rules, mathematical modes of thinking, and methods." (ebd.). Dieses Wissen erwerben angehende Lehrerinnen und Lehrer üblicherweise an der Universität beziehungsweise sie vertiefen dort bereits erworbenes Schulwissen. Daneben steht dann als eigenständiger Bereich das Wissen über Schulmathematik, das heißt, über diejenigen fachmathematischen Inhalte, die im Rahmen des schulischen Mathematikunterrichts vermittelt werden. Diese „represent a canon of knowledge of their own, the contents of learning mathematics are not just simplifications of mathematics as it is taught in universities[33]" (ebd.). Vielmehr müssen die Themengebiete nicht nur vor dem Hintergrund der Wissenschaftsdisziplin Mathematik, sondern auch vor dem Hintergrund unterrichtlicher Zielsetzungen ausgewählt

---

[33] Bromme (1994, S. 74) verwendet die griffige Darstellung: „in student terms: Mathematics and 'math' [...] are not the same".

und inhaltlich ausgestaltet werden. Genau wie bei Shulman werden hier erneut die deutlichen Verbindungen zum curricularen Wissen deutlich, die so eng sind, dass Bromme in späteren Publikationen (vgl. Bromme, 1997) sogar entsprechende Aspekte direkt im Bereich des curricularen Wissens verortet (s.u.). Dies verdeutlicht insbesondere bereits auf theoretischer Ebene, dass die einzelnen Wissensgebiete, wie sie hier geschildert werden, eng zusammenwirken und in gegenseitiger Abhängigkeit stehen.

- Curriculares Wissen (Curricular knowledge)
  Dieser Bereich des professionellen Wissens von Lehrerinnen und Lehrern umfasst die Auswahl und Anordnung von Themen im Unterricht sowie die darauf bezogenen Begründungen. Diese lassen sich nicht unmittelbar aus der Fachsystematik der zugehörigen Wissenschaftsdisziplin ableiten.

  > „Die Schulfächer haben ein 'Eigenleben' mit einer eigenen Logik, d.h. die Bedeutung der unterrichteten Begriffe ist nicht allein aus der Logik der wissenschaftlichen Fachdisziplinen zu erklären." (ebd., S. 196)

  Stattdessen muss die Auswahl der Inhalte nicht nur aus wissenschaftssystematischer Sicht begründet sein, sondern muss darüber hinaus auch unterrichtsbezogene Absichten widerspiegeln. Im Bezug auf Mathematikunterricht würde beispielsweise eine rein am deduktiv-axiomatischen Aufbau der Mathematik orientierte Themenabfolge von Inhalten die ebenfalls notwendige Vermittlung eines anwendungsbezogenen Mathematikbildes (vgl. Kaiser, 2007) erschweren. Außerdem werden im Allgemeinen fächerübergreifende Zielvorstellungen, wie die Gestaltung eines allgemeinbildenden Mathematikunterrichts, etwa im Hinblick auf soziales Lernen oder die Lebensvorbereitung der Schülerinnen und Schüler, die Themenauswahl des Mathematikunterrichts ebenfalls beeinflussen (vgl. Heymann, 1996).
  In einer weiteren, eher anglo-amerikanischen Sichtweise wird unter Curriculum darüber hinaus die Zusammenfassung aller Elemente begriffen, mittels derer der Lehr-Lern-Prozess gestaltet wird[34].

  > "The curriculum is represented by the full range of programs designed for the teaching of particular subjects and topics at a given

[34] Der im Deutschen oft als „Curriculum" bezeichnete Lehrplan heißt im Englischen daher auch „syllabus".

level, the variety of instructional materials available in relation to those programs, and the set of characteristics that serve as both the indications and contraindications for the use of particular curriculum or program materials in particular circumstances.“ (Shulman, 1986, S. 10)

Unter dieser Sichtweise umfasst curriculares Wissen neben dem vorangehend geschilderten Wissen über die Themenauswahl und -abfolge auch das Wissen über die im jeweiligen speziellen unterrichtlichen Kontext angemessene Verwendung von Instrumenten und Materialien. Shulman erweitert das curriculare Wissen darüber hinaus um eine laterale und eine vertikale Komponente. Entsprechend der lateralen Komponente soll die Lehrerin oder der Lehrer demgemäß auch Kenntnisse darüber haben, welche Inhalte und Materialen gerade Gegenstand des Unterrichts der Schülerinnen und Schüler in anderen Fächern sind. Die vertikale Komponente bezeichnet für ihn weiterhin Wissen über die Themengebiete und Materialien, die im selben Fach, aber in früheren oder späteren Klassenstufen, Zentrum des Unterrichts sind.

- Fachspezifisch-pädagogisches Wissen (Pedagogical content knowledge)

  Fachspezifisch-pädagogisches Wissen beschreibt allgemein Wissen über Fachinhalte im Hinblick auf die unterrichtliche Vermittlung dieser Inhalte. Diese Wissenskomponente umfasst also auf die jeweilige Referenzdiziplin bezogenes Wissen, das besonders relevant ist für Lehrerinnen und Lehrer, nicht jedoch für Diplom- oder Bachelor/Master-Absolvierende des jeweiligen Faches. Es lässt sich generell charakterisieren als „subject matter content knowledge *for teaching*“ (Shulman, 1986, S. 9) oder „content knowledge that embodies the aspects of content most germane to its teachability“ (ebd.). Im Gegensatz zum reinen Fachwissen stehen hier nicht die Fachinhalte selber im Zentrum, sondern vielmehr das Wissen darüber, wie man es Schülerinnen und Schülern ermöglicht, diese Inhalte zu lernen. Naturgemäß setzt das jedoch auf Seiten der Lehrerin oder des Lehrers auch das entsprechende Wissen über die zugrundeliegenden Fachinhalte hinaus.

  "Within the category of pedagogical content knowledge I include, for the most regularly taught topics in one's subject area, the most useful forms of representation of those ideas, the most powerful analogies, illustrations, examples, explanations, and demonstrations – in a word, the ways of representing and formulating the subject that make it comprehensible to others." (ebd.)

Shulman betont, dass diese Art von Wissen nicht bedeutet, jedem Themengebiet genau eine optimale Art der unterrichtlichen Repräsentation zuzuordnen, sondern vielmehr pedagogical content knowledge gerade auch charakterisiert ist durch das Wissen über verschiedene Zugänge zu einem Thema. Insbesondere können diese verschiedenen Zugänge sowohl forschungsbasiert sein als auch auf Erfahrungen aus der praktischen Arbeit beruhen.

Da die unterrichtliche Vermittlung von Fachinhalten immer einen Lehr-Lern-Prozess bedeutet, umfasst das pedagogical content knowledge nicht nur Fachwissen unter der vorangegangen geschilderten Perspektive des Lehrens, sondern auch unter der Perspektive des Lernens. Dies betrifft insbesondere Kenntnisse der Lehrerin oder des Lehrers darüber, welche Vor- und Fehlvorstellungen Schülerinnen und Schüler zu einem Thema haben können, wie diese das Lernen der entsprechenden Fachinhalte beeinflussen und wie gegebenenfalls den Fehlvorstellungen sinnvoll begegnet werden kann.

"Pedagogical content knowledge also includes an understanding of what makes the learning of specific topics easy or difficult: the conceptions and preconceptions that students of different ages and backgrounds bring with them to the learning of those most frequently taught topics and lessons. If those preconceptions are misconceptions, which they so often are, teachers need knowledge of the strategies most likely to be fruitful in reorganizing the understanding of learners [...]." (ebd., S. 9 f.)

Insbesondere beim pedagogical content knowledge werden die engen Bezüge und Abhängigkeiten der verschiedenen Wissensbereiche untereinander deutlich, da dieser Bereich direkt sowohl durch die Fachinhalte als auch durch Aspekte des Lehren und Lernens geprägt ist. Shulman definiert daher an anderer Stelle pedagogical content knowledge sogar genau über das Charakteristikum der Vereinigung verschiedener Wissensbereiche:

"pedagogical content knowledge, that special amalgam of content and pedagogy that is uniquely the province of teachers, their own special form of professional understanding" (Shulman, 1987, S. 8)

Die gleiche Sichtweise auf pedagogical content knowledge findet sich bei Bromme (1995a, S. 110), wenn er es unter psychologischer Perspektive als „kognitive Integration des Wissens aus unterschiedlichen akademischen Disziplinen und die Kontextualisierung dieses Wissens" bezeichnet. Auf der anderen Seite lassen sich auch Verbindungen zwischen dem pedagogical content knowledge und dem curricular knowledge aufzeigen. So hängt die Wahl einer geeigneten unterrichtlichen Repräsentationsform, etwa die Möglichkeit, eine Analogie oder ein Beispiel zu verwenden, immer auch vom Vorwissen der Schülerinnen und Schüler ab oder davon, wie viel Zeit für die Behandlung des entsprechenden Themengebiets vorgesehen ist.

> „Um geeignete Formen der Darstellung des Stoffes zu finden, um die zeitliche Abfolge der Behandlung von Themen zu bestimmen und um zu gewichten, welche Stoffe intensiver behandelt werden, ist fachspezifisch-pädagogisches Wissen notwendig." (Bromme, 1997, S. 197)

Da pedagogical content knowledge dasjenige Wissen repräsentiert, das nur von Lehrerinnen und Lehrern benötigt wird, hat es im Gefüge des Lehrerprofessionswissens eine zentrale Stellung eingenommen und wurde und wird in der zugehörigen Diskussion besonders häufig und kontrovers diskutiert sowie häufig weiterentwickelt oder modifiziert (vgl. als Überblick Graeber & Tirosh, 2008). Dies ist insbesondere relevant im Hinblick auf empirische Untersuchungen, da das Konzept des pedagogical content knowledge in seiner allgemeinen Form aufgrund der konzeptuellen Vielschichtigkeit nur schwer oder gar nicht für eine empirische Untersuchung zugänglich ist.

Daher gab es zum Einen Versuche zur empirisch begründeten präziseren begrifflichen Beschreibung des Konzepts. So identifiziert Marks (1990) auf Basis von Interviews mit Mathematiklehrerinnen und -lehrern, die Bruchrechnung in der fünften Klasse unterrichten, vier Komponenten des pedagogical content knowledge:

> "The portrait of pedagogical content knowlede that emerged from this study was composed of four major areas: subject matter for instructional purposes, students´ understanding of the subject matter, media for instruction in the subject matter (i. e., texts and materials), and instructional processes for the subject matter. These areas appear to be highly integrated;" (ebd, S. 4)

Zum Anderen finden sich insbesondere viele Arbeiten, die eine präzisere Beschreibung des pedagogical content knowledge theoretisch unter der Perspektive der Operationalisierung vornehmen. Hier finden sich einerseits Studien, die einzelne Subfacetten identifizieren und beschreiben und diese anschließend empirisch untersuchen. Beispielsweise fokussieren so Even und Tirosh (1995) auf die Darstellung mathematischer Inhalte durch die Lehrerin oder den Lehrer, wenn diese auf Fragen oder Ideen von Schülerinnen und Schülern reagieren. Insbesondere in der neueren Diskussion finden sich in diesem Zusammenhang aber andererseits auch Studien, die das Konzept des pedagogical content knowledge deutlich ausweiten und beispielsweise Elemente des curricularen Wissens in die theoretische Konzeptualisierung einfließen lassen. Dies spiegelt erneut die bereits erwähnten Bezüge und gegenseitigen Abhängigkeiten zwischen den Wissensgebieten wider. Ein Beispiel für ein solches erweitertes Begriffsverständnis von pedagogical content knowledge liefern An, Kulm und Wu (2004) in ihrer Studie zum Vergleich des entsprechenden Wissens zwischen chinesischen und amerikanischen Mathematiklehrerinnen und -lehrern der Sekundarstufe:

> "In the current study, pedagogical content knowledge is defined as the knowledge of effective teaching which includes three components, knowledge of content, knowledge of curriculum and knowledge of teaching. This is broader than Shulman's original designation." (ebd., S. 146 f.)

Insgesamt wird damit deutlich, dass die empirische Überprüfung des pedagogical content knowledge zuerst eine Operationalisierung dieses Wissensbereiches erfordert und dieser nicht schon per se klar definierte Bereiche umfasst.

- Philosophie des Schulfachs (Philosophy of school mathematics)
  Dieser von Bromme (1997, 1994) in der Diskussion über professionelles Lehrerwissen verwendete Terminus umfasst „die Auffassungen darüber, wofür der Fachinhalt nützlich ist und in welcher Beziehung er zu anderen Bereichen menschlichen Lebens und Wissens steht" (Bromme, 1997, S. 196). Weiterhin fallen in diesen Bereich die Sichtweisen der Lehrerin oder des Lehrers auf die unterrichteten Inhalte. Da entsprechende Einstellungen der Lehrerin oder des Lehrers ihren beziehungsweise seinen Unterricht prägen, beispielsweise hinsichtlich der Themenwahl, zeitlichen Gewichtung oder Auswahl des methodischen Vorgehens, zählt Bromme auch diesen Bereich zum professionellen Wissen von Lehrkräften.

> „Die Philosophie des Schulfaches ist auch impliziter Unterrichtsinhalt. Schüler lernen z. B. im Mathematikunterricht, ob der Lehrer der Auffassung anhängt, das Wesentliche an der Mathematik sei das Operieren mit einer klaren, vorab definierten Sprache, ohne dass es auf den referentiellen Bezug der verwendeten Zeichen ankäme, oder ob eher die Auffassung vorherrscht, Mathematik sei ein Werkzeug zur Wirklichkeitsbeschreibung." (ebd.)

In der aktuellen Diskussion werden entsprechende Konzepte häufig weniger im Kontext des Professionswissens, sondern verstärkt im Kontext der belief-Konzepte diskutiert (vgl. Kapitel II.4). Im Einklang damit wird dieser Bereich in der vorliegenden Studie nicht als Teil des Professionswissens berücksichtigt, da die mathematik- und mathematikunterrichtsbezogenen Einstellungen der Lehrerinnen und Lehrer als Bereich professioneller Kompetenz konzeptuell gesondert erfasst sind.

- Pädagogisches Wissen (General pedagogical knowledge)
  Dieser Bereich des professionellen Wissens von Lehrerinnen und Lehrern umfasst das für die berufliche Tätigkeit einer Lehrkraft notwendige und nicht fachbezogene Wissen. Es umfasst beispielsweise erziehungswissenschaftliche Kenntnisse, Wissen über Classroom-Managment sowie Kenntnisse über institutionelle oder außerschulische Einflussfaktoren auf den Lehr-Lern-Prozess.
  Eine mögliche präzisere Ausdifferenzierung dieses Bereichs in einzelne Gebiete unter stark operationalisierender Perspektive findet sich diesbezüglich bei König und Blömeke (2009, S. 504), die ihre Unterscheidung „sowohl aus der Perspektive der empirischen Unterrichtsforschung als auch unter didaktischen Gesichtspunkten" formulieren. Genauer beschreiben sie dafür die

> „Operationalisierung des fachübergreifenden, pädagogischen Wissens von Lehrkräften [...] anhand von fünf Dimensionen beruflicher Anforderungen:
>
> - Strukturierung von Unterricht
> - Motivierung
> - Umgang mit Heterogenität
> - Klassenführung und
> - Leistungsbeurteilung." (ebd.)

Da die vorliegende Studie jedoch nur auf die fachbezogenen Komponenten des Lehrerprofessionswissens fokussiert, wird der Bereich des fachunabhängigen, pädagogischen Wissens hier nicht vertieft weiter dargestellt. Insbesondere werden daher alternative mögliche konzeptuelle Ausdifferenzierungen des pädagogischen Wissens oder Fragen zum Verhältnis von Pädagogik und Erziehungswissenschaft an dieser Stelle nicht diskutiert (vgl. als Überblick über diesen Bereich etwa Krüger und Helsper, 2007, Krüger, 1997, Harney und Krüger, 1997 und im Hinblick auf ein universitäres Curriculum den Sonderband der DGfE, 2008).

3.3 Theoretische Fokussierung der vorliegenden Studie

Die vorliegende Studie fokussiert ausschließlich auf die fachbezogenen Anteile des Lehrerprofessionswissens, das heißt generell auf das fachliche Wissen, das fachspezifisch-pädagogische Wissen und das curriculare Wissen sowie die Philosophie des Schulfaches. Im Hinblick auf die anschließenden Analysen werden dabei einige Einschränkungen und Zusammenfassungen vorgenommen. Zum Einen liegt hinsichtlich des fachlichen Wissens ein besonderer Schwerpunkt auf demjenigen mathematischen Wissen, das direkt schulrelevant ist und inhaltlich nicht über die Mathematik der Sekundarstufe I hinausgeht, also auf dem Bereich des „Wissens über Schulmathematik". Der Bereich der Philosophie des Schulfachs, der weniger auf erlernbare oder kognitiv geprägte Inhalte als mehr auf subjektive Einstellungen ausgerichtet ist, wird weiterhin, wie beschrieben, nicht im Rahmen des Professionswissens berücksichtigt. Stattdessen werden allgemeiner die mathematischen und unterrichtsbezogenen Einstellungen der angehenden Lehrerinnen und Lehrer ausgewertet, deren Konzeptualisierung im nächsten Abschnitt beschrieben wird.

Der Bereich des fachspezifisch-pädagogischen Wissens, das heißt des pedagogical content knowledge, wird weiterhin häufig mit dem fachdidaktischen Wissen identifiziert. Um hier jedoch begriffliche Überschneidungen mit dem curricular knowledge zu vermeiden, das ebenfalls Anteile dessen enthält, was als fachdidaktisches Wissen bezeichnet wird, muss eine Unterscheidung zwischen der kontinentaleuropäischen Perspektive auf Didaktik und der Sichtweise auf „didactics“ beziehungsweise pedagogical content knowledge im englisch-sprachigen Raum vorgenommen werden (vgl. Kansanen, 2002). Man unterscheidet hierbei „eine im englischsprachigen Raum vielfach dominierende engere, überwiegend fertigkeitsbezogene“ (Blömeke et al., 2008b, S. 50) Sichtweise (also im

Wesentlichen das, was als pedagogical content knowledge bezeichnet wird) und die weiter gefasste kontinentaleuropäische Perspektive, die darüber hinaus „stärker auch reflexive Elemente wie Ziel-, Inhalts und Methodenbegründungen" (ebd.) (also Teile des curricular knowledge) beinhaltet. Man erkennt, wie somit durch den deutschsprachigen Terminus des „fachdidaktischen Wissens" nicht nur das pedagogical content knowledge sondern auch Elemente des curricular knowledge beschrieben werden. Vor diesem Hintergrund wird in dieser Arbeit durchgehend das Konzept des mathematikdidaktischen Wissens verwendet. Gemeint sind dann immer einerseits die Elemente des pedagogical content knowledge und andererseits auch Überlegungen zu Zielen und Begründungen für die Auswahl von Inhalten oder Vorgehensweise im Mathematikunterricht. Dies steht weiterhin im Einklang mit den oben geschilderten neueren internationalen Ansätzen zur empirischen Untersuchung des pedagogical content knowledge (vgl. etwa die erwähnte Studie von An, Kulm, Wu, 2004). Wegen seiner zentralen Stellung im Gefüge des Professionswissens von Mathematiklehrerinnen und -lehrern (vgl. auch Abschnitt II.3.2) werden dabei hinsichtlich des mathematikdidaktischen Wissens einhergehend mit dem Ansatz in MT21 (Blömeke et al., 2008b) zwei Subbereiche unterschieden. Gemäß der Charakterisierung der Mathematikdidaktik als der Lehre vom Lehren und Lernen von Mathematik sind dies die lehrbezogenen Anforderungen und die lernprozessbezogenen Anforderungen (vgl. mit allgemeinem Bezug Meyer & Meyer, 2007 und die Beiträge in Meyer & Plöger, 1994), die nachfolgend kurz skizziert werden sollen.

Lehrbezogene Anforderungen umfassen diejenigen Anforderungen, die Lehrerinnen und Lehrer vor dem Unterrichten, das heißt in der Unterrichtsplanungsphase, bewältigen müssen. Die lehrbezogenen Anforderungen weisen daher einen starken aber nicht ausschließlichen Bezug zum curricular knowledge auf. In diesem Bereich fallen im Hinblick auf die vorliegende Studie etwa die Auswahl und Begründung von Unterrichtsinhalten, Themenbereichen oder Aufgaben und damit verbundenen Fragen nach der Auswahl eines angemessenen methodischen Vorgehens, sowie Überlegungen zu verschiedenen Darstellungs- und Vereinfachungsformen von mathematischen Inhalten (vgl. für die Primarstufe Krauthausen & Scherer, 2007 und für die Sekundarstufe Vollrath, 2001).
Lernprozessbezogene Anforderungen umfassen im Gegensatz dazu diejenigen Anforderungen, die Lehrerinnen und Lehrer im direkten Umgang mit Schülerinnen und Schülern oder im Hinblick darauf bewältigen müssen. In diesen Bereich fallen im Hinblick auf die vorliegende Studie bei-

spielsweise die Analyse und Beurteilung von (in diesem Fall schriftlichen oder verschriftlichten) Schülerantworten hinsichtlich ihrer fachlichen Angemessenheit oder hinsichtlich einer Formulierung von Impulsen zur Weiterarbeit für die Schülerinnen und Schüler (vgl. Helmke, 2005).

4 Konzeptualisierung der belief-Systeme von angehenden Lehrerinnen und Lehrern

4.1 Der Arbeit zugrundeliegendes Verständnis von „beliefs"

Die der vorliegenden Arbeit zugrundeliegende Kompetenzdefinition nach Weinert (vgl. Abschnitt 3.1) beschreibt die „erlernbaren kognitiven Fähigkeiten und Fertigkeiten, um bestimmte Probleme zu lösen" (Weinert, 2001a, S. 27f.) als Teil der professionellen Kompetenz. Im vorangegangenen Abschnitt wurden diesbezüglich verschiedene Komponenten des professionellen Wissens von Lehrkräften als Ansätze zur Konzeptualisierung dieser kognitiven Komponente professioneller Kompetenz, vorgestellt. Dennoch lässt sich Kompetenz nach Weinert nicht vollständig durch wissensbezogene Anteile beschreiben. Vielmehr wird diese kognitive Seite ergänzt durch die „damit verbundenen motivationalen, volitionalen und sozialen Bereitschaften und Fähigkeiten" (ebd.) auf der andere Seite. Für diese, zumindest nicht rein kognitiv geprägte Dimension professioneller Kompetenz haben sich verschiedene Konzepte entwickelt, die sich häufig konzeptuell überschneiden und schwierig gegeneinander abzugrenzen sind (vgl. die Beiträge in Maaß & Schlöglmann, 2009). So unterscheidet Philipp (2007) unter anderem zwischen Affect, Beliefs, Conception, Identity und Value und zeigt die wechselseitigen Bezüge und Inklusionen zwischen diesen Konzepten auf.

Im Einklang mit dem Vorgehen bei MT21 (vgl. Blömeke, Müller, Felbrich & Kaiser, 2008) wird in der vorliegenden Studie dieser nicht rein kognitive Teil professioneller Kompetenz durch Berücksichtigung der beliefs[35] (vgl. Goldin, Rösken & Törner, 2009, Furinghetti & Morselli, 2009,

[35] Auf eine Übersetzung des Terminus, etwa durch Einstellungen (Grigutsch, Raatz und Törner, 1998) oder Überzeugungen (Blömeke, Müller, Felbrich und Kaiser, 2008), wird dabei verzichtet, um mögliche mit den jeweiligen deutschen Begriffen verbundene Konnotationen auszuschließen. Stattdessen wird, mit Ausnahme von Zitaten, bei denen im Sinne der wörtlichen Zitation naturgemäß jeweils der Begriff der Originalquelle beibehalten wird, durchgängig der englischsprachige Ausdruck beliefs verwendet (vgl. Törner, 2005).

Forgasz & Leder, 2008) erfasst, die ebenfalls auch für sich genommen kein einheitlich definiertes Konzept darstellen, sondern verschieden aufgefasst und konzeptualisiert werden (vgl. Törner, 2005, 2000, Pehkonen & Törner, 1996). Um dabei der Vielfalt der Konzepte und der damit verbundenen inhaltlichen Überschneidungen bei der Beschreibung der nicht rein kognitiven Komponente professioneller Kompetenz Rechnung zu tragen und diese möglichst weitgehend zu erfassen, wird hierbei ein möglichst weites Begriffsverständnis von beliefs zugrundegelegt (vgl. Blömeke, Müller, Felbrich, Kaiser, 2008, Philipp, 2007). Ausgangspunkt dafür ist die Definition von Richardson (1996, S. 103)[36], die beliefs als

> "psychologically held understandings, premises, or propositions about the world that are felt to be true"

definiert. Eine ähnliche Definition findet sich bei Goldin (2002, S. 59), der beliefs als

> "multiply-encoded, cognitive/affective configurations, to which the holder attributes some kind of truth value"

auffasst. Beide Definitionen bieten auf der einen Seite Anschlussmöglichkeiten an andere Konzepte zur Beschreibung der nicht rein kognitiven Komponente professioneller Kompetenz, etwa an das Konzept des affect (vgl. Philipp, 2007). Auf der anderen Seite wird durch die Definitionen deutlich, dass beliefs auch eine kognitive Komponente haben.

> „Dass beliefs als Konstrukt *kognitive* wie *affektive* Elemente vereinen sollen, ist den meisten Ansätzen gemein" (Törner, 2002, S. 108)

So stellen Pehkonen und Törner (1996, S. 101) anschaulich fest, dass „obviously, beliefs are on the border between affect and cognition" und Philipp (2007, S. 259) schreibt mit Bezug auf die Definition von Richardson:

> "Beliefs are more cognitive, are felt less intensely, and are harder to change than attitudes. Beliefs might be thought of as lenses that affect one's view of some aspect of the world or as dispositions toward action. Beliefs, unlike knowledge, may be held with varying degrees of conviction and are not consensual. Beliefs are more cognitive than emotions and attitudes." (ebd., S. 259)

---

[36] Zitiert nach Blömeke, Müller, Felbrich, Kaiser (2008) sowie ebenfalls Op`t Eynde, De Corte, Verschaffel (2002).

In dieser Sichtweise wird weiterhin die Annahme deutlich, dass beliefs auch einen Einfluss auf „dispositions toward action“ (ebd.) haben, das heißt, dass beliefs individuelles Handeln beeinflussen können. Häufig werden beliefs daher auch konzeptuell beschrieben, indem einerseits diese Annahme einer handlungsleitende Funktion von beliefs und andererseits deren theoretische Nähe zu den Konzepten von Affekt und Kognition zu einer Konzeptualisierung von beliefs zusammengefasst werden[37]. Dies entspricht dem sogenannten „Drei-Komponenten-Ansatz“ (Törner, 2002, vgl. bereits Süllwold, 1969, Triandis, 1975, Meinefeld, 1988), den Grigutsch, Raatz und Törner (1998) und Törner (2002) wie folgt zusammenfassen:

> „Die größte Popularität genoss über Jahrzehnte der 'Drei-Komponenten-Ansatz', der Einstellungen als ein – selten näher spezifiziertes – System von Kognition, Affektion und Konation (Handlungsbereitschaft) begriff, denen eine prinzipielle Tendenz zur Stimmigkeit zugeschrieben wurde. Wesentlich in diesem Ansatz ist das Konsistenztheorem[38], dem zufolge zwischen diesen Komponenten Beziehungen bestehen, die ein überdauerndes System im Sinne gegenseitiger Abhängigkeiten bilden. Im günstigsten Fall ist dies die Annahme, dass Kognition, Affektion und Konation übereinstimmen.“ (Grigutsch, Raatz, Törner, 1998, S. 6)
>
> „Die *kognitive* Komponente der Einstellung äußerst sich in den Vorstellungen über das entsprechende Objekt, die *affektive* Komponente betrifft die emotionale Beziehung oder Bindung an das Objekt und die *Handlungsbereitschaft* wird als Aktionsbereitschaft verstanden, wobei nicht notwendig die Handlung als solche ausgeführt werden muss. Dieses Konstrukt wird als *Einstellung* oder auch Haltung verstanden.“ (Törner, 2002, S. 107 f.)

---

[37] Bei Op`t Eynde, De Corte, Verschaffel (2002) findet sich weiterhin eine prägnante Formulierung für mathematische beliefs (vgl. Abschnitt II.4.6) von Schülerinnen und Schülern, die, wenn sie losgelöst vom speziellen Bezug auf die Lernenden und der Einschränkung auf mathematische Tätigkeiten betrachtet wird, wesentliche allgemeine Charakteristika von beliefs erfasst und in diesem Sinne ebenfalls die Grundlagen für das Verständnis von beliefs in dieser Arbeit zusammenfasst: „Students' mathematics-related beliefs are the implicitly and explicitly held subjective conceptions students hold to be true, that influence their mathematical learning and problem solving“ (Op`t Eynde, De Corte, Verschaffel, 2002, S. 16).

[38] Wegen der mit dem Konsistenztheorem verbundenen Annahme weisen Grigutsch, Raatz und Törner (1998, S. 7) darauf hin, dass man eigentlich „eher von einem *Konsistenzaxiom* sprechen“ müsste.

Aufgrund der engen Bezüge zwischen beliefs und kognitiv geprägten Ansätzen besteht weiterhin in der Folge eine deutliche theoretische Nähe auch zwischen den beliefs und dem Wissen eines Individuums, in dessen Zusammenhang Thompson (1992, S. 129) sogar von der „difficulty of distinguishing between beliefs and knowledge“ spricht[39] und annimmt, „that the value of searching for definitive characterizations of the two concepts is arguable for educational research“ (ebd.).

> "Because of the close connection that exists between beliefs and knowledge, distinctions between them are fuzzy“ (ebd.)

Eine Möglichkeit auf eine strenge Unterscheidung zu verzichten und stattdessen die konzeptuelle Nähe von beliefs und Wissen zu berücksichtigen, ist, Wissen durch beliefs auszudrücken. Diese Sichtweise fasst Philipp (2007) mit erkenntnistheoretischem Bezug wie folgt zusammen:

> "If one takes the ontological view that truth exists and people have access to it, then knowledge might be viewed as true belief. If one takes a view that truth, though it may exist, is not accessible to humans and instead the best one can hope for is viability, then knowledge is belief with certainty.“ (ebd., S. 268)

Folgt man dieser Sichtweise, lassen sich zwei zentrale Unterschiede zwischen Wissen und beliefs ableiten. Zum Einen ist Wissen üblicherweise eng verbunden mit einer dichotomen Entscheidung zwischen richtigen und falschen Aussagen, wohingegen im Hinblick auf beliefs nicht nur dichotom zwischen existenten und nicht existenten beliefs unterschieden werden kann, sondern verschiedene Ausprägungsgrade von beliefs unterschieden werden können. Weiterhin impliziert die dichotome Unterscheidung zwischen richtigen und falschen Aussagen im Bezug auf Wissen die Existenz einer allgemein anerkannten Faktenbasis, das heißt einer konsensuellen Auffassung, was gesicherter Wissensbestand ist[40], wohingegen beliefs interindividuell nicht notwendig konsensuell geteilt

---

[39] In diesem Zusammenhang verweist sie mit explizitem Hinweis auf Lehrerinnen und Lehrer darauf, dass „it is frequently the case that teachers treat their beliefs as knowledge“ (Thompson, 1992, S. 129).

[40] Dabei muss jedoch berücksichtigt werden, dass dieser allgemein anerkannte Wissensbestand einer beständigen Veränderung, Erweiterung und auch Revision unterworfen ist. „Therefore, what may have been rightfully claimed as knowledge at one time may, in light of later theories, be judged as belief“ (Thompson, 1992, S. 130). Und auch die Umkehrung kann zutreffen, wenn „a once-held belief, with time, may be accepted as knowledge in light of new supporting theories“ (ebd.).

werden müssen[41] (Thompson, 1992 und mit direktem Bezug darauf Philipp, 2007).

> "beliefs can be held with varying degrees of conviction, whereas knowledge is generally not thought of in this way. For example, whereas one might say that he or she believed something strongly, one is less likely to speak of knowing a fact strongly. Second, beliefs are not consensual, whereas knowledge is“ (Philipp, 2007, S. 259 f.)

> "A common stance among philosophers is that disputability is associated with beliefs; truth or certainty is associated with knowledge.“ (Thompson, 1992, S. 129)

Im folgenden Abschnitt werden auf Basis des vorangegangen geschilderten Verständnis von beliefs zentrale Bedeutungen dieses Konzeptes im Hinblick auf Lehrerausbildung und das professionelle berufliche Handeln von Lehrerinnen und Lehrern beschrieben, bevor anschließend beliefs zu verschiedenen Gegenstandsbereichen im Hinblick auf die professionelle Kompetenz angehender und praktizierender Mathematiklehrerinnen und -lehrer unterschieden und konzeptuell näher dargestellt werden.

4.2 Handlungsleitende Funktion und Filter-Funktion von beliefs

Im Hinblick auf die professionelle Kompetenz von Lehrerinnen und Lehrern kommt dem Konzept der beliefs in zweifacher Sicht eine relevante Bedeutung zu. Zum Einen wird, im Einklang zum Beispiel mit dem Drei-Komponenten-Ansatz, davon ausgegangen, dass beliefs von Lehrerinnen und Lehrer eine starke Bedeutung für deren professionelles Handeln haben, zum Anderen fungieren sie als Filter, beispielsweise beim Erwerb neuen Wissens. Während sich die erste Bedeutung also stärker auf praktizierende Lehrerinnen und Lehrer bezieht, steht die zweite Bedeutung stärker im Zusammenhang mit den Prozessen der Lehrerausbildung. Beides rechtfertigt die Berücksichtigung der beliefs als Ergänzung zu den kognitiven Komponenten in der Diskussion der professionellen Kompe-

---

[41] Erkenntnistheoretisch folgt daraus auch, dass es im Bezug auf Wissen auch intersubjektiv akzeptierte Verfahren und Kriterien zur Unterscheidung zwischen richtigen und falschen Aussagen gibt, wohingegen beliefs „are often held or justified for reasons that do not meet those criteria, and, thus, are characterized by a lack of agreement over how they are to be evaluated or judged“ (Thompson, 1992, S. 130).

tenz von Lehrerinnen und Lehrern. Im folgenden Abschnitt werden beide Bedeutungen von beliefs kurz vorgestellt.

Wie vorangegangen (vgl. Abschnitt II.2.2) beschrieben, wird das professionelle Handeln von Lehrerinnen und Lehrern unter anderem vom jeweiligen Fachwissen der Lehrperson beeinflusst. Dennoch kann wegen der Komplexität professionellen Lehrerhandels naturgemäß nicht davon ausgegangen werden, dass damit die Einflussfaktoren auf das berufliche Handeln einer Lehrerin oder eines Lehrers vollständig erfasst sind. Neben vielen weiteren Faktoren wird deshalb, insbesondere auch im engen Bezug zum Fachwissen, häufig davon ausgegangen, dass ebenfalls die beliefs als bedeutender Einflussfaktor für das berufliche Handeln praktizierender Lehrpersonen beziehungsweise das zukünftige Handeln angehender Lehrerinnen und Lehrer[42] angesehen werden können. Dies folgt direkt aus dem im vorigen Abschnitt geschilderten Verständnis von beliefs, gemäß dessen beliefs auch eine handlungsleitende Funktion haben. In der entsprechenden Definition von Einstellungen postulieren Grigutsch, Raatz und Törner (1998, S. 6) daher auch „einen engen Zusammenhang zwischen Einstellungen und einem einstellungsinduzierten Verhalten[43]" und stellen fest:

> „Eine Einstellung existiert also (erst) dann, wenn viele ähnliche Reaktionen oder Verhaltensweisen auf eine Anzahl ähnlicher sozialer Objekte oder Situationen vorliegen." (ebd.)

In der Diskussion des Einflusses der beliefs von Lehrerinnen und Lehren auf deren berufliches Handeln nimmt insbesondere der Einfluss der beliefs der Lehrpersonen auf die Gestaltung und Durchführung von Unterricht als zentraler Komponente des beruflichen Handelns von Lehrerinnen und Lehrern eine zentrale Rolle ein (Philipp, 2007). Der Einfluss der beliefs auf unterrichtliches Handeln von Lehrerinnen und Lehrern muss dabei nicht ausschließlich von beliefs ausgehen, die direkt auf unterrichtliches Handeln bezogen sind. Vielmehr stehen teilweise auch beliefs, die sich auf andere Bereiche beziehen in enger Beziehung zu unterrichtsbe-

---

[42] Die handlungsleitende Funktion von beliefs ist dabei im allgemeinen Fall natürlich nicht beschränkt auf die beliefs von Lehrerinnen und Lehrern. So beziehen beispielsweise Op`t Eynde, De Corte und Verschaffel (2002) im Bezug auf die beliefs von Schülerinnen und Schüler ebenfalls eine handlungsleitende Funktion in die Definition von beliefs ein.

[43] Für Grigutsch, Raatz und Törner (1998, S. 8) ist diese „Handlungsrelevanz von Einstellungen" sogar „der zentrale Punkt sowohl in der theoretischen Diskussion um den Einstellungsbegriff als auch in der praktischen Bedeutung des Einstellungskonzepts" (ebd.).

zogenen beliefs und können so ebenfalls das Handeln von angehenden oder praktizierenden Lehrerinnen und Lehrern beeinflussen. So können beispielsweise auch mathematikbezogene beliefs (vgl. Abschnitt II.4.6) einen Einfluss darauf haben, wie eine Lehrerin oder ein Lehrer Mathematik unterrichtet, indem die inhaltliche und methodische Schwerpunktsetzung ihres oder seines unterrichtlichen Vorgehens zur Vermittlung von Mathematik durch ihr oder sein Bild von Mathematik beeinflusst wird. Zum Beispiel könnte eine Lehrerin oder ein Lehrer, die oder der ein stark anwendungsbezogenes Mathematikbild hat, entsprechenden Anwendungsbezügen in ihrem oder seinem Mathematikunterricht verstärkt Raum einräumen (Forgasz & Leder, 2008, Calderhead, 1996, Thompson, 1992).

> "[...] there exists a relationship between teachers' beliefs and conceptions of mathematics, on the one hand, and their views about mathematics learning and teaching as well as their teaching behavior, on the other." (De Corte, Greer & Verschaffel, 1996, S. 520)

Berücksichtigt man, dass die primäre Zielsetzung von Unterricht durch den Wissens- und Fähigkeitszugewinn der Schülerinnen und Schüler beschrieben ist und geht man weiterhin davon aus, dass unterrichtliches Handeln von Lehrerinnen und Lehrern zumindest teilweise Einfluss auf diesen Lernerfolg der Schülerinnen und Schüler hat (vgl. Kapitel II.2), lässt sich die beschriebene handlungsleitende Funktion von beliefs von Lehrerinnen und Lehrern auch mit den Schülerleistungen in Beziehung setzten. Da dann einerseits unterrichtliches Handeln von Lehrerinnen und Lehrern Einfluss auf den Lernerfolg der Schülerinnen und Schüler hat und andererseits beliefs von Lehrerinnen und Lehrern deren unterrichtliches Handeln beeinflussen, können insgesamt in diesem Zusammenhang beliefs von Lehrpersonen auch als ein mittelbarer Einflussfaktor auf den Lernerfolg von Schülerinnen und Schülern angesehen werden (Staub & Stern, 2002, Wilson & Cooney, 2002).

Sowohl im Bezug auf den Lernerfolg von Schülerinnen und Schülern, als auch im Bezug auf das unterrichtliche Handeln von Lehrerinnen und Lehrern leitet sich aus der handlungsleitenden Funktion von beliefs umgekehrt keine Einschränkung der zentralen Bedeutung anderer Faktoren ab, die das berufliche Handeln von Lehrerinnen und Lehrern allgemein oder in einer speziellen Situation maßgeblich beeinflussen. Im Gegenteil ist, wie erwähnt, beispielsweise[44] das zur Verfügung stehende Fachwissen der Lehrperson nicht nur ein bedeutender Faktor für den Erfolg des unterrichtlichen Handelns einer Lehrerin oder eines Lehrers, vielmehr weisen die beliefs vermittels ihrer kognitiven Anteile sogar Bezüge zum Fachwissen der Lehrperson als Einflussfaktor für unterrichtliches Handel auf. Häufig werden daher Fachwissen und beliefs im Bezug auf ihren Einfluss auf unterrichtliches Handeln im engen Zusammenhang thematisiert (Wilson & Cooney, 2002).

> "Because teachers' knowledge and beliefs – about teaching, about subject matter, about learners – are major determinants of what they do in the classroom, any efforts to help teachers make significant changes in their teaching practices must help them to acquire new knowledge and beliefs." (Borko & Putnam, 1996, S. 675)

Dennoch muss eingeschränkt werden, dass die handlungsleitende Funktion von beliefs nicht als zwangsläufiger, gleichsam deterministischer Zusammenhang verstanden werden kann. So verweist beispielsweise Calderhead (1996) darauf, dass trotz vieler entsprechender empirischer Belege für Lehrerinnen und Lehrer gilt, dass „it has been a contestable issue whether or not such beliefs influence their claasroom practice" (ebd., S. 721). Widersprüchliche Ergebnisse können zum Beispiel durch unterschiedliche methodische Ansätze bezüglich der Erhebung von beliefs oder durch die Auswahl der Art der untersuchten beliefs bedingt sein (Thompson, 1992). So erhält man, wenn man Selbstauskünfte von Lehrerinnen und Lehrern über bevorzugte unterrichtliche Vorgehensweise und tatsächliche Unterrichtstätigkeiten vergleicht, teilweise „large discrepancies between teachers' espoused beliefs and their observed claasroom practices" (ebd.). Diese können beispielsweise darin begründet sein, dass einer Lehrperson die Gestaltung des Unterrichts im Einklang mit den eigenen beliefs wegen institutioneller Rahmenbedingungen wie curricularer Vorgaben oder zentraler Vergleichsprüfungen als schwer realisierbar erscheint (Philipp, 2007). Daneben sind die beliefs von Lehrerinnen und Lehrern teilweise nicht einheitlich, so dass „because of the

---

44 Eine Aufzählung aller Einflussfaktoren des unterrichtlichen Handelns ist naturgemäß kaum möglich. Neben verschiedenen personenbezogene Faktoren wie etwa dem Fachwissen oder den beliefs der Lehrperson beeinflussen beispielsweise auch situative Bedingungen wie die konkrete Zusammensetzung einer Klasse das jweilige konkrete unterrichtliche Handeln von Lehrerinnen und Lehrern.

complexity of teachers' beliefs systems, researchers may find that teachers hold beliefs that appear to be inconsistent with their teaching practices“ (ebd., S. 271). So können sich beispielsweise die beliefs bezüglich der Mathematik und bezüglich des Lehrens und Lernens von Mathematik bei Lehrerinnen und Lehrern deutlich unterscheiden. Wenn dabei einige beliefs „play a greater role in influencing practice“ (ebd.) als andere beliefs, führt das dazu, dass das von einer Gruppe von beliefs stärker beeinflusste unterrichtliche Handeln der Lehrperson in einem Spannungsverhältnis zu einer anderen Gruppe von beliefs steht (ebd.). Baumert und Kunter (2006, S. 499) stellen daher insgesamt auch fest:

> „Vergleicht man die in der Fachliteratur verbreitete Überzeugung, dass die epistemologischen Überzeugungen erhebliche Bedeutung für die professionelle Wahrnehmung von Unterrichtsprozessen und das berufliche Handeln von Lehrkräften haben [...] mit den tatsächlich verfügbaren empirischen Belegen, ist die immer noch unbefriedigende Forschungslage unübersehbar[45]“.

Neben der Annahme dieser handlungsleitenden Funktion von beliefs, das heißt der Beeinflussung des berufliche Handelns praktizierender Lehrpersonen beziehungsweise des zukünftigen Handelns angehender Lehrerinnen und Lehrer, kann weiterhin davon ausgegangen werden, dass beliefs auch stark das Lernen von Lehrerinnen und Lehrern beeinflussen. Vor dem Hintergrund der vorliegenden Studie zur professioneller Kompetenz von Studierenden des Lehramtes kommt dabei speziell dieser Filterfunktion eine besondere Bedeutung zu, da sie als Einflussfaktor auf Lernprozesse von Lehrerinnen und Lehrern allgemein auch insbesondere einen Einflussfaktor auf die Ausbildungsprozesse im Rahmen der Lehrerausbildung, und damit auch auf den universitären Teil der Lehramtsausbildung, darstellt.

Generell bezieht sich die Filterfunktion von beliefs auf Lernprozesse, das heißt auf den Prozess des Wissens- und Fähigkeitserwerbs angehender oder praktizierender Lehrerinnen und Lehrer, sei es im Kontext der ersten oder zweiten Phase der Lehrerausbildung oder im Kontext des sogenannten lebenslangen Lernens, beispielsweise im Rahmen von Lehrerfortbildungen. Dabei zeigt sich allgemein, dass vorhandene beliefs den Erwerb neuen Wissens oder neuer Fähigkeiten beeinflussen, indem

[45] Teilweise (vgl. Grigutsch, Raatz, Törner (1998)) werden wegen dieser „heterogenen Ansätze und Ergebnisse“ (ebd., S. 8) daher entsprechende Funktionen von beliefs auch stärker in Form diesbezüglicher Annahmen formuliert.

sie die Wahrnehmung der Lerninhalte durch die Lehrerinnen und Lehrer beeinflussen und daraus resultierend die Beurteilung und den Umgang mit den Lerninhalten beeinflussen.

> "... teachers' existing knowledge and beliefs are critical in shaping what and how they learn from teacher education experiences." (Borko & Putnam, 1996, S. 674) „... the knowledge and beliefs that prospective and experienced teachers hold serve as filters through which their learning takes place." (ebd., S. 675)

Dies kann zum Beispiel dazu führen, dass neue Lerninhalte, die inhaltlich konträr zu bestehenden beliefs einer Person stehen, von der entsprechenden Person weniger stark wahrgenommen beziehungsweise gelernt werden als Lerninhalte, die inhaltlich eine stärkere Passung zu den bestehenden beliefs aufweisen. Durch den fast ausschließlichen Fokus auf Lernprozessen angehender Lehrerinnen und Lehrer in der universitären ersten Phase der Lehrerausbildung und dem immer noch sehr starken Fokus auf Lernprozessen der angehenden Lehrpersonen im Referendariat kommt der Filterfunktion im Bezug auf die Lehrerausbildung dabei eine besonders starke Bedeutung zu.

> „Ihre[46] Funktionsweise in der Ausbildung kann als Filter beschrieben werden. Es werden überwiegend nur solche Informationen aufgenommen, die sich in das vorhandene System an Überzeugungen einpassen lassen." (Blömeke, 2004, S. 65)

Für angehende Lehrerinnen und Lehrer ist diesbezüglich insbesondere das Verhältnis ihrer unterrichtsbezogenen beliefs (vgl. Abschnitt II.4.6) zum Umgang mit Lernangeboten im Rahmen der Lehrerausbildung bezüglich der Unterrichtsgestaltung untersucht worden (Llinares, 2002, Borko & Putnam, 1996). Der damit verbundenen grundlegenden Frage, inwieweit Personen durch beliefs bezüglich ihrer Berufsausübung, die vor Beginn ihrer Berufsausbildung ausgebildet worden sind, in der entsprechenden Ausbildung beeinflusst werden, kommt dabei im Hinblick auf Lehrerinnen und Lehrer eine besondere Relevanz zu. Dies ergibt sich daraus, dass angehende Lehrerinnen und Lehrer, im Gegensatz zu angehenden Vertreterinnen und Vertretern vieler anderer, insbesondere akademischer, Berufsgruppen, durchgehend bereits vor ihrer Ausbildung längerfristig und intensiv Erfahrungen mit ihrem zukünftigen beruflichen Umfeld, das heißt der Institution Schule als Ort der Lehr-Lern-Prozesse,

---

[46] Gemeint sind die beliefs.

gemacht haben und deshalb bereits in erheblichem Umfang darauf bezogene beliefs entwickelt haben. Studienanfängerinnen und -anfänger des Lehramtsstudiums, das heißt angehende Lehrerinnen oder Lehrer, die noch unmittelbar am Beginn ihrer Berufsausbildung stehen, verfügen daher bereits über ausgeprägte unterrichtsbezogene beliefs, die sich jedoch nicht im Rahmen der Ausübung der Rolle einer Lehrerin oder eines Lehrers, also der zukünftig angestrebten Tätigkeit, entwickelt haben, sondern im Rahmen der Ausübung ihrer ehemaligen Rolle als Schülerin oder Schüler (Pajares, 1992). Dies kann zu Schwierigkeiten führen, da durch die umfangreichen bereits bestehenden beliefs die Effektivität vieler Lehrangebote der Ausbildung hinsichtlich der Wissens- oder Fähigkeitsvermittlung stark herabgesetzt werden kann. Beispielsweise können bestehende konservative, transmissionsgeprägte unterrichtsbezogene beliefs von Lehramtsstudierenden eine erfolgreiche inhaltliche Auseinandersetzung mit den Möglichkeiten konstruktivistisch geprägter Unterrichtsansätze deutlich erschweren (Calderhead, 1996).

> "These students have commitments to prior beliefs, and efforts to accommodate new information and adjust existing beliefs can be nearly impossible.“ (Pajares, 1992, S. 323) "These images[47] help teachers make sense of new information but also act as filters and intuitive screens through which new information and perceptions are sifted.“ (ebd., S. 324)

4.3 Möglichkeit der Veränderung von beliefs

Sowohl vor dem Hintergrund der handlungsleitenden Funktion als auch vor dem Hintergrund der Filterfunktion von beliefs ergibt sich im Hinblick auf die Lehrerausbildung die Frage, inwieweit beliefs durch Ausbildungsprozesse geändert werden können. Die Relevanz der Frage ergibt sich dabei beispielsweise direkt daraus, dass angehende Lehrerinnen und Lehrer, wie beschrieben, ihre Ausbildung bereits mit ausgeprägten beliefs über die Schule und schulische Lehr-Lern-Prozesse beginnen und diese häufig wenig zielführend im Hinblick auf das erfolgreiche Erlernen des Lehrerberufes beziehungsweise spätere erfolgreiche berufliche Handeln als Lehrerin oder Lehrer sind. So sind beispielsweise die beliefs vieler angehender Lehrerinnen und Lehrer zu Beginn ihrer Ausbildung durch stark konservative, das heißt zum Beispiel stark transmissive und wenig

[47] Gemeint sind „images from earlier experiences as pupils“ (Pajares, 1992, S. 324).

konstruktivistisch geprägte Unterrichtsansätze geprägt (Blömeke, 2004, Calderhead, 1996).

So kann man diesbezüglich feststellen, dass eine längerfristige Veränderung der beliefs angehender Lehrerinnen und Lehrer an erhebliche Schwierigkeiten und Widerstände geknüpft ist, wie Blömeke (2004, S. 65) zusammenfassend feststellt:

> „*Beliefs* sind weitgehend veränderungsresistent, so dass es im Laufe der Lehrerausbildung eher selten zu grundlegenden Veränderungen kommt."

Dies impliziert nicht, dass die Lehrerausbildung generell wirkungslos im Hinblick auf die Veränderung der beliefs der angehenden Lehrerinnen und Lehrer ist. Vielmehr werden viele Effekte, das heißt Veränderungen der beliefs der Studierenden, in anschließenden Ausbildungs- beziehungsweise Berufseingangsphasen wieder rückgängig gemacht, so dass insgesamt eine geringe Veränderung festzuhalten ist. Den konkreten Verlauf der Veränderungen von beliefs verdeutlicht insbesondere die „immer noch maßgebliche, da einzige Längsschnittuntersuchung im deutschsprachigen Raum“ (ebd.) von Koch (1972), deren zentrale Ergebnisse in Anlehnung an den Entstehungsort der Studie häufig mit dem Schlagwort „Konstanzer Wanne“ (Blömeke, 2004, S. 65) beschrieben werden. Konkret stellte Koch fest, dass sich beliefs von Lehramtsstudierenden[48] „während der Universitäts- bzw. Hochschulzeit übereinstimmend in generell »progressiver«, »liberaler« Richtung“ (Koch, 1972, S 163) veränderten. „Diese Veränderungen erweisen sich jedoch als wenig stabil und werden nach Verlassen der Hochschule und Eintritt in die Berufspraxis bzw. in den Vorbereitungsdienst zum allergrößten Teil wieder revidiert“ (ebd., S. 163 f.). In dieser Phase seiner beruflichen Entwicklung „ist der Berufsneuling rasch bereit, von der Hochschule her mitgebrachte Einstellungen und Verhaltensorientierungen als unangemessen und »irreal« zu beurteilen und zugunsten vermeintlich »realistischerer« Haltungen aufzugeben“ (ebd., S. 165). Zusammenfassend kommt Koch daher zu dem Schluss:

> „Das Studium an der Universität bzw. an der Pädagogischen Hochschule bleibt, was wesentliche berufsbezogene Einstellungen der Lehramtskandidaten anbetrifft, weitgehend Episode. Es

[48] Viele der Ergebnisse zeigten sich allgemein nicht nur in den Lehramtsstichproben, sondern auch in den Stichproben von Kontrollgruppen (vgl. Koch, 1972).

> werden während dieser Zeit keine Einstellungen aufgebaut, die gegenüber den Einflüssen, denen der junge Lehrer bereits unmittelbar zu Beginn seiner Berufspraxis ausgesetzt ist, auch nur einigermaßen resistent wären.“ (ebd., S. 164)

Richardson (1996)[49] bezeichnet in diesem Zusammenhang die Lehrerausbildung daher auch als „weak intervention". Die Ergebnisse zeigen, dass insbesondere durch die Einflüsse der täglichen Berufspraxis und der dadurch gegebenen Einschränkungen durch institutionelle und organisatorische Rahmenbedingungen eine Revision liberalerer beliefs entsteht (vgl. auch Brouwer & ten Brinke, 1995). Allgemein wird daher davon ausgegangen, dass eine längerfristige Veränderung von beliefs beziehungsweise das Beibehalten liberalerer beliefs nach Abschluss der ersten Phase der Lehrerausbildung dadurch begünstigt wird, dass entsprechende Maßnahmen an beiden Stellen, also sowohl bei der praktischen Arbeit als auch bei den beliefs, gleichzeitig ansetzen und also nicht einseitig nur auf beliefs oder die Praxis fokussiert sind. Allgemein zeigt sich weiterhin, dass eine Veränderung von beliefs im Rahmen der Lehrerausbildung insbesondere dann realisierbar wird, wenn die Ausbildungsprozesse die bestehenden beliefs der angehenden Lehrerinnen und Lehrer berücksichtigen und durch Reflexionsprozess zum Ausgangspunkt der intendierten Veränderung machen (Philipp, 2007, Borko & Putnam, 1996).

> "Determining which changes first is less important than supporting teachers to change their beliefs and practices in tandem, and reflection is the critical factor for supporting teachers' changing beliefs and practices.“ (Philipp, 2007, S. 281)

Diese Betrachtung der Veränderung von beliefs im Zusammenhang mit der beruflichen Praxis von Lehrerinnen und Lehrern bedeutet dabei erneut eine Einbettung von auf beliefs bezogenen Aspekten in weitere Zusammenhänge des Lehrerberufes, wie sich auch bei der Betrachtung der handlungsleitenden Funktion von beliefs geschah, indem dort beispielsweise das Fachwissen mit berücksichtigt wurde. Nicht nur im Bezug auf das Verhältnis zwischen der Veränderung von beliefs und der Veränderung der praktischen Arbeit von Lehrerinnen und Lehrern, sondern auch generell werden deshalb Veränderungsprozesse von beliefs im Allgemeinen nicht isoliert betrachtet, sondern im Kontext anderer Faktoren, die

49 Zitiert nach Blömeke (2004).

das berufliche Handeln von Lehrerinnen und Lehrern ebenfalls maßgeblich beeinflussen (Richardson & Placier, 2002).

4.4 Belief-Systeme

Aus dem vorangegangen geschilderten Verständnis von beliefs folgt unmittelbar, dass beliefs nicht losgelöst, sondern immer nur im Kontext eines Gegenstandsbereichs formuliert werden können, auf den sich die jeweiligen beliefs beziehen. Entsprechende Gegenstandsbereiche können beispielsweise aus einer sehr generellen Perspektive die Mathematik oder der Unterricht sein, die dann mit mathematikbezogenen beliefs beziehungsweise unterrichtsbezogenen beliefs in Verbindung gebracht werden. Für die entsprechenden Gegenstandsbereiche wird häufig in Anlehnung an die Sozialpsychologie[50] auch der Begriff der Belief-Objekte verwendet (Törner, 2002).

> "Beliefs are always attached to objects of belief. To address a belief, one has to identify the corresponding *belief object*" (Goldin, Rösken, Törner, 2009, S. 3)

Die Gesamtheit von verschiedenen beliefs, die sich jeweils auf inhaltlich verwandte belief-Objekte beziehen, werden weiterhin auch als ein „belief system" bezeichnet (Törner, 2002, Törner & Pehkonen, 1996). Daraus folgt einerseits unmittelbar, dass die konkrete Beschreibung eines belief systems immer davon abhängt, welche belief-Objekte als inhaltlich verwandt angesehen werden (Törner, 2002). Aufgrund der Zusammenfassung der beliefs bezüglich verschiedener belief-Objekte ist andererseits auch eine Ausdifferenzierung eines belief-systems in mehrere Teilsysteme möglich (Pehkonen & Törner, 1996).

> "When assuming a connection between several belief objects, such as school mathematics as content, the learning of school mathematics, and combining several beliefs objects, the induced structure can be viewed as a (larger) belief system." (Törner, 2002, S. 85)

Belief-Systeme sind durch verschiedene strukturelle Merkmale gekennzeichnet, die häufig (Furinghetti & Pehkonen, 2002, Cooney, Shealy &

---

[50] In der Sozialpsychologie wird der Begriff der Haltungsobjekte verwendet. In Abgrenzung dazu wird bei Belief-Objekten nicht angenommen, „dass Stimuli von Belief-Objekten ausgehen" (Törner, 2002, S. 108).

Arvold, 1998, Törner & Pehkonen, 1996, grundlegend bereits Green, 1971) mit folgenden Merkmalen beschrieben werden:

„Quasi-logicalness“: Wissensbestände, beispielsweise mathematische Wissenszusammenhänge, lassen sich allgemein nach logischen Kriterien anordnen, indem beispielsweise zwischen Voraussetzungen, bekannten Tatsachen und daraus abgeleiteten neuen Ergebnissen unterschieden wird. Diese so verstandenen logischen Kriterien werden dabei im allgemeinen Fall intersubjektiv geteilt. Für belief-Systeme gibt es dahingegen keine personenunabhängigen Anordnungsmuster, gemäß derer die für das belief-System konstituierenden beliefs angeordnet sind. Vielmehr gilt, dass „the relationships between beliefs within a belief system, [...] cannot be said to be logical, since beliefs are arranged according to how the believer sees their connections. In other words, each person has in her belief system her own logic“ (Furinghetti & Pehkonen, 2002, S. 44). Dies impliziert auch, dass einige beliefs personenunabhängig vorrangige, andere nachrangige Bedeutung haben können.

„Psychological centrality“: Dieses Merkmal schließt an das vorangegangene an, und bezieht sich speziell auf die individuell unterschiedliche Gewichtung verschiedener beliefs. Zentral für dieses Merkmal ist, dass „some beliefs are more important for an individual than others. The more important could be said to be psychologically more central, and the others are peripheral in the individual's belief system“ (ebd.). Diese Unterscheidung beinhaltet auch, dass beliefs sich individuell bezüglich des Überzeugungsgrades unterscheiden. Je zentraler ein belief für eine Person ist, desto überzeugter ist sie davon und desto schwerer ist der belief zu verändern.

„Cluster structure“: Dieses Merkmal fasst zusammen, dass innerhalb eines belief-Systems „beliefs are held in clusters“ (ebd., S. 45). Das bedeutet einerseits, dass beliefs nicht isoliert auftreten, und weiterhin andererseits, dass, gleichsam getrennt durch verschiedene Cluster, verschiedene widersprüchliche[51] beliefs gleichzeitig in einem belief-System auftreten können[52].

---

[51] Durch diese Widersprüchlichkeit verschiedener beliefs einer Person steht dieses Merkmal weiterhin in direkter Verbindung zum Merkmal der quasi-logicalness. In einem tatsächlich logisch geordneten System wären widersprüchliche beliefs nicht möglich, wohingegen das Merkmal der quasi-logicalness auch die Möglichkeit der Widersprüchlichkeit verschiedener beliefs einschließt.

Insbesondere aus der quasi-logicalness und der cluster structure folgt weiterhin, dass belief-Systeme, stärker als einzelne beliefs, strukturelle Bezüge zu den jeweils theoretisch verwandten entsprechenden Wissensbeständen aufweisen. Im Bereich der Wissensbestände sind verschiedene, theoretische verwandte Wissensgebiete durch entsprechende Relationen untereinander verbunden, beispielsweise das mathematische und das mathematikdidaktische Wissen. Indem beliefs, die sich auf theoretisch verwandte beliefs-Objekte beziehen, zu belief-Systemen zusammengefasst werden, in denen weiterhin cluster von beliefs vorherrschen, entstehen auch innerhalb des beliefs-Systems Relationen. Diese müssen jedoch aufgrund der quasi-logicalness nicht zwangsläufig mit denen der entsprechenden Wissensbestände übereinstimmen (Törner, 2005).

Da belief-Systeme jeweils die beliefs zu inhaltlich verwandten belief-Objekten zusammenfassen, verfügt jedes Individuum weiterhin über verschiedene belief-Systeme zu verschiedenen untereinander nicht oder nur entfernt verwandten Inhaltsgebieten. In mathematikdidaktischer Hinsicht besonders bedeutsam ist dabei dasjenige belief-System, das die auf Mathematik und das Lehrern und Lernen von Mathematik bezogenen beliefs sowie beliefs „über sich selbst (und andere) als Betreiber von Mathematik“ (Grigutsch, Raatz, Törner, 1998, S. 9) zusammenfasst. Im Vergleich zu einzelnen beliefs wird davon ausgegangen, dass diese Zusammenfassung von beliefs „in the case of mathematics teaching might be more informative than beliefs“ (Pehkonen & Törner, 1996, S. 102). Die zugehörigen beliefs werden dabei im Folgenden zusammenfassend als **mathematische beliefs** bezeichnet werden (vgl. ebd.), das entsprechende belief-System als **mathematisches belief-System** (vgl. Törner & Pehkonen, 1996). Aufgrund der zentralen Stellung dieses belief-Systems in der mathematikdidaktischen Diskussion finden sich für das mathematische belief-System weiterhin auch einige andere Bezeichnungen. So wird das entsprechende belief-System teilweise auch als „view of mathematics“ (Pehkonen & Törner, 1996, S. 102) bezeichnet und Schoenfeld prägte den Begriff des „mathematical world view".

---

[52] Diese Existenz widersprüchlicher beliefs sowie die Unterscheidung zwischen verschiedenen Zentralitätsgraden von beliefs im vorigen Kriterium sind im Bezug auf die handlungsleitende Funktion von beliefs weiterhin ein Erklärungsansatz für mögliche Unterschiede zwischen den beliefs einer Lehrperson und ihrem unterrichtlichen Handeln (vgl. Abschnitt II.4.2).

"Belief systems[53] are one's mathematical world view" (Schoenfeld, 1985, S. 45)

Grigutsch, Raatz und Törner (z. B. 1998, S. 9) haben diesen Begriff weiterhin direkt übersetzt und verwenden daher den Ausdruck des „mathematischen Weltbildes".

4.5 Unterscheidung verschiedener Gruppen berufsbezogener beliefs von Mathematiklehrerinnen und -lehrern

Wie vorangegangen (siehe Abschnitt II.4.4) dargestellt, sind beliefs jeweils auf Gegenstandsbereiche, die sogenannten belief-Objekte bezogen und können zu belief-Systemen zusammengefasst werden, indem beliefs zusammengefasst werden, die sich auf inhaltlich verwandte Objekte beziehen. Allgemein bietet es sich daher an, beliefs anhand der Gegenstandsbereiche, auf die sie sich beziehen, zu unterscheiden beziehungsweise zu klassifizieren. Im Folgenden wird vor diesem Hintergrund eine Unterscheidung verschiedener berufsbezogener beliefs von Mathematiklehrerinnen und Mathematiklehrern vorgenommen und dargestellt. Die grundsätzliche Klassifikation der beliefs ist dabei, im Einklang mit den Ansätzen zur Beschreibung der kognitiven Komponente professioneller Kompetenz angehender Lehrerinnen und Lehrer, ebenfalls orientiert an der entsprechenden Unterscheidung im Rahmen von MT21. Genauer wurde dabei für die Ausdifferenzierung der beliefs der angehenden Lehrerinnen und Lehrer eine Unterscheidung in vier Gruppen gewählt, die an weiteren typischen Klassifikationen von beliefs (vgl. Op`t Eynde, De Corte & Verschaffel, 2002, Calderhead, 1996, McLeod, 1992, Thompson, 1992) orientiert ist (Blömeke, Müller, Felbrich, Kaiser, 2008). Da eine Gruppe von beliefs sich dadurch auszeichnet, dass sie diejenigen beliefs zusammenfasst, die auf inhaltlich verwandte Gegenstandsbereiche be-

53 Schoenfeld verwendet den Plural von belief-system. Dies stellt jedoch keinen Widerspruch zu der vorhergegangenen Verwendung des Singulars dar, weil, wie erwähnt, belief-Systeme in Teilsysteme ausdifferenziert werden können. Je nach Sichtweise bilden also mehrere Teilsysteme ein einzelnes belief-System, was dann eine singuläre Verwendung des Wortes erfordert, oder mehrere belief-Systeme werden, wie bei Schoenfeld (1985), zu einem übergeordneten Begriff, hier „mathematical world view" (ebd., S. 44 f.) zusammengefasst. Letzteres bedeutet dann eine Verwendung des Wortes belief-System im Plural, wobei jedoch der übergeordnete Begriff dem belief-System in der ersten Sichtweise entspricht.

zogen sind, besteht in begrifflicher Hinsicht kein grundsätzlicher Unterschied zu einem belief-System. Da insbesondere keine Richtgrößen für Umfänge eines zu einem belief-System gehörigen Gegenstandsbereiches und im Gegenteil teilweise Teilsysteme auch zu größeren belief-Systemen zusammengefasst werden können, könnte man die Gruppen von beliefs daher auch als belief-Systeme oder Teilsysteme eines belief-Systems auffassen. Für die vorliegende Arbeit wird dabei zuerst auf den Begriff der Gruppe zurückgegriffen, solange konkret die Unterscheidung in Anlehnung an MT21 vorgestellt wird, um eine auch begriffliche Nähe zu den Ausgangskonzeptionen aufrechtzuerhalten, bevor dann im Rahmen der theoretischen Fokussierung beliefs verschiedener Gruppen zu einem für diese Studie weiterhin betrachteten belief-System zusammengefasst werden.

Zuerst werden dafür die vier in MT21 unterschiedenen Gruppen von berufsbezogenen beliefs von Mathematiklehrkräften nachfolgend aufgelistet:

- epistemologische beliefs zur Mathematik
- unterrichtsbezogene beliefs zum Lehren und Lernen von Mathematik
- professionsbezogene beliefs zur Rolle von Schule und Lehrerberuf in der Gesellschaft
- selbstbezogene beliefs der Mathematiklehrkräfte

(vgl. Blömeke, Müller, Felbrich, Kaiser, 2008, S. 221)

Während die ersten beiden Gruppen also fachbezogene beziehungsweise durch den Fachunterricht geprägte beliefs zusammenfassen, repräsentieren die beiden letztgenannten Gruppen stärker fachungebundene beliefs von Lehrerinnen und Lehrern. In MT21 werden dabei insbesondere die fachbezogenen beliefs (für die epistemologischen beliefs zur Mathematik Blömeke, Müller, Felbrich, Kaiser (2008), für die beliefs zum Lehren und Lernen von Mathematik Müller, Felbrich, Blömeke (2008b)) sowie im Hinblick auf die fachungebundenen beliefs die professions- und schulbezogenen beliefs (Müller, Felbrich & Blömeke, 2008a) untersucht. Untersuchungsergebnisse zu den verschiedenen Gruppen von beliefs von Lehrerinnen und Lehrern ohne Bezug zu MT21 finden sich weiterhin etwa in Baumert & Kunter (2006), Blömeke (2004), Cooney, Shealy & Arvold (1998), Calderhead (1996) oder Thomson (1992).

Eine Untersuchung der zu einer Gruppe zugehörigen beliefs kann dabei auf verschiedene Weise geschehen. Ausgangspunkt ist im Allgemeinen eine auf den jeweiligen Gegenstandsbereich einer Gruppe bezogene Theorie. Eine Untersuchung der jeweiligen beliefs kann dann an diese theoretischen Konzepte auf verschiedene Arten anschließen. Einerseits können aus einer quantitativen Perspektive zentrale Inhalte der jeweiligen Theorie anhand von Items konkretisiert werden und es wird beispielsweise überprüft, inwieweit die Probandinnen und Probanden den verschiedenen Theorierichtungen, repräsentiert durch die Items, zustimmen beziehungsweise als wie bedeutend sie diese einschätzen. Beispielsweise kann man verschiedene Sichtweisen auf Mathematik jeweils anhand typischer Aussagen konkretisieren und jeweils die befragten Personen entscheiden lassen, inwieweit sie die einzelnen Aussagen als zutreffend bewerten. Ein entsprechendes Vorgehen wurde beispielsweise in MT21 und TEDS-M 2008 gewählt (vgl. für MT21 Blömeke, Müller, Felbrich, Kaiser, 2008, Müller, Felbrich, Blömeke, 2008a, Müller, Felbrich, Blömeke, 2008b sowie für TEDS-M 2008 Felbrich, Schmotz & Kaiser, 2010 und Schmotz, Felbrich & Kaiser, 2010). Unter einer mehr qualitativen Perspektive können andererseits umfangreichere Antworten von Probandinnen und Probanden auch vor dem Hintergrund einer theoretischen Richtung eingeordnet werden. Beispielsweise können so Antworten zu mathematikbezogenen Fragen dahingehend untersucht werden, welche Sichtweise auf Mathematik in der Antwort jeweils deutlich wird. Dieses Vorgehen wurde in der vorliegenden Studie gewählt (vgl. Abschnitt III.2.2). Beide Vorgehensweisen setzen also zuerst eine theoretische Beschreibung der Gegenstandsbereiche der einzelnen Gruppen voraus. Im Folgenden werden deshalb in Anlehnung an die entsprechenden Ansätze in MT21 für alle vier Gruppen jeweils theoretische Konzeptualisierungen vorgestellt, mit deren Hilfe die Gegenstandsbereiche der Gruppen jeweils theoretisch beschrieben werden können. Anschließend wird dann dargestellt, welche der Gruppen sowie genauer welche Gegenstandsbereiche innerhalb der jeweiligen Gruppen im Hinblick auf eine Untersuchung der beliefs in die theoretische Konzeptualisierung der vorliegenden Studie eingeflossen sind.

4.6 Theoretischer Rahmen zur Beschreibung der Gegenstandsbereiche der Gruppen von beliefs

Epistemologische beliefs zur Mathematik

Die erste hier betrachtete Gruppe von beliefs erfasst epistemologische beliefs zur Mathematik (für die hier verwendete Konzeptualisierung und

Darstellung vgl. Blömeke, Müller, Felbrich, Kaiser, 2008). Epistemologische beliefs umfassen allgemein „beliefs about knowledge and knowing“ (Hofer & Pintrich, 1997, S. 88) beziehungsweise genauer entsprechend dem Begriff der Epistemologie beliefs, die sich auf „the nature and justification of human knowledge“ (ebd.) beziehen. Dabei kann unter anderem unterschieden werden zwischen fachbezogenen epistemologischen beliefs und stärker auf Wissen allgemein bezogenen beliefs (Buehl & Alexander, 2001). In MT21 werden diesbezüglich zwei Untergruppen von epistemologischen beliefs betrachtet, die beide den fachbezogenen, hier also mathematikbezogenen, epistemologischen beliefs zugeordnet werden können. Dies sind zum Einen beliefs zur Struktur der Mathematik und zum Anderen beliefs zur Genese mathematischer Kompetenz. Beide Untergruppen werden im Folgenden kurz vorgestellt.

Die erste Untergruppe der epistemologischen beliefs zur Mathematik bezieht sich demgemäß auf die Unterscheidung zwischen verschiedenen beliefs zur Struktur der Mathematik. Eine solche Ausdifferenzierung ermöglicht also eine fachbezogene Unterscheidung zwischen verschiedenen Eigenschaften, die jeweils als charakteristisch für die Mathematik als Wissensbereich angesehen werden können[54]. Hierbei lassen sich jedoch verschiedene grundlegende Unterscheidungsansätze formulieren, beispielsweise abhängig von der jeweils untersuchten Personengruppe[55] oder ausgehend von der jeweiligen konkreten Perspektive auf Mathematik. Letzteres bedeutet, dass sich beispielsweise jeweils verschiedene Ausdifferenzierungen von mathematikbezogenen beliefs ergeben in Abhängigkeit davon, ob man Mathematik unter der Perspektive typischer mathematischer Arbeitsformen oder unter der Perspektive der Funktionalität von Mathematik für andere Lebens- und Wissensbereiche unterscheidet. Allgemein ergibt sich daraus, dass es keine eindeutige Möglichkeit der Konkretisierung von auf Mathematik bezogenen beliefs gibt, sondern vielmehr in Abhängigkeit von der jeweiligen Sichtweise, unter der Mathematik jeweils betrachtet wird, verschiedene Unterscheidungen ma-

---

[54] Eng verbunden mit diesen verschiedenen Unterscheidungen rein mathematikbezogener beliefs sind auch die Ausdifferenzierungen von beliefs zum Lehren und Lernen von Mathematik (vgl. Op`t Eynde, De Corte, Verschaffel, 2002). Diese werden an dieser Stelle jedoch nicht in die Darstellung einbezogen, da sie im nachfolgenden Abschnitt gesondert betrachtet werden.

[55] Beispielsweise kann eine Ausdifferenzierung mathematikbezogener beliefs davon abhängen, ob man verschiedene beliefs zur Mathematik von Schülerinnen und Schülern oder Lehrerinnen und Lehrern unterscheidet.

thematikbezogener beliefs möglich sind[56] (Goldin, 2002, Leder & Forgasz, 2002, Op`t Eynde, De Corte, Verschaffel, 2002).

In MT21 wurde zur Unterscheidung der entsprechenden beliefs zur Struktur der Mathematik eine Konzeptualisierung gewählt, anhand derer ursprünglich verschiedene mathematische belief-Systeme von Schülerinnen und Schüler unterschieden wurden (Törner & Pehkonen, 1996, Grigutsch, 1996, Törner & Grigutsch, 1994[57]) und die später darüber hinaus auch als Grundlage für eine Untersuchung der mathematischen belief-Systeme von Lehrerinnen und Lehrern verwendet wurde (Grigutsch, Raatz, Törner, 1998). Grigutsch, Raatz und Törner (1998) beziehen ihre Untersuchung demnach auf das allgemeine Konzept der mathematischen belief-Systeme, die sie, wie erwähnt, als mathematische Weltbilder bezeichnen (s. Abschnitt II.4.4). Wie beschrieben bedeutet dies, dass sie die verschiedenen mathematischen beliefs, das heißt beliefs über Mathematik, das Lehren und Lernen von Mathematik und sich selbst und andere im Bezug auf Mathematik und mathematische Lehr- und Lern-Prozesse konzeptuell zusammenfassen zu einem belief-System. Um dieses mathematische belief-System strukturell zu erfassen, entwickeln sie eine Konzeptualisierung, die zentrale Strukturmerkmale der verschiedenen Unterscheidungen von mathematischen beliefs gleichsam über die verschiedenen Differenzierungen hinweg zusammenfasst.

Dafür unterscheiden Grigutsch, Raatz und Törner innerhalb des mathematischen Weltbildes, das heißt des mathematischen belief-Systems, insbesondere die „vier Dimensionen 'Formalismus', 'Schema', 'Prozess' und 'Anwendung'" (ebd., S. 24). Diese sind dabei „die wesentlichen und bedeutsamsten globalen Dimensionen" (ebd.), die beliefs[58] „über das Bild von Mathematik strukturieren" (ebd.). Die vier Dimensionen stellen damit „Einstellungsausprägungen im mathematischen Weltbild" (ebd.) dar und

---

[56] Dies impliziert weiterhin nicht, dass sich bei einer konkreten Perspektive auf Mathematik die Möglichkeit einer eindeutigen Ausdifferenzierung von mathematikbezogenen beliefs ergibt.

[57] Strenggenommen handelt es sich bei dieser Untersuchung um eine Untersuchung mit Studienanfängerinnen und -anfängern. Da beliefs jedoch als längerfristig stabil angesehen werden, ist bei Studienanfängerinnen und -anfängern der Einfluss des Studiums auf diese noch relativ gering, so dass die Autoren der Studie die „Beobachtungen und Konsequenzen eher auf den Mathematikunterricht glauben beziehen zu können" (Törner und Grigutsch, 1994, S. 214).

[58] Genauer strukturieren die vier Dimensionen „das einstellungshafte Antwortverhalten" (Grigutsch, Raatz, Törner, 1998, S. 24) der Probandinnen und Probanden in der entsprechenden Studie.

können daher als verschiedene Dimensionen individueller struktureller Charakterisierung von Mathematik begriffen werden. Die dargestellte Differenzierung des mathematischen Weltbildes von Lehrerinnen und Lehrern in vier Dimensionen und deren Bedeutung entsprechen dabei zuerst nur der theorie-, erfahrungs- und empiriegestützen Ausgangshypothese von Grigutsch, Raatz und Törner. Diese kann generell in ihrer Studie „aus formal-logischen Gründen nur – mit Einschränkung – falsifiziert, aber nicht verifiziert werden“ (Grigutsch, Raatz, Törner, 1998, S. 14). Es wird also lediglich geprüft, „ob und in welcher Weise diese vorgegebenen Dimensionen reproduziert werden, ob die Ausgangshypothese also beibehalten werden kann“ (ebd.). Als Ergebnis der Studie kann die Hypothese tatsächlich „mithin nicht falsifiziert werden“ (ebd., S. 21), weswegen sie als „sinnvolle Arbeitsgrundlage“ (ebd.) angesehen werden kann. Auf dieser Basis werden in MT21 diese vier Dimensionen der beliefs zur Struktur der Mathematik, in diesem Fall von angehenden Lehrerinnen und Lehrern, ebenfalls als konzeptueller Ausgangspunkt herangezogen und können in der Stichprobe erneut anhand einer konfirmatorischen Faktorenanalyse zufriedenstellend überprüft werden (Blömeke, Müller, Felbrich, Kaiser, 2008). Vor dem Hintergrund dieser Studien und der im Folgenden dargestellten ähnlichen Konzeptualisierungen mathematikbezogener beliefs in anderen Studien werden diese vier Dimensionen des mathematischen Weltbildes und ihre im Folgenden beschriebene Zusammenfassung zu zwei Sichtweisen weiterhin auch in der vorliegenden Studie als eine Grundlage für die qualitative Unterscheidung verschiedener Antworten von Lehramtsstudierenden verwendet. Jeder der vier Dimensionen fokussiert dabei auf unterschiedliche Strukturaspekte von Mathematik, die im Folgenden kurz unterschieden werden:

- Formalismus-Aspekt: Dieser Aspekt betont insbesondere den formal-deduktiven Charakter von Mathematik als ein System, das auf Axiomen und davon nach festgelegten logischen Regeln abgeleiteten Schlussfolgerungen basiert. „Mathematik ist gekennzeichnet durch eine Strenge, Exaktheit und Präzision auf der Ebene der Begriff und der Sprache, im Denken ('logischen', 'objektiven' und fehlerlosen Denken), in den Argumentationen, Begründungen und Beweisen von Aussagen sowie in der Systematik der Theorie (Axiomatik und strenge deduktive Methode)“ (ebd., S. 17).
- Schema-Aspekt: Dieser Aspekt hebt insbesondere routinehafte und algorithmische Vorgehensweisen der Mathematik hervor wie beispielsweise Rechenregeln oder Lösungsformeln. Der Aspekt

beschreibt „eine Sicht von Mathematik als 'Werkzeugkasten und Formelpaket', eine auf Algorithmen und Schemata ausgerichtete Vorstellung. Mathematik wird gekennzeichnet als Sammlung von Verfahren und Regeln, die genau angeben, wie man Aufgaben löst. Die Konsequenz für den Umgang mit Mathematik ist: Mathematik betreiben besteht darin, Definitionen, Regeln, Formeln, Fakten und Verfahren zu behalten und anzuwenden. Mathematik besteht aus Lernen (und Lehren!), Üben, Erinnern und Anwenden von Routinen und Schemata“ (ebd., S. 19).

- Prozess-Aspekt: Dieser Aspekt fokussiert auf die kreativen Anteile des Betreibens von Mathematik sowie auf Gruppenarbeitsprozesse. Damit wird Mathematik „als Prozess charakterisiert, als Tätigkeit, über Probleme nachzudenken und Erkenntnisse zu gewinnen. Es geht dabei einerseits um das Erschaffen, Erfinden bzw. Nach-Erfinden (Wiederentdecken) von Mathematik. Andererseits bedeutet dieser Erkenntnisprozess auch gleichzeitig das Verstehen von Sachverhalten und das Einsehen von Zusammenhängen. Zu diesem problembezogenen Erkenntnis- und Verstehensprozess gehören maßgeblich ein inhaltsbezogenes Denken und Argumentieren sowie Einfälle, neue Ideen, Intuition und das Ausprobieren“ (ebd., S. 18 f.).
- Anwendungs-Aspekt: Dieser Aspekt hebt die Bedeutung der Mathematik zur Lösung außermathematischer Problemstellungen in den verschiedenen Lebensbereichen wie Alltag oder Beruf hervor. Der Aspekt drückt „einen direkten Anwendungsbezug oder einen praktischen Nutzen der Mathematik aus. Kenntnisse in Mathematik sind für das spätere Leben der Schüler wichtig: Entweder hilft Mathematik, alltägliche Aufgaben und Probleme zu lösen, oder sie ist nützlich im Beruf. Daneben hat Mathematik noch einen allgemeinen, grundsätzlichen Nutzen für die Gesellschaft“ (ebd., S. 18).

Konzeptuell fassen Grigutsch, Raatz und Törner diese vier Aspekte dann weiterhin paarweise zu zwei gleichsam übergeordneten Aspekten, als „antagonistische Leitvorstellungen“ (ebd., S. 11) bezeichnet, zusammen[59], indem sie eine statische und eine dynamische Sicht auf Mathematik un-

[59] Auch bei dieser Unterscheidung handelt es sich primär um einen von Grigutsch, Raatz und Törner (1998) vorab formulierten Ansatz, der jedoch durch ihre empirischen Ergebnisse gestützt wird.

terscheiden[60]. Die statische Sichtweise auf Mathematik umfasst dabei die durch den Formalismus- und den Schema-Aspekt ausgedrückten Strukturaspekte von Mathematik, während die dynamische Sichtweise auf Mathematik beschrieben wird durch die strukturelle Charakterisierung von Mathematik anhand von Prozess- und Anwendungsaspekt.
In der vorliegenden Studie ebenso wie in MT21 werden die vorangegangen beschriebenen Aspekte insbesondere zur konzeptuellen Erfassung verschiedener beliefs zur Struktur der Mathematik als fachlicher Disziplin herangezogen. In der ursprünglichen Konzeptualisierung von Grigutsch, Raatz und Törner hingegen stellen die Aspekte die vier Dimensionen dar, anhand derer das mathematische Weltbild, das heißt das mathematische belief-System, von zum Beispiel Lehrerinnen und Lehrern als Ganzes beschrieben wird. Da das mathematische belief-System neben beliefs über die Mathematik auch beliefs über das Lehren und Lernen von Mathematik und über sich selbst und andere im Bezug auf mathematische Lehr- und Lernprozesse enthält, beziehen damit die vorliegenden Studie ebenso wie MT21 die vier Dimensionen also nur auf einen Teil dessen, was mit den Dimensionen insgesamt beschrieben werden kann, indem die Dimensionen nur zur Unterscheidung von Beschreibungen der Mathematik selber genutzt werden[61].

Die vorangegangen vorgestellte Unterscheidung von Dimensionen zur Struktur des mathematischen belief-Systems ist in dieser Form weiterhin anschlussfähig an verschiedene weitere verwandte Konzeptualisierungen (vgl. Diedrich, Thußbas & Klieme, 2002). So unterscheiden Köller, Baumert, Neubrand (2000) im Rahmen der TIMSS/III-Studie mit Bezug unter anderem auf Grigutsch, Raatz und Törner ebenfalls vier zentrale Bereiche der mathematischen Weltbilder von Schülerinnen und Schülern. Konkret differenzieren sie dabei die folgenden Bereiche aus:

- Mathematik als kreatives Sprachspiel: Dieser Bereich „spiegelt ein epistemologisches Verständnis wider, nach dem mathematisches Wissen als Sprache und Spiel komplex vernetzt und im hohen Maße regelhaft angelegt ist, aber gleichwohl auf Phantasie und Kreativität beruht. Soweit die Konstitutionsbedingungen von Spiel und

60 Grigutsch, Raatz und Törner (1998) weisen jedoch ausdrücklich darauf hin, dass beide Sichtweisen „nicht einfach voneinander zu trennen" (ebd., S. 11) sind und verweisen in diesem Zusammenhang auf die „Janus-Köpfigkeit der Mathematik" (ebd.).

61 Selbstverständlich steht diese Vorgehen, unter anderem wegen der Cluster-Struktur von belief-Systemen (vgl. Abschnitt II.4.4), nicht im Widerspruch zu den Konzeptualisierungen von Grigutsch, Raatz und Törner (vgl. Grigutsch, Raatz, Törner, 1998).

Sprache thematisiert werden, sind sie sozial-konstruktive Leistungen“ (ebd., S. 239).

- Mathematik als Entdecken eines finiten Kosmos von Ideen: Dieser Bereich „beschreibt mathematische Erkenntnis als Entdeckung eines finiten Kosmos überdauernder Ideen. Ist eine Entdeckung einmal gelungen, hat sie als Baustein des Mathematikgebäudes dauerhaft Bestand“ (ebd., S. 241). Dies kombiniert „die Vorstellung von der Endlichkeit der Mathematik (ein Gedanke, den wohl kein Mathematiker teilen wird) mit der Entdeckung überdauernder Ideen, die außerhalb von Raum und Zeit existieren“ (ebd., S. 239).
- Schemaorientierung: Dieser Aspekt „erfasst eine schematische Konzeption von mathematischer Erkenntnis, die sich auf das einfache Anwenden mathematischer Algorithmen beschränkt“ (ebd., S. 241). Es entspricht einem „Verständnis von Mathematik, nach dem Wissen absolut gültig ist und aus einer Addition von Einzelfakten besteht, die fertig übernommen werden“ (ebd., S. 239).
- Instrumentelle Relevanz von Mathematik. Mit diesem Bereich wird „die praktische Relevanz mathematischer Erkenntnis“ (ebd., S. 241) unter der Perspektive „der privaten und öffentlichen Nutzbarkeit“ (ebd., S. 239) erfasst.

Man erkennt trotz partieller Unterschiede und Abweichungen dennoch eine globale Nähe der von Köller, Baumert und Neubrand entwickelten Konzeptualisierung zu der von Grigutsch, Raatz und Törner, hauptsächlich hinsichtlich der Bereiche der instrumentellen Relevanz von Mathematik sowie der Schemaorientierung[62], die starke Überschneidungen zum Schema-Aspekt beziehungsweise Anwendungs-Aspekt bei Grigutsch, Raatz und Törner aufweisen sowie teilweise hinsichtlich des Bereichs der Mathematik als kreatives Sprachspiel, der Teile des Prozess-Aspektes enthält.

Insbesondere identifizieren auch Köller, Baumert und Neubrand übergeordnete Aspekte des mathematischen Weltbildes, die sie ebenfalls als „statische bzw. dynamische Vorstellung von Mathematik“ (ebd., S. 243) bezeichnen[63]. Der statische Aspekt ergibt sich in diesem Fall durch

---

[62] Köller, Baumert und Neubrand (2000) weisen im Bezug auf die Nähe ihrer Konzeptualisierungen zu Ansätzen von anderen Studien daraufhin, dass in diesem Bereich „die Entsprechungen der unterschiedlichen Instrumente am klarsten“ (ebd., S. 241) sind.

Zusammenhänge zwischen den Bereichen von Mathematik als Entdecken eines finiten Kosmos von Ideen und der Schemaorientierung, wohingegen sich der dynamische Aspekt aus Zusammenhängen zwischen den Bereichen der instrumentellen Relevanz von Mathematik und dem Bereich zur Mathematik als kreatives Sprachspiel ergibt.

International wird weiterhin (vgl. Furinghetti & Morselli, 2009) auf den Ansatz von Ernest (1989a, 1989b) verwiesen, der ebenfalls eine deutliche konzeptuelle Nähe zu den Unterscheidungen von Grigutsch, Raatz und Törner aufweist und sich im Gegensatz zum Ansatz von Köller, Baumert und Neubrand explizit auf Lehrerinnen und Lehrer bezieht. Ernest unterscheidet dabei im Hinblick auf die „nature of mathematics as a whole" (Ernest, 1989b, S. 20) drei Sichtweisen:

- Problem-solving view: Aus dieser Sichtweise wird Mathematik unter einem „problem-driven view" (ebd., S. 21) betrachtet „as a dynamic, continually expanding field of human creation and invention, a cultural product. Mathematics is a process of inquiry and coming to know, not a finished product, for its results remain open to revision" (Ernest, 1989a, S.250).
- Platonist view: Diese Sichtweise charakterisiert „mathematics as a static but unified body of certain knowledge" (ebd.) „consisting of interconnecting structures and truths. Mathematics is a monolith, a static immutable product, which is discovered, not created" (Ernest, 1989b, S. 21).
- Instrumentalist view: Gemäß dieser Sichtweise ist Mathematik „an accumulation of facts, rules and skills to be used in the pursuance

[63] Köller, Baumert und Neubrand (2000) leiten dieses Ergebnis insbesondere aus den Ergebnissen der Oberstufenkohorte ab, da sich hier empirisch klarere Zusammenhänge zwischen einzelnen Bereichen ergaben als in der Kohorte der Sekundarstufe I, in der die Korrelationen zwischen allen Bereichen höher sind. Sie vermuten, „dass sich mathematische Weltbilder im Laufe der Ontogenese ausdifferenzieren" (ebd., S. 242) und Achtklässlerinnen und Achtklässler daher noch weniger zwischen verschiedenen Bereichen des mathematischen Weltbildes unterscheiden als Oberstufenschülerinnen und –schüler. Da die Studie von Grigutsch, Raatz und Törner (1998) jedoch auf praktizierende Lehrerinnen und Lehrer und MT21 sowie die vorliegende Studie auf angehende Lehrerinnen und Lehrer fokussieren, das heißt auf Personen, die sich berufsbiographisch jeweils deutlich in Phasen nach Abschluss der Sekundarstufe I befinden, lässt sich dieses Ergebnis von Köller, Baumert und Neubrand zwanglos als konzeptuell verwandt zu den Ansätzen von Grigutsch, Raatz und Törner (1998) und damit verbunden zu den Ansätzen von MT21 und der vorliegenden Studie formulieren.

of some external end. Thus mathematics is a set of unrelated but utilitarian rules and facts“ (Ernest, 1989a, S. 250).

Auch hier werden unmittelbar die Bezüge zur Unterscheidung von Grigutsch, Raatz und Törner deutlich. Die Problem-solving view bei Ernest entspricht zu großen Teilen dem Prozess-Aspekt bei Grigutsch, Raatz und Törner. Die Platonist view auf Mathematik enthält weiterhin Anteile dessen, was bei Grigutsch, Raatz und Törner als Formalismus-Aspekt bezeichnet wird, was insbesondere deutlich wird durch die Charakterisierung von Mathematik im Rahmen des Platonist View als „static but unified body of certain knowledge“ (Ernest, 1989a, S. 250) „consisting of innterconnecting structures and truths“ (Ernest, 1989b, S. 21). Die Instrumentalist view abschließend stimmt einerseits deutlich mit dem Anwendungs-Aspekt überein, da in beiden Fällen der Nutzen der Mathematik für die Bearbeitung außermathematischer Problemstellungen hervorgehoben wird. Daneben enthält diese Sichtweise bei Ernest allerdings weiterhin auch Elemente, die bei Grigutsch, Raatz und Törner separat als Schema-Aspekt zusammengefasst werden, indem Ernest routinehafte und algorithmische Vorgehensweisen der Mathematik als Mittel zur Bearbeitung der außermathematischen Anwendungen hervorhebt.

Ebenfalls im Einklang mit den Ansätzen von Grigutsch, Raatz und Törner, aber auch von Köller, Baumert und Neubrand, lässt sich auch bei Ernest zusätzlich eine Unterscheidung zwischen einer dynamischen und einer statischen Charakterisierung von Mathematik ausmachen. Dabei wird bei Ernest die auf das Problemlösen bezogene Sichtweise direkt mit einer dynamischen, die platonistische Sichtweise direkt mit einer statischen Sichtweise in Verbindung gebracht und die instrumentalistische Sichtweise weder explizit mit dynamischen noch mit statischen Attributen charakterisiert. Dies entspricht ebenfalls insoweit den Zuordnungen von Grigutsch, Raatz und Törner, dass auch in deren Unterscheidung der Formalismus-Aspekt der statischen Sichtweise auf Mathematik und der Prozess-Aspekt der dynamischen Sichtweise auf Mathematik zugeordnet werden. Auch die Nichtzuordnung von dynamischen oder statischen Merkmalen zu der instrumentalist view bei Ernest steht insofern im Einklang mit der entsprechenden Differenzierung bei Grigutsch, Raatz und Törner, da bei letzteren der Anwendungsaspekt der dynamischen Sichtweise auf Mathematik und der Schemaaspekt der statischen Seite zugeordnet werden, während bei Ernest der instrumentalist view Anteile beider Aspekte enthält.

Es sei abschließend deutlich angemerkt, dass eine entsprechende Unterscheidung von grundsätzlich statischen und dynamischen Sichtweisen auf Mathematik dabei mitnichten ausschließlich Teil der entsprechenden mathematikdidaktischen Diskussion ist. Vielmehr können entsprechende Ansätze auch bereits seit langem in der mathematischen Diskussion beobachtet werden. Ein Beispiel hierfür ist die bereits von Henrici (1974, S. 80) formulierte Unterscheidung zwischen „*dialectic* and *algorithmic* mathematics", die er wie folgt präzisiert:

> "*Dialectic mathematics* is rigorously logical science, where statements are either true or false, and where objects with specified properties either do or do not exist. *Algorithmic mathematics* is a tool for solving problems." (ebd.)

Man erkennt unmittelbar die inhaltliche Nähe zu den vorangegangenen vorgestellten Konzeptualisierungen.

Es wird damit insgesamt deutlich, wie eine grundlegende Unterscheidung einer statischen und einer dynamischen Sicht auf Mathematik die verschiedenen Ansätze bezüglich der Sicht auf Mathematik durchzieht, weswegen auch im Rahmen der vorliegenden Arbeit grundlegend auf eine an diesen beiden Sichtweisen auf Mathematik orientierte Ausdifferenzierung der mathematikbezogenen beliefs zurückgegriffen wird.

Die zweite Untergruppe der epistemologischen beliefs zur Mathematik bezieht sich dann auf beliefs zur Genese mathematischer Kompetenz, das heißt auf die Unterscheidung verschiedener Sichtweisen hinsichtlich der allgemeinen Frage, wie und unter welchen Bedingungen mathematisches Wissen entsteht. MT21 unterscheidet hierfür zwei Unterbereiche, genauer die begabungstheoretische Perspektive und die erkenntnistheoretische Perspektive, die jeweils zweifach ausdifferenziert werden.

Die begabungstheoretische Perspektive umfasst als ersten Gegenstandsbereich die sogenannte anthropologische Konstante. Diese bezieht sich generell auf „anthropologische Überzeugungen, die mathematische Fähigkeiten als angeboren, zeitlich stabil sowie durch demographische Merkmale determiniert charakterisieren" (Blömeke, Müller, Felbrich, Kaiser, 2008, S. 225). In mathematikdidaktischer Hinsicht liegt hierauf bezogen insbesondere Forschung bezüglich des Bereichs von Gender und Mathematik vor (Kaiser, 1999, Keller, 1997, Jungwirth, 1994, Kaiser-Meßmer, 1993), das heißt bezüglich eines Teilgebiets der demographischen Merkmale. Vor diesem Hintergrund wird auch in MT21 im Rahmen der begabungstheoretischen Perspektive die mathematikdidaktische

Genderforschung berücksichtigt, jedoch wird die anthropologische Konstante nicht nur unter dieser Geschlechterperspektive konzeptualisiert, sondern allgemeiner „geschlechtsspezifisch und ethnisch operationalisiert" (Blömeke, Müller, Felbrich, Kaiser, 2008, S. 225).

In Ergänzung aus allgemeiner Perspektive zur Frage der Begabung im Kontext von Mathematik und Mathematikunterricht sei hier zusätzlich auf die umfangreichen Arbeiten zur Förderung besonderer mathematischer Begabungen (für das Grundschulalter Nolte, 2004) verwiesen.

Der zweite Gegenstandsbereich, der in MT21 ebenfalls als Unterbereich der begabungstheoretischen Perspektive erfasst wird, „bezieht sich auf die Frage, inwieweit Kinder mit einem mathematischen Vorverständnis in die Schule kommen" (ebd.). Dies schließt direkt an das Konzept des Conceptual Change[64] (Duit & Treagust, 2003, Limón & Mason, 2002) an, das allgemein[65] den Wechsel inhaltsbezogener Präkonzepte von Schülerinnen und Schülern hin zu unterrichtlich vermittelten Konzepten, also „learning pathways from students` pre-instructional conceptions to the science concepts to be learned" (Duit & Treagust, 2003, S. 673) beschreibt[66]. Bezogen auf die Planung und Gestaltung von Mathematikunterricht ist dabei die Berücksichtigung entsprechender mathematikbezogener Präkonzepte der Schülerinnen und Schüler und die Berücksichtigung der damit verbundenen Notwendigkeit des Conceptual Change eine Voraussetzung, um die Zielsetzung von Mathematikunterricht, das heißt den Schülerinnen und Schülern tragfähige mathematische Konzepte für die angemessene Bearbeitung inner- und außermathematischer Prob-

[64] Der Begriff wird beziehungsweise wurde teilweise stark speziell im Bezug auf das Lehren und Lernen in den naturwissenschaftlichen Fächern wie etwa Physik (vgl. Duit, 1995, Vosniadou, 2002) verwendet, lässt sich aber allgemein auf das „learning in such domains where the pre-instructional conceptual structures of the learners have to be fundamentally restructured in order to allow understanding of the intended knowledge, that is, the acquisition of science concepts" (Duit und Treagust, 2003, S. 673) beziehen, woraus sich direkt auch der Bezug zur Mathematik ergibt.

[65] Eine detaillierte Analyse und Unterscheidung verschiedener Ansätze und Aspekte zum Conceptual Change wird an dieser Stelle nicht vorgenommen (vgl. Guzzetti und Hynd, 1998 oder als Beispiel für eine konkrete Unterscheidung verschiedener Ansätze Stark, 2002).

[66] Die verschiedenen Gegenstandsbereiche der verschiedenen Gruppen von beliefs stehen dabei naturgemäß in theoretischen Zusammenhängen. Dies erkennt man hier beispielhaft daran, dass das Konzept des Conceptual Change als Teil der Konzeptualisierung der begabungstheoretischen Perspektive theoretisch eng verbunden ist mit dem nachfolgend dargestellten Konstruktions-Paradigma als Teil der Konzeptualisierung der erkenntnistheoretischen Perspektive (Duit, 1995).

lemstellungen zu vermitteln, erfolgreich zu realisieren (Stern, 2009, Merenluoto & Lehtinen, 2002). „Mathematik als erlernbar anzusehen, beinhaltet zu akzeptieren, dass Kinder über ein subjektives Vorverständnis zu einer Vielzahl mathematischer Konzepte verfügen, an das im Mathematikunterricht anzuknüpfen und das ggf. zu verändern ist" (Blömeke, Müller, Felbrich, Kaiser, 2008, S. 226). Vor diesem Hintergrund wird der Ansatz des Conceptual Change in MT21 im Rahmen des Gegenstandsbereiches der beliefs zur begabungstheoretischen Perspektive als Teil der beliefs zur Genese mathematischer Kompetenz berücksichtigt.

Der Gegenstandsbereich des zweiten Unterbereichs der beliefs zur Genese mathematischer Kompetenz bezieht sich auf die erkenntnistheoretische Perspektive, das heißt auf die Frage, wie mathematisches Wissen prinzipiell entsteht. Auch hierbei erfolgt eine zweifache Ausdifferenzierung, indem die Paradigmen von Transmission und Konstruktion unterschieden werden. Beide paradigmatischen Ansätze werden im Folgenden kurz skizziert:

Transmissions-Paradigma: In diesem Ansatz zur Entstehung mathematischen Wissens „nimmt die Lehrperson den aktiven Part ein, der sachlich richtiges Wissen übermittelt, während Schülerinnen und Schüler weitgehend rezeptiv vor allem über Zuhören lernen" (Blömeke, Müller, Felbrich, Kaiser, 2008, S. 227). Dabei „ist der Lernbegriff stark auf gut operationalisierbares und kontextfreies Begriffs- und Konzeptwissen eingeschränkt, während der Erwerb von prozessbezogenem Wissen – mit Ausnahme des Übens von Routinen – eine geringere Rolle spielen" (ebd.) (Gudjons, 2003).

Konstruktions-Paradigma: In diesem Ansatz wird „vor allem die aktive Perspektive der Schülerinnen und Schüler für den Aufbau kognitiver Strukturen betont, was für den Lehrer einen Wechsel von der Rolle des Vermittlers hin zum Gestalter von Lernumgebungen beinhaltet" (ebd.). Gemäß dieser Rolle ist es damit Aufgabe der Lehrerin oder des Lehrers, „den Lernprozess durch Bereitstellung von Informationen und Strukturierung des Kommunikationsprozesses" (ebd.) unterstützend zu begleiten, während die Schülerinnen und Schüler selbstständig und aktiv Wissen konstruieren (Leuders, 2005, Rustemeyer, 1999, Terhart, 1999). Zentral ist dabei die Idee, dass Unterrichtsinhalte „nicht als fertiges System bzw. als Welt abgeschlossener Erkenntnisse präsentiert werden. Der Lernende muss vielmehr die reale Möglichkeit haben, eigene Wissenskonstruktionen und Interpretationen vorzunehmen sowie eigene Erfahrungen zu machen" (Gerstenmaier & Mandl, 1995, S. 879). Das bedeutet, dass die

Lernumgebung „Freiheitsgrade zur Wissenskonstruktion“ (ebd.), also einen „Handlungsspielraum“ (ebd.) für die Lernenden bieten muss, der für diese auch erkennbar ist und von ihnen weiterhin angenommen wird. Daraus folgt insbesondere, dass die Arbeitsprozesse stark durch Gruppenarbeit und gemeinsames Lernen geprägt sind. Weiterhin entsteht Wissen im Rahmen konstruktiver Ansätze anhand von „realistischen Problemen und authentischen Situationen“ (ebd.), die „einen Rahmen und Anwendungskontext für das zu erwerbende Wissen“ (ebd.) bieten (Dubs, 1995, Davis, Maher & Noddings, 1990).

Unterrichtsbezogene beliefs zum Lehren und Lernen von Mathematik

Die zweite hier betrachtete Gruppe von beliefs erfasst unterrichtsbezogene beliefs zum Lehren und Lernen von Mathematik (für die hier verwendete Konzeptualisierung und Darstellung vgl. Müller, Felbrich, Blömeke, 2008b). Diese Gruppe von beliefs wird in MT21 in drei Untergruppen ausdifferenziert, nämlich in beliefs über die Zielvorstellungen bezüglich des Mathematikunterrichts, in beliefs über unterrichtsmethodische Präferenzen und in beliefs zum sogenannten Classroom Management. Betrachtet man die im Folgenden dargestellten Gegenstandsbereiche dieser Untergruppen, lassen sich viele empiriegestützte theoretische Konzeptualisierungen formulieren, die auch eine Operationalisierung dieser Bereiche durch Wissensfragen ermöglichen würden. Beispielsweise gibt es verschiedene Ansätze zu Zielen im Mathematikunterricht oder über unterrichtsmethodische Vorgehensweisen[67], die angehende Lehrerinnen und Lehrer im Rahmen ihrer Ausbildung kennengelernt haben sollten. Auch hier wird also der kognitive Einfluss auf beliefs deutlich. Dennoch werden die Bereiche in MT21 nicht wissensmäßig ausgewertet, da „es sich um Selbstberichte der Studierenden sowie Referendarinnen und Referendare und nicht um Beobachtungen in realen Unterrichtssituationen handelt“ (ebd., S. 249).

Der Gegenstandsbereich der ersten Untergruppe, der beliefs über die Zielvorstellungen bezüglich des Mathematikunterrichts, wird dann in zwei Bereiche von Zielen des Mathematikunterrichts unterteilt, nämlich kognitive Ziele und affektiv-motivationale Ziele. Dies steht im Einklang mit der entsprechenden Unterscheidung innerhalb der grundlegenden Defini-

[67] Vgl. hierfür jeweils die nachfolgenden Ausführungen in der Beschreibung des jeweiligen Gegenstandsbereiches.

tion von Kompetenz nach Weinert (vgl. Abschnitt II.3.1). Auch innerhalb der didaktischen Diskussion (vgl. für die Mathematikdidaktik etwa Zech, 2002, Fischer & Malle, 1989) sowie aus einer kognitionspsychologischen Perspektive (vgl. bereits Bloom, Engelhart, Furst, Hill & Krathwohl, 1969, Krathwohl, Bloom & Masia, 1965) wird Unterricht nicht nur als Versuch der Vermittlung kognitiver Fähigkeiten beschrieben, sondern unter anderem um affektiv-motivationale Zielsetzungen ergänzt[68]. Diese Verbindung von kognitiven und affektiv-motivationalen Zielsetzungen von Unterricht findet weiterhin ihre Entsprechung in den politischen Rahmenvorgaben für die institutionelle schulische Gestaltung von Lehr-Lern-Prozessen, hier sowohl in den allgemeinen Vorgaben der Kultusministerkonferenz (vgl. die allgemeinen Vorgaben beziehungsweise Empfehlungen der Kultusministerkonferenz [herausgegeben jeweils vom Sekretariat der Ständigen Konferenz der Kultusminister der Länder in der Bundesrepublik Deutschland, im Folgenden kurz KMK] für schulische Bildungsgänge im Bereich der Grundschule (KMK, 1994), der Sekundarstufe I (KMK, 2009) und der gymnasialen Oberstufe (KMK, 2008b)) als auch in den curricularen Vorgaben der Bundesländer[69].

Im Hinblick auf den Teilbereich der kognitiven Zielsetzungen lassen sich in Abhängigkeit von der jeweiligen theoretischen Perspektive verschiedene Differenzierungen bestimmen. So beschreiben Anderson und Krathwohl (2001) eine Taxonomie kognitiver Ziele von Unterricht unter kognitionspsychologischer und damit primär fachunabhängiger Perspektive. Unter einer im Gegensatz dazu originär fachorientierten Sichtweise werden verschiedene Ansätze zur Unterscheidung von kognitiven Zielen des Mathematikunterrichts innerhalb der mathematikdidaktischen Diskussion formuliert (vgl. Winter, 1995, Leuders, 2005, Zech, 2002, Fischer & Malle, 1989, mit Bezug speziell auf die Sekundarstufe Vollrath, 2001, mit Bezug speziell auf die Primarstufe Krauthausen & Scherer, 2007, mit

---

68 Entsprechende Ansätze der Verbindung kognitiver und weiterer nicht-kognitiver, insbesondere affektiv-motivationaler Zielsetzungen spiegeln sich in diesem Zusammenhang auch in der theoretischen Beschreibung von Unterricht in verschiedenen unterrichtsbezogenen Studien (vgl. beispielsweise für naturwissenschaftlichen Sachunterricht in der Grundschule Blumberg, Hardy und Möller (2008), sowie speziell für den Mathematikunterricht beispielsweise Gruehn (1995) oder mit Bezug auf das Projekt MARKUS Schrader und Helmke (2002) und Helmke, Hosenfeld und Schrader (2002)) wieder.

69 Auf eine separate Ausweisung wird wegen der selbst unter Berücksichtigung nur eines Bundeslandes vorherrschenden Vielfalt entsprechender Dokumente (vgl. beispielsweise die verschiedenen Bildungspläne für Hamburg unter http://www.hamburg.de/bildungsplaene [letzter Zugriff: 3. Mai 2011]) hier verzichtet.

Bezug speziell auf das Konzept von Allgemeinbildung Heymann, 1996). Von dieser Diskussion stark beeinflusst sind weiterhin die Zusammenstellungen entsprechender kognitiver Ziele in den verbindlichen Vorgaben für die Durchführung von Mathematikunterricht, ausgeführt sowohl in Form von bundesländerübergreifend verpflichtend eingeführten Bildungsstandards (für die Primarstufe KMK (2004b), für den Hauptschulabschluss KMK (2004a), für den Mittleren Schulabschluss KMK (2003)[70], vgl. auch die Konkretisierungen der Bildungsstandards für die Primarstufe in Walther et al. (2008) und für die Sekundarstufe in Blum et al. (2006)) wie auch in der Form jeweils bundesländerspezifisch formulierter Rahmen- beziehungsweise Bildungspläne[71]. Für die Unterscheidung verschiedener kognitiver Zielsetzungen greift MT21 diese Unterscheidungen auf und ergänzt sie um die Unterscheidung kognitiver Aktivitäten, die eine Grundlage für die Konzeptualisierung der Testteile zum fachbezogenen Wissen in MT21 darstellt (vgl. Blömeke et al., 2008b). Insgesamt ergeben sich damit die folgenden vier Bereiche kognitiver Ziele von Mathematikunterricht:

- Routineaufbau: Mit dieser Zielsetzung wird der Versuch beschrieben, Schülerinnen und Schülern den Umgang mit Algorithmen zu vermitteln. Schülerinnen und Schüler sollen damit einerseits ein Verständnis für Algorithmen als „ein zentrales Kennzeichen mathematischer Aktivitäten" (Müller, Felbrich, Blömeke, 2008b, S. 250) gewinnen. Weiterhin sollen sie dadurch in die Lage versetzt werden, für die Lösung häufig wiederkehrender Problemstellungen mathematische Standardprozeduren zu erlernen, auf die sie zurückgreifen können, wenn im Rahmen der Bearbeitung weitergehender beziehungsweise komplexerer Aufgabenstellungen die Lösung eines entsprechenden Standardproblems notwendig wird[72]

[70] Zurzeit sind noch nicht für alle Schulstufen und Bildungsabschlüsse verbindliche Bildungsstandards für das Fach Mathematik festgelegt worden (vgl. http://www.kmk.org/bildung-schule/qualitaetssicherung-in-schulen/bildungsstandards/ueberblick.html [letzter Zugriff: 9. Mai 2011]).

[71] Erneut wird auf eine separate Ausweisung entsprechender Dokumente wegen ihrer Vielfalt verzichtet und es sei ebenfalls erneut exemplarisch auf die Bildungspläne für Hamburg unter http://www.hamburg.de/bildungsplaene [letzter Zugriff: 3. Mai 2011] verwiesen.

[72] Ein Beispiel ist die Lösungsformel zur Bestimmung der Nullstellen einer quadratischen Funktion, die angewendet werden kann, um bestimmte Aufgabenstellungen im Bereich der Differentialrechnung (etwa das Bestimmen von Extrema und Wendestellen in speziellen Fällen) erfolgreich bearbeiten zu können. Letztere wiederum könnten weiterhin selber als Algorithmen verwendet werden, um komplexe Modellierungsaufgaben lösen zu können (vgl. Kaiser, Schwarz, 2006).

(Humenberger & Reichel, 1995, für Beispiele von Algorithmen im Bereich der Primar- und Sekundarstufe I Ziegenbalg, 2006, für die Sekundarstufe II Tietze, Klika & Wolpers, 2000, 1997; vgl. auch für unterrichtliche Beispiele zu Algorithmen im Mathematikunterricht die Beiträge in MU Der Mathematikunterricht, Heft 1, 2006: Borys & Urff, 2006, Hischer, 2006, Kortenkamp, 2006, Schöning, 2006, Stellfeldt, 2006).

- Problemlösen und Modellieren: Im Gegensatz zum vorigen Bereich fokussiert diese Zielsetzung auf die Absicht, Schülerinnen und Schülern Problemlösefähigkeiten zu vermitteln für Probleme, für die für sie keine Lösungsalgorithmen zur Verfügung stehen (English & Sriraman, 2010, Bruder & Collet, 2009, Zimmermann, 2003, Pehkonen, 2001, Bruder, 2000, Bugdahl, 1995, Zimmermann, 1991, Burkhardt, Groves, Schoenfeld & Stacey, 1988, Schoenfeld, 1985, Biermann, Bussmann & Niedworok, 1977). Einen wichtigen Bereich entsprechender Probleme stellen Modellierungsaufgaben dar, das bedeutet Aufgaben, bei denen eine komplexe reale, das heißt außermathematische Problemstellung mit mathematischen Methoden und Vorgehensweisen gelöst werden soll (Kaiser, 2010b, 2007, 2005, 1995, Kaiser & Schwarz, 2010, 2006, Borromeo Ferri, 2007, Maaß, 2007; eine ausführliche Beschreibung dieser kognitiven Zielsetzung von Mathematikunterricht erfolgt in Abschnitt II.8.2).
- Argumentieren und Begründen: Hiermit wird die Zielsetzung von Mathematikunterricht beschrieben, dass Schülerinnen und Schüler lernen, mathematikbezogene Argumentationen und Begründungen zu entwickeln, also beispielsweise ihre Ergebnisse, Vorgehensweisen, Ideen und Ansätze argumentativ zu belegen. Dies kann sich sowohl rein auf innermathematische Inhalte beziehen als auch, etwa im Falle der Bearbeitung von Modellierungsaufgaben, außermathematische Inhalte mit einschließen. Die Zielsetzung umfasst dabei sowohl die Ausbildung schriftlicher wie auch mündlicher Argumentationsfähigkeiten (Malle, 2002, Schwarzkopf, 2001, Hanna, 2000; eine ausführliche Beschreibung dieser und der damit verbundenen nächsten kognitiven Zielsetzung von Mathematikunterricht erfolgt in Abschnitt II.8.1).
- Beweisen: Diese Zielsetzung schließt an die vorangegangene an und ist nicht trennscharf von ihr zu unterscheiden. Das hiermit verbundene Ziel ist die Ausbildung von Beweisfähigkeiten bei Schüle-

rinnen und Schülern, in dem Sinne, dass Schülerinnen und Schüler lernen sollen, neue mathematische Sätze aus ihnen bekannten Inhalten herzuleiten. Beweise im Mathematikunterricht unterscheiden sich dabei von Argumentationen und Begründungen dadurch, dass sie stärker formal, logikbasiert sowie deduktiv aufgebaut sind und unter stärkerer Benutzung von mathematischer Fachsprache formuliert werden. Bezugsrahmen ist damit das fachmathematische Beweisen, auch wenn im Mathematikunterricht weniger rigide Maßstäbe hinsichtlich der Strenge des Vorgehens angelegt werden (Hefendehl-Hebeker & Hußmann, 2005, Heske, 2002, Reiss, 2002, Holland, 1996, Müller, 1995, Goldberg, 1992, Walsch, 1992).

Diese kognitiven Zielsetzungen von Mathematikunterricht werden dann in MT21 wie beschrieben konzeptionell durch eine affektiv-motivationale Zielsetzung ergänzt, die interessenbezogene und damit verbunden motivationsbezogene Aspekte sowie affektive Aspekte erfasst. Interesse bezeichnet dabei „eine besondere, durch bestimmte Merkmale herausgehobene Beziehung einer Person zu einem Gegenstand" (Krapp, 2006, S. 281). Dieser Gegenstand ist allgemein „kognitiv repräsentiert, d.h. dass die Person über ein gegenstandsspezifisches Wissen verfügt" (ebd.). In diesem Fall ist der Gegenstand dabei genauer bestimmt durch „thematische Bereiche des Weltwissens" (ebd.), hier speziell durch den Bereich der Schulmathematik. Im Hinblick auf Lehr-Lernprozesse ist Interesse insbesondere relevant durch die „epistemische Orientierung" (ebd., vgl. bereits Prenzel, 1988), die Krapp (2006, S. 281) wie folgt zusammenfasst: „Wer sich für eine Sache interessiert, möchte mehr darüber erfahren, sich kundig machen, sein Wissen erweitern", was dazu führt, „dass sich die Person mit den Interessengegenständen und den damit verbundenen Möglichkeiten der Auseinandersetzung identifiziert" (ebd.), was „z.T. die intrinsische Qualität interessenthematischer Lernhandlungen" (ebd.) begründet. Dies verdeutlicht weiterhin die engen Bezüge zwischen den Konzepten von Interesse einerseits und Motivation (Rheinberg, 2004), insbesondere Lernmotivation[73], andererseits (vgl. die Beiträge in Schiefe-

[73] Begrifflich bezeichnet die Lernmotivation einen Unterbereich der Motivation. Motivation lässt sich allgemein beschreiben als „aktivierende Ausrichtung des momentanen Lebensvollzuges auf einen positiv bewerteten Zielzustand" (Rheinberg (2004), S. 16). Die Lernmotivation kann dann aufgefasst werden als „Spezialfall der Motivation, die sich auf den Erwerb neuer Kenntnisse und Fähigkeiten bezieht" (Tenorth und Tippelt, 2007, S. 480).

le & Wild, 2000). Beide Konzepte sind darüber hinaus konzeptionell mit affektiven Ansätzen verbunden (Deci, 1998, Deci & Ryan, 1985), die daher ebenfalls im Kontext motivationaler und interessenbezogener Zielsetzungen berücksichtigt werden. Die Verbindung der entsprechenden Konzepte zeigt sich dabei auch im Bezug auf die Leistungen von Schülerinnen und Schülern, denn „die Zusammenhänge zwischen der Schulleistung und diesen Konstrukten sind erwartungsgemäß durchwegs positiv, am stärksten bei Interesse[74]“ (Helmke & Schrader, 2006, S. 85). Hierbei ist der Zusammenhang im Allgemeinen zudem für naturwissenschaftliche Fächer und Mathematik stärker ausgeprägt als für andere Schulfächer[75] (vgl. Schiefele, Krapp & Schreyer, 1993). So verstanden ist Interesse daher „einer der bedeutsamsten Einzelfaktoren im Hinblick auf Lernerfolg oder -misserfolg“ (Müller, Felbrich, Blömeke, 2008b, S. 251) im Bezug auf Mathematikunterricht. Diese Bedeutung von Interesse und den damit verbundenen Konstrukten für den Lernerfolg von Schülerinnen und Schülern in schulisch-institutionalisierten Lehr-Lern-Prozessen rechtfertigt daher insgesamt den geschilderten Einbezug affektiv-motivationaler Ziele in die Zusammenstellung von Zielsetzungen für den Mathematikunterricht.

Der Gegenstandsbereich der zweiten Untergruppe der unterrichtsbezogenen beliefs bezieht sich auf die unterrichtsmethodischen Präferenzen. Hier lassen sich primär zwei gegensätzliche Grundrichtungen von Unterrichtsmethodik unterscheiden: „zum einen Unterrichtsmethoden im Rahmen eines *traditionell-direktiven* Ansatzes und Unterrichtsmethoden im Rahmen *eigenaktiven Lernens* der Schülerinnen und Schüler[76]“ (ebd., S. 253) (Wiechmann, 2006b, Meyer, 1997). Beide methodi-

---

[74] Allgemeine Beiträge zum Zusammenhang von Interesse und Lernen und insbesondere unter einer gender-Perspektive finden sich etwa in Hoffmann, Krapp, Renninger und Baumert (1998).

[75] Krapp (2006, S. 284) verweist jedoch mit Bezug auf die Schulfächer Mathematik und Physik darauf, „dass sich bei Kontrolle des Vorwissens und anderer Prädiktoren häufig keine statistisch signifikanten Korrelationen nachweisen lassen". In die gleiche Richtung zielt der Hinweis von Schiefele, Krapp und Schreyer, dass ein Fach wie Mathematik insbesondere Schülerinnen und Schüler „anzieht, die sich ihrer fachbezogenen Fähigkeit relativ sicher sind“ (Schiefele, Krapp und Schreyer, 1993, S. 137). Weiterhin lassen Korrelationen naturgemäß keinen Rückschluss auf kausale Zusammenhänge zu, so dass nicht notwendig das Interesse ausschlaggebend für gute schulische Leistungen im entsprechenden Fach ist, sondern beispielsweise auch umgekehrt gute beziehungsweise schlechte Leistungen in einem Schulfach das Interesse daran verstärken beziehungsweise abschwächen könnten (vgl. Krapp, 2006, Köller, Baumert und Schnabel, 2000).

[76] Diese Unterscheidung bezüglich unterrichtsmethodischer Präferenzen zwischen traditionell – direktiven und von eigenaktivem Lernen geprägten Ansätzen stehen in deutlichem

schen Ansätze sind dabei durch stark unterschiedliche Charakteristika geprägt[77]:

- traditionell-direktive Ansätze: Dieser unterrichtsmethodische Zugang ist geprägt „von einer starken Lehrerlenkung, kleinschrittigem Vorgehen und intensiver Kontrolle, fragend-entwickelnden und *drill-and-practice*-Lehrformen, rezeptivem Lernen auf Schülerseite sowie Fehlen interaktiver Elemente" (Müller, Felbrich, Blömeke, 2008b, S. 253). (Wiechmann, 2006a, Apel, 2006a)
- von eigenaktivem Lernen geprägte Ansätze: Diese unterrichtsmethodische Grundlinie „beruht auf selbst-gesteuertem, entdeckendem, kooperativen und diskursiven Lernen" (Müller, Felbrich, Blömeke, 2008b, S. 253) (Jürgens, 2006, Kirk, 2006, Neber, 2006a). Entsprechende Unterrichtszugänge sind daher konstruktivistisch geprägt und stellen „vielfältige mathematische Aktivitäten" (Müller, Felbrich, Blömeke, 2008b, S. 253) und deren eigenständige Ausführung durch die Schülerinnen und Schüler in den Mittelpunkt (Blum, Drüke-Noe, Leiß, Wiegand & Jordan, 2005, Leuders, 2005, vgl. das unterrichtspraktische Beispiel in Biermann & Blum, 2001).

---

theoretischen Zusammenhang mit der Unterscheidung zwischen den beiden Paradigmen von Transmission und Konstruktion im Rahmen der erkenntnistheoretischen Perspektive. Beide Unterscheidungen sind „aber nicht deckungsgleich" (Müller, Felbrich und Blömeke, 2008b, S. 254), denn „in relativ verhaltensfernen Erkenntnistheorien geht es um ein prinzipielles Verständnis davon, wie mathematische Kompetenz entsteht" (ebd.), wohingegen eine Unterscheidung unterrichtsmethodischer Präferenzen stärker darauf fokussiert, „wie von einer Mathematiklehrkraft im institutionellen Rahmen der Schule mathematische Kompetenz bei einer Gruppe von Schülerinnen und Schülern aufgebaut werden kann" (ebd.) (vgl.Leuchter, Pauli, Reusser und Lipowsky, 2006).

77 Sowohl die Unterscheidung der beiden unterrichtsmethodischen Ansätze als auch die im Weiteren dargestellte und damit verbundene Rolle der Lehrerin oder des Lehrers implizieren dabei keine Ausschließlichkeit weder in dem Sinne, dass die Ansätze nicht graduell abgestuft beziehungsweise teilweise vereinigt realisiert werden könnten, noch in dem Sinne, dass eine Lehrerin oder ein Lehrer durchgehend nur einen unterrichtsmethodischen Ansatz wählt. Vielmehr werden im Normalfall von sinnvollem Unterricht Phasen von stärker eigenaktivem Lernen der Schülerinnen und Schüler mit stärker traditionell-direktiv geprägten Phasen abwechseln (Konrad, 2008, Muijs und Reynolds, 2000). Weiterhin zeigt sich auch hier beispielhaft die Verbindung zwischen beliefs und Wissen, da beispielsweise eine ausschließliche Zustimmung zu traditionell-direktiven Unterrichtsmethoden und eine Ablehnung von durch eigenaktives Lernen der Schülerinnen und Schüler geprägte Unterrichtszugänge sicherlich nicht im Einklang mit einer empirisch begründbaren Wissensbasis über angemessenes unterrichtliches Vorgehen stünde (Smith et al., 2007, Tal, Krajcik und Blumenfeld, 2006, Anderson, 2002).

Beide beschriebenen unterrichtsmethodischen Grundzugänge charakterisieren demgemäß jeweils eine grundsätzliche Art, Unterricht zu gestalten, ohne dass damit bereits vollständig die konkrete Durchführung des Unterrichts vorgegeben ist. Vielmehr prägen die Ansätze die grundsätzliche Tendenz des jeweiligen Unterrichts, was bedeutet, dass in Abhängigkeit vom jeweils gewählten unterrichtsmethodischen Zugang verschiedene Elemente von Unterricht unterschiedlich konkret ausgestaltet beziehungsweise überhaupt berücksichtigt werden. Vor diesem Hintergrund werden in MT21 als Ergänzung zu den beiden grundsätzlichen unterrichtsmethodischen Ansätzen verschiedene Elemente von Unterricht[78] unterschieden, deren konkrete unterrichtliche Gestaltung beziehungsweise Berücksichtigung von der jeweils gewählten Unterrichtsmethodik abhängt. Diese Elemente werden im Folgenden kurz genannt:

- Kooperatives Lernen: Diese Unterrichtsform umfasst allgemein die verschiedenen Formen der Gruppenarbeit (Neber, 2006b, Slavin, 1990). Wegen der damit naturgemäß verbundenen hohen Eigenaktivität der Schülerinnen und Schüler und der geringeren direkten Beeinflussung der Arbeitsprozesse innerhalb der Gruppe durch die Lehrerin oder den Lehrer ist das Vorgehen ein stark mit dem unterrichtsmethodischen Ansatz des eigenaktiven Lernens verbundenes Element von Unterricht (vgl. Cobb, 1994). Ein typisches Beispiel für die Verwendung kooperativer Lernformen im Mathematikunterricht ist die unterrichtliche Bearbeitung eines Modellierungsproblems, da hier typischerweise die Gruppenarbeit der Schülerinnen und Schüler dominiert und die Lehrerin oder der Lehrer den Arbeitsprozess der Lernenden nur unterstützend begleitet (Kaiser, Lederich & Rau, 2010, Kaiser, 2007).
- Umgang mit Fehlern: Da Unterricht auf die Vermittlung neuer, zumindest zu Beginn für die Schülerinnen und Schüler unvertrauter, Inhalte abzielt, sind Fehler der Lernenden zwangsläufig konstituierender Bestandteil dieser Lehr-Lern-Situationen. Hinsichtlich des Umgangs mit diesen Fehlern unterscheiden sich die beiden grundsätzlichen unterrichtsmethodischen Zugänge deutlich. Bei traditio-

[78] Wobei diese Liste von Elementen von Unterricht natürlich keinerlei Anspruch auf Vollständigkeit erhebt, sondern nur die generelle Unterscheidung der beiden grundsätzlichen unterrichtsmethodischen Zugänge um einige zentrale Elemente von Unterricht ergänzt, die in Abhängigkeit von der gewählten Methode verschieden ausgestaltet oder überhaupt berücksichtigt werden.

nell-direktiven Ansätzen steht der Umgang mit Fehlern unter der Prämisse der Aufrechterhaltung „eines reibungslosen Unterrichtsablaufes, was bedingt, dass Fehler häufig ignoriert oder aber lediglich von der Lehrperson korrigiert werden, die dann im Unterrichtsablauf fortfährt“ (Müller, Felbrich, Blömeke, 2008b, S. 254 f.). Ist die Unterrichtsmethodik dahingegen durch am eigenaktiven Lernen orientierte Grundsätze geprägt, werden Fehler bewusst „als *integrativer Bestandteil des Lernprozesses* angesehen“ (Spychiger, Oser, Hascher & Mahler, 1999, S. 44) und in einer offenen Kommunikationsatmosphäre konstruktiv als Lernanlässe begriffen und genutzt. Hierbei gründet sich der Umgang mit Fehlern idealerweise auf „die zwei Pfeiler der Fehlerkultur – Hemmungsabbau, Ermutigung und gutes Klima einerseits und didaktisches Können und Ausrichtung auf den Lernprozeß in der Fehlersituation andererseits“ (ebd.) (Leuders, 2005, Führer, 2004, Oser, Hascher & Spychiger, 1999, Weinert, 1999).

- Einsatz von Medien: Der Medieneinsatz im Unterricht, insbesondere der Einsatz der sogenannten neuen Medien, umfasst sowohl fachunabhängig einsetzbare Medien wie beispielsweise das Internet oder Präsentationssoftware als auch Medien, die jeweils stärker fachspezifisch eingesetzt werden. Zu letzteren zählen im Bereich des Mathematikunterrichts zum Beispiel Taschencomputer[79] (Weigand, 2006), Tabellenkalkulationsprogramme (Weigand & Vom Hofe, 2006), dynamische Geometriesoftware (Henn, 2001) oder Computeralgebrasysteme (Heugl, 1997). Was die Unterrichtsmethodik anbetrifft „besitzen neue Medien ein enormes Potenzial für die didaktisch-methodische Gestaltung des Unterrichts in konstruktivistischem Sinn“ (Blömeke, 2003, S. 66). Auch der Einsatz von Medien ist daher im Bezug auf das unterrichtsmethodische Vorgehen stark mit vom eigenaktiven Lernen geprägten Ansätzen verbunden (Tulodziecki, 2006, Nattland & Kerres, 2006, Vosniadou, 1994).

Weiterhin ist nicht nur die Ausgestaltung oder Berücksichtigung der vorangegangen genannten Elemente von Unterricht von dem grundsätzli-

[79] Selbstverständlich sind die folgenden Bereiche nicht als disjunkt aufzufassen. So bietet sich der Taschencomputer beispielsweise gerade für die schnell verfügbare schülerindividuelle Nutzung von Tabellenkalkulationsprogrammen (vgl. Malitte, 2006) oder Computeralgebrasystemen (vgl. Weigand, 2006) an.

chen gewählten unterrichtsmethodischen Vorgehen abhängig. Vielmehr hängt auch die Rolle der Lehrerin oder des Lehrers selber während des Unterrichts direkt mit der jeweils gewählten Unterrichtsmethodik zusammen, „und zwar stehen sich die Rollen eines Vermittlers und eines Moderators gegenüber" (Müller, Felbrich, Blömeke, 2008b, S. 256), weswegen auch dieser Aspekt als konzeptuelle Ergänzung des Gegenstandsbereichs der beliefs bezüglich unterrichtsmethodischer Präferenzen in MT21 berücksichtigt wird. Bei der unterrichtlichen Orientierung an traditionell-direktiven Ansätzen „fällt der Lehrperson der aktive Part zu, indem sie den Lehr-Lernprozess stark steuert und kleinschrittig anleitet" (ebd.). Ist der Unterricht dahingegen orientiert an vom eigenaktiven Lernen geprägten Ansätzen, ist die Aufgabe der Lehrerin oder des Lehrers stärker dadurch charakterisiert, „den Lehr-Lern-Prozess strategisch zu begleiten" (Arnold, 2007, S. 38) und „eine möglichst anregungsreiche Lernumgebung zu schaffen und individuelle Lernprozesse zu unterstützen" (Müller, Felbrich, Blömeke, 2008b, S. 256). Das bedeutet, dass die Lehrerin oder der Lehrer hierbei einerseits den Unterricht dahingehend vorbereitet und gestaltet, dass dieser sinnvolle Möglichkeiten für die Schülerinnen und Schüler bietet, sich Wissen und Fähigkeiten eigenaktiv anzueignen, aber die Schülerinnen und Schüler andererseits während ihrer eigenaktiver Arbeit auch von der Lehrerin oder dem Lehrer unterstützend begleitet werden (Konrad, 2008, Mackowiak, Lauth & Spieß, 2008, Arnold, 2007).

Der Gegenstandsbereich der dritten Untergruppe von unterrichtsbezogenen beliefs bezieht sich auf das sogenannte Classroom Management (vgl. Apel, 2006b), also „die Fähigkeit, eine Klasse so effizient zu führen, dass die Lernzeit maximiert wird" (Müller, Felbrich, Blömeke, 2008b, S. 258). In MT21 werden dabei zwei Bereiche von Classroom Mangement unterschieden, präventiv-instruktionale Maßnahmen und reaktiv-strafende Maßnahmen. Beide Bereiche beziehen sich auf den Umgang mit potenziellen beziehungsweise aufgetretenen Störungen des Unterrichts, das heißt auf den Umgang mit Einschränkungen der Nutzung der Lernzeit. Reaktiv-strafende Maßnahmen fassen dabei diejenigen Reaktionsformen von Lehrerinnen und Lehrern zusammen, die im Anschluss und als Reaktion auf Störungen ergriffen werden[80]. Dies können

[80] Hierbei kann es sich auch um Maßnahmen zur Abstellung längerfristiger Probleme handeln, die zu andauernden Störsituationen führen. Die Übergänge zwischen den Bereichen sind weiterhin fließend. So werden beispielsweise kurze Impulse zur Beendigung

beispielsweise Interventionen wie Ermahnungen oder Wechsel der Unterrichtsform sein sowie disziplinarische Maßnahmen wie etwa die Anordnung zum Erbringen einer zusätzlichen Lernleistung. Dahingegen bezeichnen präventiv-instruktionale Maßnahmen diejenigen Vorkehrungen, die Lehrerinnen und Lehrer treffen können, um Störungen zu verhindern, beziehungsweise die Wahrscheinlichkeit ihres Auftretens zu verringern. Hierbei kann es sich beispielsweise um eine diesbezüglich vorausschauende Planung des Unterrichts handeln oder um das Aufstellen von Unterrichtsregeln, die vorab gemeinsam von Lernenden und Lehrenden verabredet werden (Eichhorn, 2008, Lohmann, 2005).

Professionsbezogene beliefs zur Rolle von Schule und Lehrerberuf in der Gesellschaft

Die dritte hier betrachtete Gruppe von beliefs erfasst weiterhin professionsbezogene beliefs zur Rolle von Schule und Lehrerberuf in der Gesellschaft (für die hier verwendete Konzeptualisierung und Darstellung vgl. Müller, Felbrich, Blömeke, 2008a). Diese Gruppe von beliefs umfasst in MT21 drei Untergruppen von beliefs, nämlich beliefs zu den verschiedenen Funktionen von Schule, beliefs zu den beruflichen Aufgaben von Lehrerinnen und Lehrern sowie beliefs zu den verschiedenen Inhaltsbereichen der Lehrerausbildung. Weil auch hier jeweils ermittelt wird, welchen theoretischen Positionen die angehenden Lehrerinnen und Lehrer stärker beziehungsweise weniger stark zustimmen, weist demzufolge auch diese Gruppe von beliefs starke Bezüge zu entsprechendem Fachwissen, in diesem Fall insbesondere zu erziehungswissenschaftlichem Wissen auf, da es zu der Frage der Einschätzung der genannten Untergruppen „*angemessenere* und *unangemssenere* Antworten“ (ebd., S. 277) gibt. Dies verdeutlicht erneut die kognitive Komponente von beliefs. Umgekehrt hätte eine ausschließliche Festsetzung von richtigen und falschen Antworten jedoch einen sehr stark normativen Charakter, weshalb das Gebiet trotz der Bezüge zu der Wissensdimension als zu den beliefs zugehörig konzeptualisiert wird.

Zur Beschreibung des Gegenstandsbereiches der ersten Untergruppe, der beliefs zu den verschiedenen Funktionen von Schule, kann auf die verschiedenen schultheoretischen Ansätze zurückgegriffen werden.

---

geringer Störungen im Sinne des Verhinderns der Ausweitung der Störung teilweise nicht zum Bereich der reaktiven Maßnahmen gezählt, obwohl strenggenommen bereits auf eine Störung reagiert wird (Lohmann, 2005).

MT21 bezieht sich dabei insbesondere auf die Ansätze von Fend (2008, 1980), der unter Bezug auf struktur-funktionalistische Überlegungen von Parsons (1968), sozialanthropologisch geprägte kulturvergleichende Überlegungen von Halsey (1973) und gesellschaftstheoretische Ansätze wie die von Bourdieu und Passeron (1971) drei zentrale Funktionen von Schule herausarbeitet[81] (vgl. Fend, 1980, S. 15 ff.)

- Qualifikationsfunktion: Durch diese Funktion „ist die *Reproduktion kultureller Systeme*, die oft als Wissen und Fertigkeiten charakterisiert werden, institutionalisiert“ (Fend, 1980, S. 15). Gemeint ist also die Aufgabe von Schule, den Schülerinnen und Schülern Kenntnisse zu vermitteln, „die zur Ausübung „konkreter“ Arbeit und zur Teilhabe am gesellschaftlichen Leben erforderlich sind“ (ebd., S. 16), was insbesondere in Unterricht selber geschieht. MT21 greift im Bezug auf diese Funktion weiterhin eine Kritik an Fend auf, die darauf hinweist, dass bei Fend sehr stark eine berufsvorbereitende Perspektive eingenommen wird, so dass „die Förderung der individuellen Persönlichkeitsentwicklung von Schülerinnen und Schülern aus dem Blick“ (Müller, Felbrich, Blömeke, 2008a, S. 282) gerate. Die Items in MT21 wurden daher so ausgewählt, „dass sie die Personalisationsfunktion mit abdecken und somit einem breiteren Begriffsverständnis von „Qualifizierung“ folgen“ (ebd.).
- Legitimationsfunktion[82]: Gemäß dieser Funktion ist in Schulen „*die Reproduktion von solchen Normen, Werte und Interpretationsmustern institutionalisiert, die zur Sicherung der Herrschaftsverhältnisse dienen*“ (ebd.). Dies ist „die zentrale politische Funktion des schulischen Sozialisationsprozesses“ (ebd.). Dies kann beispielsweise durch das Einüben des Einhaltens bestimmter Regeln des schulischen Miteinanders geschehen, aber auch „durch die Akzep-

[81] In MT21 werden die ersten beiden Funktionen in einem ersten Schritt als „Sozialisationsfunktion“ (Müller, Felbrich und Blömeke, 2008a, S. 282) zusammengefasst.

[82] Bei Parsons wird diese Funktion auch als die „integrative Funktion“ (Parsons, 1968, S. 181) bezeichnet. Fend übernimmt diesen Terminus von Parsons teilweise, wenn er die „Legitimationsfunktion“ (Fend, 1980, S. 16) auch als „Integrationsfunktion“ (ebd., S. 18) bezeichnet. Dies verdeutlicht, dass hier ein begrifflicher, jedoch kein inhaltlicher Unterschied zwischen Parson und Fend vorliegt. MT21 führt zudem den Begriff der „Enkulturation“ (vgl. die Beiträge in Schiffauer, Baumann, Kastoryano und Vertovec, 2004) ein, „mit dem die Funktion des dynamischen Hineinwachsens eines Individuums in eine Gesellschaft betont wird“ (Müller, Felbrich, Blömeke 2008a, S. 282).

tanz von Hierarchien in der Schule erfolge beispielsweise eine Vorbereitung auf das gesellschaftliche Machtgefälle" (ebd.).

- Selektionsfunktion: Diese Funktion „bezieht sich direkt auf die Sozialstruktur einer Gesellschaft" (Fend, 1980, S 16). Darunter wird „das System von Positionsverteilungen einer Gesellschaft verstanden, das sich z. B. im Anschluß an die berufliche Tätigkeit ergibt" (ebd.). Der Schule kommt so eine Doppelfunktion zu, indem sie einerseits die Sozialstruktur selber reproduziert und andererseits zumindest teilweise durch selektive Prozesse festlegt, wer die Möglichkeit hat, bestimmte Positionen in diesem System einzunehmen[83].

Im Hinblick auf die Beschreibung des Gegenstandsbereiches der zweiten Untergruppe von beliefs, den beliefs zu den beruflichen Aufgaben von Lehrerinnen und Lehrern, wurden in MT21 vier Aufgabenbereiche von Lehrerinnen und Lehrern identifiziert. Gemeinsam ist diesen Bereichen, dass sie fachunabhängig, also ohne Bezug zum Mathematikunterricht, konzeptualisiert sind in Abgrenzung zur Beschreibung der zweiten Gruppe von beliefs über unterrichtsbezogene beliefs zum Lehren und Lernen von Mathematik (s.o.). Im Folgenden werden diese Bereiche der nicht fachabhängigen Aufgaben von Lehrerinnen und Lehrern kurz skizziert:

- Lehrprozess-orientierte Aufgaben sowie Schülerkompetenzorientierte Aufgaben: Diese beiden Bereiche sind konzeptionell eng miteinander verbunden und repräsentieren die beiden Richtungen, aus denen der Zusammenhang zwischen Lehren und Lernen betrachtet werden kann und aus denen damit Aufgaben für Lehrerinnen und Lehrer als Gestalterinnen und Gestalter dieses Lehr-Lern-Prozesses abgeleitet werden können. Aus der Lehrprozess-orientierten Sichtweise heraus wird versucht, Aufgaben von Lehrerinnen und Lehrern explizit zu benennen. Dies geschieht etwa[84] in den Standards für die Lehrerausbildung (Sekretariat der Ständigen

---

83 Ein Beispiel für einen solchen selektiven Prozess ist die Vergabe des Abiturs als primäre Zugangsvoraussetzung für eine akademische Ausbildung und damit verbunden für die spätere Besetzung einer an eine universitäre Ausbildung gekoppelten beruflichen Tätigkeit.

84 MT21 bezieht sich auch schon auf den „Strukturplan für das Bildungswesen" (Deutscher Bildungsrat, 1973), der hinsichtlich der Aufgaben von Lehrerinnen und Lehrern zwischen „Gesichtspunkten des Lehrens, Erziehens, Beurteilens, Beratens und Innovierens" (ebd., S. 217) unterscheidet.

Konferenz der Kultusminister der Länder in der Bundesrepublik Deutschland [KMK], 2004d), in denen zwischen Unterrichten, Erziehen, Beurteilen und Innovieren unterschieden wird (siehe auch Abschnitt II.5.2). Aus der Schülerkompetenzorientierten Sichtweise heraus können im Gegensatz dazu Lehr-Lern-Prozesse „aus der Perspektive der Schülerinnen und Schüler als Förderung kognitiver, sozialer und affektiv-motivationaler Kompetenzen (Müller, Felbrich, Blömeke, 2008a, S. 285) betrachtet werden. In diesem Falle werden also Lernziele der Schülerinnen und Schüler, beispielsweise konkretisiert durch Bildungsstandards für Schülerinnen und Schüler (Klieme et al., 2007), zum Ausgangspunkt genommen, die als Zielsetzung für die Arbeit von Lehrerinnen und Lehrern ebenfalls geeignet sind, um daraus berufliche Aufgaben von Lehrerinnen und Lehrern abzuleiten. „Diese Perspektiven spiegeln in gewisser Hinsicht zwei Paradigmen der Erziehungswissenschaft wider: zum einen die Orientierung an der Gestaltung des *Lehr*prozesses, wie es traditionell die Domäne der Allgemeinen Didaktik ist, und zum anderen die neuere Orientierung an den *Ergebnissen von Lern*prozessen im Zuge der Diskussion um Kompetenzen und Standards, um von dort aus auf die Gestaltung von Lehrprozessen rückzuschließen“ (Müller, Felbrich, Blömeke, 2008a, S.285).

- Erziehung als Aufgabe: Diese Aufgabe hat in der Zusammenstellung der Aufgaben von Lehrerinnen und Lehrern „eine Sonderrolle“ (ebd.), einerseits da ihr „*Stellenwert* in der Literatur wohl am kontroversesten beurteilt wird“ (ebd.) und andererseits, weil sie konzeptuell besonders vielschichtig gefasst werden kann, da der Begriff der „Erziehung“ vielfältig verstanden wird (vgl. Oelkers, 2009 und schon aus historischer Perspektive Oelkers, 2004) und „bereits in die Begriffsdefinition normative Implikationen einfließen“ (Müller, Felbrich, Blömeke, 2008a, S. 285). MT21 definiert Erziehen in einem allgemeinen Sinn als den Versuch, „auf die Gesamtheit der Persönlichkeitsentwicklung von Kindern und Jugendlichen einzuwirken – im Bewusstsein der Begrenztheit von Erziehungsprozessen“ (ebd., S. 285 f.).
- Außerschulische Aufgaben: Dieser Bereich umfasst „Aufgaben wie Klassenfahrten sowie ein Engagement für Musik-, Theater-, Sport- und ähnliche Veranstaltungen“ (ebd., S. 286) und wurde im Rahmen von MT21 „weniger aus konzeptionellen als aus pragmatischen Diskussionen über den Berufsalltag von Lehrerinnen und

Lehrer" (ebd.) heraus berücksichtigt. Trotz damit verbundener teilweise erheblicher zusätzlicher Belastungen machen diese Aufgaben für viele Lehrerinnen und Lehrern einen ebenfalls bedeutenden Teil der beruflichen Tätigkeit aus. Die Wahrnehmung entsprechender Aufgaben seitens der Lehrenden ist dabei sicherlich auch motiviert durch „ein Interesse an erzieherischen Einwirkungen" (ebd.), weswegen dieser Aufgabenbereich inhaltlich in Verbindung steht mit der vorangegangen beschriebenen Erziehungsaufgabe.

Die dritte Untergruppe von beliefs fokussiert auf die verschiedenen Inhaltsbereiche der Lehrerausbildung. Diese besteht typischerweise aus fachwissenschaftlichen, fachdidaktischen und erziehungswissenschaftlichen Studienanteilen, die „der Expertiseforschung zufolge unter Bezug auf umfangreiche Praxiserfahrungen schrittweise prozeduralisiert werden" (ebd., S. 290) müssen. Auf diesem allgemeinen Niveau sind Aussagen zur Lehrerausbildung konsensfähig (vgl. Blömeke, 2002, Terhart, 2000) so dass eine Untersuchung, inwieweit diesen Aussagen zugestimmt wird, wenig ergiebig wäre. In MT21 werden daher vielmehr die beliefs darüber erfasst, „welchen *Anteil* die drei Wissensdimensionen in Relation zueinander erhalten sollen und wie die *Verknüpfung von Theorie und Praxis* gestaltet werden soll" (Müller, Felbrich, Blömeke, 2008a, S. 290).

Selbstbezogene beliefs der Mathematiklehrkräfte (Selbstwirksamkeitswahrnehmungen und Berufsmotivation)

Die vierte hier betrachtete Gruppe von beliefs erfasst dann abschließend selbstbezogene beliefs der Mathematiklehrkräfte. Dieser Bereich der beliefs angehender Mathematiklehrkräfte wird weder in MT21 noch in der vorliegenden Studie näher betrachtet und wird an dieser Stelle daher lediglich zur Vollständigkeit nur in Ansätzen skizziert. Generell deckt der Bereich diejenigen beliefs ab, die angehende oder auch praktizierende Lehrkräfte über sich selbst im Zusammenhang mit der Wahrnehmung ihrer beruflichen Aufgaben ausbilden. Der erste Unterbereich bezieht sich in diesem Zusammenhang auf den Ansatz der Selbstwirksamkeitswahrnehmung. Entsprechende Konzepte gehen dabei zurück auf Banduras (1977, 1997) Konzept der Selbstwirksamkeit (self-efficacy). Allgemein lässt sich die Selbstwirksamkeitserwartung definieren „als die subjektive Gewissheit, neue oder schwierige Anforderungssituationen auf Grund eigener Kompetenz bewältigen zu können. Dabei handelt es sich nicht um Aufgaben, die durch einfache Routine lösbar sind, sondern um solche, deren Schwierigkeitsgrad Handlungsprozesse der Anstrengung und Ausdauer für die Bewältigung erforderlich macht“ (Schwarzer & Jerusalem, 2002, S. 35). Generell können dabei verschiedene Dimensionen der Selbstwirksamkeit unterschieden werden, indem beispielsweise zwischen kollektiven und individuellen Selbstwirksamkeitserwartungen oder hinsichtlich des Bereiches, auf den sich die Selbstwirksamkeitserwartung bezieht, differenziert wird. Im ersten Fall erfolgt die Differenzierung also anhand der Unterscheidung, wessen Selbstwirksamkeitserwartung jeweils betrachtet wird. Dies können einerseits Erwartungen von Individuen, also individuelle Selbstwirksamkeitserwartungen sein, andererseits aber auch kollektive Selbstwirksamkeitserwartungen[85], um „überindividuelle Überzeugungen von der Handlungskompetenz einer Gruppe zu konzeptualisieren“ (ebd., S. 41). Im zweiten Fall, der Generalitätsdimension, wird unterschieden, worauf sich die jeweiligen Selbstwirksamkeitskonzepte beziehen. Hier lassen sich als zwei Pole die situationsspezifische Selbstwirksamkeitserwartung und die allgemeine Selbstwirksamkeitserwartung unterscheiden. Die situationsspezifische Erwartung ist dabei „charakterisiert durch die Formulierung einer subjektiven Gewissheit, eine konkrete Handlung auch dann erfolgreich ausführen zu können, wenn bestimmte Barrieren auftreten“ (ebd., S. 39 f.), wohingegen die allgemeine Selbstwirksamkeitserwartung generellere Charakteristika aufweist. Sie „umfasst alle Lebensbereiche und soll eine optimistische Einschätzung der generellen Lebensbewältigungskompetenz zum Ausdruck bringen“ (ebd., S. 40). Zwischen diesen Polen liegen weiterhin bereichsspezifische Selbstwirksamkeitsannahmen, die sich zwar einerseits nicht nur auf eine konkrete Handlung beziehen, andererseits jedoch auch nicht auf alle Lebensbereiche allgemein, sondern speziell auf einen besonderen Lebensbereich bezogen sind (ebd.).

Ein Beispiel für eine individuelle und bereichsspezifische Selbstwirksamkeitserwartung, die im Hinblick auf Vergleichsstudien zur professionellen Kompetenz von Lehrerinnen und Lehrern von spezieller Bedeutung ist, ist die Lehrer-Selbstwirksamkeit, die „Überzeugungen von Leh-

[85] Diese Unterscheidung ist erst später Teil der Diskussion über Selbstwirksamkeitserwartungen geworden, da Selbstwirksamkeitserwartungen ursprünglich (vgl. Bandura, 1977) primär auf das Individuum bezogen waren (vgl. Schwarzer und Jerusalem, 2002).

rern, schwierige Anforderungen ihres Berufslebens auch unter widrigen Bedingungen erfolgreich zu meistern" (ebd., S. 40) beschreibt.

Auch in der bereichsspezifischen Eingrenzung auf Selbstwirksamkeitskonzepte von Lehrerinnen und Lehrern bestehen weiterhin vielfältige Möglichkeiten der konkreten Konzeptualisierung der entsprechenden Selbstwirksamkeitswahrnehmungen von angehenden oder praktizierenden Lehrerinnen und Lehrern (Tschannen-Moran & Woolfolk Hoy, 2001, Tschannen-Moran, Woolfolk Hoy & Hoy, 1998, Bandura, 1997). Dies folgt direkt daraus, dass auch mit der Eingrenzung auf das berufliche Handeln von Lehrerinnen und Lehrern dennoch eine Vielzahl verschiedener Aspekte erfasst wird, die in der Gesamtheit das Berufsbild einer Lehrerin oder eines Lehrers prägen. So könnte man beispielsweise differenzieren zwischen Selbstwirksamkeitskonzepten im Hinblick auf die Vorbereitung oder Durchführung des direkten Lehr-Lernprozess, Selbstwirksamkeitskonzepten im Hinblick auf außerunterrichtliche Tätigkeiten von Lehrerinnen und Lehrern wie den Kontakt mit Eltern oder die Durchführung von Klassenfahrten sowie Selbstwirksamkeitskonzepten im Hinblick auf den Umgang mit den berufsspezifischen Belastungen von Lehrerinnen und Lehrern (vgl. Schmitz & Schwarzer, 2000[86]).

Eng verbunden mit dem Konzept der Selbstwirksamkeitserwartung ist genereller das übergeordnete Konzept der Motivation (vgl. Krapp & Ryan, 2002). Motivation kann dabei allgemein definiert werden als „die aktivierende Ausrichtung des momentanen Lebensvollzuges auf einen positiv bewerteten Zielzustand" (Rheinberg, 2004, S. 16). Durch den Hinweis auf den „momentanen Lebensvollzug" wird deutlich, dass Motivation „einen aktuellen bzw. vorübergehenden Zustand" (Schiefele, 2009, S. 152) beschreiben kann, der beispielsweise durch die Gegebenheiten einer aktuell vorherrschenden Situation bedingt ist. „Daneben sind jedoch auch überdauernde motivationale Personenmerkmale anzunehmen" (ebd.). Hierbei kann es sich beispielsweise um die dargestellten Selbstwahrnehmungskonzepte, Interesse (vgl. dazu auch die diesbezüglichen vorangegangen Ausführungen in diesem Abschnitt), Motive und

---

[86] Schmitz und Schwarzer (2000) differenzieren im Hinblick auf die spezifische Lehrer-Selbstwirksamkeit „innerhalb des Berufsfelds Bereiche mit unterschiedlichen Kompetenzanforderungen" (ebd., S. 16) aus und unterscheiden dafür insbesondere „die Bereiche berufliche Leistung, berufliche Weiterentwicklung, soziale Interaktionen mit Schülern, Eltern und Kollegen sowie Umgang mit Berufsstress" (ebd.), die sie jeweils anhand von Items konkretisieren, die sich direkt auf das Berufsbild einer Lehrerin oder eines Lehrers beziehen.

Zielorientierungen handeln. Motive werden dabei allgemein verstanden als „überdauernde Vorlieben der Person“ (Rheinberg, 2004, S. 20). In diesem Sinn beeinflussen sie die Motivation, da sie festlegen, welchen Zielzustand eine Person als positiv bewertet und damit „die aktivierende Ausrichtung des momentanen Lebensvollzuges“ (ebd., S. 16) beeinflussen, die genau auf den jeweils individuell als „positiv bewerteten Zielzustand“ (ebd.) ausgerichtet ist. Das bedeutet, dass „der verhaltenslenkende Anreiz angestrebter Zielzustände mit abhängig ist von den Bewertungsvorlieben (Motiven) der Person“ (ebd., S. 20). Zielorientierungen dahingegen bezeichnen „dauerhaft im Gedächtnis repräsentierte Zielüberzeugungen [hervorgehoben im Original]“ (Schiefele, 2009, S. 161), wobei unterschieden wird zwischen dem Ziel, bessere Leistungen zu bringen als andere Personen, mit denen sich eine Person vergleicht und dem Ziel, eine selbstgesetzte Leistung im Sinne eines Kriteriums unabhängig von der Leistung anderer Personen zu erreichen. Sowohl im Bezug auf aktuelle Motivation als auch im Bezug auf überdauernde motivationale Merkmale kann weiterhin unterschieden werden zwischen intrinsischen und extrinsischen Motivationen. Sehr allgemein können die Begriffe in dem Sinne charakterisiert werden, dass „ein Verhalten dann als *„intrinsisch motiviert“* bezeichnet wird, wenn es um seiner selbst willen geschieht, oder weiter gefasst: Wenn die Person aus eigenem Antrieb handelt. Entsprechend wird ein Verhalten dann als *„extrinsisch motiviert“* bezeichnet, wenn der Beweggrund des Verhaltens außerhalb der eigentlichen Handlung liegt, oder weiter gefasst: wenn die Person von außen gesteuert erscheint“ (Rheinberg, 2004, S. 150) (Schiefele, 2009).

Diese allgemeinen Konzepte zur Motivation können dann speziell auch auf die Konzeptualisierung der Motivation angehender oder praktizierender Lehrerinnen und Lehrer übertragen werden. Hierbei kann unterschieden werden zwischen motivationalen Konzepten, die sich auf den „Aspekt der Initiation“ (Kunter & Pohlmann, 2009, S. 273), das heißt auf „die Frage, warum Personen überhaupt ein Lehrerstudium beginnen“ (ebd.) und motivationalen Aspekten, die sich auf die Berufsausübung von Lehrerinnen und Lehrern beziehungsweise auf das Absolvieren der Lehrerausbildung beziehen. So können verschiedene spezielle Motive für die Berufswahl, das heißt für die Entscheidung, Lehrerin oder Lehrer werden zu wollen, unterschieden werden. Betrachtet man in diesem Zusammenhang die Differenzierung zwischen intrinsischen und extrinsischen Motiven, stellen unter anderem der Wunsch, mit Kindern zu arbeiten oder der Wunsch, dass das berufliche Tun mit einem speziell bevorzugten unterrichtsfachlichen Hintergrund verbunden ist oder die Freude am Unterrichten, intrinsisch geprägte Berufswahlmotive dar, wohingegen die Aussicht auf das Gehalt einer Lehrerin oder eines Lehrers oder vermeintlich geringe zeitliche Arbeitsbelastungen Beispiele für extrinsisch geprägte Berufswahlmotive darstellen. Ebenso lässt sich das Konzept der Zielorientierungen unter „der Annahme, dass die Schule nicht nur für Schüler, sondern auch für Lehrkräfte einen leistungsthematischen Kontext darstellt" (Kunter & Pohlmann, 2009, S. 275) im Hinblick auf Lehrerinnen und Lehrer ausdifferenzieren. Dabei kann sich die Unterscheidung, ob eine Person ihre individuelle Leistung stärker im Kontext der Leistung anderer Personen oder im Kontext kriterialer Maßstäbe vergleicht, sowohl auf angehende Lehrerinnen und Lehrer in den beiden Phasen der Lehramtsausbildung als auch auf praktizierende Lehrerinnen und Lehrer beziehen. Entsprechende Unterscheidungen können sich im ersten Fall beispielsweise auf Prüfungen in Universität und Referendariat, im zweiten Fall zum Beispiel auf den Umgang mit herausfordernden unterrichtlichen Situationen oder den Umgang mit außerunterrichtlichen Anforderungen an Lehrerinnen und Lehrer, wie etwa die Durchführung von Klassenfahrten oder Aufgaben in der Schulverwaltung, beziehen. Entsprechend den intrinsischen und extrinsischen Motiven hinsichtlich der Berufswahl kann auch die tatsächliche Ausübung des Lehrerberufs weiterhin durch verschiedene intrinsische und extrinsische Gründe motiviert sein, wobei sich die Berufswahlmotive und die Motivationsgründe für die Ausübung des Lehrerberufs naturgemäß auch überschneiden können. So kann auch im Hinblick auf die tatsächliche Ausübung des Lehrerberufs beispielsweise eine intrinsische Motivation durch die Freude am Unterrichten, am Umgang mit Kindern oder durch die Möglichkeit der beruflichen Auseinandersetzung mit dem Unterrichtsfach gegeben sein, wohingegen das Gehalt einer Lehrerin oder eines Lehrers sowie berufliche Aufstiegs- und Weiterentwicklungsmöglichkeiten Beispiele für extrinisische Motivationen für die Ausübung des Lehrerberufes darstellen. Betrachtet man hierbei insbesondere die intrinsisch geprägte Motivation von Lehrerinnen und Lehrern im Hinblick auf die Ausübung ihres Berufes, „gilt es als eine wichtige Eigenschaft von Lehrern, begeistert und motiviert zu sein. Häufig wird hierfür auch der Begriff Enthusiasmus [hervorgehoben im Original] verwendet" (ebd., S. 274). Durch die Vielschichtigkeit des Konzepts der Motivation sind daher insgesamt auch sehr verschiedene Ausgestaltungen und Konzeptualisierungen der Motivation angehender und praktizierender Lehrerinnen und Lehrer möglich (ebd.)

4.7 Theoretische Fokussierung der vorliegenden Studie

Die vorliegende Studie fokussiert aufgrund der mathematikdidaktischen Ausrichtung der Studie insbesondere auf das mathematische belief-System angehender Mathematiklehrerinnen und -lehrer. Die theoretische Fokussierung in Bezug auf die beliefs steht damit im Einklang mit der theoretischen Fokussierung hinsichtlich der in der Studie berücksichtigten Bereiche des Lehrerprofessionswissens. Entsprechend der zentralen Berücksichtigung fachlicher und fachdidaktischer Wissensbereiche im Hinblick auf das Lehrerprofessionswissen werden auch im Hinblick auf die beliefs durch Fokussierung auf das mathematische belief-System insbesondere diejenigen beliefs berücksichtigt, die sich auf fachliche und fachdidaktische belief-Objekte beziehen. Diese Entsprechungen von Fokussierungen im Bereich der beliefs und der Wissensdomänen sind dabei auch eine direkte Folge der grundlegenden Fragestellung der vorliegenden Studie, das heißt der Frage, welche strukturellen Bezüge zwischen verschiedenen Komponenten der professionellen Kompetenz von Lehramtsstudierenden rekonstruiert werden können (vgl. Kapitel II.7), und berücksichtigt diesbezüglich die Möglichkeit verschiedener struktureller Bezüge, die belief-Systeme zu den jeweils theoretisch verwandten entsprechenden Wissensbeständen aufweisen (vgl. Abschnitt II.4.4).

Allgemein wird das mathematische belief-System im Rahmen der vorangegangen geschilderten, an der Konzeptualisierung von MT21 orientierten, Ausdifferenzierung von Gruppen von beliefs durch die beiden ersten Gruppen, das heißt durch die epistemologischen beliefs zur Mathematik und die unterrichtsbezogenen beliefs zum Lehren und Lernen von Mathematik, repräsentiert. Für die vorliegende Studie wird dabei eine erneute Fokussierung vorgenommen, indem im Kontext mit den berücksichtigten Wissensdimensionen insbesondere einige spezielle Untergruppen aus diesen Gruppen berücksichtigt und modifiziert betrachtet werden.

Hinsichtlich der ersten Gruppe von beliefs, das heißt der Gruppe der epistemologischen beliefs, werden in diesem Zusammenhang für die vorliegende Studie insbesondere die beliefs zur Struktur der Mathematik berücksichtigt. Zentral ist dafür hier insbesondere die Unterscheidung der vier Dimensionen des mathematischen Weltbildes nach Grigutsch, Raatz und Törner (1998) (s. Abschnitt II.4.6), das heißt die Unterscheidung zwischen dem Formalismus-, dem Schema-, dem Prozess- und dem Anwendungsaspekt. Insbesondere findet diesbezüglich im Rahmen der vorliegenden Studie genauer die grundlegende Unterscheidung zwischen einem statischen und einem dynamischen Aspekt von Mathematik Berücksichtigung. Wie beschrieben, ist die vorliegende Studie damit konzeptuell nicht nur anschlussfähig an die Studie von Grigutsch, Raatz und Törner, sondern auch an weitere, verwandte Konzeptualisierungen wie die von Köller, Baumert, Neubrand (2000) oder Ernest (1989a, 1989b). Die entsprechenden beliefs werden dabei im Folgenden in Anlehnung an die übergeordnete Gruppe verallgemeinernd als epistemologische beliefs im Sinne von epistemologischen beliefs zur Struktur der Mathematik bezeichnet.

Hinsichtlich der Gruppe der unterrichtsbezogenen beliefs zum Lehren und Lernen von Mathematik werden dann weiterhin in der vorliegenden Studie stark die mit dem Mathematikunterricht verbundenen Zielvorstellungen berücksichtigt. Aufgrund der Anlage der Studie, die als qualitative Ergänzungs- und Vertiefungsstudie naturgemäß nur eine Auswahl von Themenbereichen vertiefen kann, werden hierbei jedoch nicht verschiedene Zielvorstellungen der angehenden LehrerInnen und Lehrer qualitativ rekonstruiert. Vielmehr findet eine Rekonstruktion der beliefs der Lehramtstudierenden bezüglich einer mathematikunterrichtlichen Behandlung der ausgewählten und damit vorgegebenen mathematikbezogenen Aktivitäten, das heißt der mathematikbezogenen Aktivitäten von Modellierung und Realitätsbezügen sowie Argumentieren und Beweisen, statt. Damit werden genauer die beliefs der Studierenden bezüglich der Zustimmung oder Ablehnung einer unterrichtlichen Thematisierung der so vorgegebenen mathematischen Themenbereiche rekonstruiert. In Ergänzung dazu und damit auch in Ergänzung zu der vorangestellten Konzeptualisierung der Gruppen von beliefs werden dann vor diesem Hintergrund, dass für die vorliegende Studie spezielle mathematikbezogene Aktivitäten unter der Perspektive ihrer Thematisierung im Mathematikunterricht vorgegeben sind, weiterhin auch beliefs rekonstruiert, die sich inhaltlich direkt auf spezielle Charakteristika einer entsprechenden mathematikunterrichtlichen Thematisierung genau dieser mathematikbezogen Aktivitäten beziehen. Dabei steht im Einklang mit den bezüglich der Zielvorstellung rekonstruierten beliefs auch bei diesen inhaltlich auf spezielle Aspekte der unterrichtlichen Thematisierung der jeweiligen mathematikbezogenen Aktivität ausgerichteten beliefs insbesondere die lehrbezogene Perspektive im Vordergrund. Insgesamt werden die auf die Zielvorstellungen bezogenen beliefs sowie die auf spezielle Aspekte des Lehrens der durch die Anlage der Studie vorgegebenen mathematikbezogenen

Aktivitäten bezogenen beliefs der Lehramtsstudierenden daher im Folgenden als lehrbezogene beliefs bezeichnet.

5 Standards als Grundlage für Untersuchungen der Lehrerausbildung

5.1 Das Konzept der Standards

Im vorigen Kapitel wurde ein mögliches theoretisches Rahmenmodell für empirische Untersuchungen der professionellen Kompetenz von Lehrerinnen und Lehrern vorgestellt. Insbesondere wurden in diesem Modell Facetten oder Komponenten identifiziert, die als Gesamtheit geeignet sind, professionelle Kompetenz im Hinblick auf eine konkrete Fragestellung, hier ihre empirische Messbarkeit sowie die Zusammenhänge zwischen den Facetten, zu beschreiben. Um diese untersuchte professionelle Kompetenz jedoch tatsächlich konkret im Bezug auf ihre Güte beurteilen zu können, zum Beispiel um wie im Fall von beispielsweise MT21 oder TEDS-M 2008 Aussagen über die Wirksamkeit der Lehrerausbildung im Hinblick auf die Ausbildung professioneller Kompetenz machen zu können, reicht ein solches Modell nicht aus. Vielmehr ist zusätzlich ein Maßstab nötig, der vorgibt, welche konkreten Ziele mit Bezug auf die professionelle Kompetenz von Lehrerinnen und Lehrern jeweils erreicht werden sollen. Diese Formulierung entsprechender Maßstäbe lässt sich theoretisch im Bereich der Standards für die Lehrerbildung (Oelkers, 2003, Oser, 2003) verorten. Die diesbezügliche Diskussion schließt sich direkt an die Annahme der Professionalität des Lehrerberufes und der damit verbundenen Kompetenzmodelle an und ist damit ein wesentlicher Bezugspunkt empirischer Studien zur Lehrerbildung, der einen möglichen Ausgangspunkt für den konzeptuellen Brückenschlag zwischen der Beschreibung und Messung professioneller Kompetenz von Lehrerinnen und Lehrern darstellt. Terhart formuliert dies in seiner Expertise für die Kultusministerkonferenz [KMK] wie folgt:

> „Erst wenn klar ist, was innerhalb des Gesamtprozesses der Lehrerausbildung eigentlich erreicht werden soll, lassen sich – darauf bezogen – die Wirkung und Wirksamkeit von Lehrerbildung ermitteln. […] Die Erarbeitung von Standards für die Lehrerbildung schließt einerseits an die immer schon vorhandene Aufgabenbeschreibungen für den Lehrerberuf und die Lehrerbildung an. Der entscheidende weiterführende Schritt ist darin zu sehen, dass durch die Formulierung von Kompetenzen, von Prozessen und

Abschnitten der Kompetenzentwicklung sowie durch die Benennung von Standards als Maßstäbe für die Ermittlung des Grades der Kompetenzentwicklung eine möglichst klare, nachvollziehbare Aufgabenstellung definiert wie auch eine möglichst zuverlässige Grundlage für die Beurteilung des Grades der Erfüllung dieser Aufgabe erreicht werden soll. Durch die Formulierung von Kompetenzen und Standards wird das Konzept einer an Professionalität orientierten Lehrerbildung konkretisiert" (Terhart in KMK, 2004c, S. 3).

Terhart (ebd., S. 8) beschreibt daher einen Standard im Sinne eines Maßstabes, der erkennbar macht, welche berufsbezogenen Fähigkeiten „wie stark ausgeprägt sind. M. a. W.: Es wird deutlich, wie weit eine Person 'den Standard erfüllt'." Eine ganz ähnliche Auffassung findet sich bei Oser (1997a, S. 28), der mit deutlichem Bezug sowohl zur Professionsannahme wie auch zum Konzept von Kompetenz Standards definiert als

„optimal ausgeführte bzw. optimal beherrschte und in vielen Situationen anwendbare Fähigkeiten und Fertigkeiten, die nur von Professionellen Verwendung finden können, aber nicht von Laien oder von Personen anderer Professionen".

Man erkennt an diesen Beschreibungen unmittelbar, wie eng das Konzept der Standards verknüpft ist mit der Annahme der Professionalität des Lehrerberufes und dem damit verbundenen Konzept der professionellen Kompetenz. Standards sind dabei der Versuch, den Begriff der professionellen Kompetenz von Lehrerinnen und Lehrern anhand zentraler beruflicher Anforderungen zu konkretisieren. Die KMK formuliert daher in ihren Beschlüssen über Standards für die Lehrerbildung:

„Die inhaltlichen Anforderungen an das fachwissenschaftliche und fachdidaktische Studium für ein Lehramt leiten sich aus den ***Anforderungen im Berufsfeld von Lehrkräften*** ab; sie beziehen sich auf die Kompetenzen und somit auf Kenntnisse, Fähigkeiten, Fertigkeiten und Einstellungen, über die eine Lehrkraft zur Bewältigung ihrer Aufgaben im Hinblick auf das jeweilige Lehramt verfügen muss." (KMK, 2008a, S. 2)

Im Hinblick auf eine standardorientierte Lehrerausbildung folgt aus der Orientierung am konkreten beruflichen Tun von Lehrerinnen und Lehrern insbesondere, dass durch Standards nicht mehr die konkreten Modalitäten der Ausbildung vorgegeben werden, sondern der Bezugspunkt vielmehr das zu erreichende Ziel, das heißt die Ausbildung relevanter berufsbezogener Anforderungen ist.

„Nicht mehr der Input des Systems ist entscheidend, sondern der erwartete Output, die Zielerreichung." (Heinrich, 2005, S. 267)

Im vorigen Abschnitt war grundlegend eine Möglichkeit vorgestellt worden, professionelle Kompetenz von Lehrerinnen und Lehrern in verschiedene Komponenten auszudifferenzieren, etwa fachdidaktisches und fachliches Wissen sowie beliefs. Die Formulierung von Standards bietet im Vergleich dazu eine alternative Art der Beschreibung professioneller Kompetenz von Lehrerinnen und Lehrern, wobei sich die beiden Sichtweisen gegenseitig ergänzen. Standards konkretisieren den Begriff professioneller Kompetenz im Hinblick auf berufliche Anforderungen von Lehrerinnen und Lehrern, sie benennen also verschieden Teilaspekte professionellen Handelns von Lehrenden. Im Bezug auf die Beschreibung professioneller Kompetenz wird daher im Folgenden, wenn diese Perspektive gemeint ist, der Begriff der **Teilkompetenzen** verwendet. Die im vorigen Abschnitt beschriebene theoretische Unterscheidung verschiedener Bereiche professioneller Kompetenz bietet im Vergleich dazu einen Ausgangspunkt für eine Operationalisierung professioneller Kompetenz durch Ausdifferenzierung des Begriffes in verschiedene Teilbereiche. Wenn im Folgenden diese Ausdifferenzierung der professionellen Kompetenz von Lehrerinnen und Lehrern gemeint ist, werden die Begriffe **Kompetenzkomponenten** beziehungsweise **Kompetenzfacetten** verwendet. Die gegenseitige Wechselbeziehung der Begriffe und ihre gegenseitige Ergänzung werden dann dadurch deutlich, dass Standards eine Möglichkeit bieten, die für sich genommen abstrakte Beschreibung der professionellen Kompetenz durch das Modell der Kompetenzkomponenten zu konkretisieren. Dies geschieht, indem durch die Standards verschiedene berufsbezogene Teilkompetenzen beziehungsweise gleichzeitig im Sinne eines Maßstabes deren ideale Beherrschung direkt benannt werden, deren Beherrschung andererseits jeweils aus dem Zusammenspiel der verschiedenen Kompetenzkomponenten entsteht. Ein Ziel der Formulierung von Standards ist dabei, dass insgesamt angestrebt wird, den Beherrschungsgrad der Teilkompetenzen messen zu können. Aus dieser Perspektive der Messung von Standards wird die Wechselbeziehung zwischen Kompetenzkomponenten und Teilkompetenzen umgekehrt insbesondere dadurch deutlich, dass sich nicht nur die professionelle Kompetenz als Ganzes, sondern auch die jeweiligen Standards als Teilkompetenzen einzeln durch Aufspaltung in die verschiedenen Kompetenzkomponenten operationalisieren lassen[87]. Sowohl die weiterhin, wie erwähnt, als Bezug für den theoretischen Rahmen der vorliegenden Arbeit insbesondere herangezogene Studie MT21 als auch im Anschluss daran die vorliegende Studie greifen diesen Ansatz auf, indem sie die professionelle Kompetenz angehender Lehrerinnen und Lehrer im Hinblick auf eine empirische Untersuchung anhand von Standards beschreiben und diese durch verschiedene Kompetenzfacetten operationalisieren (vgl. Abschnitt II.5.5).

Mit dem Einbezug von Standards in ihre jeweilige Konzeptualisierung beziehen sich die verschiedenen Studien zur Wirksamkeit der Lehrerausbildung, wie MT21 und TEDS-M 2008 sowie die vorliegende Studie insgesamt auf ein grundsätzliches Charakteristikum von Standards, nämlich deren starken Bezug zu einer empirischen Perspektive auf Lehrerbildung, die in den folgenden Abschnitten erörtert wird. Tatsächlich sind die Konzepte für Standards in der Lehrerausbildung speziell im Kontext entsprechender Überlegungen zur Evaluation der Lehrerausbildung entwickelt worden, was zuerst im nachfolgenden Abschnitt zur Entstehung der Standards dargestellt wird. Nach einer anschließenden Zusammenfassung wesentlicher kritischer Diskussionspunkte zu diesem Konzept werden dann grundsätzliche Aspekte einer standardbasierten Evaluation der Lehrerausbildung dargestellt, bevor zum Abschluss des Kapitels der spezielle Bezug von MT21 sowie der vorliegenden Studie zum Konzept der Standards beschrieben wird.

5.2 Die Entwicklung der Standards

Die Darstellung der Entwicklung von Standards sowie die darauf basierenden Diskussionen werden im Folgenden auf den deutschsprachigen Raum beschränkt. Dies resultiert zum Einen aus dem Charakter der vorliegenden Studie als nationale Vertiefungsstudie zu den größer angelegten, teilweise internationalen Vergleichsstudien zur Wirksamkeit der Lehrerausbildung und zum Anderen insbesondere aus der konzeptuellen Berücksichtigung von Standards in den verschiedenen Untersuchungen. Diesbezüglich stellen Standards sowohl beispielsweise in der bezüglich ihres theoretischen Ansatzes hier besonders berücksichtigten Studie MT21 als auch in der vorliegenden Studie den grundlegenden Ausgangspunkt für die jeweilige Untersuchung dar, indem zentrale Standards iden-

[87] Wobei nicht ausgeschlossen ist, dass in Abhängigkeit vom jeweils gewählten Standard jeweils einzelne Kompetenzbereiche bedeutender sind als andere.

tifiziert werden, die durch verschiedene Kompetenzkomponenten im Hinblick auf die jeweilige Untersuchung operationalisiert werden (siehe Abschnitt II.5.5). Der Fokus liegt also in beiden Fällen auf dem Charakter von Standards als Grundlage möglicher Evaluationen der Lehrerausbildung. Da diese evaluationsbezogenen Eigenschaften von Standards auch anhand der auf den deutschsprachigen Raum beschränkten Darstellung von Standards deutlich werden und sowohl in beispielsweise MT21 wie auch in der vorliegende Studie kein Vergleich verschiedener Zusammenstellungen von Standards intendiert ist, wird im Folgenden lediglich die auf den deutschsprachigen Raum bezogene Entwicklung von Standards in der Lehrerausbildung im Hinblick auf die damit verbundene Grundlegung von Evaluationen skizziert. Eine allgemeine Darstellung der Entwicklung von Standards ist hierbei nicht beabsichtigt. Diese müsste naturgemäß insbesondere zentral auch die verschiedenen Richtungen von Standards für die Lehrerausbildung in den USA und deren Entwicklung berücksichtigen (beispielsweise die Standards des *National Board for Professional Teaching Standards* (NBPTS, 2002) oder auf institutioneller Ebene die Standards des *National Council for Accreditation of Teacher Education* (NCATE, 2008)). Mit letzterem ist weiterhin der Richtungsstreit verbunden bezüglich der Frage, inwieweit Lehrerausbildung oder Persönlichkeit zentrale Determinanten für erfolgreiches Lehrerhandeln im Sinne des Erzeugens positiver Schülerleistungen sind und inwieweit daher die Lehrerausbildung staatlich reguliert sein sollte. Hier stehen sich fundamental die Position der „Professionalisierer“ (vgl. Darling-Hammond, 2002), die staatliche Regularien befürworten, und die Position der „Deregulierer“ (The Abell Foundation, 2001), die eine weitgehende Abschaffung entsprechender Regelungen und Vorgaben befürworten, gegenüber[88]. Eine Darstellung dieser Diskussion findet sich in Blömeke (2004). Weiterhin ist das Kapitel ausschließlich auf Standards zur Lehrerbildung beschränkt und bezieht nicht auch beispielsweise die teilweise verwandten Diskussionen und Entwicklungen hinsichtlich der Standards für verschiedene schulische Bildungsabschlüsse und Schulfächer ein (vgl. etwa als Beispiel für Bildungsstandards im Fach Mathematik für die Primarstufe KMK (2004b), für den Hauptschulabschluss KMK (2004a) und für den mittleren Schulabschluss KMK (2003), sowie die diesbezüglichen

---

[88] Dabei zeigt sich, dass Vertreterinnen und Vertreter der beiden Positionen jeweils umfassende Reviews erstellt haben, „die sich z. T. auf dieselbe Datenlage beziehen und die unterschiedliche Interpretationsansätze repräsentieren“ (Blömeke, 2004, S. 67).

Konkretisierungen für die Primarstufe (Walther et al., 2008) und die Sekundarstufe (Blum et al., 2006), weiterhin Blum, Drüke-Noe, Leiß, Wiegand, Jordan (2005) und allgemein zur Standardsetzung im schulischen Bildungswesen Heid (2003)).

Generell geht, bezogen auf den deutschsprachigen Raum, die Diskussion über Standards in der Lehrerbildung zurück auf Oser, der zuerst 1997 (Oser, 1997a, 1997b) eine Liste von Standards vorstellte, die die Grundlage für eine Untersuchung der Schweizer Lehrerbildungssysteme bilden sollten (Oser & Oelkers, 2001). In seiner Zusammenstellung unterscheidet Oser dafür 88 Standards, die er zwölf Gruppen[89] zuordnet (Oser, 2001b). Sämtliche Standards sind dabei fachunabhängig formuliert, dies gilt insbesondere auch für die fachdidaktischen Standards, die ebenfalls allgemein formuliert sind. So finden sich im Bereich der fachdidaktischen Standards beispielsweise die Standards, gelernt zu haben „gesellschaftlich und fachlich bedeutsame Lerninhalte auszuwählen und sie zu operationalisieren“ oder „den Unterricht so aufzubauen, dass verschiedene Formen der sozialen Interaktion möglich sind" (ebd., S. 241). Eine zentrale Kritik (vgl. Herzog, 2005) an Osers Modell ist allerdings noch das Fehlen eines theoretischen Modellrahmens, aus dem die einzelnen Standards abgeleitet werden können. Oser (2005) begegnet dieser Kritik zwar mit dem Hinweis auf die Anschlussfähigkeit der Standards an etablierte Theorien und das dynamische Verhältnis von Theorie und Praxis, gesteht jedoch ein, „dass die theoretische Fundierung dieser neuen Idee, eben dieses Konzeptes, weiter vorangetrieben werden muss“ (Oser & Renold, 2005, S. 137). Blömeke, Felbrich und Müller (2008, S. 16) weisen darauf hin, dass es trotz dieser Kritik Osers Verdienst ist, „im deutschen Sprachraum die Lehrerausbildung konzeptionell neu gefasst zu haben, indem er sie ergebnisorientiert auf berufliche Anforderungen bezog“ und man deshalb „von einem Paradigmenwechsel in der Lehrerausbildungsforschung“ (ebd., S. 17) sprechen könne.

In Deutschland sind in diesem Zusammenhang insbesondere die von der Kultusministerkonferenz (KMK) beschlossenen Standards für die Lehrerbildung relevant. Auch für deren Entwicklung war der zentrale Ausgangspunkt die langfristige Zielsetzung, eine Evaluation der Lehreraus-

[89] Beispiele für solche Gruppen sind „Lehrer-Schüler-Beziehungen und fördernde Rückmeldung", „Lernstrategien vermitteln und Lernprozesse begleiten", „Gestaltung und Methoden des Unterrichts“ oder „Medien“ und „Allgemeindidaktische und fachdidaktische Kompetenzen“ (Oser, 2001b, S. 230).

bildung durchführen zu können. Entsprechende Absichten hierfür gehen in diesem Bereich etwa[90] zurück auf den Abschlussbericht der von der KMK 1999 eingesetzten Kommission „Lehrerbildung“ (Terhart, 2000), in der verschiedene Vertreterinnen und Vertreter sowohl der wissenschaftlichen wie auch der administrativen Seite Perspektiven für die Lehrerbildung in Deutschland entwickeln sollten[91]. Die Kommission kommt unter anderem zu dem Schluss, dass das Fehlen einer Evaluation der Lehrerausbildung eine „Leerstelle [...], die sich bei der Erörterung sämtlicher Probleme der Lehrerbildung sowie v.a. bei der vergleichenden Bewertung von Optionen zu ihrer Gestaltung als gravierend erwiesen hat“ (ebd., S. 153) sei. Die Kommission empfiehlt daher die langfristige Planung einer entsprechenden Evaluation als „Perspektive für die Weiterentwicklung der Qualität von Lehrerbildung“ (ebd.).

> „Aus verschiedenen Gründen kann nicht länger hingenommen werden, dass die Lehrerbildung als ein für die Qualität des Bildungswesens entscheidender Bereich keiner systematischen, soliden, breit gefächerten, ebenso länderspezifischen wie länderübergreifenden Evaluation unterzogen wird“ (ebd., S. 154).

Die KMK nahm diese Forderungen auf und beauftragte Terhart mit einer Expertise, der explizit der Auftrag zugrunde lag, „Vorschläge zu entwickeln, 'wie und auf welchem Wege eine Evaluation der ersten und zweiten Phase der Lehrerbildung durchgeführt werden könnte'[92]“ (Terhart, 2002, S. 2). Auf Basis dieser Zielvorstellung stellt Terhart seine Vorschläge zur standardorientierten Evaluation der Lehrerausbildung vor (vgl. ebd.), die „ebenfalls als wegweisend angesehen werden, auch wenn er weniger auf konkrete berufliche Anforderungen als vielmehr auf die traditionelle Struktur der Lehrerausbildung ausgerichtet ist“ (Blömeke, Felbrich, Müller, 2008, S. 17). Die KMK folgte den Empfehlungen der Expertise und beschloss, in einem ersten Schritt und als Grundlage einer späteren Evaluation Standards für die Lehrerausbildung festzulegen, wes-

---

[90] Eine, in dieser Hinsicht, ähnliche Forderung findet sich beispielsweise auch in den „Empfehlungen zur künftigen Struktur der Lehrerbildung“ des Wissenschaftsrates (Geschäftsstelle des Wissenschaftsrates [WR], 2001), der ebenfalls an mehreren Stellen die Evaluation der Lehrerausbildung empfiehlt, wenngleich auch teilweise unter einer stärker studienstrukturellen Perspektive.

[91] Die Leitung der Kommission hatte Terhart inne, stellvertretender Leiter war Lange (Terhart, 2000).

[92] Terhart (2002) zitiert hier aus einem „Schreiben des Generalsekretärs der KMK, Herrn Prof. Dr. Thies, vom 04.03.2002“ (ebd., S. 51).

wegen eine Arbeitsgruppe um Terhart, Tenorth, Oelkers und Krüger beauftragt wurde, entsprechende Standards als Grundlage für einen anschließenden KMK-Beschluss zu entwickeln (vgl. KMK, 2004c). Die verbindliche Einführung beschloss die KMK in zwei Schritten, zuerst 2004 mit dem Beschluss der Einführung von Standards im Bezug auf die Bildungswissenschaften (KMK, 2004d) und anschließend 2008 mit dem Beschluss zur Einführung gemeinsamer inhaltlicher Anforderungen für die fachwissenschaftliche Lehramtsausbildung (KMK, 2008a). Mit Bezug auf die Mathematik als Unterrichtsfach wurden letztere weiterhin beeinflusst (vgl. ebd.) durch entsprechende gemeinsame Empfehlungen der Deutschen Mathematiker-Vereinigung (DMV), der Gesellschaft für Didaktik der Mathematik (GDM) und des Deutschen Vereins zur Förderung des mathematischen und naturwissenschaftlichen Unterrichts (MNU) (DMV, GDM und MNU, 2008). Die Verbindlichmachung der Standards und fachbezogenen inhaltlichen Anforderungen für die Lehrerausbildung geschieht dabei durch ihre bundesländerweise umgesetzte Implementation in den entsprechenden Studienordnungen der Lehramtsstudiengänge (KMK, 2004d) und insbesondere, indem diese als „***Grundlage für die Akkreditierung und Evaluierung*** von lehramtsbezogenen Studiengängen" (KMK, 2008a, S. 2) herangezogen werden (vgl. auch KMK,2005[93]).

Inhaltlich werden im Hinblick auf die Bildungswissenschaften in den Standards vier Kompetenzbereiche – Unterrichten, Erziehen, Beurteilen und Innovieren – unterschieden, denen insgesamt 11 Kompetenzen zugeordnet sind, die hier im Sinne von berufsbezogenen Fähigkeiten zu verstehen sind. Aus jeder dieser Kompetenzen werden dann mehrere Standards abgeleitet, wobei in der Auflistung der Standards jeweils zwischen Standards für die theoretischen und praktischen Ausbildungsabschnitte der Lehramtsausbildung unterschieden wird (KMK, 2004d). Die fachbezogenen Anforderungen differenzieren im Fall der Mathematik zuerst ein „fachspezifisches Kompetenzprofil" aus, das im Wesentlichen fünf verschiedene fachdidaktische Könnensbereiche unterscheidet. Weiterhin werden rein fachbezogen sechs mathematische Themenbereiche – Arithmetik und Algebra, Geometrie, Lineare Algebra, Analysis, Stochastik

[93] Aus diesem Beschluss der KMK von 2005 (Titel: „Eckpunkte für die gegenseitige Anerkennung von Bachelor- und Masterabschlüssen in Studiengängen, mit denen die Bildungsvorrausetzungen für ein Lehramt vermittelt werden", sogenannter „Quedlinburger Beschluss" (KMK, 2005)) geht auch hervor, dass die Standards weiterhin einem Überarbeitungs- und Weiterentwicklungsprozess unterworfen sein sollen, also nicht als abschließende Formulierungen begriffen werden sollen.

sowie Angewandte Mathematik und mathematische Technologie – unterschieden, denen jeweils zentrale Inhaltsgebiete zugeordnet werden, zu denen Kenntnisse erwartet werden. Hierbei wird jeweils unterschieden zwischen Inhaltsgebieten, die für Lehrkräfte der Sekundarstufe I relevant sind und Inhaltsgebieten, die Lehrkräfte für die Sekundarstufe II zusätzlich beherrschen müssen. Diese Liste wird ergänzt um den Bereich der Fachdidaktik, der in vier Punkten schulstufenunabhängig im Wesentlichen das „fachspezifische Kompetenzprofil" zusammenfasst (KMK, 2008a). Die Empfehlungen von DMV, GDM und MNU (2008) schließen hier direkt an die KMK-Vorgaben an und orientieren sich, mit geringfügig verschobenen Akzentsetzungen[94], ebenfalls an den sechs genannten mathematischen Themenbereichen, bei denen ebenfalls jeweils zugehörige zentrale Inhaltsgebieten unterschieden werden. Im Unterschied zu den Ausführungen der KMK werden dabei die auf die einzelnen Inhaltsgebiete bezogen Anforderungen nicht nur hinsichtlich der Schulstufen, sondern auch hinsichtlich des fachbezogen absolvierten Studiums ausdifferenziert. Wie auch die KMK formulieren auch GDM, DMV und MNU weiterhin die fachdidaktischen Anforderungen schulstufen- und studiumsunabhängig. Hierfür werden mehrere Inhaltsgebiete unterscheiden, die einzeln ausdifferenziert werden.

5.3 Kritik am Konzept der Standards

Nicht nur die KMK-Standards, sondern auch das zugrundeliegende allgemeine Konzept, werden intensiv kontrovers diskutiert. Bezüglich der Kritik lassen sich dabei zwei Argumentationslinien unterscheiden. Neben der Kritik am Konzept der Standards finden sich auch Kritikansätze, die Standards mehr vor dem Hintergrund ihrer Entstehungsgrundlage kritisieren und deren eigentliche Kritik auf diejenigen Entwicklungen zielt, als dessen Resultat Standards entstanden sind. Solche Entwicklungen sind beispielsweise hochschulpolitische Entwicklungen wie der Bologna-Prozess oder Reformansätze im Bereich der Lehrerausbildung (vgl. Wilbers, 2006).

> „Sie[95] propagiert die Einführung von Standards für die Lehrerbildung in der Hoffnung, auf diesem Wege das Bildungsniveau der

[94] Im Bereich Analysis werden die Funktionen ebenfalls im Titel des Themenbereichs genannt, bei der angewandten Mathematik wird die Modellierung im Titel ergänzt, dafür wird auf die Nennung der mathematischen Technologie verzichtet.

[95] Gemeint ist die Kultusministerkonferenz, KMK.

Schülerschaft, wie es auf der PISA-Skala gemessen wird, zu heben. Dieses Vorhaben verbindet die KMK mit der forcierten Umsetzung des Bologna-Prozesses. Und die Neuordnung aller Studiengänge im BA/MA-Korsett wird darüber hinaus mit der Forderung verknüpft, alle neuen Studiengänge seien zu modularisieren und die Module auf die Vermittlung von Kompetenzen auszurichten." (Beck, 2006, S. 43)

„Die Pädagogik sollte sich nicht unbedarft einem Diskurs ausliefern, der sie in verschiedener Hinsicht ihrer sokratischen Tradition entfremdet. Gegenüber einer verordneten Standardisierung des Bildungswesens ist daran zu erinnern, dass das Denken dem Handeln *manchmal* vorzuziehen ist." (Herzog, 2005, S. 257)

Hauptsächlich findet sich weiterhin die zweite, zentrale Argumentationslinie in der Kritik der Standards, die sich inhaltlich direkt gegen das Konzept der Standardsetzung in der Lehrerausbildung wendet (vgl. Beck, 2006, Wilbers, 2006, Herzog, 2005, Reh, 2005, mit allgemeinem Bezug zu Standards im Bildungswesen Heid, 2003, unter Einbezug der US-amerikanischen Situation Blömeke, 2004, von Prondczynsky, 2001). Die Kritik bezieht sich dabei auf sich zwar überschneidende, aber unterschiedliche Bereiche, weswegen im Folgenden zwischen Kritik bezüglich der Entwicklung der Standards, Kritik hinsichtlich der Frage der Realisierbarkeit und kritischen Bezügen zur Professionsdebatte unterschieden werden soll. Auf eine kritische Einschätzung der Standards im Hinblick auf eine Evaluation der Lehrerausbildung wird weiterhin im entsprechenden anschließenden Abschnitt II.5.4 eingegangen.

Oser (2001b) beschreibt, dass die Standards in seiner Arbeit in Anlehnung an die Delphi-Methode (vgl. Häder, 2009) durch ein dreistufiges Verfahren auf Basis von Expertenbefragungen bestimmt wurden und auch die KMK-Standards basieren auf der Arbeit einer durch die Kultusministerkonferenz eingesetzten Expertengruppe. Beide Arbeitsgruppen nehmen dabei auch Stellung zur Frage der theoretischen Fundierung von Standards. So arbeitet Oser als eines von vier Kriterien für die von ihm vorgestellten professionellen Standards „das Kriterium der Theorie" (Oser, 2001b, S. 219) heraus in dem Sinne, dass es für jeden Standard seiner Liste „ein Theoriewissen das jemand, der sich als Angehöriger einer Profession bezeichnet, kennen muss" (ebd., S. 220) gibt. Auf der anderen Seite reicht zur Erstellung von Standards ein Kanon theoretischen Wissens jedoch nicht aus, da durch diesen keine ausreichenden Bezüge zum professionellen Handeln hergestellt werden könnten (vgl. Oser,

2003). Deshalb verweist er darauf, dass „Kompetenzcluster (Standards) nicht von Theorien abgeleitet, sondern von unterrichtlichen Situationen her bestimmt werden" (Oser, 2005, S. 266). Weiterhin stünde man mit dem Konzept der Standards „am Beginn eines Entwicklungsprogramms" (ebd., S. 272), so dass dieses „vorerst keine Theorie, aber ein, [...] theorieanschlussfähiges oder „theory loaden" Konzept" (ebd., S. 269) sei. Eine ähnliche Ausgangslage konstatiert auch die Expertengruppe der KMK. Ihre „Überlegungen orientieren sich zweifellos an einem sehr komplexen und anspruchsvollen (Entwicklungs-)Modell von Lehrerkompetenz und entsprechenden Standards" (Terhart in KMK, 2004c, S. 9). Genau wie Oser schränken sie allerdings ebenfalls ein, dass dies weniger einen gegenwärtigen Bezugsrahmen als mehr eine Perspektive für die weitere Entwicklung von Standards bedeutet, denn „die gegenwärtige Forschungssituation zur Lehrerarbeit und zur Lehrerbildung erlaubt es nicht, alle Dimensionen, Kompetenzebenen, Skalierungen vollständig auszuarbeiten. Mittel- und langfristig sollte sich die Arbeit an Kompetenzmodellen und Standards für die Lehrerbildung und den Lehrerberuf an einem solchen Modell orientieren." (ebd., S. 9f.) Aus dieser Grundkonstellation folgt direkt, dass die Entwicklung von Standards trotz entsprechender Theoriebezüge immer auch ein subjektiv geprägtes Element enthält, das sich einer direkten theoretischen Ableitung entzieht. Dieses Vorgehen beziehungsweise diese nur teilweise theoretische Einbettung der Entwicklung von Standards ist daher häufig Gegenstand der Kritik. So verweist Herzog (2005) mit Bezug auf Oser darauf, dass „wenig über die Herleitung" (ebd., S. 254) der Standards bekannt sei und diese zwar einerseits jeder für sich sinnvoll erschienen, auf der anderen Seite jedoch ohne ein theoretisches Modell nicht klar sei, welche Standards wirklich für guten Unterricht notwendig seien. Weiterhin bedinge das Fehlen eines theoretische Rahmens auch das Fehlen der Möglichkeit einer systematischen und theoriegeleiteten Gliederung der Standards, die Voraussetzung für eine theoriebasierte Überprüfung der Notwendigkeit der einzelnen Standards sei. In diesem Zusammenhang verweisen Kritiker vor dem Hintergrund der oben geschilderten Vorgehensweise zur Entwicklung von Standards weiterhin darauf, dass neben der nur teilweise theoretischen Einbettung auf der anderen Seite auch eine empirische Herleitung der Standards höchstens in geringem Umfang geschieht beziehungsweise geschehen kann (vgl. Beck, 2006).

> „Die Herleitung von Standards kann – mangels empirischen Wissens – in Gänze nicht auf empirischer Basis erfolgen. Außerdem liegt zum Impact von Standards bisher kaum empirisches Wissen vor." (Wilbers, 2006, S. 9)

Eng verbunden mit der Problemstellung, dass Standards höchstens teilweise theoretisch oder empirisch ableitbar sind, ist die Schwierigkeit, eine möglichst vollständige Liste von Standards zu erstellen. Sowohl Oser als auch die Arbeitsgruppe für die KMK-Standards begreifen, wie beschrieben, die Entwicklung von Standards als nicht abgeschlossene Aufgabe, was direkt die Möglichkeit einer Modifikation oder Erweiterung der jeweiligen Standards impliziert und andererseits einen Anspruch auf Abgeschlossenheit und Vollständigkeit einer Liste ausschließt. Vielmehr sei „der Vollständigkeitsanspruch für Standards unsinnig und wertlos" (Oser, 1997a, S. 36) und die Unvollständigkeit der Aufstellung von Standards „betont die Unabschliessbarkeit des Professionalisierungsprozesses" (Oser, 2001b, S. 242), bedingt aber eben auch, dass „hinsichtlich ihrer Auswahl ein Legitimationsdefizit vorhanden ist, das nie ganz schliessbar sein wird" (ebd.).

> „Die 88 (89) hier entwickelten und in einem teildelphi-orientierten System überprüften und zurückbehaltenen Standards können [...] stets ergänzt oder verändert werden." (ebd.)

Die auf diesen Sachverhalt bezogene Kritik richtet sich nicht gegen diese Tatsache der Unvollständigkeit, sondern bemängelt unter Bezug auf die Kritik an der fehlenden theoretischen und empirischen Basierung von Standards, dass ebenso wie für die Erstellung von Aufstellungen von Standards auch für deren Ergänzung oder Veränderung ohne empirische oder theoretische Ableitung keine entsprechenden Kriterien zur Verfügung stehen (vgl. Herzog, 2005). Weiterhin wird in diesem Zusammenhang kritisiert, dass unklar sei, „welcher Grad an Vollständigkeit (im Gegenzug zur Exemplarizität) gewährleistet sein sollte" (Wilbers, 2006, S.9).

Eine andere Kritikrichtung zielt auf die Frage der praktischen Umsetzung der Standards in der (in diesem Fall deutschen) Lehrerbildung. Die für die Erstellung der KMK-Standards zuständige Arbeitsgruppe schlägt hierfür eine Verbindlichmachung durch Modularisierung und Akkreditierung im Rahmen der Bachelor/Master-Ausbildung vor. Dies solle einhergehen mit der Gründung von dafür zuständigen Zentren für Lehrerbildung sowie allgemein mit einer intensiven Kommunikation der Standards und ihrer Ziele sowie einer entsprechenden Diskussion zwischen allen an der

Lehrerausbildung Beteiligten. Ziel sei dann ein verbindliches Curriculum und eine daran angepasste veränderte Prüfungsgestaltung für die jeweiligen Abschlussprüfungen (Oelkers, Krüger in KMK, 2004c). Im Beschluss der KMK selber (KMK, 2004d, 2008a) finden sich, wie erwähnt, zumindest Teile dieser Vorschläge als verbindliche Vorgaben der KMK wieder. So wird 2004 festgelegt, dass eine Implementation und Anwendung sowie Evaluation der für den Beschluss von 2004 relevanten bildungswissenschaftlichen Standards in allen Phasen der Lehreraus- und Fortbildung stattfinden soll. Weiterhin werden die Standards und fachbezogenen Anforderungen im Beschluss von 2008 insgesamt als „*Grundlage für die Akkreditierung und Evaluierung* von lehramtsbezogenen Studiengängen“ (KMK, 2008a, S. 2, [kursiv gedruckter Teil im Original fettgedruckt]) bezeichnet. Auch wurde der Vorschlag, an der Lehrerausbildung beteiligte Gruppen in den Prozess der Standardentwicklung einzubeziehen, aufgegriffen. So bezieht sich insbesondere der Beschluss von 2008 auf die vorausgegangene Diskussion mit zum Beispiel an der Lehrerausbildung beteiligten Verbänden und Institutionen, wofür die beschriebenen gemeinsamen Empfehlungen von DMV, GMD und MNU ein Beispiel sind. An mehreren Stellen verweisen die Beschlüsse weiterhin auf eine Evaluation der Standards, in 2004 wird weiterhin explizit auch die Möglichkeit einer Überprüfung und Weiterentwicklung der Standards genannt. Auf Details dieser Prozesse wird jedoch nicht eingegangen, was jedoch im Einklang mit der Art der Texte als KMK-Beschlüsse über die Einführung von Standards, auch wenig naheliegend wäre.

Kritiker wenden im Bezug auf diese Implementationsvorgaben ein, dass eine Aufstellung von Standards, das heißt von Zielvorgaben für die Lehrerausbildung, für sich genommen wenig Anhaltspunkte für die konkrete Umsetzung und Gestaltung der verschiedenen Phasen der Lehrerausbildung bietet, beispielsweise im Bezug auf die Abfolge von Lerninhalten oder das Verhältnis der Vorgaben durch Standards zu Kerncurricula (vgl. Wilbers, 2006). Weiterhin sei bei eher offen formulierten Standards teilweise unklar, welche Art von „Input“ in den einzelnen Phasen der Lehrerausbildung konkret gegeben werden müsste, um diese Zielvorgaben erreichen zu können (vgl. Beck, 2006, Herzog, 2005). Dies räumt auch Oser ein, wenn er festhält, dass man aus seinen Ausführungen im Bezug auf die Lehrerbildung „direkt keine normativen Formulierungen ableiten“ (Oser, 2001b, S. 334) könne, „denn wir wissen ja noch nicht, was es ermöglicht, Standards zu erreichen“ (ebd.). Befürworter der Standards sehen darin umgekehrt genau eine Möglichkeit der Erhöhung der Autonomie der Ausbildungsinstitutionen. So könnten verschiedene Lehrerausbildungsstandorte ihre Ausbildung jeweils unterschiedlich ausgestalten, indem nicht mehr die Ausbildungsangebote, sondern Ausbildungsziele als Grundlage für eine Zulassung beziehungsweise Akkreditierung herangezogen werden (Sekretariat der Ständigen Konferenz der Kultusminister der Länder in der Bundesrepublik Deutschland [KMK], 2008a, vgl. für das allgemeine Verfahren mit nicht nur lehramtsspezifischen Bezug Sekretariat der Ständigen Konferenz der Kultusminister der Länder in der Bundesrepublik Deutschland [KMK], 2002). Dem halten Kritiker entgegen, dass diese Autonomie nur theoretischer Natur ist und in der Praxis eingeschränkt ist durch starke Festschreibungen etwa des formalen Studienrahmens, beispielsweise „durch detaillierte Lehrerprüfungsordnungen, durch die Festlegung des Umfangs von Fächeranteilen am Gesamtstudium, durch die Bestimmung von Regelstudienzeiten" (Beck, 2006, S. 46). Weiterhin gäben viele Standards, obwohl als Zielvorgabe formuliert, in der Praxis tatsächlich relativ genaue Studieninhalte vor, indem sie beispielsweise beschreiben, in welchen Gebieten ein Absolvent Kenntnisse haben soll[96] (vgl. ebd).

Eng verbunden mit der Frage, welchen Input man für das Erreichen der Standards benötigt, ist weiterhin die Kritik, dass Standards oftmals als Zielvorgabe auch zu ambitionierte Forderungen enthalten, so dass nicht nur jeder Input wenig zielführend beziehungsweise ausreichend scheint, sondern vielmehr die Möglichkeit den Standard zu erreichen, insgesamt anzuzweifeln sei.

> „Dies macht das folgende Beispiel aus der Kompetenzliste der KMK deutlich: ‚Die Absolventinnen und Absolventen wissen, wie sie weiterführendes Interesse und Grundlagen des lebenslangen Lernens im Unterricht entwickeln' (Sekretariat der Ständigen Konferenz der Kultusminister der Länder in der Bundesrepublik Deutschland [KMK], 2004d, S.8 [im Original zitiert als ebd.]). Da kann man den Absolventinnen und Absolventen nur gratulieren und sie hinter vorgehaltener Hand bitten, dieses Wissen und seine Quelle preiszugeben. Tatsächlich befänden sie sich damit schon deutlich jenseits des aktuellen Forschungsstandes. Ausge-

---

96 Beck (2006, S. 46) zitiert als Beispiel einen Standard im Bereich von „Kompetenz 2" der KMK – Standards für die Bildungswissenschaften (Sekretariat der Ständigen Konferenz der Kultusminister der Länder in der Bundesrepublik Deutschland [KMK], 2004d, S. 8): „Die Absolventinnen und Absolventen kennen Lerntheorien und Formen des Lernens".

rechnet von diesem letzteren, ambitioniert offeneren Typ sind aber die meisten KMK Kompetenzvorgaben“ (Beck, 2006, S. 46)

Dies bedeutet nicht, dass nicht theoretisch das Erreichen dieser Standards als erstrebenswert im Hinblick auf die Wirksamkeit von Lehrerausbildung angesehen werden könnte. Die Schwierigkeit liege vielmehr darin, dass die Standards eine Beschreibung sind für „Ausbildungsergebnisse, die man zweifellos als wünschbar ansehen kann, für deren Herbeiführung uns aber – vorsichtig gesagt – viele Kenntnisse fehlen“ (ebd.). Dies negiere weiterhin zumindest teilweise, dass Lehrerausbildungsinstitutionen auch vor der Formulierung von Standardkatalogen ihre Ausbildung ja bereits an der Zielvorstellung orientiert haben sollten, eine möglichst wirksame Lehrerausbildung anzubieten, so dass eine formalverbindliche Festschreibung dieser auch vorher angestrebten Ideale per se keine quasi automatische Verbesserung der Lehrerausbildung bedeuten kann. Im Gegenteil könne eine verbindliche Anordnung von zwar anzustrebenden, aber möglicherweise nur teilweise direkt in der Ausbildung erreichbaren Idealen zu einem Gefühl der Frustration oder Überforderung bei allen Beteiligten führen oder alternativ in einer Art unausgesprochener Allianz münden, bei der politische Akteure wünschenswerte Vorgaben machen, die auf breite gesellschaftlich-politische Akzeptanz stoßen, und die Ausbildungsinstitutionen sich über die Einlösung dieser Vorgaben definieren und damit legitimieren und alle Beteiligten über die Unmöglichkeit der direkten Umsetzung dieser Vorgaben Stillschweigen wahren (vgl. ebd.).

Ebenso lässt sich der Kritik an den Standards unter der Perspektive der Realisierbarkeit einer standardbasierten Lehrerausbildung auch die Frage zuordnen, inwieweit ein der Ausbildung immanentes Prüfungswesen mit der entsprechenden Standardorientierung vereinbar sei (vgl. ebd.). Zentral ist hier einerseits insbesondere die Schwierigkeit, dass jeder Standard eine komplexe Facette beruflichen Handelns beschreibt, so dass eine Messung oder Diagnostizierbarkeit des erfolgreichen Erreichens des betreffenden Standards methodisch zumindest anspruchsvoll beziehungsweise teilweise nur schwer möglich sei (vgl. Abschnitt II.5.4). Daneben gibt es andererseits sehr viele Standards in den umfangreichen Listen. Geht man davon aus, dass eine erfolgreich absolvierte Ausbildung bedeutet, alle Standards zu erfüllen, führe dies wegen der Anzahl an Standards zu dem Problem der Erreichbarkeit dieses Anspruchs. So könne man bei der umfangreichen Liste bei allen Prüfungskandidatinnen und -kandidaten eine Fähigkeit finden, „von der man ihm gegenüber behaupten kann, sie sei essentiell und er habe sie nicht hinreichend entwickelt" (ebd., S. 44). Ebenso gelte umgekehrt, dass man im angenommen Fall der präzisen Messbarkeit aller Fähigkeiten wegen der Vielzahl der Standards niemanden fände, der alle Standards vollständig erfülle (vgl. ebd.).

Insbesondere im Kontext der vorangegangen beschriebenen Ausführungen zur Diskussion über die Professionalität des Lehrerberufes ist weiterhin eine dritte Kritiklinie bedeutsam, die auf das Verhältnis zwischen der Professionalität des Lehrerberufs und dem Konzept der Standards fokussiert. Zentraler theoretischer Bezugspunkt hierfür ist die Annahme der Professionalität des Lehrerberufs (vgl. Kapitel II.1), die sowohl Kritiker wie Befürworter der Standards teilen. Beide Gruppen sehen diese jedoch in einem unterschiedlichen Verhältnis zum Konzept der Standards. Befürworter der Standards sehen ihren Ansatz dabei als integrativen Bestandteil einer entsprechenden professionellen Ausbildung. So bezeichnet Terhart (s.o.) Standards als Konkretisierung „einer an Professionalität orientierten Lehrerbildung" (Terhart In KMK, 2004c, S. 3) und in den KMK-Beschlüssen werden Lehrerinnen und Lehrer als „*Fachleute für das Lehren und Lernen*" (KMK, 2004d, S. 3) bezeichnet. Weiterhin bezieht sich auch Oser durchgehend explizit auf das Professionalitätskonzept und die dazugehörige professionelle Kompetenz (Oser, 2001b), etwa wenn er einen Standard als Bezeichnung „sowohl für eine professionelle Kompetenz als auch für deren optimale Erreichung" (ebd., S. 216) festlegt. Eine strittige Frage ist dann, inwieweit man Standards ausschließlich den Professionsinhaberinnen und Professionsinhabern zuordnen kann. So bezeichnet Oser (s.o.) Standards als „Fähigkeiten und Fertigkeiten, die nur von Professionellen Verwendung finden können" (Oser, 1997a, S. 28, im Original kursiv), und die „nicht von Fachleuten anderer Professionen oder von Laien wahrgenommen werden können" (ebd., S. 26, im Original kursiv).

> „Erinnern wir uns, Standards sind professionelle komplexe Handlungsformen, die beherrscht oder eben nicht beherrscht werden, die die Ausbildung ermöglichen soll, die aber von niemanden anders und schon gar nicht von Laien beherrscht werden können." (Oser, 2001b, S. 297)

Kritiker halten dies für eine „unhaltbare Position, denn Schule und Unterricht sind *intermediäre Bereiche*. Sie liegen zwischen Familie und Gesellschaft" (Herzog, 2005, S. 256). Dies sei sogar „ein Spezifikum, das die

Lehrerprofession von anderen Professionen, deren Klientel *Erwachsene* sind, unterscheidet.“ (ebd.)

> „Weil dem so ist, kann die Lehrertätigkeit nicht durch eine saubere Buchhaltung von der Erziehungsarbeit der Eltern separiert werden. Zweifellos ist der vermittelnde Charakter der pädagogischen Berufe je nach Alter der Klientel unterschiedlich zu denken. Trotzdem verschwindet die Affinität der professionellen Tätigkeit von Lehrkräften zur Laientätigkeit der Eltern so lange nicht, wie die Schülerinnen und Schüler das Mündigkeitsalter noch nicht erreicht haben.“ (ebd.)

Neben der Frage, inwieweit auch Nicht-Angehörige einer Profession Standards ganz oder teilweise erfüllen können, ergibt sich auch die Frage, inwieweit es Fähigkeiten gibt, die nicht nur einer, sondern mehreren Professionen zugeordnet werden können. Hierfür fordert Oser (1997a), dass es neben den klar auf eine spezielle Profession bezogenen Standards zusätzlich ergänzende Schlüsselqualifikationen geben muss, die er als „verschiedene Professionen übergreifende Fähigkeiten, wie Abstraktionsfähigkeit, Reflexionsfähigkeit, Kritikfähigkeit“ (ebd., S. 36) beschreibt. Im Bezug auf eine Steuerung der Ausbildungsprozesse durch Standards führt dies zu der „Frage, in welcher Form derart professionsübergreifende Kompetenzen in die Normierung der Bildung von Lehrkräften eingebracht werden“ (Wilbers, 2006, S. 10).

Eine weitere zentrale Kritik (vgl. Beck, 2006, Herzog, 2005) im Hinblick auf das Verhältnis von Standards zur Professionalität des Lehrerberufs bezieht sich auf die Frage der Vereinbarkeit des Standardansatzes mit dem Technologiedefizit (vgl. Abschnitt II.1.1). Wimmer beschreibt diesbezüglich, nicht im Bezug auf Standards, sondern allgemeiner vor dem Hintergrund der Debatte um pädagogische Professionalität, die Gefahr, dass „aus der Pädagogik eine technologische Anwendungswissenschaft gemacht würde“ (Wimmer, 1996, S. 426). Diese Gefahr „besteht fort in der Versuchung, Eindeutigkeiten, Klarheiten und Sicherheiten da herzustellen, wo gerade ihr Fehlen die Spezifik pädagogischen Handelns und seiner Aufgabe ausmacht“ (ebd.) und geht einher mit der zu überwindenden „Illusion der technischen Beherrschbarkeit pädagogischer Situationen durch das Wissen“ (ebd.).

An anderer Stelle formuliert Wimmer in diesem Zusammenhang weiterhin die

> „Erkenntnis der Grenzen der Intentionalität, der Unentscheidbarkeit und Kontingenz, das heißt der Unmöglichkeit einer generell vorab definierbaren Handlungslogik, die situativ bedingte Entscheidungen und Urteile regelbar machte“ (ebd, S. 445)[97].

Diese Position verdeutlicht das Spannungsverhältnis zwischen einem das Technologiedefizit berücksichtigenden Verständnis von Professionalität des Lehrerberufs auf der einen Seite und Standards als dem Versuch, professionelles Lehrerhandeln konkret und im Hinblick auf eine standardisierte Überprüfung zu beschreiben auf der anderen Seite (vgl. Herzog, 2005). Kritiker der Standards leiten aus dem Technologiedefizit ab, dass die Professionalität des Lehrerberufes aus vielen Komponenten zusammengesetzt sei, deren Zusammenspiel unbekannt sei und wahrscheinlich „sogar prinzipiell unbestimmbar[98]“ (Beck, 2006, S. 47) sei, so dass Professionalität „daher gar nicht zuverlässig diagnostiziert und ihr Erwerb erst recht nicht systematisch herbeigeführt und kontrolliert werden“ (ebd.) könne. Befürworter der Standards dagegen sehen im Technologiedefizit des Lehrerberufs, das sie im Zuge der Akzeptanz der Professionalitätsannahme des Lehrerberufs ebenso wie die Kritiker als gegeben ansehen, keinen Widerspruch zu einem standardbasierten Ansatz. Vielmehr sei das Technologiedefizit geradezu Teil einer standardorientierten Beschreibung der professionellen Kompetenz von Lehrerinnen und Lehrern.

> „Und die Beschreibung von Standards schließt die professionellen Antinomien des Lehrerhandelns, wie sie durch die Autonomie des lernenden Subjekts hervorgebracht werden[99], mit ein. In der Tat entsteht eine Praxis erst durch das situationsspezifische Zu-

---

[97] Auch der kurz danach folgende Teil verdeutlicht den spannungsvollen Bezug dieser Sichtweise zum Ansatz der Standards. Dort heißt es im selben Kontext weiter: „Deshalb ist die Unsicherheit für Pädagogen konstitutiv und durch kein Wissen auflösbar. Der Notwendigkeit nicht mehr auszuweichen, selbst antworten und urteilen zu müssen, und anzuerkennen, dass genau darin die pädagogische Aufgabe besteht, statt darin ein durch Wissen lösbares Problem zu sehen, wäre ein Schritt hin zu einem professionellen Selbstbewusstsein, das es nicht mehr nötig hätte, Zuflucht bei der Autorität einer identitätsstiftenden Idee zu suchen“ (Wimmer, 1996, S. 446).

[98] Beck (2006) verweist hier beispielsweise auf Neuweg (2002), der auf die Bedeutung des impliziten Wissens für professionellen Lehrerhandelns hinweist.

[99] Ein wesentlicher Grund für das Technologiedefizit des Lehrerberufs, das heißt für die Unmöglichkeit, „technische“ Handlungsregeln für Lehrerinnen und Lehrer zu formulieren, liegt darin, dass Lehrerinnen und Lehrer eben in ihrer Arbeit Schülerinnen und Schülern als individuell und unvorhersehbar agierenden Subjekten begegnen (vgl. Wimmer, 1996).

> sammenbringen von Intention, Wissen, Reflexion und Handeln." (Oser, 2005, S. 271)

5.4 Evaluation von Lehrerausbildung durch Standards

Eng verbunden mit der Einführung von Standards für die Lehrerbildung ist auch die Idee einer darauf basierenden Evaluation derselben. Genauer resultieren, wie oben ausgeführt, die KMK-Beschlüsse sogar letztendlich aus der Planung einer Evaluation der Lehrerausbildung, die daraufhin zuerst von Terhart in seiner Expertise konkretisiert wurde und anschließend zu der Einsetzung einer Arbeitsgruppe zur Standardentwicklung führte (vgl. Abschnitt II.5.2). Auf der Grundlage ihres Auftrages, also der Erstellung von Standards, weist auch diese Arbeitsgruppe dann auf die Notwendigkeit einer mit der Einführung der Standards verbundenen Evaluation hin.

> „Es macht aus Sicht der Arbeitsgruppe wenig Sinn, zwar Standards [...] zu formulieren und diese verbindlich zu implementieren, aber auf weitergehende Wirkungsprüfung zu verzichten." (Oelkers, Krüger in KMK, 2004c, S. 20 f.)

Sowohl in der Terhart-Expertise als auch im Bericht der Arbeitsgruppe weisen die jeweiligen Verfasser allerdings deutlich darauf hin, dass ihre Ausführungen zur Formulierung von Standards keine Entwicklung einer zugehörigen Evaluation der Lehrerausbildung beinhalten, sondern diese anschließend in einem weiteren Schritt ausgeschrieben beziehungsweise entwickelt werden müsse (vgl. KMK, 2004c, Terhart, 2002). Terhart skizziert daher nur sehr fundamental einige für ihn zentrale Charakteristika einer entsprechenden Evaluation. Unter anderem soll die Überprüfung „Steuerungs*systeme*, Ausbildungs*institutionen* bzw. *-programme* und schließlich *Absolventen* vor Ort" (Terhart, 2002, S. 48) erfassen und möglichst als Längsschnitt angelegt sein, um Entwicklungsprozesse erfassen zu können. Weiterhin sollen die verschiedenen Daten der drei Gruppen nicht nur separat ausgewertet werden, sondern auch durch eine Mehrebenenanalyse in Zusammenhang gebracht werden, um den Einfluss der Ausbildungsbedingungen auf den Erfolg der Ausbildungsprozesse betrachten zu können (vgl. ebd.). Ziel einer solchen Evaluation seien keine Zustandsbeschreibungen oder Ranglisten, sondern Impulse zur Verbesserung der Lehrerausbildung. „Es geht über das Erfassen von Zuständen hinaus um die Aufhellung von Hintergründen. Damit ist ein *genuiner Forschungsanspruch* definiert." (ebd., S. 48 f.)

Naturgemäß müssen nicht nur für jede der drei zu untersuchenden Ebenen verschiedene Standards, sondern auch verschiedene Formen der Evaluation entwickelt werden. So können Lehrerausbildungsprogramme beispielsweise über den Vergleich von Selbstberichten der beteiligten Institutionen oder durch direkte Evaluationen in den Institutionen verglichen werden (vgl. ebd.). Für die vorliegende Studie sind insbesondere Überlegungen zum Personenvergleich bezüglich des Grades der Standarderreichung relevant, weswegen nachfolgend im Anschluss an Terharts Vorschläge (vgl. ebd.) vier Möglichkeiten einer diesbezüglichen Evaluation unterschieden werden sollen. Diese sind hierarchisch angeordnet „auf einer Skala von einfach / wenig aussagekräftig bis anspruchsvoll / sehr aussagekräftig" (ebd., S. 36).

Stufe I: Selbsteinschätzung: Bei dieser Möglichkeit geben die Befragten selber an, bis zu welchem Grad sie ihrer Meinung nach einen Standard erfüllen oder nicht. Diese Methode hat den Vorteil relativ leichter Durchführbarkeit, liefert jedoch tendenziell unsichere Ergebnisse, da diese nur auf der subjektiven Selbsteinschätzung der Probandinnen und Probanden beruhen.

Stufe II: Testverfahren: Hierbei werden die Befragten „durch geeignete diagnostische Instrumente hinsichtlich ihrer Wissens-, Reflexions- und Urteilskompetenzen erfasst" (ebd.). Der Vorteil dieser Vorgehensweise liegt darin, dass im Gegensatz zu Stufe I nicht subjektive Einschätzungen der Befragten über sich selber, sondern Resultate eines Diagnoseinstrumentes die Grundlage der Ergebnisse bilden. Der Nachteil liegt darin, dass diese Methode „geeignete" diagnostische Instrumente voraussetzt, wofür ein „hoher testdiagnostischer Aufwand in Vorbereitung, Durchführung und Auswertung" (ebd.) notwendig ist. Zum Zeitpunkt seiner Expertise verwies Terhart darauf, dass dafür „in Deutschland praktisch keine Vorerfahrung" (ebd.) vorläge[100].

Stufe III: Beobachtung und Beurteilung: Die Entscheidung, ob beziehungsweise bis zu welchem Grad bestimmte Standards erfüllt werden, wird hier getroffen, indem die entsprechende Lehrperson „in ihrem beruflichen Handeln von Schulleitern, Ausbildern, Kollegen (peers) o.ä. beobachtet und beurteilt" (ebd.) werden, wobei hier neben dem direkten be-

---

[100] Diese fehlende theoretische und methodische Basis für Studien zur Wirksamkeit der Lehrerausbildung war einer der zentralen Gründe, die Studie MT21 als Vorstudie zu TEDS-M 2008 durchzuführen. MT21 sollte insbesondere zur Erarbeitung eines theoretischen Rahmens und zur Erprobung geeigneter Testinstrumente für TEDS-M 2008 dienen (vgl. Kapitel II.6).

ruflichen Handeln auch die Portfolios der Lehrperson mitbeurteilt werden sollen.

Stufe IV: Lernleistung / Erfahrung der Schülerinnen und Schüler: Hier wird indirekt über die Leistung von Schülerinnen und Schülern, zum Beispiel ermittelt durch Befragungen, darauf geschlossen, inwieweit ihre Lehrerinnen und Lehrer die jeweiligen Standards erreicht haben. Die Schwierigkeit bei diesem Vorgehen liegt in der indirekten Schlussfolgerung von Schülerleistungen auf Lehrerhandeln, die starke, nur bedingt empirisch gesicherte Annahmen bezüglich des Einflusses von Lehrerhandeln auf Schülerleistungen voraussetzt (vgl. ebd. und Abschnitt II.2.1).

Die vier Stufen stellen insgesamt verschiedene Möglichkeiten dar, standardbasiert die Wirksamkeit der Lehrerausbildung zu messen. Terhart selbst empfiehlt dabei für eine Evaluation, die Vorgehensweise der Stufe II, das bedeutet Testverfahren, in den Mittelpunkt zu stellen und durch Beobachtungen im Sinne des Vorgehens von Stufe III zu ergänzen. Selbsteinschätzungen im Sinne der Methode von Stufe I sollen hingegen möglichst wenig eingesetzt werden aufgrund der wegen der Subjektivität unsicheren Ergebnisse. Weiterhin empfiehlt er keine Verwendung der Schülerleistungen entsprechend dem Vorgehen auf Stufe IV, da diese ebenfalls wegen der geschilderten methodischen und theoretischen Schwierigkeiten stark unsicherheitsbehaftet ist und darüber hinaus mit einem im Vergleich zur methodenimmanenten Unsicherheit unverhältnismäßigen Aufwand verbunden sei. Zentral sei daher im Hinblick auf die nächsten Schritte der Einführung von Standards mit anschließender Evaluation die Entwicklung geeigneter Test- und Beobachtungsverfahren, die im Idealfall von sich bewährenden Testinstrumenten später auch auf den ausschließlichen Einsatz von Testverfahren reduziert werden könnten (vgl. ebd.).

Die endgültigen KMK-Beschlüsse greifen die Entwicklung der Diskussion um die standardbasierte Lehrerausbildung auf, indem sie einerseits die Standards selber verbindlich festschreiben und andererseits diese entsprechend der ursprünglichen Zielsetzung auch als Grundlage für eine anschließende Überprüfung der Lehrerausbildung auffassen. Auf mögliche Details entsprechender Evaluationsprozesse wird dabei in den Beschlusstexten nicht eingegangen[101]. Stattdessen verweisen die Beschlüsse an mehreren Stellen allgemein auf eine an die Implementation

[101] Dies wäre jedoch vor dem Hintergrund der Art der Texte als KMK-Beschlüsse über die Einführung von Standards auch wenig naheliegend.

anschließende Evaluation der Standards, im Text von 2004 wird weiterhin explizit auch die Möglichkeit einer Überprüfung und Weiterentwicklung der Standards genannt (vgl. KMK, 2008a, 2004d).

> „Die Länder kommen überein, die Lehrerbildung regelmäßig auf der Grundlage der vereinbarten Standards zu evaluieren." (KMK, 2004d, S. 1)

Aufgrund seiner zentralen Bedeutung für eine standardbasierte Lehrerausbildung wird auch der Aspekt der zugehörigen Evaluation häufig mit in die Kritik am Konzept der Standards einbezogen, indem auf methodische und inhaltliche Schwierigkeiten verwiesen wird[102] (vgl. Beck, 2006, Wilbers, 2006). So vermuten Kritiker des Konzeptes, dass Standards aufgrund ihrer notwendigerweise komplexen Anforderungen „gegenwärtig und in absehbarer Zukunft überhaupt nicht diagnostiziert werden können" (Beck, 2006, S. 44). Dies lege zum Einen daran, dass „keine auch nur annähernd verlässlichen Verfahren zur einigermaßen kontrollierbaren objektiven Erfassung solcher Kompetenzen" (ebd.) vorlägen, insbesondere nicht im Hinblick auf die „Ausprägung im Personenvergleich" (ebd.). Zum Anderen läge darüber hinaus zusätzlich das Problem vor, dass

> „noch nicht einmal die unverzichtbaren theoretischen Voraussetzungen für die Messung derart komplexer Fähigkeiten geschaffen sind, auf deren Grundlage das schwierige und langwierige Geschäft der Entwicklung von Messinstrumenten allererst betrieben werden könnte. Es fehlen nämlich konzise theoretische Modelle der Lehrer-Kompetenzentwicklung" (ebd.).

Zu einem vergleichbaren Schluss kommt Diehl (2003) vor dem Hintergrund der Debatte zu Ansätzen der Professionalität des Lehrerberufs (vgl.

---

[102] Diese Schwierigkeiten werden teilweise abgeleitet aus entsprechenden Überlegungen zur Messung professioneller Kompetenz (vgl. Beck, 2006). Diesbezüglich fasst etwa Diehl (2003) vor dem Hintergrund der Debatte zu Ansätzen der Professionalität des Lehrerberufs (vgl. Kapitel II.1) auf Basis der entsprechenden Theorien zentrale Merkmale professionellen Lehrerhandelns zusammen und betrachtet sie im Hinblick auf ihre empirische Überprüfbarkeit. Er kommt zu dem Schluss, dass insbesondere auch die Berücksichtigung qualitativer Verfahren notwendig ist, um entsprechende Merkmale professioneller Kompetenz von Lehrerinnen und Lehrern angemessen untersuchen zu können. Die Kritik entsteht dann unter anderem, weil im Hinblick auf eine systematische und breit angelegte Evaluation der Lehrerausbildung qualitative Untersuchungen jedoch naturgemäß kaum realisierbar sind. Tatsächlich stehen solche an allgemeinen Professionskonzepten orientierte Überlegungen allerdings in einem Spannungsverhältnis zum Ansatz des Konzeptes der Standards, das ja gerade mit dem Ziel konzipiert wurde, zu einer Konkretisierung der Konzepte von Lehrerprofessionalität zu gelangen.

Kapitel II.1), indem er auf Basis der entsprechenden Theorien zentrale Merkmale professionellen Lehrerhandelns zusammenfasst und auf ihre empirische Überprüfbarkeit hin betrachtet. Er kommt zu dem Schluss, dass insbesondere auch die Berücksichtigung qualitativer Verfahren notwendig ist, um entsprechende Merkmale professioneller Kompetenz von Lehrerinnen und Lehrern angemessen untersuchen zu können.

Tatsächlich verweist bereits die von der KMK eingesetzte Arbeitsgruppe selber in Bezug auf die Evaluation auf die Schwierigkeit „damit verbundener großer theoretischer und methodischer Probleme[103]“ (Terhart in KMK, 2004c, S. 4), jedoch gehen sowohl die Arbeitsgruppe als auch Terhart in seiner Expertise von der prinzipiellen Machbarkeit einer entsprechenden Evaluation aus, was daran deutlich wird, dass beide eine entsprechende Studie als nächsten, ausstehenden Schritt charakterisieren (vgl. KMK, 2004c, Terhart, 2002).

Auch wenn diese beabsichtigte Evaluation zwar noch aussteht, hat es dennoch bereits mehrere empirische Studien gegeben, die in einem engeren oder weiteren Umfeld zum Konzept der Standards verortet werden können und die weiterhin auch innerhalb der vorangegangen geschilderten Unterscheidung zwischen vier Stufen der Evaluation eingeordnet werden können. Zu nennen sind beispielsweise zwei Projekte auf Basis der von Oser formulierten Standards[104]. Dies ist zum Einen eine Befragung schweizerischer Lehramtsstudierender, bei der insbesondere

[103] Aus diesen theoretisch-methodischen Problemen hinsichtlich der Möglichkeit einer geeigneten Messung des Erreichens von Standards können weiterhin auch eher auf die Ausbildungsprozesse bezogene Probleme folgen, wenn eine standardbasierte Evaluation tatsächlich nur teilweise das Erreichen von Standards messen kann beziehungsweise misst. Dies kann insbesondere dann eine hohe Relevanz für Ausbildungsprozesse haben, wenn Evaluationsergebnisse direkt mit Konsequenzen verbunden sind, sowohl auf der Individualebene, etwa durch eine Koppelung von Evaluationsergebnissen und Notengebung, als auch auf der Systemebene, etwa durch eine Abhängigkeit staatlicher Unterstützungen von Lehrerausbildungsinstitutionen von deren Evaluationsergebnissen. In diesem Fall könnten beispielsweise Lehrprozesse in den Lehrerausbildungsinstitutionen dann nur noch verstärkt auf die standardbasierte Evaluation und auf die dafür notwendigen Fähigkeiten anstelle auf das tatsächliche Erreichen der Standards ausgerichtet sein ("teaching to the test"). Zentral ist dabei jedoch die Verknüpfung der Evaluationsergebnisse mit Konsequenzen, wohingegen aufgrund der reinen Durchführung einer standardbasierten Evaluation nicht von entsprechenden Auswirkungen auf Auswirkungsprozesse ausgegangen werden kann, wenn die entsprechende Evaluation zum Beispiel nur für eine Rückmeldung genutzt wird (vgl. auf Basis amerikanischer Erfahrungen insbesondere im Bereich der Evaluationen von Schülerinnen und Schülern Blömeke, 2004).

[104] Diese Studien dürfen daher natürlich nicht primär im Bezug zu den KMK-Standards gesehen werden.

auf Ergebnisse aus Selbsteinschätzungen der angehenden Lehrerinnen und Lehrer (Evaluation der Stufe I) zurückgegriffen wurde (Criblez, 2001, Oser, 2001b). Daneben wird in einem neueren Projekt ("Professional Minds[105]") versucht, auf Standards bezogene Kompetenzprofile in einer Kombination aus Selbstevaluation und Fremdevaluation mit Hilfe des sogenannten „Advocatory Approach", dem Advokatorischen Ansatz, zu messen (vgl. Oser & Renold, 2005). Hierbei schauen sich Probandinnen und Probanden zuerst spezielle Videosequenzen, sogenannte Videovignetten, einer auf einen bestimmten Standard bezogenen Unterrichtssituation an. Die Videovignetten zeigen dabei verschiedene Perspektiven gleichzeitig, so dass ein umfassender Eindruck der jeweiligen Situation gewonnen werden kann. Anschließend beurteilt und kommentiert die Probandin oder der Proband die gesehene Situation und beantwortet computergestützt Fragen dazu. Die Probandin oder der Proband evaluiert also gleichsam den videographierten Unterricht und gibt Selbstauskünfte zu seiner Einschätzung der Situation und möglichen selbstgewählten Vorgehensweisen, wird jedoch nicht selber im konkreten unterrichtlichen Handeln beobachtet. Es handelt sich also im Kern um ein Diagnoseinstrument, das heißt um eine Evaluation der Stufe II, da auf Basis der Antworten im Sinne einer Testsituation der befragten Lehrperson auf ihre Kompetenzerfüllung rückgeschlossen wird.

Ein anderes Beispiel für eine Evaluation der Lehrerausbildung, die Bezüge zum Konzept der Standards aufweist, sind, wie eingangs in diesem Kapitel teilweise erwähnt, die verschiedenen Studien zur Wirksamkeit der Lehrerausbildung, wie MT21, TEDS-M[106] oder COACTIV (vgl. Kapitel II.6). Diese sind wegen ihrer Fragebogen-basierten Testinstrumente typische Beispiele für die von Terhart primär vorgeschlagene Evaluationen der Stufe II und können ebenfalls insoweit im Kontext der Stan-

[105] Das Projekt „Professional Minds" ist zurzeit auf Lehrpersonen für berufliche Schulen ausgerichtet (vgl. Oser und Heinzer, 2009), jedoch ist es wegen seiner Ansätze zur Messung professioneller Kompetenz auch im allgemeinen Kontext der Standard-Diskussion relevant.

[106] Insbesondere das Verhältnis von TEDS-M 2008 zu MT21 berücksichtigt und verdeutlicht weiterhin die beschriebenen theoretischen und methodischen Schwierigkeiten in der Entwicklung angemessener Erhebungsinstrumente zur Messung professioneller Kompetenz angehender Lehrerinnen oder Lehrer, da MT21 ursprünglich genau als Pilotstudie zu TEDS-M 2008 konzipiert worden war mit dem Ziel der Entwicklung und Erprobung diesbezüglicher geeigneter Erhebungsinstrumente. Dies erklärt auch den ursprünglichen Namen der Studie, P-TEDS, der auf den Charakter von MT21 als Pilotstudie für TEDS verweist (vgl. Kapitel II.6).

dards verortet werden, dass sie grundsätzliche Ansätze der Standards in ihre theoretischen Konzeptualisierungen einbeziehen. Keine der Studien ist jedoch eine direkt von der KMK eingesetzte unmittelbar standardorientierte Evaluation der Lehrerausbildung. Weiterhin folgt auch die vorliegende Studie als Vertiefungs- und Ergänzungsstudie zu diesen größer angelegten, internationalen Vergleichsstudien diesem Ansatz und beschreibt professionelle Kompetenz inhaltlich durch Standards im Sinne berufsbezogener Anforderungen. Im folgenden Abschnitt wird deshalb aufgezeigt, inwieweit die Ansätze der Standards sowohl in die Anlage der für diese Studie hinsichtlich des theoretischen Ansatzes besonders berücksichtigten Studie MT21 wie auch in die Konzeptualisierung der vorliegenden Studie selber eingeflossen sind.

5.5 Standards im Bezug auf MT21 und die vorliegende Studie

Für MT21 sowie die vorliegende Arbeit sind insbesondere zwei Aspekte des Konzeptes der Standards zentral: Dies sind einerseits die Orientierung an konkreten beruflichen Anforderungen von Lehrerinnen und Lehrern und andererseits die Intention der Formulierung von Standards, diese als Grundlage und Ausgangspunkt für eine Messung beziehungsweise Evaluation der Lehrerausbildung zu begreifen.

MT21[107] sowie die vorliegende Studie nehmen dafür die Grundidee einer standardbasierten Evaluation dahingehend auf, dass der Ausgangspunkt der Studien ebenfalls die Identifikation berufsbezogener Anforderungen von Lehrerinnen und Lehrern ist. Bezüglich der Auswahl der hierfür speziell berücksichtigen Standards wurde in MT21 eine Auswahl getroffen, an die sich die vorliegende Studie anschließt, weshalb nachfolgend zuerst die in MT21 vorgenommene Identifikation entsprechender Standards skizziert wird (vgl. Blömeke, Felbrich, Müller, 2008).

Mit Bezug auf Weinert (2001a) und Bromme (1992) wird entsprechend dem Konzept der Standards auch in MT21 „die Bewältigung von zentralen beruflichen Anforderungen in den Mittelpunkt gestellt" (Blömeke, Felbrich, Müller, 2008, S. 17). Hierfür wurde durch Vertreter aller Teilnehmerländer in einem ersten Schritt im Diskurs eine Liste von berufsbezogenen Anforderungen an Mathematiklehrerinnen und -lehrern formu-

---

107 Gemeint ist in diesem Zusammenhang genauer immer die Mikroebene von MT21, das heißt derjenige Teil der Studie, der auf den individuellen Kompetenzerwerb fokussiert (vgl. Kapitel II.6)

liert, ähnlich den Aufstellungen von Standards, aus der in einem zweiten Schritt diejenigen Bereiche ausgewählt wurden, die in MT21 empirisch überprüft werden sollten. Die Übersicht der berufsbezogenen Anforderungen findet sich in der folgenden Tabelle 1:

Teacher tasks	**Situations**
A: Choice of themes, methods; sequencing of learning processes	1. Selecting and justifying content of instruction 2. Designing and evaluating of lessons
B. Assessment of student achievement; counselling of students / parents	1. Diagnosing student achievement, learning processes, misconceptions, preconditions 2. Assessing students 3. Counselling students and parents 4. Dealing with errors, giving feedback
C: Support of students' social, moral, emotional development	1. Establishing teacher - student relationship 2. Foster the development of morals and values 3. Dealing with student risks 4. Prevention of, coping with discipline problems
D: School development	1. Initiating, facilitating cooperation 2. Understanding of school evaluation
E: Professional ethics	3. Accepting the responsibility of a teacher

Tabelle 1: Übersicht der berufsbezogenen Anforderungen an Lehrerinnen und Lehrer gemäß der Konzeptualisierung von MT21 (aus Blömeke , Felbrich, Müller, 2008, S. 18)

Für die Durchführung der Studie wurden insbesondere die Aufgabenbereiche A (Unterrichten) und B (Beurteilen) ausgewählt, die „international akzeptierte Kernaufgaben von Lehrpersonen darstellen, die gleichzeitig testbar sind" (ebd., S. 17). Die Nichtberücksichtigung der Anforderungen C bis E ist weiterhin insbesondere dem Charakter von MT21 als internationale Vergleichsstudie geschuldet, da hier entweder die Vorstellungen über eine angemessene Erfüllung der Anforderung international divergieren (insbesondere Bereich C und E) oder die entsprechenden Anforderungen nur in einigen Ländern zu den direkten beruflichen Anforderungen von Lehrerinnen und Lehrern zählen (Bereich D) (vgl. ebd.).

Auf der anderen Seite führt eine entsprechende Selektion zwangsläufig dazu, „dass die professionelle Kompetenz von Lehrpersonen ohne Zweifel mehr als das umfasst, was in *MT21* getestet wurde" (ebd., S. 18) und andere Bereiche „in ihrer Bedeutung durch die Testanlage nicht negiert werden" (ebd.) sollen.

Die vorliegende Studie schließt sich dieser Fokussierung auf die Aufgabenbereiche Unterrichten und Beurteilen aus zwei Gründen an. Einerseits geht die Arbeit ebenfalls von der Annahme aus, dass mit diesen Aufgabenbereichen zentrale Charakteristika der beruflichen Anforderungen an Lehrerinnen und Lehrer beschrieben werden, was der Hauptgrund dafür ist, dass für die vorliegende Untersuchung der professionellen Kompetenz angehender Mathematiklehrerinnen und -lehrer ebenfalls diese Teilkompetenzen als Ausgangspunkt gewählt werden. Darüber hinaus legt die fachdidaktische Ausrichtung der vorliegenden Arbeit, das heißt eine auf das Lehren und Lernen bezogene Ausrichtung, eine entsprechende Auswahl insbesondere nahe, da von den geschilderten Bereichen die Aufgabenbereiche A und B am stärksten mit dieser Perspektive einhergehen.

Sowohl in MT21 als auch in der vorliegenden Studie stehen also aus einer empirischen Perspektive zwei einzelne Standards beziehungsweise berufsbezogene Anforderungen im Mittelpunkt, nämlich das „Unterrichten" und das „Beurteilen". Diese werden als Teilkompetenzen von professioneller Kompetenz von Mathematiklehrerinnen und -lehrern aufgefasst und mithilfe des Modells professioneller Kompetenz als Zusammensetzung aus verschiedenen Kompetenzkomponenten, unter anderem Fachwissen, fachdidaktisches Wissen und beliefs, operationalisiert.

In MT21 wird dabei, in Anlehnung an das Konzept der Standards und die damit verbundene Idee der Evaluation, professionelle Kompetenz eingegrenzt auf die ausgewählten Teilkompetenzen erhoben. Damit wird in MT21 also aus einer quantitativen Perspektive die Ausprägung der professionellen Kompetenz im Bezug auf die ausgewählten berufsbezogenen Anforderungen gemessen. Im Unterschied dazu liegt der Fokus dieser Arbeit aus einer qualitativen Perspektive auf der Beschreibung des Konstrukts professioneller Kompetenz selbst. Für diese qualitative empirische Untersuchung wird die professionelle Kompetenz dabei ebenfalls konzeptualisiert durch die ausgewählten Teilkompetenzen, das heißt die professionelle Kompetenz wird eingeschränkt auf die beiden ausgewählten Teilkompetenzen „Unterrichten" und „Beurteilen" betrachtet, so dass sich die Analysen auch hier durchgehend inhaltlich auf diese Teilkompetenzen beziehen. Die Operationalisierung der auf diese Teilkompetenzen beschränkten professionellen Kompetenz geschieht weiterhin gemäß der Unterscheidung der verschiedenen Kompetenzkomponenten in Abschnitt II.3.1. Genauer werden insbesondere fachliches und fachdidaktisches Wissen sowie die mathematischen beliefs unterschieden. Die der Arbeit zugrundeliegende Fragestellung fokussiert dann auf die Zusammenhänge zwischen den verschiedenen Komponenten professioneller Kompetenz, wofür die Zusammenhänge zwischen den einzelnen Kompetenzkomponenten qualitativ rekonstruiert werden. Eine ausführliche Darstellung der Fragestellung der Arbeit folgt diesbezüglich im übernächsten Kapitel. Vorher wird im nun anschließenden Kapitel noch als Abschluss des auf die Darstellung des theoretischen Rahmens ausgerichteten Teils der Arbeit ein kurzer Überblick über verschiedene, im Rahmen dieser Arbeit teilweise vorangegangen bereits erwähnte, für die vorliegende Untersuchung zentrale Studien zur professionellen Kompetenz angehender sowie praktizierender Lehrerinnen und Lehrer gegeben.

6 Vergleichsstudien zur professionellen Kompetenz von Lehrkräften

Im Folgenden wird ein kurzer Überblick über verschiedene internationale und nationale Studien zur Wirksamkeit der Lehrerausbildung sowie der Lehrerbildung gegeben. Dabei ist die Darstellung weder hinsichtlich der Berücksichtigung der Studien noch hinsichtlich der Beschreibung der einzelnen Studien auf eine umfassende Darlegung ausgelegt, sondern zielt vielmehr auf eine kurze Skizze einiger für das Entstehungsumfeld der vorliegenden Studie besonders bedeutsamer Studien ab.

Mathematics Teaching in the 21st Century (MT21)

Diese international von William H. Schmidt und M. Teresa Tatto (Michigan State University, USA) durchgeführte und für Deutschland national von Sigrid Blömeke (Humboldt-Universität zu Berlin) sowie stellvertretend von Gabriele Kaiser (Universität Hamburg) sowie Rainer Lehmann (Humboldt-Universität zu Berlin) geleitete Studie zur Lehrerausbildung von Mathematiklehrkräften für die Sekundarstufe I war ursprünglich als P-TEDS (Preparatory-TEDS) bezeichnet worden, was auf den Ursprung der Studie als Vorbereitungsstudie für die TEDS-M 2008 - Studien (s.u.) hindeutet. Originäres Ziel von MT21 war daher die Entwicklung und Prüfung geeigneter Instrumente zur empirischen international-vergleichenden Untersuchung der Wirksamkeit von Lehrerausbildung. Daneben war MT21 jedoch von Vorneherein auch als selbstständige Studie mit einem über den Charakter einer Pilotstudie hinausgehenden eigenständigen Forschungsinteresse angelegt. Unter anderem aufgrund der dadurch gewonnen Forschungsergebnisse und der im Vergleich zu TEDS-M 2008 deutlich unterschiedlichen Stichprobe, die neben den in TEDS-M 2008 untersuchten Referendarinnen und Referendaren auch Lehramtsstudierende einbezieht, wurde die Studie später umbenannt, um diese eigenständigen Forschungsergebnisse stärker zu betonen. Eine ausführliche Darstellung von MT21, insbesondere im Bezug auf die Durchführung der Studie in Deutschland, findet sich insgesamt in Blömeke, Kaiser, Lehmann (2008).

MT21 wurde in sechs Ländern, genauer Bulgarien, Mexiko, Südkorea, USA, Taiwan und Deutschland, durchgeführt. Theoretischer Ausgangspunkt der Studie im Hinblick auf die Frage der Wirksamkeit von Lehrerausbildung, in diesem Fall spezieller Mathematiklehrerausbildung, ist allgemein der Kompetenzbegriff nach Weinert (vgl. Abschnitt II.3.1). Weiterhin wurde davon ausgegangen, dass die Wirksamkeit von Lehrerausbildung ein Ergebnis des Zusammenspiels verschiedener Faktoren auf unterschiedlichen Ebenen ist, weswegen ein Mehrebenenmodell als Grundlage zur Konzeptualisierung der Studie gewählt wurde. Unterschieden wurden dabei eine Makro-, eine Meso- und eine Mikroebene, im Falle der Lehrerausbildung konkreter die Ebenen des Systems, der Institution und des Individuums.

> „Basis der Studie ist daher ein Mehrebenenmodell, das zwischen systemischen, institutionellen und individuellen Rahmenbedingungen sowie individuellen Wirkungen unterscheidet.“ (Blömeke, Felbrich, Müller, 2008, S. 23)

Konkret fokussiert MT21 damit auf die folgenden drei zentralen Fragestellungen:

1. „Welche professionelle Kompetenz weisen angehende Mathematiklehrpersonen der Sekundarstufe I auf? Welche Unterschiede zeigen sich zwischen den Ländern, die an MT21 teilnehmen? Und von welchen individuellen Bedingungen hängen die Struktur und das Niveau der professionellen Kompetenz ab?
2. Wie sind die institutionellen Bedingungen der Mathematiklehrerausbildung für die Sekundarstufe I beschaffen? Welche Unterschiede zeigen sich auf internationaler Ebene? Und wie hängen diese Rahmenbedingungen mit der professionellen Kompetenz von Lehrpersonen zusammen?
3. Wie stellen sich die systemischen Rahmenbedingungen der Mathematiklehrerausbildung für die Sekundarstufe I dar? Welche Unterschiede zeigen sich auf internationaler Ebene? Und wie hängen die Rahmenbedingungen mit den institutionellen Rahmenbedingungen und der professionellen Kompetenz von Lehrpersonen zusammen?“ (ebd.)

Hinsichtlich der Mikroebene, das heißt hinsichtlich der Ebene des Individuums, wurden dabei in MT21 drei verschiedene Kohorten von angehenden Mathematiklehrkräften auf Basis eines querschnittlichen Designs befragt:

- „Eine Eingangskohorte, um die Studienvoraussetzungen zu Beginn der Lehrerausbildung abschätzen zu können,
- eine Zwischenkohorte um Leistungen von Teilphasen zu bestimmen (d.h. in Deutschland eine Evaluation der universitären Ausbildungsphase), und
- eine Abschlusskohorte zur Beurteilung der Gesamtleistung der Lehrerausbildung.“ (ebd.)

Für die vorliegende Studie ist MT21 dabei, wie erwähnt, von besonderer Bedeutung, da die vorliegende Untersuchung zwar einerseits allgemein als qualitative Ergänzungs- und Vertiefungsstudie zu den verschiedenen hier vorgestellten größer angelegten, internationalen Vergleichsstudien zur Wirksamkeit der Lehrerausbildung angelegt ist, andererseits jedoch insbesondere im Forschungskontext und -umfeld von MT21 entstanden ist und sich daher beispielsweise bezüglich der theoretischen Konzeptualisierung insbesondere auf diese Studie bezieht. In diesem Sinne fokussiert die vorliegende Studie dabei, wie dargestellt, ausschließlich auf den Kompetenzerwerb des Individuums, das heißt auf die Mikroebene, und hierbei weiterhin nur auf Mathematiklehramtsstudierende, das heißt auf Vertreterinnen und Vertreter der ersten beiden in MT21 untersuchten Kohorten.

Teacher Education and Development Study: Learning to Teach Mathematics (TEDS-M 2008)

Diese von der IEA (International Association for the Evaluation of Educational Achievement) durchgeführten Studien fokussieren auf die professionelle Kompetenz sowie die Lerngelegenheiten angehender Mathematiklehrerinnen und -lehrer für die Primarstufe einerseits und die Sekundarstufe I andererseits. Eine ausführliche Darstellung der Konzeptualisierungen und Ergebnisse der Studien findet sich mit Bezug auf angehende Lehrerinnen und Lehrer der Primarstufe in Blömeke, Kaiser, Lehmann (Blömeke, Kaiser & Lehmann, 2010a) und mit Bezug auf angehende Lehrerinnen und Lehrer der Sekundarstufe I in Blömke, Kaiser, Lehmann (2010d).

TEDS-M 2008 schließt dabei konzeptuell an die theoretischen Ansätze von MT21 an, so dass ebenfalls „zwischen nationalen Kontextmerkmalen, institutionellen Lerngelegenheiten und individuellen Lernergebnissen der Lehrerausbildung" (Blömeke, Kaiser & Lehmann, 2010c, S. 13) unterschieden wird und damit erneut ein Mehrebenenmodell mit Makro-, Meso- und Mikrolevel zugrunde gelegt wird. Neben diesem mehrebenenanalytischen Zugang ist dabei insbesondere der Charakter der Studien als repräsentative internationale Vergleichsstudien entscheidend. Grundlage der Studien ist daher auf querschnittlicher Basis „ein mehrstufiges stratifiziertes Samplingdesign, das Zufallsziehungen repräsentativer Einheiten auf den Ebenen Ausbildungsinstitutionen, Lehrerausbildende und angehende Lehrkräfte mit einer Mathematik-Lehrberechtigung [...] gewährleistet" (ebd., S. 14). Unterschieden werden dabei einerseits die Studie bezogen auf „angehende Lehrkräfte mit einer Mathematik-Lehrberechtigung für eine der Klassen 1 bis 4 im letzten Jahr ihrer Ausbildung" (ebd.) sowie andererseits die Studie bezogen auf „angehende Lehrkräfte mit einer Mathematik-Lehrberechtigung für die Klasse 8 im letzten Jahr ihrer Ausbildung" (Blömeke, Kaiser & Lehmann, 2010b, S. 14). Im Bezug auf die Mikroebene, das heißt die individuellen Lernergebnisse, schließen die Studien theoretisch ebenfalls an den Begriff der

Kompetenz im Sinne Weinerts an, indem Lernergebnisse „analytisch sowohl kognitiv als auch affektiv-motivational ausdifferenziert" (Blömeke, Kaiser, Lehmann, 2010c, S. 13) werden. Neben dem Ziel einer Beschreibung von Merkmalen der Lehrerausbildung auf den drei Ebenen orientiert sich TEDS-M 2008 dabei grundlegend an den nachfolgend aufgelisteten Forschungsfragen:

- „Welchen Einfluss haben systemische, institutionelle und individuelle Bedingungen der Lehrerausbildung auf den Erwerb von professioneller Kompetenz durch zukünftige Mathematiklehrpersonen?
- Welche der erfassten Merkmale sind im internationalen Vergleich mit dem Erwerb einer besonders hohen professionellen Kompetenz verbunden?
- Inwiefern gibt es Unterschiede in Bezug auf die Primarstufe und die Sekundarstufe I?
- Welche Merkmale weisen die Ausbildenden der Lehrerbildung beider Phasen im internationalen Vergleich auf?"

(zitiert von http://tedsm.hu-berlin.de/ueberblick/index.html, letzter Zugriff: 25. November 2010)

Die Studien bezüglich Primarstufe und Sekundarstufe I wurden in jeweils 16 teilnehmenden Ländern durchgeführt (Botswana, Chile, Georgien, Kanada[108], Malaysia, Norwegen, Philippinen, Polen, Russland, Schweiz, Singapur, Taiwan, Thailand, USA und Deutschland nahmen an beiden Studien teil, Spanien nur an der Primarstufenstudie, Oman nur an der Sekundarstufen I-Studie) und konzentrieren sich, wie erwähnt, jeweils auf angehende Lehrerinnen und Lehrer im letzten Jahr der Lehrerausbildung. In Deutschland konnte dafür im Hinblick auf beide Studien jeweils eine repräsentative Stichprobe von Referendarinnen und Referendaren allgemeinbildender Schulen befragt werden, für die Befragungen in allen 16 Bundesländern stattfanden.

---

[108] "Kanada musste wegen Nicht-Erreichung der geforderten Gütekriterien bei den Rücklaufquoten aus der Berichterstattung allerdings ausgeschlossen werden" (Blömeke, Kaiser und Lehmann (2010c), S. 12).

Gegenwärtig wird TEDS-M 2008 darüber hinaus in drei Richtungen fortgesetzt. Zum Einen wird im Rahmen von TEDS-FU (Follow-Up zu TEDS-M, vgl. http://tedsm.hu-berlin.de/teds-fu/index.html, letzter Zugriff: 25. November 2010) untersucht, wie sich die professionelle Kompetenz von Lehrerinnen und Lehrern in der Berufseingangsphase weiterentwickelt. Zum Anderen wird im Rahmen von TEDS-LT (Teacher Education and Development Study: Learning to Teach, Blömeke et al., 2011, vgl. http://www.erziehungswissenschaften.hu-berlin.de/institut/abteilungen/di daktik/forschung/standardseite#tedslt, letzter Zugriff: 25. November 2010) der Ansatz von TEDS-M 2008 einerseits auf die neue Lehrerausbildung im Kontext von Bachelor und Masterabbschlüssen und andererseits auf weitere Fächer, genauer Deutsch und Englisch, übertragen. Zum Dritten bildet TEDS-M 2008 den Ausgangspunkt für die Studie TEDS-Telekom, eine durch die Deutsche Telekom-Stiftung geförderte Evaluationsstudie innovativer Konzepte der Mathmatiklehrerausbildung (Buchholtz et al., 2011).

Cognitive Activation in the Classroom (COACTIV)

Im Gegensatz zu den vorangegangen beschriebenen Studien ist die COACTIV-Studie nicht auf angehende, sondern auf praktizierende Lehrerinnen und Lehrer ausgerichtet und ist als nationale Studie angelegt. Eine ausführliche Darstellung der Studie und ihrer Ergebnisse findet sich dabei in Kunter et al. (2011).

Die COACTIV-Studie ist angeschlossen an die nationale Ergänzung von PISA 2003 / 04 und fokussiert in Ergänzung zu dieser Schulleistungsstudie auf die Mathematiklehrerinnen und -lehrer der darin befragten Schülerinnen und Schüler. Die Stichprobe besteht damit aus praktizierenden Lehrerinnen und Lehrern, die Mathematik in der 9. und 10. Jahrgangsstufe unterrichten. Theoretischer Ausgangspunkt ist der Begriff der Lehrerkompetenz, der, ebenfalls unter Bezugnahme auf den Kompetenzbegriff nach Weinert, „das dynamische Zusammenwirken von Aspekten des Professionswissens, Überzeugungen, motivationalen Orientierungen und selbst-regulativen Fähigkeiten" (Brunner et al., 2006, S. 58) bezeichnet. Daneben wird konzeptuell ausgegangen von dem „Zusammenspiel von Lehrerkompetenz, Unterrichtsgestaltung und der Entwicklung der mathematischen Kompetenz der Schülerinnen und Schüler" (ebd., S. 56). Unter dieser Perspektive wird dann die professionelle Kompetenz der Lehrerinnen und Lehrer theoretisch verknüpft mit der Frage nach der erfolgreichen Gestaltung von Unterricht, die in der Studie präzisiert wird zu der „Frage, wie im Mathematikunterricht verständnisvolle Lernprozesse angeregt und unterstützt werden können" (ebd., S. 57). Vor diesem Hintergrund werden unter anderem Ergebnisse der Befragungen von Lehrerinnen und Lehrern sowie Schülerinnen und Schülern und weiterhin auch Analysen von Unterrichtsmaterialien wie Hausaufgaben und Klassenarbeiten oder im Unterricht behandelten Aufgaben in Beziehung gesetzt. Die Studie weist dabei ein längsschnittliches Design mit jeweils zwei Befragungszeitpunkten[109] bei Lehrenden und Lernenden auf, wobei die Schülerinnen und Schüler jeweils am Schuljahresende der 9. und 10. Jahrgangsstufe befragt wurden. Insgesamt zielt die Studie damit auf die nachfolgend aufgelisteten Forschungsfragen:

- „Welche Aspekte der Lehrerkompetenz lassen sich empirisch identifizieren und welche Beziehungen weisen diese Merkmale untereinander auf?
- Welche Kompetenzaspekte beeinflussen das unterrichtliche Handeln einer Lehrkraft?
- Welche direkten und indirekten Einflüsse hat die Kompetenz einer Lehrkraft auf die Lernerfolge ihrer Schülerinnen und Schüler?
- Warum unterscheiden sich Lehrkräfte in ihrer Kompetenz?"

(zitiert von http://www.mpib-berlin.mpg.de/coactiv/studie/index.html, letzter Zugriff: 25. November 2010)

Auch COACATIV wird gegenwärtig fortgesetzt, indem mit COACTIV-R (COACTIV-Referendariat, vgl. http://www.mpib-berlin.mpg.de/coactivr/index.html, letzter Zugriff: 25. November 2010) untersucht wird, wie sich die Lehrerkompetenz im Laufe des Referendariats entwickelt.

Lehrerbildungsstudien im Umfeld der University of Michigan

Auch die im Umfeld der University of Michigan (vgl. Hill, Rowan, Loewenberg Ball, 2005, Hill, Schilling & Loewenberg Ball, 2004) durchgeführten Studien nehmen, ebenso wie COACTIV, konzeptionell den Einfluss der Lehrerkompetenz auf die Schülerleistungen als Ausgangspunkt der Untersuchung. Im Gegensatz zu COACTIV liegt der Fokus dabei jedoch auf

[109] Da nur wenige Hauptschülerinnen und Hauptschüler einen Wechsel in die 10. Jahrgangsstufe vollzogen, wurden diese Schülerinnen und Schüler sowie die dazugehörigen Lehrerinnen und Lehrer nur einmal befragt.

Grundschullehrerinnen und -lehrern, die in der ersten und dritten Klasse unterrichten. Untersucht wurden dafür einerseits größtenteils Schulen, die an einem der drei führenden US-amerikanischen Schulreform-Programme teilnahmen und daneben andererseits als Vergleichsgruppe Schulen, die an keinem dieser Programme teilnahmen. An jeder Schule wurden dann über einen Zeitraum von drei Jahren längsschnittlich Daten erhoben. Auf Schülerseite wurden dafür verschiedene Kohorten entweder vom Kindergarten bis zur zweiten Klasse beziehungsweise von der dritten bis fünften Klasse zweimal pro Jahr mit Leistungstest befragt und ergänzend Hintergrundinformationen über die Schülerinnen und Schüler anhand telefonischer Interviews mit den Eltern erhoben. Auf Lehrerseite wurden die Lehrerinnen und Lehrer der befragten Schülerinnen und Schüler jährlich anhand eines Fragebogens befragt. Darüber hinaus berichteten die Lehrkräfte bis zu 60-mal pro Schuljahr in einem strukturierten Selbstbericht über verschiedene Aspekte ihres Mathematikunterrichts an demjenigen Tag, auf den sich der Selbstbericht jeweils bezog. Daneben werden institutionelle Rahmenbedingungen in die Studie einbezogen.

Theoretisch werden dabei insbesondere zwei Dimensionen des mathematik- und mathematikunterrichtsbezogenen Wissens von Lehrerinnen und Lehrern unterschieden[110]. Dies sind „content knowledge for teaching and knowledge of students and mathematics“ (Hill, Rowan, Loewenberg Ball, 2005, S. 387). Die erste Dimension wird dann weiterhin noch ausdifferenziert in die Bereiche „'common' knowledge of content (i.e., the knowledge of the subject a proficient student, banker, or mathematician would have) and 'specialized' knowledge used in teaching students mathematics“ (ebd.).

Das Ziel der Studien ist dann die Beschreibung des mathematik- und mathematikunterrichtsbezogenen Wissens von Lehrerinnen und Lehrern sowie die damit verbundene Entwicklung dafür geeigneter Testinstrumente und weiterhin die Untersuchung des Einflusses von entsprechendem Lehrerwissen auf die Leistungen der Schülerinnen und Schüler.

[110] Wobei diese Unterscheidung tatsächlich primär der theoretische Ausgangspunkt ist. Beispielsweise wählen die Verfassenden für die in Hill, Rowan, Ball (2005) vorgestellte Studie „items from only the content knowledge domain to construct the measure described here“ (ebd., S. 387).

7 Fragestellung der vorliegenden Studie

In den Abschnitten II.3.2 und II.4.6 wurde eine Unterscheidung und Auswahl verschiedener Komponenten professioneller Kompetenz von Lehrerinnen und Lehrern vorgestellt. Die Ausdifferenzierungen basierten dabei auf theoretischen Überlegungen und Konzeptualisierungen, wie etwa der Unterscheidung verschiedener Gebiete von Lehrerprofessionswissen nach Shulman (1986), und wurden also nicht aus empirischen Beobachtungen abgeleitet. Aus dieser Perspektive kommt der Unterscheidung verschiedener Komponenten professioneller Kompetenz von Lehrerinnen und Lehrern die Funktion einer Grundlage zur Beschreibung dieser professionellen Kompetenz zu, ohne dass dadurch eine entsprechende konkrete strukturelle Beschreibung der professionellen Kompetenz bereits vorgenommen wird, das heißt, ohne dass dadurch bereits Zusammenhänge, Verknüpfungen oder Abhängigkeiten zwischen den Kompetenzkomponenten oder deren Ausprägungen beschrieben werden.

Ein möglicher Ansatz zur Beschreibung dieser professionellen Kompetenz sind die verschiedenen quantitativen Studien, die die professionelle Kompetenz angehender oder praktizierender Lehrerinnen und Lehrer zum Gegenstand haben (vgl. Kapitel II.6). Naturgemäß lassen sich dabei durch entsprechende quantitative Methoden insbesondere Aussagen über die Messung von Ausprägungen verschiedener Wissens- und Überzeugungsdimensionen und über korrelative Zusammenhänge zwischen diesen Dimensionen formulieren, weniger jedoch darüber, welche individuelle oder gruppenspezifische inhaltlichen Eigenschaften die Ausprägungen und Zusammenhänge aufweisen. Beispielsweise beschreibt eine Korrelation zwischen fachlichem und fachdidaktischem Wissen nicht, von welcher Art die gegenseitige Abhängigkeit zwischen den beiden Wissensgebieten ist oder ob beispielsweise gruppenspezifische inhaltliche oder individuelle Unterschiede hinsichtlich möglicher gegenseitiger Beeinflussungen der beiden Wissensgebiete vorliegen.

Ausgangspunkt der vorliegenden Studie ist darauf aufbauend die Frage, wie die professionelle Kompetenz und darin enthalten das professionelle Wissen von in diesem Falle angehenden Lehrerinnen und Lehrern inhaltlich strukturell beschrieben werden können. Die Arbeit schließt damit an entsprechende Überlegungen und Problemformulierungen im Rahmen der allgemeinen Diskussion zur Professionalität des Lehrerberufs an (vgl. Kapitel II.1). So verweist Stichweh (1992) aus systemtheoretischer Sicht in Bezug auf die Wissensbasis von Lehrerinnen und Lehrern auf deren Doppelcharakter, da sowohl Wissen über das Vermitteln von Inhalten als auch Wissen über die Inhalte selber für die erfolgreiche Ausübung der professionellen Tätigkeit einer Lehrerin oder eines Lehrers nötig sind. Für Stichweh (ebd., S. 44) ist die Wissensbasis von Lehrerinnen und Lehrern damit durch ein „Spannungsverhältnis [...], für das es in den anderen Professionen kein Äquivalent gibt" charakterisiert, ohne dass er dieses Spannungsverhältnis strukturell näher analysiert. Ebenso verweist auch Oevermann im Rahmen der strukturtheoretischen Perspektive auf die Notwendigkeit, dass in der Lehrerausbildung gelernte Bereiche von „relevantem methodischen und theoretischem Wissen" (Oevermann, 1996, S. 177) nicht „in sich verselbstständigende lizensierende Wissensreviere zerfallen" (ebd.) dürfen, sondern aufeinander bezogen werden müssen, ohne dass er diese gegenseitigen Bezüge näher charakterisiert[111].

Auch in den verschiedenen Ansätzen zur Beschreibung und Konzeptualisierung von Lehrerprofessionswissen wird weiterhin auf Vernetzungen und Zusammenhänge der verschiedenen Bereiche des professionellen Wissens von Lehrerinnen und Lehrern hingewiesen. So stellt Bromme (1997, 1994, 1992) fest:

> „Die Verschmelzung von Kenntnissen unterschiedlicher Herkunft ist das Besondere des professionellen Wissens von Lehrern[112] gegenüber dem kodifizierten Wissen der Fachdisziplinen, in denen sie ausgebildet sind." (Bromme, 1997, S. 198)

Besonders häufig wird in diesem Kontext der Bereich des fachdidaktischen Wissens hervorgehoben. Shulman (1987, S. 8) selber bezeichnet das pedagogical content knowledge diesbezüglich als „that special amalgam of content and pedagogy that is uniquely the province of teach-

[111] Wobei, wie dargestellt (vgl. Abschnitt II.1.5), Oevermann dem Beruf einer Lehrerin oder eines Lehrers unter den gegenwärtigen Bedingungen generell den Status einer Profession abspricht. Weiterhin ergänzt für ihn das in der Lehrerausbildung zu erwerbende Wissen „die kunstlehreartige Einübung in das pädagogische Arbeitsbündnis" (Oevermann, 1996, S. 177), die für ihn den zentralen Teil der Lehrerausbildung darstellt.

[112] Diese Besonderheit ist jedoch nicht auf den Lehrerberuf beschränkt. So relativiert Bromme (1992, S. 100) selber: „Die professionsbezogene Integration von Wissen aus unterschiedlichen Wissenschaften findet sich auch bei Experten in anderen Berufen". Beispiele sind für ihn ein Physiker, der physikalische Probleme sofort in algebraischer Form wahrnimmt oder ein Arzt, der biologische und physiologische Wissensbestände mit medizinischem Fachwissen verbindet.

ers“ und Bromme (1995b, S. 211) interpretiert es in Anlehnung daran als „**cognitive integration** of knowledge from different academic disciplines and the **contextualization** of knowledge". Sowohl in der Sichtweise von Shulman als auch in der von Bromme wird damit die Abhängigkeit und der Zusammenhang zwischen verschiedenen Bereichen des Lehrerprofessionswissens am Beispiel des pedagogical content knowledge deutlich.

> "Thus it establishes relationships between fields of knowledge“ (ebd.)

Insgesamt wird daher davon ausgegangen, „das professionelle Wissen des Lehrers sei eine ganz besondere, von den Lehrern selbst entwickelte Mischung curricular-fachlichen und pädagogisch-psychologischen Wissens mit ihren eigenen Erfahrungen über Unterrichtssituationen“ (Bromme, 1992, S. 102).

Wie in den Ansätzen zur Professionalisierung des Lehrerberufs werden dabei auch in diesen Ansätzen zur konzeptuellen Erfassung des Lehrerprofessionswissens die Zusammenhänge zwischen den verschiedenen Bereichen des professionellen Wissens von Lehrerinnen und Lehrern zwar berücksichtigt, jedoch nicht näher strukturell charakterisiert. Dies verdeutlicht beispielsweise Shulmans Verwendung der Methapher der Amalgamisierung im Sinne der Verschmelzung zweier Stoffe, die zwar auf Zusammenhänge zwischen den Wissensbereichen hinweist, jedoch bewusst eine strukturelle Beschreibung dieser Zusammenhänge umgeht.

Im Anschluss an diese allgemeinen Charakterisierungen der Wissensbasis von Lehrerinnen und Lehrern als strukturell nicht näher beschriebene Zusammensetzung aus verschiedenen Wissensbereichen versucht die vorliegende Studie nun unter zusätzlichem Einbezug der beliefs Zusammenhänge zwischen den verschiedenen Bereichen des Professionswissens und der beliefs als Komponenten professioneller Kompetenz genauer zu rekonstruieren und zu beschreiben. Der Fokus der Arbeit liegt dabei ausschließlich auf angehenden Mathematiklehrerinnen und -lehrern in der ersten Phase der Lehrerausbildung.

Durch diesen ausschließlichen Bezug auf Lehramtsstudierende werden deshalb keine Entwicklungen der professionellen Kompetenz betrachtet, sondern lediglich teilweise Vergleiche zwischen Studienanfängerinnen und -anfängern und fortgeschrittenen Studierenden vorgenommen. Insbesondere strebt die Studie keine Vergleiche zwischen der professionellen Kompetenz von Lehrerinnen und Lehrern in verschiedenen Phasen der beruflichen Entwicklung an, wie sie etwa Berliner (2001, 1994) durch seine Unterscheidung von Novices, Advanced Beginners, Competent Teachers, Proficient Teachers und Expert Teachers theoretisch vornimmt. In diesem Zusammenhang grenzt sich die Studie insbesondere von der Annahme ab, dass in der ersten Phase der Lehrerausbildung lediglich unverbundene deklarative Wissensbestände vermittelt werden (vgl. ebd.). Vielmehr wird davon ausgegangen, dass auch bereits in der universitären Phase der Lehrerausbildung die Möglichkeit der Ausbildung von Vernetzungen von Wissensbereichen des Lehrerprofessionswissens besteht und dass in der universitären Phase der Lehrerausbildung weiterhin auch individuelle beliefs mit neu erworbenen Wissensbeständen vernetzt werden[113]. Ein besonderer Fokus liegt dabei auf dem didaktischen Wissen, da angenommen wird, dass die Integration von Wissensbereichen in der ersten Phase der Lehrerausbildung insbesondere im Bereich der Didaktik geschieht, da hier bereits im universitären Teil der Lehrerausbildung fachliche Inhalte unter einer schulpraktischen Perspektive betrachtet werden.

> „Die Integration von fachspezifischem und pädagogisch-psychologischem Wissen muss der Lehrer nicht allein leisten. Zur Lehrerausbildung gehören Disziplinen, die auf eine solche Verbindung zielen, z.B. die Fachdidaktiken und die Allgemeine Didaktik." (Bromme, 1992, S. 102)

Vor dem Hintergrund der im Anschluss an die Stichprobe von insbesondere MT21 und TEDS-M 2008 vorgenommenen ausschließlichen Auswahl angehender Mathematiklehrerinnen und -lehrer und unter Berücksichtigung der fachdidaktischen Ausrichtung dieser Arbeit wird dafür in der vorliegenden Studie insbesondere das fachdidaktische Wissen, in diesem Fall genauer das mathematikdidaktische Wissen, in Abgrenzung zur allgemeinen Didaktik berücksichtigt.

Zusammenfassend führt dies zur **Annahme 1**: Bereits in der ersten Phase der Lehrerausbildung ermöglicht die fachdidaktische Ausbildung den Lehramtsstudierenden eine Verknüpfung verschiedener Kompetenzkomponenten im Sinne der Grundlegung professioneller Kompetenz.

---

[113] Vgl. hierfür exemplarisch eine Leitidee für die Lehrerausbildung des Paderborner Lehrerausbildungszentrums (PLAZ): „Aufbau eines vernetzten und flexiblen Expertenwissens (statt fragmentierte und träge Wissensbestände zu kumulieren)" (Tulodziecki, 2003, S. 59).

Mit dieser Annahme, dass bereits an der Universität unter anderem fachdidaktische Lehrveranstaltungen eine Verknüpfung verschiedener Kompetenzkomponenten grundlegen, soll andererseits die besondere Bedeutung unterrichtspraktischer Erfahrungen im Hinblick auf die Ausbildung professionellen Kompetenz nicht negiert werden. Vielmehr wird weiterhin davon ausgegangen, dass auch in dieser Hinsicht bereits im Rahmen der ersten Phase der Lehrerausbildung Verknüpfungen verschiedener Kompetenzbereiche begründet werden können. Dies kann, bezogen auf den institutionalisierten Bereich der Lehrerausbildung, insbesondere im Rahmen der unterrichtspraktischen Erfahrungen der Studierenden in ihren Schulpraktika und daneben auch durch erzieherische Erfahrungen in beispielsweise Sozialpraktika geschehen. Daneben sammeln die Studierenden jedoch entsprechende praktische Erfahrungen in Lehr-Lern-Prozessen oder im allgemeinen Umgang mit Kindern und Jugendlichen häufig auch neben dem Lehramtsstudium, etwa durch das Erteilen von Nachhilfe oder die Mitarbeit in der Betreuung von Gruppen eines Sportvereins.

> „Das professionelle Wissen von Lehrern ist nicht einfach eine Addition verschiedener Bereiche. Vielmehr entsteht im Laufe der praktischen Ausbildung und der beruflichen Erfahrung eine Integration, und sie werden auf die praktischen Erfahrungen bezogen." (ebd., S. 100)

Zusammenfassend führt dies zur **Annahme 2**: Bereits in der ersten Phase der Lehrerausbildung ermöglichen schulpraktische Erfahrungen und darüber hinaus außeruniversitäre praktische (Lehr-Lern-)Erfahrungen mit Kindern und Jugendlichen (z. B. Nachhilfe oder die Leitung von Jugendgruppen) den Lehramtsstudierenden eine Verknüpfung verschiedener Kompetenzkomponenten im Sinne der Grundlegung professioneller Kompetenz.

Das Ziel der vorliegenden Studie ist dann vor dem Hintergrund des ausschließlichen Fokus auf die erste Phase der Lehrerausbildung eine Rekonstruktion speziell derjenigen strukturellen Zusammenhänge von Kompetenzkomponenten, bei denen gemäß der vorangegangen beschriebenen Annahmen davon ausgegangen wird, dass sie bereits im Rahmen der universitären Lehrerausbildung ausgebildet werden können. Das bedeutet inhaltlich einerseits die Fokussierung auf die Zusammenhänge zwischen fachlichem und fachdidaktischem Wissen und deren Zusammenhängen mit den beliefs und andererseits die Fokussierung auf

Zusammenhänge zwischen schulpraktischen sowie außerschulischen Lehrerfahrungen und Komponenten professionelle Kompetenz der angehenden Lehrerinnen und Lehrer. Die grundlegende Ausgangsfrage ist damit, ob angehende Mathematiklehrerinnen und -lehrer fachliches und fachdidaktisches Wissen sowie beliefs individuell bereits in der ersten Phase der Lehrerausbildung verknüpfen und wenn ja, welche verschiedenen Strukturen, das heißt welche Arten von Verknüpfungen dieser Kompetenzkomponenten, sich diesbezüglich rekonstruieren lassen. Im Anschluss daran wird weiterhin der Frage nachgegangen, ob angehende Mathematiklehrerinnen und -lehrer diese Kompetenzkomponenten individuell bereits in der ersten Phase der Lehrerausbildung mit ihren schulpraktischen Erfahrungen sowie außerschulischen Lehr-Lern-Erfahrungen verknüpfen und wenn ja, welche verschiedenen Strukturen, das heißt welche Arten von Verknüpfungen sich diesbezüglich rekonstruieren lassen.

Um im Sinne dieser beiden Fragen verschiedene strukturelle Ausprägungen der professionellen Kompetenz, das heißt Verknüpfungen zwischen den verschiedenen Kompetenzkomponenten untereinander, beziehungsweise Verknüpfungen zwischen den Kompetenzkomponenten und der Lehrerfahrung der Studierenden, unterscheiden zu können, werden weiterhin vorab die entsprechenden Bereiche professioneller Kompetenz separat analysiert. Im Rahmen dieser vorangehenden Analyse werden dabei verschiedene Aspekte von Ausprägungen der einzelnen Kompetenzbereiche bei Mathematiklehramtsstudierenden getrennt nach den Bereichen beschrieben, bevor anschließend darauf aufbauend Aspekte des Zusammenwirkens der einzelnen Komponenten untereinander beziehungsweise mit der Lehrerfahrung dargestellt werden.

In der Arbeit werden dabei für die separaten Analysen hinsichtlich der einzelnen Komponenten professioneller Kompetenz vier Gruppen von Mathematiklehramtsstudierenden unterschieden, die sich aus einer zweifachen Unterscheidung ergeben. Unterschieden werden die Studierenden dafür einerseits hinsichtlich der Schulform, in der sie später unterrichten möchten, das heißt es wird unterschieden zwischen angehenden Lehrerinnen und Lehrern für Grund-, Haupt- und Realschule (GHR) und angehenden Lehrerinnen und Lehrern für Gymnasium und Gesamtschule (GyGS). Andererseits werden die Studierenden weiterhin bezüglich ihrer Studienphase unterschieden, wobei zwischen Studienanfängerinnen und -anfängern und fortgeschrittenen Studierenden unterschieden wird (für eine genauere Darstellung dieser Unterscheidungen vgl. Abschnitt III.2.3).

Im Einklang mit dem der Arbeit zugrundeliegenden Konzept der professionellen Kompetenz, das die Fähigkeit und Bereitschaft zur Bewältigung konkreter beruflicher Situationen in den Mittepunkt stellt, orientiert sich die Studie weiterhin hinsichtlich der Erhebung der Kompetenzkomponenten durchgehend an berufstypischen Anforderungen im Hinblick auf die Tätigkeit einer Mathematiklehrerin oder eines Mathematiklehrers. Im übernächsten Kapitel werden dafür sowohl das gewählte methodische Vorgehen und dessen Begründung, als auch die Erhebungs- und Auswertungsinstrumente, genauer vorgestellt. Vorher folgt im nächsten Kapitel zuerst eine kurze Skizze der in mathematischer Hinsicht zugrundeliegenden inhaltlichen Bereiche.

8 Darstellung zugrundeliegender mathematikbezogener Aktivitäten

Wie dargestellt, liegt der vorangegangen geschilderten Fragestellung der vorliegenden Studie bezüglich der Zusammenhänge zwischen den entsprechenden Facetten der professionellen Kompetenz angehender Mathematiklehrerinnen und Lehrer eine Fokussierung auf bestimmte Facetten der professionellen Kompetenz, nämlich eine Fokussierung auf fachmathematisches Wissen, mathematikdidaktisches Wissen sowie beliefs, zugrunde. Darüber hinaus ist für die Durchführung der vorliegenden Studie jedoch weiterhin auch eine Fokussierung auf bestimmte, aus fachmathematischer Sicht berücksichtigte Inhalte notwendig, da wegen des Fachbezuges der für die vorliegende Studie betrachteten Kompetenzfacetten, das heißt wegen des Bezugs zur Mathematik, durchgehend auch ein fachmathematischer Bezugsrahmen benötigt wird. In dieser Hinsicht fokussiert die vorliegende Studie grundlegend auf eine Unterscheidung bezüglich verschiedener mathematikbezogener Aktivitäten. Vor diesem Hintergrund bilden dann genauer die beiden mathematikbezogenen Aktivitäten von „Modellierung und Realitätsbezügen"[114] einerseits und „Ar-

[114] Der Ausdruck „Realitätsbezüge" bezeichnet dabei natürlich für sich genommen keine mathematische Aktivität, sondern vielmehr stellt die „Lösung realitätsbezogener Aufgaben" eine mathematische Aktivität dar. Aus Gründen der sprachlichen Prägnanz wird jedoch in der vorliegenden Arbeit im Bezug auf mathematikbezogene Aktivitäten an entsprechender Stelle auf den Terminus „Realitätsbezüge" zurückgegriffen, der dann im Sinne der mathematischen Aktivität des Lösens realitätsbezogener Aufgaben zu verstehen ist.

gumentieren und Beweisen“ andererseits, die beide auch beispielsweise in MT21 (vgl. Blömeke et al., 2008b) grundsätzlich[115] Berücksichtigung finden, den fachmathematischen Rahmen für die Befragung und die darauf basierenden Analysen im Rahmen der vorliegenden Studie.

Die Auswahl der mathematikbezogenen Aktivitätsbereiche geschah dabei vor dem Hintergrund der Sichtweise von Mathematik als janusköpfige Wissenschaft, gemäß der Mathematik einerseits prozesssbezogenen, das heißt problembezogenen, wie auch andererseits statischen, das heißt formal-deduktiven Charakter hat (vgl. Grigutsch, Raatz, Törner, 1998, vgl. Abschnitt II.4.6). Durch dieses Verständnis von Mathematik werden gleichsam zwei Pole markiert, die jeweils für sich charakteristische Merkmale von Mathematik repräsentieren und zwischen denen verschiedene mathematische Gebiete beziehungsweise Tätigkeiten verortet werden können. Mit der Auswahl der berücksichtigten Aktivitätsbereiche in der vorliegenden Studie wurde dabei versucht, zwei Bereiche auszuwählen, die jeweils inhaltlich eng mit einem der beiden Pole verbunden sind. So ist der Bereich Modellierung und Realitätsbezüge eng verbunden mit einer problembezogenen Sicht auf Mathematik, wohingegen der Bereich Argumentieren und Beweisen stark an der formalen Sicht auf Mathematik orientiert ist. Auf diese Weise wurde versucht, trotz der aufgrund der Verwendung offener Aufgaben und den damit verbundenen zeitlich begründeten Begrenzungen hinsichtlich der Anzahl der Aufgaben (vgl. Abschnitt III.2.2) notwendigen Einschränkung auf nur zwei übergeordnete mathematische Aktivitätsbereiche dennoch eine möglichst breite Abdeckung verschiedener grundlegender Charakteristika von Mathematik zu erreichen.

Im Folgenden werden dafür kurz die wesentlichen auf diese mathematikbezogenen Aktivitäten bezogenen fachdidaktischen Grundlagen skizziert. Die Darstellung erhebt dabei nicht den Anspruch einer umfassenden Zusammenstellung der diesbezüglichen Inhalte, sondern ist eingeschränkt auf die in der vorliegenden Studie im Rahmen der schriftlichen Befragung thematisierten Aspekte und ist daher weiterhin in diesem Zusammenhang vielmehr lediglich als Grundlage und theoretischer Ausgangspunkt für die deduktiv definierten Codierungen (siehe Abschnitt

[115] Wobei in der Konzeptualisierung von MT21 die Aktivität des Argumentierens und Beweisens als Teilbereich in den übergeordneten Bereich der Aktivität des „Problemlösens“ eingeflossen ist und der Bereich der Aktivität des „Modellierens“ in MT21 hinsichtlich seiner begrifflichen Bezeichnung nicht explizit um einen Hinweis auf Realitätsbezüge allgemein ergänzt wird (vgl. Blömeke et al., 2008b).

III.2.6) zu verstehen. In diesem Sinne werden nachfolgend zuerst die entsprechenden fachdidaktischen Grundlagen zum Argumentieren und Beweisen beschrieben, bevor im Anschluss daran die Darstellung der entsprechenden auf Realitätsbezüge und Modellierung bezogenen fachdidaktischen Grundlagen erfolgt.

8.1 Argumentieren und Beweisen

Die Bedeutung für das Argumentieren und Beweisen im Kontext von Mathematikunterricht resultiert primär direkt aus der Bedeutung entsprechender Tätigkeiten im Kontext der Mathematik selber.

> „Insbesondere müssen mathematische Aussagen durch schlüssige Argumentationen belegt, d. h. bewiesen werden, damit sie intersubjektiv kommunizierbar und nachvollziehbar werden. Der Beweis ist also grundlegend für die Mathematik. Mathematik gilt als die beweisende Wissenschaft schlechthin.“ (Hefendehl-Hebeker & Hußmann, 2005, S. 96)

Auch wenn dann weiterhin naturgemäß nicht notwendig jedes fachwissenschaftliche Charakteristikum auch Inhalt eines entsprechend zugehörigen schulischen Fachunterrichts sein kann, werden Argumentieren und Beweisen unter anderem wegen der zentralen Stellung innerhalb der Mathematik allgemein als relevanter Teil des Mathematikunterrichts angesehen (Hanna, 2000).

> „Proof is an important part of mathematics itself, of course, and so we must discuss with our students the function of proof in mathematics, pointing out both its importance and its limitations.“ (ebd., S. 5)

Vor diesem Hintergrund hat sich eine breite mathematikdidaktische Diskussion über das Argumentieren und Beweisen im Mathematikunterricht entwickelt, in der das Thema aus vielen unterschiedlichen Perspektiven diskutiert wird (vgl. Mariotti & Balacheff, 2008) sowie dazugehörig die verschiedenen Beiträge in ZDM, 2008, Heft 40(3)). Formal hat das im weitesten Sinne Begründen mathematischer Aussagen aufbauend auf dieser Diskussion weiterhin seinen Niederschlag gefunden in der umfassenden, insbesondere alle Schulstufen umfassenden curricularen Verankerung entsprechender Bereiche sowohl in den verschiedenen Rahmenplänen für den Mathematikunterricht[116] als auch in den Bildungsstandards für das Fach Mathematik (für die Grundschule Walther et al., 2008, für die Sekundarstufe I Blum et al., 2006).

Im Einklang mit der zugehörigen perspektivenreichen mathematikdidaktischen Diskussion werden mit der Thematisierung von Argumentieren und Beweisen im Mathematikunterricht dann auch sehr unterschiedliche und vielfältige Zielsetzungen verbunden (vgl. etwa Hefendehl-Hebeker & Hußmann, 2005, Malle, 2002). Auf der einen Seite lassen sich dabei Zielsetzungen formulieren, die jeweils im weitesten Sinne Bezüge aufweisen zu inhaltlichen Aspekten, die mit der jeweils bewiesenen Aussage zusammenhängen. Durch diesen inhaltlichen Bezug, das heißt durch diesen mathematisch ausgerichteten Bezug, lassen sich die entsprechenden Ziele nicht nur als Zielsetzungen von Beweisen im Mathematikunterricht formulieren, sondern können auch, wenngleich mit möglicherweise anderer jeweiliger Gewichtung, als Zielsetzungen von Beweisen im Kontext von Mathematik selber angesehen werden. Auf Basis der entsprechenden Diskussion fasst beispielsweise Hanna (2000, S. 8) unter dieser Perspektive die folgenden Ziele von Beweisen zusammen:

- "*verification* (concerned with the truth of a statement)
- *explanation* (providing insight into why it is true)
- *systematisation* (the organisation of various results into a deductive system of axioms, major concepts and theorems)
- *discovery* (the discovery or invention of new results)
- *communication* (the transmission of mathematical knowledge)
- *construction* of an empirical theory
- *exploration* of the meaning of a definition or the consequences of an assumption
- *incorporation* of a well-known fact into a new framework and thus viewing it from a fresh perspective"

Auf der anderen Seite können dann weiterhin Ziele ergänzt werden, die weniger auch im Kontext der Mathematik selber zu verorten sind, sondern die vielmehr unter einer originär auf das Lehren und Lernen von Mathematik ausgerichteten Perspektive formuliert werden. Dies ist zum

[116] Erneut sei wegen der selbst bei Einschränkung auf ein Bundesland vorherrschenden Vielfalt der entsprechenden Dokumente lediglich exemplarisch auf die verschiedenen Bildungspläne für Hamburg unter http://www.hamburg.de/bildungsplaene [letzter Zugriff: 4. Mai 2011] verwiesen.

Einen der Erwerb von Bereitschaft und Fähigkeiten zur Durchführung eines mathematischen Beweises oder unter erweiterter allgemeinbildender Perspektive auch der Erwerb von Bereitschaft und Fähigkeiten zur rationalen Argumentation in allgemeiner, nicht zwingend mathematischer Hinsicht. Zum Anderen kann die mathematikunterrichtliche Behandlung von Beweisen als zentralem Merkmal von Mathematik auch dazu dienen, den Schülerinnen und Schülern ein Verständnis für dieses grundsätzliche Charakteristikum des Wesens von Mathematik zu vermitteln sowie die Mathematik diesbezüglich mit anderen Fachdisziplinen zu vergleichen (Tietze, Klika, Wolpers, 1997).

Bereits die Zusammenstellung der Begriffe „Argumentieren“ einerseits und „Beweisen“ andererseits deutet an, dass sich innerhalb der im weitesten Sinne auf das Begründen mathematischer Aussagen bezogenen hier insbesondere genauer mathematikdidaktischen Diskussion weiterhin verschiedene, teilweise verwandte Unterscheidungen und Ausdifferenzierungen entwickelt haben. So unterscheiden Hanna und de Villiers (2008, S. 331) zwischen argumentation als „a reasoned discourse that is not necessarily deductive but uses arguments of plausibility“ und mathematical proof als „a chain of well-organized deductive inferences that uses arguments of necessity“ (ebd.), wobei „some researchers see mathematical proof as distinct from argumentation, whereas others see argumentation and proof as parts of a continuum rather than as a dichotomy“ (ebd.). Unabhängig davon, inwieweit man einer stärker dichotomiebasierten oder stärker kontinuumsbasierten Sichtweise zustimmt, wird damit durch die begriffliche Unterscheidung von Argumentieren und Beweisen deutlich, dass entsprechende Ausdifferenzierungen der Begrifflichkeiten auch einhergehen mit zugehörigen Abstufungen der Beweise beziehungsweise Argumentationen bezüglich des Grades ihrer Formalisierung oder bezüglich der innerhalb des Beweises beziehungsweise der Argumentation als zulässig angesehenen Beweis- beziehungsweise Argumentationsschritte. Vor diesem Hintergrund unterscheidet beispielsweise Holland (1996, S. 51) mit besonderem Bezug zur Geometrie „drei verschiedene Niveaustufen des Beweisens und des Beweisverständnisses", die im Folgenden kurz skizziert werden:

- „Stufe des Argumentierens": Diese Niveaustufe des Beweisens beschreibt mündlich formulierte Argumentationen, in denen unbegrenzt Bezug genommen wird auf Veranschaulichungen jeder Art, beispielsweise Skizzen oder Modelle.

- „Stufe des inhaltlichen Schließens": Diese Niveaustufe des Beweisens beschreibt schriftliche Beweise, der zwar bereits in Form eine Abfolge von Beweisschritten gestaltet sind, wobei diese jedoch umgangssprachlich und als Beschreibungen von Schülertätigkeiten formuliert sind.
- „Stufe des formalen Schließens": Diese Niveaustufe des Beweisens beschreibt schriftlich in deduktiver Form notierte Beweise. (ebd., S. 51 ff.)

Holland setzt dabei jede dieser Beweisstufen mit unterschiedlichen Leistungsniveaus von Schülerinnen und Schülerin in Beziehung, was er durch ein Inbeziehungsetzen der unterschiedlichen Beweisstufen mit unterschiedlichen Schulformen konkretisiert in dem Sinne, dass man „als wünschenswerte Zielvorstellungen“ (ebd., S. 58) jeweils „die drei besprochenen Niveaustufen des Beweisens den drei Schulformen Hauptschule, Realschule und Gymnasium zuordnen“ (ebd.) kann. Dennoch „ist es weder notwendig noch wünschenswert, dass immer das höchste Niveau realisiert wird“ (ebd.) und es ist weiterhin wichtig, dass jeweils nicht nur eine möglichst hohe Beweisstufe unterrichtlich angestrebt wird, sondern auch die darunter liegenden „Niveaustufen des Beweisens durchlaufen werden“ (ebd.).

Für die vorliegende Arbeit ist weiterhin insbesondere eine verwandte Differenzierung von verschiedenen Formen des Beweisens zentral, bei der grundlegend zwischen zwei Beweisformen, dem formalen und dem präformalen Beweis, unterschieden wird. Eine diesbezügliche Unterscheidung geht zurück auf Blum und Kirsch (1991) (vgl. auch Biermann & Blum, 2002), die sich hinsichtlich ihrer Beschreibung des präformalen Beweises dabei insbesondere auf das Konzept des „action proof"[117] von Semadeni (1984) beziehen. In erster Näherung ergibt sich eine entsprechende Ausdifferenzierung in formales und präformales Beweisen dabei aus der skizzierten Unterscheidung der Niveaustufen von Holland (1996), indem die Stufe des formalen Schließens mit dem formalen Beweisen und die Stufe des Argumentierens sowie die Stufe des inhaltlichen Schließens gemeinsam mit dem präformalen Beweisens in Beziehung

[117] In früheren Publikationen hat Semadeni statt des Begriffs des „action proofs“ dabei den Begriff „premathematical proof“ verwendet (Semadeni, 1984), was auch begrifflich die Nähe der Konzepte des „action proofs“ einerseits und des „präformalen Beweises“ andererseits andeutet.

gesetzt werden. Genauer definieren Blum und Kirsch (1991, S. 187) den präformalen Beweis dabei als

> "a chain of correct, but *not formally represented conclusions* which refer to valid, *non-formal premises*. Particular examples of such premises include concretely given real objects, geometric-intuitive facts, reality-oriented basic ideas, or intuitively evident, 'commonly intelligible', 'psychologically obvious' statements [...]. The conclusions should succeed one another in their 'psychologically natural' order. For us [...] inductive arguments ('etc.') and indirect arguments ('imagine that...' or 'what would happen if...') should not be excluded in this context. The conclusions must be capable of being generalized directly from the concrete case. If formalized, they have to correspond to correct formal-mathematical arguments. To accept a preformal proof it is, however, not necessary for such a formalization to be actually effected or even recognizable."

Inhaltlich zeigt sich damit, dass eine entsprechende Unterscheidung zwischen präformalem und formalem Beweisen nicht nur eine Nähe zu der Differenzierung der Niveaustufen des Beweisens bei Holland (1996), sondern weiterhin auch eine Nähe zu der oben angeführten Unterscheidung zwischen „argumentation“ und „mathematical proof“ nach Hanna und de Villiers (2008) aufweist.

Folgt man weiterhin vor dem Hintergrund inhaltlicher Überschneidungen zwischen den Unterscheidungen der Niveaustufen des Beweisens bei Holland (1996) und den Unterscheidungen von Blum und Kirsch (1991) bezüglich des präformalen und formalen Beweisens dem vorangehend skizzierten Ansatz Hollands, unterschiedliche Niveaustufen des Beweisens mit verschiedenen Leistungsniveaus von Schülerinnen und Schülern in Beziehung zu setzen, bieten sich ähnliche Ansätze auch für das formale und präformale Beweisen an. So betonen Blum und Kirsch (ebd., S. 186), dass „certainly, our preformal proofs are meant to be as obvious and natural as possible especially for the mathematically less experienced learner", ohne dass damit hinsichtlich der mathematikunterrichtlichen Thematisierung von Beweisen umgekehrt impliziert sein soll, dass im Mathematikunterricht für leistungsstärkere Schülerinnen und Schüler ausschließlich formale Beweise und keine präformalen Beweise thematisiert werden sollen. Vielmehr betonen Blum und Kirsch (ebd.) insbesondere auch Konzepte präformaler Beweise im inhaltlichen Kontext des Mathematikunterrichts fortgeschrittener Lernerinnen und Lerner, so dass es im Einklang mit dem Ansatz Hollands (1996), dass jeweils nicht nur die höchste für eine Lerngruppe anzustrebende Niveaustufe des Beweisens, sondern auch die darunterliegenden im Mathematikunterricht Berücksichtigung finden sollen, naheliegend ist, eine ähnliche Aussage im Bezug auf das inhaltlich mit den Niveaustufen des Beweisens verwandte Konzept der Unterscheidung zwischen formalem und präformalem Beweisens zu formulieren. Dies entspricht einer expliziten Berücksichtigung beider Beweisformen im Mathematikunterricht leistungsstärker Schülerinnen und Schülern, die insbesondere auch deswegen naheliegend ist, da auch präformale Beweise „require, however, a substantial engagement in the topic in question, for instance by referring to geometric-intuitive basic conceptions or to basic ideas meaningful in reality. In this respect, these preformal proofs are not 'simpler' than the usual formal proofs, in particular for the experienced mathematician“ (Blum & Kirsch, 1991, S. 186).

Man erkennt, wie damit, gegebenenfalls auch jeweils abhängig vom zugrundeliegenden mathematischen Gegenstandsbereich, beide Beweisformen verschiedene der oben angeführten Zielsetzungen der Behandlung von Argumentieren und Beweisen im Mathematikunterricht verschieden stark unterstützen können und somit mit jeweils verschiedenen Vor- und Nachteilen verbunden sind. So kann beispielsweise ein präformaler Beweis auf der einen Seite teilweise eine deutlich unmittelbarere Einsicht darüber ermöglichen, warum eine mathematische Aussage zutrifft[118] und beinhaltet beispielsweise auf der anderen Seite möglicherweise keinen Rückgriff auf formale Darstellungsweisen. Ein formaler Beweis dahingegen kann beispielsweise teilweise besser geeignet sein für die Vermittlung eines Bewusstseins für die deduktive Vorgehensweise der Mathematik und kann beispielsweise auf der anderen Seite möglicherweise wegen seiner Komplexität einhergehen mit verstärkten Verständnisschwierigkeiten für die Schülerinnen und Schüler.

Zusammenfassend kann also im Allgemeinen davon ausgegangen werden, dass beide Beweisformen mit ihren jeweils charakteristischen Vor- und Nachteilen im Sinne gegenseitiger Ergänzung unter Berücksich-

---

[118] Man vergleiche dafür zum Beispiel den präformalen Beweis in Aufgabe 4 des der vorliegenden Arbeit zugrundeliegenden Fragebogens (siehe Abschnitt IV.1.1.2). Anhand der Zusammensetzung eines Quadrates aus vier Quadraten mit halber Seitenlänge und der zugehörigen Betrachtung der jeweiligen Diagonalen der Quadrate wird unmittelbar einsichtig, warum sich die Diagonale eines Quadrates bei Verdoppelung der Seitenlänge ebenfalls verdoppelt.

tigung der Fähigkeiten und des Lernfortschritts der jeweiligen Lerngruppe Bestandteil der Thematisierung von Argumentieren und Beweisen im Mathematikunterricht sein sollten.

8.2 Modellierung und Realitätsbezüge

Sowohl Modellierung als auch Realitätsbezüge fokussieren aus einer allgemeinen Perspektive auf die Integration von im weitesten Sinne realen Sachinhalten in den Mathematikunterricht. Aus begrifflicher Perspektive sind die beiden Bereiche dabei nicht als gleichberechtigt oder ergänzend, sondern vielmehr hierarchisch zu verstehen in dem Sinne, dass die Thematisierung von Modellierung im Mathematikunterricht als eine Konkretisierung des allgemeineren Ansatzes der Berücksichtigung von Realitätsbezügen im Mathematikunterricht verstanden werden kann. Ausgangspunkt der folgenden Darstellung ist daher zuerst der übergeordnete Begriff der Realitätsbezüge im Mathematikunterricht, der neben der Modellierung auch durch andere Einbezüge realer Sachkontexte in den Mathematikunterricht realisiert werden kann. Genauer unterscheidet Kaiser (1995, S. 67) grundlegend die nachfolgend skizzierten vier *„Arten von Realitätsbezügen bzw. Anwendungen*[119]*"*:

- *„Einkleidungen* mathematischer Probleme in die Sprache des Alltags oder anderer Disziplinen" (ebd.). Hierbei steht im Allgemeinen eigentlich die Bearbeitung des jeweiligen mathematischen Problems im Vordergrund und der Sachkontext wird gleichsam nachträglich von der Aufgabenstellerin oder dem Aufgabensteller anhand seiner Passung zu dem mathematischen Problem ausgewählt. Als Beispiele für solche, häufig sogar relativ artifizielle Einkleidungen lassen sich beispielsweise die „meisten schulklassischen Extremwertaufgaben" (ebd.) nennen.
- *„Veranschaulichungen* mathematischer Begriffe" (ebd.). Hierbei besteht ein direkter Zusammenhang zwischen dem mathematischen Inhalt und dem jeweiligen Sachinhalt, wobei der Fokus hierbei weniger auf der Bearbeitung von Aufgaben als mehr auf der Einführung beziehungsweise Erarbeitung neuer mathematischer Inhalte liegt. Ein Beispiel für eine entsprechende Berücksichtigung realer Sachinhalte im Rahmen einer Veranschaulichung ist die Thematisierung von „Temperaturen bei der Einführung negativer Zahlen" (ebd.).

[119] Kaiser (1995, S. 67) verwendet „die Ausdrücke Realitätsbezüge und Anwendungen synonym".

- „*Anwendungen* mathematischer *Standardverfahren*, d.h. Anwendung wohlbekannter Algorithmen zur Lösung realer Probleme" (ebd.). Im Gegensatz zu den Einkleidungen wird das mathematische Problem hier nicht nur anhand einer Sachsituation eingekleidet, sondern es besteht vielmehr ein tatsächlicher direkter Bezug zwischen Sachsituation und Problemstellung. Das bedeutet gleichsam, dass nicht im Nachhinein eine zu einem Problem passende Sachsituation ausgewählt wird, sondern das Problem im Gegenteil tatsächlich aus einer Sachsituation resultiert. Die Lösung des Problems erfordert jedoch weiterhin von den Schülerinnen und Schülern lediglich die Anwendung von ihnen bereits bekannten mathematischen Vorgehensweisen. Ein Beispiel für diese Art von Realitätsbezug ist die Anwendung „des Extremwertkalküls zur Bestimmung der Maße einer materialsparendsten Konservendose" (ebd.).
- „*Modellbildungen*, d.h. komplexe Problemlöseprozesse, basierend auf einer *Modellauffassung* des Verhältnisses von Realität und Mathematik" (ebd.). Wie bei der vorher genannten Anwendung mathematischer Standardverfahren resultiert auch hier das Problem direkt aus der jeweiligen Sachsituation. Im Gegensatz zu dieser Anwendung mathematischer Standardverfahren ist das jeweilige Problem bei Modellbildungen allerdings im Allgemeinen deutlich komplexer und offener formuliert, so dass weder zwangsläufig eine eindeutige Lösung gegeben ist noch die Schülerinnen und Schüler in jedem Fall auf ihnen bekannte Lösungsansätze zurückgreifen können. Auf diese Art der Berücksichtigung von Realitätsbezügen im Mathematikunterricht wird im Folgenden noch detaillierter eingegangen.

Allgemein lassen sich dann verschiedene Ziele unterscheiden, die mit der Berücksichtigung von Realitätsbezügen im Mathematikunterricht verbunden werden können und die als Begründung beziehungsweise Rechtfertigung für eine Thematisierung von Realitätsbezügen im Mathematikunterricht angesehen werden können. Dabei liegt es erwartungsgemäß nahe, dass einige Ziele mit verschiedenen Arten der mathematikunterrichtlichen Berücksichtigung von Realitätsbezügen angestrebt werden können, wohingegen andere Ziele inhaltlich stärker mit einer bestimmten Art von Realitätsbezügen verbunden sind. Vor diesem Hintergrund unterscheidet Kaiser (ebd., S. 69) vier übergeordnete „*mögliche Ziele der Berücksichtigung von Realitätsbezügen* im Mathematikunterricht", die nachfolgend skizziert werden:

- „*Stoffbezogene Ziele – Organisation von Unterricht*" (ebd.): Dieser Bereich von Zielen fokussiert insbesondere auf das Lehren und Lernen fachmathematischer Inhalte unter einer stark auf die konkreten Inhalte bezogenen Perspektive. So kann die Berücksichtigung von Realitätsbezügen im Mathematikunterricht in diesem Zusammenhang „als *Ausgangspunkt* von *Lernprozessen* dienen und damit an die Erfahrungsbereiche der Schülerinnen und Schüler anknüpfen" (ebd.), „der *Veranschaulichung* und Verdeutlichung mathematischer Begriffe und Methoden dienen und damit zu einem ‚*adäquaten*' und *umfassenden Verständnis* mathematischer Inhalte beitragen" (ebd.), „der *Übung* mathematischer Methoden und Begriffsbildungen dienen" (ebd.) sowie „das *längere Behalten* mathematischer Inhalte *fördern*" (ebd.).
- „*Pädagogische Ziele – Fähigkeiten zur Umwelterschließung und -bewältigung*" (ebd.): Dieser Bereich fokussiert insbesondere auf die Bedeutung des Mathematikunterrichts im Bezug auf allgemeine Bildung beziehungsweise Lebensvorbereitung. „Realitätsbezogener Mathematikunterricht soll den Schülerinnen und Schülern Fähigkeiten und Fertigkeiten vermitteln, *wichtige Erscheinungen unserer Welt bewusster und kritischer zu sehen* und praktische Nutzungsmöglichkeiten der Mathematik für das aktuelle und spätere Leben zu erfahren. Damit soll der Mathematikunterricht dazu beitragen, Schülerinnen und Schüler zu *mündigen Bürgerinnen* und *Bürgern* zu erziehen. Das Lernziel der Vermittlung von Fähigkeiten zur Umweltbewältigung beinhaltet sowohl die Fähigkeiten, bereits bekannte mathematische Verfahren (sog. *Standardmodelle*) auf außermathematische Situationen *anzuwenden* wie auch die Befähigung, ein außermathematisches Problem mittels selbstentwickelter mathematischer Methoden zu lösen, d.h. einen *Modellbildungsprozess* durchzuführen. Darüber hinaus sollen Realitätsbezüge im Mathematikunterricht den Schülerinnen und Schülern ein *angemessenes Bild* vom *Verhältnis Mathematik und Realität* vermitteln und sie dazu befähigen, über das Anwenden von Mathematik kritisch zu reflektieren, d.h. über die Notwendigkeit von Vereinfachungen, Grenzen der Aussagekraft von Modellen etc." (ebd., S. 69 f.).
- „*Psychologische Ziele – Motivations- und Einstellungsverbesserung*" (ebd., S. 70): Dieser Bereich fokussiert insbesondere auf die individuelle grundlegende Disposition der Lernenden im Bezug auf das Lernen von Mathematik. „Realitätsbezogener Mathematikunterricht soll das Lernen von und die Auseinandersetzung der Schülerinnen

und Schüler mit Mathematik fördern“ (ebd.), insbesondere indem die mathematikunterrichtlich thematisierten Realitätsbezüge „die *Motivation* der Lernenden zur Auseinandersetzung mit der Mathematik *steigern*, ein größeres Interesse an der Mathematik wecken und damit Einsicht in den Sinn mathematischer Inhalte fördern“ (ebd.) sowie „den Schülerinnen und Schülern eine *aufgeschlossenere Einstellung* gegenüber der Mathematik *vermitteln*“ (ebd.).

- „*Wissenschaftsorientierte Ziele – Einsicht in Mathematik als Kulturgut*“ (ebd.): Dieser Bereich fokussiert auf die Aufgabe des Mathematikunterrichtes, nicht nur konkrete Fachinhalte zu vermitteln, sondern auch zu der Vermittlung eines angemessenen Bildes von Mathematik und ihrer gesellschaftlichen Bedeutung beizutragen. „Realitätsbezüge im Mathematikunterricht sollen den Schülerinnen und Schülern ein *realistisches* und *angemessenes Bild von der Mathematik als Wissenschaft* darbieten; d.h., sie sollen Einsicht in das Ineinandergreifen von mathematischen und außermathematischen Überlegungen bei der Entwicklung der Mathematik – sowohl historisch als auch aktuell – sowie Einsicht in die historische und aktuelle Bedeutung der Mathematik für die Gesellschaft vermitteln. Des Weiteren sollen Realitätsbezüge *kritisches Denken* über die verschiedenen Verwendungen von Mathematik sowie über die *soziale Praxis von Mathematik* anregen. Insbesondere sollen Realitätsbezüge Einsicht in das ‚merkwürdige‘ Phänomen geben, dass wir in einer zunehmend mathematisierten Umwelt leben, wobei die Mathematik zunehmend verborgen und unsichtbar ist, materialisiert in den neuen Technologien“ (ebd.).

Innerhalb der übergeordneten Diskussion über die Integration von Realitätsbezügen in den Mathematikunterricht nimmt dann insbesondere die Diskussion über die mathematikunterrichtliche Thematisierung der mathematischen Modellierung eine zentrale Stellung ein, was sich einerseits in der Verankerung dieser mathematischen Aktivität sowohl in den curricularen Vorgaben für den Mathematikunterricht[120] als auch in den Bildungsstandards für Grundschule (Walther et al., 2008) und Sekundarstufe (Blum et al., 2006), wie auch andererseits in der umfangreichen diesbezüglichen mathematikdidaktischen Diskussion (Lesh, Galbraith, Haines

[120] Erneut sei, wie auch im vorangegangenen Abschnitt, wegen der auch bei Einschränkung auf eine Bundesland vorherrschenden Vielfalt entsprechender Dokumente nur exemplarisch auf die Bildungspläne für Hamburg unter http://www.hamburg.de/bildungsplaene [letzter Zugriff: 4. Mai 2011] verwiesen.

& Hurford, 2010, Blum et al., 2007, Kaiser, Blomhøj & Sriraman, 2006 und Sriraman, Kaiser & Blomhøj, 2006 sowie damit verbunden insgesamt die Beiträge in den ZDM-Heften 38 (2) und 38 (3), insgesamt die Beiträge im JMD-Heft 31 (1) (Biehler & Leiss, 2010) und teilweise in den nachfolgenden Heften) zeigt.

> "Applications and modeling and their learning and teaching in school and university have become a prominent topic in the last decades in view of the growing world-wide importance of the usage of mathematics in science, technology and everyday life." (Kaiser, 2010a, S. 1)

Aufgrund der vielschichtigen Diskussion lässt sich kein allgemein geteiltes Verständnis der mathematikbezogenen Aktivität des Modellierens ausmachen (Lesh & Fennewald, 2010), was sich besonders deutlich in der Vielzahl unterschiedlicher theoretischer Perspektiven auf mathematische Modellierung im Mathematikunterricht zeigt (für einen Überblick siehe Kaiser, 2010b, Kaiser & Sriraman, 2006). Für die vorliegende Arbeit wird vor diesem Hintergrund ein relativ allgemeines Verständnis von Modellierung zugrunde gelegt (vgl. Niss, Blum & Galbraith, 2007), indem im Sinne der dargestellten obigen grundsätzlichen Unterscheidung von Kaiser (1995) Modellierungsprozesse generell als „komplexe Problemlöseprozesse, basierend auf einer *Modellauffassung* des Verhältnisses von Realität und Mathematik" (ebd., S. 67) verstanden werden (auch Kaiser, 2005 und vgl. grundlegend bereits Kaiser-Meßmer, 1986a, b).

Zentraler Bezugsrahmen für die inhaltliche sowie begriffliche Beschreibung, Erfassung und Charakterisierung des mathematischen Modellierens ist dabei der Modellierungskreislauf. Im Zuge unterschiedlicher inhaltlicher beziehungsweise theoretischer Schwerpunktsetzungen in der Auseinandersetzung mit Modellierung im Mathematikunterricht haben sich dabei verschiedene Konkretisierungen dieses Modellierungskreislaufes entwickelt, deren jeweilige Unterschiede beziehungsweise für sie charakteristische Merkmale aus der jeweiligen Perspektive auf Modellierung im Mathematikunterricht resultieren (Borromeo Ferri & Kaiser, 2008). Zur Darstellung der grundsätzlichen Eigenschaften dieser Modellierungskreisläufe werden nachfolgend zwei Beispiele von Modellierungskreisläufen beschrieben, die unterschiedlichen für die vorliegende Arbeit relevanten Positionen beziehungsweise Richtungen zugeordnet werden können. Dies sind genauer zum Einen ein weniger didaktisch und stattdessen stärker durch die Perspektive der angewandten Mathematik geprägter

Modellierungskreislauf, und zum Anderen ein stärker didaktisch geprägter Modellierungskreislauf (vgl. ebd.). Daneben gibt es jedoch, wie erwähnt, viele weitere Modifikationen dieser Kreisläufe (vgl. beispielsweise den stärker ausdifferenzierten und gleichsam die hier vorgestellten Kreisläufe kombinierenden Modellierungskreislauf aus didaktischer Perspektive in Maaß, 2007 oder die neben didaktischen auch kognitionspsychologische Aspekte einbeziehenden Modellierungskreisläufe in Borromeo Ferri, 2011 und Blum & Leiß, 2005).

Die zentralen Charakteristika des mathematischen Modellierungsprozesses, das heißt allgemein die zentralen Charakteristika eines Prozesses zur Lösung einer im allgemeinen komplexen außermathematischen Fragestellung mit Hilfe mathematischer Methoden, werden dabei gut anhand des Kreislaufs der angewandten Mathematik (Ortlieb, 2004, siehe auch Ortlieb, v. Dresky, Gasser & Günzel, 2009, Abbildung 1) deutlich, den Ortlieb (2004, S. 24) wie folgt prägnant zusammenfasst:

> „Ausgangspunkt ist ein reales Problem oder erklärungsbedürftiges Phänomen, hieraus wird ein mathematisches Problem entwickelt, ein Bild der Wirklichkeit, dieses wird mit mathematischen Methoden gelöst, die mathematische Lösung wird hinsichtlich ihrer realen Bedeutung interpretiert und auf ihre Relevanz für das reale Problem überprüft."

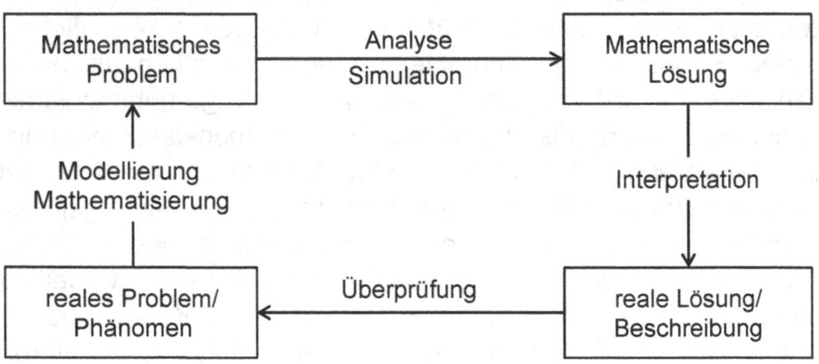

Abbildung 1: Modellierungskreislauf aus der Perspektive der angewandten Mathematik (entnommen aus Ortlieb, 2004, S. 23)

Ausgehend von und orientiert an dieser fachmathematisch geprägten Vorgehensweise greifen dann ebenfalls die stärker unter einer didaktischen Perspektive formulierten Modellierungskreisläufe die grundsätzliche Struktur dieses Modellierungsprozesses auf. Ein dieser Richtung zugehöriger Kreislauf findet sich bei Kaiser (Kaiser, 2010b, vgl. Blum, 1996, Kaiser, 1995, Abbildung 2), die die wesentlichen Schritte des Prozesses gemäß der nachfolgenden Beschreibung zusammenfasst:

> „A modeling process is done on the basis of the following ideal-typical procedure: A real world situation is the process´ starting point. Then the situation is idealized […], i. e. simplified or structured in order to get a real world model. Then this real world model is mathematized […], i. e. translated into mathematics so that it leads to a mathematical model of the original situation. Mathematical considerations during the mathematical model produce mathematical results […] which must be reinterpreted into the real situation […]. The adequacy of the results must be checked, i. e. validated." (Kaiser, 2010b, S. 30)

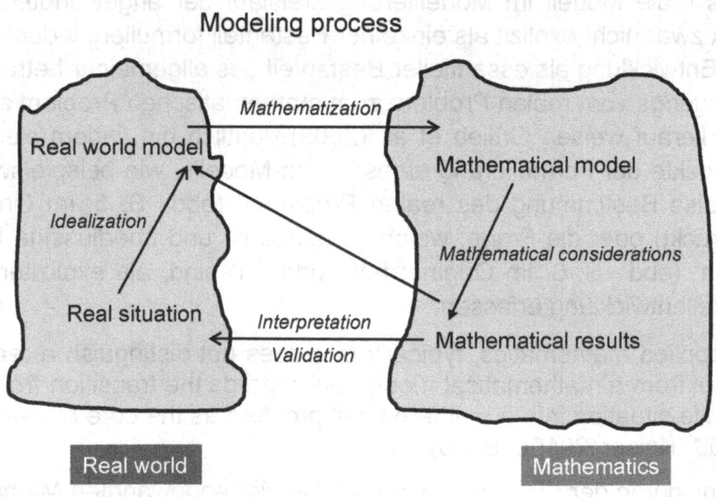

Abbildung 2: Modellierungskreislauf aus mathematikdidaktischer Perspektive (entnommen aus Kaiser 2010b, S. 30)

Man erkennt, dass beide Kreisläufe damit trotz unterschiedlicher Schwerpunktsetzungen grundsätzlich vergleichbare Prozesse beschreiben und unterschiedliche Akzente in den Darstellungen, insbesondere auch unterschiedliche Akzente in den Visualisierungen der Kreisläufe, keine Abweichungen im eigentlichen Vorgehen implizieren. Hervorzuheben ist dabei das reale Modell als zentraler Bestandteil der verschiedenen Modellierungskreisläufe aus didaktischer Sicht, das auf den ersten Blick kein Äquivalent im Modellierungskreislauf der angewandten Mathematik hat. Begrifflich ist mit dem realen Modell im Sinne der vorangegangen zitierten Beschreibung des Modellierungskreislaufs aus didaktischer Sicht dasjenige Modell gemeint, das man erhält, wenn die einem Problem zugrundeliegende Situation idealisiert oder vereinfacht wird. Das heißt,

> „das reale Modell entsteht [...] durch die Entwicklung von auf die Realität bezogenen Annahmen und Vereinfachungen und stellt somit eine vereinfachte, aber zentrale Strukturelemente erhaltende Beschreibung der realen Situation dar". (Borromeo Ferri & Kaiser, 2008, S. 5)

Betrachtet man diese begriffliche Auffassung des realen Modells, erkennt man dann jedoch unmittelbar, dass dessen Entwicklung grundsätzlich notwendig ein Teil des Prozesses der Modellierung ist. In diesem Sinn wird das reale Modell im Modellierungskreislauf der angewandten Mathematik zwar nicht explizit als einzelner Bestanteil formuliert, jedoch wird dessen Entwicklung als essentieller Bestanteil des allgemeiner betrachteten Übergangs vom realen Problem zum mathematischen Problem angesehen. Hierauf weisen Ortlieb et al. (2009) deutlich hin, indem sie typische Aspekte der Formulierung eines realen Modells, wie beispielsweise die „präzise Bestimmung des realen Problems“ (ebd., S. 5, im Original fett gedruckt) oder die Frage, welches „benötigte und überflüssige Informationen“ (ebd., S. 6, im Original fett gedruckt) sind, als expliziten Teil der Modellentwicklung erfassen.

> "In applied mathematics, typically one does not distinguish a real model from a mathematical model, but regards the transition from real life situation into a mathematical problem as the core of modeling.“ (Kaiser, 2010b, S. 30)

Unabhängig von der Einnahme einer stärker der angewandten Mathematik oder der Didaktik zugehörigen Perspektive ist einer schematischen Darstellung von Prozessen wie den hier vorgestellten Modellierungsprozessen grundsätzlich zumindest implizit eine Nähe immanent zu Assoziationen von der Zwangsläufigkeit dieser Prozesse sowohl hinsichtlich ihres Ablaufs als auch hinsichtlich der Produktion von prozessbezogenen Ergebnissen. Beides ist jedoch nicht zutreffend im Bezug auf Modellierungsprozesse. So warnt Ortlieb (2004) aus mathematischer Perspektive vor dem Eindruck einer Zwangsläufigkeit der Entstehung von Resultaten im Rahmen der mathematischen Modellierung, das heißt, „das Schema kann den irreführenden Eindruck vermitteln, es handele sich um eine Art Algorithmus, den man nur in Gang setzen müsse, um gesicherte Erkenntnisse zu produzieren“ (ebd., S. 24).

> „Es handelt sich bei diesem Schema um alles andere als einen Algorithmus oder Automaten, in den man das reale Problem oben hineinsteckt und das fertige Modell unten herauskommt. Die eigentlichen Schwierigkeiten liegen im Detail.“ (Ortlieb et al., 2009, S. 5)

Aus dieser Eigenschaft des Modellierens, dass das Durchlaufen des Modellierungsprozesses eben nicht zwangsläufig zu den erhofften Ergebnissen führt, resultiert dann weiterhin direkt die häufige Notwendigkeit eines mehrmaligen Durchlaufen des Modellierungskreislaufes, was darüber hinaus aus sprachlicher Perspektive geradezu die Grundlage für die an zirkuläre Strukturen angelehnte Wortwahl eines Kreislaufs ist (ebd.). Auch im Hinblick auf die Abfolge der Bearbeitung der einzelnen Schritte des Modellierungskreislaufs folgt aus der schematischen Darstellung nicht zwangsläufig eine dazu äquivalente Abfolge des Durchlaufens der einzelnen Phasen in der tatsächlichen Bearbeitung eines Modellierungsproblems. So zeigt Borromeo Ferri (2011) für die Arbeit von Schülerinnen und Schülern mit Modellierungsaufgaben, dass diese dabei individuell unterschiedliche „individuelle Modellierungsverläufe“ (ebd., S. 114) durchlaufen, das heißt „das Individuum beginnt den Verlauf in einer bestimmten Phase und durchläuft verschiedene Phasen mehrfach oder einmalig, dabei manche Phasen intensiver und andere auslassend“ (ebd.).

Betrachtet man die mit der mathematikunterrichtlichen Thematisierung von Modellierung als speziellem Realitätsbezug verbundenen Ziele, zeigt sich, dass diese naturgemäß nicht trennscharf zu unterscheiden sind von den oben dargestellten Zielen, die mit der Berücksichtigung von Realitätsbezügen allgemein im Mathematikunterricht verbunden werden (vgl. Blum, 1996, Kaiser, 1995). Häufig wird daneben im besonderen Bezug auf Modellierung im Mathematikunterricht ergänzend speziell auf die Vermittlung von sogenannten Modellierungskompetenzen als Ziel der Behandlung von Modellierung im Mathematikunterricht hingewiesen (Kaiser, 2007, Maaß, 2006, 2004). Diese nehmen einerseits ebenfalls Bezug auf die oben angeführten allgemeinen Zielsetzungen von Realitätsbezügen im Mathematikunterricht und beziehen diese speziell auf den Ansatz der mathematischen Modellierung (Kaiser, 2007). Darüber hinaus umfassen die Modellierungskompetenzen andererseits besondere Modellierungsfähigkeiten, die direkt an dem speziellen Ansatz der mathematischen Modellierung orientiert sind und deren Vermittlung daher mit der mathematikunterrichtlichen Thematisierung insbesondere von mathematischer Modellierung als Teilbereich der Realitätsbezüge angestrebt werden kann. Genauer lassen sich diese entsprechenden Modellierungsfähigkeiten vor dem Hintergrund der besonderen Orientierung am speziellen Konzept der mathematischen Modellierung unter deutlicher Bezugnahme auf den Modellierungsprozess, das heißt genauer entlang der verschiedenen Phasen des Modellierungskreislaufes, formulieren. So unterscheidet Kaiser (ebd., S. 111) in diesem Zusammenhang die folgenden Modellierungsfähigkeiten:

- "Based on [...] the phases described, the following part competencies can be distinguished:
- competencies to understand real-world problems and to construct a reality model
- competencies to create a mathematical model out of a real-world model
- competencies to solve mathematical problems within a mathematical model
- competency to interpret mathematical results in a real-world model or a real situation
- competency to challenge solutions and, if necessary, to carry out another modelling process“

Ergänzend zu diesen direkt am Modellierungsprozess orientierten Fähigkeiten ergänzt Maaß (2006, 2004) dann weiterhin, mit besonderem Bezug auf allgemeine diesbezügliche Ansätze von Sjuts (2003), im Bereich der Modellierungskompetenzen die metakognitive Fähigkeiten. Diese beziehen sich nicht auf Fähigkeiten zur Durchführung einer konkreten Phase des Modellierungskreislaufs, sondern vielmehr auf die Fähigkeit zur Reflektion und Selbstkontrolle der eigenen kognitiven Prozesse während des gesamten Durchlaufens des Modellierungsprozesses, das heißt auf Fähigkeiten zur Metakognition „als Denken über das eigene Denken sowie als Steuerung des eigenen Denkens“ (ebd., S. 18).

Des Weiteren wird in Bezug auf Zielsetzungen, die mit der Thematisierung von Modellierung im Mathematikunterricht verbunden werden, häufig (Kaiser, 2007, Maaß, 2006, 2004, Blum, 1996) auf die Möglichkeit hingewiesen, im Rahmen der Behandlung von Modellierungsproblemen auch Fähigkeiten im Bezug auf kooperatives Arbeiten zu fördern, das heißt die Ausbildung von „social competencies such as the ability to work in a group and to communicate about and via mathematics" (Kaiser, 2007, S. 111) bei den Schülerinnen und Schülern zu unterstützen. Diese Zielstellung verweist darüber hinaus auf ein weiteres wesentliches Charakteristikum im Bezug auf das Lehren und Lernen von mathematischer Modellierung im Mathematikunterricht. So deutet das Ziel an, dass Schülerinnen und Schüler im Rahmen der Thematisierung von Modellierungsaufgaben im Mathematikunterricht entsprechende Aufgaben aus methodischer Perspektive sinnvoll insbesondere gemeinsam in Gruppen bearbeiten können, was unter anderem begründet werden kann durch die offenen und komplexen Fragestellungen und den damit verbundenen vielschichtigen und anspruchsvollen Modellierungsprozess (vgl. ebd., Kaiser, Lederich, Rau, 2010).

Insgesamt kann die Thematisierung von Modellierung im Mathematikunterricht daher wegen der hier geschilderten Ziele und Möglichkeiten als wichtiger Teil eines sowohl fach- wie auch allgemeinbildungsorientierten Mathematikunterrichts angesehen werden.

III. Methodologischer und methodischer Ansatz der vorliegenden Studie

1 Methodologischer Ansatz der vorliegenden Studie

1.1 Die Unterscheidung qualitativer und quantitativer Forschung

Eine, beziehungsweise häufig (vgl. Jungwirth, 2003, Wellenreuther, 2000) die grundlegende Unterscheidung verschiedener sozialwissenschaftlicher, hier genauer erziehungswissenschaftlicher beziehungsweise didaktischer Forschung ist die Unterscheidung zwischen quantitativen und qualitativen Forschungsmethoden und Analyseverfahren. Auch wenn damit tatsächlich grundsätzlich verschiedene methodische Herangehensweisen zur Untersuchung entsprechender Fragestellungen unterschieden werden können, weisen viele methodische Zugänge eines der beiden Gebiete dennoch große Überschneldungen mit Charakteristika auch des anderen Gebietes auf, so dass eine strikte Dichotomie zwischen quantitativen und qualitativen Methoden eher für die grundlegende Charakterisierung eines Forschungsprojektes als für dessen präzise methodologische Beschreibung geeignet ist (Mayring, 2008, Flick, 2006). Grundlegend lassen sich unter Berücksichtigung dieser Einschränkung die beiden methodischen Zugänge dahingehend unterscheiden, dass die Intention quantitativer Methoden die Analyse und Beschreibung des untersuchten Gegenstandes unter Zuhilfenahme mathematischer Methoden, Operationen und Größendefinitionen ist (entsprechend dem lateinischen Ursprung quantitas – die Größe), während qualitative Methoden darauf abzielen, die Eigenschaften des untersuchten Gegenstandes ohne mathematische Abstraktionsprozesse zu analysieren und zu beschreiben (entsprechend dem lateinischen Ursprung qualitas – die Eigenschaft).

> „Dies ist wohl das formalste und gleichzeitig einleuchtendste Unterscheidungskriterium: Sobald Zahlbegriffe und deren In-Beziehung-Setzen durch mathematische Operationen bei der Erhebung oder Auswertung verwendet werden, sei von quantitativer Analyse zu sprechen, in allen anderen Fällen von qualitativer Analyse.“ (Mayring, 2008, S. 16)

Diese Abgrenzung der beiden grundsätzlichen forschungsmethodischen Zugänge voneinander impliziert jedoch weder eine Notwendigkeit der ausschließlichen Festlegung auf einen methodischen Ansatz noch eine

Rangfolge oder Wertigkeit der Analyseprinzipien. Vielmehr können darauf basierend qualitative und quantitative Forschung insbesondere als Charakteristika verschiedener aufeinanderfolgender Phasen eines Forschungsprozesses begriffen werden. Gemäß dieser Sichtweise dominieren in der ersten Phase einer Untersuchung dann qualitative Methoden, um neue Erkenntnisse über den zu untersuchenden Gegenstandsbereich zu generieren und zu sammeln und daraus Hypothesen abzuleiten. In der zweiten Phase werden diese Hypothesen dann an größeren Stichproben unter Verwendung quantitativer Erhebungs- und Analysemethoden überprüft (ebd.[121]). Daneben sind jedoch auch andere Kombinationen qualitativer und quantitativer Forschungsmethoden möglich, etwa indem beide Phasen durchgehend in gegenseitiger Ergänzung parallel durchgeführt werden oder indem aus kontinuierlicher qualitativer Forschung mehrere zeitlich getrennte Durchführungen quantitativer Untersuchungen abgeleitet werden. Weiterhin können auch mehrere qualitative Phasen zur Hypothesengenerierung dienen, bevor sich eine quantitative Überprüfung anschließt (Flick, 2006). Insbesondere bietet sich weiterhin die Möglichkeit der Triangulation an im Sinne einer „Mischung von qualitativen und quantitativen Methoden“ (ebd., S. 385). „Dabei wird von einer wechselseitigen Ergänzung im methodischen Blick auf einen Gegenstand ausgegangen“ (ebd.). Hierbei können grundsätzlich zwei Möglichkeiten unterschieden werden, die Orientierung am Einzelfall oder die Orientierung am Datensatz. Im Rahmen der ersten Möglichkeit, das heißt der Orientierung am Einzelfall, werden dieselben Probandinnen und Probanden zweimal als Teilnehmerinnen und Teilnehmer einer Untersuchung ausgewählt, wobei eine Untersuchung qualitative Methoden, die andere Untersuchung quantitative Methoden verwendet. Anschließend werden die Antworten beziehungsweise Daten der jeweiligen Probandinnen und Probanden dann aufeinander bezogen und beispielsweise verglichen oder wechselseitig ergänzt. Ein Sonderfall dieser Orientierung am Einzelfall ist die Auswahl und Einschränkung der Probandinnen und Probanden für eine zweite Untersuchung auf Basis der Ergebnisse einer ersten Untersuchung. Ein Beispiel hierfür ist die Durchführung einer quantitativen Untersuchung mit großer Stichprobe und die anschließende Auswahl einiger

[121] Mayring (2008) betrachtet den Forschungsprozess insgesamt sogar als dreiphasig, indem er die Interpretation der quantitativen, das heißt statistischen Ergebnisse und den Rückbezug dieser Ergebnisse auf die Fragestellung als dritte, dann wieder qualitative Phase begreift.

Teilnehmerinnen und Teilnehmer für eine nachgängig durchgeführte qualitative Vertiefungsstudie auf Basis der Antworten der Probandinnen und Probanden in der ersten Studie nach vorher festgelegten Kriterien. Im Rahmen der zweiten Möglichkeit einer Triangulation quantitativer und qualitativer Forschungsprozesse, der Orientierung am Datensatz, werden zuerst die qualitativen und quantitativen Daten gemäß des jeweils gewählten methodischen Vorgehens separat ausgewertet und anschließend werden die so gewonnenen Ergebnisse aus der qualitativen und quantitativen Forschung aufeinander bezogen und miteinander verglichen (ebd.) (vgl. auch insgesamt Kelle, 2008).

1.2 Charakteristika qualitativer Forschung

Geht man von der vorangegangenen basalen Unterscheidung zwischen qualitativen und quantitativen Forschungsansätzen aus, lassen sich qualitative Ansätze grundlegend durch ihre interpretativen (Jungwirth, 2003) beziehungsweise rekonstruktiven Zugänge (Bohnsack, 2008) charakterisieren. Da jedoch, wie erwähnt, eine strikte Dichotomie quantitativer und qualitativer Methoden wenig sinnvoll ist aufgrund von teilweisen Überschneidungen der beiden Gebiete in der konkreten Untersuchung, ist auch die Verwendung insbesondere elementarer mathematischer Methoden im Rahmen qualitativer Forschungsansätze nicht ausgeschlossen.

> „Zwar stellen statistische Maßzahlen in den Augen qualitativer Sozialforscher eine Verkürzung konkreter Lebenssachverhalte dar (bei den „Quantifizierern": Reduktion von Daten zum Zwecke des Informationsgewinns), doch sind quantifizierende Aussagen nicht a priori ausgeschlossen. Dies gilt insbesondere dann, wenn es sich um sehr einfache Verfahren, wie etwa Prozentuierungen, Typenbildungen etc. handelt." (Lamnek, 1995, S. 3f.)

Eine alternative Möglichkeit, qualitative Forschungsansätze grundsätzlich zu charakterisieren, ist die Ableitung dieser methodischen Ansätze aus ihren Entstehungsgrundlagen. Aus dieser, stärker theoretischen, Perspektive beruhen qualitative Methoden grundsätzlich auf drei Ansätzen: dem symbolischen Interaktionismus, der Ethnomethodologie und strukturalistischen Ansätzen. Eine kurze Skizze dieser basalen Ansätze findet sich bei Flick (2006, S. 33 f.), der zusammenfasst, dass qualitative Methoden

> „sich an drei grundsätzlichen Positionen orientieren: einerseits an der Tradition des *symbolischen Interaktionismus*, der eher subjek-

> tiven Bedeutungen und individuellen Sinnzuschreibungen nachgeht, andererseits an der *Ethnomethodologie*, die an den Routinen des Alltags und ihrer Herstellung interessiert ist, und schließlich an *strukturalistischen* oder *psychoanalytischen* Positionen, die von Prozessen des psychischen oder sozialen Unbewussten ausgehen".

Charakterisiert man im Gegensatz zu dieser theoretischen Sichtweise qualitative Forschungsmethoden stärker unter einer anwendungsorientierten Perspektive, lassen sich verschiedene Bereiche unterscheiden, in denen qualitative Forschung grundsätzlich eingesetzt werden kann. Mayring (2008, S. 20 f.) unterscheidet im Hinblick auf diese Art der Charakterisierung von qualitativen Analysen sieben grundsätzliche Anwendungsfelder für qualitative Forschungsmethoden. Diese Bereiche sind dabei nicht zwangsläufig als disjunkt aufzufassen, sondern bieten häufig Möglichkeiten der gegenseitigen Inklusion. Im Folgenden werden diese Anwendungsfelder im Hinblick auf eine anschließende methodologische Verortung der vorliegenden Studie kurz skizziert:

- Hypothesenfindung und Theoriebildung: Dieser Aufgabenbereich qualitativer Forschung schließt direkt an die vorangegangen geschilderte Möglichkeit der sequenziellen Abfolge qualitativer und quantitativer Forschungsmethoden innerhalb einer Untersuchung an. Qualitative Forschung dient in diesem Fall zur ersten Sondierung eines Untersuchungsbereiches. „Zum einen beinhaltet er die Aufdeckung der für den jeweiligen Gegenstand relevanten Einzelfaktoren, zum anderen die Konstruktion von möglichen Zusammenhängen dieser Faktoren" (ebd., S. 20). Die entsprechenden Analysen lassen sich dann weiterhin „leicht zur Theoriebildung ausweiten" (ebd.). Die so entstehenden Hypothesen können dann anschließend Grundlage für eine quantitative Überprüfung sein.
- Pilotstudien: Dieser Aufgabenbereich weist zwar prinzipielle Gemeinsamkeiten mit dem vorigen Bereich auf, ist jedoch nicht deckungsgleich mit diesem. Während der vorige Bereich nämlich trotz aller Möglichkeiten der anschließenden weitergehenden Studien ein auch eigenständiges Forschungsvorgehen beschreibt, fokussiert der Bereich der Pilotstudien auf qualitative Studien, die primär nur auf die Vorbereitung einer anschließenden eigentlichen Hauptuntersuchung ausgerichtet sind. Damit betont dieser Anwendungsbereich noch stärker die offene Exploration des jeweiligen Gegenstandes und rückt zusätzlich das Ziel „Kategorien und Instrumente für Erhebung und Aus-

wertung zu konstruieren und zu überarbeiten" (ebd., S.21) in den Mittelpunkt.

- Vertiefungen: Dieser Bereich bezieht sich darauf, „wie mit qualitativen Verfahren bereits abgeschlossene Studien entscheidend weitergeführt, vertieft werden können" (ebd.). Allgemein werden dabei also Fragestellungen, die in vorangegangenen, häufig quantitativen Studien bereits untersucht worden sind, durch anschließende qualitative Untersuchungen ergänzt oder erweitet. Beispielsweise können die ergänzenden qualitativen Vertiefungsstudien sich dabei auf Fragestellungen beziehen, die nicht im Fokus der vorangegangenen Studie standen oder die durch die Anlage der vorangegangenen Studie nicht beantwortet werden konnten. So können beispielsweise in einer quantitativen Studie gefundene statistische Zusammenhänge anschließend bezüglich zugrundeliegender qualitativer Eigenschaften untersucht werden. „Qualitative (Fall-)Studien können repräsentative quantitative Studien differenzierend und vertiefend ergänzen und Erklärungen für zu interpretierende statistische Zusammenhänge liefern" (Flick, von Kardorff & Steinke, 2007, S. 25 f.).
- Einzelfallstudien: Dieser Bereich beschreibt Studien, die wenige Einzelfälle mittels qualitativer Methoden vertieft beschreiben oder interpretativ analysieren. Weiterhin verdeutlicht dieser Bereich exemplarisch, dass die verschiedenen Anwendungsbereiche qualitativer Forschung sich, wie erwähnt, nicht gegenseitig ausschließen. So kann beispielsweise eine Einzelfallstudie genau die Grundlage für eine Hypothesenbildung darstellen. Dies trifft etwa zu, wenn bewusst wenige Fälle ausgewählt werden, um diese mit qualitativen Methoden zu untersuchen, um dadurch eine Grundlage für allgemeinere Hypothesen zu finden. Umgekehrt besteht auch die Möglichkeit, dass eine nur geringe Anzahl von Probandinnen oder Probanden überhaupt für eine Studie erreichbar ist und sich daher wegen der geringen Fallzahl quantitative Untersuchungsmethoden erst gar nicht anbieten und eine sinnvolle Auswertung nur mittels qualitativer Forschungsmethoden geschehen kann.
- Prozessanalysen: Analysen von Veränderungsprozessen lassen sich auch quantitativ durchführen. In diesem Falle setzt die Logik quantitativer Forschungsmethoden jedoch verschiedene, diskrete Messzeitpunkte fest, die üblicherweise vorher determiniert sind. Da Veränderungsprozesse jedoch zumeist stetig und zudem individuell verlaufen, bieten qualitative Methoden hier die Möglichkeit, konkrete Prozessver-

läufe detaillierter nachzuzeichnen. So kann dem Problem begegnet werden, dass die Messzeitpunkte, selbst wenn sie unter Orientierung an den zu beschreibenden Veränderungsprozessen und deren Merkmalen ausgewählt wurden, nicht zwangsläufig interindividuell mit zentralen Zeitpunkten der Veränderung zusammenfallen. Weiterhin können insbesondere Prozesse zwischen den Messzeitpunkten qualitativ teilweise besser rekonstruiert werden. Erneut verdeutlich dieser Anwendungsbereich qualitativer Forschung auch die Überschneidungen zwischen den verschiedenen Bereichen, da beispielsweise qualitative Prozessanalysen fast zwangsläufig Einzelfallanalysen darstellen.

- Klassifizierungen: Dieser Bereich beschreibt „die Ordnung eines Datenmaterials nach bestimmten, empirisch und theoretisch sinnvoll erscheinenden Ordnungsgesichtspunkten, um so eine strukturiertere Beschreibung des erhobenen Materials zu ermöglichen" (Mayring, 2008, S. 22). Entsprechende Klassifizierungen „können der Ausgangspunkt für quantitative Analysen sein" (ebd.), „können aber auch, vor allem in Form von Typologien, in sich Ziel der Analyse sein" (ebd.).
- Theorie- und Hypothesenprüfung: Dieser Aufgabenbereich ist eine primäre Domäne quantitativer Forschung, der jedoch unter geeigneter Perspektive teilweise auch von qualitativer Forschung wahrgenommen werden kann. So sind auch qualitativ „bereits fertige Theorien oder Kausalitätsannahmen kritisierbar, überprüfbar" (ebd.). Insbesondere können beispielsweise Einzellfallanalysen die Funktion eines Gegenbeispiels zur Widerlegung einer Allaussage darstellen.

1.3 Methodologische Verortung der vorliegenden Studie

Das inhaltliche Ziel der vorliegenden Studie ist eine rekonstruktive Beschreibung von Aspekten der Ausprägung von verschiedenen Komponenten professioneller Kompetenz von Mathematiklehramtsstudierenden sowie die rekonstruktive Beschreibung von Aspekten der strukturellen Zusammenhänge zwischen diesen Komponenten (vgl. Kapitel II.7). Wegen dieses Ziels einer vertiefenden Rekonstruktion und Beschreibung von Strukturen und Ausprägungen innerhalb der professionellen Kompetenz angehender Lehrerinnen und Lehrer wird die Arbeit im Bereich der qualitativen Forschung verortet.

Wie beschrieben, stellt die Studie dabei bezüglich ihrer Einordnung in ihren Forschungskontext eine Vertiefungs- und Ergänzungsstudie zu größer angelegten, internationalen Vergleichsstudien zur Wirksamkeit der

Lehrerausbildung wie MT21, TEDS-M 2008 oder COACTIV dar, und bezieht sich in ihren theoretischen Grundannahmen daher auf die zugehörigen Konzeptualisierungen dieser Studien, aufgrund des Entstehungskontextes der vorliegenden Studie dabei insbesondere auf entsprechende Konzeptualisierungen im Rahmen der Studie MT21. Ebenso wie die größer angelegten Vergleichsstudien ist daher auch die vorliegende Studie grundsätzlich auf die professionelle Kompetenz angehender Lehrerinnen und Lehrer fokussiert. Die für eine Vertiefungs- und Ergänzungsstudie weiterhin konstitutiven Unterschiede zu den übergeordneten Studien folgen einerseits im Bezug auf die Anlage der Studie aus der im Bezug zu den Vergleichsstudien enger eingegrenzten beziehungsweise abweichende Gruppe von Untersuchungsteilnehmerinnen und -teilnehmern, indem die vorliegende Studie ausschließlich auf Studierende des Lehramtes fokussiert. Weiterhin unterscheiden sich die vorliegende Studie und entsprechende Vergleichsstudien wie beschrieben auch hinsichtlich ihrer jeweiligen methodologischen Verortung. So fokussieren beispielsweise MT21 und TEDS-M 2008 als quantitative Vergleichsstudien insbesondere auf die statistische Erhebung der professionellen Kompetenz angehender Lehrerinnen und Lehrer unter der Perspektive der Wirksamkeit der Lehrerausbildung, das heißt, dass die Untersuchung insgesamt einen stark messenden Charakter hat (vgl. Kapitel II.6). Die vorliegende Studie hingegen grenzt sich gegen diese statistischen Analysen der Wirksamkeit der Lehrerausbildung angehender Lehrerinnen und Lehrer durch ihre qualitative methodologische Verortung ab, da sie durch eine eigenständige Fragestellung eine die Ergebnisse der größeren Vergleichsstudien ergänzende stärker rekonstruktive Beschreibung von strukturellen Ausprägungen und Zusammenhängen einiger Kompetenzkomponenten der Studierenden anstrebt.

Auch vor dem Hintergrund der oben geschilderten Unterscheidung verschiedener Anwendungsbereiche qualitativer Forschung kann die Studie damit bezüglich ihres Forschungskontextes einerseits als qualitative Vertiefungs- und Ergänzungsstudie zu in diesem Fall verschiedenen quantitativen Hauptstudien klassifiziert werden. Weiterhin kann die Studie in diesem Sinne andererseits auch als an die quantitativen Studien anschließende, erneute hypothesengenerierende Studie verstanden werden. In dieser Sichtweise impliziert der Ansatz, qualitativ Strukturen professioneller Kompetenz angehender Lehrerinnen und Lehrer zusätzlich zu den Ergebnissen der nationalen und internationalen Vergleichsstudien zur Lehrerausbildung zu rekonstruieren und zu beschreiben, die Möglichkeit, aus diesen Beschreibungen allgemeine Hypothesen zu strukturellen Zusammenhängen innerhalb der professionellen Kompetenz angehender Lehrpersonen abzuleiten mit dem Ziel einer anschließenden erneuten quantitativen empirischen Überprüfung anhand repräsentativer Stichproben. Daneben lässt sich die Studie jedoch auch hinsichtlich ihrer inhaltlichen Perspektive innerhalb der obigen Unterscheidung einordnen. Diesbezüglich versucht die vorliegende Studie durch das Ziel der Rekonstruktion und Beschreibung verschiedener Kompetenzkomponenten und ihrer Zusammenhänge eine strukturelle Beschreibung von Dimensionen, die einerseits aus theoretischen Konzeptualisierungen zur professionellen Kompetenz von Lehrpersonen abgeleitet wurden und die andererseits empirisch, in diesem Falle insbesondere im Rahmen der Bezugsstudien, untersucht und belegt wurden. Aus dieser inhaltlichen Perspektive kann die vorliegende Studie damit auch als Klassifizierung verstanden werden, in dem Sinne, dass sie abzielt auf „die Ordnung eines Datenmaterials nach bestimmten, empirisch und theoretisch sinnvoll erscheinenden Ordnungsgesichtspunkten, um so eine strukturiertere Beschreibung des erhobenen Materials zu ermöglichen“ (Mayring, 2008, S. 22).

2 Methodischer Ansatz der vorliegenden Studie

2.1 Auswahl der qualitativen Inhaltsanalyse als methodische Grundlage der vorliegenden Studie

Die zugrundeliegende Fragestellung legt eine Methode nahe, anhand derer einerseits die Ausprägungen einzelner Dimensionen, in diesem Falle individuelle Ausprägungen einzelner Kompetenzkomponenten bei den angehenden Lehrerinnen und Lehrern, ermittelt werden können und andererseits insbesondere Zusammenhänge zwischen den Ausprägungen verschiedener Dimensionen systematisch untersucht werden können. Darüber hinaus ist es notwendig, dass bei den Ausprägungen der Dimensionen verschiedene Skalenniveaus (vgl. etwa Bortz, 2005), hier genauer sowohl ordinal abgestufte Dimensionsausprägungen, in diesem Fall beispielsweise verschieden hohe Wissensbestände, als auch nominale Unterscheidungen von Dimensionsausprägungen, in diesem Fall beispielsweise verschiedene Sichtweisen auf Mathematik, berücksichtigt werden können und sowohl auf verschiedenem als auch auf gleichem Skalenniveau gemessene Dimensionsausprägungen miteinander in Beziehung gesetzt werden können. Die Festlegung unterschiedlicher Di-

mensionsausprägungen muss weiterhin einerseits im Falle von zum Beispiel Wissensbeständen theoriegeleitet möglich sein, indem etwa richtige und falsche Antworten auf Basis der zugrundeliegenden Theorie festgelegt werden, während andererseits beispielsweise im Falle der Unterscheidung verschiedener Herangehensweisen an eine Aufgabenstellung auch eine Festlegung verschiedener Dimensionsausprägungen auf Basis der Antworten der Untersuchungsteilnehmerinnen und -teilnehmer möglich sein muss. Insbesondere muss die Methode weiterhin im Einklang mit der qualitativen methodologischen Verortung der Studie eine Auswertung von Antworten auf offene Fragen ermöglichen. Das heißt, die Methode muss nach der Festlegung der unterschiedlichen Dimensionsausprägungen eine anschließende Ermittlung dieser jeweiligen Dimensionsausprägungen aus in diesem Falle schriftlich vorliegenden und von den Studierenden individuell ausformulierten Antworten ermöglichen.
Auf Basis dieser Anforderungen an das methodische Vorgehen geschah die Datenauswertung im Rahmen der vorliegenden Studie unter Anwendung der qualitativen Inhaltsanalyse nach Mayring (2008, 2007, 2000, vgl. auch Mayring & Gläser-Zikuda, 2008), da diese als Teil der insgesamt unter dem Begriff der qualitativen Inhaltsanalyse subsummierten Auswertungsformen verschiedene Möglichkeiten der Datenauswertung umfasst, die in Kombination die oben genannten Anforderungen erfüllen.

Grundlegend fasst Mayring (2008, S. 13) dabei die allgemeine Zielsetzung einer Inhaltsanalyse wie folgt zusammen:

„Zusammenfassend will also Inhaltsanalyse

- *Kommunikation* analysieren;
- *fixierte* Kommunikation analysieren;
- dabei *systematisch* vorgehen;
- das heißt *regelgeleitet* vorgehen;
- das heißt auch *theoriegeleitet* vorgehen;
- mit dem Ziel, *Rückschlüsse auf bestimmte Aspekte der Kommunikation* zu ziehen."

Genau wie der Begriff der Kommunikation in diesem Kontext in einem weiten Sinne, das heißt als „Übertragung von Symbolen" (ebd., S. 12), zu verstehen ist, und damit dessen Analyse vor dem Hintergrund dieser Studie insbesondere auch die Analyse offener Antworten eines Fragebogens erfasst, ist auch der letzte Punkt, die Zielsetzung der Inhaltsanalyse, in einem weiten Sinne zu verstehen. Das „Ziel, *Rückschlüsse auf bestimmte Aspekte der Kommunikation* zu ziehen“ (ebd., S. 13) ergibt sich daraus, dass Inhaltsanalyse ihr Material nicht ausschließlich für sich analysieren will [...], sondern als Teil eines Kommunikationsprozesses. Sie ist eine schlussfolgernde Methode“ (ebd., S. 12). Konkret kann die Zielsetzung der Inhaltsanalyse daher zum Beispiel in der Ableitung von „Aussagen über den 'Sender'“ (ebd.) liegen. Man erkennt, wie unter dieser Perspektive die voranstehend zitierte allgemeine Zielsetzung der Inhaltsanalyse grundlegend im Einklang steht mit den oben ausgeführten Anforderungen an das konkrete methodische Vorgehen im Rahmen der vorliegenden Studie. Fasst man die Lehramtsstudierenden gleichsam als „Sender“ auf sowie deren offene Antworten auf Fragen eines Fragebogens als fixierte Kommunikation, ermöglicht die Inhaltsanalyse deren systematische und theoriegeleitete Analyse. Das Ziel der vorliegenden Studie, Rückschlüsse auf strukturelle Zusammenhänge innerhalb der professionellen Kompetenz von Lehramtsstudierenden ziehen zu können, kann weiterhin damit aufgefasst werden als eine Präzisierung der möglichen allgemeinen Zielsetzung der Inhaltsanalyse, „Aussagen über den 'Sender'“ (ebd.) formulieren zu können. Dies begründet insgesamt die grundlegende Auswahl eines inhaltsanalytischen Vorgehens im Hinblick auf den methodischen Ansatz der vorliegenden Studie.

Die daran anschließende speziellere Auswahl der insbesondere qualitativen Inhaltsanalyse als Grundlage für das methodische Vorgehen im Rahmen der vorliegenden Studie ergibt sich dabei weiterhin aus dem dieser Unterform der Inhaltsanalyse zugrundeliegenden Ansatz. So entwickelt Mayring ausgehend von dem dargestellten allgemeinen Verständnis von Inhaltsanalyse spezieller das Konzept der qualitativen Inhaltsanalyse mit dem Ziel, dass diese, wie der Name bereits nahelegt, grundlegend versucht, „die Stärken der quantitativen Inhaltsanalyse beizubehalten und auf ihrem Hintergrund Verfahren systematisch qualitativ orientierter Textanalyse zu entwickeln“ (ebd., S. 42). Sowohl insbesondere die qualitative methodologische Verortung der vorliegenden Studie als auch das der Studie zugrundeliegende zu analysierende Textmaterial, nämlich schriftlichen Antworten auf offene Fragestellungen (Abschnitt III.2.2), begründen daher im allgemeinen Rahmen der Auswahl eines inhaltsanalytischen Vorgehens die spezielle Auswahl der qualitativen Inhaltsanalyse als Grundlage für das methodische Vorgehen im Rahmen der Studie. Im Folgenden werden daher einige zentrale Charakteristika der qualitativen Inhaltsanalyse im Hinblick auf die Auswertung der Daten der vorliegenden Studie näher vorgestellt.

Die Entwicklung der qualitativen Inhaltsanalyse basiert diesbezüglich grundlegend auf fünf Bereichen, „in denen sich Quellen zur Konstruktion einer qualitativen Inhaltsanalyse finden lassen“ (ebd., S. 24). Dies sind die kommunikationswissenschaftlich begründete und insbesondere an quantitativen Methoden orientierte Content Analysis, die Hermeneutik als gleichsam klassische Lehre der Textinterpretation, darüber hinaus allgemein der Bereich der auf das interpretative Paradigma bezogenen Ansätze der qualitativen Sozialforschung sowie auch literaturwissenschaftliche Ansätze und der Bereich der Psychologie der Textverarbeitung (vgl. ebd., S. 24 ff.). Ausgehend von diesen unterschiedlichen Bereichen entwickelt Mayring die Grundlagen der qualitativen Inhaltsanalyse, die sich fundamental zu vier[122] Grundsätzen zusammenfassen lassen, die nachfolgend aufgelistet werden (Mayring, 2007, vgl. auch Mayring, 2008):

- Einbettung des Datenmaterials in seinen Kommunikationszusammenhang
- Systematisches und regelgeleitetes Vorgehen
- Berücksichtigung von Gütekriterien
- Einbezug auch von quantitativen Analyseschritten

In den nachfolgenden Abschnitten wird im Anschluss an die Auswahl der qualitativen Inhaltsanalyse nun das konkrete methodische Vorgehen der vorliegenden Studie näher dargelegt. Die Darstellung orientiert sich dabei in ihrer Gliederung an den voranstehend genannten Grundsätzen, anhand derer die methodischen Charakteristika der qualitativen Inhaltsanalyse einerseits vorgestellt und andererseits jeweils auf die spezielle Situation der vorliegenden Studie bezogen werden. Um das methodische Vorgehen dafür konkret darstellen zu können, werden weiterhin vorher das in der Untersuchung verwendete Erhebungsinstrument sowie die befragte Stichprobe beschrieben. An diese Darstellung von sowohl Erhebungs-

[122] Grundlegend leitet Mayring (2008, S. 41) aus den verschiedenen Bereichen im Hinblick auf die „Entwicklung einer qualitativen Inhaltsanalyse“ sogar 15 basale Grundsätze ab (ebd.), wohingegen die Reduktion auf vier Grundsätze verstärkt konkret bestimmend ist „für die Auswertungsverfahren qualitativer Inhaltsanalyse“ (Mayring, 2007, S. 471). Da die Darstellung der Methode im Rahmen dieses Kapitels jedoch genau im Hinblick auf die Datenauswertung im Rahmen der vorliegenden Studie geschieht, wird daher an dieser Stelle auf die unter dieser Perspektive formulierte Reduktion auf vier Grundsätze und nicht auf die stärker methodisch-elementare Liste von 15 Grundsätzen zurückgegriffen.

instrument als auch Stichprobe schließt sich außerdem vor der Darstellung des konkreten methodischen Vorgehens die sogenannte „*Bestimmung des Ausgangsmaterials*“ (Mayring, 2008, S. 46) als wesentlichen Bestandteil einer Inhaltsanalyse, das heißt eine genaue Beschreibung des für die vorliegende Studie verwendeten Datenmaterials.

2.2 Darstellung des Erhebungsinstrumentes

Für die Untersuchung wurde ein Fragebogen eingesetzt, der ausgehend vom theoretischen Ansatz der Studie (vgl. Kapitel II.7) auf die Erhebung von mathematischem und mathematikdidaktischem Wissen sowie beliefs abzielt. Insgesamt umfasst der Fragebogen dabei fünf Aufgaben. Genau genommen beinhaltet der Fragebogen zusätzlich zwei weitere Aufgaben im Hinblick auf ergänzende Studien, die jedoch im Rahmen der vorliegenden Studie keine Verwendung finden. Daher und darüber hinaus auch aus Gründen des Copyrights wird auf die Berücksichtigung dieser Aufgaben in der nachfolgenden Darstellung des Erhebungsinstrumentes durchgehend verzichtet. Ergänzend wurden darüber hinaus einige demographische Daten der Studierenden erhoben, beispielsweise inwieweit die Studierenden bereits über Lehrerfahrung verfügen sowie zur Unterscheidung verschiedener Studierendengruppen das jeweils studierte Lehramt, die Anzahl der bereits belegten Semester und bereits besuchte Universitätsveranstaltungen. Für die Bearbeitung des Fragebogens stand den Studierenden die Zeit einer Seminarsitzung, das heißt 90 Minuten zur Verfügung. Alle Aufgaben des Fragebogens, die Berücksichtigung gefunden haben, sind der vorliegenden Arbeit im Anhang VII.1 beigefügt.

Der Umfang der fünf mehrteiligen Aufgaben variiert weiterhin zwischen drei bis sieben Teilaufgaben und umfasst insgesamt 24, durchgehend als offene Fragestellungen formulierte, Teilaufgaben. Alle mehrteiligen Aufgaben sind dabei domänenübergreifend konzipiert. Das bedeutet, dass jede Aufgabe, ausgehend von einem übergeordneten Thema, beispielsweise einer Modellierungsaufgabe oder einem schulmathematisch motivierten mathematischen Satz, aus verschiedenen auf dieses Thema bezogenen Teilaufgaben besteht, wobei jede Teilaufgabe weiterhin auf eine Kompetenzkomponente, also auf fachmathematisches oder fachdidaktisches Wissen oder auf beliefs bezogen ist[123]. Im Einklang mit der

[123] Wie im Zuge der nachfolgenden Beschreibung der Klassifizierung dargestellt wird, ist nicht ausgeschlossen, dass durch das offene Antwortformat bei einigen Fragestellungen

Fragestellung der vorliegenden Studie (vgl. Kapitel II.7) ermöglicht diese Struktur der Fragen, im Rahmen der Auswertung verschiedene Antworten, die auf dieselbe oder verschiedene Kompetenzkomponente abzielen, untereinander auf mögliche strukturelle Zusammenhänge zu untersuchen (vgl. zur Schilderung dieses Vorgehens insbesondere Abschnitt III.2.6).

Vom fachmathematischen Bezugsrahmen her lassen sich die Aufgaben einerseits bezüglich der mathematischen Inhaltsgebiete und andererseits bezüglich der mathematikbezogenen kognitiven Aktivitäten unterscheiden (vgl. Blömeke et al., 2008b). Hinsichtlich der mathematischen Inhaltsgebiete werden dabei sowohl arithmetische und algebraische wie auch funktionsbezogene und geometrische Aspekte berücksichtigt[124]. Hinsichtlich der mathematikbezogenen kognitiven Aktivitäten beziehen sich die fünf Aufgaben weiterhin durchgehend, wie erwähnt (siehe Kapitel II.8), auf die beiden Bereiche Modellierung und Realitätsbezüge sowie Argumentieren und Beweisen. Eine entsprechende Fokussierung auf diese beiden mathematikbezogenen Aktivitätsbereiche, das heißt eine Einschränkung des entsprechenden Spektrums im Vergleich zu den beispielsweise in MT21 behandelten Bereichen, war notwendig, da aufgrund der offenen Fragestellungen und dem damit verbundenen Zeitbedarf für das schriftliche Beantworten der Aufgaben nur eine im Vergleich zu etwa MT21 deutlich verringerte Anzahl von Items gestellt werden konnte. Insbesondere diese Unterscheidung zwischen den mathematikbezogenen Aktivitäten von Modellierung und Realitätsbezügen einerseits und Argumentieren und Beweisen andererseits ist weiterhin zentral für die nachfolgende Auswertung. Wenn nämlich bei der Analyse und Unterscheidung verschiedener struktureller Zusammenhänge zwischen verschiedenen oder innerhalb einzelner Kompetenzkomponenten der mathematische Bezugsrahmen im Vordergrund steht, werden die Ergebnisse vor allem unter der Perspektive dieser unterschiedlichen mathematischen Aktivitä-

---

auch Antwortformulierungen möglich sind, die durch andere Kompetenzkomponenten beeinflusst oder geprägt sind.

[124] Einige Fragestellungen erlauben weiterhin unterschiedliche Lösungsmöglichkeiten, die teilweise verschiedenen Inhaltsgebieten zugeordnet werden können. Zum Beispiel kann beispielsweise die Fragestellung von Teilaufgabe 4b, das heißt der formale Beweis des Satzes über die Verdoppelung der Diagonale eines Quadrates bei Verdoppelung der Seitenlänge des Quadrates, sowohl stärker algebraisch mit Hilfe des Satzes von Pythagoras als auch stärker geometrisch unter Zuhilfenahme der Strahlensätze gelöst werden. Durchgehend war den Studierenden dann die Wahl des Lösungsvorgehens freigestellt und gleich angemessene Lösungen aus verschiedenen Inhaltsgebieten wurden gleichberechtigt behandelt.

ten unterschieden. Da jeder Aufgabe ein übergeordnetes Thema zugeordnet ist, ergibt sich weiterhin direkt, dass alle Teilaufgaben einer Aufgabe jeweils auf dieselbe mathematikbezogene Aktivität bezogen sind.

Alle Fragestellungen sind weiterhin inhaltlich durchgehend an tatsächlichen beruflichen Aufgaben von Lehrerinnen und Lehrern orientiert. So erfordern die Aufgaben beispielsweise ein Verständnis schulmathematischer Zusammenhänge, die Formulierung einer Rückmeldung zu gegebenen Schülerlösungen oder andere lehr- und lernprozessbezogene Überlegungen. Diese Orientierung an tatsächlichen beruflichen Aufgaben von Lehrerinnen und Lehrern trägt insbesondere dem kompetenzorientierten theoretischen Grundansatz der Studie (vgl. Kapitel II.3) Rechnung, der Kompetenz im Kontext der Bewältigung verschiedener, in diesem Falle berufsbezogener, Situationen konzeptualisiert. Der diesbezügliche übergeordnete inhaltliche Bezugsrahmen, an dem die einzelnen konkreten Anforderungen in den Aufgaben orientiert sind, kann dabei mit den beiden Aufgabenbereichen „Unterrichten" und „Beurteilen" zusammengefasst werden. Diese Auswahl von beruflichen Anforderungen als eine inhaltliche Grundlage für die Aufgabengestaltung schließt damit, wie in Abschnitt II 5.5 dargestellt, ebenfalls an die entsprechende Auswahl von Anforderungen an Lehrpersonen insbesondere in MT21 an (vgl. Blömeke, Felbrich, Müller, 2008). Theoretisch orientiert sich die Gestaltung des Fragebogens damit in dieser Hinsicht am generellen Ansatz der Standards (vgl. ebenfalls Abschnitt II.5.5), indem grundlegend berufsbezogene Anforderungen von Lehrerinnen und Lehrern den inhaltlichen Ausgangspunkt für eine empirische Untersuchung der professionellen Kompetenz von in diesem Falle angehenden Lehrerinnen und Lehrern darstellen.

Im Hinblick auf die Auswertung ist anzumerken, dass in die endgültige Auswertung im Rahmen der vorliegenden Studie vier Teilaufgaben (die Teilaufgaben von Aufgabe 3 sowie Teilaufgabe 4a) nicht eingegangen ist, da sich im Rahmen der Datenauswertung und -analyse methodische und inhaltliche Schwierigkeiten zeigten. Insbesondere divergierten die Lösungsansätze der Studierenden aufgrund der komplexen (Teilaufgaben von Aufgabe 3) beziehungsweise im Aufgabenverständnis überdurchschnittlich von individuellen Konnotationen abhängigen (Teilaufgabe 4a) Aufgabenstellung stark hinsichtlich der individuellen Vorgehensweise und inhaltlichen Schwerpunktsetzung, so dass eine sinnvolle Inbezugsetzung zu anderen Teilaufgaben nur in geringerem Umfang sinnvoll durchführbar war. Die Teilaufgaben von Aufgabe 3 sowie Teilaufgabe 4a sind daher im Fragebogen im Anhang entsprechend gekennzeichnet worden, wurden dieser Arbeit jedoch im Sinne einer vollständigen Dokumentation des methodischen Vorgehens dennoch beigefügt. Tatsächlich ausgewertet wurden damit 4 Aufgaben, die insgesamt 20 Fragestellungen umfassen.

Alle Fragestellungen des Fragebogens wurden weiterhin mehrfach klassifiziert. Zentral ist diesbezüglich zuerst die Codierung im Hinblick auf die anschließende Auswertung. Hierfür wurde jede Fragestellung derjenigen Kompetenzkomponente der professionellen Kompetenz im Sinne des theoretischen Ansatzes der Studie zugeordnet, auf die sich die Frage primär bezieht, das heißt, jede Fragestellung wurde dem Bereich des mathematischen Wissens, dem Bereich des mathematikdidaktischen Wissens oder den beliefs zugeordnet. Im Fall der Zuordnung einer Fragestellung zu den beliefs ist für die Auswertung weiterhin bedeutsam, dass beliefs jeweils auf ein Objekt bezogen sind (vgl. Abschnitt II.4.4). Insbesondere ist dabei im Hinblick auf die Datenauswertung bedeutsam, dass auch der kognitive Anteil von beliefs jeweils auf ein entsprechendes Objekt bezogen ist, da die vorliegende Studie auf die Rekonstruktion von strukturellen Zusammenhängen zwischen den Kompetenzkomponenten zielt und neben den beliefs weiterhin auf fachliches und fachdidaktisches Wissen, das heißt auf kognitive Kompetenzkomponenten, fokussiert ist. Wegen dieser Fokussierung der Wissensbereiche auf speziell fachmathematisches und mathematikdidaktisches Wissen werden weiterhin, wie erwähnt, im Fall der vorliegenden Studie insbesondere diejenigen beliefs berücksichtigt, die dem mathematischen belief-System zugeordnet werden (vgl. Abschnitt II.4.6), das heißt, es werden diejenigen beliefs berücksichtigt, die auf Mathematik oder auf mathematikdidaktische Themen bezogen sind. Unter dieser Perspektive wird jeder Fragestellung, die dem Bereich der beliefs zugeordnet wird, eine weitere Klassifikation hinzugefügt, die jeweils den Objektbereich angibt, auf den sich die entsprechenden beliefs primär beziehen. Im Hinblick auf die besondere Berücksichtigung des kognitiven Anteils der beliefs wird diese Klassifikation dabei formal an der Klassifikation der wissensbezogenen Fragestellungen orientiert. Nicht ausgeschlossen ist durch diese Zuordnung der Fragestellungen zu den einzelnen Kompetenzkomponenten, dass einige Aufgaben aufgrund der durchgehend offenen Aufgabenstellungen auch die Möglichkeit bieten, in der Antwort verschiedene Kompetenzkomponenten zu berücksichtigen. Um dies zu vermeiden, beziehungsweise stark einzuschränken, hätten die Aufgaben in ihrer Offenheit stark eingeschränkt es einer Rekonstruktion von Zusammenhängen zwischen den Komponenten professioneller Kompetenz entgegengestanden hätte. Mögliche Bezüge in den Antworten auf verschiedene Kompetenzkomponenten werden in der Auswertung an den entsprechenden Stellen berücksichtigt. Die entsprechende Codierung der Items im Hinblick auf die Kompetenzkomponenten wurde weiterhin ergänzt um die Angabe der jeweils der Aufgabe zugrundeliegenden mathematikbezogenen Aktivität. Die Verteilung der in die Auswertung eingeflossenen Fragestellungen auf die zugeordneten Kompetenzkomponenten sowie mathematikbezogenen Aktivitäten kann der nachfolgenden Tabelle entnommen werden:

	Modellierung und Realitätsbezüge	Argumentieren und Beweisen
Mathematikdidaktisches Wissen	5	4
Fachmathematisches Wissen	2	3
Beliefs	3	3

Tabelle 2: Verteilung der ausgewerteten Fragestellungen im Fragebogen hinsichtlich der Kompetenzkomponenten und mathematikbezogenen Aktivitäten

Man erkennt, dass im Fragebogen hinsichtlich jeder Kompetenzkomponente Fragestellungen zu beiden mathematikbezogenen Aktivitäten vertreten sind und dass darüber hinaus für die verschiedenen Kompetenzkomponenten das Verhältnis zwischen Fragen, die den Bereichen Modellierung und Realitätsbezüge sowie Argumentieren und Beweisen zugeordnet werden, jeweils relativ ausgeglichen ist.

Um die inhaltliche Anschlussfähigkeit des Fragebogens an andere Studien und Konzepte zu überprüfen, wurde daneben jede Teilaufgabe noch zwei weitere Male codiert, um aufzuzeigen, inwieweit die einzelnen Teilaufgaben konzeptuelle Entsprechungen in den jeweiligen Referenzbereichen haben. Diese zusätzlichen Codierungen geschahen insbesondere im Hinblick auf eine Validierung des Instrumentes, weswegen auf diesen Bereich im Zusammenhang mit den Gütekriterien der vorliegenden Studie (Abschnitt III.2.7.2) näher eingegangen wird. Sämtliche Klassifikationen der Items wurden im Anschluss an ihre Entwicklung durch Diskussionen mit Prof. Dr. Gabriele Kaiser sowie verschiedenen Mitgliedern ihrer Arbeitsgruppe validiert und können vollständig dem im Anhang beigefügten Fragebogen entnommen werden.

Die Entwicklung des Fragebogens geschah in mehreren Schritten. Zuerst wurde eine erste Version des Fragebogens entwickelt, die im Sinne einer Pilotierung von Studierenden bearbeitet wurde, die jeweils verschiedene Gruppen von Mathematiklehramtstudierenden repräsentierten. Die Studierenden wurden dabei zuerst gebeten, den Fragebogen unter Testbedingungen, das heißt mit der Zeitvorgabe von 90 Minuten, auszufüllen und wurden anschließend interviewt. Im Interview hatten die Studierenden dann zuerst Gelegenheit, unbeeinflusst beispielsweise Verständnisschwierigkeiten, Anmerkungen zum Schwierigkeitsgrad der Fragen oder andere Kommentare zum Fragebogen zu äußern und wurden danach anhand des Fragebogens um eine Einschätzung zu den einzelnen Fragen sowie zu ihrer Einschätzung bezüglich der Angemessenheit des zeitlichen Rahmens gebeten. Im Sinne einer Instrumentvalidierung (vgl. Krauss, Baumert & Blum, 2008) wurde darüber hinaus zusätzlich eine Diplommathematik-Studentin in der Schlussphase ihres Studiums gebeten, den Fragebogen auszufüllen und sich an dem anschließenden Interview zu beteiligen, um gerade durch die Rückmeldungen einer zwar explizit fachmathematisch, jedoch nicht lehramtsbezogen ausgebildeten Studierenden Anregungen für eine verbesserte Anpassung des Fragebogens genau auf die Zielgruppe der Mathematiklehramtsstudierenden zu erhalten. Auf Basis der ausgefüllten Fragebögen und der Aussagen in den Interviews wurde anschließend der Fragebogen überarbeitet, indem betreffende Fragen inhaltlich modifiziert oder sprachlich überarbeitet wurden. Dies resultierte in dem für die Untersuchung verwendeten Fragebogen. Alle Entwicklungs- und Überarbeitungsschritte wurden weiterhin begleitet durch intensive Diskussionen mit Prof. Dr. Gabriele Kaiser sowie Mitgliedern ihrer Arbeitsgruppe[125].

2.3 Darstellung der Stichprobe

Insgesamt wurden im Rahmen der vorliegenden Studie 79 Studierende des Lehramtes Mathematik für verschiedene Schulstufen schriftlich befragt, wobei 58 Studierende weiblich und 21 männlich sind. Alle Studierenden absolvierten dabei zum Zeitpunkt der Datenerhebung, das heißt im letzten Monat des Sommersemesters 2006, also zwischen Mitte Juni und Mitte Juli 2006, ein Lehramtsstudium an der Universität Hamburg.

[125] Hier sind insbesondere die ehemaligen Mathematiklehramtsstudierenden Silke Tiedemann (vgl. Tiedemann (2006)), Beeke Tillert (vgl. Tillert (2006)) und Sebastian Krackowitz (vgl. Krackowitz (2006)) zu nennen.

Ziel der Datenerhebung war es, eine möglichst große Anzahl von Mathematiklehramtsstudierenden für eine Teilnahme zu gewinnen, um auf ein möglichst reichhaltiges Datenmaterial zurückgreifen zu können. Deshalb wurden in allen zum Zeitpunkt der Datenerhebung angebotenen mathematikdidaktischen Veranstaltungen der Universität Hamburg die Studierenden um ihre Teilnahme gebeten, womit alle im Erhebungszeitraum angebotenen Veranstaltungen kontaktiert wurden, die ausschließlich von Mathematiklehramtstudierenden besucht werden, das heißt von denjenigen Studierenden, auf die die vorliegende Studie fokussiert ist[126] (vgl. Criterion sampling beziehungsweise Theory-based or operational construct sampling, Patton, 1990, vgl. auch Merkens, 2007). Insgesamt wurden damit 183 Mathematiklehramtsstudierende kontaktiert. Zur Einordnung dieser Größe sei angemerkt, dass im Sommersemester 2006 insgesamt 934 Studierende an der Universität Hamburg für ein Mathematiklehramtsstudium immatrikuliert waren (Quelle: Email-Auskunft des Referates 13 „Datenmanagement und Statistik“ der Abteilung 1 „Universitätsentwicklung“ der Universität Hamburg vom 23. November 2010). Damit konnten knapp 20 % der Studierenden kontaktiert werden. Von den insgesamt 183 kontaktierten Mathematiklehramtsstudierenden beteiligten sich dann weiterhin mit, wie erwähnt, 79 Studierenden gut 43 % derjenigen Studierenden, die im Sommersemester 2006 ein mathematikdidaktisches Seminar belegten, tatsächlich an der Studie. Für die vorliegende Studie wurden diese Studierenden dabei im Hinblick auf die Datenauswertung grundlegend hinsichtlich zwei verschiedener Kriterien jeweils in Untergruppen eingeteilt, anhand derer die Stichprobe im Folgenden näher charakterisiert wird. Die Unterscheidungskriterien ergeben sich dabei aus dem theoretischen Ansatz der Studie, genauer werden sie unmittelbar abgeleitet aus denjenigen Grundannahmen, auf denen die Fragestellung der Studie basiert (Kapitel II.7).

Das erste zentrale Unterscheidungskriterium leitet sich dementsprechend aus der Annahme ab, dass die fachdidaktische Ausbildung den Lehramtsstudierenden bereits in der ersten Phase der Lehrerausbildung eine Verknüpfung verschiedener Kompetenzkomponenten ermöglicht. Ausgehend von dieser Annahme werden die Studierenden grundsätzlich

---

[126] Dennoch handelt es sich naturgemäß um keine Vollerhebung, da sich einerseits nicht alle Studierenden tatsächlich an der Untersuchung beteiligt haben und andererseits nicht alle Studierenden in dem betreffenden Semester eine mathematikdidaktische Veranstaltung belegt haben.

zweifach hinsichtlich ihrer bisher absolvierten Studienverläufe unterschieden. Die erste Unterscheidung bezieht sich dabei auf die Schulstufe, für die die Studierenden eine Lehrbefähigung anstreben, die zweite Unterscheidung fokussiert auf die Phase ihres Studiums, in der sich die Studierenden jeweils befinden. Dies ermöglicht differenzierte Betrachtungen von verschiedenen Studierendengruppen, die sich vor dem Hintergrund dieser Annahme möglicherweise deshalb hinsichtlich ihrer Verknüpfungen von Kompetenzkomponenten unterscheiden, weil sich ihre bisherigen Studienverläufe im Bezug auf deren Länge oder inhaltliche Ausrichtung unterscheiden und somit gegebenenfalls unterschiedliche Möglichkeiten zur Ausbildung struktureller Verknüpfungen von Kompetenzkomponenten geboten haben. Vor dem Hintergrund des theoretischen Ansatzes der Studie, der neben fachdidaktischem auch fachmathematisches Wissen separat berücksichtigt, wird dabei zur Unterscheidung der Studierenden in Ergänzung zu der zugrundeliegenden Annahme nicht nur der fachdidaktische, sondern auch der fachmathematische Anteil des Lehramtsstudiums für angehende Mathematiklehrkräfte bei der Einteilung der Studierenden berücksichtigt.

Die erste Subdifferenzierung hinsichtlich der verschiedenen Schulstufen berücksichtigt dabei, dass die Lehramtsstudiengänge für verschiedene Schulstufen sich deutlich im Bezug auf ihre Studienordnungen unterscheiden und sowohl verschiedene inhaltliche Schwerpunkte setzen als auch im Falle von Inhaltsbereichen, die in beiden Studiengängen thematisiert werden, diese in unterschiedlichem zeitlichen Umfang berücksichtigen. Insbesondere variiert im Hinblick auf die Fragestellung der vorliegenden Untersuchung der Inhalt und Anteil fachdidaktischer und fachmathematischer Studienanteile (eine genaue Aufstellung der für die vorliegende Studie relevanten Studieninhalte der verschiedenen Lehramtsstudiengänge findet sich in Anhang VII.2), was möglicherweise Einfluss auf die Ausbildung der Verknüpfungen von entsprechenden Kompetenzkomponenten hat. Im Einklang mit der entsprechenden Unterscheidung im Rahmen von beispielsweise MT21 (Blömeke, Felbrich, Müller, 2008) werden deshalb in der vorliegenden Studie Studierende für das Lehramt an Grund-, Haupt- und Realschulen (im Folgenden kurz GHR-Studierende) einerseits und Studierende für das Lehramt an Gymnasien und Gesamtschulen (im Folgenden kurz GyGS-Studierende) andererseits unterschieden[127].

Die zweite Subdifferenzierung hinsichtlich der Phase des Studiums berücksichtigt, dass Studierende, die weniger universitäre Lehrveranstaltungen besucht haben, naturgemäß weniger Gelegenheit hatten sowohl zum universitär bedingten Kompetenz- beziehungsweise Wissenserwerb als auch im Hinblick auf die vorliegende Untersuchung zum damit möglicherweise zusammenhängenden universitär bedingten Ausbilden von Verknüpfungen von Kompetenzkomponenten. In der vorliegenden Studie wurden die Studierenden deshalb in zwei Gruppen unterteilt, indem zwischen Studienanfängerinnen und -anfängern sowie fortgeschrittenen Studierenden unterschieden wurde. Als Kriterium zur diesbezüglichen Unterscheidung der Studierenden wird häufig auf eine Einteilung anhand der jeweils bereits belegten Fachsemester zurückgegriffen. Für die vorliegende Studie erwies sich diese Art der Unterscheidung jedoch als wenig zielführend. Zum Beispiel besteht die Möglichkeit, dass Studierende sich bereits in einem relativ hohen Fachsemester befinden, jedoch noch keine oder nur wenige fachmathematische oder mathematikdidaktische Veranstaltungen belegt haben, da sie beispielsweise verstärkt Veranstaltungen in ihrem zweiten studierten Unterrichtsfach belegt haben. Diese Studierenden würden anhand der Anzahl ihrer Fachsemester möglicherweise bereits zu den fortgeschrittenen Studierenden gezählt werden, obwohl sie hinsichtlich des in dieser Studie betrachteten universitären Kompetenzerwerbes im Bezug auf ihre Ausbildung im speziellen Hinblick auf die Tätigkeit als spätere Mathematiklehrkraft noch am Anfang ihrer Ausbildung stehen. Aus diesem Grund werden zur Einteilung der Studieren-

[127] Im speziellen Bezug auf die konkrete Situation der Lehramtsstudiengänge der Universität Hamburg zum Zeitpunkt der Erhebung entsprechen die GyGS-Studiengänge den Studiengängen für das „Lehramt an der Oberstufe -Allgemeinbildende Schulen-“ (sogenannte LOA-Studiengänge) und für das „Lehramt an der Oberstufe - Berufliche Schulen-“ (sogenannte LOB-Studiengänge). Die GHR-Studiengänge entsprechen weiterhin dem Studiengang für das „Lehramt an der Grund- und Mittelstufe“ (sogenannte Grumi-Studiengänge) und dem Studiengang für das „Lehramt an Sonderschulen“ (sogenannte Sopäd-Studiengänge) (siehe „Verordnung über die Erste Staatsprüfung für Lehrämter an Hamburger Schulen“ vom 18. Mai 1982, siehe http://www.li-hamburg.de/fix/files/doc/staat spr_1.2.pdf, letzter Zugriff: 22.12. 2010). Studierende im letztgenannten Studiengang für das Lehramt an Sonderschulen (hierbei handelt es sich um zwei Studierende in der Stichprobe) wurden ebenfalls den GHR-Studierenden zugerechnet, da ihr Studiengang bezogen auf fachmathematische und fachdidaktische Inhalte mit den Studiengängen für das Lehramt an der Grund- und Mittelstufe vergleichbar ist (vgl. Anhang VII.2).

den an dieser Stelle die im Hinblick auf die Ausbildung als Mathematiklehrerin oder -lehrer besuchten fachlich geprägten Veranstaltungen, das heißt die bereits besuchten fachmathematischen und fachdidaktischen Veranstaltungen, als alternatives Kriterium zur Einteilung der Studierenden in Studienanfänger und -anfängerinnen und fortgeschrittene Studierende herangezogen. Aus Gründen der sprachlichen Vereinfachung werden die Studierenden dennoch lediglich als Studienanfängerinnen und -anfänger sowie fortgeschrittene Studierende bezeichnet, ohne dass jedes Mal sprachlich vermerkt wird, dass sich dieser Status nur auf die entsprechend zugrunde gelegten bereits besuchten universitären Lehrveranstaltungen bezieht. Genauer werden dabei Studierende, die sich noch im Grundstudium befinden, als Anfängerinnen beziehungsweise Anfänger bezeichnet und Studierende, die bereits mindestens eine Veranstaltung des Hauptstudiums besuchen oder besucht haben, werden als fortgeschrittene Studierende bezeichnet. Des Weiteren erfordert eine entsprechende Verwendung der besuchten fachbezogenen Veranstaltungen als Kriterium für die Studienphase eine weitere Unterscheidung, da die Möglichkeit besteht, dass Studierende insbesondere in höheren Fachsemestern bereits mehrere fachmathematische, aber nur wenige oder keine fachdidaktische Veranstaltung besucht haben beziehungsweise umgekehrt. Diese Studierenden lassen sich anhand der besuchten Veranstaltungen nicht eindeutig einer Studienphase zuordnen, wenn man fachmathematische und fachdidaktische Veranstaltungen im Sinne des theoretischen Ansatzes der Studie unterscheiden möchte. Um dieser Problemstellung zu begegnen, wurden die Studierenden bezüglich der Phase ihres Studiums zweifach eingeteilt, einmal bezüglich der bereits besuchten fachmathematischen, einmal bezüglich der bereits besuchten fachdidaktischen Veranstaltungen. In der Auswertung wurde dann jeweils auf diejenige Einteilung zurückgegriffen, die sich auf den Inhaltsbereich bezieht, auf den auch die jeweils analysierte Teilaufgabe bezogen ist. Bei der Analyse fachdidaktischer Items wurde also beispielsweise auf die Einteilung der Studierenden auf Basis der besuchten fachdidaktischen Veranstaltungen zurückgegriffen. Bei belief-Items wurde diesbezüglich durchgehend auf die Klassifikation des kognitiven Anteils zurückgegriffen, so dass, wenn beispielsweise der kognitive Anteil einer belief-bezogenen Teilaufgabe dem fachmathematischen Wissen zugeordnet wurde, die Einteilung der Studierenden auf Basis der besuchten fachmathematischen Veranstaltungen zugrunde gelegt wurde.

Insgesamt ergibt sich damit im Bezug auf das erste Unterscheidungskriterium die in der nachfolgenden Tabelle dargestellte Verteilung der Studierenden auf die verschiedenen Gruppen:

<table>
<tr><th></th><th>Anfänger</th><th>Fortgeschrittene</th><th>Gesamtanzahl der Studierenden</th></tr>
<tr><td>GyGS</td><td>7</td><td>21</td><td rowspan="2">32</td></tr>
<tr><td>GyGS-Sonderfälle</td><td colspan="2">4 Studierende sind fachdidaktisch Anfänger und fachmathematisch Fortgeschrittene</td></tr>
<tr><td>GHR</td><td>38</td><td>5</td><td rowspan="2">47</td></tr>
<tr><td>GHR-Sonderfälle</td><td colspan="2">1 Studierender ist fachdidaktischer Anfänger und fachmathematisch fortgeschritten
3 Studierende sind fachdidaktisch Fortgeschrittene und fachmathematisch Anfänger</td></tr>
</table>

Tabelle 3: Unterscheidung der Studierenden in der Stichprobe hinsichtlich Studiengang und Studienfortschritt

Die folgende Tabelle verdeutlicht, inwieweit die Anzahl der bereits absolvierten Fachsemester mit der Einteilung der Studierenden anhand der belegten Veranstaltungen zusammenhängt, wobei als Kriterium für den Studienfortschritt der Studierenden exemplarisch die belegten mathematikdidaktischen Veranstaltungen zugrunde gelegt wurde:

Man erkennt, wie insbesondere in der Gruppe der GyGS-Anfängerinnen und -anfänger, aber auch in den anderen Gruppen jeweils Studierende auf Basis der bereits belegten Lehrveranstaltungen anders klassifiziert werden, als es eine Einteilung auf Basis der absolvierten Semester nahegelegt hätte.

	1 bis 4 Semester	mehr als 4 Semester	Gesamt
GHR Anfänger	37	2	39
GHR Fortgeschrittene	2	6	8
GyGS Anfänger	6	5	11
GyGS Fortgeschrittene	1	20	21
Gesamt	46	33	79

Tabelle 4: Zusammenhang zwischen Studienfortschritt und absolvierten Semestern der Studierenden in der Stichprobe (als Kriterium für den Studienfortschritt wurden die belegten mathematikdidaktischen Lehrveranstaltungen verwendet)

Das zweite zentrale Kriterium zur Unterscheidung der Studierenden innerhalb der Stichprobe ergibt sich daneben aus der zweiten Annahme, die der Fragestellung zugrunde liegt, das heißt aus der Annahme, dass Schulpraktika sowie außeruniversitäre Lehr-Lern-Erfahrungen als Lehrende den Studierenden die Verknüpfung verschiedener Kompetenzkomponenten ermöglicht. Um das Datenmaterial unter dieser Perspektive analysieren zu können, wurde für entsprechende Analysen zuerst zwischen Studierenden mit und ohne praktische Lehr-Lern-Erfahrungen als Lehrende unterschieden. Anschließend wurde innerhalb der Gruppe derjenigen Studierenden, die bereits praktische Lehr-Lern-Erfahrungen als Lehrende vorweisen können, eine erneute Differenzierung hinsichtlich der Art der Erfahrung vorgenommen. Hierbei wurden Erfahrungen in Schulpraktika, das heißt im Kontext universitärer Ausbildung erworbene praktische Erfahrungen in der Schule auf der einen Seite und Erfahrungen durch das Erteilen von Nachhilfe oder die Mitarbeit in der Jugendarbeit, das heißt im nicht-universitären Kontext erworbene Erfahrungen, auf der anderen Seite unterschieden[128]. Naturgemäß sind dabei Mehrfachzuordnungen nicht ausgeschlossen. Betrachtet man dann die Stichprobe als Ganzes, zeigt sich, dass mit 63 von 79 Studierenden etwa 80 % der

[128] Die Kategorien leiten sich dabei aus den Angaben der Studierenden ab. Man erkennt auch hieran den im nachfolgenden näher ausgeführten nicht-repräsentativen Charakter der Stichprobe, da weitere Bereiche, in denen Studierende praktische Lehr-Lern-Erfahrungen gewinnen können, etwa die Arbeit in der Schule im Rahmen von Lehraufträgen, nicht von Studierenden der Stichprobe genannt wurden.

Mathematiklehramtsstudierenden der Stichprobe zum Zeitpunkt der Datenerhebung über mindestens eine Art von Lehrerfahrung als Lehrende beziehungsweise Lehrender verfügen.

Weiterhin lassen sich insgesamt auch die beiden vorangegangenen Unterscheidungen von Studierenden der Stichprobe kombinieren, wodurch insbesondere die Verteilung der Studierenden hinsichtlich ihrer praktischen Lehr-Lern-Erfahrungen als Lehrende auf die unterschiedlichen Lehramtsstudiengänge und Studienfortschritte deutlich wird. Die diesbezügliche Verteilung der Stichprobe ist in der nachfolgenden Tabelle dargestellt, wobei als Kriterium für den Studienfortschritt wegen des stärkeren Bezugs zur Lehre die belegten mathematikdidaktischen Lehrveranstaltungen gewählt wurden:

	Praktikum	**Nachhilfe**	**Jugendarbeit**	**Sonstige**
GHR Anfänger	17	14	7	2
GHR Fortgeschrittene	8	6	0	0
GyGS Anfänger	2	7	0	2
GyGS Fortgeschrittene	19	10	1	4
Gesamt	46	37	8	8

Tabelle 5: Verteilung von Lehrerfahrung innerhalb der verschiedenen Gruppen von Studierenden (Mehrfachnennungen bei Lehrerfahrung möglich; als Kriterium für den Studienfortschritt wurden die belegten mathematikdidaktischen Lehrveranstaltungen verwendet)

Sowohl in Bezug auf die Verteilung der Studierenden hinsichtlich der verschiedenen Arten von Lehrerfahrung als auch insbesondere im Bezug auf die Verteilung der Studierenden auf die verschiedenen Gruppen, die durch die Unterscheidungen zwischen Studienanfängerinnen und -anfängern und fortgeschrittenen Studierenden sowie zwischen GHR- und GyGS-Studierenden vorgenommen werden, zeigt sich, dass es sich bei der vorliegenden Stichprobe um eine weder repräsentative noch ausbalancierte Stichprobe handelt. Dies wird beispielsweise unmittelbar deutlich an den stark ungleichen Größen der vier Gruppen, die damit in keiner Weise die Anzahlverhältnisse der Studierenden in den Lehramtsstudiengängen widerspiegeln. Deswegen sowie wegen der teilweise sehr kleinen Teilgruppengrößen und wegen des generell mit 79 Studierenden kleinen Gesamtumfangs der Stichprobe sind im Rahmen der vorliegenden Studie keine Verallgemeinerungen auf größere Grundgesamtheiten beziehungsweise allgemeine Aussagen möglich und stellen auch keine Intention der Studie dar. Konkreter ist das Ziel der Studie damit explizit nicht die Formulierung allgemeingültiger Aussagen über strukturelle Zusammenhänge der professionellen Kompetenz angehender Mathematiklehrkräfte und ebenfalls nicht eine vollständige Darstellung aller möglichen Zusammenhänge der durch den theoretischen Ansatz erfassten Kompetenzkomponenten sowie auch nicht eine eindeutige Zuordnung verschiedener Zusammenhänge zu speziellen Gruppen von Studierenden. Weiterhin sind einerseits wegen der teilweise sehr geringen Gruppengrößen und andererseits auch wegen der querschnittlich zu einem Zeitpunkt erhobenen Daten keine Analysen zur Entwicklung der entsprechenden Struktur professioneller Kompetenz möglich. Wie in Kapitel II.7 dargelegt, ist vor dem Hintergrund des qualitativ-rekonstruktiven Ansatzes der Studie das Ziel vielmehr eine Ermittlung und Beschreibung struktureller Zusammenhänge innerhalb der professionellen Kompetenz von angehenden Mathematiklehrerinnen und Lehrern, wie sie auf Basis der vorliegenden Kombination von Stichprobe und Datenmaterial rekonstruiert werden können. Die so dargelegten strukturellen Verknüpfungen verschiedener Kompetenzkomponenten können dann im Sinne einer explorativen Studie die Grundlage darstellen für eine anschließende diesbezügliche Hypothesenbildung, die anschließend anhand möglicherweise quantitativer Untersuchungen mit repräsentativen Stichproben überprüft werden könnten.

Im Folgenden wird aus Gründen der sprachlichen Vereinfachung trotz der nicht gegebenen Repräsentativität jeweils nur von GHR- beziehungsweise GyGS-Studierenden, von Anfängerinnen und Anfängern beziehungsweise fortgeschrittenen Studierenden sowie von Studierenden ohne oder mit verschiedenen Arten von Lehrerfahrung geschrieben. Gemeint sind dann immer ausschließlich die so zu bezeichnenden Studierenden innerhalb der vorliegenden Stichprobe und nicht so zu bezeichnende Studierende im Allgemeinen.

2.4 Bestimmung des Ausgangsmaterials

Vor der Darstellung des konkreten methodischen Vorgehens wird im folgenden Abschnitt im Anschluss an die Beschreibung von Erhebungsinstrument und Stichprobe die „*Bestimmung des Ausgangsmaterials*“ (Mayring, 2008, S. 46) als materialbezogener grundlegender Analyseschritt der qualitativen Inhaltsanalyse vorgenommen. „Dies in den Geschichtswissenschaften als Quellenkunde oder Quellenkritik bekannte Vorgehen, wird allzu häufig bei Inhaltsanalysen übergangen“ (ebd.). Hierbei unterscheidet Mayring drei Analyseschritte. Dies sind erstens die „*Festlegung des Materials*“ (ebd., S. 47), das heißt die Beschreibung, „welches Material der Analyse zugrundeliegen soll“ (ebd.), zweitens die „*Analyse der Entstehungssituation*“ (ebd.), das heißt die Beschreibung, „von wem und unter welchen Bedingungen das Material produziert wurde“ (ebd.) und drittens die Beschreibung, wie „*formale Charakteristika des Materials*“ (ebd.) beschaffen sind, das heißt, „in welcher Form das Material vorliegt“ (ebd.). In der konkreten Durchführung dieser Analyse entsprechen dabei viele Aspekte direkt den vorangegangenen Darstellungen. Dennoch werden alle Aspekte in diesem Abschnitt im Sinne einer vollständigen Durchführung dieses Analyseschrittes erneut genannt, wobei aufgrund der bereits erfolgten Darstellungen auf eine ausführliche Beschreibung verzichtet wird.

Mit Bezug auf die Festlegung des Materials liegen der nachfolgenden Analyse 79 Fragebögen zugrunde, deren genaue Charakteristika vorangegangen geschildert wurden. Die Analyse umfasst dabei alle verfügbaren Fragebögen, es wurde also im Anschluss an die Durchführung der Untersuchung keine zum Beispiel repräsentative Auswahl von Fragebögen getroffen, die anschließend ausgewertet wurde. Die Gruppe der Studierenden, die sich an der Untersuchung beteiligt haben, stellt weiterhin, wie dargestellt, umgekehrt keine repräsentative Stichprobe dar, sondern ergibt sich direkt aus der Befragung aller Studierenden in den für die Untersuchung kontaktierten mathematikdidaktischen Seminaren, die sich zu einer Teilnahme bereit erklärt haben. Die formalen Charakteristika der Daten ergeben sich weiterhin wegen der Durchführung der Untersuchung mit Hilfe von Fragebögen direkt als schriftlich fixierte und formulierte Antworten der Studierenden.

Hinsichtlich der Analyse der Entstehungssituation des Materials sind als „die an der Entstehung des Materials beteiligten Interagenten“ (ebd., S. 47) zuerst die Lehramtsstudierenden als primäre Verfassende des Datenmaterials zu nennen. Einfluss auf die Entstehung des Datenmaterials hatten weiterhin naturgemäß die an der Entwicklung des Fragebogens im weitesten Sinne beteiligten Personen, indem sie den Fragebogen als Grundlage der schriftlich fixierten Kommunikation festlegten. „Die konkrete Entstehungssituation“ (ebd.) war gegeben durch die Durchführung der 90-minütigen schriftlichen Befragung im Rahmen verschiedener mathematikdidaktischer Lehrveranstaltungen sowie im Rahmen gesondert mit den Studierenden vereinbarter Termine an der Universität Hamburg im genannten Zeitraum von Ende Juni bis Mitte Juli 2006. Die Teilnahme an der Untersuchung war für die Studierenden freiwillig und konnte von ihnen jederzeit abgebrochen werden. Den Studierenden wurde zu Beginn der Befragung der vollständige Fragebogen ausgehändigt und es gab keine Vorgaben bezüglich der Zeiteinteilung im Rahmen der Befragungszeit. Durch die Situation einer schriftlichen Befragung ist weiterhin unmittelbar „die Zielgruppe, in deren Richtung das Material verfasst wurde“ (ebd.) charakterisiert, indem die Studierenden den Fragebogen für die anschließende Analyse und Auswertung im Rahmen der Untersuchung ausfüllten. Aus einer formalen Perspektive sind daher die an der Auswertung beteiligten Personen als unmittelbare Zielgruppe anzusehen. Da die Studierenden weiterhin wussten, dass Ergebnisse der Studie publiziert würden, kann in einer weiteren Sichtweise auch die Gruppe der die vorliegenden Studie rezipierenden Personen als Zielgruppe angesehen werden, auch wenn den Studierenden als Verfasser bewusst war, dass diese Zielgruppe weniger das unmittelbar verfasste Datenmaterial, sondern vor allem darauf basierende Ausführungen wahrnimmt. „Der emotionale, kognitive und Handlungshintergrund“ (ebd.) der Verfassenden lässt sich weiterhin lediglich insoweit ermitteln, dass in kognitiver Hinsicht Mathematiklehramtsstudierende, die ohne weitere einschränkende Auswahlkriterien um eine Beteiligung an der Studie gebeten wurden, den Kreis der Verfasser bilden. Bezüglich der emotionalen Komponenten und bezüglich des Handlungshintergrundes kann lediglich ausgesagt werden, dass die Studierenden den Fragebogen, wie erwähnt, freiwillig im Rahmen einer Seminarsitzung oder an einem gesondert vereinbarten Termin ausfüllten in dem Wissen, damit dem Wunsch an einer Untersuchungsteilnahme nachzukommen. Des Weiteren lässt sich in diesem Zusammenhang auch „der sozio-kulturelle Hintergrund“ (ebd.) der Studie im Hinblick auf die teilnehmenden Studierenden nur insoweit beschreiben, dass Mathematiklehramtsstudierende aller Schulstufen, die an der Universität Hamburg studierten, an der Untersuchung beteiligt sind.

Im Hinblick auf die Studie selber ist dieser Hintergrund weiterhin dadurch charakterisiert, dass die Untersuchung in die strukturellen und inhaltlichen Zusammenhänge der mathematikdidaktischen Forschung und Lehre der Universität Hamburg sowie in den Forschungszusammenhang der MT21-Studie eingebettet ist.

Nachdem durch diese Analyse das Datenmaterial grundsätzlich bestimmt ist, befassen sich die folgenden Abschnitte mit der konkreten Analyse dieser Daten. Dafür wird sich die Beschreibung des im Rahmen der vorliegenden Studie gewählten methodischen Vorgehens, wie angekündigt, an den in Abschnitt III.2.1 genannten vier Grundsätzen der qualitativen Inhaltsanalyse orientieren, indem anhand dieser vier Grundsätze in den folgenden vier Abschnitten jeweils zentrale Charakteristika der qualitativen Inhaltsanalyse vorgestellt und auf die spezielle Situation dieser Studie bezogen werden. Der erste Grundsatz, der die Einbettung des Datenmaterials in dessen Kommunikationszusammenhang thematisiert, schließt dabei direkt an die vorhergehende Bestimmung des Datenmaterials an.

2.5 Einbettung des Datenmaterials in seinen Kommunikationszusammenhang

Im Rahmen der qualitativen Inhaltsanalyse wird zu analysierendes Datenmaterial, genauer also fixierte Kommunikation, immer als „in seinem *Kommunikationszusammenhang* eingebettet verstanden“ (Mayring, 2007, S. 471). „Sehr hilfreich dafür ist es, den Text als Teil einer Kommunikationskette zu begreifen, ihn in ein *inhaltsanalytisches Kommunikationsmodell* einzuordnen (Mayring, 2008, S. 50)[129]. Im Rahmen der Auswertung muss daher deutlich gemacht werden, „auf welchen Teil im Kommunikationsprozess“ (ebd. , S. 42) die Ergebnisse der Datenauswertung jeweils bezogen sind. „Der Text wird so immer innerhalb seines Kontextes interpretiert, das Material wird auch auf seine Entstehung und Wirkung hin untersucht“ (ebd., S. 42). Zentral ist diese Einbettung des Datenmaterials in ein Kommunikationsmodell insbesondere im Hinblick auf die präzise Be-

[129] Mögliche dazugehörige Grundfragen, die je nach theoretischem Rahmen und spezieller Forschungsfrage jeweils verschieden hohe Relevanz für die Untersuchung haben, sind dabei allgemein: „Wer ist der Sender (Autor), was ist der Gegenstand und sein soziokultureller Hintergrund (Quellen), was sind die Merkmale des Textes (z. B. Lexik, Syntax, Semantik, Pragmatik, nonverbaler Kontext), wer ist der Empfänger, wer die Zielgruppe?“ (Mayring, 2007, S. 471).

nennung beziehungsweise Bestimmung der Richtung der Analyse, das heißt im Hinblick auf die genaue Verortung der Fragestellung. Im Anschluss an die Aufstellung eines Kommunikationsmodells kann diesbezüglich genau dargestellt werden, auf welchen Teil des modellhaft erfassten kommunikativen Aktes sich die Untersuchung bezieht. So kann dieselbe Kommunikation beispielsweise sowohl im Hinblick auf Rückschlüsse über den Sender, als auch im Hinblick auf Analysen über Charakteristika des kommunizierten Inhaltes oder über dessen Wirkung beim Empfänger untersucht werden.

In der vorliegenden Studie besteht das zu analysierende Datenmaterial, wie voran stehend dargelegt, aus Fragebögen, die insgesamt 79 Mathematiklehramtsstudierende schriftlich ausgefüllt haben im Bewusstsein, damit an einer Untersuchung über Lehrerprofessionalität teilzunehmen. Im Bezug auf ein Kommunikationsmodell kommt den Studierenden damit die Rolle der Senderin oder des Senders zu, während die an der Auswertung der Fragebögen beteiligten Personen die Rolle der Empfängerin beziehungsweise des Empfängers ausfüllen.

Aufgrund der Verwendung von Fragebögen liegen die im Rahmen des kommunikativen Aktes übertragenen Informationen weiterhin unmittelbar schriftlich fixiert vor. Dies impliziert weiterhin eine dieser Kommunikation immanente Artifizialität in dem Sinne, dass sich sowohl Senderin und Sender auf der einen Seite, als auch Empfängerin und Empfänger auf der anderen Seite über ihre Partizipation an einem Forschungsprojekt bewusst sind und die Kommunikation direkt mit der Intention einer anschließenden Analyse der Kommunikationsinhalte stattfindet. Dies unterscheidet die Analyse der zugrundeliegenden kommunikativen Situation in der vorliegenden Studie etwa von einer Situation, in der beispielsweise eine Rednerin oder ein Redner einen Vortrag als Senderin oder Sender für ein Publikum als Empfängergruppe vorträgt. In diesem Fall hat die Rednerin oder der Redner ein Interesse an der Übermittlung seiner Vortragsinhalte an das Publikum und das Publikum umgekehrt im Idealfall Interesse an der Aufnahme dieser Informationen, während mögliche ergänzende Analysen von Dritten durchgeführt werden können und die Senderin oder der Sender seine Kommunikation im Allgemeinen nicht im Hinblick auf die Analyse, sondern im Hinblick auf das Erreichen der Empfänger durchführt. Im Fall der vorliegenden Studie liegt in Abgrenzung zu solchen typischen Kommunikationssituationen der Fall vor, dass, indem die Studierenden den Fragebogen ausfüllen, sie Informationen mit dem Wissen kommunizieren, dass diese Informationen im Rahmen einer Untersuchung analysiert werden. Zum anderen charakterisiert es die hier vorliegende Kommunikation, dass, indem die Studierenden der Bitte nach einer Teilnahme an dieser Untersuchung nachkommen, sie den Akt der Kommunikation primär im Hinblick auf diese anschließende Analyse ausführen und weniger mit einem darüber hinausgehenden kommunikationsbezogenen Ziel. Insbesondere zielt ihre Teilnahme an der Kommunikation auch nicht auf das primäre Erreichen anderer Empfängerinnen und Empfänger als den an der Auswertung der Fragebögen beteiligten Personen. Wie oben dargestellt, kann allerdings mittelbar auch die Gruppe der die vorliegenden Studie rezipierenden Personen als Empfängergruppe in dem Sinne angesehen werden, dass die Studierenden als Sendenden sich bewusst waren, dass die Ergebnisse der Studie publiziert würden. In dieser Sichtweise lässt sich auch das kommunikationsbezogene Ziel der Studierenden dahingehend erweitern, dass sie mit ihrer Teilnahme an der Studie einen Beitrag zur Wahrnehmung von Aspekten der Untersuchung von Lehrerausbildung leisten wollten.

Ausgehend vom dargestellten inhaltlichen Ziel der vorliegenden Studie, der beabsichtigten Rekonstruktion struktureller Zusammenhänge der professionellen Kompetenz der Lehramtsstudierenden, lässt sich dann insgesamt, unabhängig von der Sichtweise, welche Personengruppe als Empfängergruppe fungiert, die Richtung der Analyse vor dem Hintergrund des Kommunikationsmodells formulieren. Die Untersuchung analysiert diesbezüglich die fixierte Kommunikation allgemein mit dem Ziel, Rückschlüsse über die Gruppe der Sender ziehen zu können, genauer hierbei mit dem Ziel, Rückschlüsse über deren professionelle Kompetenz im Bezug auf ihre spätere Tätigkeit als Mathematiklehrerin oder Mathematiklehrer ziehen zu können.

2.6 Beschreibung der Datencodierung

In diesem Abschnitt wird das tatsächliche konkrete methodische Vorgehen im Rahmen der Datenanalyse beschrieben. Im Hinblick auf die verschiedenen Grundsätze der qualitativen Inhaltsanalyse bezieht sich der Abschnitt damit auf den Grundsatz des systematischen und regelgeleiteten Vorgehens.

Allgemein gibt es dabei nicht eine einzelne, dann als qualitative Inhaltsanalyse zu bezeichnende Vorgehensweise, sondern vielmehr subsumiert die qualitative Inhaltsanalyse verschiedene Analysetechniken, die zentrale gemeinsame Charakteristika aufweisen. Anhand dieser gemeinsamen Merkmale lässt sich hinsichtlich der methodischen Vorgehensweise „ein allgemeines Modell zur Orientierung aufstellen“ (Mayring, 2008, S. 53), das aber dennoch im Rahmen jeder Analyse „im konkreten Fall an das jeweilige Material und die jeweilige Fragestellung angepasst werden“ (ebd.) muss[130]. Allen Analysetechniken der qualitativen Inhaltsanalyse gemeinsam ist primär, dass sie durchgehend „in einzelne Analyseschritte untergliedert“ (ebd.) werden können.

> „Eben darin besteht die Stärke der qualitativen Inhaltsanalyse gegenüber anderen Interpretationsverfahren, dass die Analyse in einzelne Interpretationsschritte zerlegt wird, die vorher festgelegt werden. Dadurch wird sie für andere nachvollziehbar und intersubjektiv überprüfbar, [...] wird sie zur wissenschaftlichen Methode.“ (ebd.)

Alle Interpretationen des Materials geschehen dabei unter Verwendung von und unter strenger Bezugnahme auf entsprechende Kodierleitfäden, anhand derer die einzelnen Materialbestandteile jeweils hinsichtlich einer oder mehrerer Kategorien codiert werden. Zentral ist also „immer die Entwicklung eines *Kategoriensystems*“ (ebd.). „Diese Kategorien werden in einem Wechselverhältnis zwischen der Theorie (der Fragestellung) und dem konkreten Material entwickelt, durch Konstruktions- und Zuordnungsregeln definiert und während der Analyse überarbeitet und *rücküberprüft*“ (ebd.).

Insgesamt lassen sich die einzelnen Analyseschritte der qualitativen Inhaltsanalyse dann in einer ersten, allgemeinen Form anhand der folgenden Abfolge von elf Schritten zu einem generellen Ablaufmodell zusammenfassen:

[130] Grundsätzlich gilt also der Grundsatz von „*Gegenstandsbezug statt Technik*“ (Mayring, 2008, S. 44), das heißt, „die Anbindung am konkreten Gegenstand der Analyse ist ein besonders wichtige Anliegen“ (ebd., S. 44).

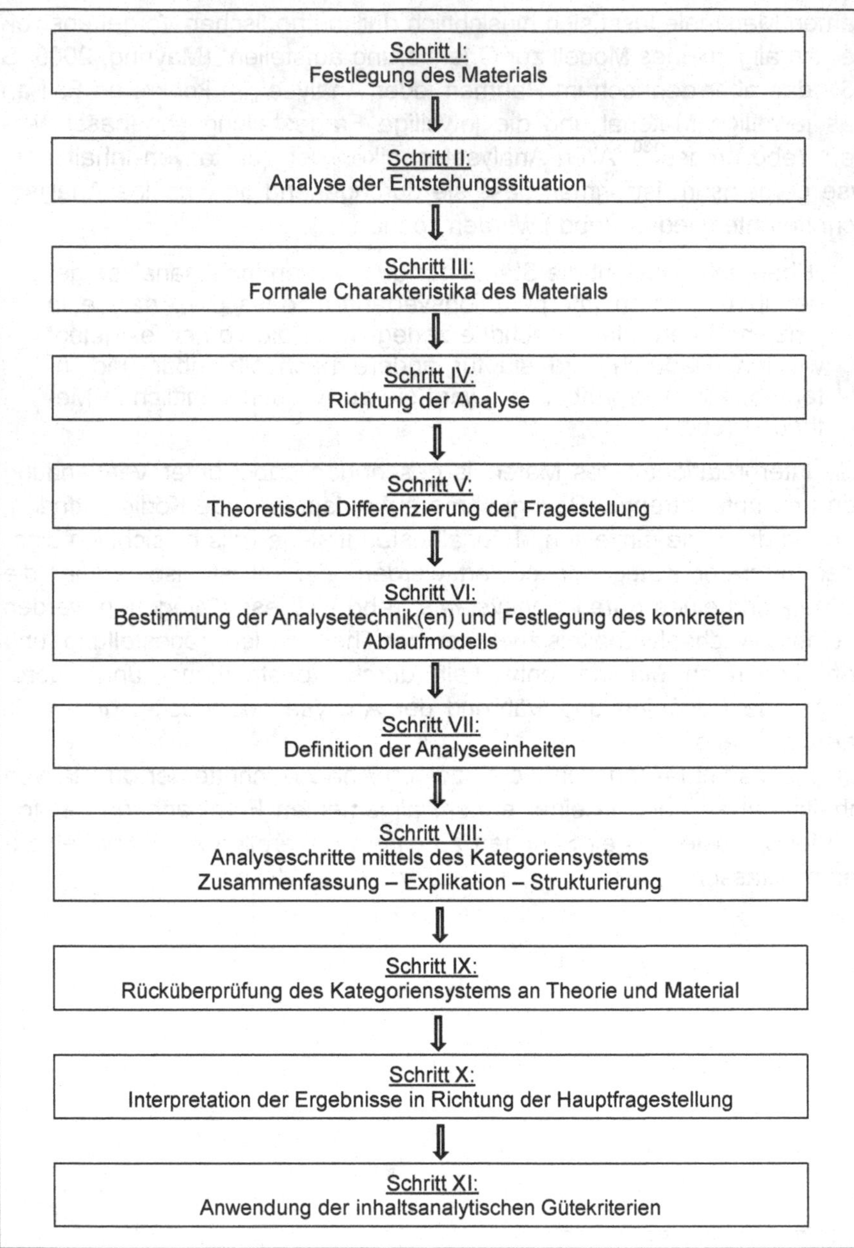

Abbildung 3: Allgemeines Ablaufmodell der qualitativen Inhaltsanalyse (vgl. Mayring, 2008, S. 54, leicht verändert)

In den vorangegangenen Abschnitten wurden bereits die ersten fünf Analyseschritte im Hinblick auf die vorliegende Studie konkretisiert und durchgeführt, indem im Rahmen der Bestimmung des Ausgangsmaterials die Festlegung des Materials, die Analyse der Entstehungssituation und die Beschreibung der formalen Charakteristika des Materials vorgenommen wurde (Schritt I bis III, Abschnitt III.2.4), weiterhin im Rahmen der Einbettung des Datenmaterials in seinen Kommunikationszusammenhang die Richtung der Analyse beschrieben wurde (Schritt IV, Abschnitt III.2.5) und die der Studie zugrundeliegende Fragestellung theoriebasiert hergeleitet wurde (Schritt V, Kapitel II.7). Im Anschluss werden nun in diesem Abschnitt die Schritte VI bis XI im Hinblick auf die vorliegende Studie genauer dargestellt, die insgesamt die Prozesse der konkreten Codierung des Datenmaterials umfassen. Der nachfolgende Abschnitt stellt dann insbesondere die Anwendung von Gütekriterien auf das methodische Vorgehen der vorliegenden Studie, das heißt Schritt XI dar. Der zentrale Schritt X, das heißt die Interpretation der durch die Codierung gewonnenen Daten im Hinblick auf die Forschungsfrage, ist abschließend die Voraussetzung, um im Anschluss an die Durchführung der qualitativen Inhaltsanalyse Ergebnisse der Untersuchung vorstellen zu können. Dieser Analyseschritt ist damit gleichsam das Bindeglied zwischen der konkreten methodischen Datencodierung mit Hilfe der qualitativen Inhaltsanalyse und der gesamten Darstellung der Untersuchungsergebnisse in Teil IV.

Wie erwähnt, werden damit nachfolgend die Analyseschritte VI bis IX näher beschrieben, die insgesamt auf die Codierung des Datenmaterials, das heißt im Fall der vorliegenden Studie auf die Codierung der Fragebögen bezogen sind. Hierbei müssen zuerst die Analyseeinheiten definiert werden. Generell lassen sich diesbezüglich drei unterschiedliche Einheiten unterscheiden:

- „Die Kodiereinheit legt fest, welches der kleinste Materialbestandteil ist, der ausgewertet werden darf, was der minimale Textteil ist, der unter eine Kategorie fallen kann.
- Die Kontexteinheit legt den größten Textbestandteil fest, der unter eine Kategorie fallen kann.
- Die Auswertungseinheit legt fest, welche Textteile jeweils nacheinander ausgewertet werden.“ (ebd., S. 53)

Im Falle der vorliegenden Studie ergeben sich diese Einheiten größtenteils direkt durch die Vorgaben des eingesetzten Fragebogens und damit zusammenhängend durch die für die vorliegende Studie gewählte Bedingung, dass jeweils nur einzelne Antworten auf Teilaufgaben codiert werden und nicht ein Code für mehrere Antworten vergeben wird. Der Grund für diese Bedingung ist, dass verschiedene Teilaufgaben sich jeweils auf verschiedene Kompetenzkomponenten beziehen und aus dem Ziel der Untersuchung, Zusammenhänge zwischen verschiedenen Kompetenzkomponenten zu rekonstruieren, daher folgt, dass der Fokus der Auswertung auf den Zusammenhängen zwischen verschiedenen Antworten und somit auf den Zusammenhängen zwischen den Codierungen verschiedener Antworten liegt. Eine zusammenfassende Codierung mehrerer Antworten stünde diesem Ziel daher entgegen, da naturgemäß keine Beziehungen zwischen einzelnen Codierungen betrachtet werden können, wenn diese zu einem Gesamtcode zusammengefasst worden sind. Berücksichtigt man diese Einzelcodierung aller Antworten, ergibt sich zuerst die Kodiereinheit als Zusammenschluss aller derjenigen Teile der Antwort auf eine einzelne Teilaufgabe, die inhaltliche Relevanz im Hinblick auf die der Teilaufgabe jeweils zugrundeliegende Kategorie haben. Die Kontexteinheit ist weiterhin damit die gesamte Antwort auf eine einzelne Teilaufgabe. Die Auswertungseinheit ist damit schließlich ebenfalls gegeben, indem jeweils alle codierbaren Antworten zu einer Teilaufgabe einzeln codiert wurden, bevor zu einer neuen Teilaufgabe übergegangen wurde.

Im Anschluss an diese Definition der Analyseeinheiten kann dann als nächster Analyseschritt eine Auswahl aus verschiedenen inhaltsanalytischen Analysetechniken erfolgen, die, wie eingangs dargestellt, im Kontext der Untersuchung zu begründen ist. Genau wie die qualitative Inhaltsanalyse dabei kein feststehendes Verfahren, sondern eine Sammlung eben dieser verschiedenen Techniken mit gemeinsamen Charakteristika darstellt, beschreiben auch die einzelnen Analysetechniken weiterhin keinen eindeutigen Analyseablauf. Vielmehr muss die ausgewählte Technik beziehungsweise müssen die ausgewählten Techniken darüber hinaus ebenfalls im Kontext der Untersuchung an deren speziellen Bedingungen angepasst und damit bezüglich des Ablaufs genauer präzisiert werden.

Ausgangspunkt für die Auswahl einer konkreten inhaltsanalytischen Analysetechnik sind dabei primär verschiedene Möglichkeiten, sprachliches Datenmaterial zu interpretieren. Hierfür unterscheidet Mayring grundsätzlich drei „*Grundformen des Interpretierens*" (ebd., S. 56), nämlich die Zusammenfassung, die Explikation sowie die Strukturierung und führt verschiedene Formen der Textanalyse auf eine oder mehrere Grundformen zurück. Die Grundformen charakterisiert er dabei wie folgt:

> „*Zusammenfassung*: Ziel der Analyse ist es, das Material so zu reduzieren, dass die wesentlichen Inhalte erhalten bleiben, durch Abstraktion einen überschaubaren Corpus zu schaffen, der immer noch Abbild des Grundmaterials ist.
>
> *Explikation*: Ziel der Analyse ist es, zu einzelnen fraglichen Textteilen (Begriffen, Sätzen, ...) zusätzliches Material heranzutragen, das das Verständnis erweitert, das die Textstelle erläutert, erklärt, ausdeutet.
>
> *Strukturierung*: Ziel der Analyse ist es, bestimmte Aspekte aus dem Material herauszufiltern, unter vorher festgelegten Ordnungskriterien einen Querschnitt durch das Material zu legen oder das Material aufgrund bestimmter Kriterien einzuschätzen." (ebd., S. 58)

Vor dem Hintergrund der vorliegenden Studie ist dabei insbesondere die Möglichkeit, die Kontingenzanalyse auf diese drei Grundformen zurückzuführen, relevant. Diese Form der Textanalyse zielt darauf ab, Zusammenhänge zwischen verschiedenen Materialteilen herauszufinden, um damit „aus dem Material eine Struktur miteinander assoziierter Textelemente herausfiltern" (ebd., S. 15) zu können. Man erkennt unmittelbar die Nähe dieser Art der Analyse zu der Fragestellung der vorliegenden Studie, deren Ziel genau das Rekonstruieren struktureller Zusammenhänge von in diesem Falle Komponenten professioneller Kompetenz auf Basis schriftlich vorliegender Antworten ist. Im speziellen Fall der vorliegenden Studie wird deshalb ein methodisches Vorgehen entwickelt, das den grundlegenden Ansatz der Kontingenzanalyse unter besonderer Berücksichtigung der strukturierenden Interpretationsform aufgreift[131], wobei spezieller insbesondere auf den Ansatz der skalierenden Strukturierung[132] zurückgegriffen wird.

---

[131] Auch wenn die Kontingenzanalyse aufgrund ihrer Fokussierung auf das Herausfinden von Zusammenhängen generell eine deutliche Nähe zu der Strukturierung als eine Grundform der Interpretation aufweist, führt Mayring sie dennoch, wie erwähnt, im allgemeinen Fall auf alle drei Grundformen des Interpretierens zurück (Mayring, 2008).

[132] Grundsätzlich unterscheidet Mayring 4 Untergruppen von strukturierender Textanalyse, die formale, die inhaltliche, die typisierende und die skalierende Strukturierung (Mayring, 2008).

Allgemein haben strukturierende Interpretationsformen das „Ziel, eine bestimmte Struktur aus dem Material herauszufiltern. Diese Struktur wird in Form eines Kategoriensystems an das Material herangetragen“ (ebd., S. 82 f.). Daraus folgen zwei relevante Aspekte zur Vorbereitung dieses Vorgehens. Dies sind zum Einen die Ermittlung von Untersuchungsdimensionen, für die dann jeweils verschiedene Kategorien, das heißt Ausprägungen der jeweiligen Untersuchungsdimension, formuliert werden, bezüglich derer die Materialteile unterschieden werden können. Zum Anderen folgt daraus im Anschluss daran die Notwendigkeit einer Aufstellung konkreter Vorgaben für jede Untersuchungsdimension, wann Materialteile einer Ausprägung zugeordnet werden.

Die Ermittlung der verschiedenen Dimensionen, bezüglich derer das Material beziehungsweise Teile davon später ausgewertet werden, schließt dabei direkt an den theoretischen Rahmen der Studie und die zugrundeliegende Fragestellung an. Fast immer müssen dabei verschiedene Ebenen von Dimensionen unterschieden werden.

> „Die grundsätzlichen Strukturierungsdimensionen müssen genau bestimmt werden, sie müssen aus der Fragestellung abgeleitet und theoretisch begründet werden. Diese Strukturierungsdimensionen werden dann zumeist weiter differenziert“ (ebd., S. 83)

Anschließend lassen sich dann für jede der so durch Ausdifferenzierung der grundsätzlichen Strukturierungsdimensionen entstandenen Dimensionen verschiedene Ausprägungen unterscheiden, was im Allgemeinen ebenfalls theoriegeleitet geschieht. Auf dieser Basis kann das Material beziehungsweise Teile davon im Hinblick auf jede Dimension untersucht werden und es wird dem Material beziehungsweise Teilen davon jeweils pro Dimension die passende Ausprägung beziehungsweise die passenden Ausprägungen zugeordnet, das heißt, das Material beziehungsweise Teile davon werden bezüglich der verschiedenen Dimensionen jeweils codiert. Um hierbei eine möglichst eindeutige Codierung, insbesondere also eine möglichst große Unabhängigkeit von der jeweils codierenden Person sowie eine möglichst große Nachvollziehbarkeit und Wiederholbarkeit des Vorgehens zu erreichen, müssen vor der Codierung entsprechende Codieranweisungen festgelegt werden. Diesbezüglich schlägt Mayring (ebd.) vor, vor dem Codieren entsprechende Vorgaben anhand von drei Bereichen zusammenzustellen, nämlich erstens genauen Definitionen der Ausprägungen, zweitens Codierregeln zur Abgrenzung der Ausprägungen und drittens direkt dem Material entnommenen Stellen als

Beispiele für die jeweiligen Ausprägungen, den sogenannten Ankerbeispielen.

Die skalierende Strukturierung stellt dann weiterhin eine spezielle Variante dieser allgemeinen strukturierenden Inhaltsform dar, deren Ziel es ist, „das Material bez. bestimmte Materialteile auf einer Skala (in der Regel Ordinalskala) einzuschätzen." (ebd., S. 92). Aufgrund dieses Bezuges zum Skalenniveau können die verschiedenen Untersuchungsdimensionen jeweils durch eine Variable repräsentiert werden, deren mögliche Werte den Ausprägungen entsprechen. Ein Code entspricht damit demjenigen Wert, der der entsprechenden Variable im Bezug auf den jeweils codierten Materialteil zugeordnet wird.

> „Die Strukturierungsdimensionen [...] sind nun Einschätzungsdimensionen, sind Variablen mit Ausprägungen in mindestens ordinalskalierter Form (z. B. viel – mittel – wenig)." (ebd.)

Das Ziel dieser skalierenden Strukturierung ist dann, im Einklang mit dem Vorhergehenden, eine Analyse des Datenmaterials hinsichtlich „Häufigkeiten, Kontingenzen oder Konfigurationen" (ebd.), wobei die Besonderheit der skalierenden Strukturierung in der Möglichkeit besteht, aufgrund der mindestens ordinalskalierten Daten insbesondere quantitative Analysen durchzuführen.

Im Fall der vorliegenden Studie wird dieser Ansatz aufgegriffen. Die grundsätzlichen Strukturierungsdimensionen ergeben sich dabei direkt aus dem theoretischen Ansatz der Studie und sind primär einerseits durch die in der Studie berücksichtigten Kompetenzkomponenten, das heißt durch das fachmathematische und mathematikdidaktische Wissen sowie durch die beliefs und andererseits durch die in der Studie berücksichtigten mathematikbezogenen Aktivitäten, das heißt durch Modellierung und Realitätsbezüge sowie Argumentieren und Beweisen, gegeben und werden entsprechend der im theoretischen Ansatz der Studie dargelegten theoretischen Fokussierungen der Studie weiter präzisiert und ausdifferenziert zu den in der Studie konkret unterschiedenen Dimensionen. Da die Teilaufgaben des Fragebogens direkt an dieser Ausdifferenzierung entlang entwickelt wurden, wird, wie oben erwähnt, jeder Teilaufgabe eine Variable zugeordnet. Die zu der Variablen gehörige theoretische Dimension entspricht dann genau der jeweiligen inhaltlichen Klassifizierung der Teilaufgabe[133]. Fast alle Teilaufgaben werden dabei, im Einklang mit dem Ansatz der skalierenden Strukturierung, auf Ordinalskalenniveau codiert, wobei in Abhängigkeit von den Fragen und den damit zusammenhängenden jeweiligen Möglichkeiten zur theoretischen Ausdifferenzierung der Variablenwerte Drei- und Fünfpunktskalen verwendet werden. Daraus folgt, dass keine dichotomen Unterscheidungen vorgenommen wurden, insbesondere auch nicht im Falle von auf Wissensdimensionen bezogenen Teilfragen. Auch bei der Codierung entsprechender offenen Antworten, beispielsweise bezüglich der Angemessenheit einer fachdidaktischen Einschätzung oder eines fachmathematischen Beweises, wurde daher nicht nur eine Unterscheidung zwischen richtigen und falschen beziehungsweise angemessenen und nicht angemessenen Antworten vorgenommen. Andererseits findet sich durchgehend keine Codierung auf einem über das Ordinalskalenniveau hinausgehenden Niveau, da verschiedene graduelle Abstufungen hinsichtlich etwa der Richtigkeit oder Angemessenheit von offenen Antworten nicht oder nur schwerlich äquidistant unterschieden werden können. Daneben gibt es weiterhin einige Teilaufgaben, bei denen vom Prinzip der Ordinalskalierung abgewichen wurde, und stattdessen eine nominale Codierung vorgenommen wurde, etwa, wenn verschiedene belief-Typen oder unterschiedliche Argumentationslinien unterschieden werden. Trotz dieser Abweichung vom grundsätzlichen Vorgehen der skalierenden Strukturierung werden die Aufgaben dennoch ansonsten gemäß dieser Technik ausgewertet, das heißt, es werden auch bei diesen Aufgaben Analysen bezüglich der Zusammenhänge zu anderen Teilaufgaben mit sowohl ebenfalls nominaler als auch ordinaler Codierung vorgenommen. Aus Gründen der sprachlichen Vereinfachung und Vereinheitlichung werden weiterhin im Folgenden nicht nur den ordinalskalierten, sondern auch den im weiteren vorgestellten nominalskalierten Untersuchungsdimensionen Variablen zugeordnet, auch wenn es sich bei der entsprechenden Codierung nicht im strengen Sinne um eine Zuordnung von Zahlwerten beziehungsweise deren Äquivalenten handelt, und es werden weiterhin auch die auf der nominalen Skalierung basierenden Codes als Werte der zugehörigen Variable bezeichnet. Für alle Teilaufgaben wurden weiterhin, unabhängig von dem jeweils verwendeten Skalenniveau, gemäß der obigen Ausführungen die zugehörigen Codiervorgaben jeweils in Form eines

[133] Wie vorhergehend beschrieben, findet sich die Klassifizierung aller Teilaufgaben im Anhang dieser Arbeit.

Codiermanuals zusammengefasst, das die präzisen Definitionen der Variablenwerte sowie die zugehörigen Codierregeln enthält. Im Laufe der Codierung wurden weiterhin geeignete Ankerbeispiele für die verschiedenen Werte identifiziert und in die Manuale eingefügt. Auf die inhaltlichen sowie skalenbezogenen Details aller Codierungen der verschiedenen in der Arbeit berücksichtigten Teilaufgaben wird dabei jeweils im Zuge der Darstellung der auf die Teilaufgabe bezogenen Ergebnisse eingegangen. Als Beispiel für die Codierleitfäden selber finden sich darüber hinaus exemplarisch vier[134] Codiermanuale auch im Anhang zu dieser Arbeit (für eine Übersicht siehe Anhang VII.3).

Anhand dieser Darstellung des methodischen Vorgehens lässt sich auch das allgemeine Vorgehen der qualitativen Inhaltsanalyse (dargestellt in Abbildung 3, Seite 192) weiter konkretisieren, indem die Schritte VI bis IX weiter ausdifferenziert werden. Schematisch ergibt sich dabei für diesen Teil der qualitativen Inhaltsanalyse[135] im Bezug auf die skalierende Strukturierung und vor dem Hintergrund der vorliegenden Studie der folgende Ablauf:

[134] Genauer werden im Anhang jeweils zwei Codierleitfäden zu deduktiv definierten Codierungen und zwei Codierleitfäden zu induktiv definierten Codierungen (siehe dazu die nachfolgenden Ausführungen in diesem Abschnitt) exemplarisch dargestellt. Hinsichtlich der Leitfäden für die deduktiv definierten Codierungen wird weiterhin beispielhaft ein Codierleitfaden zur Codierung einer auf fachmathematisches Wissen bezogenen Teilaufgabe und ein Codierleitfaden zur Codierung einer auf mathematikdidaktisches Wissen bezogenen Teilaufgabe vorgestellt.

[135] Da sich die folgende Darstellung nur auf einen Teil des allgemeinen Vorgehens bezieht, werden zur Abgrenzung der Darstellungen hier arabische Ziffern anstelle der römischen Ziffern in der Darstellung des übergeordneten allgemeinen Vorgehens der qualitativen Inhaltsanalyse verwendet. Die Schritte 1 bis 7 in Abbildung 4 (Seite 200) ersetzen also die Schritte VI bis IX in Abbildung 3 (Seite 192).

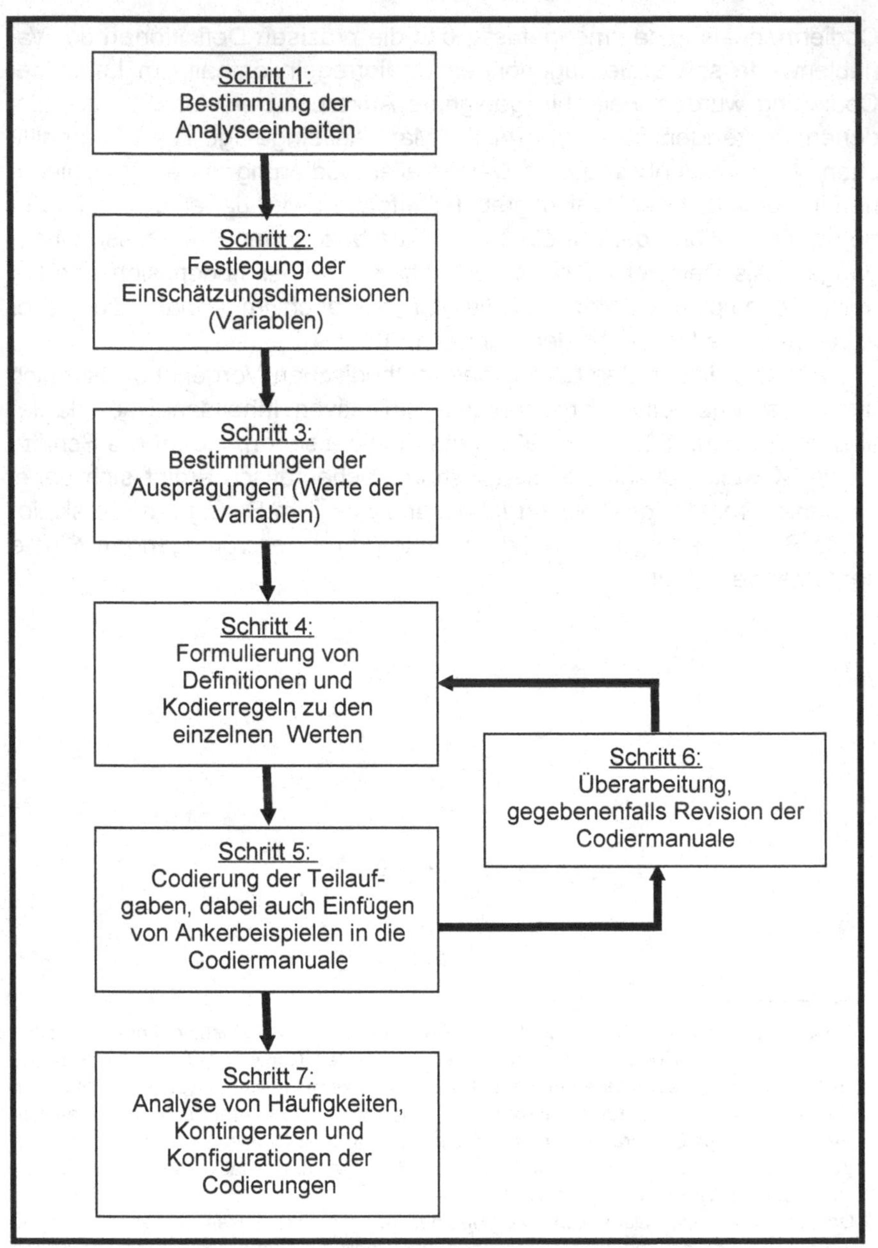

Abbildung 4: Ablauf der speziell auf die skalierende Strukturierung bezogenen Analyseschritte im Rahmen der qualitativen Inhaltsanalyse (vgl. Mayring, 2008, S. 93, Darstellung verändert)

Der sechste Schritt, das heißt die Überarbeitung und gegebenenfalls Revision der Codiermanuale, ist dabei wesentlich im Hinblick auf die Sicherstellung einer möglichst eindeutigen Codierbarkeit der offenen Antworten. Dieser Teil der Auswertung ist damit bedeutsam sowohl im Hinblick auf die Nachvollziehbarkeit des Vorgehens als auch insbesondere zur Sicherung der Interraterreliabiltät. Auf Details zu der diesbezüglichen Vorgehensweise im Rahmen der vorliegenden Studie wird daher im nachfolgenden Abschnitt zu den Gütekriterien der qualitativen Inhaltsanalyse eingegangen.

Allen bisher geschilderten Codiervorgaben, unabhängig davon, ob sie auf nominalem oder ordinalem Skalenniveau formuliert sind, ist gemeinsam, dass sie grundlegend auf theoretischer Basis formuliert, das heißt, aus theoretischen Überlegungen abgeleitet wurden. Dieses Vorgehen, das als deduktive Kategorien- beziehungsweise Wertedefinition bezeichnet wird, ist charakteristisch für strukturierende Analysetechniken.

> „Eine deduktive Kategoriendefinition bestimmt das Auswertungsinstrument durch theoretische Überlegungen. Aus Voruntersuchungen, aus dem bisherigen Forschungsstand, aus neu entwickelten Theorien oder Theoriekonzepten werden die Kategorien in einem Operationalisierungsprozess auf das Material hin entwickelt. Die strukturierende Inhaltsanalyse wäre dafür ein Beispiel“ (ebd., S. 74 f.)

Für die vorliegende Studie wurden diese deduktiven Wertedefinitionen weiterhin ergänzt um Variablen, die nicht aus theoretischen Überlegungen, sondern direkt aus dem Material abgeleitet wurden. Diese Vorgehensweise wird allgemein als induktive Kategorien- beziehungsweise Wertedefinition bezeichnet.

> „Eine induktive Kategoriendefinition hingegen leitet die Kategorien direkt aus dem Material in einem Verallgemeinerungsprozess ab, ohne sich auf vorab formulierte Theoriekonzepte zu beziehen.“ (ebd., S. 75)

Methodisch wurden dafür in einem ersten Durchgang sämtliche Teilaufgaben gemäß der deduktiv formulierten Codiervorgaben codiert. Auf Basis dieses Materialeindrucks und aufgrund theoretischer Überlegungen zu den Teilaufgaben im Kontext der Fragestellung der Studie wurden daraufhin von den an der Auswertung beteiligten Personen verschiedene weitere Dimensionen formuliert, bezüglich derer sich das Material unterscheidet und die Relevanz im Bezug auf die Analyse des Zusammenhangs verschiedener Kompetenzkomponenten haben, deren unterschiedliche Ausprägungen jedoch weniger vorab deduktiv als vielmehr vorrangig direkt aus dem Material abgeleitet werden können. Dies können beispielsweise individuell unterschiedliche Herangehensweisen an eine mathematische Problemstellung oder individuell gewählte Rückmeldestrategien sein. Anschließend wurden für jede dieser Untersuchungsdimensionen, beziehungsweise genauer für die den Dimensionen jeweils zugeordneten Variablen, verschiedene Werte auf Basis der im Material auftretenden Merkmale unterschieden. Durchgehend sind diese Variablen dabei nominalskalenbasiert, da die Materialcharakteristika nicht in wertend-abstufender Form unterschieden werden. Auch für die induktiv definierten Variablen wurden die Codiervorgaben jeweils in Codiermanualen festgehalten, die in der Form den Manualen der deduktiv definierten Variablen entsprechen. Wie erwähnt, sind dieser Arbeit exemplarisch sowohl Codierleitfäden zu deduktiv definierten wie auch Codierleitfäden zu induktiv definierten Codierungen im Anhang beigefügt. Inhaltliche Details der Codierung werden, wie auch bei den deduktiv definierten Variablen, ebenfalls weiterhin jeweils im Zuge der Darstellung der Ergebnisse der auf die jeweiligen Variablen bezogenen Teilaufgaben beschrieben.

In der Auswertung der Codierungen werden dann sowohl die deduktiv und induktiv definierten Variablen jeweils für sich untereinander als auch deduktiv und induktiv definierte Variablen gegenseitig aufeinander bezogen und jeweils im Einklang mit der strukturierenden Inhaltsanalyse Zusammenhänge zwischen den Variablen im Datenmaterial gesucht und interpretiert. In methodischer Hinsicht wurde die Technik der strukturierenden Analyse daher für die vorliegende Studie in zweifacher Hinsicht im Vergleich zum verbreiteten Vorgehen modifiziert beziehungsweise ergänzt. Zum Einen wurden auch nominal skalierte Variablen und zum Anderen auch induktiv definierte Variablen in die Untersuchung einbezogen. Beides ist auf der einen Seite begründet durch die dadurch gegebene Möglichkeit einer breiteren Berücksichtigung von Materialcharakteristika, die Relevanz für die der Untersuchung zugrundeliegende Fragestellung nach dem Zusammenhang verschiedener Kompetenzkomponenten haben. Auf der anderen Seite stehen insbesondere die nominal skalierten Variablen der Verwendung vieler quantitativer Analyseschritte entgegen. Dies bedeutet jedoch im konkreten Fall der vorliegenden Studie keine starke Einschränkung der Analysemöglichkeiten, da unabhängig von den nominalskalierten Variablen allein die nicht repräsentative und unbalancierte Stichprobe einen sinnvollen Einsatz quantitativer Analyseschritte stark einschränkt. Auf den Einsatz quantitativer Analyseschritte im Rahmen der vorliegenden Studie wird dafür im übernächsten Abschnitt genauer eingegangen, nach der Darstellung der der Studie zugrundeliegenden Gütekriterien im nächsten Abschnitt.

2.7 Gütekriterien

Dieser Abschnitt bezieht sich auf den Grundsatz der qualitativen Inhaltsanalyse, Gütekriterien im Forschungs- und Analyseprozess zu berücksichtigen. Auf der anderen Seite ist dies selbstverständlich kein Alleinstellungsmerkmal der qualitativen Inhaltsanalyse, vielmehr ist Forschung allgemein an grundsätzlichen Gütekriterien orientiert. Grundlegend können dabei zuerst drei ursprünglich primär im Bezug auf quantitative Forschung (vgl. Wellenreuther, 2000, Lienert & Raatz, 1998) formulierte Gütekriterien unterschieden werden. Dies sind die Objektivität, die Reliabilität und die Validität. Die Kriterien bauen dabei aufeinander auf in dem Sinne, dass Objektivität Vorraussetzung für Reliabilität und diese wiederum Voraussetzung für Validität ist. Lienert und Raatz (1998) charakterisieren die Kriterien dabei wie folgt:

- Objektivität: „Unter *Objektivität* eines Tests verstehen wir den Grad, in dem die Ergebnisse eines Tests unabhängig vom Untersucher sind" (ebd., S. 7).
- Reliabilität: „Unter der *Reliabilität* oder Zuverlässigkeit eines Tests versteht man den Grad der Genauigkeit, mit dem er ein bestimmtes Persönlichkeits- oder Verhaltensmerkmal misst, gleichgültig, ob er dieses Merkmal auch zu messen beansprucht" (ebd., S. 9).
- Validität: „Die *Validität* oder Gültigkeit eines Tests gibt den Grad der Genauigkeit an, mit dem dieser Test dasjenige Persönlichkeitsmerkmal oder diejenige Verhaltensweise, das (die) er messen oder vorhersagen soll, tatsächlich misst oder vorhersagt" (ebd., S. 10).

Im Bezug auf qualitative Forschungsansätze gibt es unterschiedliche Positionen, ob und inwieweit diese ursprünglich im Bereich quantitativer Forschung formulierten Gütekriterien auf qualitative methodische Zugänge übertragen und angewendet werden können (Flick, 2006, Steinke, 2007). Häufig (vgl. Lamnek, 1995, 2005, Mayring, 1993) werden dabei die oben genannten Gütekriterien im Hinblick auf qualitative Analysen modifiziert beziehungsweise es werden ausgehend von den Grundsätzen der obigen Kriterien eigene Gütekriterien für qualitative Forschung entwickelt. Vor diesem Hintergrund entwickelt Mayring (2008) mit Bezug schon auf Krippendorff (1980) „eigene inhaltsanalytische Gütekriterien“ (Mayring, 2008, S. 111), innerhalb derer „die Interkoder-Reliabilität eine besondere Bedeutung“ (ebd., S. 46) inne hat. Dieses Kriterium bezeichnet allgemein den Vergleich der Analysen beziehungsweise Codierungen desselben Datenmaterials durch verschiedene Personen und bezieht damit sowohl Aspekte der Objektivität als auch der Reliabilität im obigen Sinne ein[136]. Neben dieser Interkoder-Reliabilität ergeben sich auch weitere Kriterien aus der allgemeinen Prämisse für inhaltsanalytische Gütekriterien, dass im Rahmen der qualitativen Inhaltsanalyse „nicht nur die Anwendung der Kategorien auf das Material (die Kodierung) zuverlässig vor sich gehen muss, sondern auch die Konstruktion der Kategorien selbst“ (ebd., S. 111). Im Folgenden werden die im Hinblick auf die vorliegende Studie relevanten Gütekriterien der qualitativen Inhaltsanalyse dargestellt, wobei ein besonderer Akzent auf dem zentralen Kriterium der Interkoder-Reliabilität liegt, das im Einklang mit der entsprechenden Verortung bei Mayring im Zusammenhang mit dem Kriterium der Reproduzierbarkeit dargestellt wird. Grundlegend werden dabei, ebenfalls im Anschluss an die Unterscheidung bei Mayring, stärker auf die Reliabilität und stärker auf die Validität bezogene Gütekriterien unterschieden. Dies steht im Einklang mit allgemeinen Ansätzen zur Entwicklung von Gütekriterien für qualitative Forschung, denn die diesbezüglich gegebenenfalls als Ausgangspunkt genutzte „Verwendung klassischer Kriterien konzentriert sich auf Reliabilität und Validität[137]“ (Flick, 2006, S. 319).

2.7.1 Auf die Reliabilität bezogene Gütekriterien:

Reproduzierbarkeit: Dieses Gütekriterium wird an dieser Stelle im Bereich der auf die Reliabilität bezogenen Gütekriterien vorgestellt, da es unter der Perspektive der qualitativen Inhaltsanalyse wie erwähnt in direktem Bezug zu der Intercoderreliabilität steht. So führt Mayring (2008, S. 113) im Bezug auf die Reproduzierbarkeit aus:

---

[136] Mayring (2008) bezieht dieses Kriterium dabei primär auf den Ansatz der Reliabilität im Sinne der oben genannten Gütekriterien, wie nicht nur der Name des Kriteriums, sondern auch seine Einbettung des Kriteriums in die Systematik der übrigen inhaltsanalytischen Gütekriterien verdeutlicht.

[137] Ähnlich argumentiert Wellenreuther (2000, S. 278) unter quantitativer Perspektive, der festhält, dass oftmals „die Objektivität unter der Reliabilität abgehandelt“ wird. Dies deckt sich mit der Verortung der auf die Objektivität und Reliabilität bezogenen Interkoder-Reliabilität im Bereich der auf die Reliabilität bezogenen Gütekriterien bei Mayring (2000).

> „*Reproduzierbarkeit* meint den Grad, in dem die Analyse unter anderen Umständen, anderen Analytikern zu denselben Ergebnissen führt. Sie hängt ab von der Explizitheit und Exaktheit der Vorgehensbeschreibung und lässt sich durch Intercoderreliabilität messen".

An anderer Stelle fasst Mayring (2000, S. 3) im Hinblick auf dieses wie erwähnt für die qualitative Inhaltsanalyse zentrale Kriterium der Intercoderreliabilität weiterhin einige allgemeine Richtlinien wie folgt zusammen:

> „Zur Bestimmung der Interkoderreliabilität werden allerdings nur ins Projekt eingearbeitete Kodierer eingesetzt, auch argumentative Elemente eingebaut (Kann ich den Erstkodierer von der Angemessenheit meines abweichenden Auswertungsurteils überzeugen?) und die Ansprüche an Übereinstimmung heruntergeschraubt (COHENS Kappa über 0.7 als ausreichend)."

Cohens Kappa dient dabei als Maß zur Beschreibung der Übereinstimmung der Codierungen von hier zwei Codierern. Der Wert bezeichnet prinzipiell das Verhältnis aus dem Anteil derjenigen Übereinstimmungen von Codierungen, die tatsächlich über die zufällig zu erwartenden Übereinstimmungen hinausgehen, zu dem theoretisch maximal möglichen Anteil von Übereinstimmungen, die über die zufällig zu erwartenden hinausgehen. Dabei werden die zufällig zu erwartenden Übereinstimmungen jeweils über die Randverteilungen geschätzt. Im Falle von ordinalskalierten Daten werden Abweichungen darüber hinaus gewichtet, indem unterschieden wird, um wie viele Stufen sich die Codierungen gegebenenfalls unterscheiden (für Details siehe beispielsweise Bortz, 2005, Bortz, Lienert & Boehnke, 2000).

Im Einklang mit diesen Empfehlungen von Mayring wurden alle Daten ausschließlich von Personen codiert, die umfassend mit dem theoretischen Ansatz der Studie und den der Codierung der jeweiligen Variablen zugrundeliegenden theoretischen Zusammenhängen und Grundlagen vertraut waren[138].

---

[138] Hierfür gilt allen an der Codierung beteiligen Personen ein herzlicher Dank! Namentlich waren dies Nils Buchholtz und Björn Wissmach (dazu der Verfasser dieser Arbeit) im Hinblick auf die deduktiv definierten Variablen sowie Hannah Heinrichs, Jessica Benthien und Johanna Ehrich (dazu der Verfasser dieser Arbeit) im Hinblick auf die induktiv definierten Variablen.

Für die vorliegende Studie müssen dann weiterhin bezüglich der Reproduzierbarkeit die Codierungen der deduktiv definierten und der induktiv definierten Variablen unterschieden werden, da sich die hinsichtlich dieses Kriteriums relevanten Auswertungsschritte jeweils in Abhängigkeit von der Definitionsart der Variable unterscheiden. In beiden Fällen wurde dabei jeweils zur Sicherung der Reproduzierbarkeit ein mehrstufiges Verfahren gewählt.

Im Fall der deduktiv definierten Variablen wird hierbei fundamental zwischen einer Probe- und einer Hauptcodierung unterschieden. In der ersten Phase, der Probecodierung, steht dabei insbesondere die möglichst eindeutige Formulierung der Codiervorgaben im Vordergrund, die Voraussetzung ist, um in der zweiten, darauf aufbauenden Phase der eigentlichen Codierung des Datenmaterials eine möglichst hohe Intercoderreliabilität zu erreichen. Die erste Phase fokussiert dabei insbesondere auf die Sicherstellung, dass die vorab theoriebasiert formulierten Codiermanuale hinsichtlich ihrer Inhalte und Formulierungen anwendbar sind im Bezug auf das tatsächlich vorliegende Datenmaterial. Konkret wurden hierfür im Anschluss an die theoriebasierte Formulierung der Codiermanuale jeweils etwa 25 % des für die jeweilige Variable relevanten Datenmaterials, das heißt 25 % der Antworten auf diejenige Teilfrage, auf die die Variable bezogen ist, von zwei Codierern unabhängig auf Basis des vorliegenden Manuals codiert. Beide Codierer haben dabei dieselben Fälle codiert, dies entspricht also einer zweifachen unabhängigen Codierung von etwa 20 Antworten, wobei in dem so analysierten Datenmaterial dabei jeweils Fälle aus den verschiedenen unterschiedenen Gruppen von Studierenden vertreten waren. Während dieser Probecodierung vermerkten die Codierer sich alle Fälle, bei denen ihrer Meinung nach eine Codierung nicht eindeutig durch das Codiermanual möglich war. Anschließend bildeten diese Fälle sowie alle Fälle, in denen die beiden Codierer abweichende Codierungen vorgenommen hatten, den Ausgangspunkt für Präzisierungen und Anpassungen des Codiermanuals. Mithilfe dieser überarbeiteten Codiermanuale wurde anschließend die zweite Phase der Hauptcodierung durchgeführt, die erneut in zwei Phasen geteilt war. Zuerst wurden mithilfe der überarbeiteten Codiermanuale unabhängig von zwei Codierern sämtliche durch das Datenmaterial gegebenen Teilantworten, auf die die jeweilige Variable bezogen ist, codiert[139]. Der sich anschließende Schritt greift insbesondere die Empfehlung Mayrings, auch argumentative Elemente in die Codierung einzubeziehen auf, indem im Sinne des konsensuellen Codierens (vgl. Schmidt, 1997, vgl. auch Steinke, 2007) abweichende Codierungen erneut von beiden Codieren gemeinsam diskutiert wurden. Zeigte sich dabei, dass Abweichungen in einer trotz der Probecodierung nicht behobenen Uneindeutigkeit des Manuals bedingt lagen, wurden die entsprechende Codierregel des Manuals verändert und präzisiert sowie die davon betroffenen Fälle gegebenenfalls recodiert. Waren die Abweichungen der Codierungen dahingegen in unterschiedlichen Interpretationen der Antworten durch die Codierer bedingt, wurden diese Abweichungen diskursiv erörtert. Teilweise führte dies zu einer Einigung der Codierer, teilweise blieben Differenzen bestehen.

Insgesamt lagen damit für jede Teilaufgabe zwei vollständige Codierungen vor, die auch nach Abschluss des konsensuellen Codierschrittes teilweise unterschiedliche Codierungen aufwiesen. Eine vollständige Übereinstimmung aller Codierungen wurde also weder erreicht noch war sie intendiert. Da nämlich interpretationsbasierte Analysetechniken fast zwangsläufig keine vollständige Übereinstimmung zwischen den Interpretationen verschiedener an der Analyse beteiligter Personen erreichen können, stellt die qualitative Inhaltsanalyse zwar einerseits den Versuch dar, durch das regelgeleitete Vorgehen eine möglichst hohe Übereinstimmung der Codierungen unterschiedlicher an der Auswertung beteiligter Personen zu erreichen, zielt jedoch andererseits wegen des immer noch interpretativen Charakters der Methode nicht auf eine vollständige Gleichheit aller Codierungen. Dies verdeutlicht insbesondere die von Mayring empfohlene Richtgröße von Cohens Kappa von 0.7. Im Fall der vorliegenden Studie konnte diese Richtgröße für annähernd alle Teilaufgaben bis auf eine Ausnahme im Anschluss an das konsensuelle Codieren übertroffen werden. Der deutlich überwiegende Teil der Codierungen weist darüber hinaus einen Wert für Cohens Kappa von mehr als 0.8 auf. Die genauen Werte können dabei der nachfolgenden Tabelle entnommen werden, die auch die Untercodierungen von Teilaufgaben separat einschließt:

---

[139] Um dabei im Hinblick auf die relativ kleine Gesamtstichprobengröße die Datengrundlage nicht zu verkleinern, wurden auch die bereits im Rahmen der Probecodierung codierten Antworten erneut codiert und in die Auswertung einbezogen.

Teilaufgabe	Cohens Kappa	Teilaufgabe	Cohens Kappa
1a	0,815	3aDaniela	------
1bS1	0,869	3aPhillip	------
1bS2	0,87	3a	------
1bS3	0,78	3c	------
1bS4	0,918	4a	------
1b	0,655	4b	0,877
1cS1	0,913	4c1	0,792
1cS2	0,94	4c2	keine Angabe*
1cS3	0,858	4d	0,749
1cS4	0,92	4e	0,867
1c	0,812	4f	0,903
1d	0,878	5aS1	0,881
1e	0,888	5aS2	0,929
1f	0,862	5aS3	1
1g	keine Angabe*	5aS4	0,976
2a	0,962	5a	0,888
2bBeeke	0,851	5bS1	1
2bSilke	0,833	5bS2	0,966
2bSebastian	0,821	5bS3	1
2b	0,823	5bS4	1
2c	0,881	5b	0,962
3aMatthias	------	5c	keine Angabe*
3aAndrea	------	5d	0,948

* Bei den Teilaufgaben 1g, 4c2 und 5c war im Rahmen einer nomialskalenbasierten Codierung eine Mehrfachnennung von Codes möglich. Bei diesen Teilaufgaben wird vor diesem Hintergrund auf die Angabe von Cohens Kappa verzichtet.

Tabelle 6: Wert von Cohens Kappa für die einzelnen Teilaufgaben und gegebenenfalls zusätzlich für die Untercodierung von Teilaufgaben

Trotz dieser über weite Strecken einheitlichen Codierung der beiden jeweiligen Codierer blieben damit in der Codierung jeder Teilaufgabe abweichende Codierungen bestehen, was die Frage des Umgangs mit diesen unterschiedlich codierten Antworten im Hinblick auf die weitere Datenauswertung aufwirft. Um diesen Antworten jeweils eine eindeutige Codierung zuordnen zu können, und damit die Datenbasis nicht um alle uneinheitlich codierten Fälle reduzieren zu müssen, wurde diesbezüglich in einem erneuten Diskussionsschritt innerhalb der gesamten Gruppe der Codierer jeweils die Codierung eines Codierers ausgewählt und diese dann der weiteren Auswertung zugrundegelegt. Auch wenn damit jeder Antwort für die nachfolgende Datenauswertung ein Code zugeordnet wurde, resultiert aus der unterschiedlichen Codierung der Antworten, also daraus, dass verschiedene Codierer die Antwort unterschiedlich interpretieren, dennoch eine besondere theoretische Bedeutung dieser Antworten. Diese wurde für den Fortgang der Datenauswertung bewusst genutzt, wodurch gleichzeitig sichergestellt war, dass trotz der Entscheidung für einen Code die besondere Stellung der ursprünglich unterschiedlich codierten Antworten weiterhin berücksichtigt wurde. Genauer dienten diese Antworten gleichsam als ein möglicher Indikator für weitere, durch die deduktiv definierten Variablen nicht erfasste und dennoch für die Fragestellung bedeutsame Aspekte im Datenmaterial und stellten damit einen gedanklichen Ansatzpunkt für die Entwicklung der weiteren induktiv definierten Untersuchungsdimensionen dar.

Im Fall dieser induktiv definierten Variablen wurde allgemein ein vom Procedere im Bezug auf die deduktiv definierten Variablen abweichendes Vorgehen gewählt. Grundsätzlich ist dabei auch hier die Entstehung der Codierungen in zwei Phasen unterteilt. Der konsensuelle beziehungsweise argumentative Anteil des Codierungsprozesses lag dabei bereits in der ersten Phase, nämlich der Entwicklung der Codiervorgaben, vor, die erneut mehrgeteilt war. Zuerst wurde, wie erwähnt, im Anschluss an die Codierung einer deduktiv definierten Variablen auf Basis des Materialeindrucks diskursiv innerhalb der an der Auswertung beteiligten Personen diejenige beziehungsweise wurden diejenigen weiteren Untersuchungsdimensionen festgelegt, die Relevanz im Hinblick auf die Fragestellung aufweisen und für die unterschiedliche Variablenwerte aus dem Material ableitbar sind. Im Anschluss wurden zwischen 25 % und 50 % des Materials von mindestens zwei, größtenteils von vier an der Auswertung beteiligten Personen auf verschiedene Ausprägungen zuerst unabhängig hinsichtlich der jeweils betrachteten Untersuchungsdimension untersucht.

Anschließend wurde auf Basis der von den einzelnen Personen formulierten Ausprägungen erneut diskursiv eine Zusammenstellung verschiedener im Material vorkommender Ausprägungen entwickelt, die anschließend anhand eines Codiermanuals zu einer konkreten Codiervorgabe zusammengefasst wurde. Anschließend wurde in der zweiten Phase das gesamte Material dann von einer Person anhand dieses Manuals codiert[140]. Die Beschränkung auf nur eine codierende Person im Gegensatz zum Vorgehen bei der Codierung der deduktiven Variablen ergibt sich dabei daraus, dass im hier vorliegenden Fall der induktiv definierten Variablen alle Variablenwerte direkt aus dem Material entwickelt wurden und daher eine anschließende Anpassung des Codiermanuals an das vorliegende Datenmaterial entfällt. Weiterhin müssen im Falle induktiv definierter Variablen keine Antworten im Hinblick auf Codiervorgaben interpretiert werden, die nicht materialbasiert entstanden sind, sondern vielmehr sind die Codiervorgaben direkt auf das Material bezogen, was zumindest teilweise eine verringerte Interpretationsnotwendigkeit beim Codieren impliziert. Sollten sich dennoch im Laufe des Codierungsprozesses Antworten gefunden haben, die nicht eindeutig zu codieren waren, wurde erneut diskursiv eine Codierung des uneindeutigen Falles festgelegt und es wurde gegebenenfalls eine Ergänzung oder Präzisierung des Manuals vorgenommen[141].

2.7.2 Auf die Validität bezogene Gütekriterien

Semantische Gültigkeit: Dieses Kriterium bezieht sich „auf die Richtigkeit der Bedeutungsrekonstruktion des Materials. Sie drückt sich in der Angemessenheit der Kategoriendefinitionen (Definitionen, Ankerbeispiele, Kodierregeln) aus. Eine Überprüfung kann durch Expertenurteile gesche-

[140] Erneut wurden, um im Hinblick auf die relativ kleine Gesamtstichprobengröße die Datengrundlage nicht zu verkleinern, auch die bereits im Rahmen der Festlegung des Codiermanuals verwendeten Antworten erneut codiert und in die Auswertung einbezogen.

[141] Die Beschränkung auf eine codierenden Person ist weiterhin auch durch forschungspraktische Gründe bedingt, da die unabhängige Codierung durch zwei Codierer und die anschließende Phase des konsensuellen Codierens, wie sie durchgehend im Falle der deduktiv definierten Variablen vorgenommen wurde, äußerst zeit- und personalressourcenaufwändig ist. Dennoch wurden auch im Falle der induktiv definierten Variablen Teile des Datenmaterials zur methodischen Absicherung des Vorgehens von zwei Codierern unabhängig codiert und anschließend verglichen. Die Übereinstimmungen der Codierungen waren dabei durchgehend äußerst zufriedenstellend, was die allgemeine Beschränkung auf eine codierende Person ebenfalls methodisch absichert.

hen" (Mayring, 2008, S. 111). Zur Einlösung dieses Kriteriums wurden sämtliche Kodierleitfäden mit Prof. Dr. Gabriele Kaiser sowie verschiedenen Mitgliedern ihrer Arbeitsgruppe diskutiert. Darüber hinaus wurden die Instrumente auch für vergleichende Studien unter anderem in Hongkong und Australien (vgl. Schwarz et al., 2008) eingesetzt, was Diskussionen bezüglich der Angemessenheit der Kodiermanuale mit beteiligten Wissenschaftlerinnen und Wissenschaftlerin dieser Standorte ermöglichte[142]. Durch diese Diskussionen mit Wissenschaftlerinnen und Wissenschaftlerin aus schon bedingt durch ihre Standorte gänzlich unterschiedlichen mathematikdidaktischen Traditionen ergab sich insbesondere die Möglichkeit einer Bewusstmachung, inwieweit Teile des Fragebogens, etwa der Bereich über Modellierung und Realitätsbezüge, typische Elemente einer beispielsweise deutschsprachigen oder anglo-amerikanischen mathematikdidaktischen Perspektive und Tradition betonen.

Instrumentvalidierung: In Ergänzung zu diesen inhaltsanalytischen Gütekriterien wurde im Rahmen der vorliegenden Studie weiterhin eine mehrfache Instrumentvalidierung durchgeführt, um die theoriebezogene Angemessenheit des der Studie zugrundeliegenden Fragebogens zu überprüfen. Hierfür wurden alle Teilaufgaben des Fragebogens, wie oben angedeutet, in Ergänzung zu der auswertungsbezogenen Klassifizierung zwei weitere Male unter der Perspektive theoretischer Bezugsrahmen der vorliegenden Studie klassifiziert, um die Anschlussfähigkeit und inhaltliche Passung des Fragebogens im Hinblick auf diese theoretischen Bezugsrahmen zu überprüfen.

Zum Einen wurde dabei kontrolliert, inwieweit der Fragebogen im Sinne der Anlage der Studie als Vertiefungs- und Ergänzungsstudie zu verschiedenen Vergleichsstudien zur Lehrerausbildung theoretisch anschlussfähig an diese Studien ist, was wegen der besonderen Berücksichtigung der theoretischen Konzeptualisierung von MT21 für die vorliegende Studie speziell unter der Perspektive der theoretischen Anschlussfähigkeit des Fragebogens an MT21 und die in MT21 untersuchten Kompetenzfacetten geschah. Um dies zu überprüfen, wurde versucht, alle Fragestellungen ebenfalls gemäß der in MT21 vorgenommen theoretischen Rahmenkonzeptualisierung (Blömeke et al., 2008b) zu klassifizie-

142 Hierfür gilt ein herzlicher Dank an Prof. Dr. Gloria Stillman (Australian Catholic University, vormals University of Melbourne), Prof. Dr. Ngai-Ying Wong (The Chinese University of Hong Kong) und Prof. Dr. Issic Kui Chiu Leung (The Hong Kong Institute of Education) sowie die Mitglieder ihrer Arbeitsgruppen.

ren. Dies gelang aufgrund der verwandten theoretischen Konzeptualisierungen erwartungsgemäß durchgehend[143]. Hierbei zeigt sich insbesondere, dass von den neun auf das fachdidaktische Wissen bezogenen Fragestellungen vier auf lehrbezogene Anforderungen und fünf auf lernprozessbezogene Anforderungen fokussiert sind, so dass auch diesbezüglich ein ausgeglichenes Verhältnis besteht. Zum Anderen wurde überprüft, inwieweit der Fragebogen im Sinne seiner Absicht, professionelle Kompetenz kompetenzbezogen zu messen, das heißt insbesondere ausgehend von berufsbezogenen Anforderungen an Lehrerinnen und Lehrer, anschlussfähig ist an die vor diesem Hintergrund formulierten Standards für die Lehrerbildung der KMK. Unter Bezug auf die theoretische Fokussierung der Studie auf fachmathematisches und fachdidaktisches Wissen sowie beliefs wurden dafür insbesondere die fachbezogenen Standards für die Lehrerbildung (KMK, 2008a) berücksichtigt. Hierfür wurden jeder Fragestellung derjenige Standard beziehungsweise diejenigen Standards aus dem entsprechenden KMK-Beschluss zugeordnet, für deren Erfüllung die in der jeweiligen Fragestellung thematisierte Kompetenzkomponente notwendig ist. Weiterhin wurde gegebenenfalls zusätzlich angegeben, für welche allgemein bildungswissenschaftlichen Standards aus dem diesbezüglichen KMK-Beschluss (KMK, 2004d) die in der Fragestellung thematisierte Kompetenzkomponente notwendig ist. Auch unter dieser Perspektive ließ sich die Anschlussfähigkeit des Fragebogens zeigen, da durchgehend eine Zuordnung der Fragestellungen zu den fachwissenschaftlichen Standards gelang. Umgekehrt zeigt sich weiterhin, dass dabei alle Standards im Sinne der beschriebenen Überprüfung im Fragebogen repräsentiert sind und zusätzlich weiterhin alle Standards zudem relativ gleichmäßig repräsentiert werden[144]. Wie erwähnt, wurden weiterhin sämtliche Klassifikationen der Aufgaben wiederum selber durch Diskussionen mit Prof. Dr. Gabriele Kaiser sowie verschiedenen Mitgliedern

[143] Tatsächlich stimmen daher die Klassifizierungen der übergeordneten Kompetenzkomponenten gemäß MT21 und der Kompetenzkomponenten im Hinblick auf die Auswertung der vorliegenden Studie erwartungsgemäß überein. Die zusätzliche Klassifizierung unter Verwendung des theoretischen Ansatzes von MT21 wurde daher speziell vor dem Hintergrund der detaillierten Klassifikation der fachdidaktischen Teilaufgaben vorgenommen.

[144] Im Detail wird unter Berücksichtigung auch der auf beliefs bezogenen Teilaufgaben acht Fragestellungen der erste Unterbereich des Kompetenzprofils Mathematik (Sekretariat der Ständigen Konferenz der Kultusminister der Länder in der Bundesrepublik Deutschland [KMK], 2008a), S. 22), sechs Fragestellungen der zweite Unterbereich, sieben Fragestellungen der dritte Unterbereich, fünf Fragestellungen der vierte Teilbereich und fünf Fragestellungen der fünfte Teilbereich zugeordnet.

ihrer Arbeitsgruppe validiert und sind vollständig in dem der Arbeit als Anhang beigefügten Fragebogen aufgeführt.

2.8 Einbezug auch von quantitativen Analyseschritten

Obwohl die qualitative Inhaltsanalyse, wie der Name bereits deutlich macht, unter anderem aufgrund ihrer Zielstellung, im weitesten Sinne sprachliches Material interpretativ auszuwerten, eine qualitative Methode ist, sind im Allgemeinen auch Einbettungen quantitativer Analyseschritte möglich (Mayring, 2008, 2001), sofern diese innerhalb des Analyseprozesses „sinnvoll eingebaut werden können" (Mayring, 2008, S. 45). Entscheidet man sich vor diesem Hintergrund tatsächlich für eine entsprechende Berücksichtigung quantitativer Techniken, „dann sollten sie sorgfältig begründet werden und die Ergebnisse ausführlich interpretiert werden" (ebd.). Allgemein schlägt Mayring hierfür verschiedene quantitative Analyseschritte vor, die in Abhängigkeit von der jeweiligen Untersuchung möglich sind. Diese können sich im Zusammenhang mit den vorangegangen geschilderten verschiedenen Möglichkeiten, im Rahmen der qualitativen Inhaltsanalyse Variablen definieren zu können, jeweils sowohl auf Codierungen von deduktiv wie auch induktiv definierten Variablen beziehen. In beiden Fällen

„besteht z. B. die Möglichkeit,

- die Kategorien nach der Häufigkeit ihres Auftauchens im Material zu ordnen, Prozentangaben zu berechnen;
- solche Häufigkeitslisten zwischen verschiedenen Materialteilen (z.B. Interviews) zu vergleichen;
- auch einfache ordinale Kategoriensysteme (hoch – mittel – niedrig) einzusetzen, Maße der zentralen Tendenz zu berechnen, Vergleiche zwischen Materialuntergruppen anzustellen" (Mayring, 2001, S. 6)

Für die vorliegende Studie werden dabei insbesondere Häufigkeiten von Codierungen als Ausgangspunkt für die Analyse herangezogen. Die entsprechenden Ergebnisse dienen dabei prinzipiell unterschiedlichen Aspekten der Untersuchung.

Grundlegend werden zuerst im Sinne des Ziels der Studie, Zusammenhänge zwischen verschiedenen Kompetenzkomponenten zu analysieren und zu rekonstruieren, die Häufigkeiten des gemeinsamen Auftretens von einzelnen Codierungen verschiedener Teilaufgaben ausgewertet. Es wird also für die Werte von jeweils zwei Variablen untersucht, wie häufig die einzelnen verschiedenen Werte der einen Variablen jeweils zusammen mit den verschiedenen einzelnen Werte der anderen Variablen auftreten. Dabei werden durchgehend keine Aussagen über statistische Signifikanzen getätigt, sondern alle Aussagen sind beschränkt auf die Häufigkeit des gemeinsamen Auftretens von Codierungen. Weiterhin werden insbesondere keine Maße der Zusammenhangsstärke ermittelt. Dies begründet sich zuerst unter anderem durch die Nichtrepräsentativität, die ungleichmäßige Zusammensetzung, und insbesondere die teilweise kleinen Gruppengrößen der verschiedenen Gruppen von Studierenden. Daneben folgt speziell der Verzicht auf Angaben von Zusammenhangsstärkemaßen weiterhin aus dem Ziel der Studie. Dieses Ziel ist nicht die Analyse der Stärke des Zusammenhangs verschiedener Kompetenzkomponenten bei unterschiedlichen Gruppen von Mathematiklehramtstudierenden, sondern vielmehr im Sinne des hypothesengenerierenden Ansatzes der Studie die grundlegende Beschreibung, welche Zusammenhänge sich überhaupt auf Basis des Materials rekonstruieren lassen. Dies geschieht unabhängig von deren möglicher Stärke, da diesbezügliche Analysen zur Zusammenhangsstärke eher in anschließenden hypothesenüberprüfenden Studien mit repräsentativen, umfangreicheren Stichproben durchgeführt werden können. Im Rahmen der vorliegenden Studie sind die Häufigkeiten des gemeinsamen Auftretens von Codierungen verschiedener Teilaufgaben daher vielmehr als Ausgangspunkt der Analysen zu verstehen, in dem Sinne, dass sie als Indikatoren auf die auf in der Stichprobe zu beobachtenden Zusammenhänge hinweisen, die anschließend qualitativ rekonstruiert und beschrieben werden können. Im Sinne dieser Indikatorenfunktion erfolgt weiterhin zwar einerseits eine besondere Berücksichtigung häufiger Zusammenhänge, um „mit der Häufigkeit einer Kategorie unter Umständen ihre Bedeutung zu untermauern“ (Mayring, 2008, S. 45). Andererseits werden seltenere Fälle nicht grundsätzlich ausgeschlossen, da zum Einen der Fokus eben nicht in der Analyse von besonders starken, hier also häufigen Zusammenhängen, sondern in der Rekonstruktion und Beschreibung allgemein möglicher Zusammenhänge auf Basis der vorliegenden Daten liegt. Zum Anderen sind in Anbetracht der teilweise geringen Größen von Studierendengruppen naturgemäß einige Zusammenhänge nicht häufig vertreten, ohne dass diese vor dem Hintergrund des hypothesengenererierenden Ansatzes der Studie per se geringere Bedeutung hätten.

Im Hinblick auf die Untersuchung der Häufigkeiten des gemeinsamen Auftretens verschiedener Codierungen werden zur Vorbereitung dieser Analyse weiterhin auch die Verteilungen der Codierungen einzelner Teilaufgaben untersucht und dargestellt. Für jede einzelne in der Arbeit berücksichtigten Kompetenzfacetten, das heißt für fachmathematisches und fachdidaktisches Wissen sowie für die beliefs, werden dafür genauer die Codierungen derjenigen Teilaufgaben, die auf zu der Kompetenzfacette gehörige Subfacetten bezogen sind, vorgestellt. Das bedeutet, durchgehend repräsentieren die Codierungen der Teilaufgaben also jeweils die rekonstruierten strukturellen Ausprägungen für diejenige einzelne Subfacette, der die Teilaufgabe zugeordnet wird. Beschrieben werden damit im Zuge dieser Darstellungen also jeweils die verschiedenen codebasierten Unterscheidungen des Datenmaterials, das heißt sowohl deduktiv wie induktiv begründete Materialunterscheidungen von Teilaufgaben. Insbesondere werden in diesem Zusammenhang auch jeweils die Verteilungen der einzelnen Studierendengruppen auf die unterschiedlichen Codes angegeben, das heißt, es werden die Unterscheidungen zwischen den verschiedenen Gruppen von Studierenden hinsichtlich ihres Studiengangs und der Studienphase berücksichtigt. Dies stellt, wie voranstehend (vgl. Abschnitt III.2.3) beschrieben, eine Charakterisierung der im Rahmen der vorliegenden Studie befragten Stichprobe von Studierenden dar. Dennoch sei wiederholt, dass das Ziel der Studie nicht die Analyse der Ausprägung einzelner Subfacetten verschiedener Kompetenzfacetten bei verschiedenen Studierendengruppen ist[145], sondern vielmehr die Rekonstruktion struktureller Zusammenhänge. Generell wäre daher eine entsprechende Analyse der Codierungen einzelner Teilaufgaben wenig zielführend im Sinne des durch die vorliegende Studie intendierten Erkenntnisgewinns. Eine entsprechende Analyse einzelner Variablen würde insbesondere Aussagen über Ausprägungen verschiedener durch Teilfragen erfasster Kompetenzkomponenten innerhalb der untersuchten Stichprobe ermöglichen. Entsprechende Fragestellungen sind jedoch bereits auf Basis deutlich größerer Stichproben allgemein durch die verschiedenen Lehrerausbildungsstudien (vgl. Kapitel II.6) beantwortet worden, so dass eine diesbezügliche Analyse der Daten der vorliegenden Studie vor dem Hintergrund der beschriebenen Stichprobe wenig weiterführendes Potenzial hätte. Deswegen werden die Verteilungen der Codes hinsichtlich einzelner Teilaufgaben, das heißt hinsichtlich einzelner durch die Teilaufgaben erfasster Subfacetten von Kompetenzfacetten auf

[145] Wie erwähnt, ist dies die Domäne von vergleichenden Studien zur Lehrerausbildung auf Basis repräsentativer Stichproben.

die verschiedenen Studierendengruppen im Folgenden im Sinne einer vollständigen Darstellung angegeben, jedoch wird auf eine tiefergehende Betrachtung durchgehend verzichtet. Eine entsprechende Analyse der Codierungen wäre darüber hinaus auch teilweise nur von geringem Ertrag, da wegen der nicht-repräsentativen Stichprobe häufig[146] entsprechende Codierungen einzelner Subfacetten sogar wenig aussagekräftig sind. In diesem Zusammenhang wird bei der Analyse der Verteilungen der Codierungen einzelner Variablen daher weiterhin erneut durchgehend auf die Überprüfung hinsichtlich der Signifikanz der Ergebnisse verzichtet.

Der Fokus liegt daher, wie erwähnt, nicht auf der Frage, wie einzelne Ausprägungen von Subfacetten von Kompetenzfacetten innerhalb der Stichprobengruppen verteilt sind, sondern vielmehr darauf, deduktiv beziehungsweise induktiv unterschiedliche Ausprägungen einzelner Subfacetten im Kontext der verschiedenen Teilaufgaben unabhängig von ihrer Häufigkeit zu identifizieren[147] und hinsichtlich ihrer Verteilung bei den befragten Studierenden zu charakterisieren. Diese Charakterisierungen der Ausprägungen einzelner Subfacetten im Kontext der verschiedenen Teilaufgaben stehen dann im direkten Bezug zum Ziel der Studie, indem sie eine materialbezogene inhaltliche und begriffliche Grundlage schaffen, auf die im Anschluss zurückgegriffen wird, um die Zusammenhänge zwischen unterschiedlichen Subfacetten beziehungsweise zwischen Subfacetten und der Lehrerfahrung sinnvoll darstellen zu können. Der erste Teil der nachfolgenden Ergebnisse hat also, wie erwähnt, einen gleichsam grundlegenden und vorbereitenden Charakter und dient insbesondere zur Darstellung der verschiedenen Unterscheidungen des Datenmaterials und der umfangreichen diesbezüglichen Beschreibung der befragten Stichprobe. Weiterhin folgt der den zweiten Teil der Analyse vorbereitende Charakter der einzelnen Analysen von Teilaufgaben daraus, dass auf Basis der so durchgeführten Analysen einzelner Teilaufgaben, insbesondere einerseits auf Basis der Verteilungen der Codes und andererseits aus einer mehr qualitativen Perspektive auf Basis des Materialeindrucks im Rahmen der Datencodierung, diejenigen Teilaufgaben identifiziert wurden, die für die nachfolgende Analyse der Zusammenhänge zugrunde gelegt wurden. Dies geschah, indem umgekehrt diejenigen Teilaufgaben

[146] Vgl. dafür beispielsweise die Ergebnisse aus Teilaufgabe 1a.

[147] Wobei eine Identifikation verschiedener Ausprägungen natürlich insbesondere im Bezug auf induktiv definierte Variablen geschieht, da Ausprägungen deduktiv definierter Variablen ja Ausgangspunkt von Codierungen sind.

für weitere Analysen nicht berücksichtigt wurden, die entweder anhand der Verteilung der Codierung erkennen ließen, dass sie für die Studierenden besondere Schwierigkeiten enthielten oder bei denen anhand der verschiedenen Antworten deutlich wurde, dass die Fragestellung bei den Studierenden zu einem nicht ursprünglich intendierten oder stark unterschiedlichem Antwortverhalten führte, etwa, weil die Studierenden eine zugrundeliegende mathematische Aufgabe unterschiedlich bewerteten. Weiterhin wurden dann auch diejenigen Teilaufgaben, die inhaltlich auf diesen nicht berücksichtigten Teilaufgaben aufbauten, nicht für weitere Analysen herangezogen. In diesem Zusammenhang kam einigen Teilaufgaben des Fragebogens von vorneherein weniger eine beabsichtigte Rolle im Bezug auf anschließende Zusammenhangsanalysen, als mehr die Funktion einer Möglichkeit der Absicherung und Kontrolle zu. Letzteres geschah in dem Sinne, dass anhand entsprechender Teilaufgaben und der zugehörigen Verteilung von Codierungen im Hinblick auf die Bearbeitung inhaltlich verwandter Teilaufgaben überprüft werden konnte, ob die Studierenden den jeweils auch den inhaltlich verwandten Teilaufgaben zugrundeliegenden Sachzusammenhang angemessen rezipiert haben beziehungsweise über die für die Bearbeitung der inhaltlich verwandten Teilaufgaben notwendigen Kenntnisse verfügten.

IV. Darstellung der Ergebnisse

Die Darstellung der im Rahmen der vorliegenden Studie rekonstruierten strukturellen Zusammenhänge der professionellen Kompetenz angehender Mathematiklehrerinnen und -lehrer erfolgt grundlegend in zwei Teilen[148]. Im ersten Teil werden die rekonstruierten strukturellen Ausprägungen von Subfacetten innerhalb der betrachteten Kompetenzfacetten, das heißt innerhalb des fachmathematischen Wissens, des mathematikdidaktischen Wissens und der beliefs, separat betrachtet. Im zweiten, hinsichtlich der Fragestellung der Studie zentralen Teil, werden dann anschließend darauf basierend die rekonstruierten Zusammenhänge zwischen verschiedenen Kompetenzfacetten untereinander und die rekonstruierten Zusammenhänge zwischen einzelnen Kompetenzfacetten und der Lehrerfahrung beschrieben. Dies entspricht den vorangehend beschriebenen beiden unterschiedlichen Auswertungsfoci, das heißt dem Fokus auf den Codierungen einzelnen Teilaufgaben einerseits und dem Fokus auf den Zusammenhängen mehrerer Codierungen andererseits.

Im folgenden ersten Teil, das heißt der Darstellung struktureller Ausprägungen einzelner Subfacetten der Facetten professionellen Kompetenz bei den befragten Studierenden, werden genauer zuerst die auf das fachmathematische Wissen bezogenen Ergebnisse vorgestellt, anschließend die auf das fachdidaktische Wissen bezogenen Ergebnisse, und als Abschluss dieses Teiles folgen die auf die beliefs bezogenen Ergebnisse. Für jede Kompetenzkomponente werden dabei die Codierungen der dieser Komponente zugeordneten Teilaufgaben vorgestellt. Im Sinne der vollständigen Darstellung der Ergebnisse werden dabei zuerst alle einzelnen Codierungen der Teilaufgaben vorgestellt, bevor anschließend, darauf basierend, wie dargestellt, einige dieser Codierungen beziehungsweise einige dieser Teilaufgaben die Grundlage für den zweiten, anschließenden und für die Fragestellung zentralen Teil der Ergebnisdarstellung bilden. In diesem werden dann die Zusammenhänge derjenigen entsprechend weiter berücksichtigten Codierungen vorgestellt, anhand derer Zusammenhängen zwischen Facetten professioneller Kompetenz

---

[148] Teilen der Auswertung liegen dabei jeweils Vorarbeiten im Rahmen von Staatsexamenshausarbeiten zugrunde (vgl. Benthien (2010), Ehrichs (2009), Heinrichs (2010); Hannah Heinrichs leistete darüber hinaus auch Vorarbeiten zur Auswertung im Rahmen ihrer Tätigkeit innerhalb der Arbeitsgruppe von Prof. Dr. Gabriele Kaiser.). Allen so an der Auswertung beteiligten Studierenden gilt ein herzlicher Dank!

und Zusammenhängen zwischen Kompetenzfacetten und der Lehrerfahrung rekonstruiert werden konnten.

Im Folgenden stehen daher zuerst als Grundlage für die anschließenden Zusammenhangsanalysen die Ausprägungen einzelner durch Teilaufgaben repräsentierter Subfacetten im Bezug auf jede Kompetenzkomponente für sich unter der Perspektive der Unterscheidung verschiedener Studiengruppen hinsichtlich Studiengang und Studienphase im Vordergrund, wobei der Fokus, wie erwähnt, zuerst auf dem fachmathematischen Wissen liegt, bevor sich Darstellungen zum mathematikdidaktischen Wissen und den beliefs anschließen.

1 Rekonstruierte strukturelle Ausprägungen hinsichtlich einzelner Kompetenzfacetten

1.1 Rekonstruierte strukturelle Ausprägungen bei auf das fachmathematische Wissen bezogenen Teilaufgaben

Die in der vorliegenden Studie berücksichtigten fachmathematischen Anforderungen sind durchgehend aufgrund der Ausrichtung der Aufgaben an tatsächlichen beruflichen Anforderungen von Lehrerinnen und Lehrern auf schulmathematische Inhalte bezogen und gehen hinsichtlich der Schwierigkeit nicht über das mathematische Schulniveau hinaus. Unterschieden werden dabei zwei Subfacetten des damit schulbezogenen fachmathematischen Wissens, die an den beiden der Studie zugrundeliegenden Inhaltsgebieten, das heißt an Modellierung und Realitätsbezügen sowie Argumentieren und Beweisen, orientiert sind. Beide Subfacetten werden nachfolgend hinsichtlich der rekonstruierten Ausprägungen im Bezug auf das vorliegende Datenmaterial hintereinander dargestellt.

1.1.1 Fachmathematisches Wissen im Bezug auf Modellierung und Realitätsbezüge

Fähigkeiten hinsichtlich der mathematischen Modellierung auf Schulniveau werden im Rahmen der vorliegenden Studie erhoben, indem die Studierenden vor die Aufgabe gestellt wurden, selber eine Modellierungsaufgabe für die Sekundarstufe I zu lösen. Die zugrundeliegende Aufgabe, entnommen aus Maaß (2004, S. 136, leicht verändert), wird in der nachfolgenden Abbildung dargestellt:

Schülerinnen und Schüler einer achten Klasse eines Gymnasiums wurde folgende Aufgabe zum Thema „Mathematische Modellierung" vorgelegt.

1 Eisdielenaufgabe

In Leos Wohnort Grübelfingen gibt es vier Eisdielen. Leo steht, wie so oft in diesem Sommer, mal wieder vor seiner Lieblingseisdiele, dem Eiscafé Sorrento. Eine Kugel kostet 0,60 €. Er fragt sich, für wie viel Geld der Besitzer wohl an einem heißen Sommersonntag Eis verkauft.

Leo geht zur Lösung des Problems wie folgt vor: Er fragt am nächsten Tag seine drei besten Freunde, wie viel Kugeln Eis sie am Sonntag gekauft haben und erhält folgende Antworten:

Markus: 3 Kugeln
Peter: 5 Kugeln
Uli: 4 Kugeln

Als Durchschnitt errechnet Leo (3+4+5):3 = 4 Kugeln pro Tag. Er multipliziert das Ergebnis mit der Anzahl der Einwohner von Grübelfingen (30.000) und teilt, da es vier Eisdielen gibt, das Ergebnis durch 4.

Pro Tag werden in der Eisdiele Sorrento also 30.000 Kugeln verkauft.
*Einnahmen: 30.000*0,60 € = 18.000 €*

Was meinst du dazu?

Abbildung 5: Modellierungsaufgabe als inhaltliche Grundlage von Aufgabe 1 (Aufgabe entnommen aus Maaß, 2004, S. 136, leicht verändert)

Die konkrete Aufgabenstellung an die Studierenden im Bezug auf die Bearbeitung der Aufgabe war dann durch die erste Teilaufgabe (vgl. ebd.) wie nachfolgend dargestellt gegeben:

Wie würden Sie selbst die Frage „Für wie viel Geld verkauft der Besitzer der Eisdiele an einem heißen Sommersonntag Eis" bearbeiten? Skizzieren Sie bitte die einzelnen Schritte Ihres Vorgehens!

Abbildung 6: Teilaufgabe 1a

Zur Beurteilung der Angemessenheit der verschiedenen Lösungen der Studierenden, das heißt zur Codierung ihrer Lösungsansätze, wurde auf die verschiedenen Modellierungskreisläufe zurückgegriffen (vgl. Abschnitt II.8.2), die als theoretischer Rahmen zur Beurteilung von Modellierungsprozessen dienten, das heißt, die in diesem Fall zur deduktiven Entwicklung von Codiervorgaben genutzt wurden. Genauer wurden die Lösungen der Studierenden unter dieser Perspektive dahingehend untersucht, welche Phasen des Modellierungskreislaufs in den Lösungsansätzen in einer für die Befragungsbedingungen angemessenen Weise berücksichtigt wurden. Die Erwartungen hinsichtlich der einzelnen Phasen können der nachfolgenden Darstellung als Auszug aus dem zugehörigen Codierleitfaden entnommen werden[149], wobei für die Codiervorgaben berücksichtigt wurde, dass die Aufgabe Lösungsansätze in zwei grundsätzlichen Richtungen zulässt, nämlich einerseits Lösungen, die stärker am Prozess einer mathematischen Modellbildung orientiert sind und andererseits Lösungen, die stärker an empirischen Überlegungen ausgerichtet sind.

Reales Modell / Reale Situation (alternativ könnte man, losgelöst von der Terminologie der Modellierungskreisläufe sagen: allgemeine Vorbereitung des mathematischen Modells; dann fokussiert man mit der Musterlösung mehr auf den Übergang Realität – Mathematik (und später, bei der Interpretation, zurück)):

Hier können entweder auf theoretischer (das heißt nicht empirischer) Ebene Annahmen (d.h. es müssen wirkliche Annahmen getroffen werden) zum realen Modell getroffen werden, die Aussagen über den erwarteten Eiskonsum der Bevölkerung zulassen. Diese können etwa Annahmen bezogen auf Konkurrenz, Lage, Preis-Leistung oder Qualität der einzelnen Eisdielen sein oder direkt formulierte Annahmen über den erwarteten Eiskonsum der Bevölkerung (Beispiel: Bevölkerungszahl ungleich Eisesser: Leute mögen kein Eis, essen nicht jeden Tag, Senioren, Säuglinge, auf der anderen Seite Leute, die mehr als ein Eis am Tag essen). Diese Liste ist nicht vollständig.

[149] Es sei angemerkt, dass die nachfolgende Darstellung eine direkte Wiedergabe des Codierleitfadens ist. Alle Codierleitfäden wurden nicht im Hinblick auf eine anschließende Darstellung von Ergebnissen, sondern im Hinblick auf eine möglichst zugängliche Verwendbarkeit für die Codiererinnen und Codierer formuliert, was die im Rahmen dieser Darstellung stellenweise tendenziell unkonventionelle sprachliche Darstellungsweise begründet.

Alternativ kann ein sinnvolles Beobachtungsschema zur Erfassung für die Erstellung eines mathematischen Modells notwendiger Daten genannt werden. Dies kann oben genannte Punkte beinhalten.

Mathematisches Modell / Mathematische Bearbeitung: Darstellung eines korrekten und nachvollziehbaren mathematischen Modells und gegebenenfalls korrekte Bearbeitung der sich im mathematischen Modell ergebenden Fragestellungen. Mit „nachvollziehbar" ist gemeint, dass ein Prozedere in dem Sinne geschildert wird, dass ich es nachrechnen kann.

Interpretation (alternativ könnte man, losgelöst von der Terminologie der Modellierungskreisläufe sagen: Rückübersetzung): Das mathematische Resultat wird mit dem Kontext in Verbindung gesetzt. Hier reicht eine kurze Bemerkung wie „Dieses Ergebnis entspricht den Einnahmen des Eisdielenbesitzers."

Validierung: wird nicht verlangt, da eine kognitive Kontrolle eigener Arbeitsschritte im Rahmen des Frageformats nicht vorausgesetzt werden kann (keine Vergleichsmöglichkeiten für Ergebnis möglich).

Abbildung 7: Auszug aus dem Codierleitfaden zu Teilaufgabe 1a bezüglich der verschiedenen Phasen einer möglichen Lösung der Studierenden

Da die Aufgabenstellung von den Studierenden weiterhin die Lösung einer Modellierungsaufgabe, aber keine Reflexion über Modellierungsaufgaben erforderte, wurde eine angemessene Durchführung der einzelnen Phasen, nicht aber deren Benennung erwartet. Eine angemessene Validierung wurde weiterhin gemäß der vorangegangen dargestellten Ausführungen im Codierleitfaden von den Studierenden nicht erwartet, da ohne Zuhilfenahme weiterer Informationen oder Austauschmöglichkeiten, die aufgrund der Befragungssituation nicht vorlagen, eine rein kognitive Eigenvalidierung von Ergebnissen der eigenen kognitiven Arbeitsschritte nicht sinnvoll möglich scheint[150].

Die Codierung dieser Aufgabe geschah auf Basis einer fünfstufigen Skala mit ganzzahligen Werten von +2 bis -2. Um den höchsten Code,

[150] Damit soll jedoch die Wichtigkeit der Validierung für Modellierungsprozesse in keiner Weise geleugnet werden. Der Verzicht ist einzig den spezifischen Bedingungen der hier vorliegenden Befragungssituation geschuldet.

das heißt +2, zu erhalten, muss der Lösungsansatz jeweils mindestens einen sinnvollen Aspekt aus den Bereichen „Reales Modell/Reale Situation", „Mathematisches Modell/Mathematische Bearbeitung" und „Interpretation" enthalten. Für eine Beurteilung mit dem Code +1 muss die Lösung sinnvolle Aspekte aus zwei Bereichen und für den Code 0 sinnvolle Aspekte aus einem Bereich beinhalten. Wird kein sinnvoller Aspekt aus den genannten Bereichen von den Studierenden genannt oder modifizieren oder kritisieren die Studierenden ausschließlich Leos Vorgehen und beziehungsweise oder seine Lösung, wird die Beantwortung der Frage mit -1 codiert. Der Code -2 wird abschließend vergeben, wenn Studierende eine eigene unangemessene Lösung entwickeln oder auf die Modellierung verzichtet wird und stattdessen beispielsweise ausschließlich vorgeschlagen wird, den Eisverkäufer zu befragen.

Insgesamt ergab sich damit die folgende Verteilung von Codierungen:

	-2	-1	0	1	2	gesamt
GyGS-Anfänger	1	0	3	1	1	6
GyGS-Fortgeschrittene	2	2	12	8	0	24
GHR-Anfänger	4	6	9	15	6	40
GHR-Fortgeschrittene	1	0	3	2	0	6
gesamt	8	8	27	26	7	76

Tabelle 7: Verteilung der deduktiv definierten Codierung der befragten Studierenden für die selbstständige Lösung einer Modellierungsaufgabe (Teilaufgabe 1a)

Insgesamt sind damit für die befragten Studierendengruppen die verschiedenen Codierungen jeweils relativ symmetrisch um die Codierung 0 verteilt, durchgehend mit einer geringen Verschiebung in den positiv codierten Bereich. Man erkennt anhand dieser Verteilung der Codes weiterhin exemplarisch, weswegen, wie eingangs in diesem Abschnitt beschrieben, eine Analyse der Verteilungen von Codierungen einzelner Bereiche von Kompetenzkomponenten, aufgrund der nicht-repräsentativen

Stichprobe wenig sinnvoll ist. So ergibt sich im speziellen Fall der vorliegenden Stichprobe, dass beide fortgeschrittenen Gruppen keine Codierung im Bereich +2 aufweisen und darüber hinaus eine besonders gute Leistungsverteilung im Bereich der GHR-Anfängerinnen und -anfänger, das heißt in einer Anfängergruppe[151].

Betrachtet man die mit 0, +1 und +2 codierten Lösungen, das heißt Lösungen, die mindestens einen sinnvollen Aspekt aus mindestens einem der genannten Bereiche des Modellierungskreislaufs enthalten, näher, erkennt man darüber hinaus eine weitere Struktur, die im Einklang mit den Erwartungen an die Durchführung eines Modellierungsprozesses steht in dem Sinne, dass offenbar im Falle der Bearbeitung der Modellierungsaufgabe durch die Studierenden die erfolgreiche Bearbeitung einer Phase des Modellierungskreislaufes deutlich dadurch bedingt ist, dass vorher die im Modellierungskreislauf voranstehenden Phasen erfolgreich bewältigt worden sind[152]. So ergibt sich bei denjenigen Lösungsansätzen, die mit 0 codiert wurden, das heißt, die zu einem der oben genannten Bereiche des Modellierungskreislaufs mindestens einen sinnvollen Aspekt enthielten, die Codierung durchgehend wegen der Nennung eines Aspektes aus dem Bereich des realen Modells. Studierende, deren Antworten mit +1 codiert wurden gilt, nannten weiterhin sinnvolle Aspekte aus den Bereichen des realen Modells und des mathematischen Modells. und diejenigen Studierenden, deren Lösungen mit +2 codiert wurden, interpretieren ihr Ergebnis darüber hinaus[153].

Aus dem Datenmaterial konnte dann für weitere Analysen induktiv eine zusätzliche Unterscheidung der verschiedenen Lösungsansätze ab-

---

[151] Wobei angemerkt werden muss, dass aufgrund der rein schulmathematikbezogenen Aufgabenstellung das letztgenannte Ergebnis nicht zwangweise unerwartet erscheinen muss, da eine fortgeschrittene Gruppe lediglich mehr universitäre Lehrveranstaltungen besucht hat, die nicht zwangsläufig eine Verbesserung der Leistungen im Bereich der Schulmathematik implizieren.

[152] Man vergleiche jedoch auch die Ergebnisse zum „individuellen Modellierungsverlauf" bei Borromeo Ferri (2011), die, mit Bezug auf Schülerinnen und Schüler, deutlich machen, dass die Bearbeitung eines Modellierungsproblems nicht zwangsläufig aus der Hintereinanderbewältigung der verschiedenen Phasen eines Modellierungskreislaufs in dem Sinne besteht, dass alle Phasen genau einmal in einer vorher durch den Kreislauf schematisch festgelegten Reihenfolge durchlaufen werden.

[153] Dabei wird bereits eine relativ kurze Aussage wie „Dieses Ergebnis entspricht den Einnahmen des Eisdielenbesitzers." als im Sinne der Codierung ausreichende Interpretation des mathematischen Ergebnisses angesehen. Daher unterscheiden sich diejenigen Lösungen, die mit +1 und +2 codiert wurden, häufig nur um einen kurzen interpretationsbezogenen Satz.

geleitet werden, bezüglich der erneut alle Lösungsansätze, das heißt nicht nur die mit 0, 1 oder 2 codierten, untersucht wurden. Die Unterscheidung fokussiert dabei auf die grundlegende inhaltliche Schwerpunktsetzung im Rahmen der Bearbeitung der gegebenen Modellierungsaufgabe und resultiert fundamental aus der bereits erwähnten grundsätzlichen Möglichkeit, die Modellierungsaufgabe in zwei unterschiedliche Richtungen, nämlich stärker an empirischen Überlegungen oder stärker an einer mathematischen Modellbildung orientiert, zu bearbeiten. Vor diesem Hintergrund lassen sich die befragten Studierenden anhand ihrer Lösungsansätze in zwei Gruppen einteilen, nämlich in so genannte Empirikerinnen und Empiriker und Modelliererinnen und Modellierer.

Die Empirikerinnen und Empiriker sind dadurch gekennzeichnet, dass sie die Eisdiele beobachten oder eine Stichprobe befragen würden und häufig mit Durchschnittswerten argumentieren. Das heißt, Studierenden dieser Gruppe schlagen Lösungsansätze vor, die darauf basieren, Daten vor Ort zu erheben:

> *„…Ich würde eine Stunde lang beobachten…“*
> *(Studentin, 4. Semester, GHR-Anfängerin, Fragebogen Nr. 24)*

> *„Ich würde versuchen eine ‚repräsentative' Stichprobe zu erhalten. Mehr Personen befragen (unterschiedliches Alter, Personengruppen, etc.). Hieraus auch einen Durchschnitt der Eiskugelzahl aber auch der Durchschnittlichen Eisdielenbesuche…“*
> *(Student, 3. Semester, GHR-Anfänger, Fragebogen Nr. 29)*

Die Modelliererinnen und Modellierer kennzeichnet im Gegensatz dazu, dass sie stärker im Sinne mathematischer Modellbildung vorgehen, das heißt, dass sie Annahmen formulieren, ohne diese direkt empirisch und in der realen Situation, in diesem Fall also vor der Eisdiele prüfen zu wollen:

> *„Ich würde einen Schätzwert annehmen, wie viele Kugeln ein Einwohner pro Tag*
> *kauft. Da nicht jeder Einwohner (der 30 000) Eis ist, würde ich eine Kugel pro*
> *Person annehmen,…“*
> *(Studentin, 2. Semester, GHR-Anfängerin, Fragebogen Nr. 49)*

Mit Bezug auf die vorgegebenen Aufgabenstellung beschreiben dabei die so genannten Empirikerinnen und Empiriker konkrete Vorgehensweisen zur Datenerhebung, die sie wählen würden, um die Aufgabe zu lösen und nehmen nur selten Bezug auf den in der Aufgabe vorgestellten Lösungsvorschlag von Leo. Auch kann erwartungsgemäß fast durchgehend die Aussage, dass man auch den Eisdielenbesitzer fragen könnte, den Empirikerinnen und Empirikern zugewiesen werden. So wurde diese Aussage insgesamt nur elfmal getroffen, davon können zehn dieser Aussagen Empirikerinnen und Empirikern zugewiesen werden, nur einmal wurde die Aussage als ergänzende Überlegung von einem Modellierer formuliert.

> *„Ich würde entweder den Besitzer fragen, oder mit Hilfe von z.B. zwei Sonntagen*
> *beobachten der Eisdiele beginnen…"*
> *(Studentin, 2. Semester, GHR-Anfängerin, Fragebogen Nr. 79)*

> *„Andere Möglichkeit wäre den Eisverkäufer zu fragen wie viel Umsatz er macht."*
> *(Studentin, 3. Semester, GHR-Anfängerin, Fragebogen Nr. 8)*

Studierende aus der Gruppe der Modelliererinnen und Modellierer gehen dahingegen häufiger auf die Annahmen und den Lösungsversuch von Leo gemäß der vorgegebenen Aufgabe ein.

> *„..Als nächstes würde ich allerdings nicht, wie Leo, die Einkugeln insgesamt mit der Einwohnerzahl multiplizieren,…"*
> *(Studentin, 4. Semester, GHR-Anfängerin, Fragebogen Nr. 72)*

> *„Die Herangehensweise von Leo ist gut, er befragt nur wenige Leute."*
> *(Studentin, 2. Semester, GHR-Anfängerin, Fragebogen Nr. 50)*

Daneben lassen sich die Unterschiede zwischen den Lösungsansätzen von Modelliererinnen und Modellierern und Empirikerinnen und Empirikern auch an unterschiedlichen sprachlichen Merkmalen der Lösungen verdeutlichen, die jeweils aus den grundsätzlichen Charakteristika der verschiedenen Ansätze resultieren. So finden sich in den Lösungen von Modelliererinnen und Modellierern häufig Formulierungen wie „ich nehme an" oder „ich gehe davon aus, dass…".

> *„…Da nach statistischer Wahrscheinlichkeit aber nicht alle Eis essen, gehe ich davon aus, dass im Sommer ca. 60% der Bevölkerung Eis essen…"*
> *(Studentin, 2. Semester, GHR-Anfängerin, Fragebogen Nr. 50)*

> *„Ich würde einen Schätzwert annehmen…"*
> *(Studentin, 2. Semester, GHR-Anfängerin, Fragebogen Nr. 49)*

Lösungsformulierungen von Studierenden, die den Empirikerinnen und Empirikern zugeordnet werden, sind dahingegen oft durch Formulierungen, wie „ich beobachte" gekennzeichnet.

> *„…z.B. zwei Sonntagen beobachten der Eisdiele beginnen…"*
> *(Studentin, 2. Semester, GHR-Anfängerin, Fragebogen Nr. 79)*

> *„…Ich würde eine Stunde lang beobachten wie viele Kunden entsprechende Eisdiele in dieser Zeit hat…"*
> *(Studentin, 4. Semester, GHR-Anfängerin, Fragebogen Nr. 24)*

Auf der anderen Seite lässt sich aus den Antworten der Studierenden keine grundlegende Dichotomie ableiten in dem Sinne, dass jeder Lösungsansatz eindeutig einer der beiden Gruppen von Modelliererinnen und Modellierern oder Empirikerinnen und Empirikern zugeordnet werden könnte. Vielmehr lassen sich hinsichtlich jeder Gruppe verschiedene Abstufungen unterscheiden, da die Charakteristika, die die Lösungen von Vertreterinnen und Vertretern der beiden Gruppen auszeichnen, in verschiedenen Lösungen unterschiedlich stark ausgeprägt sein können beziehungsweise sich graduell überschneiden. So finden sich in der Gruppe der Modelliererinnen und Modellierer beispielsweise einerseits Studierende, die vorrangig einen Modellansatz entwickeln, daneben jedoch auch Ansätze zur zusätzlichen empirischen Absicherung ihrer Annahmen und Ergebnisse formulieren und anderseits Studierende, deren Lösungen ebenfalls im Sinne einer Modellierung deutlich von verschiedenen Annahmen geprägt sind, wobei in diesen Ansätzen das modellierungstypische Vorgehen unter der Perspektive gleichsam einer Modellierung der empirischen Erhebung geschieht.

> *„Ich würde aus meiner Erfahrung und einer etwas größeren Stichprobe (verschiedene Geschlechter, Alter und sozioökonomischer Status) arbeiten.*
> *Mein Ergebnis wäre dann vielleicht ca. bei 1,5 Kugeln oder 1 Kugel die ich dann*
> *mit 30 000 mal nehmen würde. (30 000*0,60,- und dann durch 4)*
> *Andernfalls würde ich durchschnittlich 2,5 kugeln veranschlagen und beachte, dass nicht jeder Eis isst. Also vielleicht nur 10 000 Leute oder weniger, je nach Ergebnis einer Stichprobe. Also jeder dritte oder fünfte (10 000*1,5,- und dann durch 4)"*
> *(Studentin, 8. Semester, GHR-Fortgeschrittene, Fragebogen Nr. 18)*

In Abgrenzung dazu finden sich auch Studierende, deren Lösungen ebenfalls empirische Aspekte und eine anschließende exemplarische Beispielrechnung im Hinblick auf die Auswertung der Erhebung enthalten. Diese Lösungen weisen also ebenfalls insoweit Ansätze von Modellierung auf, dass sie Annahmen über die Ergebnisse der empirischen Erhebung formulieren. Im Unterschied zu der vorangegangen vorgestellten Art von Lösungsansätzen dienen diese Annahmen hier jedoch nur zur Grundlegung einer Beispielrechnung und beziehen weniger Aspekte eines realen Modells ein, so dass der Fokus der Lösung stärker auf der Intention der Durchführung einer empirischen Erhebung liegt. Daher werden entsprechende Ansätze primär der Gruppe der Empirikerinnen und Empiriker zugerechnet.

> *„...Ich würde es beobachten wie viele Kugeln werden durchschnittlich verkauft.*
>
> *Dann beobachte ich wie viele Menschen werden in einer Stunde Eis kaufen.*
>
> *z.B. 4 Kugeln durchschnittlich verkauft: 40 Leute*
>
> *Gucke ich Öffnungszeiten von 8.00-22.00. Es sind 14 Stunden insgesamt.*
>
> *14*40=560 Menschen können Eis am Tag kaufen*
> *560*4=2240 Kugeln werden verkauft*
> *2240*0,60 € =1344 € Einnahmen*
> *1344 €*4=5376"*
>
> *(Studentin, 4. Semester, GHR-Anfängerin, Fragebogen Nr. 28)*

Unterteilt man dann beide Gruppen jeweils in zwei abgestufte Untergruppen, das heißt, man unterscheidet jeweils, wie stark der modellierende oder empirische Ansatz die Lösung dominiert, so erhält man für die verschiedenen Gruppen von Studierenden die folgende Verteilung:

Man erkennt, dass innerhalb der vorliegenden Stichprobe insgesamt eine deutliche Verschiebung hin zu empirischen Lösungsansätzen auszumachen ist. Dies steht im direkten Kontext mit dem ebenfalls empirisch orientierten, vorgegebenen Lösungsansatz von Leo.

	Empiriker	eher Empiriker	eher Modellierer	Modellierer	gesamt
GyGS-Anfänger	3	1	2	0	6
GyGS-Fortgeschrittene	14	5	2	4	25[154]
GHR-Anfänger	16	11	4	7	38
GHR-Fortgeschrittene	1	1	2	0	4
gesamt	34	18	10	11	73

Tabelle 8: Verteilung der induktiv definierten Codierung der befragten Studierenden hinsichtlich der Art des Vorgehens zur Lösung der Modellierungsaufgabe (Teilaufgabe 1a)

In Abgrenzung zu denjenigen Teilaufgaben, die auf die vorangegangen beschriebene, realitätsbezogene und an der mathematischen Modellierung orientierten Schulaufgabe über die Eisdiele bezogenen waren, wurden den Studierenden weiterhin Teilaufgaben gestellt, die ebenfalls anhand einer Schulaufgabe verstärkt nur den Aspekt des Realitätsbezuges in den Vordergrund stellten. Die inhaltliche Grundlage dieser Teilaufgaben im Fragebogen war eine realitätsbezogene Aufgabe für die Sekundarstufe I, entnommen aus der qualitativen Komponente des BLK[155] – Modellversuchsprogramm SINUS (Programm zur Steigerung der Effizienz des mathematisch-naturwissenschaftlichen Unterrichts) (vgl. Kaiser, Rath, Willander, 2003, S. 98, ebenfalls verwendet in Maaß, 2004, S. 337, grundlegend vgl. Cukrowicz, Theilenberg, Zimmermann, 2002, S. 29), die in der nachfolgenden Abbildung dargestellt ist:

[154] An dieser Stelle findet sich ein Studierender mehr als in der entsprechenden Gruppe der GyGS-Fortgeschrittenen in der Auswertung der deduktiven Codierung. Dies erklärt sich dadurch, dass dieser Studierende nicht bezüglich der deduktiven Codierung, wohl aber bezüglich der induktiven Codierung codierbar war.

[155] Bund – Länder – Kommission für Bildungsplanung und Forschungsförderung

Im Rahmen einer Untersuchung wurde Schülerinnen und Schülern der 8. Klasse die folgende Aufgabe gestellt.

Verena sammelt am Strand verschiedene Muscheln und legt zu Hause drei davon auf die Waage. Sie wiegen zusammen 27 g. Danach legt Sie noch zwei weitere dazu. Welches Gesamtgewicht zeigt die Waage nun an? Begründe Deine Antwort!

Abbildung 8: Realitätsbezogene Aufgabe als inhaltliche Grundlage von Aufgabe 2 (Aufgabe entnommen aus Kaiser, Rath, Willander, 2003, S. 98, ebenfalls verwendet in Maaß, 2004, S. 337, grundlegend vgl. Cukrowicz, Theilenberg, Zimmermann, 2002, S. 29)

Die angehenden Lehrerinnen und Lehrer wurden dann zuerst gefragt, wie sie diese Aufgabe selber beantworten würden. Konkret lag den Studierenden dabei im Bezug auf ihre eigene Lösung der Aufgabe folgende Fragestellung vor:

Wie würden Sie diese Aufgabe beantworten?

Abbildung 9: Teilaufgabe 2a

Die zugrundeliegende Schüleraufgabe ist dabei offensichtlich nicht eindeutig lösbar. Dennoch fällt die Aufgabe nicht unter die Kategorie der sogenannten Kapitänsaufgaben (vgl. Stern, 1992), das heißt, unter die Kategorie von Aufgaben, die zwar mathematikbezogene Informationen, zumeist Zahlen, enthalten, aber prinzipiell nicht lösbar sind. Vielmehr besteht zwar die prinzipielle Unmöglichkeit, eine eindeutige Lösung anzugeben, jedoch besteht gerade vor dem Hintergrund des Realitätsbezuges der Aufgabe dennoch die Möglichkeit, die in der Aufgabe gegebenen Informationen sinnvoll zu verwenden mit dem Ziel einer kontextangemessenen Lösungsformulierung, die über die Angabe der nicht-eindeutigen Lösbarkeit hinausgeht. So lässt sich beispielsweise das Gewicht der fünf Muscheln auf Basis der gegebenen Zahlenwerte durch Angabe eines passend gewählten Intervalls in erster Näherung abschätzen.

Vor diesem Hintergrund wurden die Antworten der Studierenden ebenfalls auf einer fünfstufigen Skala mit ganzzahligen Werten von +2 bis -2 codiert. Einer Lösung wurde der höchste Wert, +2, zugeordnet, wenn die Lösung zwei zentrale Aspekte enthielt, nämlich einerseits eine kontextgebundene Reflektion über die Unmöglichkeit der Angabe einer eindeutigen Lösung und andererseits eine fachlich angemessene und sinnvolle Verwendung des in der Aufgabe gegebenen Zahlenmaterials, die über eine Dreisatzlösung hinausgeht. Letzteres kann, wie erwähnt, durch Angabe eines sinnvoll gewählten Intervalls geschehen.

> *„27/3 * 5 = 45g*
> *Die Waage zeigt 45g + oder – 10g an, da damit zu rechnen ist dass nicht alle*
> *Muscheln gleich schwer sind."*
> *(Student, 9. Semester, GyGS-Fortgeschrittener, Fragebogen Nr. 74)*
> *„Definitiv mehr als 27g. Das korrekte Gesamtgewicht ist von Größen und Gewicht jeder einzelnen Muschel abhängig. Wiegen alle Muscheln gleich viel, wäre das Gesamtgewicht 27/3g * 5 = 45g. Das muss aber nicht sein. Sie können auch 28g oder 500g zusammen wiegen."*
> *(Studentin, 2. Semester, GHR-Anfängerin, Fragebogen Nr.78)*

Weist eine Lösung die vorangegangen genanten Kriterien auf, beschränkt sich dabei allerdings in der fachlich angemessenen Verwendung des in der Aufgabe gegebenen Zahlenmaterials auf eine Dreisatzlösung, wird die Antwort mit +1 codiert. Enthält die Antwort weiterhin nur auf einen Hinweis auf die nicht-eindeutige Lösbarkeit der Aufgabe, so dass die Zahlenwerte der Aufgabe gar nicht verwendet werden, beziehungsweise ist deren Verwendung fehlerhaft, wird der Code 0 vergeben. Lösungen, in denen ausschließlich der Dreisatz angewendet wird und das zugehörige Ergebnis als Lösung der Aufgabe angegeben wird, das heißt Lösungen, die keine kontextgebundene Reflektion der Aufgabe bezüglich der Unmöglichkeit, eine eindeutige Lösung anzugeben, enthalten, und stattdessen genau ein spezielles Ergebnis angeben, werden mit -1 codiert. Bleibt weiterhin die kontextgebundene Reflektion über die Aufgabe aus und es wird nur mit den in der Aufgabe gegebenen Zahlenwerten gerechnet, und sind darüber hinaus diese Verwendungen des Zahlenmaterials falsch oder unangemessen, wird der Lösungsansatz mit -2 codiert. Auf allgemeinerer Ebene kann damit zusammengefasst werden, dass nicht-negativ codierte Lösungen den Realitätsbezug der Aufgabe berücksichtigen, während negativ codierte Antworten die Aufgabe ohne Einbezug des realen Hintergrundes rein algorithmisch zu beantworten versuchen.

Mit dieser Codierung ergab sich dann die nachfolgende Verteilung auf die verschiedenen Studierendengruppen:

	-2	-1	0	1	2	gesamt
GyGS-Anfänger	1	2	2	1	0	6
GyGS-Fortgeschrittene	0	3	11	7	4	25
GHR-Anfänger	1	10	6	22	1	40
GHR-Fortgeschrittene	0	1	3	2	0	6
gesamt	2	16	22	32	5	77

Tabelle 9: Verteilung der deduktiv definierten Codierung der befragten Studierenden für die selbstständige Lösung einer realitätsbezogenen Aufgabe (Teilaufgabe 2a)

Für die befragten Studierenden zeigt sich daher insgesamt, im Einklang mit der relativ leichten Aufgabe, eine weitgehende Verschiebung der Verteilung der Codierungen in den positiven Bereich. Darüber hinaus wurden insbesondere nur zwei Studierende, je einer aus den beiden Gruppen der Anfängerinnen und Anfänger, mit -2 codiert.

Während in der vorangegangen Teilaufgabe zur vollständigen Beschreibung der verschiedenen Ausprägungen von Antworten die deduktiv definierte Codierung durch eine weitere induktiv definierte Codierung ergänzt wurde, sind die unterschiedlichen Ausprägungen der Antworten im Fall dieser Teilaufgabe direkt durch die vorangegangen beschriebene Codierung erfasst, so dass hier keine zusätzlichen induktiv definierten Variablen entwickelt wurden.

1.1.2 Fachmathematisches Wissen im Bezug auf Argumentieren und Beweisen

Fähigkeiten hinsichtlich des Argumentierens und Beweisens werden im Rahmen der vorliegenden Studie durch drei verschiedene Teilaufgaben mit unterschiedlichen inhaltlichen Schwerpunkten erhoben. Die erste Teilaufgabe bezieht sich auf einen Satz aus dem Inhaltsgebiet der Geometrie, der den Studierenden zuerst, wie nachfolgend dargestellt, zusammen mit einem präformalen Beweis dieses Satzes vorgestellt wurde.

Betrachten Sie den folgenden Satz:

Verdoppelt man die Seitenlängen eines Quadrats, so verdoppelt sich auch die Länge jeder Diagonale.

Folgender präformaler Beweis ist gegeben:

Man verwendet quadratische Plättchen, die gleich groß sind. Legt man vier Plättchen zu einem Quadrat, erhält man ein Quadrat, dessen Seitenlängen doppelt so lang sind wie die eines Plättchens.

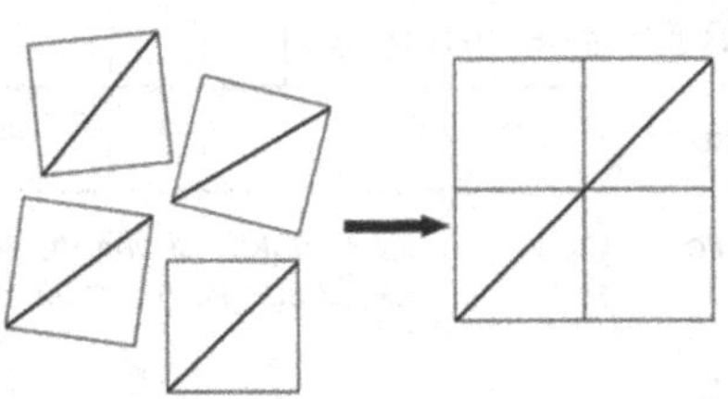

Man erkennt dann sofort, dass auch jede Diagonale doppelt so lang ist wie die eines Plättchens, da jeweils zwei Diagonalen von zwei Plättchen direkt aneinander stoßen.

Abbildung 10: Mathematische Aussagen und zugehöriger präformaler Beweis als inhaltliche Grundlage von Aufgabe 4

Bezüglich der Fähigkeit zur Durchführung eines fachlich angemessenen formalen Beweises wurde den Lehramtsstudierenden dann die folgende Teilaufgabe gestellt:

Formulieren Sie einen formalen Beweis für den obigen Satz!

Abbildung 11: Teilaufgabe 4b

Zur Codierung der Beweise der Studierenden wurde erneut auf eine fünfstufige Skala mit ganzzahligen Werten von +2 bis -2 zurückgegriffen. Die höchste Codierung, das heißt erneut +2, wird vergeben, wenn der Satz fachlich richtig und vollständig bewiesen wird, und der Beweis darüber hinaus eine nachvollziehbare Struktur aufweist, das heißt, das beispielsweise verwendete Größen vorab definiert und verwendete mathematischen Sätze benannt werden und der Beweis durch strukturierende Elemente gegliedert ist. Weist der Beweis keine entsprechende nachvollziehbare Struktur auf, ist aber trotzdem angemessen und vollständig, wird die Codierung 1 vergeben. Eine 0 wurde Beweisversuchen zugeord-

net, die fachlich richtig, aber nicht vollständig sind. Wurde ein Beweis weiterhin vollständig ausgeführt, weist jedoch kleinere Rechenfehler auf, etwa indem a^2 bei Verdoppelung der Seitenlänge zu $2a^2$ angegeben wird, wird die Codierung -1 vergeben. Der Wert -2 wird schließlich denjenigen Beweisversuchen zugeordnet, die schwerwiegende Fehler im Sinne von grundlegenden Fehlern beim Beweisvorgehen aufweisen oder die unvollständig sind und zusätzlich kleinere Rechenfehler enthalten.
Insgesamt ergibt sich damit die folgende Verteilung der Codierungen auf die verschiedenen Studierendengruppen:

	-2	-1	0	1	2	gesamt
GyGS-Anfänger	4	2	0	0	1	7
GyGS-Fortgeschrittene	2	1	4	12	6	25
GHR-Anfänger	18	6	1	3	3	31
GHR-Fortgeschrittene	5	0	0	0	0	5
gesamt	29	9	5	15	10	68

Tabelle 10: Verteilung der deduktiv definierten Codierung der befragten Studierenden für die selbstständige Durchführung eines formalen Beweises (Teilaufgabe 4b)

Zuerst fällt hier unmittelbar auf, dass die Teilaufgabe im Vergleich zu den anderen bisher beschriebenen Aufgaben von deutlich weniger Studierenden bearbeitet wurde. Dies ist ganz offenbar nicht auf äußere Umstände wie beispielsweise Zeitknappheit zurückzuführen, da die anschließenden Aufgaben wieder von deutlich mehr Studierenden bearbeitet wurden, sondern hängt offensichtlich ursächlich mit dem Inhalt der Aufgabe zusammen. Damit einhergehend fällt im Hinblick auf diejenigen Studierenden, die die Aufgabe verteilt haben, die stark zu den negativen Codierungen verschobene Verteilung der Codes auf. Dies betrifft insbesondere die befragte Gruppe der GHR-Fortgeschrittenen, wobei die ausschließliche Codierung aller Antworten mit -2 erneut exemplarisch die Nicht-Repräsentativität der Stichprobe verdeutlicht. Eine Ausnahme bilden dabei die befragten GyGS-Fortgeschrittenen, die, möglicherweise bedingt auch durch den hohen Anteil von formalmathematischer Ausbildung in ihrem Studium, größtenteils nicht-negativ codierte Antworten formulierten.

Übergreifend über alle Codierungen lässt sich dabei inhaltlich beobachten, dass die Studierenden ihre Beweise beziehungsweise Beweisversuche annähernd durchgehend auf Basis des Satzes des Pythagoras durchführten. Nur ein Studierender wählte ein anderes Vorgehen, indem er die Strahlensätze verwendete.

Besonders auffallend ist damit der hohe Anteil[156] von Beweisversuchen, die mit -2 codiert wurden, die also schwerwiegende Fehler im Hinblick auf formales Beweisen aufwiesen. Betrachtet man diese Antworten dabei näher, lässt sich diesbezüglich ein besonders häufiges Fehlermuster beobachten, das den der Codierung zugrundeliegenden Begriff des schwerwiegenden Fehlers verdeutlicht. Von den insgesamt 29 Studierenden, deren Antworten mit -2 codiert wurden, formulieren 15 Studierende mit dem Satz des Pythagoras eine Gleichung zur Länge der Diagonalen des Ausgangsquadrates und multiplizieren dann im Sinne einer Äquivalenzumformung beide Seiten der Gleichung mit zwei, um damit vermeintlich die Verdopplung der Diagonalenlänge bei Verdoppelung der Seitenlänge zu zeigen.

> $a^2+b^2=c^2$ *(Quadrat, a=b)*
> $2a^2=c^2$ | *verdopple man die linke Seite, so muss man dies auch rechts tun.*
> $4a^2=2c^2$
> *(Studentin, 2. Semester, GyGS-Anfängerin, Fragebogen Nr. 2)*

Im Anschluss an diese deduktiv definierte Codierung konnte auch hier materialbasiert eine weitere, auf einer induktiven Codedefinition basierende Materialunterscheidung vorgenommen werden. Diese fokussiert auf die Frage, inwieweit die Studierenden im Rahmen ihrer Beweisansätze auf Visualisierungen zurückgreifen oder auf diese verzichten. Berücksichtigt wurden dabei sowohl tatsächliche Visualisierungen, also beispielsweise die Verwendung von Skizzen, als auch sprachbasierte Visualisierungen, das heißt die Verwendung von Ausdrücken, die Sachverhalte in bildlicher Form darstellen. Letzteres liegt beispielsweise vor, wenn Studierende sich, motiviert durch den präformalen Beweis, in ihrem Beweisversuch explizit auf Plättchen statt auf allgemeine Quadrate, das heißt auf sprachlich beschriebene Visualisierungen beziehungsweise

[156] Dieses Ergebnis wird zusätzlich verstärkt durch die Beobachtung, dass diese Teilaufgabe nur von 68 Studierenden beantwortet wurde. Das bedeutet, dass 11 Studierende keine Antwort gaben oder eine Antwort begannen und diese aber nicht zu Ende führten und als ungültig markierten.

Konkretisierungen statt auf allgemeine geometrische Objekte beziehen. Unterscheidet man also allgemein Beweise beziehungsweise Beweisversuche mit und ohne Visualisierungen in diesem Sinne, ergibt sich für die verschiedenen Studierendengruppen die folgende Verteilung:

	Visualisierungen werden verwendet	**Visualisierungen werden nicht verwendet**	**gesamt**
GyGS-Anfänger	2	5	7
GyGS-Fortgeschrittene	2	23	25
GHR-Anfänger	17	14	31
GHR-Fortgeschrittene	0	5	5
gesamt	21	45	68

Tabelle 11: Verteilung der induktiv definierten Codierung der befragten Studierenden hinsichtlich der Verwendung von Visualisierungen beim formalen Beweisen (Teilaufgabe 4b)

Man erkennt, dass in beiden Studiengängen die Antworten der Anfängerinnen und -anfänger jeweils ein relativ ausgeglichenes Verhältnis zwischen Antworten, die Visualisierungen beinhalten und solchen, die keine Visualisierungen beinhalten, aufweisen. Deutlich erkennbar ist dann weiterhin, dass im Gegensatz dazu die fortgeschrittenen Studierenden beider Studiengänge, möglicherweise beeinflusst durch die Art der Thematisierung von Beweisen im Rahmen ihrer jeweiligen fachmathematischen Ausbildung, zu größten Teilen beziehungsweise durchgehend auf Visualisierungen verzichteten.

Im Einklang mit dem theoretischen Ansatz der Studie ist das auf Argumentieren und Beweisen bezogene fachmathematische Wissen für die vorliegende Studie nicht nur auf formales Beweisen beschränkt, sondern bezieht auch Aspekte des präformalen Beweisens mit ein. Mit erneutem Bezug auf den beschriebenen Satz über die Verdoppelung der Diagonalenlänge eines Quadrates bei Verdoppelung der zugehörigen Seitenlängen des Quadrates sowie mit Bezug auf den in der Aufgabe gegebenen präformalen und den von den Studierenden vorher formulierten formalen Beweis, wurde dann die nachfolgende Teilaufgabe gestellt:

Können der präformale und der formale Beweis des [...] Satzes über die Länge der Diagonalen eines Quadrats jeweils auf beliebige Rechtecke verallgemeinert werden? Bitte begründen Sie kurz!

Abbildung 12: Teilaufgabe 4f (Anstelle der Auslassungszeichen folgt im Fragebogen ein Seitenhinweis auf diejenige Seite, auf der die mathematische Aussage sowie dessen präformaler Beweis im Fragebogen zu finden sind)

Erneut wurden die Antworten der Studierenden auf Basis einer fünfstufigen Skala mit ganzzahligen Werten von +2 bis -2 codiert. Dabei wurde der höchste Code +2 für Antworten vergeben, in denen beide Beweisformen angemessen verallgemeinert wurden. Wurde nur eine Beweisform angemessen verallgemeinert und die andere Form wurde ausgelassen oder nur in Ansätzen verallgemeinert, wurde die Antwort mit +1 codiert. Antworten, in denen eine oder beide Beweisformen nur in Ansätzen verallgemeinert wurden oder eine Form vollständig und angemessen, die andere jedoch fehlerhaft verallgemeinert wurde, sind weiterhin mit 0 codiert worden. Der nächst-niedrige Wert, das heißt -1, wird Antworten zugeordnet, in denen eine Beweisform nur in Ansätzen, die andere gar nicht oder fehlerhaft verallgemeinert wird oder in denen einer oder beiden Beweisformen die Verallgemeinerbarkeit ohne Begründung zugesprochen wird. Wird abschließend mindestens einer Beweisform die Verallgemeinerbarkeit abgesprochen oder werden beide Beweise fehlerhaft verallgemeinert, wird der Code -2 vergeben.

Mit dieser Codierung ergibt sich für die vorliegende Stichprobe damit die folgende Verteilung:

	-2	-1	0	1	2	gesamt
GyGS-Anfänger	2	1	1	1	0	5
GyGS-Fortgeschrittene	2	4	3	10	5	24
GHR-Anfänger	7	10	6	6	3	32
GHR-Fortgeschrittene	1	1	2	1	0	5
gesamt	12	16	12	18	8	66

Tabelle 12: Verteilung der deduktiv definierten Codierung der befragten Studierenden für die Verallgemeinerung eines formalen und eines präformalen Beweises von Quadraten auf Rechtecke (Teilaufgabe 4f)

Man erkennt im Einklang mit der Beobachtung aus der vorher geschilderten Teilaufgabe erneut, dass mit 66 Studierenden im Vergleich zu anderen Teilaufgaben relativ wenige Studierende diese Fragestellung bearbeitet haben. Ebenfalls im Einklang mit der vorangegangen geschilderten Aufgabe weist dabei die Verteilung der Codes bei den Antworten der GyGS-Fortgeschrittenen eine Verschiebung zu positiven Codierungen, bei den übrigen Gruppen zu negativen Codierungen auf.

Anhand dieser vorangegangen dargestellten Codierung lässt sich eine überblicksartige Beschreibung der Stichprobe hinsichtlich der Fähigkeiten zur Durchführung formaler und präformaler Beweise vornehmen, die jedoch aufgrund ihres zusammenfassenden Charakters teilweise Lösungsansätze zusammenfasst, die sich im Bezug auf die berücksichtigten Beweisformen unterscheiden. Für weitere Analysen des Datenmaterials bietet es sich daher weiterhin auch an, die Studierenden danach zu unterscheiden, welche Beweisformen sie überhaupt bearbeitet haben und inwieweit diese Bearbeitung im Hinblick auf einzelne Beweisformen gegebenenfalls angemessen geschehen ist. Dies ermöglicht eine Aussage einerseits darüber, inwieweit die befragten Studierenden eine Beweisform bevorzugt behandeln und andererseits, inwieweit sie die Verallgemeinerung einer Beweisform besser durchführen können. Beide Aspekte werden dabei getrennt nacheinander betrachtet. Dafür werden in einem weiteren Schritt die befragten Studierenden danach unterschieden, welche Beweisformen sie in ihrer Antwort jeweils überhaupt berücksichtigen. Die Unterscheidung geschieht dabei unabhängig von der Angemessenheit der Verallgemeinerung, das heißt, es werden für jede Beweisform angemessene und nur in Ansätzen durchgeführte Verallgemeinerungen zusammengefasst. Unterschieden werden damit Lösungsansätze, die nur Aussagen hinsichtlich der präformalen Beweisform enthalten, Lösungsansätze, die nur Aussagen hinsichtlich der formalen Beweisform enthalten und Lösungsansätze, die Aussagen hinsichtlich beider Beweisformen enthalten. Gesondert erfasst wurden darüber hinaus Lösungsansätze, in denen der Verallgemeinerbarkeit des mathematischen Satzes zugestimmt wurde, ohne dass dabei auf einen der beiden Beweise im Speziellen eingegangen wurde und Lösungsansätze, in denen die Verallgemein-

	nur präformaler Beweis wird berücksichtigt	nur formaler Beweis wird berücksichtigt	beide Beweisformen werden berücksichtigt	keine der beiden Beweisformen wird berücksichtigt	Verallgemeinerbarkeit wird mindestens hinsichtlich einer Beweisform abgelehnt	gesamt
GyGS-Anfänger	0	1	1	2	0	4
GyGS-Fortgeschrittene	1	7	11	3	2	24
GHR-Anfänger	6	3	8	7	6	30
GHR-Fortgeschrittene	0	1	2	0	1	4
gesamt	7	12	22	12	9	62

Tabelle 13: Verteilung der induktiv definierten Codierung der befragten Studierenden bezüglich der berücksichtigten Beweisformen bei der Verallgemeinerung eines mathematischen Beweises (Teilaufgabe 4f)

erbarkeit des mathematischen Satzes mindestens[157] hinsichtlich einer Beweisform[158] abgelehnt wurde.

Mit dieser Unterscheidung erhält man die folgende Verteilung auf die verschiedenen Gruppen von Studierenden[159].

Man erkennt, dass im Einklang mit der Aufgabenstellung insgesamt eine leichte Tendenz zur Berücksichtigung beider Beweisformen erkennbar ist. Bei Antworten, die nur eine der beiden Beweisformen berücksichtigen, gibt es eine größtenteils ebenfalls leichte, bei den GyGS-Fortgeschrittenen deutliche Tendenz zum formalen Beweisen, wobei diesbezüglich die Anfängerinnen und -anfänger der GHR-Studiengänge eine Ausnahme bilden.

Neben den vorangehend geschilderten Aufgaben, in denen die Studierenden aufgefordert waren, jeweils gültige mathematische Sätze zu beweisen, enthielt der Fragebogen auch eine Aufgabe, die darauf ausgerichtet war, zu begründen, warum eine mathematische Aussage nicht gültig ist. Den Studierenden wurde dafür zu Beginn einer Aufgabe ein gültiger mathematischer Satz vorgestellt, der nachfolgend wiedergegeben ist:

Im Unterricht einer 9. Klasse soll folgender Satz gezeigt werden:

Wenn man drei direkt aufeinander folgende natürliche Zahlen addiert, ist das Ergebnis immer ohne Rest durch 3 teilbar.

Abbildung 13: Mathematische Aussage als inhaltliche Grundlage von Aufgabe 5

Im Anschluss an einige fachdidaktische Teilaufgaben zu diesem Satz, auf die im weiteren Verlauf der Auswertung eingegangen werden wird, wurde den Studierenden dann eine Verallgemeinerung dieser Aussage vorge-

157 Im Bezug auf diejenigen Studierenden, die mindestens einer Beweisform die Verallgemeinerbarkeit absprechen, sind insbesondere diejenigen Lösungsansätze hervorhebenswert, in denen hinsichtlich der Verallgemeinerbarkeit eine Differenzierung zwischen den Beweisformen vorgenommen wird. Dies geschieht in 2 von 9 Fällen. („Der Formale nicht." (Studentin, 3. Semester, GHR-Anfängerin, Fragebogen Nr. 8)).

158 Zu dieser Kategorie werden auch diejenigen Studierenden gezählt, die ohne Bezug auf einen speziellen Beweis den mathematischen Satz allgemein als nicht – verallgemeinerbar ansehen.

159 Im Vergleich zur deduktiven Codierung wurden dabei 4 Antworten nicht berücksichtigt. Dies sind Antworten, in denen die Frage missverstanden wurde, die also in der deduktiven Codierung mit -2 codiert wurden.

stellt, die sie hinsichtlich ihrer Gültigkeit beurteilen sollten, wie nachfolgend dargestellt ist:

Lässt sich der behandelte Satz zu dem folgenden Satz verallgemeinern?
Addiert man jeweils k direkt aufeinander folgende Zahlen, so ist das Ergebnis ohne Rest durch k teilbar.
Bitte begründen Sie Ihre Antwort kurz!

Abbildung 14: Teilaufgabe 5d

Offensichtlich ist diese Verallgemeinerung nicht zulässig, wie sich bereits anhand eines Gegenbeispiels mit k=2, das heißt im Fall des arithmetischen Mittels zweier natürlicher Zahlen, zeigen lässt. Die Antworten der Studierenden wurden dann im Fall dieser Teilaufgabe auf einer dreistufigen Skala mit Werten von +1 bis -1 codiert. Eine Antwort wurde dabei dem höchsten Wert, +1, zugeordnet, wenn diese den Satz entweder anhand eines richtig gewählten Gegenbeispiels oder anhand einer nachvollziehbaren Argumentation falsifizierte. Mit Bezug auf die vorangegangen Aufgabenteile werden dabei sowohl rechnerische wie auch skizzenbasierte Gegenbeispiele als angemessen bewertet und ebenso kann die Argumentationskette formale oder präformale Charakteristika aufweisen. Der Code 0 wurde weiterhin für Antworten vergeben, die eine nur teilweise richtige Argumentationskette enthalten oder in denen entweder ein richtig gewähltes Gegenbeispiel oder eine richtige Argumentationskette durch fehlerhafte Antwortteile ergänzt werden. Der Code -1 wird abschließend Antworten zugeordnet, die entweder dem Satz mit oder ohne Beweisversuch zustimmen oder die den Satz als nicht gültig erkennen, dafür aber eine falsche Begründung anführen. Insgesamt wurde dabei an dieser Stelle auf eine dreistufe Skala zurückgegriffen, um eine unangemessene, da zu kleinschrittige Ausdifferenzierung des Datenmaterials zu vermeiden, insbesondere vor dem Hintergrund, dass bereits ein relativ schlichtes Gegenbeispiel als Falsifikation des Satzes eine angemessene Antwort auf die Teilaufgabe darstellt.

Mit dieser Codierung ergab sich die folgende Verteilung auf die Studierendengruppen in der Stichprobe:

	-1	0	1	gesamt
GyGS-Anfänger	2	0	2	4
GyGS-Fortgeschrittene	5	6	13	24
GHR-Anfänger	13	2	19	34
GHR-Fortgeschrittene	2	1	2	5
gesamt	22	9	36	67

Tabelle 14: Verteilung der deduktiv definierten Codierung der befragten Studierenden für die Beurteilung der Verallgemeinerbarkeit einer mathematischen Aussage (Teilaufgabe 5d)

Insgesamt haben auch im Fall dieser auf fachmathematisches Wissen bezogenen Teilaufgabe erneut nur relativ wenige Studierende überhaupt eine Antwort formuliert. Auffallend ist dann weiterhin zuerst, dass für alle Gruppen jeweils der Anteil der mit 0 codierten Antworten relativ gering ist. Dies ist möglicherweise jedoch gleichsam vorab durch die Codiervorgaben festgelegt worden, da die Aussage wie erwähnt direkt durch ein Gegenbeispiel widerlegt werden kann, was sich auch häufig bei den Lösungen der Studierenden findet, und entsprechende Argumentationen kaum durch fehlerhafte zusätzliche Aussagen ergänzt werden können. Erneut zeigt sich, dass die Verteilung der Codierungen der Antworten der befragten Gruppe der GyGS-Fortgeschrittenen eine Verschiebung zu positiven Codierungen aufweist, weiterhin hat auch ein Großteil der GHR-Anfängerinnen und -Anfänger die Nichtverallgemeinerbarkeit der mathematischen Aussage richtig erkannt, während die Antworten der übrigen befragten Studierendengruppen relativ ausgeglichene Codierungsverteilungen ergeben.

Inhaltlich zeigt sich weiterhin, dass, wie erwähnt, einerseits ein Großteil der mit +1 codierten Antworten ein Gegenbeispiel entweder mit 2 oder 4 aufeinanderfolgenden Zahlen enthält und andererseits in einem Großteil der mit -1 codierten Antworten versucht wurde, einen formalen Beweis für die Aussage zu führen.

1.2 Rekonstruierte strukturelle Ausprägungen bei auf das mathematikdidaktische Wissen bezogenen Teilaufgaben

In der vorliegenden Studie werden entsprechend ihrer vorhergehend ausgeführten (siehe Abschnitt II.3.3) theoretischen Fokussierung zwei Subfacetten des mathematikdidaktischen Wissens betrachtet, nämlich zum Einen lehrbezogenes und zum Anderen lernprozessbezogenes mathematikdidaktisches Wissen. Nachfolgend werden die Ergebnisse hinsichtlich der einzelnen Auswertung der jeweils darauf bezogenen Teilaufgaben für beide Subfacetten hintereinander vorgestellt. Ausgewertet werden dabei hinsichtlich beider Subfacetten jeweils aus fachlicher Perspektive sowohl Teilaufgaben, die auf die mathematikbezogene Aktivität des Modellierens als auch Teilaufgaben, die auf die mathematikbezogene Aktivität des Argumentierens und Beweisens bezogen sind.

1.2.1 Lehrbezogenes mathematikdidaktisches Wissen

Im Bereich des lehrbezogenen mathematikdidaktischen Wissens liegt der Schwerpunkt hinsichtlich der mathematikbezogenen Aktivität zuerst auf Modellierung und Realitätsbezügen und in inhaltlicher Hinsicht werden zuerst Aspekte der auf methodische Fragen fokussierten Analyse von Unterricht thematisiert. Den Studierenden wird dabei unter Bezugnahme auf die vorgestellte Modellierungsaufgabe zum Umsatz einer Eisdiele die nachfolgende Frage gestellt:

> Stellen Sie sich vor, Sie wollen eine solche Aufgabe in einer 8. Klasse im Rahmen Ihres Mathematikunterrichts behandeln. Welches didaktische Vorgehen (zum Beispiel Arbeitsformen) würden Sie wählen? Bitte begründen Sie Ihre Position!

Abbildung 15: Teilaufgabe 1f

Die Antworten der Studierenden wurden dafür zuerst auf einer deduktiv definierten dreistufigen Skala mit ganzzahligen Werten von +1 bis -1 codiert. Dem höchsten Wert, +1, wurde eine Antwort zugeordnet, die ein für die Behandlung von Modellierungsaufgaben im Mathematikunterricht sinnvolles methodisches Vorgehen skizziert und dieses Vorgehen didaktisch begründet anhand von Zielen, die mit der unterrichtlichen Behandlung von Modellierungsaufgaben verfolgt werden können. Enthält die

Antwort lediglich die Skizzierung eines angemessenen unterrichtlichen Vorgehens, ohne dass dieses jedoch begründet wird, wird die Antwort mit 0 codiert. Eine Codierung -1 wird abschließend für Antworten vergeben, die ein für die Behandlung von Modellierungsaufgaben im Mathematikunterricht unangemessenes Vorgehen beschreiben.

Für die befragten Studierenden ergibt sich damit die nachfolgend dargestellte Verteilung:

	-1	0	1	gesamt
GyGS-Anfänger	1	7	3	11
GyGS-Fortgeschrittene	1	14	5	20
GHR-Anfänger	3	13	21	37
GHR-Fortgeschrittene	0	4	4	8
gesamt	5	38	33	76

Tabelle 15: Verteilung der deduktiv definierten Codierung der befragten Studierenden für die Angabe eines angemessenen methodischen Vorgehens bei der unterrichtlichen Bearbeitung einer Modellierungsaufgabe (Teilaufgabe 1f)

Man erkennt, dass insgesamt nur wenige Studierende eine mit -1 codierte Antwort formulierten. Weiterhin ist für die befragten Studierenden ein deutlicher Unterschied zwischen den beiden Studiengängen erkennbar. In den GyGS-Studiengängen ist jeweils die 0 der am häufigsten vergebene Code, das heißt, die Studierenden nannten ein angemessenes Vorgehen, gaben jedoch keine fachdidaktisch ausreichende Begründung an. Dahingegen ergänzte jeweils ein großer Anteil der betreffenden Studierenden der GHR-Studiengänge die Angabe eines angemessenen methodischen Vorgehens um eine angemessene fachdidaktische Begründung.

Aus der dieser Codierung zugrundeliegenden Perspektive des fachdidaktischen Wissens bilden bei der Behandlung von Modellierungsaufgaben im Mathematikunterricht Phasen, in denen die Lernenden aktiv, individuell und kooperativ an der Aufgabe arbeiten, einen konstituierenden Bestandteil des entsprechenden Unterrichts. Ein gemeinschaftliches Entwickeln, Bearbeiten und Diskutieren individuell entwickelter Lösungsansätze in Gruppenarbeit durch die Lernenden ist insgesamt ein notwendiger Bestandteil entsprechenden Mathematikunterrichts (vgl. Abschnitt II.8.2). Entsprechende Bezüge zu damit korrespondierenden methodischen Vorgehensweisen werden in den Antworten der Studierenden daher für eine nicht-negative Codierung erwartet. Dennoch gibt es naturgemäß verschiedene Möglichkeit, entsprechende kooperativ Lern- und Arbeitsphasen in die gesamte unterrichtliche Einheit zu integrieren und mit weiteren Unterrichtsmethoden zu verbinden. Daher wurden die Antworten in einem weiteren Schritt auf Basis einer induktiv definierten Codierung dahingehend untersucht, in welchem Verhältnis stärker durch kooperative Eigenaktivität der Lernenden geprägte und stärker lehrergeleitete Phasen des Unterrichts in den methodischen Vorschlägen der Studierenden stehen. Konkret werden dafür vier verschiedene, ebenfalls ordinal angeordnete Codierungen unterschieden, die begrifflich an der Unterscheidung zwischen konstruktivistischen und transmissiven Unterrichtsmethoden orientiert sind. Die erste Codierung, als „Konstruktion“ bezeichnet, wird Antworten zugeordnet, die einen methodischen Ansatz beschreiben, der eine Form der Gruppen- beziehungsweise Partnerarbeit enthält, in der die Studierenden eigenständig Lösungsansätze erarbeiten. Zusätzlich kann in den entsprechenden methodischen Ansätzen eine Präsentation im Plenum vorgeschlagen werden.

> *In Gruppenarbeit Ideen sammeln und einen Kompromiss finden. Dadurch lernen die Schüler ihre eigene Position darzustellen und andere Ansichten und Vorschläge einschätzen zu können. Hier steht die Kommunikation im Vordergrund.*
> *(Studentin, 4.Semester, GHR-Anfängerin, Fragebogen Nr. 6)*

Die zweite Codierung, als „Semi-Konstruktion“ bezeichnet, wird Antworten zugeordnet, in denen ebenfalls Gruppen- beziehungsweise Partnerarbeit als Teil des methodischen Ansatzes formuliert wird, die jedoch diese Phasen um lehrergelenkte oder lehrerbeeinflusste Phasen oder um Phasen der Einzelarbeit ergänzen. Zum Einen erfasst dies methodische Ansätze, in denen sich an die Gruppen- beziehungsweise Partnerarbeit eine Plenumsdiskussion anschließt. Die Abgrenzung zur Codierung der „Konstruktion“ ergibt sich dann daraus, dass davon ausgegangen wird, dass die Lehrerin oder der Lehrer im Rahmen einer Diskussion stärker Einfluss auf den Verlauf des Unterrichtsgeschehens nimmt, als dies im Rahmen von Präsentationen der Lernenden geschieht. Zum Anderen umfasst diese Codierung methodische Ansätze, in denen die Schülerinnen und Schüler zuerst in Einzelarbeit, also nicht kooperativ, oder unmittelbar in einer lehrerbeeinflussten Plenumsdiskussion Lösungsansätze für die Modellierungsaufgabe entwickeln und sich lediglich anschließend in Gruppen- beziehungsweise Partnerarbeit über diese Lösungen austauschen.

> *Erst bearbeiten die SuS in Einzelarbeit die Aufgabe und tragen anschließend ihre Ergebnisse in der Gruppe zusammen. Dann eine Diskussion in der ganzen Klasse. Dies fördert die Kommunikation.*
> *(Studentin, 4. Semester, GHR-Anfängerin, Fragebogen Nr. 69)*

Die dritte Codierung, im Folgenden als „Semi-Transmission" bezeichnet, umfasst Antworten, die kooperative Lernformen auf der einen Seite mit einem noch stärker lehrergelenktem Vorgehen auf der anderen Seite in Verbindung setzen. Dies ist zum Einen gegeben durch Antworten, in denen vorgeschlagen wird, dass die Lernenden sich zuerst in Gruppen- beziehungsweise Partnerarbeit mit der Aufgabe beschäftigen, wobei dies jedoch nur Vorbereitung für eine anschließende gemeinsame Lösungsfindung in einem lehrerbeeinflussten Klassengespräch ist. Zum Anderen umfasst diese Codierung Antworten, in denen vorgeschlagen wird, dass die Schülerinnen und Schüler eine Lösung in Gruppen- beziehungsweise Partnerarbeit finden, wobei jedoch im Vorfeld Vorgaben für diesen Lösungsprozess durch die Lehrerin oder den Lehrer gemacht werden, indem etwa im Fall der Eisdielenaufgabe beispielsweise vorgegeben wird, dass der Fokus auf einer empirischen Herangehensweise an die Aufgabe liegen soll.

> *Ich würde die Schüler in Kleingruppen die Aufgabe bearbeiten lassen und anschließend die Ergebnisse zusammentragen. Die Gruppen sollten verschiedene Eisdielen befragen und anschließend den Besitzer interviewen um ihre Ergebnisse zu überprüfen. Das hat einen hohen Motivationsfaktor und die die Schüler setzen sich aktiv mit den Problemen auseinander.*
> *(Studentin, 3. Semester, GHR-Anfängerin, Fragebogen Nr. 5)*

> *Erst die Aufgabe gemeinsam lesen. Dann sollten die Schüler die Aufgaben in Gruppen (4 bis 5) bearbeiten. Nach einer Stunde tragen wir die Punkte zusammen und lösen die Aufgabe gemeinsam.*
> *(Studentin, 3. Semester, GyGS-Fortgeschrittene, Fragebogen Nr. 41)*

Die vierte Codierung, als „Transmission" bezeichnet, umfasst abschließend alle Antworten der Studierenden, die einen methodischen Ansatz skizzieren, der auf die Bearbeitung der Modellierungsaufgabe im Rahmen eines lehrergelenkten Unterrichts abzielt.

> *Ich würde erst mit den Kindern eine Aufgabe gemeinsam lösen. Und dabei die wichtigen Punkte zum Ausdruck bringen.*
> *Ich denke, man braucht immer ein gutes Beispiel um eine Aufgabe richtig rechnen zu können, weil man das Beispiel als eine Unterlage benutzen kann.*
> *(Student, 3. Semester, GHR-Anfänger, Fragebogen Nr. 45)*

Es ergibt sich dabei unmittelbar, dass die so induktiv definierte Codierung nicht unabhängig ist von der voranstehend geschilderten deduktiv definierten Codierung. Beispielsweise werden Lösungen, die der Transmission zugeordnet werden, im Rahmen der deduktiv definierten Codierung mit -1 codiert, da sie ein unangemessenes Vorgehen zur Bearbeitung von Modellierungsaufgaben im Mathematikunterricht beschreiben. Dennoch fokussieren die beiden Codierungen auf unterschiedliche Aspekte, da im Falle der induktiv definierten Codierung nicht berücksichtigt wird, inwieweit die Studierenden ihr gewähltes methodisches Vorgehen auch angemessen begründen. Daneben impliziert die induktiv definierte Codierung nur insoweit eine Wertung, dass beispielsweise, wie erwähnt, als Transmission codierte methodische Ansätze als nicht sinnvoll zu bewerten sind. Jedoch kann nicht generell rückgeschlossen werden, dass zwangsläufig beispielsweise eine als Konstruktion codierte Antwort angemessener ist als eine als Semikonstruktion codierte Antwort, da beide Antworten kooperative Lernformen berücksichtigen und in Abhängigkeit von der speziellen Situation auch der als Semikonstruktion codierte Ansatz einer lehrergelenkten Zusammenfassung und Einbettung dieser Arbeitsphase methodisch sinnvoll sein kann. Ebenso können auch als Semitransmission codierte methodische Ansätze in Abhängigkeit von der konkreten unterrichtlichen Situation sinnvoll gewählt sein. Die ordinale Anordnung der Codierungen ergibt sich daher lediglich aus dem Grad des Einbezugs kooperativer Lernformen, was ohne weitere Bedingungen nicht direkt äquivalent zu der Angemessenheit der Antwort im Bezug auf das fachdidaktische Wissen ist. Daher werden für die Bezeichnung der Codierungen trotz ihres ordinalen Charakters auch auf Begriffe anstelle von den sonst im Falle ordinaler Codierungen verwendeten Zahlen zurückgegriffen.

Für die befragten Studierenden ergibt sich damit die nachfolgend dargestellte Verteilung, wobei 4 der deduktiv codierten Antworten hier nicht codiert werden konnten:

	Trans-mission	Semi-trans-mission	Semi-konstruk-tion	Kon-struktion	gesamt
GyGS-Anfänger	1	2	4	3	10
GyGS-Fortgeschrittene	1	7	6	6	20
GHR-Anfänger	2	8	4	20	34
GHR-Fortgeschrittene	0	4	2	2	8
gesamt	4	21	16	31	72

Tabelle 16: Verteilung der induktiv definierten Codierung bezüglich der in den Antworten der befragten Studierenden jeweils dominierenden Richtung der methodischen Vorgehensweise bei der unterrichtlichen Bearbeitung einer Modellierungsaufgabe (Teilaufgabe 1f)

Man erkennt bei den befragten Studierenden für alle Lehrämter insgesamt, besonders stark jedoch bei den GHR-Anfängerinnen und -anfängern, eine Tendenz, Antworten zu formulieren, die stärker den auf die Konstruktion ausgerichteten Bereichen zugeordnet werden können.
Im Bezug auf die Kompetenzfacette des fachdidaktischen Wissens wird im Rahmen der Erhebung der Subfacette des lehrbezogenen Wissens weiterhin der Bereich des curricualen Wissens, das heißt der Bereich des Wissens über die begründete Auswahl von Unterrichtsinhalten, berücksichtigt. Unter der erneuten Perspektive der mathematikbezogenen Aktivität des Modellierens wurden die Studierenden dabei mit Bezug auf die vorher bearbeitete Eisdielenaufgabe vor folgende Frage gestellt:

Gehört eine solche Aufgabe in den Mathematikunterricht der Sekundarstufe I? Wenn ja, warum? Wenn nein, warum nicht?

Abbildung 16: Teilaufgabe 1d

Die Antworten der Studierenden wurden dann auf einer dreistufigen Skala mit ganzzahligen Werten von +1 bis -1 codiert. Einen nicht-negativen Wert erhielten dabei Antworten, die die Thematisierung entsprechender Modellierungsaufgaben im Mathematikunterricht befürworteten. Wird dabei zusätzlich ein didaktisches Ziel genannt, das mit der Behandlung von Modellierungsaufgaben im Mathematikunterricht verfolgt werden kann (vgl. etwa Blum, 1996, Kaiser, 1995, für eine Darstellung entsprechender Ziele vgl. Abschnitt II.8.2), wird der Code +1 vergeben. Antworten, die eine unbegründete Zustimmung zur unterrichtlichen Thematisierung von Modellierungsaufgaben enthalten oder in denen die Begründung kein didaktisches Ziel benennt, werden mit 0 codiert. Antworten, die eine Behandlung von Modellierungsaufgaben im Mathematikunterricht tendenziell ablehnen, werden abschließend mit -1 codiert. Die dieser Codierung zugrundeliegende Höhereinschätzung von Antworten, die der Behandlung von Modellierungsaufgaben positiv gegenüberstehen, das heißt die Einschätzung, dass eine Befürwortung der mathematikunterrichtlichen Behandlung entsprechender Aufgaben Ausdruck von auf Modellierung bezogenem fachdidaktischen, genauer lehrbezogenen Wissen ist, resultiert dabei daraus, dass Modellierung einen verpflichtenden Bestandteil des Mathematikunterrichts darstellt (vgl. die Bildungsstandards für Grundschule (Walther et al., 2008) und Sekundarstufe I (Blum et al., 2006) sowie die verschiedenen Rahmenpläne[160], vgl. erneut Abschnitt II.8.2).

Mit der so deduktiv definierten Codierung ergibt sich für die befragten Studierenden die folgende Verteilung:

	-1	0	1	gesamt
GyGS-Anfänger	0	4	7	11
GyGS-Fortgeschrittene	2	11	6	19
GHR-Anfänger	3	20	14	37
GHR-Fortgeschrittene	0	1	6	7
gesamt	5	36	33	74

Tabelle 17: Verteilung der deduktiv definierten Codierung der Antworten der befragten Studierenden bezüglich des Wissens über die curriculare Berücksichtigung von Modellierungsaufgaben (Teilaufgabe 1d)

[160] Wie auch vorangegangen mehrmals wird wegen der selbst bei Beschränkung auf ein Bundesland vorherrschenden Vielfalt entsprechender Dokumente lediglich exemplarisch auf die Bildungspläne für Hamburg unter http://www.hamburg.de/bildungsplaene [letzter Zugriff: 5. Mai 2011] verwiesen.

Für alle Lehrämter zeigt sich, dass die befragten Studierenden jeweils größtenteils der mathematikunterrichtlichen Thematisierung von Modellierungsaufgaben zustimmten, da nur wenige Antworten mit -1 codiert wurden.

Für diese Codierung werden damit innerhalb jedes verschiedenen Wertes jeweils unterschiedliche Antworten zusammengefasst, die sich hinsichtlich ihrer fachdidaktischen Angemessenheit entsprechen. Dies ermöglicht im Hinblick auf anschließende Zusammenhangsanalysen eine Unterscheidung der Antworten unter der Perspektive unterschiedlicher Ausprägungen des der Aufgabe zugrundeliegenden fachdidaktischen, genauer lehrbezogenen Wissens. Dennoch können damit Antworten, denen derselbe Code zugeordnet wurde, sehr unterschiedliche Argumentationslinien enthalten, solange diese im Sinne der vorangehend skizzierten Codierungsrichtlinien aus der Perspektive der fachdidaktischen Angemessenheit gleichwertig sind. Insbesondere können beispielsweise Antworten, die die Behandlung von Modellierungsaufgaben im Mathematikunterricht befürworten und dies fachdidaktisch begründen, das heißt mit +1 codierte Antworten, sehr verschiedene fachdidaktisch angemessene Begründungen für diese Befürwortung nennen. Ebenso lassen sich verschiedene Argumentationsstrukturen in Antworten unterscheiden, die mit 0 codiert wurden, die also kein didaktisches Ziel für die unterrichtliche Berücksichtigung von Modellierungsaufgaben enthalten. Daher ist es daher sinnvoll, ausgehend von der geschilderten zusammenfassenden Codierung diejenigen Antworten, die jeweils einem Code zugeordnet wurden, in einem zweiten Schritt hinsichtlich ihrer jeweiligen inhaltlichen Schwerpunktsetzung zu unterscheiden.

Betrachtet man dafür zuerst diejenigen Antworten, die mit +1 codiert wurden, werden darin sechs grundsätzliche didaktische Ziele (hier unterschieden in Anlehnung an Blum, 1996, ergänzt) formuliert, die mit Modellierung im Mathematikunterricht verfolgt werden können. Dies sind:

I. Das Verstehen und Bewältigen von Umweltsituationen/ Die Lebensvorbereitung der Schülerinnen und Schüler (Mathematik als Werkzeug)
II. Den Erwerb von Problemlösefähigkeiten (auch selbständiges Arbeiten und Kreativität)
III. Kommunikation über Mathematik
IV. Die Vermittlung eines Bildes von Mathematik als kulturelles und gesellschaftliches Gesamtphänomen (praxisbezogenes Bild der Mathematik/Lösungsvielfalt/Prozesscharakter der Modellierung)

V. Die Förderung des Verstehens und Behaltens mathematischer Inhalte
VI. Den Bezug zur Allgemeinbildung

Im Folgenden wird dargestellt, wie viele der mit +1 codierten Antworten sich bei den verschiedenen Gruppen von befragten Studierenden jeweils auf die unterschiedlichen Ziele beziehen, das heißt, wie oft die unterschiedlichen Ziele in den mit +1 codierten Antworten genannt werden. Dabei können Antworten mehrere Ziele benennen und werden dann demgemäß in der nachfolgenden Darstellung mehrfach gezählt und es ist unbenommen, dass die Antwort darüber hinaus weitere, in der nachfolgenden Darstellung nicht erfasste inhaltliche Aspekte enthält.

	Didaktische Ziele					
	I	II	III	IV	V	VI
GyGS-Anfänger	2	4	1	4	2	0
GyGS-Fortgeschrittene	3	2	1	4	0	1
GHR-Anfänger	4	6	2	7	0	0
GHR-Fortgeschrittene	5	0	1	3	1	0
gesamt	14	12	5	18	3	1

Tabelle 18: Nennung der verschiedenen Bildungsziele in den mit +1 codierten Antworten der befragten Studierenden (Teilaufgabe 1d)

Es zeigt sich, dass insbesondere die Ziele I, II und IV besonders häufig genannt werden, das heißt die auf die Lebensvorbereitung der Schülerinnen und Schüler, die auf die Vermittlung von Problemlösefähigkeiten und die auf die Vermittlung eines angemessenen Mathematikbildes bezogenen Zielsetzungen der Behandlung von Modellierungsaufgaben im Mathematikunterricht.

Des Weiteren lassen sich ebenfalls die mit 0 codierten Antworten bezüglich ihrer Argumentationsstruktur unterscheiden. Generell gilt gemäß der Codiervorgaben, dass, wie beschrieben, in den entsprechenden Antworten entweder der Behandlung von Modellierungsaufgaben im Mathematikunterricht unbegründet zugestimmt wird oder dass eine Begründung genannt wird, diese sich jedoch nicht auf ein mit Modellierung verfolgbares Bildungsziel bezieht. Stattdessen lassen sich innerhalb der mit 0 codierten Antworten, die eine Begründung für die Befürwortung von Modellierungsaufgaben im Mathematikunterricht anführen, drei verschiedene Argumentationslinien unterscheiden. In allen drei Fällen werden dabei zur Begründung der Behandlung von Modellierungsaufgaben jeweils Ziele genannt, die zwar sinnvolle Ziele von Mathematikunterricht im Allgemeinen und teilweise auch ein Ziel insbesondere der Thematisierung von Modellierungsaufgaben darstellen. Den Antworten ist dabei jedoch gemeinsam, dass sie aus mathematikdidaktischer Perspektive weniger angemessen sind im speziellen Kontext der Diskussion zur mathematikunterrichtlichen Thematisierung von Modellierungsaufgaben, da sie deren spezielle Charakteristika nicht oder nur randständig in die Argumentation einbeziehen, und daher im Hinblick auf die Codierung der speziell auf Modellierungsaufgaben fokussierten Fragestellung mit 0 codiert werden.

Erstens ist dies die Zustimmung zur Behandlung von Modellierungsaufgaben im Mathematikunterricht unter der Zielvorstellung, dass Modellierungsaufgaben dem Aufbau von mathematischen Routinen bei Schülerinnen und Schülern, etwa der Festigung algorithmischer Vorgehensweisen, oder dem gezielten Einführen oder Einüben einzelner mathematischer Begrifflichkeiten beziehungsweise Zusammenhänge dienen.

> *Ja, die SchülerInnen lernen mit Daten umzugehen, Statistiken zu machen, graphische Darstellungsformen kennenlernen, Erhebungen zu machen und ihr eigenes Handeln zu reflektieren.*
> *(Studentin, 4. Semester, GHR-Anfängerin, Fragebogen Nr. 4)*

Tatsächlich scheint eine solche Zielvorstellung (im Folgenden als „allgemeine Vermittlung mathematischer Inhalte" bezeichnet) als teilweise angemessen unter der allgemeinen Perspektive von Mathematikunterricht, jedoch wenig sinnvoll unter einer didaktischen Perspektive im Bezug auf Modellierungsaufgaben, da sie im Widerspruch steht zu der für Modellierungsaufgaben konstitutiven Möglichkeit der Schülerinnen und Schüler, die Lösungsansätze eigenständig und ohne Rückgriff auf vorgegebene Routinen oder Begrifflichkeiten zu entwickeln. Entsprechende Zielvorstellung werden im Rahmen der Berücksichtigung von Realitätsbezügen im Mathematikunterrichts vielmehr unter anderem verbunden mit der Verwendung realitätsbezogener Einkleidungen und realitätsbezogener Veranschaulichungen zur Einführung neuer mathematischer Begriffe oder

Vorgehensweisen sowie der Einübung bekannter Algorithmen anhand realitätsbezogener Fragestellungen (Kaiser, 1995).

Die zweite in der Gruppe der mit 0 codierten Antworten vertretene Argumentationsstruktur benennt als Zielvorstellung zur Begründung der unterrichtlichen Berücksichtigung von Modellierungsaufgaben die Grundlegung von Fähigkeiten, die zwar zur Bearbeitung von entsprechenden Aufgaben teilweise notwendig sind oder durch sie gefördert werden können, jedoch nicht in einem besonderen Verhältnis zu diesen Aufgaben stehen (im Folgenden als „Vermittlung allgemeiner Fähigkeiten" bezeichnet). Dies sind also Fähigkeiten, die weder speziell nur im Kontext von Modellierung gefördert werden, noch einen besonderen Bezug aufweisen zum Charakter von Modellierungsaufgaben als Teil der Mathematik. Aufgrund dieser inhaltlichen Unabhängigkeit von den besonderen Charakteristika mathematischer Modellierungsaufgaben lassen sich diese Fähigkeiten daher ebenfalls sicherlich als legitime Zielvorstellungen von Unterricht im Allgemeinen und teilweise von Mathematikunterricht im Speziellen formulieren, sind jedoch weniger geeignet im Hinblick auf didaktische Analysen unter der speziellen Perspektive von Modellierungsaufgaben[161].

> *Ich denke die Aufgabe ist für Schüler interessant, da sie schätzen können, jedoch auch aktiv werden können (z.B. Umfrage) und dann lernen sie ebenfalls aus den gewonnenen Infos die wichtigen herauszufiltern und zu interpretieren. Das finde ich wichtig*
>
> *(Studentin, 4. Semester, GHR-Anfängerin, Fragebogen Nr. 6)*

Die dritte Begründung für die Behandlung von Modellierungsaufgaben im Mathematikunterricht in mit 0 codierten Antworten lässt sich mit der Förderung von Interesse und Motivation der Schülerinnen und Schüler zusammenfassen (im Folgenden als „allgemeine Förderung von Motivation und Interesse" bezeichnet). In diesen Antworten wird darauf verwiesen, dass insbesondere die inhaltliche Auseinandersetzung mit dem jeweiligen Sachkontext für die Lernenden interessant und motivierend sei, ohne dass dies in Beziehung gesetzt wird zu den Charakteristika von Modellie-

[161] Wobei dies sicherlich keinen Umkehrschluss impliziert. Das heißt, dass Fähigkeiten, deren Förderung aus didaktischer Perspektive sinnvoll als Begründung der unterrichtlichen Berücksichtigung von Modellierungsaufgaben herangezogen werden kann, in diesem Fall also Fähigkeiten, die speziell im Kontext von Modellierung gefördert werden oder einen Bezug aufweisen zum Charakter von Modellierungsaufgaben als Teil der Mathematik, naturgemäß teilweise auch in nicht auf Modellierungsaufgaben bezogenem Unterricht gefördert werden können.

rungsaufgaben, das heißt in diesem Fall zu der Frage, inwieweit die Beschäftigung mit dem Sachkontext im Rahmen einer Modellierungsaufgabe über die Auseinandersetzung mit diesem Sachkontext ohne die damit verbundene Modellierungsaufgabe hinausgeht. Die Antworten enthalten also keine Aussagen darüber, inwieweit Interesse und Motivation, die aus der Beschäftigung mit dem Sachkontext im Rahmen der Bearbeitung einer Modellierungsaufgabe resultieren, einem Ziel zuträglich sind, das nicht auch durch die Auseinandersetzung mit diesem Sachkontext ohne die entsprechende Modellierungsaufgabe erreicht werden kann.

> *Ja, da Realitätsbezüge im MU meiner Meinung nach sehr wichtig sind. Speziell bei dieser Aufgabe errechnen die Kinder dann auch noch etwas, das sie interessiert.*
> *(Studentin, 2. Semester, GHR-Anfängerin, Fragebogen Nr. 22)*

Dabei soll ebenfalls nicht negiert werden, dass die Auseinandersetzung mit dem jeweiligen Sachkontext gegebenenfalls eine stark interessen- beziehungsweise motivationsfördernde Bedeutung haben kann und die Förderung von Interesse und Motivation ein wichtiges Ziel von Mathematikunterricht ist. Jedoch bilden erneut entsprechende Ausführungen erst dann einen Teil einer fachdidaktisch sinnvollen Reflexion bezüglich der unterrichtlichen Berücksichtigung von Modellierungsaufgaben, wenn tatsächlich auch der spezielle Charakter der Auseinandersetzung mit einem Sachkontext im Rahmen einer Modellierungsaufgabe berücksichtigt wird. Dies könnte beispielsweise mit einer Aussage realisiert werden, die darauf hinweist, dass vermittels der Annäherung an einen die Schülerinnen und Schüler interessierenden Sachkontext durch mathematische Modellierung den Lernenden die fundamentale und oft nicht unmittelbar einsichtige Durchdringung vielfältiger Lebensbereiche und Sachkontexte durch Mathematik verdeutlicht werden kann.

Die folgende Darstellung fasst dann die Verteilung der verschiedenen Antwortstrukturen innerhalb der mit 0 codierten Antworten zusammen, wobei ebenfalls im Einklang mit den Codiervorgaben für eine mit 0 codierte Antwort die Möglichkeit berücksichtigt wird, dass die Antwort eine unbegründete Zustimmung zur Behandlung von Modellierungsaufgaben im Mathematikunterricht sein kann. Weiterhin sind Antworten, die mehre der oben beschriebenen und mit 0 codierten Antwortstrukturen enthalten, in der Darstellung entsprechend mehrfach gezählt. Damit ergibt sich die folgende Verteilung.

	Genannte Ziele			
	Allgemeine Vermittlung mathe-matischer Inhalte	**Vermittlung allgemeiner Fähigkeiten**	**Allgemeine Förderung von Motivation und Interesse**	**Keine Begrün-dung genannt**
GyGS-Anfänger	1	0	2	1
GyGS-Fortgeschrittene	8	1	3	2
GHR-Anfänger	14	3	5	3
GHR-Fortgeschrittene	1	0	0	0
gesamt	24	4	10	6

Tabelle 19:Nennung der verschiedenen Ziele in den mit 0 codierten Antworten der befragten Studierenden (Teilaufgabe 1d)

Man erkennt zuerst, dass häufig auch die im Rahmen der deduktiven Codierung mit 0 codierten Antworten eine Begründung formulieren. Besonders häufig werden dabei zur Begründung für die Berücksichtigung von Modellierungsaufgaben im Mathematikunterricht insgesamt Zielsetzungen genannt, die auf die allgemeine Vermittlung mathematischer Inhalte oder auf die allgemeine Förderung von Motivation und Interesse bezogen sind.

Im Folgenden werden nun abschließend Antworten, die mit -1 codiert wurden, ebenfalls kurz hinsichtlich ihrer Antwortmuster unterschieden. Diese Unterscheidung wird sich wegen der sehr geringen Anzahl von unter diese Codierung fallenden Antworten jedoch auf eine qualitative Beschreibung von unterschiedlichen auftretenden Antwortmustern beschränken und geschieht damit weniger im Hinblick auf anschließende weiterführende Analysen als mehr im Sinne der Vollständigkeit der Darstellung. Insbesondere werden deshalb die darauf bezogenen Ausführungen auch keine Verteilung der unterschiedlichen Antwortmuster auf die verschiedenen Studierendengruppen enthalten.

Durchgehend lässt sich in den mit -1 codierten Antworten dabei erkennen, dass die Ablehnung der Studierenden aus einem Spannungsverhältnis entsteht zwischen Eigenschaften von Modellierungsaufgaben und Charakteristika, die die Studierenden der Mathematik zuschreiben. Insbesondere die Lösungsvielfalt und grundsätzliche Offenheit der Lösungsvorgehensweise stellen die Grundlage für die Ablehnung der Berücksichtigung von Modellierungsaufgaben im Mathematikunterricht durch die befragten Studierenden dar.

Neben der vorangegangen vorgestellten Frage, die auf mathematikdidaktisches Wissen zur curricularen Analyse von Unterricht mit Bezug auf das Inhaltsgebiet von Modellierung und Realitätsbezügen bezogen war, enthielt der Fragebogen auch zwei Teilaufgaben zu dem entsprechenden Wissen mit Bezug auf Argumentieren und Beweisen. Dafür wurde den Studierenden zuerst die folgende Frage gestellt:

Kann ein präformaler Beweis als einzige Beweisform im Mathematikunterricht ausreichend sein? Bitte begründen Sie Ihre Position!

Abbildung 17: Teilaufgabe 4d

Im Hinblick auf die deduktiv definierte Codierung der Antworten der Studierenden unter der Perspektive des mathematikdidaktischen Wissens sind zwei Bereiche zentral, zu denen jeweils eine Ausführung im Kontext der Fragestellung erwartet wurde. Erstens ist dies eine Reflexion über den Zusammenhang von kognitiven Fähigkeiten der Schülerinnen und Schüler und der im Unterricht verwendeten Beweisart. Dabei kann der präformale Beweis als ausreichend für leistungsschwächere Schülerinnen und Schüler genannt werden oder als ausreichend für frühere Jahrgangsstufen der schulischen Mathematikausbildung wie die Grundschule in Abgrenzung zu fortgeschrittenen Phasen dieser Ausbildung. Daneben wird zweitens eine Reflexion erwartet über die Notwendigkeit der unterrichtlichen Thematisierung formaler Beweise. Dies kann geschehen, indem darauf hingewiesen wird, dass die unterrichtliche Thematisierung von formalen Beweisen einen Teil der notwendigen Vermittlung eines vollständigen Mathematikbildes im Sinne der Berücksichtigung des deduktiven Charakters von Mathematik ausmachen oder dass durch die unterrichtliche Thematisierung formaler Beweise die Vermittlung der damit verbundenen Fähigkeiten unterstützt wird, das heißt beispielsweise der Fähigkeiten des formalen Schließen, der Fähigkeit zum Auffinden von Beweisstrategien, und der Vorbereitung zu Fähigeiten, die für die Arbeit im Bereich von Mathematik als Wissenschaft notwendig sind. Zur Codierung der Antworten wird dann erneut auf eine dreistufige Skala mit ganzzahligen Werten von +1 bis -1 zurückgegriffen. Antworten, die dabei mathematikdidaktisch sinnvolle Reflexionen bezüglich beider Bereiche enthalten, werden mit +1 codiert. Enthält die Antwort weiterhin Aspekte, die sich nur auf einen der beiden Bereiche beziehen, wird sie mit 0 codiert. Antworten, die die alleinige Thematisierung von präformalen Beweisen im Mathematikunterricht ablehnen, aber entweder keine oder nur eine mathematikdidaktisch nicht sinnvolle Argumentationen enthalten, sowie Antworten, die die alleinige Behandlung präformaler Beweise im Mathematikunterricht als ausreichend bezeichnen, werden abschließend mit -1 codiert.

Für die vorliegende Stichprobe ergibt sich mit dieser Codierung die folgende Verteilung:

	-1	0	1	gesamt
GyGS-Anfänger	5	6	0	11
GyGS-Fortgeschrittene	7	11	3	21
GHR-Anfänger	16	18	4	38
GHR-Fortgeschrittene	3	3	2	8
gesamt	31	38	9	78

Tabelle 20: Verteilung der deduktiv definierten Codierung der befragten Studierenden zur fachdidaktischen Reflexion über die Berücksichtigung von präformalen und formalen Beweisen im Mathematikunterricht (Teilaufgabe 4d)

Für die befragten Studierenden ergibt sich hier in allen Gruppen eine Tendenz zu unvollständigen Antworten, vollständige Argumentationen finden sich kaum.

Insgesamt gibt die vorliegende Verteilung einen zusammenfassenden Eindruck des fachdidaktischen Wissens bezüglich der vorgestellten Frage bei den befragten Studierenden. Da aufgrund dieses zusammenfassenden Charakters der Codierung jedoch verschiedene Antwortmuster jeweils zu einer Codierung zusammengefasst werden, bietet es sich für weitergehende Analysen an, wie auch bereits teilweise bei vorhergehend vorgestellten Teilaufgaben geschehen, die innerhalb einer Codierung zusammengefassten Antworten weiterhin auch bezüglich ihrer inhaltlichen Ausrichtung zu unterscheiden. Naheliegend ist dafür zuerst eine Unterscheidung derjenigen Antworten, die mit 0 codiert wurden hinsichtlich der Frage, welcher der beiden erwarteten Bereiche von den Studierenden jeweils thematisiert wurde. Unterschieden wurden daher innerhalb der mit 0 codierten Antworten einerseits solche, die auf den Zusammenhang von kognitiven Fähigkeiten der Schülerinnen und Schüler und der im Unterricht verwendeten Beweisart ausgerichtet waren und andererseits solche, die auf eine Begründung der Notwendigkeit der unterrichtlichen Thematisierung formaler Beweise ausgerichtet waren. Damit ergab sich die folgende Verteilung der entsprechenden Antworten:

	Kognitive Fähigkeiten der Schülerinnen und Schüler	**Notwendigkeit der unterrichtlichen Thematisierung formaler Beweise**	**gesamt**
GyGS-Anfänger	4	2	6
GyGS-Fortgeschrittene	9	2	11
GHR-Anfänger	13	5	18
GHR-Fortgeschrittene	3	0	3
gesamt	29	9	38

Tabelle 21: Inhaltliche Schwerpunktsetzung innerhalb der fachdidaktischen Reflexion über die Berücksichtigung von präformalen und formalen Beweisen im Mathematikunterricht in mit 0 codierten Studierendenantworten (Teilaufgabe 4d)

Man erkennt durchgehend für alle Studiengänge bei den mit 0 codierten Antworten der befragten Studierenden eine Tendenz, insbesondere die kognitiven Fähigkeiten der Schülerinnen und Schüler zum Ausgangspunkt der fachdidaktischen Reflexion zum präformalen Beweisen zu machen.

Eine weitere Unterscheidung von innerhalb einer Codierung zusammengefassten Antworten bietet sich weiterhin an im Hinblick auf die mit -1 codierten Ausführungen. Hierbei lassen sich Antworten unterscheiden, die der ausschließlichen Behandlung präformaler Beweise im Unterricht zustimmen und solche, die diese ausschließliche Thematisierung ablehnen, aber keine mathematikdidaktisch sinnvolle Begründung anführten. Die diesbezügliche Verteilung der mit -1 codierten Antworten kann dann der nachfolgenden Darstellung entnommen werden:

	Zustimmung zu einer ausschließlichen Verwendung präformaler Beweise im Mathematikunterricht	Ablehnung einer ausschließlichen Verwendung präformaler Beweise im Mathematikunterricht ohne fachdidaktisch sinnvolle Begründung	gesamt
GyGS-Anfänger	3	2	5
GyGS-Fortgeschrittene	2	5	7
GHR-Anfänger	8	8	16
GHR-Fortgeschrittene	0	3	3
gesamt	13	18	31

Tabelle 22: Inhaltliche Charakteristika innerhalb der fachdidaktischen Reflexion über die Berücksichtigung von präformalen und formalen Beweisen im Mathematikunterricht in mit -1 codierten Studierendenantworten (Teilaufgabe 4d)

Es zeigt sich damit für die mit -1 codierten Antworten der Studierenden, dass hier jeweils in den Gruppen der befragten fortgeschrittenen Studierenden Antworten, in denen eine ausschließliche Verwendung präformaler Beweise im Mathematikunterricht ohne sinnvolle fachdidaktische Begründung abgelehnt wird, überwiegen, wohingegen hinsichtlich der mit -1 codierten Antworten der Studierenden in den Gruppen der befragten Anfängerinnen und Anfänger Antworten, die eine Zustimmung zu der ausschließlichen Verwendung präformaler Beweise im Mathematikunterricht enthalten und Antworten, in denen dies ohne fachdidaktisch sinnvolle Begründung abgelehnt wird, etwa oder vollständig ausgeglichen auftreten.

Durch diese vorangegangen geschilderte Unterscheidung der Antworten der Studierenden werden insbesondere verschiedene Ausprägungen des im Kontext der Frage ermittelten mathematikdidaktischen Wissens unterschieden. Eine weitere Möglichkeit der Unterscheidung der Antworten der Studierenden ergibt sich, indem unabhängig von der Angemessenheit der mathematikdidaktischen Ausführungen nur die grundsätzliche inhaltliche Richtung der Antwort betrachtet wird. Unter dieser Perspektive lassen sich die Antworten dahingehend unterscheiden, ob sie eine Stellungnahme enthalten, die entweder Zustimmung oder Ablehnung zu der ausschließlichen Behandlung von präformalen Beweisen im Mathematikunterricht zum Ausdruck bringt. Diese sich so ergebende Verteilung der Antworten ist in der nachfolgenden Tabelle dargestellt.

	Zustimmung zu einer ausschließlichen Verwendung präformaler Beweise im Mathematikunterricht	Ablehnung einer ausschließlichen Verwendung präformaler Beweise im Mathematikunterricht	gesamt
GyGS-Anfänger	4	7	11
GyGS-Fortgeschrittene	5	16	21
GHR-Anfänger	8	30	38
GHR-Fortgeschrittene	1	7	8
gesamt	18	60	78

Tabelle 23: Zustimmung oder Ablehnung der befragten Studierenden zu einer ausschließlichen Verwendung präformaler Beweise im Mathematikunterricht (Teilaufgabe 4d)

Man erkennt erwartungsgemäß durchgehend durch für alle Lehrämter jeweils eine Tendenz zur Ablehnung der befragten Studierenden hinsichtlich der ausschließlichen Verwendung präformaler Beweise im Mathematikunterricht.

In direktem Anschluss an die vorhergehend vorgestellte Frage, das heißt auch wiederum vor dem Hintergrund des präformalen und formalen Beweises über den geometriebezogenen Satz über die Verdoppelung der Diagonalenlänge bei Verdoppelung der Seitenlänge eines Quadrates, thematisierte der Fragebogen eine weitere auf die Facette des fachdidaktischen Wissens mit inhaltlichem Bezug zum curricularen Wissen und mit fachlichem Bezug zum Argumentieren und Beweisen bezogene Fragestellung. Dafür wurden die Studierenden vor die nachfolgende Frage gestellt:

Benennen Sie kurz die Vor- und Nachteile eines formalen und eines präformalen Beweises!

Abbildung 18: Teilaufgabe 4e

Die deduktiv definierte Codierung der Antworten der Studierenden geschieht hierbei auf Basis einer dreistufigen Unterscheidung mit ganzzahligen Werten zwischen +1 und -1. Insgesamt bietet die Frage die Möglichkeit, mathematikdidaktisch sinnvolle Überlegungen zu jeweils Vor- und Nachteilen von präformalem Beweisen einerseits und formalem Beweisen andererseits zu formulieren (vgl. hierfür Abschnitt II.8.1), das heißt zu vier Bereichen (für präformales und formales Beweise jeweils Vorteil und Nachteil) zu formulieren. Für eine Codierung mit +1 muss die Antwort dabei sinnvolle Ausführungen zu mindestens drei dieser Bereiche enthalten, für eine Codierung mit 0 sind zu zwei Bereichen angemessene mathematikdidaktische Ausführungen notwendig und wenn die Antwort höchstens zu einem Bereich sinnvolle Ausführungen enthält, wird sie mit -1 codiert. Damit ergibt sich für die befragten Studierenden die nachfolgende Verteilung:

	-1	**0**	**1**	**gesamt**
GyGS-Anfänger	4	7	0	11
GyGS-Fortgeschrittene	2	9	9	20
GHR-Anfänger	9	16	8	33
GHR-Fortgeschrittene	1	5	2	8
gesamt	16	37	19	72

Tabelle 24: Verteilung der deduktiv definierten Codierung bezüglich der Reflexion über Vor- und Nachteile von präformalen und formalen Beweisen durch die befragten Studierenden (Teilaufgabe 4e)

Man erkennt die insgesamt relativ ausgeglichene Codierung, die bei den befragten GyGS-Anfängerinnen und -anfängern eine Tendenz zur negativen Codierung und bei den befragten GyGS-Fortgeschrittenen eine Tendenz zur positiven Codierung aufweist.

1.2.2 Lernprozessbezogenes mathematikdidaktisches Wissen

Im Bereich der Subfacette des lernprozessbezogenen mathematikdidaktischen Wissens wird zuerst eine Teilaufgabe vorgestellt, deren Schwerpunkt hinsichtlich der mathematikbezogenen Aktivität auf dem Beweisen liegt und die in inhaltlicher Hinsicht auf die fachliche Einordnung von Beweisversuchen von Schülerinnen und Schülern abzielt. Mit Bezug auf die bereits vorgestellte mathematische Aussage, dass drei aufeinanderfolgende natürliche Zahlen jeweils durch drei teilbar sind, wurden den Studierenden dafür zuerst vier verschiedene Schülerlösungen vorgestellt (wobei das Aufgabenformat anknüpft an Aufgabenformate, wie sie von Healy, Hoyles (1998) entwickelt wurden), die nachfolgend dargestellt sind:

Schülerinnen und Schüler liefern die folgenden Ansätze als Beweise für die obige Aussage:

1. Erik

3+4+5 = 12 UND 12 : 3 = 4
9+10+11 = 30 UND 30 : 3 = 10
14+15+16 = 45 UND 45 : 3 = 15

DAS GEHT ALSO IMMER UND DER SATZ STIMMT.

2. Inge

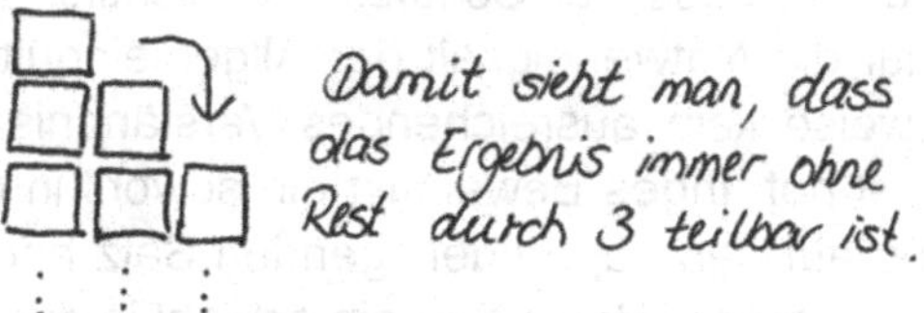

3. Werner

Wenn n die erste der drei Zahlen ist,
dann sind die anderen Zahlen n+1
und n+2. Die gesamte Summe ist
dann $n + (n+1) + (n+2) = 3n + 3 = 3(n+1)$.
Damit sieht man, dass das Ergebnis
immer durch 3 teilbar sein muss.

4. Björn

Man kann nicht sagen, ob der Satz stimmt,
weil es ja unendlich viele natürliche
Zahlen gibt, denn zu jeder Zahl gibt es
immer noch eine, die größer ist, indem
man 1 dazuzählt. Und man daher nie
sagen kann, ob man es für alle bewiesen
hat.

Abbildung 19: Schülerlösungen als inhaltliche Grundlage der auf die Formulierung einer Rückmeldung bezogenen Teilaufgaben in Aufgabe 5

Hinsichtlich dieser Schülerlösungen wird deutlich, dass der Beweisversuch von Erik lediglich auf der korrekten Berechnung einiger Spezialfälle basiert, aus der auf die allgemeine Gültigkeit der Aussage geschlossen wird. Hier liegt also ein Fehlverständnis bezüglich des mathematischen Beweises dahingehend vor, dass der Schüler offensichtlich kein ausreichendes Verständnis für die Notwendigkeit der Allgemeingültigkeit eines Beweises beziehungsweise kein ausreichendes Verständnis für dessen Realisierung ausgebildet hat. Inges Beweis ist ein sowohl in der Darstellung als auch im Bezug auf den zugrundeliegenden Satz angemessener präformaler Beweis und Werners Beweis ist ein sowohl in der Darstellung als auch im Bezug auf den zugrundeliegenden Satz angemessener formaler Beweis (vgl. Abschnitt II.8.1). Björns Beweisversuch beruht dahingegen wie auch Eriks Beweisversuch auf einem Fehlverständnis bezüglich des mathematischen Beweisens. In diesem Fall ist dem Schüler offensichtlich nicht bewusst, dass es gerade das Wesen von Beweisen in der Mathematik ist, dass man Aussagen eben generell, in diesem Fall für alle Zahlen zeigen kann.

Nach einer Aufgabe zu möglichen Rückmeldungen bezüglich dieser Schülerbeweise, die im Weiteren analysiert wird, wurden die Studierenden dann mit der nachfolgenden Frage konfrontiert:

Benennen Sie kurz, um welche Art von Beweisversuch es sich bei den Antworten der Schülerinnen und Schüler jeweils handelt!

Abbildung 20: Teilaufgabe 5b

Die deduktiv definierte Codierung der Antworten der Studierenden geschah dabei in zwei Schritten. Zuerst wurden in jeder Antwort der Studierenden die Ausführungen zu den verschiedenen Schülerbeweisen einzeln hinsichtlich ihrer Korrektheit untersucht. Es wurde also für jeden Beweisversuch der Schülerinnen und Schüler jeweils überprüft, inwieweit dieser in der Studierendenantwort vor dem fachlichen Hintergrund der mathematischen Beweisstrukturen richtig eingeordnet wurde, das heißt inwieweit die spezifischen Eigenschaften der Schülerlösung dabei erkannt wurden. Es war dabei, gemäß der Fragestellung nicht erforderlich, dass die Studierenden die Beweisversuche der Schülerinnen und Schüler hinsichtlich ihrer Richtigkeit beurteilen, da die Fragestellung nur die Benennung der einem Schülerbeweisversuch zu Grunde liegenden Beweisidee verlangte. Anschließend wurden für jeder Studierendenantwort alle darin genannten richtigen Einschätzungen der Schülerbeweisversuche zusammengezählt, was die endgültige, erneut fünfstufige Codierung der Studierendenantworten mit ganzzahligen Werten von +2 bis -2 ergibt. Dabei wird einer Antwort der Studierenden der Wert +2 zugeordnet, wenn darin alle vier Schülerbeweisversuche richtig eingeordnet werden. Entsprechend ergibt sich bei drei richtig eingeordneten Schülerbeweisversuchen der Code +1, bei zwei richtigen Einordnungen der Code 0. Sollte in der Studierendenantwort nur ein Beweisversuch der Schülerinnen und Schüler richtig eingeordnet werden, wird dieser Antwort der Code -1 zugeordnet und Studierendenantworten, die keine richtige Einordnung eines Schülerbeweisversuches enthalten, werden mit -2 codiert.

Damit ergibt sich für die verschiedenen befragten Studierendengruppen die folgende Verteilung:

	-2	-1	0	1	2	gesamt
GyGS-Anfänger	1	0	6	3	1	11
GyGS-Fortgeschrittene	3	1	4	8	4	20
GHR-Anfänger	0	6	13	13	4	36
GHR-Fortgeschrittene	0	1	2	3	1	7
gesamt	4	8	25	27	10	74

Tabelle 25: Verteilung der deduktiv definierten Codierung der befragten Studierenden für die fachliche Einordnung verschiedener Beweisversuche von Schülerinnen und Schülern zum Beweis einer arithmetischen Aussage (Teilaufgabe 5b)

Man erkennt bei den befragten Studierenden unabhängig von den jeweils studierten Lehrämtern eine leicht zu positiven Codierungen verschobene Verteilung.

Die Analyse der deduktiv definierten Codierung geschah dabei also gemäß der Definition der zugehörigen Variablen aus der Perspektive des mathematikdidaktischen Wissens der Studierenden. Da diese Codierung sich jedoch als Zusammenfassung von primären einzelnen Codierungen ergibt, nämlich als Zusammenfassung von Einzelcodierungen der auf die verschiedenen Beweisversuche der Schülerinnen und Schüler bezogenen Antwortteile, bietet sich durch eine Berücksichtigung dieser primären Codierung eine weitere Möglichkeit der Analyse des Datenmaterials. Genauer lässt sich eine Überprüfung aus der Perspektive der unterschiedlichen Charakteristik der Beweisversuche der Schülerinnen und Schüler vornehmen. Dies entspricht der Frage, welche Beweisversuche der Schülerinnen und Schüler von den befragten Studierenden häufiger richtig eingeordnet werden und welche weniger häufig richtig eingeordnet werden, das heißt es führt zu einer Überprüfung, inwieweit sich Zusammenhänge feststellen lassen zwischen Charakteristika eines Beweisversuchs und der Angemessenheit der Einschätzung dieses Versuches durch die Studierenden. Fasst man unter dieser Perspektive alle Antworten der Studierenden unabhängig von deren Zugehörigkeit zu verschiedenen Gruppen zusammen, ergibt sich folgende Verteilung hinsichtlich der Frage, wie oft die verschiedenen Beweisversuche jeweils richtig eingeordnet wurden:

	richtige fachliche Einordnung	falsche fachliche Einordnung
Beweisversuch von Erik	30	44
Beweisversuch von Inge	53	21
Beweisversuch von Werner	63	11
Beweisversuch von Björn	33	41

Tabelle 26: Verteilung richtiger und falscher Einordnungen für die fachliche Einordnung verschiedener Beweisversuche von Schülerinnen und Schülern zum Beweis einer arithmetischen Aussage durch die befragten Studierenden (Teilaufgabe 5b)

Man erkennt, dass generell richtige Beweise, in diesem Fall also die Beweise von Inge und Werner, besser durch die befragten Studierenden fachlich eingeordnet werden als falsche beziehungsweise unangemessene Beweise, wie in diesem Falle die Beweisversuche von Erik und Björn. Dies setzt sich innerhalb der richtigen Beweise dahingehend fort, dass der von Werner formulierte formale Beweis noch häufiger richtig eingeordnet wurde als der angemessene präformale Beweis von Inge.

Der inhaltliche Schwerpunkt der Teilaufgaben zur Subfacette des lernprozessbezogenen fachdidaktischen Wissens liegt in inhaltlicher Hinsicht auf dem Gebiet des Wissens um Rückmeldungen, auf das vier nun nachfolgend vorgestellte Teilfragen des Fragebogens ausgerichtet sind. Genauer wird hierbei die Fähigkeit der Studierenden erhoben, angemessene Rückmeldungen zu gegebenen Schülerlösungen zu formulieren. Die darauf bezogenen Teilaufgaben sind erneut, entsprechend der generellen Anlage des Fragebogens, sowohl in Aufgaben vertreten, die auf die mathematische Aktivität des Modellierens bezogen sind also auch Aufgaben, die auf die mathematische Aktivität des Argumentierens und Beweisens bezogen sind. Darüber hinaus berücksichtigen die Aufgaben verschiedene Möglichkeiten von Schüleraktivitäten, zu denen eine Rückmeldung formuliert werden kann, indem sowohl transkribierte mündliche wie auch schriftliche Schüleräußerungen als Grundlage der auf Rückmeldung fokussierten Aufgabenstellungen herangezogen werden. Im Hinblick auf weitere Analysen von Zusammenhängen zwischen verschiedenen Kompetenzfacetten beziehungsweise zwischen deren Subfacetten können dabei anhand der verschiedenen Teilfragen jeweils unterschiedliche Aspekte der Rückmeldefähigkeiten der Studierenden genauer untersucht werden.

Allen auf die Formulierung einer Rückmeldung zu einer Schülerlösung ausgerichteten Fragestellungen ist gemeinsam, dass im Rahmen der jeweiligen deduktiven Codierungen die Angemessenheit der jeweiligen Rückmeldungen durch die Studierenden bewertet wird und dass dafür in allen Codierungen auf das selbe grundlegende Verständnis über die Formulierung einer sinnvollen Rückmeldung zurückgegriffen wird. Grundsätzlich wird diesbezüglich davon ausgegangen, dass eine angemessene Rückmeldung das Durchlaufen von zwei aufeinander aufbauenden Schritten voraussetzt. Erstens muss dabei die Schülerlösung verstanden werden, dass heißt es müssen unter Einbezug des fachlichen Hintergrundes die Stärken und Schwächen der jeweiligen Lösung erfasst werden. Auf Basis dieser Einschätzung der Schülerlösung kann dann zweitens die eigentliche Rückmeldung an die Schülerinnen und Schüler vorgenommen werden. Die jeweiligen Fragestellungen sind dabei so angelegt, dass im Rahmen der vorliegenden Studie jeweils keine ausschließliche Rückmeldung im Sinne einer wie auch immer gestalteten Notengebung verlangt wird. Dies ist bereits dadurch begründet, dass aufgrund der gegebenen Situation anhand einer Befragung mittels eines Fragebogens eine entsprechende Bewertung nur wenig sinnvoll durchführbar wäre. Vielmehr fokussiert die vorliegende Studie insbesondere darauf, inwieweit die jeweilige Rückmeldung der Schülerin oder dem Schüler geeignete Impulse zur Weiterarbeit und Verbesserung der bisherigen Lösung bietet. Einen diesbezüglichen möglichen theoretischen Rahmen zur Unterscheidung verschiedener Formen, mittels derer Schülerinnen und Schüler eine sinnvolle Weiterarbeit an ihren bisherigen Ansätzen ermöglicht werden kann, stellt dabei die Taxonomie von durch die Lehrerin oder den Lehrer gegebene Lernhilfen in Anlehnung an Zech (2002) dar. Allgemein stellt diese Taxonomie eine „Hierachie der Hilfen“ (ebd., S. 315) dar, die unterschiedliche Lernhilfen dem Grad der Stärke der Hilfe nach ordnet. In aufsteigender Reihenfolge lassen sich dann folgende fünf Formen von Lernhilfen unterscheiden:

- Motivationshilfe: Damit „seien Hilfen bezeichnet, die dem Lernenden nur mehr oder weniger Mut machen und ihn an der Aufgabe halten“ (ebd., S. 316).

- Rückmeldungshilfen: Damit „seien Hilfen bezeichnet, die dem Lernenden Auskunft darüber geben, ob er richtig oder falsch liegt bei seinen Lösungsbemühungen“ (ebd.).
- allgemein-strategische Hilfen: Damit „seien Hilfen bezeichnet, die auf fächerübergreifende bzw. allgemeine fachliche Problemlösungsmethoden aufmerksam machen“ (ebd.).
- inhaltsorientierte strategische Hilfen: Damit „seien Hilfen bezeichnet, die auf stärker fachbezogene Problemlösungsmethoden (die sich auf Teilgebiete der Mathematik beziehen) bzw. auf allgemeine Problemlösungsmethoden – verbunden mit einem inhaltlichen Aspekt – aufmerksam machen“ (ebd., S. 317)
- inhaltliche Hilfen: Damit „seien schließlich Hilfen bezeichnet, die spezielle Hinweise geben auf vorgeordnete Begriffe und Regeln, auf bestimmte Zusammenhänge zwischen diesen, auf ganz bestimme Hilfsgrößen oder Hilfslinien“ (ebd.).

Für die nachfolgend analysierten auf Rückmeldungen zu Schülerlösungen bezogenen Teilfragen wird im Rahmen der Codierung unter anderem jeweils auf diese Taxonomie zurückgegriffen. Im Folgenden werden dafür genauer die verschiedenen auf Rückmeldung bezogenen Teilfragen und deren deduktiv definierte Codierung sowie außerdem die weiteren Schwerpunkte innerhalb der jeweiligen Auswertung der einzelnen Fragen näher vorgestellt.

Im Bezug auf die Aktivität des Modellierens werden den Studierenden im Anschluss an die Frage, wie sie selber die Eisdielenaufgabe lösen würden, vier verschriftlichte Auszüge aus Schülerinterviews (entnommen aus Maaß, 2003, S. 66 ff.) vorgestellt, in denen Schülerinnen und Schüler zu der Aufgabe und dem darin vorgestellten Lösungsansatz von Leo Stellung nehmen sollten. Die Auszüge aus den Interviews sind nachfolgend wiedergegeben:

Anschließend wurden die Schülerinnen und Schüler in einem Interview dazu befragt, wie sie die Aufgabe gelöst hätten. Im Folgenden sind einige Schüleräußerungen wiedergegeben.

Interview 1:

Du siehst hier eine Lösung für eine Aufgabe. Würdest du die auch so lösen? Lies sie dir erstmal durch und dann.

(35 s) Ich würd das so ähnlich machen. Ich würd hier das, die Einwohner von Grübelfingen würd ich noch durch zwei teilen, weil wahrscheinlich nicht alle an dem Sonntag Eis gekauft haben, sondern nur ungefähr die Hälfte.

Hhm.

Wegen den Neugeborenen und alten Opas und so was.

Genau. Die muss man abziehen. Und sonst? Hast du noch Anmerkungen?

Sonst hätte ich das wahrscheinlich genauso gemacht. Man kann sich auch noch so vor die Eisdiele stellen und die Leute da zählen, die so reinkommen. Aber wenn ich das jetzt wirklich rechnen würde, dann hätte ich das so gemacht.

Interview 2:

Würdest du bei der Aufgabe jetzt genau so durch, äh, vorgehen wie der Junge in dem Beispiel? Oder hättest du jetzt nen alternativen Vorschlag?

Ich hätte nen alternativen Vorschlag, da das ja etwas ungenau ist, z.B. ne Alte Dame kauft ja nicht fünf Kugeln Eis.

Genau.

Und dann würde ich mich ähm, irgendwo hinstellen, morgens zum Beispiel, zählen, ähm, wenn die rauskommen, mit wie viel Kugeln Eis, das kann ja etwa sehen.

Mhm.

Dann würde ich es morgens um neun vielleicht machen und dann einmal so Mittagszeit rum, nach dem Essen und dann noch so vier, fünfe rum. Und das würde ich dann addieren.

Mhm.

Und dann, je nach dem, wie viel Leute das halt waren, geteilt durch,

und dann das Ergebnis.
Interview 3:
Würdest du jetzt genau so vorgehen bei der Aufgabe wie im Beispiel oder würdest du anders handeln? *also, ich würde halt, ja okay; das mit den Kugeln find ich irgendwie ganz gut. Aber das mit den Eisdielen, das man die da durch drei teilt, da würde ich gucken, wo stehen die Eisdielen und so was? Und wie gut sind die besucht und das Eis und so? Und vielleicht ist es woanders billiger, dass da mehr Leute hingehen. Und es gehen ja auch nicht jeden Tag alle 30.000 zur Eisdiele, oder?* *[lacht] Genau! Hättest du vielleicht Vorschläge, wie man das vielleicht besser lösen könnte?* *Ich würde halt irgendwie so die Leute fragen: Wo geht ihr hin? Oder ich würde gucken, wo liegt die Eisdiele, also liegt die mitten in der Stadt oder so. Und das man dann sagt, bei unserer Befragung ist jetzt raus gekommen das 50 % gehen dahin, 25 % gehen dahin oder irgendwie halt so. Und wenn man das dann in Verhältnissen aufrechnet, so. Und bei den Kugeln würde ich auch mal den Besitzer fragen, so.* *Mhm.* *Wie viel nehmen die denn durchschnittlich so ungefähr?*
Interview 4:
Würdest du jetzt genau so vorgehen, wie der Junge im Beispiel? *Ähm, eigentlich nicht weil, von drei Stück ist zu wenig.* *Hhm.* *Man braucht da schon mehr, würde ich sagen.* *Wie würdest du jetzt vorgehen?* *Also ich würde halt mehrere Personen befragen, also, die da gekauft haben,* *zum Beispiel.* *Mhm.* *So 100 oder so. Und dann halt genauso wie der da.*

Abbildung 21: Transkripte von Schülerinterviews zu der Eisdielenaufgabe als inhaltliche Grundlage der auf die Formulierung einer Rückmeldung bezogenen Teilaufgaben in Aufgabe 1 (entnommen aus Maaß, 2003, S. 66 ff.)

Anschließend wurde den Studierenden darauf bezogen die folgende Aufgabe gestellt:

Analysieren Sie die Äußerungen daraufhin, inwieweit die vorgeschlagenen Modellierungen angemessen sind! Nehmen Sie dabei Bezug auf Textstellen aus den Interviews.

Abbildung 22: Teilaufgabe 1b

Die Studierenden wurden hier also explizit nach der fachlichen Angemessenheit der Schüleraussagen gefragt und nicht aufgefordert, bereits tatsächlich eine Rückmeldung zu formulieren. Dies geschieht vielmehr in der nachfolgend vorgestellten nächsten Teilaufgabe des Fragebogens. Vor dem Hintergrund des oben geschilderten Verständnisses, dass die Formulierung einer sinnvollen Rückmeldung zwei aufeinander aufbauende Schritte erfordert, nämlich zuerst das Verständnis der Schülerlösung und anschließend darauf basierend die Entscheidung für eine spezielle Form von Rückmeldung, operationalisiert der Fragebogen hier also beide Schritte einzeln. In den nachfolgend vorgestellten übrigen auf die Rückmeldung bezogenen Fragen, die die Beurteilung überschaubarer schriftlicher Schülerlösungen erfordern, wird diese Unterscheidung aufgehoben und es wird ummittelbar nach der Rückmeldung durch die Studierenden gefragt. Die Entscheidung, an dieser Stelle von dieser Vorgehensweise abzuweichen und beide Teilschritte in separaten Aufgaben zu erheben, ist vor allem begründet durch die erhöhte Komplexität der Schülerlösungen, die sich aus ihrer Eigenschaft als transkribierte Interviewpassagen ergibt[162]. Damit bietet sich hier im Kontext der Fragestellung der Studie exemplarisch weiterhin die Möglichkeit, die Rückmeldung von Studierenden auch hinsichtlich der strukturellen Zusammenhänge einzelner für eine sinnvolle Formulierung einer Rückmeldung notwendiger Schritte zu untersuchen. Diese Analyse wird im Zusammenhang mit der Untersuchung struktureller Zusammenhänge zwischen den Subfacetten des fachdidaktischen Wissens vorgestellt.

[162] Die Entscheidung für dieses Vorgehen basiert auch auf den Rückmeldungen der Studierenden zu dem Fragebogen im Anschluss an die Pilotierung. Die Studierenden empfanden eine solche Aufteilung der Rückmeldung in zwei getrennte Schritte nur im Fall der vorliegenden Aufgabe wegen der komplexeren transkribierten Interviews als sinnvoll und hilfreich, während sie es bei der Beurteilung von überschaubaren Schülerlösungen als eher künstlich und teilweise sogar irritierend erachteten.

Die hier beschriebene Frage nach der Untersuchung der Schülerlösungen hinsichtlich ihrer fachlichen Angemessenheit kann vor diesem Hintergrund also gleichsam als notwendige Voraussetzung für eine anschließende sinnvolle Formulierung einer Rückmeldung angesehen werden. Die Codierung der Studierendenantworten erfolgt dabei erneut in zwei Schritten. Zuerst werden in jeder Studierendenantwort die Ausführungen zu den vier Schüleräußerungen getrennt codiert, indem hinsichtlich jedes Interviewausschnitts überprüft wird, ob der oder die Studierende eine Stärke oder Schwäche des jeweiligen Ansatzes nennt oder nicht. Für jeden Interviewausschnitt, zu dem mindestens eine richtige Schwäche oder Stärke des Schüleransatzes richtig erkannt und benannt wurde, wird der Studierendenantwort eine positive Bewertungseinheit (+) zugeordnet. Wird andererseits zu einem Interviewausschnitt keine Stärke oder Schwäche richtig erkannt und benannt, wird den auf diesen Interviewausschnitt bezogenen Ausführungen der Studierendenantwort eine neutrale Bewertungseinheit (0) zugeordnet. Anschließend werden dann alle Bewertungseinheiten einer Studierendenantwort zusammengezogen zu einer abschließenden Codierung der Antwort auf einer fünfstufigen Skala mit ganzzahligen Werten von +2 bis -2. Hierbei entsprechen vier positive Bewertungseinheiten, das heißt die richtige Benennung einer Stärke oder Schwäche für jedes Schülerinterview, der Codierung +2, und jede positive Bewertungseinheit weniger bedeutet einen um eins verringerten Code. Das heißt, drei positive Bewertungseinheiten führen zu einer Codierung mit +1, zwei Einheiten zu einem Code 0, eine positive Bewertungseinheit entspricht dem Code -1 und sollte die Studierendenantwort zu keiner Schüleraussage eine richtige Stärke oder Schwäche nennen, das heißt konnte keine positive Bewertungseinheit vergeben werden, wird die Antwort mit -2 codiert. Darüber hinaus werden Studierendenantworten, die entsprechend der Aufgabenstellung im Bezug auf mehr als eine Interviewpassage tatsächlich Textstellen nennen, jeweils um einen Code angehoben, sofern sie nicht sowieso dem höchsten möglichen Code von +2 zugeordnet werden. Daneben werden Studierendenantworten mit -2 codiert, wenn diese eine auf alle Schüleräußerungen bezogene einheitliche Rückmeldung formulieren, da diese die Unterschiedlichkeit der Schüleräußerungen nicht berücksichtigen und damit nicht geeignet sind für eine auf die jeweilige Schülerleistung bezogene individuellen Unterstützung des Lernprozesses.

Mit dieser Codierung ergibt sich für die befragten Studierenden die folgende Verteilung der Codierungen.

	-2	-1	0	1	2	gesamt
GyGS-Anfänger	1	3	2	2	3	11
GyGS-Fortgeschrittene	3	3	2	6	7	21
GHR-Anfänger	6	1	6	16	8	37
GHR-Fortgeschrittene	0	1	2	3	2	8
gesamt	10	8	12	27	20	77

Tabelle 27: Verteilung der deduktiv definierten Codierung bezüglich der Analyse der fachlichen Angemessenheit der Interviews durch die befragten Studierenden (Teilaufgabe 1b)

Man erkennt für die befragten Studierendengruppen jeweils eine Tendenz zu positiven Codierungen.

Durch die vorhergehend beschriebenen Codiervorgaben werden dabei durch die gleichberechtigte Zusammenfassung der Bewertungseinheiten alle vier Interviewpassagen gleichwertig in der Codierung berücksichtigt. Insbesondere werden also unterschiedliche Komplexitätsgrade der Schüleräußerungen nicht durch unterschiedliche Wertigkeiten der Bewertungseinheiten abgebildet. Im Hinblick auf weitere Analysen ist es jedoch sinnvoll, auch das unterschiedliche Antwortverhalten der Studierenden im Kontext der verschieden hohen Komplexitätsgrade der Schülerantworten zu betrachten. Hierbei zeigt sich, dass erwartungsgemäß die Komplexitätsgrade der Schülerantworten und die Angemessenheit der fachlichen Analyse der Schülerantworten durch die Studierenden dahingehend korrespondieren, dass komplexere Schüleransätze, also Ansätze, die tendenziell aufwändigere Betrachtungen im Hinblick auf die fachliche Einschätzung erfordern, seltener angemessen bezüglich ihrer Stärken oder Schwächen untersucht wurden als weniger komplexe Schüleransätze. Betrachtet man dafür die verschiedenen Schüleräußerungen, lassen sich die Interviewpassagen grob in drei Komplexitätsgrade unterscheiden[163]. Die Lernenden in den Interviews 1 und 2 beziehen sich in

[163] Diese Einschätzung floss in die Konzeptualisierung des Fragebogens ein, da beabsichtigt war, nicht nur Interviewpassagen mit Schülerlösungen gleicher Komplexität zu wählen. Vor diesem Hintergrund basiert die Einschätzung der unterschiedlichen Komplexi-

ihren Aussagen jeweils sowohl auf eine Verbesserung des Ansatzes von Leo, indem sie Verbesserungen hinsichtlich des realen Modells vorschlagen, als auch auf Überlegungen zur eigenen Durchführung einer Befragung, wobei im Interview 1 der Schwerpunkt auf der Verbesserung von Leos Ansatz liegt, während im Interview 2 ein stärkerer Schwerpunkt auf der Durchführung einer Befragung liegt. In beiden Interviews sind die Ansätze dabei direkt nachvollziehbar und stellen insbesondere eine unmittelbar nachvollziehbare Vorbereitung einer mathematischen Problemformulierung dar. Interview 3 verbindet ebenfalls Ideen zur Verbesserung des Ansatzes von Leo und Überlegungen zur Durchführung einer Befragung und benennt sowohl verschiedene Ideen zur besseren Anpassung von Leos Rechnung an reale Gegebenheiten als auch Aspekte, die für eine Befragung berücksichtigt werden können. Der Interviewausschnitt ist dabei einerseits umfangreicher und benennt andererseits mehr inhaltliche Aspekte als die Interviews 1 und 2. Darüber hinaus lassen sich die benannten Aspekte nicht so unmittelbar in eine mathematische Problemformulierung übertragen. Insgesamt kann das Interview 3 damit als komplexer als die Interviews 1 und 2 angesehen werden. Das vierte Interview schließlich schlägt dahingegen lediglich eine einzelne Modifikation von Leos Vorgehen vor und schließt sich ansonsten dem in der Aufgabenstellung beschriebenen Vorgehen zur Lösung des Modellierungsproblems an. Der Lösungsansatz der Schülerin beziehungsweise des Schülers und insbesondere das daraus resultierende mathematische Modell ergeben sich damit annähernd direkt aus der Aufgabenstellung. Im Vergleich der vier Interviews kann dieser Schüleransatz daher als am wenigsten komplex angesehen werden.

Wie erwähnt, spiegelt die Angemessenheit der Antworten der Studierenden diese Unterschiede in der Komplexität der Schüleransätze grundsätzlich wieder. Für die diesbezügliche Untersuchung der Codierungen wurden alle Studierendenantworten, die nicht nur eine grundsätzliche einheitliche Rückmeldung zu allen Schüleransätzen beinhalteten, erneut ausgewertet. Die Antworten lassen also jeweils einen Rückschluss darauf zu, welche der Interviewpassagen der oder dem jeweiligen Studierenden hinsichtlich der Untersuchung der fachlichen Angemessenheit leichter beziehungsweise schwerer gefallen sind. Daraus lässt sich ableiten, wie

tätsgrade der Schüleräußerungen primär auf den Einschätzungen der an der Erstellung des Fragebogens beteiligten Personen (vgl. Abschnitt III.2.2) und wird auf der anderen Seite durch die Ergebnisse der Befragung bestätigt.

oft jedes einzelne Interview in den so ausgewählten Studierendenantworten angemessen oder nicht angemessen durch die Studierenden analysiert wurde. Dies führt zu der nachfolgenden Verteilung:

	angemessene Einschätzung	Fehleinschätzung	weder angemessene noch Fehleinschätzung	gesamt
Interview IV	60	2	10	72
Interview I	51	11	10	72
Interview II	49	9	14	72
Interview III	38	11	15	64

Tabelle 28: Verteilung von angemessenen Einschätzungen und Fehleinschätzungen der befragten Studierenden für die verschiedenen Interviews (Teilaufgabe 1b)

Die unterschiedliche Verteilung von angemessenen Einschätzungen und Fehleinschätzungen bezüglich der fachlichen Angemessenheit der Schülerinterviews durch die befragten Studierenden spiegelt damit die konzeptuelle Anlage der unterschiedlich komplexen Schülerinterviews genau wieder. Das als am wenigsten komplex angelegte Interview 4 wird fast durchgehend angemessen eingeschätzt, das als am komplexesten angelegte Interview 3 wird deutlich am seltensten angemessen eingeschätzt[164] und die bezüglich der Komplexität dazwischen konzeptualisierten Schülerinterviews liegen auch bezüglich der angemessenen Einschätzungen zwischen den Werten von Interview 4 und 3. Damit lassen sich für weitere Analysen die Interviews sowohl aus konzeptueller Sicht als auch auf Basis der gleichsam empirischen Bestätigung dieser Konzeption durch die Antworten der befragten Studierenden bezüglich ihrer Komplexität unterscheiden.

Im Anschluss an diese Frage zur fachlichen Einschätzung der Schüleransätze wurden die Studierenden dann nach tatsächlichen Rückmeldungen gefragt, die sie den Schülerinnen und Schülern geben würden. Genauer wurde dafür die nachfolgende Frage formuliert:

[164] Daneben wird dieses als komplex konzeptualisierte Interview auch insgesamt von deutlich weniger Studierenden überhaupt bearbeitet als die übrigen Interviewpassagen.

Wie gehen Sie mit den Antworten der Schülerinnen und Schüler jeweils um? Welche Rückmeldung würden Sie den Schülerinnen und Schülern jeweils geben?

Abbildung 23: Teilaufgabe 1c

Im Einklang mit dem oben geschilderten Verständnis von angemessenen Rückmeldungen, das den deduktiven Codierungen der vorliegenden Arbeit zugrunde liegt, wird von den Studierenden hierbei also keine irgendwie skalierte Bewertung, etwa in Form einer Notengebung, erwartet. Vielmehr wird eine Rückmeldung dann als angemessen codiert, wenn sie der Schülerin oder dem Schüler eine sinnvolle Perspektive zur Weiterarbeit eröffnet. Die Fragestellung verdeutlicht diese Erwartung einerseits durch die Bitte um eine Rückmeldung und darüber hinaus andererseits durch die vorangestellte Formulierung, die um eine Beschreibung des tatsächlichen Umgangs der Studierenden mit der Schülerlösung bittet. Da jede Schülerin beziehungsweise jeder Schüler dabei bereits eine mehr oder wenige elaborierte Lösung vorweisen kann und dementsprechend bereits einige Zeit an der Aufgabe gearbeitet hat, bedarf keine Schülerin beziehungsweise kein Schüler einer ausschließlichen Motivationshilfe, da offensichtlich eine ausreichende grundsätzliche Bereitschaft zur Aufgabenbearbeitung gegeben war. Im Anschluss an diese inhaltliche Auseinandersetzung der Schülerinnen und Schüler mit der Aufgabe wird daher vielmehr, eine tatsächliche fachliche Auseinandersetzung mit den gegebenen Schüleraussagen erwartet[165], was darüber hinaus auch im Einklang der im Fragebogen vorhergehend erfragten fachlichen Analyse der Schüleransätze steht. Weiterhin können Lösungsansätze zu Modellierungsaufgaben, solange sie, wie im vorliegenden Fall geschehen, sinnvoll im Kontext der Aufgabe entwickelt werden, wegen der für Modellierungsaufgaben charakteristischen Offenheit der Aufgabenstellung und der nicht eindeutigen Lösung nur schwerlich dichotom in eindeutig richtige oder falsche Lösungen unterteilt werden. Eine reine Rückmeldehilfe, die nun insbesondere auf die Unterscheidung zwischen richtigen und falschen Lösungsansätzen ausgerichtet ist, ist dann weiterhin ebenfalls als wenig angemessen anzusehen. Erwartet wird daher im Sinne der Anfor-

[165] Die schließt nicht zusätzliche Motivationshilfen im Rahmen der Rückmeldung aus mit dem Ziel, der Schülerin oder dem Schüler nicht nur Perspektiven zur Weiterarbeit am und zur Verbesserung des bisher formulierten Ansatzes aufzuzeigen, sondern ihn oder sie auch zu dieser Weiterarbeit und Verbesserung zu motivieren.

derung an eine Rückmeldung, der Schülerin oder dem Schüler eine sinnvolle Perspektive zur Weiterarbeit beziehungsweise Verbesserung ihrer oder seiner Lösung zu ermöglichen, eine angemessene Lernhilfe, die im Sinne einer auf der fachlichen Analyse der Aufgabe basierende, allgemein-strategischen Hilfe, einer inhaltsorientierten strategischen Hilfe oder einer inhaltlichen Hilfe formuliert sein kann. Für die Codierung werden dann erneut innerhalb jeder Studierendenantwort die Ausführungen zu den vier Schülerantworten einzeln codiert und diese Codierungen zu einer Gesamtcodierung zusammengefasst. Jede Rückmeldung zu einem Schüleransatz wurde dabei mit einer positiven Bewertungseinheit (+) bewertet, wenn sie eine gemäß dem vorangegangen geschilderten Verständnis sinnvolle Rückmeldung darstellt. Ist die Rückmeldung nicht falsch, erfüllt jedoch nicht dieses Kriterium, wird eine neutrale Bewertungseinheit (0) vergeben und eine unangemessene oder fehlende Rückmeldung wird mit einer negativen Bewertungseinheit (-) codiert. Anschließend werden dann alle vier einzelnen Bewertungseinheiten zu der deduktiv definierten Gesamtcodierung der Teilaufgabe zusammengefasst. Hierbei hebt jeweils eine negative Bewertungseinheit eine positive Bewertungseinheit auf, neutrale Bewertungseinheiten haben keinen Einfluss. Verbleiben dann vier positive Bewertungseinheiten, das heißt wurde zu jeder Schüleräußerung eine sinnvolle Rückmeldung formuliert, wird die zugehörigen Studierendenantwort mit +2 codiert, bei drei positiven Bewertungseinheiten wird die Antwort mit +1 codiert[166]. Eine 0 wird für Antworten vergeben, in denen zwei positive Einheiten verbleiben, eine -1 ergibt sich bei einer verbleibenden positiven Bewertungseinheit und verbleibt abschließend keine positive Bewertungseinheit, wird die Antwort mit -2 codiert. Ebenfalls werden Studierendenantworten mit -2 codiert, in denen die einzelnen verschiedenen Schüleransätze nicht unterschieden werden und stattdessen eine Rückmeldung für alle Schülerinnen und Schüler formuliert wird. Diese Codierung entsprechender Antworten ergibt sich, da in diesen Antworten die inhaltliche Unterschiedlichkeit der verschiedenen Schüleransätze nicht berücksichtigt wird, was im Widerspruch zu einer in der Aufgabe explizit geforderten individuellen sinnvollen Rückmeldung steht, da eine kollektiv formulierte Rückmeldung keine

[166] Aufgrund der Randbedingungen der Codierung kann auch keinem Teil einer so codierten Antwort eine negative Bewertungseinheit zugeordnet worden sein, so dass Studierendenantworten, die mit +1 codiert wurden, drei positive und eine neutrale Bewertungseinheit aufweisen.

individuelle und an der tatsächlichen Schülerlösung orientierte Perspektive zur Weiterarbeit beziehungsweise Verbesserung eröffnen kann. Insgesamt ergibt sich damit die folgende Verteilung der Codierungen:

	-2	-1	0	1	2	gesamt
GyGS-Anfänger	4	0	3	0	3	10
GyGS-Fortgeschrittene	9	3	3	6	0	21
GHR-Anfänger	18	8	3	7	1	37
GHR-Fortgeschrittene	3	0	3	1	0	7
gesamt	34	11	12	14	4	75

Tabelle 29: Verteilung der deduktiv definierten Codierung der Rückmeldungen der befragten Studierenden zu den verschiedenen Schülerinterviews (Teilaufgabe 1c)

Man erkennt hier eine leichte Tendenz der Verteilung zu negativen Codierungen, die insbesondere durch den relativ hohen Anteil von mit -2 codierten Antworten in allen Gruppen von befragten Studierenden bedingt ist. Dieser lässt sich zurückführen auf einen in dieser Teilaufgabe verstärkt zu beobachtenden Anteil von Studierenden, die eine einheitliche, das heißt nicht schülerindividuelle Rückmeldung formuliert haben und deren Antworten somit mit -2 codiert wurden (genauer handelt es sich hierbei um insgesamt 18 Antworten, zum Vergleich sei angeführt, das in der vorangegangen beschriebenen Teilaufgabe nur 5 Antworten eine einheitliche Rückmeldung beinhalteten.).

Die vorangegangen dargestellte Codierung fasst damit im Falle von schülerindividuellen Rückmeldungen zusammen, inwieweit die Studierenden sinnvolle Rückmeldungen zu den einzelnen Schüleräußerungen formuliert haben, das heißt, ob es sich allgemein um eine angemessene Lernhilfe handelt. Nicht unterschieden wird dabei, welche Art von Lernhilfe im Sinne der oben dargestellten Taxonomie die Studierenden jeweils gewählt haben. In einem weiteren Analyseschritt werden deshalb alle Studierendenantworten, in denen entsprechende Lernhilfen formuliert werden, danach unterschieden, welche Art von Lernhilfen genau verwendet wurden. Wie beschrieben, lassen sich dabei drei Formen von angemessener Lernhilfe unterscheiden, nämlich auf der fachlichen Analyse der Aufgabe basierende allgemein-strategische Hilfen, inhaltsorientierte strategische Hilfen und inhaltliche Hilfen. Im Fall der beschriebenen Rückmeldung zu den Schüleräußerungen zur Lösung der Eisdielenaufgabe ist eine allgemein-strategische Hilfe damit gegeben, wenn auf Basis der fachlichen Analyse der Aufgabe allgemeine Anregungen zur Entwicklung des weiteren Vorgehens gegeben werden, die nicht direkt aufgabenbezogen sind, sondern sich auf generelle Vorgehensweisen zur Lösung entsprechender Probleme beziehen.

> *„Interview 2: ‚Gibt es noch andere/weitere Wege hier zu einem Ergebnis zu kommen?'*
> *Interview 4: ‚Könntest du es noch genauer machen?'"*
> *(Studentin, 2. Semester, GHR-Anfängerin, Fragebogen Nr. 12)*

> *„1: ‚Gute Überlegung, nicht alle Einwohner essen Eis, aber lies nochmal die Aufgabe und schaue ob du noch etwas bedenken musst.'"*
> *(Studentin, 3. Semester, GHR-Anfängerin, Fragebogen Nr. 16)*

Inhaltsorientierte strategische Hilfen sind weiterhin relativ allgemeine Anregungen zur Weiterentwicklung der jeweiligen Lösung, die allerdings bereits spezielle inhaltliche Aspekte der Aufgabe mit einbeziehen.

> *„Nr. 4 würde ich fragen, was er nach der Befragung eigentlich von den 100 Personen weiß, die ein Eis gekauft haben (und was er daher auf die anderen schließt)."*
> *(Studentin, 4. Semester, GHR-Anfängerin, Fragebogen Nr. 24)*

> *„Interview 2: ‚Was für eine Information erhältst du durch das Zählen der Personen? Wie geht diese Information in dein mathematisches Modell ein?'"*
> *(Student, 1. Semester, GyGS-Anfänger, Fragebogen Nr. 68)*

Inhaltliche Hilfen schließlich beschreiben sehr konkrete Hinweise zur Weiterarbeit, die inhaltlich eng an der Aufgabe orientiert sind und auf spezielle Aspekte daraus direkt hinweisen.

> *„Frage, ob Schüler tatsächlich meint, ob alle Einwohner jeden Tag Eis essen gehen."*
> *(Studentin, 8. Semester, GyGS-Fortgeschrittene, Fragebogen Nr. 32)*

Daneben konnte in den Antworten der Studierenden eine weitere angemessene Art von Hilfe häufig gefunden werden, die darauf ausgereichtet war, die Schülerinnen und Schüler zu einer nachträglichen kritischen Reflexion ihres Vorgehens oder einzelner Teile davon anzuregen. Aufgrund des inhaltlichen Bezuges der Rückmeldung zu der jeweiligen Schülerlösung können diese Lernhilfen als Form der inhaltsorientiert strategischen Hilfe aufgefasst werden, da sie die Anregung zur Reflexion über das gewählte Lösungsvorgehen, das heißt eine allgemein sinnvolle Lösungsstrategie, mit inhaltsbezogenen Aspekten verbinden. In der hier vorliegenden Analyse werden diese Lernhilfen dennoch unter ausdrücklicher Betonung der starken Ähnlichkeit der beiden Formen als unterschiedliche Arten von Lernhilfe berücksichtigt. Damit wird eine Lernhilfe als inhaltsorientierte strategische Hilfen aufgefasst, wenn sie unter Einbezug inhaltlicher Aspekte auf das weitere Vorgehen fokussiert ist und grundsätzlich stärker auf eine Fortentwicklung der bisherigen Lösung zielt. Insbesondere eingeschlossen sind damit Lernhilfen, die die Schülerin oder den Schüler zur Präzision oder Weiterentwicklung bereits mehr oder weniger ansatzweise formulierter Lösungsansätze auffordern, die also direkt auf eine Weiterentwicklung der Lösung abzielen. In Abgrenzung dazu beziehen sich Lernhilfen, die die Schülerin oder den Schüler zur nachträglichen kritischen Reflexion über das gewählte Lösungsvorgehen auffordern, in einem ersten Schritt stärker auf eine gleichsam retroperspektive kritische Überprüfung des gewählten Vorgehens beziehungsweise von Teilen davon, aus der die Schülerin oder der Schüler dann Impulse zur Modifikation beziehungsweise Weiterentwicklung der Lösung in einem zweiten Schritt ableiten kann.

> *„Interview 1: ‚Warum würdest du die Anzahl der Einwohner gerade durch 2 teilen?'"*[167]
> *(Studentin, 3. Semester, GHR-Anfängerin, Fragebogen Nr. 13)*

Aus dieser Perspektive weisen die letztgenannten Hilfen starke Ähnlichkeiten zu den im Rahmen der Unterstützung von Modellierungsprozessen zentralen metakognitiven Hilfen (vgl. Leiß & Wiegand, 2005, Maaß, 2004) auf, was ebenfalls ihre gesonderte Berücksichtigung rechtfertigt.

---

[167] Man erkennt hier auch, dass nicht nur der Übergang zwischen inhaltsorientiert strategischen Hilfen und den Hilfen, die die Lernenden zur kritischen Reflexion auffordern, sondern ebenfalls der Übergang dieser Hilfen jeweils zu inhaltlichen Hilfen relativ fließend ist und teilweise auch von der individuellen Interpretation abhängig ist.

Wie erwähnt, wurden die Studierendenantworten dann danach unterschieden, welcher Art von Lernhilfe ihre Rückmeldungen zu den Schülerausführungen jeweils zugeordnet werden konnte. Einbezogen wurden dabei sämtliche Studierendenantworten, die konkret auf die einzelnen Schüleräußerungen bezogene Lernhilfen beinhalteten und also nicht nur eine kollektive Rückmeldung für alle Schüleransätze enthielten. Das bedeutet, dass nicht nur Rückmeldungen zu einzelnen Schüleräußerungen berücksichtigt wurden, die mit einer positiven Bewertungseinheit (+) versehen wurden, sondern auch neutral oder negativ codierte Rückmeldungen. Eine unangemessen formulierte inhaltliche Hilfe geht also beispielsweise ebenso in die Analyse ein wie eine angemessen formulierte inhaltliche Hilfe. In diesem Sinne fokussiert die Analyse ausschließlich darauf, welche Art von Lernhilfe von Studierenden jeweils verwendete wird, unabhängig davon, ob die Lernhilfe angemessen formuliert wurde oder nicht. Für die befragten Studierenden ergab sich damit die folgende Verteilung der Lernhilfen auf die Studierendengruppen, in der Mehrfachzählungen berücksichtigt sind, da eine Studierendenantwort entsprechend der Anzahl der formulierten Rückmeldungen zu den verschiedenen Schüleräußerungen jeweils mehrfach entweder in verschiedenen oder in derselben Form von Lernhilfe gezählt wird.

	allgemein-strategische Hilfen	**inhaltsorientiert-strategische Hilfen**	**inhaltliche Hilfen**	**metakognitive Hilfen**
GyGS-Anfänger	0	14	1	0
GyGS-Fortgeschrittene	11	28	4	8
GHR-Anfänger	20	14	12	14
GHR-Fortgeschrittene	1	6	5	5
gesamt	32	62	22	27

Tabelle 30: Verteilung der induktiv definierten Codierung bezüglich der von den befragten Studierenden jeweils gewählte Lernhilfen (Teilaufgabe 1c)

Man erkennt für die befragten Studierenden die zwischen den Gruppen stark unterschiedliche Verteilung der jeweils gewählten Lernhilfen.

Unter der Perspektive, dass die Angemessenheit einer Rückmeldung bezüglich einer Schülerleistung nicht nur von den Fähigkeiten der Lehr-

person abhängt, sondern auch erschwert beziehungsweise erleichtert wird durch andere Einflüsse wie etwa die Komplexität der Schülerlösung, wird im Folgenden die Wahl der verschiedenen Lernhilfen durch die Studierenden noch einmal mit Bezug auf die verschiedenen Interviews, das heißt mit Bezug auf unterschiedlich komplexe Lösungen betrachtet. Dies geschieht vor dem Hintergrund, dass, wie im Rahmen der Analyse der fachlichen Bewertung der Schülerausführungen durch die Studierenden dargestellt, für die Konzeptualisierung der Aufgabe unterschiedlich komplexe Interviews ausgewählt worden waren und sich diese angenommene unterschiedliche Komplexität auch durch die unterschiedliche Angemessenheit der fachlichen Beurteilungen durch die Studierenden bestätigte. Zuerst zeigt sich dabei grundsätzlich, dass von 48 Studierenden, die in ihrer Rückmeldung schülerindividuelle Lernhilfen formulierten, ein großer Anteil von 21 Studierenden für alle Interviews die gleiche Art von Lernhilfe, also etwa durchgehend inhaltsorientiert strategische Hilfen, verwendete. Berücksichtigt man, dass die zugrundeliegenden Schülerlösungen jedoch deutlich unterschiedliche Komplexitätsgrade aufweisen, widerspricht dieses Vorgehen grundsätzlich dem Prinzip der minimalen Hilfe (Zech, 2002), gemäß dem im Sinne der hierarchischen Ordnung der verschiedenen Formen von Lernhilfe jeweils von der Lehrkraft die geringste angemessene Hilfestellung ausgewählt werden sollte.
Da auf der anderen Seite nicht alle Studierenden durchgehend dieselbe Form der Lernhilfe nutzten, lassen sich weiterhin interviewspezifische Unterschiede erkennen. In der folgenden Darstellung sind dafür für jede Interviewpassage jeweils die Anzahl der dazu formulierten Rückmeldungen in den Antworten der Studierenden für die unterschiedlichen Formen der Lernhilfen zusammengefasst. Basis sind dabei die Antworten der 48 Studierenden, die schülerindividuelle Lernhilfen formulierten. Die Interviews sind dabei, gemäß der oben dargestellten Analyse ihres unterschiedlichen Komplexitätsgrades, von oben nach unten[168] entsprechend steigender Komplexität geordnet.

[168] Wie oben dargestellt, sind dabei die Interviews 1 und 2 bezüglich der Komplexität als relativ gleichwertig anzusehen.

	allgemein-strategische Hilfen	inhaltsorien-tiert-strategische Hilfen	inhaltliche Hilfen	metakogni-tive Hilfen
Interview 4	10	12	7	9
Interview 1	6	22	6	5
Interview 2	10	17	2	6
Interview 3	6	11	7	7
gesamt	32	62	22	27

Tabelle 31: Von den befragten Studierenden jeweils gewählte Lernhilfen für die verschiedenen Schülerinterviews (Teilaufgabe 1c)

Entgegen der Erwartung, dass die Rückmeldung zu einer bereits komplexen Lösung auf einer hierachisch niedriger angesiedelten Hilfe (zum Beispiel einer allgemein-strategischen Hilfe) basiert und umgekehrt die Rückmeldung zu einer eher weniger komplexen Lösung auf einer hierachisch höher angesiedelten Hilfe (zum Beispiel einer inhaltlichen Hilfe) basiert, lassen sich bei der Auswahl der Lernhilfen für die verschiedenen Schülerinterviews durch die befragten Studierenden keine entsprechenden Tendenzen ausmachen.

In allen im Folgenden vorgestellten Teilaufgaben, die explizit eine Rückmeldung an Schülerinnen und Schüler erforderten, ließ sich induktiv eine weitere, primär sprachlich begründete Materialunterscheidung ableiten, die nachfolgend dargestellt wird. Die Unterscheidung bezieht sich dabei auf die Antworten von Studierenden, die eine schülerindividuelle Rückmeldung formulierten. Hier konnten durchgehend Rückmeldungen unterschieden werden, die in direkter Rede formuliert waren und solche, die in indirekter Rede formuliert waren. Im ersten Fall formulierten die Studierenden ihre Rückmeldung also so, als ob sie sich tatsächlich in einer Klassenraumsituation befinden, weswegen diese Art der Rückmeldung im Folgenden als „situativ orientiert" bezeichnet wird.

„Interview 1:
Wie könnte man die durchschnittliche Kugelanzahl genauer bestimmen? Denkst du, dass alle vier Eisdielen gleich viel Kugeln

verkaufen? Verfolge deine Idee mit dem Abzählen der Kugeln weiter. Wie verändert sich dadurch das mathematische Modell?
Interview 2:
Was für eine Information erhältst du durch das Zählen der Personen? Wie geht diese Information in dein mathematisches Modell ein?"
(Student, 1. Semester, GyGS-Anfänger, Fragebogen Nr.: 68)

„Ad3) Schön. Führe eine Untersuchung durch. […]
Ad 4) Berücksichtige sämtliche obige Anmerkungen."
(Student, 6. Semester, GyGS-Fortgeschrittener, Fragebogen Nr.: 75)

Im zweiten Falle formulierten die Studierenden ihre Rückmeldung aus einer abstrakteren Perspektive, sie beschreiben die inhaltlichen Schwerpunkte einer Rückmeldung, ohne dass diese direkt ohne sprachliche Transformation in einer Lehr-Lern-Situation Verwendung finden könnte. Im Folgenden wird dies daher als „deskriptiv orientiert" bezeichnet.

„Interview 1: Ich würde den Schüler für seinen letzten Vorschlag(Leute zählen) loben und ihn fragen, ob er seine Einschätzung bezüglich der eiskaufenden Einwohner nicht nochmal überdenken will.
Interview 2: Sein Lösungsvorschlag verdient ein großes Lob. Allerdings würde ich nachfragen was genau er am Ende durch teilt.
Interview 3: Seine Idee, auch den Standort der Eisdielen zu berücksichtigen würde ich loben und fragen, wie der die Verhältnisse aufrechnet.
Interview 4: Ich würde versuchen durch weitere Fragen einen genaueren Lösungsvorschlag von dem Schüler zu erhalten."
(Studentin, 5. Semester, GyGS-Fortgeschrittene, Fragebogen Nr.: 55)

„Interview 1: Die Antwort ist gut überlegt und auch der Vorschlag ist durchdacht. Er geht ebenfalls auf die Personen ein, die er zählen will, und die Kugelanzahl. Nun fehlt ihm noch der Aspekt, dass es vier Eisdielen gibt, irgendwie hätte ich ihn darauf hingewiesen.
Interview 3: Die Überlegungen sind großflächig und gut gedacht. Er geht auf viele Aspekte ein und stellt die besuchten Eisdielen in ein Verhältnis. Ich würde den Schüler loben (wie auch die anderen natürlich) und würde ihn mal bitten seinen Lösungsvorschlag praktisch umzusetzen.

Interview 4: Der Schüler geht auch nur auf die zu gering befragten Personen ein, worauf ich ihn hingewiesen hätte, dass ja noch andere Faktoren mit hineinspielen.“
(Studentin, 2. Semester, GHR-Anfängerin, Fragebogen Nr.: 23)

Insgesamt lassen sich aus dieser Perspektive damit drei Arten von Studierendenantworten unterscheiden. Dies sind Antworten, in denen die Studierenden nur eine allgemeine, nicht nach den Schülerantworten differenzierende Rückmeldung formulieren sowie Antworten, in denen situativ und deskriptiv orientierten Rückmeldungen formuliert werden. Für die befragten Studierenden ergibt sich damit für die verschiedenen Studierendengruppen die folgende Verteilung hinsichtlich der unterschiedlichen Arten von Antwortformulierungen:

	situativ orientiert	deskriptiv orientiert	allgemeine Antwort	Sonstige	gesamt
GyGS-Anfänger	6	2	2	0	10
GyGS-Fortgeschrittene	7	7	2	5	21
GHR-Anfänger	12	12	13	0	37
GHR-Fortgeschrittene	3	3	1	0	7
gesamt	28	24	18	5	75

Tabelle 32: Verteilung der induktiv definierten Codierung bezüglich der Art der formulierten Rückmeldung durch die befragten Studierenden (Teilaufgabe 1c)

Man erkennt für die verschiedenen Gruppen der befragten Studierenden mit Ausnahme der GyGS-Anfängerinnen und -anfänger jeweils eine ausgeglichene Verteilung zwischen situativ und deskriptiv orientierten Rückmeldungen.

Im Hinblick auf anschließende Zusammenhangsanalysen wurden die in Teilaufgabe 1c formulierten Rückmeldungen der Studierenden weiterhin induktiv auf den Einsatz von Lob hin untersucht. Das bedeutet, es wurde erfasst, ob die jeweilige Rückmeldung zum Ansatz der Schülerin oder des Schülers eine lobende Komponenten enthält oder ob darauf verzichtet wird. Auch wenn die diesbezüglichen Ergebnisse vor allem im

Zusammenhang mit weiteren Codierungen entsprechende Beobachtungen ermöglichen, wird nachfolgend zur Vollständigkeit für die befragten Studierenden der Einsatz von Lob in den verschiedenen Interviews dargestellt, indem jeweils angegeben wird, in wie vielen Rückmeldungen sich ein Lob findet:

	Lob in Interview 1	Lob in Interview 2	Lob in Interview 3	Lob in Interview 4
GyGS-Anfänger	1	3	4	4
GyGS-Fortgeschrittene	6	8	11	7
GHR-Anfänger	6	3	5	3
GHR-Fortgeschrittene	5	2	1	4
gesamt	18	16	21	18

Tabelle 33: Verteilung der induktiv definierten Codierung bezüglich des Einsatzes von Lob für die verschiedenen Interviews durch die befragten Studierenden (Teilaufgabe 1c)

Man erkennt, dass innerhalb der verschiedenen befragten Studierendengruppen jeweils verschiedene Interviews häufiger gelobt werden und insgesamt relativ wenige Rückmeldungen ein Lob enthalten.

Eine weitere induktiv entwickelte Unterscheidung der durch die Studierenden in Teilaufgabe 1c formulierten Rückmeldungen betrifft die formale Ausgestaltung dieser Rückmeldung als entweder frage- oder erklärungsbasierte Ausführungen. Unterschieden wird dafür im Fall von Antworten, in denen für die einzelnen Schülerinterviews separate Rückmeldungen formuliert werden, ob die Mehrheit dieser Rückmeldungen vorherrschend in Frageform formuliert ist, das heißt mögliche Fragen an die Lernenden beschreibt oder vorherrschend in erklärender Form formuliert ist, das heißt mögliche, explizit zu gebende Erklärungen bezüglich des von der oder dem Lernenden formulierten Lösungsansatzes oder bezüglich des weiteren möglichen Vorgehens für die Lernenden beschreibt. Im Falle einer Rückmeldung, die sich auf alle Schülerinterviews gemeinsam bezieht, wird dieselbe Unterscheidung ebenfalls vorgenommen, wobei dann die Codierung auf Basis der vorherrschenden Charakteristik dieser gemeinsamen Rückmeldung geschieht. Weiterhin als dritte Möglichkeit erfasst werden Rückmeldungen, die Charakteristika von frage- und erklärungsbasierten Ausführungen ausgeglichen aufweisen. Letzteres ist entweder erfüllt, wenn im Falle von separaten Rückmeldungen für die verschiedenen Schülerinterviews gleich viele Rückmeldungen vorherrschend in Frageform und als Erklärung formuliert sind und im Falle von einer gemeinsamen Rückmeldung für alle Schülerinterviews, wenn sich in dieser Rückmeldung Charakteristika der Fragebasiertheit und der Erklärungsbasiertheit die Waage halten. Für die befragten Studierenden ergibt sich damit die folgende Unterscheidung ihrer in Teilaufgabe 1c formulierten Rückmeldungen, wobei zusätzlich vor dem Hintergrund der hier betrachteten Unterscheidung nicht zu codierende Antworten getrennt aufgeführt werden:

	Frage-dominiert	**Erklärungs-dominiert**	**Keine Dominanz einer Ausgestaltung**	**Nicht klassifizierbar**	**gesamt**
GyGS-Anfänger	7	1	2	0	10
GyGS-Fortgeschrittene	9	6	5	1	21
GHR-Anfänger	20	12	1	4	37
GHR-Fortgeschrittene	5	2	0	0	7
gesamt	41	21	8	5	75

Tabelle 34: Verteilung der induktiv definierten Codierung bezüglich der formalen Ausgestaltung der formulierten Rückmeldung durch die befragten Studierenden in Teilaufgabe 1c

Man erkennt, dass in allen Gruppen, wenn auch unterschiedlich deutlich, jeweils häufiger Rückmeldungen in fragedominerter als in erklärungsdominierter Form formuliert wurden. Insbesondere in den beiden GyGS-Gruppen gibt es darüber hinaus jeweils mehrere Studierende, deren Rückmeldungen keine Dominanz von fragebezogenen beziehungsweise erklärungsbezogenen Charakteristika aufweisen, wohingegen dies bei den befragten GHR-Studierenden nur in einem Fall beobachtet werden konnte.

Eine weitere induktiv definierte Codierung von Teilaufgabe 1c fokussiert dann weiterhin auf die inhaltliche Berücksichtigung der Schülerlösung in der von den Studierenden formulierten Rückmeldung, das heißt auf die Frage, inwieweit in der Rückmeldung tatsächlich die jeweiligen speziellen inhaltlichen Schwerpunkte der Schülerlösung aufgegriffen werden. Betrachtet wurden dafür jeweils alle diejenigen Antworten der Studierenden, in denen für verschiedene Schülerinterviews jeweils eine separate Rückmeldung gegeben wurde und keine gemeinsame Rückmeldung für alle Interviews. Für jede Rückmeldung wurden dann zwei Möglichkeiten unterschieden. Zum Einen ist dies die Möglichkeit, dass die jeweilige Rückmeldung konkret an einem oder mehreren Inhalten des jeweiligen Schülerinterviews anschließt und diese teilweise oder ganz zum Ausgangspunkt dieser Rückmeldung werden, wobei in diesem Fall sowohl Schwächen als auch Stärken des Schülerinterviews als Ausgangspunkt dienen können. Zum Anderen ist dies im Gegensatz dazu die Möglichkeit, dass in der jeweiligen Rückmeldung keine konkreten inhaltlichen Anschlusspunkte aus dem Schülerinterview benannt werden, sondern diese unabhängig von einer inhaltlichen Bezugnahme auf das Schülerinterview formuliert ist. Beispiele für solche Rückmeldungen, die nicht konkret an einem oder mehreren Inhalten des jeweiligen Schülerinterviews anschließen, sind etwa Rückmeldungen, die ohne inhaltlichen Bezug zum Schülerinterview Möglichkeiten zur Weiterarbeit aufzeigen, indem zum Beispiel vorgeschlagen wird, dass die oder der Lernende ihren oder seinen Vorschlag genauer ausarbeiten soll, ohne dass gesagt wird, was genau inhaltlich vertieft werden soll, oder die einen nicht inhaltlich präzisierten Bezug zur Schülerlösung formulieren, beispielsweise durch den Hinweis, dass bereits viele Aspekte berücksichtigt wurden, ohne, dass diese inhaltlich genauer bezeichnet werden. Für die Codierung wurde dann jeweils erfasst, welche Möglichkeit der Rückmeldung in der jeweils betrachteten Antwort häufiger vertreten ist. Man erkennt, dass eine entsprechende Unterscheidung insbesondere im Kontext der dieser Aufgabe zugrundeliegenden mathematikbezogenen Aktivität des Modellierens sinnvoll durchführbar ist, da hier wegen der Offenheit der möglichen Lösungen sowie Lösungsansätze für eine Modellierungsaufgabe eine Rückmeldung ohne direkten inhaltlichen Bezug zu der Schülerlösung eher möglich ist[169] als im Fall einer Aufgabe mit enger vorgegebenem Lösungsrahmen.

[169] Wobei die Möglichkeit einer entsprechenden Rückmeldung ohne inhaltliche Bezugnahme auf die zugrundeliegende Schülerlösung naturgemäß nicht zwangsläufig die Sinnhaf-

Ergänzend zu den Codierungen für Rückmeldungen, die konkret inhaltlichen Bezug auf die Schülerlösung nehmen und für Rückmeldungen, bei denen dieser inhaltliche Bezug nicht zu beobachten ist, wurde für die Auswertung dann weiterhin eine gesonderte Codierung vergeben für Antworten, die vor dem Hintergrund dieser Unterscheidung nicht klassifiziert werden konnten, etwa, weil in der Antwort eine Rückmeldung formuliert wurden, in der nicht zwischen den verschiedenen Schülerinterviews differenziert wurde, so dass eine Überprüfung inwieweit die Rückmeldung inhaltlich auf die Schülerlösungen Bezug nimmt, wegen der unterschiedlichen inhaltlichen Schwerpunktsetzung in den verschiedenen Schülerinterviews wenig sinnvoll wäre. Insgesamt ergibt sich damit für die befragten Studierenden die folgende Verteilung der diesbezüglichen Codierung:

	Starke inhaltliche Berücksichtigung der Schülerlösung	**Keine starke inhaltliche Berücksichtigung der Schülerlösung**	**Nicht klassifizierbar**	**gesamt**
GyGS-Anfänger	8	1	1	10
GyGS-Fortgeschrittene	12	3	6	21
GHR-Anfänger	19	5	13	37
GHR-Fortgeschrittene	6	0	1	7
gesamt	45	9	21	75

Tabelle 35: Verteilung der induktiv definierten Codierung bezüglich der inhaltlichen Berücksichtigung der Schülerlösung in den formulierten Rückmeldungen durch die befragten Studierenden in Teilaufgabe 1c

Es ist erkennbar, dass in allen befragten Gruppen von Studierenden, insbesondere bei ausschließlicher Berücksichtigung der für diese Auswertung klassifizierbaren Antworten, durchgehend jeweils eine deutliche

tigkeit einer solchen Rückmeldung impliziert. Die Codierung geschah jedoch ausschließlich unter dem Fokus der inhaltlichen Bezugnahmen und unabhängig davon, ob die jeweilige Rückmeldung fachdidaktisch angemessen ist.

Mehrheit der formulierten Rückmeldungen eine starke inhaltliche Orientierung an der entsprechend zugrundeliegenden Schülerlösung aufweist. Die letzte induktiv definierte Codierung von Teilaufgabe 1c bezieht sich dann auf die Frage, inwieweit die jeweils von den Studierenden formulierte Rückmeldung beeinflusst ist von der Vorstellung einer realen Klassenraumsituation, das heißt die Codierung bezieht sich auf die Frage, inwieweit die formulierte Rückmeldung über eine rein fachlich orientierte Rückmeldung hinausgeht. Grundlegend wurde dies für eine Rückmeldung als erfüllt angesehen, wenn die Rückmeldung geprägt ist durch die Vorstellung von typischen Abläufen während einer tatsächlichen unterrichtlichen Situation und beziehungsweise oder durch die Vorstellung der Aktionen einer Lehrkraft und beziehungsweise oder durch die Vorstellung realer Schülerpersönlichkeiten. Dies wurde beispielsweise dadurch als gegeben angesehen, wenn in der Antwort die Vorstellung von Interaktionen zwischen den Lernenden untereinander oder zwischen den Lernenden und der Lehrkraft deutlich werden, etwa, indem die Rückmeldung beinhaltet, dass die Lernenden sich gegenseitig helfen sollen oder eine entwickelte Lösung der Lehrkraft erklärt werden soll. Weiterhin wurde es als gegeben angesehen, wenn in der Antwort eine Vorstellung von Aktivitäten der Lernenden im Unterricht deutlich wird, beispielsweise, indem die Rückmeldung unter Verwendung der Interviewtranskripte Bezug nimmt auf den Prozess des Lesens der Aufgabe durch die Lernenden, auf die Pausen, die die Schülerinnen und Schüler während der Interviews machen oder auf die unterschiedliche Länge der Wortbeiträge der Schülerinnen und Schüler. Ebenfalls wird die Beeinflussung der Rückmeldung durch die Vorstellung einer realen Klassenraumsituation für die Codierung als gegeben angesehen, wenn die in der Antwort formulierte Rückmeldung auf der Vorstellung einer typischen unterrichtlichen Situation basiert, etwa indem Arbeitsanweisungen mit typisch schulischem Vokabular oder unter Verwendung von für die Situation einer mündlichen Rückmeldung typischen Phrasen und Ausdrücken formuliert werden oder indem auf anschließende Phasen einer angenommenen Unterrichtseinheit verwiesen wird. Weiterhin wird die Rückmeldung als von einer realen Klassenraumsituation beeinflusst angesehen und entsprechend codiert, wenn durch die formulierte Rückmeldung die Vorstellung einer tatsächlichen Gruppe von Lernenden deutlich wird, etwa, indem Bezüge innerhalb der in der Aufgabe genannten Lerngruppe, die dann durch die vier in der Aufgabe genannten Schülerinnen und Schüler repräsentiert wird, hergestellt werden, zum Beispiel durch einen Vergleich verschiedener Lösungen.

Darüber hinaus wird der Code für die Beeinflussung der Rückmeldung durch die Vorstellung einer realen Klassenraumsituation vergeben für Antworten, in denen ein emphatisches Empfinden der Lehrperson zum Ausdruck kommt, etwa, indem eine Schülerin oder ein Schüler in der angenommen Rückmeldung ausdrücklich motiviert werden sowie für Antworten, in denen eine Vorstellung von der Schülerin oder dem Schüler als reale Persönlichkeit mit individueller Erlebnis- und Erfahrungswelt, individuell präferierten mathematischen Inhalten, Denkstilen und Darstellungsformen sowie sozialer Umgebung deutlich wird. Unterscheidet man die in den Antworten der Studierenden formulierten Rückmeldungen dann vor diesem Hintergrund in solche, in denen die Beeinflussung durch eine reale Klassenraumsituation deutlich wird und solche, in denen eine entsprechende Beeinflussung nicht deutlich wird, und berücksichtigt zusätzlich die so nicht klassifizierbaren Studierendenantworten, ergibt sich für die befragten Studierenden die nachfolgend dargestellte Verteilung:

	Deutliche Beeinflussung der Rückmeldung	**Höchstens geringe Beeinflussung der Rückmeldung**	**Nicht sinnvoll klassifizierbar**	**gesamt**
GyGS-Anfänger	4	6	0	10
GyGS-Fortgeschrittene	13	8	0	21
GHR-Anfänger	22	14	1	37
GHR-Fortgeschrittene	5	2	0	7
gesamt	44	30	1	75

Tabelle 36: Verteilung der induktiv definierten Codierung bezüglich der Beeinflussung der Rückmeldung durch die Vorstellung einer realen Klassenraumsituation für die befragten Studierenden in Teilaufgabe 1c

Für die befragten Studierendengruppen lässt sich hier keine durchgehende Tendenz beobachten. Während in beiden befragten GHR-Gruppen sowie in der befragten Gruppe der fortgeschrittenen GyGS-Studierenden jeweils mehrheitlich Antworten formuliert werden, in denen die Rückmeldung von der Vorstellung einer realen Klassenraumsituation beeinflusst ist, überwiegen in der Gruppe der befragten GyGS-Anfängerinnen und Anfänger diejenigen Antworten, in denen die Ausführungen auf keine starke Beeinflussung der Rückmeldungen durch die Vorstellung einer realen Klassenraumsituation hindeuten.

Eine weitere auf Rückmeldung bezogene Teilaufgabe steht im Zusammenhang mit der realitätsbezogenen Aufgabe über das Sammeln von Muscheln. Erneut wurden den Studierenden im Anschluss an die Frage, wie sie selber die Aufgabe lösen würden, verschiedene Schülerlösungen (aus Kaiser, Rath, Willander, 2003, graphisch adaptiert) vorgestellt, die der nachfolgenden Abbildung entnommen werden können:

Einige Schülerinnen und Schüler haben folgende Antworten gegeben:

- Beeke:

:3 [3 Muscheln = 27g] :3

•5 [1 Muschel = 9g] •5

5 Muscheln = 45g

- Silke:

Man kann nicht wissen, was die Waage anzeigen wird, da in der Aufgabe erwähnt wird das es unterschiedliche Muscheln sind. D.h. die Muscheln sind wahrscheinlich nicht gleich groß und daher auch nicht gleich schwer.

- *Sebastian*

Es sind verschiedene Muscheln eine
kann also 1g, die nächste 3g und
die andere 12g wiegen. Aber ansonsten:
27g/3 = 9 Jede Muschel = 9g
27g + 2 Muscheln à 9g = 27g + 18g = 45g
Die Waage zeigt nun 45g an

Abbildung 24: Schülerlösungen zu der Muschelaufgabe als inhaltliche Grundlage der auf die Formulierung einer Rückmeldung bezogenen Teilaufgaben in Aufgabe 2 (entnommen aus Kaiser, Rath, Willander, 2003, graphisch adaptiert)

Man erkennt, dass die drei Schülerantworten typische Herangehensweisen an die zugrundeliegende Aufgabe repräsentieren. Beekes Lösung ist eine reine Dreisatzlösung, Silkes Lösung bezieht sich ausschließlich auf den Sachkontext und Sebastian verbindet kontextbezogene Überlegungen mit einer rechnerischen Dreisatzlösung. Die Studierenden wurden vor dem Hintergrund dieser Lösungen dann vor folgende Frage gestellt:

Was würden Sie als Lehrerin oder Lehrer den drei Schülerinnen und Schülern jeweils sagen? Bitte begründen Sie Ihre Entscheidung!

Abbildung 25: Teilaufgabe 2b

Durch diese Frage wird also direkt die Formulierung einer Rückmeldung zu gegebenen Schülerlösungen von den Studierenden verlangt und es wird nicht, wie im Fall der vorhergehend geschilderten Fragestellungen, anhand mehrerer Teilfragen zwischen den für die Formulierung einer sinnvollen Rückmeldung notwendigen Schritten des Verstehens und der fachlichen Beurteilung der Schülerlösung einerseits und der darauf basierenden Entscheidung für eine Form der Rückmeldung im Sinne einer Anregung zur Weiterarbeit andererseits unterschieden. Für die Codierung wurden dabei erneut die Studierendenantworten einzeln bezüglich der Rückmeldungen zu jeder Schülerlösung codiert und diese Codierungen dann zu einer Gesamtcodierung zusammengefasst. Die Ausführungen zu einer einzelnen Schülerlösung wurden dabei als sinnvolle Rückmeldung gewertet, wenn sie gemäß dem der Arbeit zugrundeliegenden grundlegenden Verständnis über die Schritte zur Formulierung einer sinnvollen Rückmeldung im Fall von Beeke und Silke eine angemessenen Bewertung und einer angemessenen Aufforderung zur Weiterarbeit und im Fall von Sebastian eine angemessene Bewertung enthalten. In diesem Fall wird den Ausführungen zu der jeweiligen Schülerlösung eine positive Bewertungseinheit (+) zugeordnet. Eine angemessene Aufforderung zur Weiterarbeit im Falle von Silke und Beeke ist dabei, wie erwähnt, dadurch gekennzeichnet, dass sie den Schülerinnen ermöglicht, ihre Lösung durch anschließende Weiterentwicklung zu verbessern. Im Sinne der oben dargestellten Taxonomie der Lernhilfen werden damit erneut zum Einen reine Motivationshilfen als nicht ausreichend angesehen, da die Schülerinnen und Schüler wiederum durch das Anfertigen ihrer Lösungen eine grundsätzliche Bereitschaft zur Bearbeitung der Aufgabe gezeigt haben, so dass eine Verbesserung der Lösung aufgrund einer reinen Steigerung der Motivation nicht erwartet werden kann. Vielmehr impliziert die erfolgte inhaltliche Auseinandersetzung der Schülerinnen und Schüler mit der Aufgabe erneut die Notwendigkeit einer inhaltlichen Auseinandersetzung mit den Schülerlösungen und darauf basierend die Notwendigkeit einer inhaltsbezogenen Rückmeldung zu den Lösungen der Lernenden. Weiterhin werden reine Rückmeldehilfen ebenfalls als nicht ausreichend angesehen, da die Lösungen von Silke und Beeke beide grundsätzlich keinen Fehler aufweisen, aber dennoch ergänzend weitergeführt werden sollten. Auf der einen Seite ist damit eine Rückmeldehilfe, die die Lösung als fehlerhaft bezeichnet, sicherlich unangemessen und würde zu verständlicher Verwirrung der jeweiligen Schülerin führen. Auf der anderen Seite stellt eine Rückmeldehilfe, die die Lösung ausschließlich als richtig bezeichnet, für sich genommen keinen Impuls für die Lernende zur inhaltlichen Weiterarbeit und Verbesserung der Lösung dar, da die Lernenden die Lösung ja offensichtlich individuell als ausreichend angesehen haben und daher eine reine Bestätigung der Richtigkeit ihrer Lösung ohne eine zusätzliche inhaltliche Anregung nicht zu einer erneuten Beschäftigung mit der Aufgabe führen würde. Eine Rückmeldung, die daher eine sinnvolle Aufforderung zur Weiterarbeit darstellt, ist für Beeke und Silke daher wiederum gegeben durch eine angemessene Lernhilfe im Sinne einer auf der fachlichen Analyse der Aufgabe basierenden allgemein-strategischen Hilfe, einer inhaltsorientierten strategischen Hilfe oder einer inhaltlichen Hilfe. Bei der Lösung von Sebastian wird eine Aufforderung zur Weiterarbeit dahingegen nicht erwartet, weil die Lösung für einen Schüler einer 8. Klasse als angemessen angesehen werden kann und es daher von den entsprechenden Zielen der Lehrerin oder des Lehrers abhängt, ob überhaupt ein weiterführender Hinweis gegeben werden sollte, um anzuregen, die Lösung weiter zu bearbeiten. In allen Fällen ist eine angemessene Bewertung einer Schülerlösung dadurch gekennzeichnet, dass aus den Antworten der Studierenden hervorgeht, inwieweit die Stärken oder Schwächen der Lösung von den Studierenden erkannt wurden. Das heißt, eine angemessene Bewertung zeigt sich darin, dass deutlich wird, warum gegebenenfalls die jeweils gewählte anschließende Aufforderung zur Weiterarbeit gegeben worden ist. Auch wenn die Fragestellung also in diesem Fall nicht die beiden beschriebenen der Codierung zugrundeliegenden einzelnen Schritte einer Rückmeldung separat vorgibt, sondern die Studierenden nur generell aufgefordert werden, eine Rückmeldung für die verschiedenen Schülerlösungen zu formulieren, ist die Codierung also an den oben dargestellten basalen Schritten zur sinnvollen Formulierung einer Rückmeldung orientiert und für eine positive Bewertung der Rückmeldung ist das Durchlaufen beider Schritte notwendig. Sind die Ausführungen zu einer Schülerlösung weiterhin nicht falsch, genügen jedoch andererseits auch nicht den Anforderungen für eine positive Bewertungseinheit, wird eine neutrale Bewertungseinheit (0) vergeben. Beinhalten die Ausführungen abschließend eine falsche oder gänzlich fehlende Rückmeldung, wird dem Teil der Studierendenantwort eine negative Bewertungseinheit (-) zugeordnet. Für die Codierung der gesamten Antwort der oder des Studierenden werden dann anschließend jeweils die Einzelcodierungen zu den Schülerlösungen von Beeke, Silke und Sebastian zu einer Codierung auf einer ganzzahligen Skala mit Werten von +1 bis -1 zusammengezogen. Hierbei hebt jeweils eine negative Bewertungseinheit eine positive auf und neutrale Bewertungseinheiten haben keinen Einfluss. Ergeben sich dann insgesamt drei positive Bewertungseinheiten, das heißt, hat die oder der Studierende eine angemessene Rückmeldung zu jeder Schülerlösung formuliert, wird die Antwort mit +1 codiert. Studierendenantworten, denen insgesamt zwei positive Bewertungseinheiten zugeordnet wurden[170], erhalten den Code 0 und ergibt sich für eine Antwort abschließend höchs-

[170] Aufgrund der Randbedingungen der Codierung kann auch keinem Teil einer so codierten Antwort eine negative Bewertungseinheit zugeordnet worden sein, so dass Studierendenantworten, die mit 0 codiert wurden, zwei positive und eine neutrale Bewertungseinheit aufweisen.

tens eine positive Bewertungseinheit, wird dieser Antwort eine -1 zugeordnet. Für die befragten Studierenden ergab sich hiermit die nachfolgend dargestellte Verteilung.

	-1	0	1	gesamt
GyGS-Anfänger	6	4	1	11
GyGS-Fortgeschrittene	7	8	6	21
GHR-Anfänger	18	9	12	39
GHR-Fortgeschrittene	5	1	2	8
gesamt	36	22	21	79

Tabelle 37: Verteilung der deduktiv definierten Codierung bezüglich der Rückmeldung zu Schülerlösungen einer realitätsbezogenen Aufgabe durch die befragten Studierenden (Teilaufgabe 2b)

Man erkennt in allen Gruppen der befragten Studierenden den jeweils relativ hohen Anteil von mit -1 codierten Antworten. Dies ist jedoch auch ein Resultat aus den Codiervorgaben. Werden nämlich die Ausführungen einer oder eines Studierenden zu einer Schülerlösung mit einer negativen Bewertungseinheit versehen, kann die Gesamtcodierung nicht mehr nicht-negativ werden. Diese gleichsam strenge Codiervorgabe begründet sich durch die grundsätzlich der Aufgabe zugrundeliegende wenig komplexe Schüleraufgabe. Hierfür lassen sich auch Rückmeldungen wegen der geringen Komplexität der Aufgabe leichter formulieren als etwa zu Schülerlösungen zu deutlich komplexeren Aufgaben wie der Eisdielenaufgabe.

Auch hier ließen sich bei den Antworten der Studierenden analog zu der induktiven Materialunterscheidung im Rahmen der vorangegangen geschilderten Teilaufgabe wieder situativ und deskriptiv orientierte Rückmeldungen unterscheiden. Erneut sind situativ orientierte Rückmeldungen dabei durch eine unmittelbare Übertragbarkeit in eine konkrete Lehr-Lernsituation, sprachlich also durch die direkte Rede charakterisiert.

„zu Beeke: Wiegen alle Muscheln 9 gramm?
Zu Silke: Richtig, gibt es trotzdem eine Möglichkeit das ungefähre Gewicht von 5 Muscheln zu berechnen? […]

> *Zu Sebastian: Was meinst du mit „ansonsten"? Gibt es wirklich Muscheln, die 1g wiegen?"*
> *(Studentin, 8. Semester, GyGS-Fortgeschrittene, Fragebogen Nr.: 32)*

> *„Beeke: Dreisatz verstanden. Gut. Bedenke die unterschiedliche Größe der Muscheln. [...]*
> *Silke: Guter Einwand. [...]*
> *Sebastian: Die erste Erkenntnis hättest du noch zusammenfassen können, z.B. „Das Gewicht kann man also nicht bestimmen." Problem gut erkannt, dennoch Dreisatzkenntnisse gezeigt. [...]"*
> *(Studentin, 8. Semester, GyGS-Fortgeschrittene, Fragebogen Nr.: 57)*

Ebenfalls sind erneut deskriptiv orientierte Rückmeldungen dadurch charakterisiert, dass sie nicht in eine Lehr-Lern-Situation übertragbar sind, sondern eine Beschreibung der inhaltlichen Schwerpunkte der Rückmeldung enthalten.

> *„Beeke würde ich fragen, ob sie ganz genau weiß, dass ihr Ergebnis richtig ist und was für eine Eigenschaft die Muschel bei ihr denn haben müsste.*
> *Silke würde ich fragen, ob sie vielleicht einen Weg findet eine Schätzung des Gewichts zu machen. Aber ich würde ihr schon sagen, dass ihre Aussage stimmt.*
> *Sebastian hat beides erkannt, den würde ich nur loben"*
> *(Studentin, 2. Semester, GHR-Anfängerin, Fragebogen Nr.: 3)*

> *„Zu Beeke würde ich sagen, es ist gar nicht sicher, dass die anderen Muscheln im Vergleich zu den anderen Muscheln annähernd das gleiche Gewicht haben. Daher halte ich den Lösungsansatz für nicht sehr realistisch.*
> *Silkes Ansatz würde ich loben. [...] Jedoch fehlt mir ein bisschen ein mathematischer Ansatz und ein Versuch, diese Behauptung zu beweisen." (Studentin, 6. Semester, GyGS-Anfängerin, Fragebogen Nr.: 58)*

Für die befragten Studierenden ergibt sich damit unter erneutem Einbezug von allgemeinen, das heißt nicht nach Schülern differenzierenden Rückmeldungen, die folgende Verteilung der verschiedenen Arten von Rückmeldung auf die verschiedenen Studierendengruppen.

	situativ orientiert	deskriptiv orientiert	allgemeine Antwort	Sonstige	gesamt
GyGS-Anfänger	8	3	0	0	11
GyGS-Fortgeschrittene	13	7	0	1	21
GHR-Anfänger	17	17	2	3	39
GHR-Fortgeschrittene	7	1	0	0	8
gesamt	45	28	2	4	79

Tabelle 38: Verteilung der induktiv definierten Codierung bezüglich der Art der formulierten Rückmeldung durch die befragten Studierenden (Teilaufgabe 2b)

Man erkennt, dass im Gegensatz zur vorhergegangenen Aufgabe hier in allen Gruppen der befragten Studierenden mit Ausnahme der GHR-Anfängerinnen und -anfänger in den Studierendendantworten jeweils mehr situativ orientierte als deskriptiv orientierte Rückmeldungen formuliert werden. Dies kann möglicherweise im Vergleich zur vorhergehenden Aufgabe an den bereits auf den ersten Blick deutlich unterschiedlichen Schülerlösungen liegen oder auch ganz praktisch daran, dass den jeweiligen Schülerlösungen in dieser Teilaufgabe konkrete Vornamen der Schülerinnen und Schüler zugeordnet worden sind und diese Lösungen damit persönlicher wirken.

Auch die in dieser Teilaufgabe formulierten Rückmeldungen der befragten Studierenden wurden, entsprechend dem Vorgehen in Teilaufgabe 1c, induktiv auf den Einsatz von Lob untersucht. Erneut ist diese Codierung insbesondere für anschließende Zusammenhangsanalysen relevant, wird jedoch ebenfalls hier zur Vollständigkeit aufgeführt:

	Lob für Beekes Lösung	Lob für Silkes Lösung	Lob für Sebastians Lösung
GyGS-Anfänger	6	8	8
GyGS-Fortgeschrittene	9	19	14
GHR-Anfänger	19	24	26

GHR-Fortgeschrittene	3	7	5
gesamt	37	58	53

Tabelle 39: Verteilung der induktiv definierten Codierung bezüglich des Einsatzes von Lob für die verschiedenen Schülerlösungen durch die befragten Studierenden (Teilaufgabe 2b)

Im Einklang mit dem Vorgehen im Rahmen der Auswertung von Teilaufgabe 1c wurde auch für diese Teilaufgabe 2b weiterhin induktiv unterschieden, wie die von den Studierenden zu den schriftlichen Schülerlösungen formulierten Rückmeldungen formal ausgestaltet waren, genauer also, inwieweit die Rückmeldungen stärker als Frage oder stärker als Erklärung formuliert waren. In direkter Entsprechung mit der vorangegangenen Darstellung der Auswertung von Teilaufgabe 1c wurde dabei auch hier zwischen stärker fragedominierten und stärker erklärungsdominierten Rückmeldungen sowie Rückmeldungen, die beide Charakteristika ausgeglichen aufweisen, unterschieden. Für die befragten Studierenden ergibt sich damit die nachfolgend dargestellte Verteilung, wobei erneut vor dem hier betrachteten Hintergrund nicht klassifizierbare Ausführungen gesondert aufgeführt werden:

	Fragedominiert	Erklärungsdominiert	Keine Dominanz einer Ausgestaltung	Nicht klassifizierbar	gesamt
GyGS-Anfänger	3	3	4	1	11
GyGS-Fortgeschrittene	8	9	2	2	21
GHR-Anfänger	23	8	5	3	39
GHR-Fortgeschrittene	4	1	3	0	8
gesamt	38	21	14	6	79

Tabelle 40: Verteilung der induktiv definierten Codierung bezüglich der formalen Ausgestaltung der formulierten Rückmeldung durch die befragten Studierenden in Teilaufgabe 2b

Es wird deutlich, dass die Verteilung der Antworten der befragten Studierenden hier deutliche Unterschiede im Vergleich zu der entsprechenden Verteilung von Teilaufgabe 1c aufweist. Während nämlich hinsichtlich des Vergleiches von vorherrschend frage- und erklärungsdominierten Rückmeldungen von den befragten GHR-Gruppen weiterhin zu größeren Teilen Antworten formuliert wurden, die vorherrschend als Frage formulierte Rückmeldungen enthielten, ist der Anteil von frage- und erklärungsdominierten Rückmeldungen in den Antworten der befragten GyGS-Gruppen hier annähernd beziehungsweise vollständig ausgeglichen.

Weiterhin wurde den Studierenden eine auf Rückmeldung bezogene Teilaufgabe im Hinblick auf die mathematische Aktivität des Beweisens gestellt. Diese bezieht sich auf die bereits vorgestellte mathematische Aussage, dass die Summe von drei aufeinanderfolgenden natürlichen Zahlen jeweils ohne Rest durch drei teilbar ist und die ebenfalls bereits vorgestellten Schülerlösungen (Abbildung 19, Seite 264). Die Studierenden wurden dann im Anschluss an die Vorstellung dieser vier Beweisversuche mit der folgenden Frage konfrontiert:

Stellen Sie sich vor, sie sollten als Lehrperson zu jeder Lösung eine Rückmeldung geben, die einerseits die Antwort bewertet und andererseits mögliche Impulse zur Weiterarbeit und Verbesserung beziehungsweise Korrektur gibt. Was würden Sie den Schülerinnen und Schülern jeweils sagen?

Abbildung 26: Teilaufgabe 5a

In dieser Frage wird das vorgestellte der Arbeit zugrundeliegende Verständnis einer angemessenen Rückmeldung mit den beiden Schritten des Bewertens der Schülerlösung und der anschließenden darauf basierenden Formulierung einer Anregung zur Weiterentwicklung oder Verbesserung der bisherigen Arbeit direkt in der Frage operationalisiert, indem beide Arbeitsschritte explizit benannt und erbeten werden. Für die Codierung werden dann erneut in jeder Studierendenantwort die Ausführungen zu jedem Beweisversuch zuerst einzeln codiert und anschließend werden die einzelnen Codierungen zu einer Gesamtcodierung zusammengefasst. Grundlegend werden dafür die Rückmeldungen zu den einzelnen Schülerbeweisversuchen als angemessen angesehen, wenn sie im Fall von Erik und Björn aus einer angemessenen Bewertung und Aufforderung zur Weiterarbeit und im Fall von Inge und Werner aus einer angemessenen Bewertung bestehen, die optional durch eine Aufforderung zur Weiterarbeit ergänzt werden kann. Die Optionalität bezüglich der Frage, ob man Inge und Werner auffordern möchte, ihren jeweiligen Beweis weiter zu entwickeln folgt daraus, dass die Lösungen für eine 9. Klasse voll angemessen sind und es daher von den entsprechenden Zielen der Lehrerin oder des Lehrers abhängt, ob überhaupt ein weiterführender Hinweis zur weiteren Bearbeitung des vorgelegten Beweises angemessen ist. Bezüglich der Anregungen zur Verbesserung beziehungsweise Weiterentwicklung der Beweisversuche von Erik und Björn kann weiterhin erneut auf die vorgestellte Taxonomie der Lernhilfen zurückgegriffen werden. Erneut ist dabei eine reine Motivationshilfe wenig angemessen, da die Schülerinnen und Schüler durch das Anfertigen ihrer Beweisversuche bereits ihre grundlegende Bereitschaft zur Aufgabenbearbeitung zum Ausdruck gebracht haben und die möglichen Insuffizienzen der Beweisversuche daher offensichtlich nicht in mangelnder Motivation begründet liegen. Da sich die Schülerinnen und Schüler bereits inhaltlich mit dem anzufertigenden Beweis auseinandergesetzt haben, wird daher, wie auch im Fall der vorhergehend geschilderten Teilaufgaben, erneut eine inhaltliche Auseinandersetzung mit den Beweisversuchen der Lernenden erwartet. Dabei scheint weiterhin eine reine Rückmeldehilfe wenig angemessen, da die beiden Schüler jeweils keine Fehler in ihren Ausführungen machen, sondern vielmehr von einer grundlegenden Fehlvorstellung bezüglich des mathematischen Beweisens ausgehen. Eine reine Rückmeldehilfe im Sinne eines ausschließlichen Hinweises, dass der Beweisversuch nicht ausreichend ist, ist daher als wenig zielführend anzusehen, da weder Erik noch Björn ihre grundlegende Fehlvorstellung revidieren würden, die ihnen ohnehin wahrscheinlich ohne unterstützende Thematisierung der Lehrkraft nicht einmal direkt bewusst wären. Vielmehr würde eine entsprechende Rückmeldung wahrscheinlich dazu führen, dass der jeweilige Schüler seine konkrete Beweisführung kontrolliert, dass also beispielsweise Erik seine Zahlenbeispiele nachrechnet oder Björn überprüft, ob der von ihm herangezogene Sachverhalt der nicht existenten oberen Schranke der natürlichen Zahlen ohne Ausnahme gültig ist. Daher muss eine angemessene Anregung zur Weiterarbeit auch hier an inhaltlichen Aspekten der Schülerlösung ausgerichtet sein, so dass im Fall der Beweisversuche von Erik und Björn erneut eine auf der fachlichen Analyse der Aufgabe basierende, allgemein-strategischen Hilfe, eine inhaltsorientierte strategische Hilfe oder eine inhaltliche Hilfe als angemessen angesehen wird.

Die Codierung geschieht dann genau entsprechend dem im Rahmen der Codierung der Rückmeldungen zu den Lösungsansätzen zur Modellierungsaufgabe vorgestellten Schema. Das heißt, erneut wird innerhalb jeder Studierendenantwort die Ausführungen zu den Beweisversuchen einzeln gemäß ihrer Angemessenheit codiert, wobei Ausführungen, die den vorangegangen beschriebenen Kriterien genügen, mit einer positiven Bewertungseinheit (+) codiert werden, nicht falsche, aber nicht den Kriterien für die positive Bewertungseinheit genügende Ausführungen mit einer neutralen Bewertungseinheit (0) codiert werden und unangemessene oder fehlende Rückmeldungen mit einer negativen Bewertungseinheit (-) codiert werden. Erneut hebt eine negative Bewertungseinheit eine positive Bewertungseinheit auf und neutrale Bewertungseinheiten haben keinen Einfluss. Die Zusammenfassung aller Bewertungseinheiten ergibt dann wiederum den Gesamtcode für die Studierendenantwort in dem Sinne, dass vier angemessene Rückmeldungen, das heißt vier positive Bewertungseinheiten, einer Gesamtcodierung +2 entsprechen, drei positive Bewertungseinheiten der Codierung +1 entsprechen[171], zwei verbleibende positive Bewertungseinheiten der Codierung 0 entsprechen, eine verbleibende Bewertungseinheit zu der Codierung -1 führt und im Falle keiner verbleibenden positiven Bewertungseinheit die Codierung -2 vergeben wird. Mit diesen Codiervorgaben ergibt sich dann insgesamt die nachfolgend dargestellte Verteilung der Codierungen bei den befragten Studierenden:

	-2	-1	0	1	2	gesamt
GyGS-Anfänger	1	0	2	4	4	11
GyGS-Fortgeschrittene	0	9	6	3	3	21
GHR-Anfänger	10	3	8	11	7	39
GHR-Fortgeschrittene	1	1	0	6	0	8
gesamt	12	13	16	24	14	79

Tabelle 41: Verteilung der deduktiv definierten Codierung bezüglich der Rückmeldung der befragten Studierenden zu Schülerbeweisversuchen einer arithmetischen Aussage (Teilaufgabe 5a)

[171] Aufgrund der Randbedingungen der Codierung kann auch in diesem Fall keinem Teil einer so codierten Antwort eine negative Bewertungseinheit zugeordnet worden sein, so dass wiederum Studierendenantworten, die mit +1 codiert wurden, drei positive und eine neutrale Bewertungseinheit aufweisen.

Erneut unterscheiden sich die Verteilungen der Codierungen innerhalb der verschiedenen Gruppen der befragten Studierenden.

Im Gegensatz zu den vorhergehend geschilderten Teilaufgaben gibt es dabei bei dieser Teilaufgabe keine Antwort der befragten Studierenden, in der eine allgemeine Rückmeldung formuliert wird, die nicht zwischen den einzelnen Schülerantworten differenziert. Dies ist wahrscheinlich durch die sehr starke Unterschiedlichkeit der dieser Teilaufgabe zugrundeliegenden Schülerbeweisversuche begründet. Im Einklang mit den vorhergehend geschilderten Teilaufgaben lassen sich jedoch auch hier wieder induktiv situativ und deskriptiv orientierte Rückmeldungen der Studierenden unterscheiden. Erneut sind deskriptiv orientierte Rückmeldungen dabei durch ihren Charakter als Beschreibung inhaltlicher Schwerpunkte einer Rückmeldung, der keine direkte Verwendung der Rückmeldung in einer Klassenraumsituation zulässt, gekennzeichnet.

> *„Erik: ein erster Ansatz zur Überprüfung des Satzes ist da. Er sollte überlegen, wie er zeigen kann, dass es für alle Zahlen gilt, denn drei Beispiele sind ja noch nicht alles.*
> *Inge: gute zeichnerische Verdeutlichung, die sie aber mit Worten erklären sollte…“*
> *(Studentin, 6. Semester, GHR-Fortgeschrittene, Fragebogen Nr. 36)*

Allgemein sind situativ orientierte Rückmeldungen dann ebenfalls erneut durch ihre direkte Rede und die unmittelbare Übertragbarkeit auf eine konkrete Situation in einem Klassenraum gekennzeichnet.

> *„1. Deine Beispiele sind ein guter Anfang. Es gibt ja aber ∞-viele Zahlen. Gibt es Möglichkeiten, zu zeigen, dass es für alle gilt?*
> *2. Sehr anschaulich gezeigt, gut. Wie kannst du denn jetzt deine Punkte ‚beweisen'?“*
> *(Studentin, 8. Semester, GHR-Fortgeschrittene, Fragebogen Nr. 43)*

Im Hinblick auf die situativ orientierten Rückmeldungen kann dann innerhalb der Studierendenantworten zu dieser Teilaufgabe materialbasiert eine weitere Unterscheidung eingeführt werden, die sich in den vorhergehend geschilderten Teilaufgaben nicht machen ließ. Allgemein sind situativ orientierte Rückmeldungen unmittelbar an einem tatsächlichen Geschehen in einer Lehr-Lern-Situation ausgerichtet. Unmittelbar bedingt die Formulierung der Rückmeldung in direkter Rede dabei eine Fokussierung auf die Interaktion zwischen Lehrperson und Lernendem. In dieser

Teilaufgabe haben einige Studierenden die Orientierung an einer tatsächlichen Lehr-Lern-Situation jedoch noch ausgeweitet und in ihren situativ orientierten Rückmeldungen die jeweiligen Lernenden zusätzlich zu einer Interaktion untereinander aufgefordert, so dass ein noch stärkerer Bezug der Studierendenantwort zu einer tatsächlichen Klassenraumsituation gegeben ist. Diese Antworten werden im Folgenden als „situativ orientierte Rückmeldungen mit Interaktionsanweisung" bezeichnet.

> *„2. Sehr schön und anschaulich, aber kannst du noch einmal genau erklären welche Zahl welche ist und was die Punkte bedeuten. Vergleiche mit Werner.*
> *3. Sehr schöner allgemeiner Beweis. Kannst du die Argumentation bei Inge finden?*
> *4. Probier doch mal eine Zahl aus und schau dir an was passiert. Schau mal zu Inge!"*
> *(Studentin, 8. Semester, GHR-Fortgeschrittene, Fragebogen Nr. 18)*

Berücksichtigt man dass, wie erwähnt, in dieser Teilaufgabe keine der befragten Studierenden eine allgemeine, nicht nach den unterschiedlichen Schülerbeweisversuchen differenzierende Rückmeldung formuliert haben, lässt sich damit für die befragten Studierendengruppen die nachfolgend dargestellte Verteilung der verschiedenen Arten der Formulierung einer Rückmeldung unterscheiden:

	situativ orientiert	deskriptiv orientiert	situativ orientiert mit Interaktionsanweisung	Sonstige	gesamt
GyGS-Anfänger	8	1	1	1	11
GyGS-Fortgeschrittene	14	1	2	4	21
GHR-Anfänger	24	10	4	1	39
GHR-Fortgeschrittene	6	1	1	0	8
gesamt	52	13	8	6	79

Tabelle 42: Verteilung der induktiv definierten Codierung bezüglich der Art der formulierten Rückmeldung durch die befragten Studierenden (Teilaufgabe 5a)

Man erkennt, dass entsprechend der vorangegangen vorgestellten Teilaufgabe wiederum, jetzt in allen Gruppen der befragten Studierenden, am häufigsten situativ orientierte Rückmeldungen formuliert werden, dazu kommen die situativ orientierten Rückmeldungen mit Interaktionsanweisung. Entsprechend den Ausführungen im Rahmen der vorher vorgestellten Teilaufgabe ist dies möglicherweise ebenfalls begründet in den wiederum stark unterschiedlichen Schülerantworten und der Tatsache, dass in der Aufgabe erneut die jeweiligen Schülerinnen und Schüler mit Namen bezeichnet werden.

Auch für diese an Rückmeldungen orientierte Teilaufgabe wurde, entsprechend dem Vorgehen im Rahmen der Auswertung der Teilaufgaben 1c und 2b, induktiv die formale Ausgestaltung der Rückmeldung unterschieden, das heißt erneut wurde unterschieden, inwieweit die Rückmeldungen vorherrschend in Form einer Frage oder einer Erklärung formuliert wurden oder diese Merkmale in der Rückmeldung ausgeglichen vertreten waren. Für die befragten Studierenden ergab sich dabei die nachfolgende Verteilung, die erneut die hinsichtlich dieser Form der Ausgestaltung nicht klassifizierbaren Antworten der Studierenden getrennt aufführt:

	Frage-dominiert	**Erklärungs-dominiert**	**Keine Dominanz einer Ausgestaltung**	**Nicht klassifizierbar**	**gesamt**
GyGS-Anfänger	4	6	1	0	11
GyGS-Fortgeschrittene	5	11	5	0	21
GHR-Anfänger	13	21	4	1	39
GHR-Fortgeschrittene	3	4	1	0	8
gesamt	25	42	11	1	79

Tabelle 43: Verteilung der induktiv definierten Codierung bezüglich der formalen Ausgestaltung der formulierten Rückmeldung durch die befragten Studierenden in Teilaufgabe 5a

Wiederum lassen sich, diesmal im Vergleich sowohl zu der entsprechenden Verteilung in Teilaufgabe 1c als auch zu der entsprechenden Verteilung in Teilaufgabe 2b, für die befragten Studierenden deutliche Unterschiede feststellen. So ist im Gegensatz zu den vorigen Teilaufgaben dieses Mal nicht zu beobachten, dass fragebasierte Rückmeldungen in den befragten Gruppen dominieren oder beide Merkmale in den Antworten befragter Gruppen etwa gleich häufig vorherrschen. Stattdessen sind in den Gruppen der befragten Studierenden hier entweder jeweils auch beide Merkmale etwa gleich häufig in den Rückmeldungen dominierend oder es sind deutlich häufiger Antworten zu finden, in denen erklärungsdominierte Rückmeldungen formuliert werden.

Auch für diese Teilaufgabe wurden abschließend noch die in den Antworten formulierten Rückmeldungen dahingehend unterschieden, ob eine Beeinflussung dieser Rückmeldungen durch die Vorstellung einer realen Klassenraumsituation der Studierenden erkennbar war. Die entsprechende Auswertung steht damit direkt im Einklang mit der korrespondierenden Auswertung von Teilaufgabe 1c. Auch hier wurde also geprüft, ob die jeweils formulierte Rückmeldung über eine rein fachlich orientierte Rückmeldung hinausgeht. In direkter Entsprechung zu den Ausführungen zu Teilaufgabe 1c wurde es dabei erneut als Hinweis für eine entsprechende Beeinflussung der Rückmeldung angesehen, wenn die Rückmeldung geprägt ist durch die Vorstellung von typischen Abläufen während einer tatsächlichen unterrichtlichen Situation und beziehungsweise oder geprägt ist durch die Vorstellung der Aktionen einer Lehrkraft und beziehungsweise oder geprägt ist durch die Vorstellung realer Schülerpersönlichkeiten. Die Codierung dieser Teilaufgabe entspricht damit bis auf in unterschiedlichen inhaltlichen Schwerpunkten der beiden Aufgaben begründeten minimalen Abweichung der in Teilaufgabe 1c geschilderten Codierung. Unterscheidet man damit also erneut Antworten, in denen Rückmeldungen formuliert werden, die als durch die Vorstellung einer realen Klassenraumsituation beeinflusst angesehen werden und Antworten, in denen Rückmeldungen formuliert werden, die als nicht durch eine Vorstellung einer realen Klassenraumsituation beeinflusst angesehen werden[172], ergibt sich für die befragten Studierenden die nachfolgend dargestellte Verteilung:

[172] Antworten, die vor diesem Hintergrund nicht zu unterscheiden waren, lagen hier für die befragten Studierenden nicht vor.

	Deutliche Beeinflussung der Rückmeldung	Höchstens geringe Beeinflussung der Rückmeldung	gesamt
GyGS-Anfänger	4	7	11
GyGS-Fortgeschrittene	7	14	21
GHR-Anfänger	26	13	39
GHR-Fortgeschrittene	5	3	8
gesamt	42	37	79

Tabelle 44: Verteilung der induktiv definierten Codierung bezüglich der Beeinflussung der Rückmeldung durch die Vorstellung einer realen Klassenraumsituation für die befragten Studierenden in Teilaufgabe 5a

Im Gegensatz zu der entsprechenden Analyse bei Teilaufgabe 1c lassen sich für diese Teilaufgabe 5a die befragten Studierenden dahingehend unterscheiden, dass in den Antworten der beiden Gruppen von befragten GyGS-Studierenden jeweils Rückmeldungen überwogen, die höchstens gering durch die Vorstellung einer realen Klassenraumsituation beeinflusst waren, wohingegen in den Antworten der beiden Gruppen von befragten GHR-Studierenden jeweils Rückmeldungen überwogen, die deutlich durch die entsprechende Vorstellung einer realen Klassenraumsituation beeinflusst waren.

1.3 Rekonstruierte strukturelle Ausprägungen bei auf die beliefs bezogenen Teilaufgaben

In der vorliegenden Studie werden hinsichtlich der Kompetenzfacette der beliefs gemäß der theoretischen Konzeptualisierung (siehe Abschnitt II.4.7) allgemein die mathematischen beliefs berücksichtigt. Genauer werden vor diesem Hintergrund zwei Subfacetten unterschieden und nachfolgend hintereinander vorgestellt. Dies sind zum Einen epistemologische beliefs zum Bild von Mathematik und zum Anderen auf das Lehren und Lernen von Mathematik bezogene, das heißt lehr- und lernprozessebezogene beliefs, wobei bei letzterem genauer nur die lehrbezogenen beliefs tatsächlich anhand von Teilaufgaben fokussiert werden. Diese Einschränkung begründet sich insbesondere durch die Anlage des Erhebungsinstrumentes als schriftlich zu beantwortender Fragebogen, dessen Aufgaben tatsächliche berufliche Anforderungen von Lehrerinnen und Lehrern zum inhaltlichen Ausgangspunkt haben. Dies führt dazu, dass zwar eine wenig artifizielle Thematisierung und Darstellung von Ergebnissen von Lernprozessen, beispielsweise Schülerlösungen gut möglich ist, eine entsprechend wenig artifizielle Thematisierung und Darstellung von Lernprozessen als Ausgangspunkt entsprechender Teilaufgaben jedoch schwerer möglich ist, insbesondere, weil der Fragebogen relativ viele verschiedene Bereiche anhand offener Aufgabenstellungen thematisiert, so dass der zeitliche Rahmen für jede Teilaufgabe und damit auch der Rahmen für die Darstellung inhaltlicher Zusammenhänge im Aufgabentext naturgemäß beschränkt ist.

Erneut sind darüber hinaus, wie auch im Fall der vorangegangen vorgestellten, auf die anderen Kompetenzfacetten bezogenen Teilaufgaben, alle auf die beliefs bezogenen Teilaufgaben aus Sicht der mathematikbezogenen Aktivitäten entweder in den Kontext von Modellierung oder in den Kontext von Argumentieren und Beweisen eingebettet.

1.3.1 Epistemologische beliefs zur Mathematik

Im Bezug auf die epistemologischen beliefs zur Mathematik wurde den Studierenden im Anschluss an die Auseinandersetzung mit der vorgestellten Modellierungsaufgabe zur Eisdiele folgende Frage gestellt:

Gehören Modellierungsaufgaben (wie zum Beispiel die Kalkulation einer Eisdiele) zur Mathematik, da sie die experimentelle, angewandte Seite der Mathematik repräsentieren oder ist Mathematik eher als eine deduktive, abstrakte Wissenschaft anzusehen? Bitte begründen Sie Ihre Position!

Abbildung 27: Teilaufgabe 1g

Die Teilfrage bezieht sich also direkt auf die beliefs der Studierenden zur Mathematik und fokussiert dabei explizit auf die Unterscheidung zwischen einer statischen und einer dynamischen Sicht auf Mathematik. Im Einklang mit der inhaltlichen Schwerpunktsetzung des Fragebogens, die an den Bereichen Modellierung sowie Argumentieren und Beweisen orientiert ist, orientiert sich die Frage hinsichtlich der dynamischen Seite von Mathematik daher insbesondere am Anwendungs-Aspekt und hinsichtlich der statischen Seite von Mathematik insbesondere am Formalismus-

Aspekt im Sinne der Unterscheidung von Grigutsch, Raatz und Törner (1998) (s. Abschnitt II.4.6). Obwohl die Teilaufgabe daher formal in den Kontext einer auf die mathematikbezogene Aktivität des Modellierens bezogenen Aufgabe eingegliedert ist, das heißt einer stärker mit der dynamischen Seite der Mathematik verbundenen mathematikbezogenen Aktivität, werden in der Teilaufgabe beide Sichtweisen auf Mathematik berücksichtigt.

Die deduktive Codierung der Antworten der Studierenden ist in diesem Fall nominalskalen-basiert, womit berücksichtigt wird, dass unterschiedliche beliefs zur Mathematik nicht per se im Sinne einer wertenden Unterscheidung auf Basis einer Rangfolge angeordnet werden können, sondern sinnvoll vielmehr gleichsam nebeneinander stehend unterschieden werden[173]. Wegen der Einbettung dieser Teilfrage im Anschluss an mehrere Teilfragen zur Modellierung im Mathematikunterricht werden die Antworten der Studierenden dabei zuerst in begrifflicher und inhaltlicher Hinsicht unter der speziellen Perspektive der in den Antworten formulierten Ausführungen bezüglich der Zugehörigkeit von Modellierungsaufgaben zur Mathematik codiert. Dabei werden grundlegend drei Arten von Antworten unterschieden. Dies sind erstens Antworten, in denen der Zugehörigkeit von Modellierungsaufgaben zur Mathematik zugestimmt wird und die von entsprechenden Ausführungen zu anwendungsbezogenen Aufgaben dominiert werden (diese werden im Folgenden als „zustimmende Antworten" bezeichnet), zweitens Antworten, die beide in der Fragestellung genannten Aspekte berücksichtigen und als Teil von Mathematik herausstellen (diese werden im Folgenden als „unentschiedene Antworten" bezeichnet) und drittens Antworten, in denen der Zugehörigkeit von Modellierungsaufgaben als Teil der Mathematik tendenziell ablehnend gegenübergestanden wird und die primär von Ausführungen zu formalen Aspekten der Mathematik dominiert werden (diese werden im Folgenden als „ablehnende Antworten" bezeichnet). Obwohl weiterhin die Fragestellung ausschließlich auf Mathematik selber ausgerichtet ist, waren auch Ausführungen der Studierenden zu Aspekten des Lehrens und Lernens von Mathematik zu erwarten und konnten anschließend im Datenmaterial gefunden werden. Daher wird bereits im Rahmen der deduktiven Codierung für jede der drei vorgestellten Antwortrichtungen weiterhin unterschieden, ob die Ausführungen stärker auf die Mathematik als

[173] Wobei dies keine Negation der Existenz von möglicherweise unterschiedlich angemessenen beliefs in diesem Fall zur Mathematik implizieren soll.

Wissenschaft oder im weitesten Sinne auf das Lehren und Lernen von Mathematik ausgerichtet sind (dabei werden im Folgenden Antworten, die die Frage unter Bezug auf Lehr- beziehungsweise Lernprozesse beantworten, mit dem Zusatz „didaktisch" gekennzeichnet und Antworten, die sich auf Mathematik als Wissenschaft beziehen, werden durch den Zusatz „mathematisch" gekennzeichnet). Die so deduktiv definierten Codiervorgaben erwiesen sich einerseits als tragfähig, jedoch zeigte sich in der tatsächlichen Codierung, dass im Falle zustimmender und ablehnender Antworten die jeweiligen didaktischen Antworten annähernd durchgehend entweder an Überlegungen zu Lehr- oder zu Lernprozessen orientiert waren, das heißt entweder unter einer stärker schüler- oder lehrerbezogenen Perspektive orientiert waren. Deswegen wurden die zustimmenden und ablehnenden didaktischen Antworten, gleichsam als induktiv definierte Unterscheidung, weiter unterschieden in Antworten, die stärker die Perspektive der Lehrenden beziehungsweise stärker die Perspektive der Lernenden in den Vordergrund stellen. Jeder Antwort wurde dann derjenige Code zugeordnet, der den Hauptanteil der Antwort, das heißt den Schwerpunkt der Ausführungen, charakterisiert. Sollten eine Antwort nicht nur einen Schwerpunkt und möglicherweise weitere, untergeordnete Ausführungen zu anderen Bereichen, sondern tatsächlich zwei Schwerpunkte aufweisen, wurden dieser Antwort zwei Codes zugeordnet. Damit ergibt sich für die befragten Studierenden die folgende Verteilung (doppelte Zahlenangaben in Feldern der Tabelle ergeben sich durch die Möglichkeit der Mehrfachcodierung. X/Y in einem Feld bedeutet, dass X Antworten in der entsprechenden Studierendengruppe ausschließlich der zu dem Feld gehörige Code zugeordnet wurde und Y Antworten der zu dem Feld gehörige Code und ein weiterer Code zugeordnet wurden.):

	Mathematisch orientierte Zustimmung	Didaktisch orientierte Zustimmung - Schülersicht	Didaktisch orientierte Zustimmung - Lehrersicht	Mathematisch orientiertes Unentschieden	Didaktisch orientiertes Unentschieden	Mathematisch orientierte Ablehnung	Didaktisch orientierte Ablehnung - Schülersicht	Didaktisch orientierte Ablehnung - Lehrersicht
GyGS-Anfänger	1	4	0	0	0	0	0	0
GyGS-Fortgeschrittene	1/2	5	2/1	5	4/1	0	0	3
GHR-Anfänger	6	6/2	7/3	6	7/1	1	0	0
GHR-Fortgeschrittene	0	1	1	2	1	0	0	0
gesamt	8/2	16/2	10/4	13	12/2	1	0	3

Tabelle 45: Verteilung der deduktiv definierten Codierung bezüglich der Zustimmung und Ablehnung hinsichtlich der Zugehörigkeit von Modellierungsaufgaben zur Mathematik bei den befragten Studierenden (Teilfrage 1g)

Man erkennt, dass in allen Gruppen der befragten Studierenden erwartungsgemäß höchstens selten ablehnende und jeweils mindestens größtenteils zustimmende oder unentschiedene Antworten zu finden sind. Bemerkenswert ist darüber hinaus der Anteil von Antworten in jeder Gruppe, die trotz der auf Mathematik fokussierenden Fragestellung auf didaktischen Überlegungen basieren.

Wie dargestellt, berücksichtigt die vorangegangen dargestellte deduktiv definierte Codierung im Regelfall, das heißt, wenn der jeweiligen Antwort nur ein Code zugeordnet wurde, nur den inhaltlichen Schwerpunkt der Antwort. Insbesondere stellt die Frage weiterhin nur die beliefs der Studierenden bezüglich der Zugehörigkeit von Modellierungsaufgaben zur Mathematik in den Vordergrund. Aufgrund der Anlage der Frage können die Antworten der Studierenden jedoch unter einer weiteren Perspektive auch allgemein hinsichtlich des Verhältnisses zwischen eher dynamischen und eher statischen Anteilen im Bild von Mathematik bei den Studierenden untersucht werden. Diese Perspektive ergibt sich zwar auch schon teilweise im Rahmen der deduktiv definierten Codierung. Jedoch können einerseits Antworten, die sowohl Modellierungsaufgaben als auch die formale Seite als Teil der Mathematik beschreiben, dennoch einen Schwerpunkt auf eine Seite legen und andererseits Antworten, die Modellierungsaufgaben entweder als zentralen oder als nicht zentralen Teil von Mathematik beschreiben, dennoch in Abstufungen jeweils auch die nicht als zentral hervorgehobenen Seiten von Mathematik berücksichtigen. In einer zweiten Codierung werden daher die Antworten der Studierenden insgesamt hinsichtlich der allgemeinen Perspektive der mathematikbezogenen beliefs unterschieden, das heißt sie wurden danach unterschieden, inwieweit die Ausführungen insgesamt auf ein allgemein stärker statisches oder stärker dynamisches Bild von Mathematik schließen lassen. Dabei wurden im Gegensatz zur ersten Codierung nicht nur die Schwerpunktsetzungen innerhalb der Antworten, sondern auch untergeordnete Antwortanteile berücksichtigt, so dass die Antworten auch hinsichtlich möglicher verschieden hoher Gewichtungen der beiden Seiten unterschieden wurden. Insgesamt ließen sich damit sechs unterschiedliche Gruppen von Antworten bezüglich des Bildes von Mathematik ausdifferenzieren, die nachfolgend kurz charakterisiert werden:

- Statisches Bild von Mathematik: Antworten, die dieser Gruppe zugeordnet wurden, charakterisieren Mathematik ausschließlich vor dem Hintergrund der statischen Seite von Mathematik, in diesem Fall insbesondere vor dem Hintergrund von Mathematik als deduktiver, abstrakter Wissenschaft. Modellierungsaufgaben oder allgemeiner Anwendungsbezüge von Mathematik werden entweder nicht berücksichtigt oder abgelehnt.

  Mathematik ist meiner Meinung nach eine abstrakte Wissenschaft. Weil, wenn man etwas berechnet, dann ist das Ergebnis entweder richtig oder falsch. Es kann kein Ergebnis geben, das halbwegs richtig sein kann. Aber die Methode kann halbwegs richtig sein […].
  (Student, 3. Semester, GHR-Anfänger, Fragebogen Nr. 45)

- Eher statisches Bild von Mathematik: Antworten, die dieser Gruppe zugeordnet wurden, berücksichtigen sowohl statische wie auch dynamische Aspekte von Mathematik, wobei eine stärkere Gewichtung der statischen Seite von Mathematik deutlich wird, etwa, indem Anwendungen nur als Möglichkeit zum Einüben formaler Strukturen angesehen werden.

  Für mich gehören den Aufgabe zur angewandten Seite der Mathematik, da sie zeigen, wofür man Rechenoperationen etc. sinnvoll verwenden kann.
  (Studentin, 4. Semester, GHR-Anfängerin, Fragebogen Nr. 67)

- Symbiose beider Bilder: Antworten, die dieser Gruppe zugeordnet wurden, berücksichtigen sowohl statische wie auch dynamische Aspekte von Mathematik in relativ gleichberechtigter Weise.

  Ich denke, ein ausgewogenes Gleichgewicht zw. Beiden Formen ist sinnvoll. Mathe muss angewendet werde, aber gegen formelle Beweise oder wissenschaftliche Begründung spricht nichts. Beides hilft im Beruf weiter.
  (Studentin, 8. Semester, GHR-Fortgeschrittene, Fragebogen Nr. 43)

- Eher dynamisches Bild von Mathematik: Antworten, die dieser Gruppe zugeordnet wurden, berücksichtigen sowohl statische wie auch dynamische Aspekte von Mathematik, wobei eine stärkere Gewichtung der dynamischen Seite von Mathematik deutlich wird, etwa, indem Anwendungsprobleme als Grundlage für die Entwicklung formaler Strukturen angesehen werden.

  Aus meiner Sicht ist Wissenschaft nicht zweckfrei. Besonders in der Schule sollte der Mathematik Sinn verliehen werden. Erst im Zusammenspiel mit einer realen Aufgabe wird dieser Sinn für Schüler deutlich. Daher gehören Modellierungsaufgaben zur Mathematik.
  (Student, 5. Semester, GyGS-Fortgeschrittener, Fragebogen Nr. 61)

- Dynamisches Bild von Mathematik: Antworten, die dieser Gruppe zugeordnet wurden, charakterisieren Mathematik ausschließlich vor dem Hintergrund der dynamischen Seite von Mathematik, in diesem Fall insbesondere vor dem Hintergrund der Anwendungsbezüge. Aspekte von Mathematik als deduktiver, abstrakter Wissenschaft werden entweder nicht berücksichtigt oder abgelehnt.

Wenn der Schüler die Notwendigkeit der Mathematik nicht sieht, wird er sie auch nicht anwenden. Unsere Aufgabe ist es, technisches Handwerkzeug den Schülern zu vermitteln aber immer in Kontakt der Notwendigkeit. Die Aufmerksamkeit kann durch Interesse an Produkt „Mathe" geweckt werden durch „Einsicht". (Student, 5. Semester, GyGS-Anfänger, Fragebogen Nr. 77)

- Disziplinär differenziertes Bild von Mathematik: In dieser Gruppe wurden alle diejenigen Antworten zusammengefasst, die zwischen Mathematik als Wissenschaft, das heißt einer stärker fachmathematisch orientierten Perspektive, und Mathematik als Schulfach, das heißt einer stärker fachdidaktisch orientierten Perspektive, unterscheiden.

  Meiner Meinung nach gehört es zumindest in den Mathematikunterricht. Die rein wissenschaftliche Seite steht dabei zwar nicht im Vordergrund, aber für die Schule finde ich das auch zweitrangig. (Studentin, 4. Semester, GHR-Anfängerin, Fragebogen Nr. 72)

Für die befragten Studierenden ergibt sich damit die folgende Verteilung auf die verschiedenen Gruppen von Studierenden:

	Statisch	Eher statisch	Symbiose	Eher dynamisch	Dynamisch	Disziplinär getrennt	Sonstige (z. B. nur didaktik-bezogene Ausführungen)
GyGS-Anfänger	0	2	0	0	0	0	3
GyGS-Fortgeschrittene	1	6	4	7	1	2	1
GHR-Anfänger	1	10	6	9	1	3	6
GHR-Fortgeschrittene	0	0	1	3	0	1	0
gesamt	2	18	11	19	2	6	10

Tabelle 46: Verteilung der induktiv definierten Codierung bezüglich aus den Antworten rekonstruierten beliefs zur Mathematik der befragten Studierenden (Teilfrage 1g)

Man erkennt eine insgesamt relativ ausgeglichene Verteilung von auf die statische und dynamische Sichtweise von Mathematik bezogenen beliefs der befragten Studierenden, mit Ausnahme der befragten GyGS-Anfängerinnen und -anfänger, die zu einem statischen Bild von Mathematik tendieren oder nur didaktikbezogene Aussagen formulieren und den befragten GHR-Fortgeschrittenen, die größtenteils ein eher dynamisches Bild von Mathematik formulieren.

1.3.2 Lehrbezogene mathematische beliefs

Im Bezug auf die lehrbezogenen beliefs wurden die Studierenden im Hinblick auf die Behandlung von Modellierungsaufgaben im Mathematikunterricht, das heißt im Kontext der mathematikbezogenen Aktivität des Modellierens und hier genauer im Kontext der vorgestellten Eisdielenaufgabe, mit der folgenden Frage konfrontiert:

Würden Sie persönlich eine solche Aufgabe in Ihrem Mathematikunterricht in der Sekundarstufe I einsetzen? Bitte begründen Sie Ihre Position und geben Sie an, wovon Sie Ihre Entscheidung abhängig machen!

Abbildung 28: Teilaufgabe 1e

Die Frage fokussiert also primär im Sinne einer auf beliefs bezogenen Frage auf die persönlichen Präferenzen der Studierenden hinsichtlich der Befürwortung oder Ablehnung der unterrichtlichen Behandlung von Modellierungsaufgaben. Daneben verlangt die Frage jedoch auch, vor dem Hintergrund der Berücksichtigung der kognitiven Komponente von beliefs, eine Begründung der von den Studierenden formulierten Präferenz. Die Antworten der Studierenden wurden dabei auf einer dreistufigen Ordinalskala mit Werten von +1 bis -1 erfasst. Eine Codierung mit +1 wurde dann Antworten zugeordnet, die eine ausführliche in der Grundtendenz positive Stellungnahme für die Behandlung von Modellierung und Realitätsbezügen in der Sekundarstufe I darstellen und in denen als Begründung eine sinnvolle fachdidaktische Reflexion über ein Bildungsziel von Modellierung und Realitätsbezügen (vgl. Blum, 1996) enthalten ist. Die Codierung 0 wurde weiterhin für Antworten vergeben, die entweder eine unbegründete Zustimmung für die Behandlung von Modellierung und Realitätsbezügen in der Sekundarstufe I ausdrücken oder in denen sich die Begründung nicht auf ein Bildungsziel bezog. Im letzteren Fall könnte sich die Begründung beispielsweise auf den Realitätsgehalt oder den Motivationsgehalt einer Modellierungsaufgabe beziehen, ohne dass deutlich gemacht wird, inwieweit dieser Realitäts- oder Motivationsgehalt jeweils für das Erreichen eines durch Mathematikunterricht im Allgemeinen und hier durch die Behandlung von Modellierungsaufgaben im Speziellen anzustrebenden Ziels förderlich ist. Weiterhin werden damit Begründungen erfasst, die Modellierungsaufgaben lediglich, gleichsam im Sinne einer Einkleidung, als Lern- oder Übungsmöglichkeit für vorgegebene fachmathematische Inhalte ansehen. Ebenfalls werden Antworten mit 0 codiert, die den Einsatz von Modellierungsaufgaben von bestimmten Bedingungen abhängig machen, ihn jedoch generell befürworten, und dabei ebenfalls kein Bildungsziel von Modellierung nennen. Die im Rahmen der Ordinalskala angelegte Abstufung dieser mit 0 codierten Antworten im Gegensatz zu den mit +1 codierten Antworten ergibt sich also daraus, dass mit +1 codierte Antworten im Sinne der Fragestellung zusätzlich eine fachdidaktisch sinnvolle Begründung nennen, was eine entsprechende Höherbewertung begründet. Vor dem Hintergrund des belief-Charakters der Frage, das heißt vor dem Hintergrund der Codierung der Präferenz der Studierenden bezüglich der mathematikunterrichtlichen Behandlung von Modellierungsaufgaben, ist den beiden Codierungen jedoch gemeinsam, dass die zugehörigen Antworten im Falle beider Codierungen eine Zustimmung zur Behandlung von Modellierungsaufgaben zum Ausdruck bringen. Aus dieser Perspektive könnten die beiden Codierungen ergänzend zusammengefasst werden zu einer Codierung, die zustimmende Antworten erfasst und die Unterscheidung zwischen +1 und 0 ist dann eine ergänzende Information im Hinblick auf den kognitiven Anteil von beliefs. Grundsätzlich unterschiedlich zu diesen Antworten sind dann weiterhin die mit -1 codierten Antworten in dem Sinne, dass diese zusammenfassend eine negative Stellungnahme für die Behandlung von Modellierung und Realitätsbezügen in der Sekundarstufe I zum Ausdruck bringen. Damit sind ebenfalls Antworten erfasst, in denen insbesondere Überlegungen zu Problemen bei der Behandlung von Modellierungsaufgaben im Mathematikunterricht ausgeführt werden oder in denen die Thematisierung entsprechender Aufgaben stark an einschränkende Bedingungen geknüpft wird. Weiterhin werden diesbezüglich Antworten mit -1 codiert, in denen die unterrichtliche Behandlung von Modellierung zwar prinzipiell befürwortet wird, diese aber gleichzeitig beispielsweise aus Gründen des hohen Zeitaufwandes oder mit dem Hinweis auf andere Teile des Curriculums für die Praxis abgelehnt wird. Insgesamt wird also in negativ codierten Antworten der Behandlung von Modellierungsaufgaben in der Sekundarstufe I tendenziell ablehnend und kritisch gegenübergestanden, wohingegen nicht-negativ codierte Antworten eine Präferenz für die Behandlung von Modellierungsaufgaben im Unterricht ausdrücken. Die durch die ordinal angeordneten Werte ausgerückte Abstufung zwischen diesen Antwortgruppen, genauer insbesondere die Unterscheidung zwischen negativen und nicht-negativen Codierungen[174], impliziert dabei in erster Linie keine Wertung, sondern vielmehr eine Beschreibung des unterschiedlich hohen Grades der Präferenz der Studierenden bezüglich der unterrichtlichen Thematisierung von Modellierungsaufgaben im Mathematikunterricht. Eine wertende Abstufung ließe sich jedoch dahingehend begründen, dass eine Ablehnung der Behandlung von Modellierungsaufgaben sowohl im Widerspruch zu den curricularen Vorgaben[175] und den Vorgaben durch die Bildungsstandards (für die Grundschule Walther et al., 2008, für die Sekundarstufe I Blum et al., 2006) wie auch im Widerspruch zu der diesbezüglichen didaktischen Diskussion (vgl. Abschnitt II.8.2) steht.

Für die befragten Studierenden ergibt sich mit diesen Codiervorgaben die nachfolgend dargestellte Verteilung der Codierungen:

	-1	0	1	gesamt
GyGS-Anfänger	0	4	7	11
GyGS-Fortgeschrittene	3	7	11	21
GHR-Anfänger	3	19	15	37
GHR-Fortgeschrittene	1	3	4	8
gesamt	7	33	37	77

Tabelle 47: Verteilung der deduktiv definierten Codierung bezüglich der Präferenz der befragten Studierenden hinsichtlich der Befürwortung oder Ablehnung der unterrichtlichen Behandlung von Modellierungsaufgaben (Teilaufgabe 1e)

[174] Die Abstufung innerhalb der nicht-negativ codierten Antworten ergibt sich, wie oben dargelegt, daraus, dass mit +1 codierte Antworten im Sinne der Fragestellung zusätzlich eine fachdidaktisch sinnvolle Begründung nennen, was eine entsprechende Höherbewertung begründet. Vor dem Hintergrund der Unterscheidung der Präferenz der Studierenden hinsichtlich der Befürwortung oder Ablehnung der unterrichtlichen Behandlung von Modellierungsaufgaben können die nicht-negativ codierten Antworten jedoch, wie erwähnt, zusammengefasst werden, so dass an dieser Stelle nur die Abstufung zwischen nicht-negativ und negativ codierten Antworten betrachtet wird.

[175] Vgl. erneut exemplarisch die entsprechenden Bildungspläne für Hamburg unter http://www.hamburg.de/bildungsplaene [letzter Zugriff: 5. Mai 2011].

Man erkennt für die befragten Studierenden für die verschiedenen Studiengänge jeweils eine Verschiebung zu positiven Codierungen. Für alle Studiengänge zeigt sich bei den befragten Studierenden also, dass der jeweils größte Anteil der Antworten eine nicht-negative Codierung erhalten hat, das heißt, dass in einem Großteil der Antworten eine begründete oder unbegründete zustimmende Haltung gegenüber der Behandlung von Modellierungsaufgaben im Mathematikunterricht eingenommen wird und nur wenige Antworten diesbezüglich eine ablehnende Stellungnahme beinhalten.

Es wird deutlich, dass die Frage insgesamt starke Parallelen, aber auch gewichtige Unterschiede aufweist im Vergleich zu der fachdidaktisch orientierten Teilfrage 1d, das heißt der Frage, ob die Studierenden der Meinung sind, entsprechende Modellierungsaufgaben gehören in den Mathematikunterricht der Sekundarstufe I (siehe Abschnitt IV.1.2.1). Primär gemeinsam ist den beiden Teilaufgaben dabei, dass sie jeweils auf die Thematisierung von Modellierungsaufgaben im Mathematikunterricht der Sekundarstufe I fokussiert sind. Der zentrale Unterschied ist weiterhin, dass Teilfrage 1d eine fachdidaktische Reflektion über die Befürwortung oder Ablehnung der Verwendung von Modellierungsaufgaben im Mathematikunterricht erfordert, wohingegen die hier vorgestellte Teilfrage 1e die persönliche Präferenz der Studierenden bezüglich einer entsprechenden unterrichtlichen Thematisierung von Modellierungsaufgaben erfordert, das heißt im Kontext der beliefs verortet ist. Da jedoch auch in der hier vorgestellten Teilaufgabe vor dem Hintergrund des kognitiven Anteils von beliefs die Begründungen der Studierenden für ihre Präferenz berücksichtigt werden, weist auch Teilaufgabe 1e in dieser Hinsicht einen Bezug zu fachdidaktischem Wissen auf. Wie in der voranstehenden Beschreibung der deduktiven Codierung von Teilaufgabe 1e bereits deutlich wurde, wird daher für die Codierung dieser Begründungen der Studierenden für ihre Präferenz auf dieselbe Unterscheidung wie bei der Codierung der fachdidaktischen Begründungen in Teilaufgabe 1d zurückgegriffen. Das bedeutet, entsprechend den Ausführungen zur Codierung von Teilaufgabe 1d (siehe Abschnitt IV.1.2.1) werden auch hier die beschriebenen didaktischen Ziele I bis VI (erneut unterschieden in Anlehnung an Blum, 1996, ergänzt)[176]) sowie das Ziel der allgemeinen Vermittlung mathema-

[176] Dies waren entsprechend der Darstellung in Abschnitt IV.1.2.1: I. Das Verstehen und Bewältigen von Umweltsituationen/ Die Lebensvorbereitung der Schülerinnen und Schü-

tischer Inhalte, das Ziel der Vermittlung allgemeiner Fähigkeiten und das Ziel der allgemeinen Förderung von Motivation und Interesse unterschieden.

Entsprechend zu der Darstellung von Teilaufgabe 1d wird auch bei der Auswertung zu dieser Teilaufgabe zuerst betrachtet, welche didaktischen Ziele dabei Studierende, deren Antwort mit +1 codiert wurde, in ihren Ausführungen nennen. Die folgende Darstellung zeigt dafür, wie oft die entsprechenden Bildungsziele in den mit +1 codierten Antworten der verschiedenen befragten Studierendengruppen genannt werden, wobei einerseits Doppelnennungen möglich sind, falls in einer Antwort mehrere Bildungsziele genannt werden und andererseits nicht ausgeschlossen ist, dass Antworten auch über die Bildungsziele hinaus nicht in der Tabelle erfasste weitere inhaltliche Aspekte nennen.

	Didaktische Ziele					
	I	**II**	**III**	**IV**	**V**	**VI**
GyGS-Anfänger	3	2	1	2	2	0
GyGS-Fortgeschrittene	2	2	2	6	0	2
GHR-Anfänger	5	3	3	5	0	0
GHR-Fortgeschrittene	1	1	0	2	0	0
gesamt	11	8	6	15	2	2

Tabelle 48: Nennung der verschiedenen Bildungsziele in den mit +1 codierten Antworten der befragten Studierenden (Teilaufgabe 1e)

Man erkennt, dass insgesamt im Einklang mit den Beobachtungen in Teilaufgabe 1d von denjenigen befragten Studierenden, deren Antworten mit +1 codiert wurden, insbesondere die Ziele I, II und IV hervorgehoben wurden, das heißt, dass ein Schwergewicht auf denjenigen Zielen liegt, die auf die Lebensvorbereitung der Schülerinnen und Schüler, auf die Problemlösefähigkeiten der Schülerinnen und Schüler sowie auf der

ler (Mathematik als Werkzeug), II. Den Erwerb von Problemlösefähigkeiten (auch selbständiges Arbeiten und Kreativität), III. Kommunikation über Mathematik, IV. Die Vermittlung eines Bildes von Mathematik als kulturelles und gesellschaftliches Gesamtphänomen (praxisbezogenes Bild der Mathematik/Lösungsvielfalt/Prozesscharakter der Modellierung), V. Die Förderung des Verstehens und Behaltens mathematischer Inhalte, VI. Den Bezug zur Allgemeinbildung (in Anlehnung an Blum, 1996)

Vermittlung eines Bildes von Mathematik als kulturelles und gesellschaftliches Gesamtphänomen bezogenen sind.

Weiterhin werden auch hier wie bei Teilaufgabe 1d die mit 0 codierten Antworten, das heißt Antworten, die eine Präferenz der Studierenden für die Behandlung von Modellierungsaufgaben im Mathematikunterricht ausdrücken, ohne dabei ein didaktisches Bildungsziel zur Begründung zu nennen, hinsichtlich möglicher genannter Begründungen für diese Präferenz unterschieden. Wie beschrieben, wird dabei erneut auf die Unterscheidung von Begründungszusammenhängen im Rahmen der Codierung von Teilaufgabe 4d zurückgegriffen, das heißt, im Falle der mit 0 codierten Antworten werden insbesondere das Ziel der allgemeinen Vermittlung mathematischer Inhalte, das Ziel der Vermittlung allgemeiner Fähigkeiten und das Ziel der allgemeinen Förderung von Motivation und Interesse unterschieden. Für die befragten Studierendengruppen ergibt sich dann für die mit 0 codierten Antworten die nachfolgend dargestellte Verteilung:

	Genannte Ziele			
	Allgemeine Vermittlung mathematischer Inhalte	**Vermittlung allgemeiner Fähigkeiten**	**Allgemeine Förderung von Motivation und Interesse**	**Keine Begründung genannt**
GyGS-Anfänger	0	1	1	2
GyGS-Fortgeschrittene	3	0	0	4
GHR-Anfänger	1	2	6	10
GHR-Fortgeschrittene	0	0	0	3
gesamt	4	3	7	19

Tabelle 49: Nennung der verschiedenen Ziele in den mit 0 codierten Antworten der befragten Studierenden (Teilaufgabe 1e)

Man erkennt, dass im Vergleich zu Teilaufgabe 1d hier die mit 0 codierten Antworten deutlich seltener eine Begründung enthalten. In denjenigen Fällen, in denen weiterhin eine Begründung angeführt wird, verteilen sich die genannten Begründungen deutlich ausgeglichener auf die verschiedenen unterschiedenen Ziele.

Im Einklang mit den Auswertungen von Teilaufgabe 1d werden auch hier abschließend die Begründungen derjenigen Studierenden, die den Einsatz von Modellierungsaufgaben in ihrem Mathematikunterricht persönlich tendenziell ablehnen, kurz dargestellt. Erneut wird dabei wegen der geringen Anzahl von entsprechenden Antworten nur eine inhaltliche Beschreibung vorgenommen. Grundlegend lassen sich dabei zwei Begründungszusammenhänge unterscheiden. Dies sind zum Einen Begründungen, die sich auf Rahmenbedingungen des Unterrichts beziehen und zum Anderen Begründungen, die sich auf den Charakter von Modellierungsaufgaben beziehen. Im ersten Fall der auf organisatorische Rahmenbedingungen von Unterricht bezogenen Antworten begründen die Studierenden ihre persönlich kritische Einstellung gegenüber der Thematisierung von Modellierungsaufgaben im regulären Mathematikunterricht durch dafür fehlende Zeit, da andere curricular vorgegebene Inhalte sonst zu sehr vernachlässigt würden[177]. Teilweise würden diese Studierenden Modellierungsaufgaben allerdings als Inhalt für gleichsam besondere Stunden wie die letzten Stunden vor den Ferien einsetzen.

> *"An sich finde ich das sehr interessant und würde die Aufgabe einsetzen. Um sie anständig zu lösen, bräuchten die Schüler sehr viel Zeit [...]. Im Angesicht des Lehrplans und der Standards, die gebracht werden müssen, wahrscheinlich schwer einzubauen." (Studentin, 4. Semester, GHR-Anfängerin, Fragebogen Nr. 6)*
>
> *"Ich würde solche Aufgaben nicht regelmäßig einsetzen, in der Woche nach den Zeugniskonferenzen und vor den Sommerferien würde ich es aber als nette Abwechslung empfinden." (Studentin, 8. Semester, GyGS-Fortgeschrittene, Fragebogen Nr. 57)*

Im zweiten Fall lehnen Studierende Modellierungsaufgaben als Teil des Mathematikunterrichts persönlich ab, da entsprechende Aufgaben nicht die Kriterien erfüllen, die diese Studierenden an ihrer Meinung nach sinnvolle Mathematikaufgaben stellen. In diesem Fall wird etwa das Fehlen eines eindeutigen Ergebnisses oder der ihrer Meinung nach mathematisch geringe Anspruch als Begründung herangezogen. In diesem Falle stehen also die Charakteristika von Modellierungsaufgaben in einem Spannungsverhältnis zu den mathematikbezogenen beliefs der Studierenden.

---

[177] Tatsächlich steht dies im Widerspruch zu der curricularen Verankerung von Modellierungsaufgaben (vgl. Abschnitt II.8.2).

"Ich denke, eher nicht, da man nur einen Durchschnittswert berechnen kann."
(Studentin, 2. Semester, GHR-Anfängerin, Fragebogen Nr. 10)

"[...] Sonst stelle ich es mir etwas frustrierend für die Schüler vor, mit so wenig Angaben zu rechnen, da es einfach nicht möglich ist, zu einem Ergebnis zu kommen, das nicht völlig willkürlich ist. [...]"
(Studentin, 8. Semester, GyGS-Fortgeschrittene, Fragebogen Nr. 32)

Eine weitere Teilfrage, die ebenfalls auf den Bereich der lehrbezogenen beliefs im Hinblick auf Modellierung und Realitätsbezüge bezogen ist, wurde den Studierenden im Kontext der Aufgabe mit dem Gewicht der Muscheln gestellt. Die darauf bezogene Frage lautete:

Würden Sie Aufgaben dieser Art in Ihrem eigenen Mathematikunterricht verwenden? Bitte begründen Sie Ihre Position!

Abbildung 29: Teilaufgabe 2c

Man erkennt unmittelbar die Ähnlichkeit zu der vorhergehend beschriebenen Frage, einzig der Bezugsrahmen, im vorhergehenden Fall eine Modellierungsaufgabe, in diesem Fall eine allgemeiner realitätsbezogene Aufgabe ohne verstärkten Bezug zur mathematischen Modellierung, weicht ab. Dennoch liegen auch bezüglich dieses Bezugsrahmens Gemeinsamkeiten vor, da beide zugrundeliegenden Aufgaben allgemein dem Bereich der realitätsbezogenen Aufgaben zugeordnet werden können, aber eben jeweils unterschiedliche Schwerpunkte aufweisen. Die Aufgabe erfasst dann in diesem Fall im Sinne der Erfassung der lehrbezogenen beliefs der Studierenden die Präferenz der Studierenden hinsichtlich der Befürwortung oder Ablehnung der unterrichtlichen Behandlung von realitätsbezogenen Aufgaben. Erneut wird dabei durch die Bitte um eine Begründung auch der kognitive Anteil von beliefs im Rahmen der Aufgabenstellung berücksichtigt. Im Einklang mit der Ähnlichkeit dieser und der vorhergehend dargestellten Teilaufgabe weisen auch die jeweiligen Codiervorgaben starke Ähnlichkeiten auf. Wiederum wurden die Antworten der Studierenden auf einer dreistufigen Ordinalskala mit ganzzahligen Werten von +1 bis -1 codiert. Antworten, die nicht-negativ codiert wurden, also mit +1 oder 0 codiert wurden, enthalten dabei erneut eine grundsätzlich zustimmende Antwort zu der unterrichtlichen Behandlung entsprechender Aufgaben, sind also in der Grundtendenz positive

Stellungnahmen für die Behandlung von Realitätsbezügen im Mathematikunterricht in der Sekundarstufe I. Der Unterschied zwischen den beiden Gruppen von Antworten liegt dann erneut darin, dass Antworten, die mit +1 codiert werden, zusätzlich die Nennung eines Ziels, das mit der Thematisierung von Realitäts- und Anwendungsbezügen im Mathematikunterricht erreicht werden kann (vgl. Kaiser, 1995), beinhalten. Mit 0 codierte Antworten beinhalten wiederum keine Nennung eines solchen Zieles, sind also unbegründete Zustimmungen für die Behandlung von Realitätsbezügen in der Sekundarstufe I oder enthalten fachdidaktisch weniger sinnvolle beziehungsweise nachvollziehbare Begründungen. Weiterhin werden wiederum Antworten mit 0 codiert, die den Einsatz von realitätsbezogenen Aufgaben von bestimmten Bedingungen abhängig machen, ihn aber generell befürworten. Auch hier ergibt sich die Höherbewertung der mit +1 codierten Antworten im Vergleich zu den mit 0 codierten Antworten daraus, dass in den mit +1 codierten Antworten im Einklang mit den Anforderungen der Fragestellung eine zusätzliche fachdidaktisch sinnvolle Reflexion über ein mit der Behandlung von Realitätsbezügen im Mathematikunterricht erreichbares Ziel enthalten. Gemeinsam ist den mit +1 und 0 codierten Antworten vor dem Hintergrund des belief-Bezuges der Fragestellung damit die grundsätzliche Befürwortung einer mathematikunterrichtlichen Thematisierung von allgemein realitätsbezogenen Aufgaben. Unter dieser Perspektive lassen sich die mit den beiden Codes versehenen Antworten also auch hier zusammenfassen und die Unterscheidung von Antworten mit einer Codierung von +1 und 0 ermöglicht wiederum eine zusätzliche Differenzierung der Antworten vor dem Hintergrund des kognitiven Anteils von beliefs. Davon grundsätzlich zu unterscheiden sind erneut die mit -1 codierten Antworten, die eine negative Stellungnahme für die Behandlung von Realitätsbezügen in der Sekundarstufe I beinhalten. Wiederum umfasst dies auch Antworten, in denen vornehmlich Überlegungen zu Problemen bei der Behandlung von Realitätsbezügen im Mathematikunterricht thematisiert werden oder in denen eine entsprechende unterrichtliche Behandlung von realitätsbezogenen Aufgaben stark von einschränkenden Bedingungen abhängig gemacht wird. Ebenfalls mit -1 codiert werden dabei Antworten, in denen die zugrundeliegende Aufgabe falsch eingeschätzt wird und in denen das Potenzial der Aufgabe nicht erkannt wird, indem diese etwa fälschlich als Kapitänsaufgabe beurteilt wird[178]. Wiederum werden also insgesamt die-

[178] Strenggenommen ist dies in erster Linie eine Fehleinschätzung der Aufgabe, auf deren

jenigen Antworten mit -1 codiert, in denen der Behandlung von Realitätsbezügen in der Sekundarstufe I tendenziell ablehnend und kritisch gegenübergestanden wird. Auch hier impliziert die auf Basis der Ordinalskala vorgegebene Abstufung der Codierungen, genauer hier wiederum der Abstufung zwischen nicht-negativen und negativen Codierungen[179], keine Bewertung, sondern in erster Linie eine Unterscheidung der Präferenz der Studierenden hinsichtlich der Befürwortung oder Ablehnung der unterrichtlichen Behandlung von realitätsbezogenen Aufgaben. Erneut lässt sich jedoch eine entsprechende Abstufung rechtfertigen durch die verbindliche Vorgabe des Einbezugs von Realitätsbezügen in den Mathematikunterricht durch die Bildungspläne[180] und Bildungsstandards (für die Grundschule Walther et al., 2008, für die Sekundarstufe Blum et al., 2006) sowie durch die didaktische Diskussion (vgl. Abschnitt II.8.2).

Für die befragten Studierenden ergibt sich dann die nachfolgend dargestellte Verteilung der Codierungen:

Basis sich primär keine Aussage über die Präferenz des Studierenden bezüglich der Thematisierung von Realitätsbezügen im Mathematikunterricht machen lässt. Gerade die Möglichkeiten der sinnvollen Bearbeitung dieser Aufgabe im Unterschied zu der Unmöglichkeit der sinnvollen Bearbeitung einer Kapitänsaufgabe repräsentieren jedoch wichtige Ziele, die mit realitätsbezogenen Aufgaben im Mathematikunterricht verfolgt werden können. Studierende, die dieser Aufgabe ablehnen mit dem Hinweis, es handele sich um eine Kapitänsaufgabe, stehen damit der Aufgabe als realitätsbezogener Aufgabe ablehnend gegenüber, was die Codierung mit -1 rechtfertigt.

179 Hier gilt ebenfalls das Gleiche wie der der vorangegangen geschilderten Teilaufgabe: Die Abstufung innerhalb der nicht-negativ codierten Antworten ergibt sich, wie oben dargelegt, daraus, dass mit +1 codierte Antworten im Sinne der Fragestellung zusätzlich eine fachdidaktisch sinnvolle Begründung nennen, was eine entsprechende Höherbewertung begründet. Vor dem Hintergrund der Unterscheidung der Präferenz der Studierenden hinsichtlich der Befürwortung oder Ablehnung der unterrichtlichen Behandlung von realitätsbezogenen Aufgaben können die nicht-negativ codierten Antworten jedoch, wie erwähnt, zusammengefasst werden, so dass an dieser Stelle nur die Abstufung zwischen nicht-negativ und negativ codierten Antworten betrachtet wird.

180 Vgl. erneut exemplarisch für Hamburg http://www.hamburg.de/bildungsplaene [Letzter Zugriff: 5. Mai 2011]

	-1	0	1	gesamt
GyGS-Anfänger	3	4	4	11
GyGS-Fortgeschrittene	9	7	5	21
GHR-Anfänger	6	21	12	39
GHR-Fortgeschrittene	2	3	3	8
gesamt	20	35	24	79

Tabelle 50: Verteilung der deduktiv definierten Codierung bezüglich der Präferenz der Studierenden hinsichtlich der Befürwortung oder Ablehnung der unterrichtlichen Behandlung von realitätsbezogenen Aufgaben (Teilaufgabe 2c)

Auch hier lässt sich, entsprechend der vorangegangen geschilderten Teilaufgabe, beobachten, dass für alle Gruppen der befragten Studierenden erneut dem jeweils größten Anteil von Antworten eine nicht-negative Codierung zugeordnet wurde, das heißt, dass der jeweils größte Anteil der befragten Studierenden der unterrichtlichen Behandlung von realitätsbezogenen Aufgaben im Mathematikunterricht zustimmt. Dennoch ist im Vergleich zur vorhergehend geschilderten Aufgabe jeweils ein Anstieg des Anteils der ablehnenden Antworten zu beobachten.

Neben diesen auf die lehrbezogenen beliefs im Hinblick auf Modellierung und Realitätsbezüge ausgerichteten Teilfragen enthält der Fragebogen im Einklang mit der inhaltlichen Schwerpunktsetzung der vorliegenden Studie auch Teilfragen, die auf lehrbezogene beliefs im Hinblick auf Argumentieren und Beweisen ausgerichtet sind. Hierfür wurde die Studierenden im Anschluss an die Auseinandersetzung mit sowohl dem präformalen als auch dem formalen Beweis für die mathematische Aussage über die Verdoppelung der Diagonalenlänge eines Quadrates bei Verdoppelung der Seitenlänge die folgende Frage gestellt:

Welchen Beweis würden Sie in Ihrem Mathematikunterricht verwenden?
Bitte begründen Sie Ihre Position!

Abbildung 30: Teilaufgabe 4c

Die Frage fokussiert also auf mögliche Präferenzen der Studierenden bezüglich der inhaltlichen Schwerpunktsetzung im Rahmen einer unterrichtlichen Thematisierung von mathematischen Beweisen. Die deduktive Codierung geschah dabei in zwei Schritten, die beide auf nominalskalenbasierte Codiervorgaben zurückgreifen. In einem ersten Schritt wurden zuerst vor dem Hintergrund der belief-orientierung der Teilfrage unterschiedliche Präferenzen hinsichtlich der Frage, welche Beweisform die Studierenden in ihrem Mathematikunterricht vorziehen würden, unterschieden. In einem zweiten Schritt wurden dann vor dem Hintergrund des kognitiven Anteils von beliefs verschiedene Begründungshintergründe für die von den Studierenden formulierte mögliche Präferenz hinsichtlich der Beweisformen unterschieden.

Bezüglich der ersten Codierung, also der Unterscheidung, welche Beweisform die Studierenden in ihrem Mathematikunterricht jeweils vorziehen würden, wurden dabei fünf Möglichkeiten unterschieden. Um keine Wertung zwischen unterschiedlichen Präferenzen vorzunehmen, wurden diese fünf Möglichkeiten anhand einer nominalskalenbasiert unterschieden, jedoch können sie gedanklich auf einem Spektrum angeordnet werden, das vom Vorzug des präformalen Beweises über unterschiedlich ausgeprägte Berücksichtigungen beider Beweisformen bis zum Vorzug des formalen Beweisens reicht. Damit gibt es jeweils eine Codierung für Antworten, in denen entweder der formale oder der präformale Beweis als vorrangig für die inhaltliche Schwerpunktsetzung des Mathematikunterrichts der Studierenden angesehen wird. Dies umfasst jeweils auch Antworten, in denen die mehr oder weniger ausschließliche Präferenz für eine Beweisform im Bezug auf eine spezielle Schulstufe formuliert wird, so dass die Studierenden möglicherweise, ohne dies in der Antwort zu formulieren, so dass es nicht codiert werden kann, eine anderer Präferenz im Bezug auf andere Schulstufen hätten. Neben diesen beiden gleichsam am Rand des Spektrums zu verortenden Codierungen für Antworten, in denen eine mehr oder weniger ausschließliche Präferenz für eine der beiden Beweisformen formuliert wird, werden dann drei unterschiedliche Abstufungen für Antworten unterschieden, die eine Berücksichtigung beider Beweisformen im Mathematikunterricht der Studierenden zum Ausdruck bringen. Dies sind zum Einen Antworten, die eine unterrichtliche Berücksichtigung beider Beweisformen zum Ausdruck bringen, dabei jedoch entweder dem präformalen oder dem formalen Beweis ein größeres Schwergewicht einräumen. Diese Schwerpunktsetzung kann auch durch die gewichtete Angabe einer unterrichtlichen Abfolge der Thematisierung der beiden Beweisformen geschehen. Zum Anderen sind dies Antworten, in denen eine Präferenz für die gleichberechtigte Thematisierung beide Beweisformen formuliert wird, oder in denen sogar eine Ausdifferenzierung in mehr als zwei Beweisstufen, etwa in Anlehung an die Stufen des Beweisens bei Holland (1996, siehe Abschnitt II.8.1) sowie die gleichberechtigte Berücksichtigung dieser verschiedenen Beweisstufen als präferierte unterrichtliche inhaltliche Schwerpunktsetzung zum Ausdruck gebracht wird. Damit ergibt sich für die befragten Studierenden die nachfolgend dargestellte Verteilung:

	Formaler Beweis	Eher formaler Beweis	Unentschieden	eher präformaler Beweis	präformaler Beweis	nicht zuzuordnen	gesamt
GyGS-Anfänger	0	0	7	1	2	1	11
GyGS-Fortgeschrittene	2	2	10	3	2	2	21
GHR-Anfänger	3	0	18	1	9	0	31
GHR-Fortgeschrittene	0	2	4	1	0	0	7
gesamt	5	4	39	6	13	3	70

Tabelle 51: Verteilung der deduktiv definierten Codierung der Präferenzen der befragten Studierenden bezüglich der inhaltlichen Schwerpunktsetzung im Rahmen einer unterrichtlichen Thematisierung von mathematischen Beweisen (Teilaufgabe 4c)

Man erkennt dass in allen Gruppen der befragten Studierenden die Mehrheit der Antworten jeweils eine unentschiedene Haltung zum Ausdruck bringt. Hinsichtlich derjenigen Antworten, die entweder eine Präferenz für das präformale oder formale Beweisen beinhalten, ist in allen Gruppen mit Ausnahme der GyGS-Fortgeschrittenen eine leichte Tendenz zum präformalen Beweisen zu beobachten.

In einem zweiten Schritt wurden dann die verschiedenen Begründungen für die so in der Antwort formulierte Präferenz einer oder beider Beweisformen unterschieden. Da die Frage auf lehrbezogene beliefs ausgerichtet ist, sind diese Begründungen durchgehend von im weitesten Sinne didaktischer Natur. Unterschieden wurden dabei sieben Begründungen, wobei die deduktiv vorab definierten Codierungen materialbasiert ergänzt wurde, so dass diese zweite Codierung auch induktiven Charakter hat. Unterschieden wurden damit endgültig die nachfolgend skizzierten sieben Begründungen, wobei diese teilweise starke inhaltliche Ähnlichkeiten aufweisen, so dass Mehrfachcodierungen möglich waren:

- Begründungen, die sich auf die bessere Förderung des Verstehens der Schülerinnen und Schüler von intendierten Unterrichtsinhalten durch die jeweils bevorzugte Thematisierung einer oder beider Beweisformen beziehen (im Folgenden als „Verstehen" bezeichnet)
- Begründungen, die sich auf verschiedene Klassenstufen und eine dadurch bedingte Abhängigkeit der jeweils bevorzugten Thematisierung einer oder beider Beweisformen beziehen (im Folgenden als „Klassenstufe" bezeichnet)
- Begründungen, die eine bevorzugte Thematisierung einer oder beider Beweisformen in Verbindung setzen mit der Absicht, den Schülerinnen und Schülern ein jeweils damit verbundenes Mathematikbild zu vermitteln (im Folgenden als „Mathematikbild" bezeichnet)
- Begründungen, die die bevorzugte Thematisierung einer oder beider Beweisformen mit dem Fähigkeitsgrad der Schülerinnen und Schüler in Verbindung setzen (im Folgenden als „Fähigkeitsgrad" bezeichnet)
- Begründungen, die eine bevorzugte Thematisierung einer oder beider Beweisformen in Verbindung setzen mit der Absicht, den Schülerinnen und Schülern jeweils damit verbundene Fähigkeiten im Bezug auf mathematisches Argumentieren und Beweisen zu vermitteln (im Folgenden als „Fähigkeitsschulung" bezeichnet)
- Begründungen, die eine bevorzugte Thematisierung einer oder beider Beweisformen in Beziehung setzen zu einer Abfolge der Thematisierung der unterschiedlichen Beweisformen im Mathematikunterricht (im Folgenden als „Abfolge" bezeichnet)

Für die befragten Studierenden ergibt sich damit die nachfolgend dargestellte Verteilung der Codierung der verschiedenen Begründungen, wobei, wie erwähnt, Mehrfachcodierungen (im Allgemeinen Doppelcodierungen sowie eine Dreifachcodierung eines Studierenden der GHR-Anfängergruppe) möglich waren und außerdem ein zusätzlicher Code für Antworten vergeben wurde, die keine oder eine nicht sinnvolle beziehungsweise nicht nachvollziehbare Begründung enthielten (Doppelte Zahlenangaben in Feldern der Tabelle ergeben sich durch die Möglichkeit der Mehrfachcodierung. X/Y in einem Feld bedeutet, dass X Antworten in der entsprechenden Studierendengruppe ausschließlich der zu dem Feld gehörige Code zugeordnet wurde und Y Antworten der zu dem Feld gehörige Code und ein weiterer Code zugeordnet wurden.):

	Verstehen	Klassenstufe	Mathematikbild	Fähigkeitsgrad	Fähigkeitsschulung	Abfolge	Nicht zuzuordnen
GyGS-Anfänger	4	0/2	0	0/2	0	3	2
GyGS-Fortgeschrittene	5/2	4/1	2	2/1	3	0	3
GHR-Anfänger	12/2	1/2	0	1/2	4/1	4	6
GHR-Fortgeschrittene	0	3	0	1	0	2	1
gesamt	21/4	8/5	2	4/5	7/1	9	12

Tabelle 52: Verteilung der deduktiv definierten Codierung bezüglich der genannten Begründungen der befragten Studierenden hinsichtlich der Präferenzen bezüglich der inhaltlichen Schwerpunktsetzung im Rahmen einer unterrichtlichen Thematisierung von mathematischen Beweisen (Teilaufgabe 4c)

Bis auf die Gruppe der GHR-Fortgeschrittenen wird in allen Gruppen der befragten Studierenden das Verstehen als häufigste Begründung angeführt. Ansonsten zeigen die verschiedenen Gruppen jeweils unterschiedliche Schwerpunktsetzungen in den genannten Begründungen.

Neben der eben beschriebenen Frage wurden den Studierenden noch eine weitere auf lehrbezogene beliefs zum Argumentieren und Beweisen ausgerichtete Teilfrage gestellt. Im Rahmen der Fragebogenstruktur bildet die Teilfrage dabei den Abschluss der auf die mathematische Aussage zu der Verdoppelung der Diagonalen eines Quadrates bei Verdoppelung der Quadratsaitenlängen bezogenen Teilaufgaben. Dennoch ist die Frage, im Gegensatz zur vorangegangen beschriebenen Frage, nicht inhaltlich an diese Aussage gebunden, sondern kann vollständig allgemein und unabhängig von einem konkreten Beweis beantwortet werden. Genauer wurden die Studierenden mit der folgenden Frage konfrontiert:

Wie schätzen Sie die Bedeutung von Beweisen für den Mathematikunterricht in der Sekundarstufe I ein?

Abbildung 31: Teilaufgabe 4g

Die Codierung der Antworten der Studierenden geschieht dabei auf einer fünfstufigen Ordinalskala mit ganzzahligen Werten von +2 bis -2, wobei der ordinale Charakter der Codierung erneut keine Wertung impliziert, sondern lediglich eine Abstufung von Zustimmung beziehungsweise Ablehnung der Studierenden gegenüber der Thematisierung von Beweisen im Mathematikunterricht der Sekundarstufe I zum Ausdruck bringt. Grundlegend sind dabei nicht-negative Codierungen, das heißt die Codes +2, +1 sowie 0, für Antworten vergeben worden, die der Bedeutung von Beweisen für den Mathematikunterricht der Sekundarstufe I zustimmen, wohingegen negative Codierungen, das heißt die Codes -1 und -2, für Antworten vergeben wurden, die insgesamt ablehnende Haltungen gegenüber der Berücksichtigung von Beweisen im Mathematikunterricht zum Ausdruck bringen. Innerhalb dieser grundlegenden Unterscheidung werden dann weiterhin verschiedene Antwortformen ausdifferenziert, die sich beispielsweise im Hinblick auf den kognitiven Anteil von beliefs unterscheiden. So werden im Bereich der nicht-negativ codierten Antworten insbesondere verschieden umfassende Begründungen für die Hervorhebung der Bedeutung von Beweisen für den Mathematikunterricht der Sekundarstufe I unterschieden. Antworten mit der höchsten Codierung, das heißt mit +2 codierte Antworten, sind daher einerseits in der Grundtendenz positive Stellungnahmen für das Beweisen im Mathematikunterricht der Sekundarstufe I, bei denen aus den Ausführungen hervorgeht, dass die Zustimmung einhergeht mit umfangreichen diesbezüglichen fachdidaktischen Reflexionen. Die Antwort muss daher neben der Zustimmung auch eine ausführliche Begründung für diese Zustimmung enthalten, die im Sinne einer umfassenden fachdidaktischen Analyse gestaltet ist. Dafür muss die Begründung zwei inhaltliche Aspekte enthalten. Dies ist zum Einen eine fachdidaktisch motivierte Überlegung zur Begründung der Thematisierung von Beweisen im Mathematikunterricht der Sekundarstufe I. Daneben muss die Antwort zum Anderen auch eine Überlegung über Probleme, die bei der Behandlung von Beweisen im Mathematikunterricht der Sekundarstufe I auftreten können, enthalten, aus der jedoch nicht geschlossen wird, Beweisen im Mathematikunterricht nicht zu thematisieren, sondern die vielmehr darauf hinweist, dass der oder die Studierende tatsächlich im Sinne einer umfassenden fachdidaktischen Analyse auch Schwierigkeiten der unterrichtlichen Thematisierung von Beweisen berücksichtigt hat. Stellt die Antwort weiterhin eine positive Stellungnahme für das Beweisen im Mathematikunterricht der Sekundarstufe I dar, bei der jedoch die Begründung nur einen der beiden genannten inhaltlichen Aspekte enthält, bei der also die fachdidaktische Reflexion als kognitiver Begründungshintergrund für die Zustimmung zum Beweisen im Mathematikunterricht weniger umfassend dargestellt wird, wird die Antwort mit +1 codiert. Antworten, die weiterhin der Thematisierung von Beweisen im Mathematikunterricht unbegründet zustimmen sowie Antworten, in denen die Argumentation fachdidaktisch nicht sinnvoll oder nachvollziehbar ist, werden mit 0 codiert. Ebenso werden Antworten mit 0 codiert, die dem Beweisen im Mathematikunterricht zustimmen, dies jedoch nicht fachdidaktisch sondern nur durch die Sicherstellung der Abfolge von Unterrichtsinhalten begründen in dem Sinne, dass Beweise lediglich als Vorbereitung für die Darstellung weiterer, im Unterrichtsablauf anschließend behandelter, mathematischer Aussagen dienen. Im Gegensatz zu diesen nicht – negativ codierten Antworten stehen dann, wie erwähnt, diejenigen Antworten, die von einer stärker ablehnenden Haltung gegenüber der mathematikunterrichtlichen Thematisierung von Beweisen geprägt sind. Geht diesbezüglich aus einer Antwort eine tendenzielle aber nicht ausschließliche Ablehnung hervor, das heißt, dass Überlegungen zu Problemen und Schwierigkeiten beim Beweisen im Mathematikunterricht die Antwort vornehmlich dominieren, wird die Antwort mit -1 codiert. Diese Codierung schließt also nicht aus, dass nicht auch Argumente für das Beweisen im Mathematikunterricht der Sekundarstufe I angeführt werden, solange diesen in der Antwort eine untergeordnete Bedeutung zukommt. Wird in der Antwort dahingegen die die Bedeutung von Beweisen im Mathematikunterricht begründet oder unbegründet ausschließlich gering geschätzt, wird die Antwort mit -2 codiert.

Für die befragten Studierenden ergibt sich damit die folgende Verteilung der Codierungen:

	-2	-1	0	1	2	gesamt
GyGS-Anfänger	1	1	5	3	0	10
GyGS-Fortgeschrittene	1	8	3	4	4	20
GHR-Anfänger	5	0	13	15	4	37
GHR-Fortgeschrittene	0	3	2	1	2	8
gesamt	7	12	23	23	10	75

Tabelle 53: Verteilung der deduktiv definierten Codierung bezüglich der Zustimmung beziehungsweise Ablehnung der befragten Studierenden gegenüber der Thematisierung von Beweisen im Mathematikunterricht der Sekundarstufe I (Teilaufgabe 4g)

Man erkennt die insgesamt überwiegenden positiven Codierungen für die befragten Studierenden.

Eine weitere Teilaufgabe, die auf lehrbezogene beliefs im Kontext der mathematikbezogenen Aktivität des Argumentierens und Beweisens ausgerichtet ist, bezieht sich auf die mathematische Aussage der Teilbarkeit dreier aufeinanderfolgender Zahlen durch drei. Nachdem die Studierenden Rückmeldungen zu gegebenen Beweisversuchen von Schülerinnen und Schülern zu dieser Aussage formuliert haben und jeweils eingeschätzt haben, um welche Art von Beweisversuch es sich bei den Schülerlösungen handelt, wurden die Studierenden im Bezug auf ihre beliefs anschließend um Antwort auf folgende Frage gebeten:

Wie würden Sie den [...] genannten Satz in Ihrem Unterricht beweisen?

Abbildung 32: Teilaufgabe 5c (Anstelle der Auslassungszeichen folgt im Fragebogen ein Seitenhinweis auf diejenige Seite, auf der die mathematische Aussage im Fragebogen zu finden ist)

Die Teilaufgabe fokussiert damit auf mögliche Präferenzen der befragten Studierenden hinsichtlich der unterrichtlichen Thematisierung verschiedener Beweisformen. Inhaltlich korrespondiert die Teilaufgabe dabei mit Ausnahme der zugrundeliegenden zu beweisenden mathematischen Aussage mit der vorhergehend beschriebenen Teilaufgabe 4c, wohingegen die zugehörige deduktiv definierte Codierung jedoch einen teilweise anderen Schwerpunkt im Vergleich zu der Codierung von Teilaufgabe 4c legt, aber auch Überschneidungen aufweist. Formal basiert die deduktiv definierte Codierung dabei auf einer nominalen Unterscheidung verschiedener Antwortmuster, da die Codierung keine Bewertung, sondern lediglich eine Unterscheidung verschiedener Ansätze zur mathematikunterrichtlichen Behandlung der mathematischen Aussage beinhalten sollte. Ebenfalls war nicht ausgeschlossen, dass Antworten zwei Codes zugewiesen wurden.

Grundsätzlich wurden dann zuerst zwei mögliche Bereiche unterschieden, auf die sich die Antwort beziehen konnte, nämlich der Bereich einer Beschreibung eines unterrichtlichen Konzeptes und der Bereich einer Beschreibung der vorgezogenen Beweisart[181]. Durch die Möglichkeit der Mehrfachcodierung von Antworten konnten dabei auch Antworten berücksichtigt werden, die beide Bereiche thematisierten, ebenso, wie die Thematisierung mehrerer Aspekte innerhalb eines Bereiches, entsprechend der nachfolgend beschriebenen genaueren Ausdifferenzierung der Bereiche, erfasst werden konnte. Im ersten Fall der Beschreibung unterrichtlicher Konzepte wurde dabei weiterhin genauer unterschieden zwischen einerseits Antworten, die auf die Beschreibung eines methodischen Vorgehens für den Beweis der beschriebenen mathematischen Aussage im Mathematikunterricht ausgerichtet waren (in der nachfolgenden Darstellung mit „methodisches Vorgehen“ bezeichnet) und andererseits Antworten, die auf die Beschreibung von verwendeten Unterrichtsmaterialien für den Beweis der beschriebenen mathematischen Aussage im Mathematikunterricht ausgerichtet waren (in der nachfolgenden Darstellung mit „Unterrichtsmaterialien“ bezeichnet). Im zweiten Fall der Beschreibung der vorgezogenen Beweisart, das heißt die Ausdifferenzierung danach, welche Art von Beweis die Studierenden bei der unterrichtlichen Behandlung des Beweises der beschriebenen mathematischen Aussage individuell vorziehen würden, wurden die Antworten weiterhin vierfach ausdifferenziert. Unterschieden wurden hier Ausführungen, in denen eine präformale oder eine formale Beweisvorgehensweise vorgezogen wird (in der nachfolgenden Darstellung mit „präformaler Beweis“ beziehungsweise „formaler Beweis“ bezeichnet), daneben Ausfüh-

[181] Beide Bereiche, vor allem dabei der Erstgenannte, weisen naturgemäß starke Bezüge auch zu Wissensbereichen, insbesondere zum fachdidaktischen Wissen auf, was im Einklang steht mit dem kognitiven Anteil von beliefs.

rungen, die eine Stellungnahme für die Thematisierung beider Beweisarten enthalten[182] (in der nachfolgenden Darstellung mit „beide Beweisarten" bezeichnet) und abschließend Ausführungen, in denen eine beispielgebundene mathematikunterrichtliche Thematisierung der Ausführung vorgezogen wird (in der nachfolgenden Darstellung mit „Beispielgebundene Thematisierung" bezeichnet). Mit dieser Ausdifferenzierung konnten dann die Antworten der befragten Studierenden gemäß der folgenden Verteilung unterschieden werden (Doppelte Zahlenangaben in Feldern der Tabelle ergeben sich durch die Möglichkeit der Mehrfachcodierung. X/Y in einem Feld bedeutet, dass X Antworten in der entsprechenden Studierendengruppe ausschließlich der zu dem Feld gehörige Code zugeordnet wurde und Y Antworten der zu dem Feld gehörige Code und ein weiterer Code zugeordnet wurden. Dabei gab es im allgemeinen im Falle der Mehrfachcodierungen doppelte Codierungen sowie zwei Dreifachcodierungen in der Gruppe der GHR-Anfängerinnen und -Anfänger sowie eine Dreifachcodierung in der Gruppe der GHR-Fortgeschrittenen):

Man erkennt, wie für die befragten Studierenden insgesamt Antworten dominieren, die sich auf die vorgezogene Beweisart beziehen und hierbei in der Gruppe der befragten GyGS-Anfängerinnen und -Anfänger insbesondere Antworten vorherrschen, die eine Stellungnahme für die unterrichtliche Thematisierung beider Beweisarten enthalten, während in den übrigen Gruppen der befragten Studierenden Antworten vorherrschen, die entweder eine Stellungnahme für die unterrichtliche Thematisierung beider Beweisarten oder für die unterrichtliche Thematisierung insbesondere des formalen Beweises enthalten.

[182] Tatsächlich könnte man auf einen gesonderten Code für diese Antworten verzichten und stattdessen wegen der Möglichkeit der Mehrfachcodierung entsprechenden Antworten die beiden Codes für „formaler Beweis" und „präformaler Beweis" zuweisen. In der Auswertung wurde jedoch bewusst ein separater Code für „beide Beweisarten" verwendet, um Antworten, in denen angeführt wird, grundsätzlich beide Beweisarten im Mathematikunterricht thematisieren zu wollen (Code „beide Beweisarten") zu unterscheiden von Antworten, in denen angeführt wird, entweder die eine oder andere Beweisart abhängig von Bedingungen wie der Schulform im Mathematikunterricht thematisieren zu wollen (Codes „präformaler Beweis" und „formaler Beweis").

	Methodisches Vorgehen	Unterrichtsmaterialien	Präformaler Beweis	Formaler Beweis	Beide Beweisarten	Beispielgebundene Thematisierung	Nicht zuzuordnen
GyGS-Anfänger	1/2	0/0	0/0	1/1	5/2	0/1	0
GyGS-Fortgeschrittene	1/0	0/0	0/0	7/3	8/0	0/3	2
GHR-Anfänger	1/0	0/3	1/3	9/6	10/6	1/12	0
GHR-Fortgeschrittene	0/3	0/0	0/0	2/2	2/2	0/2	0
Gesamt	3/5	0/3	1/3	19/12	25/10	1/18	2

Tabelle 54: Verteilung der deduktiv definierten Codierung bezüglich der Antwortmuster der befragten Studierenden zu einer Frage hinsichtlich der Präferenzen bezüglich der mathematikunterrichtlichen Thematisierung verschiedener Beweisformen (Teilaufgabe 5c)

Des Weiteren wurden die Antworten der Studierenden zu dieser Teilaufgabe ebenfalls durch eine zusätzliche induktiv definierte Codierung ausgewertet. Hierbei lag der Fokus auf dem Einbezug der Lernenden als aktiv am Lehr-Lern-Prozess Beteiligte in die unterrichtliche Planung im Bezug auf die der Frage zugrundeliegenden Unterrichtseinheit. Das heißt, es wurde betrachtet, inwieweit von den Studierenden in ihren Ausführungen zu einer auf lehrbezogene beliefs ausgerichteten Teilaufgabe direkt auch auf mögliche Aktivitäten der Schülerinnen und Schüler eingegangen wird. Ein Einbezug der Lernenden als aktiv am Lehr-Lern-Prozess Beteiligte wurde dabei als in den Ausführungen enthalten angesehen, wenn deutlich wird, dass die Schülerinnen und Schüler in der Studierendenantwort eine aktive Funktion zugesprochen bekommen. Dies kann beispielsweise gegeben sein durch unterrichtliche Überlegungen, gemäß derer die Schülerinnen und Schüler den Beweis allein oder in Gruppen selber erarbeiten sollen oder Beispiele für den Satz nennen sollen. Dabei ist es für eine Vergabe dieses Codes nicht nötig, dass diese Ausführungen zum aktiven Einbezug der Lernenden innerhalb der Antwort den Hauptteil dieser Antwort bilden und es ist auch nicht nötig, dass der aktive Einbezug der Lernenden innerhalb der Unterrichtseinheit den Hauptbestandteil ausmacht. Vielmehr wird der Code auch vergeben, wenn die Schilderung der aktiven Einbindung der Schülerinnen und Schüler nur einen untergeordneten Teil der Antwort ausmacht beziehungsweise die aktive Einbindung der Schülerinnen und Schüler nur einen untergeordneten Teil der der Unterrichtseinheit ausmacht. Im Gegensatz dazu stehen dann Antworten, in denen kein Einbezug der Lernenden als aktiv am Lehr-Lern-Prozess Beteiligte deutlich wird. Dieser Fall umfasst dabei auch Antworten, in denen die Schülerinnen und Schüler zwar generell explizit berücksichtigt werden, in denen ihnen aber nur die Rolle des Rezipienten von Lerninhalten, die durch die Lehrkraft vorgestellt werden, zugesprochen wird. Entsprechende Antworten enthalten beispielsweise Ausführungen, in denen darauf verwiesen wird, dass die Schülerinnen und Schüler einen bestimmten Beweis besser verstehen oder nachvollziehen könnten oder dass die Vorstellung einer bestimmten Beweisart jeweils unterschiedlichen Schülerinnen und Schülern besonders entgegenkommt. Diese Codierung der Antworten als solche, in denen kein Einbezug der Lernenden als aktiv am Lehr-Lern-Prozess Beteilige deutlich wird, begründet sich damit, dass die Schülerinnen und Schüler dann zwar nachvollziehend, und in dieser Form damit aktiv am Unterrichtsgeschehen teilhaben, aber nicht in der Form aktiv sind wie im Falle der Antworten, in denen im vorangegangen geschilderten Sinne ein Einbezug der Lernenden als aktiv am Lehr-Lern-Prozess Beteilige als gegeben angesehen wird. Unterscheidet man damit also Antworten, gemäß deren Ausführungen die Lernenden im beschriebenen Sinne aktiv in den Unterricht eingebunden sind und Antworten, gemäß deren Ausführungen die Lernenden nicht im beschriebenen Sinne aktiv in den Unterricht eingebunden sind, ergibt sich für die befragten Studierenden folgende Verteilung, in der erneut auch die vor dem Hintergrund dieser Unterscheidung nicht klassifizierbaren Antworten einbezogen sind:

	Einbezug der Lernenden	Kein Einbezug der Lernenden	Nicht klassifizierbar	gesamt
GyGS-Anfänger	4	6	0	10
GyGS-Fortgeschrittene	4	16	1	21
GHR-Anfänger	5	31	0	36
GHR-Fortgeschrittene	4	4	0	8
gesamt	17	57	1	75

Tabelle 55: Verteilung der induktiv definierten Codierung bezüglich des Einbezugs der Lernenden als aktiv am Lehr-Lern-Prozess Beteiligte in die unterrichtliche Planung in Teilaufgabe 5c für die befragten Studierenden

Man erkennt, dass in keiner Gruppe der Anteil derjenigen Studierenden überwiegt, die einen expliziten Einbezug der Lernenden formulieren und stattdessen teilweise sogar deutlich diejenigen Antworten dominieren, in denen kein Einbezug der Lernenden deutlich wird.

2 Rekonstruierte strukturelle Zusammenhänge der professionellen Kompetenz

Nachfolgend werden nun die rekonstruierten Zusammenhänge zwischen den verschiedenen Kompetenzkomponenten untereinander und zwischen den Kompetenzkomponenten und der Lehrerfahrung der Studierenden beschrieben. Als Grundlage dienen dabei die in den vorigen Abschnitten geschilderten deduktiv und induktiv definierten Codierungen, die als begrifflicher und inhaltlicher Ausgangspunkt verwendet werden. Auch wenn damit weiterhin im Folgenden insbesondere gemeinsame Verteilungen von Codierungen vorgestellt werden, sei erneut auf den qualitativen, genauer interpretativ-rekonstruktiven, Charakter der vorliegenden Studie hingewiesen, der diesen Verteilungen durchgehend zugrunde liegt und einerseits aus der Entwicklung der induktiven Codierung aus den Antworten sowie andererseits insbesondere aus der Interpretation der Antworten vor dem Hintergrund der deduktiven und induktiven Codierung hervorgeht. Durchgehend wird bei der Beschreibung der rekonstruierten Zusammenhänge auf eine Unterscheidung zwischen den verschiedenen Gruppen der befragten Studierenden verzichtet. Der

Grund für diese Zusammenfassung ist, dass im Fall der gemeinsamen Betrachtung von zwei Codierungen einerseits nur diejenigen Studierenden berücksichtigt werden können, die jeweils beide betreffenden Aufgaben beantwortet haben und andererseits durch die doppelte Unterteilung der berücksichtigen Antworten viele Möglichkeiten der Einordnung einer Antwort[183] gegeben sind. Eine zu kleine Gruppe von berücksichtigten Antworten würde daher zu einem stark vereinzelten Auftreten von Codierungen führen, insbesondere, wenn – wie im Fall der professionellen Kompetenz – kein eindeutiger Zusammenhang, sondern verschiedene strukturelle Ausprägungen von Zusammenhänge zu erwarten sind. Aufgrund der teilweise sehr kleinen Teilgruppen von befragten Studierenden wird daher keine separate Betrachtung der Studierendengruppen vorgenommen. Weiterhin sei erneut angemerkt, dass wegen dieser nicht-repräsentativen, unbalancierten Stichprobe und wegen des auch insgesamt mit 79 Studierenden relativ kleinen Stichprobenumfangs sowie wegen des qualitativen Charakters der Antwortanalyse durchgehend auf die Angabe statistischer Maßzahlen verzichtet wird und die aus den Verteilungen der Codierungen abgeleiteten Aussagen lediglich als Hypothesen zu verstehen sind, die auf Basis einer qualitativ orientierten Datenauswertung formuliert werden und keinen Anspruch auf Generalisierung erheben, wobei es Hinweise gibt, dass diese im Folgenden entwickelten Aussagen nicht nur für diese Stichprobe gelten, sondern ein Potenzial für Verallgemeinerungen enthalten. Des Weiteren kann die Ausführung als Grundlage für eine anschließende quantitativ-orientierte Studie mit repräsentativer Stichprobe dienen. Insbesondere ist damit weiterhin nicht ausgeschlossen, dass die vorgestellten Zusammenhänge sich für die verschiedenen Gruppen von Lehramtsstudierenden unterscheiden können oder dass die vorgestellten Zusammenhänge durch weitere, nicht berücksichtigte Faktoren deutlich beeinflusst werden können, ohne, dass dies bei der Formulierung der Hypothesen auf Basis der jeweils betrachteten Verteilung berücksichtigt wird.

Im Folgenden werden vor diesem Hintergrund im ersten Teil die rekonstruierten Zusammenhängen zwischen den verschiedenen in der Studie berücksichtigten Kompetenzfacetten der professionellen Kompe-

---

[183] Genauer entspricht naturgemäß die Anzahl der Möglichkeiten, eine Antwort einzuordnen, dem Produkt aus den beiden Anzahlen der jeweiligen Ausprägungen der beiden Codierungen. Werden also beispielsweise zwei Codierungen mit jeweils fünf Ausprägungen in Beziehung gesetzt, gibt es $5 \cdot 5 = 25$ Möglichkeiten, eine Antwort einzuordnen.

tenz angehender Mathematiklehrerinnen und -lehrer vorgestellt, wobei innerhalb dieses Teiles zuerst die Zusammenhänge zwischen den beiden in der vorliegenden Studie berücksichtigten Wissensbereichen, das heißt zwischen fachmathematischem Wissen und mathematikdidaktischem Wissen und im Anschluss dann die Zusammenhänge zwischen diesen Wissensbereichen und den beliefs dargestellt werden. Im anschließenden zweiten Teil werden dann Zusammenhänge vorgestellt, die zwischen der Lehrerfahrung der befragten Studierenden und einzelnen Facetten professioneller Kompetenz rekonstruiert werden konnten.

2.1 Rekonstruierte strukturelle Zusammenhänge zwischen verschiedenen Kompetenzfacetten

Im ersten Teil der Darstellung der im Rahmen der vorliegenden Studie rekonstruierten strukturellen Zusammenhänge zwischen verschiedenen Kompetenzfacetten untereinander liegt der Fokus, wie dargestellt, zuerst auf den Zusammenhängen zwischen Wissensbereichen, und anschließend auf den Zusammenhängen zwischen den Wissensbereichen und den beliefs.

2.1.1 Rekonstruierte strukturelle Zusammenhänge zwischen fachlichem und fachdidaktischem Wissen

Grundlegend bietet die Anlage der vorliegenden Studie die Möglichkeit, verschiedene Zusammenhänge zwischen dem fachlichen Wissen der befragten Lehramtsstudierenden einerseits und ihrem fachdidaktischen Wissen andererseits zu unterscheiden. Grundsätzlich werden dabei jeweils Teilaufgaben in Beziehung gesetzt, die einen inhaltlichen Bezug aufweisen, die also demselben inhaltlichen Bereich angehören, also der gleichen übergeordneten Aufgabe zugeordnet werden. Beispielsweise wird also auf Modellierung bezogenes Fachwissen mit auf Modellierung bezogenem fachdidaktischem Wissen in Beziehung gesetzt und nicht mit fachdidaktisch orientierten Teilaufgaben, die sich unter der Perspektive der mathematikbezogenen Aktivität auf Argumentieren und Beweisen beziehen. Dies geschieht, um die Zusammenhänge zwischen den Analysen verschiedener Teilaufgaben möglichst weitgehend unter dem Fokus der hier zentralen Zusammenhänge zwischen den verschiedenen Kompetenzfacetten betrachten zu können und Einflüsse, die aus unterschiedlicher inhaltlicher Schwerpunktsetzung resultieren, möglichst zu reduzieren[184]. Vor diesem Hintergrund lassen sich die entsprechenden Zusammenhänge zuerst unter der Perspektive der verschiedenen mathematikbezogenen Aktivitäten, das heißt vor dem Hintergrund einer Differenzierung zwischen Modellierung sowie Argumentieren und Beweisen, unterscheiden. Nachfolgend werden im Bezug auf den Zusammenhang zwischen fachlichem und fachdidaktischem Wissen diesbezüglich jedoch nur Ergebnisse in Bezug auf Modellierung vorgestellt, was in den vorangegangen dargestellten Ergebnissen der einzelnen Codierung der Teilaufgaben begründet liegt. Betrachtet man nämlich die einzelnen Codierungen der auf das Fachwissen bezogenen Teilaufgaben zum Argumentieren und Beweisen, insbesondere Teilaufgabe 4b, aber auch Teilaufgabe 4f[185], so fällt die in fast allen Gruppen der befragten Studierenden beobachtete Verschiebung der Ergebnisse zu negativen Codierungen auf (siehe Abschnitt IV.1.1.2). Wegen der gehäuft auftretenden Schwierigkeiten der Studierenden, die jeweils in der Aufgabe verlangten Beweise beziehungsweise Argumentationen durchzuführen, die, wie die qualitative Analyse der Antworten zeigt, auf häufig fundamentalen Fehlvorstellungen zum Beweisen beruhten, ließen sich nur in geringem Umfang entsprechende Zusammenhänge zu fachdidaktischem Wissen rekonstruieren[186]. Da diese Einschränkung im Bezug auf Modellierung nicht gegeben war, werden daher im Folgenden, wie erwähnt, insbesondere die unter der Perspektive der mathematikbezogenen Aktivität auf Modellierung bezogenen Teilaufgaben näher betrachtet. Vorangestellt sei der Hinweis, dass ähnliche Ergebnisse bereits in einer ersten Analyse des Materials deutlich wurden und in Schwarz, Kaiser, Buchholtz (2008) veröffentlicht sind.

---

[184] Wobei ein entsprechender Einfluss auch innerhalb einer Aufgabe nicht auszuschließen ist, da auch innerhalb einer Aufgabe jede Teilaufgabe naturgemäß einen, wenn auch inhaltlich durch den Rahmen der Aufgabe eingegrenzten, Schwerpunkt aufweist.

[185] Die ebenfalls auf das Fachwissen unter der Perspektive von Argumentieren und Beweisen ausgerichtete Teilaufgabe 5d weist dahingegen eine relativ ausgeglichene Codierung auf (siehe Abschnitt IV.1.1.2) auf. Diese Teilaufgabe ist jedoch aus inhaltlicher Perspektive weniger geeignet, um in Beziehung zu anderen fachdidaktischen Teilaufgaben gesetzt zu werden und wurde vielmehr verwendet, um einzuschätzen, inwieweit die Studierenden in der Lage waren, mit der der Aufgabe zugrundeliegenden fachmathematische Aussage umzugehen.

[186] Es sei angemerkt, dass die jeweils leicht erkennbaren Tendenzen sich mit den nachfolgend vorgestellten Beobachtungen decken, diesen also nicht widersprechen. Dennoch waren die Tendenzen nur schwach erkennbar, weswegen auf die ausführliche Darstellung hier verzichtet wird.

Um dann die rekonstruierten Zusammenhänge zwischen dem fachmathematischen und fachdidaktischen Wissen weiter ausdifferenzieren zu können, bietet sich weiterhin im Bezug auf das fachdidaktische Wissen im Einklang mit der Klassifikation der Teilaufgaben (vgl. Abschnitt II.3.3) ein Rückgriff auf die Unterscheidung zwischen lehr- und lernprozessbezogenem fachdidaktischem Wissen an.

Zuerst wird damit ein struktureller Zusammenhang zwischen den Kompetenzfacetten des fachlichen und fachdidaktischen Wissens mit einem Fokus im Hinblick auf das fachdidaktische Wissen auf der Subfacette des lehrbezogenen fachdidaktischen Wissens betrachtet. Genauer wird dafür der Zusammenhang zwischen den Antworten auf die Teilfrage 1a, das heißt auf die Frage, wie Studierende selber die beschriebene Eisdielenaufgabe lösen würden, und die Teilfrage 1d, das heißt die fachdidaktische Reflexion über die Zugehörigkeit von Modellierungsaufgaben zum Mathematikunterricht, betrachtet. Für die befragten Studierenden ergibt sich dabei die folgende gemeinsame Verteilung der diesbezüglichen Codierungen:

<table>
<tr><td colspan="2"></td><th colspan="3">Deduktiv definierte Codierung des lehrbezogenen mathematikdidaktischen Wissens in Bezug auf Modellierung</th></tr>
<tr><td colspan="2"></td><th>Code 1d: -1</th><th>Code 1d: 0</th><th>Code 1d: 1</th></tr>
<tr><th rowspan="5">Deduktiv definierte Codierung des Fachmathematischen Wissens im Bezug auf Modellierung</th><th>Code 1a: -2</th><td>1</td><td>3</td><td>4</td></tr>
<tr><th>Code 1a: -1</th><td>2</td><td>3</td><td>3</td></tr>
<tr><th>Code 1a: 0</th><td>2</td><td>12</td><td>9</td></tr>
<tr><th>Code 1a: 1</th><td>0</td><td>15</td><td>11</td></tr>
<tr><th>Code 1a: 2</th><td>0</td><td>2</td><td>5</td></tr>
</table>

Tabelle 56: Gemeinsame Verteilung der deduktiven Codierungen der Teilaufgaben 1a und 1d für die befragten Studierenden

Deutlich erkennbar ist hier, dass für die befragten Studierenden kein eindeutiger Zusammenhang zwischen den beiden Codierungen dahingehend erkennbar ist, dass eine angemessene Bearbeitung der Modellierungsaufgabe und gute fachdidaktische Reflexionen über die Berücksichtigung von Modellierungsaufgaben im Mathematikunterricht häufig zusammen auftreten und umgekehrt. Auffallend ist jedoch, dass im Fall der befragten Studierenden Lösungen der Modellierungsaufgabe, die mit +1 oder +2 codiert wurden, jeweils einhergingen mit Antworten zu der auf die fachdidaktische Reflexion bezogenen Frage, die mit 0 oder +1 codiert wurden. Dies ist ein Hinweis für die Aussage, dass gute Modellierungsfähigkeiten eine angemessene Reflektion über die Berücksichtigung von Modellierungsaufgaben im Mathematikunterricht begünstigen, wohingegen niedrige Modellierungsfähigkeiten eine angemessene diesbezügliche Reflektion nicht zwangsläufig verhindern.

Diese Ambivalenz von hier mathematikdidaktischem Wissen als einerseits mathematikbezogenem, aber andererseits nicht nur mathematisch geprägtem Wissen wird weiterhin auch deutlich bei einer Analyse der Zusammenhänge von Codierungen von fachwissensorientieren und fachdidaktisch orientierten Teilfragen, die aus mathematikdidaktischer Perspektive auf lernprozessbezogenes Wissens fokussiert sind. Dafür werden im Folgenden aus fachwissensbezogener Sicht erneut die Teilaufgabe 1a, das heißt die Frage, wie die befragten Studierenden selber die Eisdielenaufgabe gelöst hätten, und aus fachdidaktischer Sicht die lernprozessbezogenen Teilaufgabe 1c betrachtet. Die fachdidaktischen Teilaufgabe fokussiert hierbei, wie dargestellt (siehe Abschnitt IV.1.2.2), auf die auf die Formulierung einer tatsächlichen Rückmeldung zu in diesem Falle Interviewpassagen, die Schülerinnen und Schüler ebenfalls im Hinblick auf die Eisdielenaufgabe getätigt haben.

Zuerst wird dafür die gemeinsame Codierung der beiden Teilaufgaben für die befragten Studierenden betrachtet, die in der nachfolgenden Tabelle dargestellt wird:

Erneut zeigt sich ein Zusammenhang zwischen fachlichem und fachdidaktischem Wissen, wobei dieser in diesem Fall der gemeinsamen Betrachtung einer fachlichen und einer lernprozessbezogenen fachdidaktischen Teilaufgabe andere Charakteristika aufweist als im vorangegangen geschilderten Fall der gemeinsamen Betrachtung einer fachlichen und einer lehrbezogenen fachdidaktischen Teilaufgabe. Während im vorherigen Fall hohe auf das Fachwissen bezogene Codierungen häufig einhergingen mit nicht-negativen auf das fachdidaktische Wissen bezogenen Codierungen und niedrige auf das Fachwissen bezogene Codierungen relativ ausgeglichen mit höheren und niedrigeren auf das fachdidaktische Wissen bezogenen Codierungen einhergingen, zeigt sich hier eine andere grundsätzliche Tendenz.

		Deduktiv definierte Codierung des lernprozessbezogenen mathematikdidaktischen Wissens in Bezug auf Modellierung				
		Code 1c: -2	Code 1c: -1	Code 1c: 0	Code 1c: 1	Code 1c: 2
Deduktiv definierte Codierung des fachmathematischen Wissens im Bezug auf Modellierung	Code 1a: -2	2	2	2	2	0
	Code 1a: -1	5	2	0	0	0
	Code 1a: 0	14	2	5	5	0
	Code 1a: 1	11	4	2	5	3
	Code 1a: 2	1	1	2	2	1

Tabelle 57: Gemeinsame Verteilung der deduktiven Codierungen der Teilaufgaben 1a und 1c für die befragten Studierenden

Im Fall der lernprozessbezogenen fachdidaktischen Teilaufgabe gehen nämlich insbesondere niedrige auf das Fachwissen bezogene Codierungen häufig mit niedrigen Codierungen im Bezug auf die Rückmeldung einher, wohingegen hohe auf das Fachwissen bezogene Codierungen relativ ausgeglichen mit hohen und niedrigen auf die Rückmeldung bezogenen Codierungen einhergehen. Trotz dieser unterschiedlichen Charakteristika der beiden gemeinsamen Verteilungen von jeweils fachlichem und fachdidaktischem Wissen bestätigt auch diese zweite gemeinsame Verteilung die oben formulierte Aussage im Sinne der Bestätigung der besonderen, aber auch nicht ausschließlichen Bedeutung des Fachwissens im Bezug auf das fachdidaktische Wissen. In diesem Falle wird diese Aussage gleichsam geradezu aus der genau umgekehrten Perspektive erneut bestätigt. Indem sich nämlich im Fall der befragten Studierenden zeigt, dass einerseits geringes, in diesem Fall auf Modellierung bezogenes, Fachwissen nur selten einhergeht mit einer angemessene Rückmeldung, aber andererseits ein hohes Fachwissen nicht unmittelbar mit einer angemessenen Rückmeldung einhergeht, liefert das wiederum insgesamt einen Hinweis auf die **Hypothese, dass Fachwissen ein entscheidender beeinflussender Faktor für fachdidaktisches Wissen ist,**

ohne dass damit fachdidaktisches Wissen in seiner Gänze erfasst ist beziehungsweise beschrieben werden kann.

Betrachtet man dabei die unterschiedlichen Charakteristika der beiden gemeinsamen Verteilungen zusammen, lässt sich insgesamt die Aussage, dass fachdidaktisches Wissen nicht nur, aber auch durch Fachwissen beeinflusst wird, noch durch eine weitere Hypothese ergänzen. Ausgangspunkt dafür ist die Überlegung, welche Bedeutung insbesondere das fachliche Wissen für das fachdidaktische Wissen hat, das heißt, ob gutes fachliches Wissen beispielsweise zwingend notwendige Voraussetzung oder ergänzende Bedingung für gutes fachdidaktisches Wissen ist. Vor dem Hintergrund der beiden gemeinsamen Verteilungen, in denen einmal hohes Fachwissen häufig mit gutem fachdidaktischen Reflexionen und niedriges Fachwissen mit angemessenen und weniger angemessenen Reflexionen einhergeht und einmal niedriges Fachwissen häufig mit weniger angemessenen Rückmeldungen und hohes Fachwissen mit angemessenen und weniger angemessenen Rückmeldungen einhergeht, kann man dann die **Hypothese** formulieren, **dass es wenig sinnvoll ist, dem Fachwissen entweder die Funktion eines notwendigen oder eines hinreichenden Einflussfaktors für fachdidaktisches Wissen zuzusprechen, sondern vielmehr lediglich von einer deutlichen, aber nicht ausschließlichen Beeinflussung des fachdidaktischen Wissens durch das fachliche Wissen auszugehen.**

Vor dem Hintergrund dieser Bedeutung des fachlichen Wissens für das fachdidaktische Wissen wird nachfolgend eine Betrachtung zu der Art des fachlichen Wissens angeschlossen. Bisher wurde auf Basis der deduktiven Codierungen für die Zusammenhänge insbesondere berücksichtigt, inwieweit die Antwort eher auf ein höheres oder niedrigeres Wissen schließen lässt. Möglicherweise ist jedoch nicht nur von einem Einfluss des fachlichen Wissens auf das fachdidaktische Wissen vermittels unterschiedlich hoher Ausprägungen des fachlichen Wissens auszugehen, sondern auch von einem Einfluss vermittels der Art des fachlichen Wissens. Diesbezüglich bietet die in der vorliegenden Studie verwendete Eisdielenaufgabe die Möglichkeit einer weitergehenden Analyse insbesondere unter Zuhilfenahme der induktiv definierten Codierungen. Ausgangspunkt ist die Beobachtung, dass die Eisdielenaufgabe von den Studierenden grundsätzlich auf zwei verschiedene Arten gelöst wurde, nämlich stärker empirisch orientiert oder stärker orientiert am Vorgehen der mathematischen Modellierung (Empirikerinnen und Empiriker oder Modelliererinnen und Modellierer, siehe Abschnitt IV.1.1.1). Betrachtet wird dann, inwieweit die befragten Studierenden die verschiedenen Ansätze der Schülerinnen und Schüler unterschiedlich loben. Berücksichtigt werden dafür alle diejenigen Studierenden, die mindestens einen, aber nicht alle Ansätze loben, die also durch das Lob eine tatsächlich zwischen den Schüleransätzen differenzierende Wertung vornehmen, indem nicht alle Ansätze gleichermaßen etwa im Sinne einer generell vorgenommenen Motivationshilfe gelobt werden. Die Betrachtung geschieht dabei unabhängig davon, ob die insgesamt formulierten Rückmeldungen der Studierenden angemessen sind oder nicht, so dass sowohl angemessene wie auch unangemessene Rückmeldungen in die nachfolgende Analyse eingehen. Der Fokus liegt damit auf dem möglichen Zusammenhang zwischen dem eigenen mathematischen Vorgehen der Studierenden bei der Bearbeitung der Modellierungsaufgabe und der unterschiedlichen Behandlung von Schüleransätzen durch gezielten Einsatz von Lob im Rahmen der Formulierung einer Rückmeldung, unabhängig von der Angemessenheit dieser Rückmeldung. Insbesondere wird wegen dieser Unabhängigkeit von der Angemessenheit der Rückmeldung nicht betrachtet, ob die Rückmeldung zu den gelobten Schüleransätzen angemessener ausfällt als zu den nicht gelobten oder ob zu den gelobten und nicht gelobten Ansätzen gleichermaßen angemessene oder weniger angemessene Rückmeldungen formuliert werden und es wird auch nicht betrachtet, inwieweit das Lob selber möglicherweise die Angemessenheit der formulierten Rückmeldung unterstützt oder herabsetzt, zum Beispiel durch „paradoxe Effekte von Lob und Tadel“ (Rheinberg & Vollmeyer, 2010, S. 635). Lob wird vielmehr in dieser Analyse ausschließlich als Hinweis für eine Präferenz der oder des jeweils befragten Studierenden für eine oder mehrere bestimmte Schülerlösungen betrachtet, indem Lob immer dann berücksichtigt wird, wenn es gezielt für nur einige Schülerlösungen verteilt wird. Die gemeinsame Verteilung von in der Modellierungsaufgabe gewähltem Vorgehen und verteiltem Lob für die verschiedenen Schüleransätze für die befragten Studierenden wird dann in der nachfolgenden Tabelle dargestellt, wobei Studierenden, die mehr als eine Schülerlösung gelobt haben, auch entsprechend dem mehrfachen Lob in mehreren Feldern gezählt werden:

		Induktiv definierte Codierung des Einsatzes von Lob für die verschiedenen Interviews			
		Lob in Interview 1	Lob in Interview 2	Lob in Interview 3	Lob in Interview 4
Induktiv definierte Codierung der Art des Vorgehens zur Lösung der Modellierungsaufgabe	Empiriker	1	3	5	3
	eher Empiriker	1	4	3	2
	eher Modellierer	1	0	3	0
	Modellierer	3	0	3	0

Tabelle 58: Gemeinsame Verteilung der induktiven Codierungen für die jeweils gewählte Art des Vorgehens zur Bearbeitung der Modellierungsaufgabe in Teilaufgaben 1a und der Vergabe von Lob in Teilaufgabe 1c für die befragten Studierenden

Es fällt unmittelbar auf, dass in der Gruppe derjenigen befragten Studierenden, die ein eher oder stark empirisches Vorgehen gewählt haben, alle Interviewansätze, wenn auch verschieden häufig, gelobt werden, wohingegen in der Gruppe derjenigen befragten Studierenden, die ein eher oder stark modellierendes Vorgehen gewählt haben, durchgehend Interview 2 und Interview 4 gar nicht gelobt werden. Betrachtet man diesbezüglich die Interviews aus einer inhaltlichen Perspektive, fällt korrespondierend dazu auf, dass in allen Interviews Überlegungen zu einer empirischen Vorgehensweise geäußert werden, teilweise in dominanter, teilweise in untergeordneter Position, wohingegen Vorschläge zu einem modellierenden Vorgehen zur Bearbeitung der Eisdielenaufgabe nur in den Interviews 1 und 3 beobachtet werden können. Damit finden die Empirikerinnen und Empirikern ihren Ansatz zur Bearbeitung der Modellierungsaufgabe zumindest teilweise in jedem Schülerinterview vertreten, was in diesem Fall, aber nicht allgemein zwingend, einhergeht damit, dass in dieser Gruppe alle Interviewpassagen gelobt werden. Für eine Analyse, inwieweit das eigene Lösungsvorgehen und die durch Lob zum Ausdruck gebrachte Präferenz für einige Schülerlösungen zusammenhängen, ist dann weiterhin insbesondere die Gruppe der Modelliererinnen und Modellierer relevant, da diese Ansätze zur Bearbeitung der Modellierungsaufgabe, die ihrer eigenen Lösung grundsätzlich ähnlich sind, nur in einigen Schülerinterviews finden. Die Beobachtung dass in dieser Gruppe die Interviews 2 und 4 gar nicht gelobt werden, bedeutet also, dass in dieser Gruppe bei den befragten Studierenden einheitlich nur diejenigen Interviews gelobt werden, in denen zumindest teilweise Lösungsansätze geäußert werden, die eine grundsätzliche Ähnlichkeit mit dem selbst gewählten Vorgehen zur Bearbeitung der Aufgabe aufweisen.

Dies liefert aus allgemeinerer Perspektive Hinweise zu der Hypothese, dass individuelle Präferenzen im Hinblick auf die Bearbeitung einer mathematischen Aufgabenstellung das Rückmeldeverhalten dahingehend beeinflussen, dass Schülerlösungen, die tendenziell näher am selber gewählten Vorgehen sind, anders, in diesem Fall hervorgehobener beziehungsweise mit einer positiveren Grunddisposition, betrachtet werden als Schülerlösungen, die tendenziell weiter vom eigenen Vorgehen entfernt sind. Vor dem Hintergrund der hier vorgestellten gemeinsamen Codierung soll damit andererseits keine Aussage impliziert sein, dass diese andere, hier hervorgehobene Betrachtung von Schülerlösungen, die näher an der eigenen Lösung sind, einhergeht mit einer angemesseneren oder weniger angemessenen Rückmeldung zu diesen Lösungen im Vergleich zu Rückmeldungen zu Schülerlösungen, die weniger nah an der eigenen Lösung sind.

Im Bezug auf den allgemeinen Zusammenhang zwischen fachlichem und fachdidaktischen Wissen liefert die Beobachtung dann weiterhin Anhaltspunkte für die Hypothese, dass nicht nur, wie im Falle der vorigen Analysen formuliert, unterschiedlich hohe fachbezogene Wissensstände fachdidaktische Wissensstände möglicherweise beeinflussen, wobei der Einfluss in Abhängigkeit von der jeweiligen Anforderung dann zusätzlich von unterschiedlicher Natur sein kann[187], sondern dass zusätzlich – bei gegebenenfalls gleichen oder unterschiedlich hoch ausgeprägten fachbezogenen Wissensbeständen – auch individuelle Repräsentationen dieser Wissensbestände und Konnotationen zu diesen Wissensbeständen die Anwendung des im Bezug zu dem jeweiligen fachlichen Wissensbe-

[187] Wie erwähnt, konnte beispielsweise entweder hohes fachbezogenes Wissen angemessene fachdidaktische Ausführungen begünstigen, während weniger hohes fachbezogenes Wissen ausgeglichen mit angemessenen und weniger angemessen fachdidaktischen Ausführungen einhergeht oder niedrigeres fachbezogenes Wissen geht mit weniger angemessenen fachdidaktischen Ausführungen einher, während höheres fachbezogenes Wissen ausgeglichen mit angemessenen und weniger angemessenen fachdidaktischen Ausführungen einhergeht.

stand stehenden fachdidaktischen Wissensbestand auf konkrete Probleme beeinflussen[188].

Diese Hypothese wird weiterhin gestützt durch ähnliche Ergebnisse, die sich im Rahmen der Auswertung der gemeinsamen Codierung der Teilaufgaben 2a und 2b machen lässt. Inhaltlicher Bezugspunkt dieser Aufgaben war die vorgestellte Muschelaufgabe, die die Studierenden in Teilaufgabe 2a selbst beantworten sollten, bevor sie in Teilaufgabe 2b aufgefordert waren, Rückmeldungen zu vorgegebenen Schülerlösungen zu dieser Aufgabe zu formulieren (siehe Abschnitt IV.1.2.2). Erneut lassen sich dafür anhand der deduktiven Codierung von Teilaufgabe 2a unterschiedliche grundsätzliche Herangehensweisen der befragten Studierenden unterscheiden, wobei im Unterschied zur vorhergehenden Unterscheidung von Herangehensweisen an die Aufgabe in diesem Fall unterschiedliche Lösungsvorgehen einhergehen mit unterschiedlich hohen deduktiv definierten Codierungen. Dies spiegelt die Annahme wider, dass die entsprechenden Vorgehensweisen zur Bearbeitung der Aufgabe einhergehen mit einem unterschiedlich hohen fachlichen Verständnis der Aufgabenstellung. Daher steht in der nachfolgenden Analyse eine unterschiedliche Herangehensweise an die Aufgabe in direktem Bezug zu der Einschätzung des diesbezüglichen fachlichen Wissens im Gegensatz zu der vorher vorgestellten Analyse, in der die Unterscheidung zwischen eher oder stark empirischen Lösungsansätzen auf der einen Seite sowie eher oder stark modellierenden Lösungsansätzen auf der anderen Seite keinen Rückschluss auf unterschiedlich hohes diesbezügliches Fachwissen implizierte.

In Beziehung gesetzt werden dann nachfolgende zum Einen die deduktive Codierung von Teilaufgabe 2a sowie erneut die induktiv definierte Codierung, welche Schülerantworten von den befragten Studierenden jeweils gelobt wurden. Wie im Falle der vorigen Analyse wurden dabei nur diejenigen Antworten berücksichtigt, in denen mindestens eine, aber nicht alle drei Schülerantworten gelobt wurden, das heißt diejenigen Antworten, in denen durch das Lob eine tatsächlich selektive Hervorhebung

[188] Wobei nicht ausgeschlossen sein soll, sondern vielmehr anzunehmen ist, dass unterschiedlich hohe Wissensbestände in einem hier mathematischen Fachgebiet auf der einen Seite und Repräsentationen des Fachgebietes sowie Konnotationen zu diesem Fachgebiet auf der anderen Seite nicht unabhängig sind. So könnte beispielsweise eine Studentin beziehungsweise ein Student ein fachmathematisches Teilgebiet, dass sie oder er gut beherrscht, in dem sie oder er also über ein hohes fachbezogenes Wissen verfügt, mit positiven Konnotationen verbinden.

einzelner Antworten durch die Studierenden deutlich wurde. Für die nachfolgende Analyse der gemeinsamen Codierungen von Teilaufgabe 2a und 2b sind dann im Hinblick auf die deduktiv definierte Codierung von Teilaufgabe 2a und die damit einhergehende Unterscheidung der verschiedenen Lösungsansätze der befragten Studierenden vor allem diejenigen drei Lösungsansätze zentral, die mit -1, 0 oder +1 codiert wurden. Dies sind erstens diejenigen Antworten, in denen eine rein auf dem Dreisatz basierende Antwort formuliert wird (Codierung -1), zweitens diejenigen Antworten, in denen lediglich auf die Nicht-Lösbarkeit der Aufgabe mit Bezug auf den Sachkontext hingewiesen wird (Codierung 0) und drittens diejenigen Antworten, in denen auf die nicht – eindeutige Lösbarkeit der Aufgabe mit Bezug auf den Sachkontext hingewiesen wird und diese Angabe durch eine Schätzung des Muschelgewichtes auf Basis der Dreisatz-Lösung ergänzt wird (Codierung +1). Betrachtet man dann die gemeinsame Verteilung der beiden Codierungen, ergibt sich die nachfolgende Tabelle, in der zur Vollständigkeit sämtliche Codierungen von Teilaufgabe 2a angegeben sind und Studierende, die zweimal eine Schülerantwort gelobt haben, doppelt berücksichtigt sind:

		Induktiv definierte Codierung des Einsatzes von Lob für die verschiedenen Schülerlösungen		
		Lob für Beeke	**Lob für Silke**	**Lob für Sebastian**
Deduktiv definierte Codierung des fachmathematischen Wissens im Bezug auf Realitätsbezüge	**Code 2a: -2**	0	1	1
	Code 2a: -1	6	2	5
	Code 2a: 0	2	12	9
	Code 2a: 1	2	13	12
	Code 2a: 2	2	3	3

Tabelle 59: Gemeinsame Verteilung der deduktiven Codierung in Teilaufgabe 2a als Codierung auch für das jeweils gewählte Vorgehen zur Bearbeitung der realitätsbezogenen Aufgabe und induktiven Codierung bezüglich der Vergabe von Lob in Teilaufgabe 2b für die befragten Studierenden

Zuerst fällt im Vergleich zu der allgemeinen Darstellung, welche Schüleransätze überhaupt gelobt werden (siehe Tabelle 39, Seite 300) auf, dass im Rahmen dieser gemeinsamen Verteilung deutlich weniger Studierende berücksichtigt wurden. Dies ist im Wesentlichen dadurch begründet, dass ein Großteil derjenigen befragten Studierenden, die überhaupt Lob vergeben, in dieser Aufgabe dann auch durchgehend alle drei Schülerantworten loben.

Betrachtet man dann weiterhin diejenigen Studierenden, die im Rahmen des selektiven Lobens nur eine oder zwei Schülerlösungen berücksichtigen, fällt auf, dass ein Großteil dieser Studierenden erneut insbesondere Lösungen lobt, die grundsätzliche Gemeinsamkeiten zum eigenen Ansatz aufweisen. So loben Studierende, deren Antwort ausschließlich auf der Dreisatz-Lösung basiert (Codierung -1) insbesondere Beekes und Sebastians Antwort, das heißt die beiden Schülerlösungen, die ebenfalls ausschließlich oder teilweise auf den Dreisatz zurückgreifen. Ebenfalls loben Studierende, in deren Lösung auf die nicht eindeutige Lösbarkeit der Aufgabe vor dem Hintergrund des zugehörigen Sachkontextes hingewiesen wird (Codierung 0 und +1) insbesondere die Antworten von Silke und Sebastian, das heißt Antworten, die ebenfalls teilweise oder ganz auf diesem Argument basieren. Bei diesen Studierenden fällt weiterhin auf, dass bei denjenigen Studierenden, die in ihrer Antwort nur auf die nicht eindeutige Lösbarkeit der Aufgabe hinweisen (Codierung 0) Silkes Antwort, das heißt diejenige Schülerantwort, die ebenfalls ausschließlich auf die nicht eindeutige Lösbarkeit der Aufgabe vor dem Hintergrund des Sachkontextes hinweist, geringfügig häufiger gelobt wird als Sebastians Antwort, in der die nicht eindeutige Lösbarkeit um eine Gewichtsangabe auf Basis der Dreisatz-Lösung ergänzt wird. Im Gegensatz dazu werden bei denjenigen befragten Studierenden, deren Lösung sowohl einen Hinweis auf die nicht eindeutige Lösbarkeit der Aufgabe als auch eine Abschätzung des Gewichtes anhand der Dreisatz-Lösung enthält (Codierung +1), die Lösungen von Silke und Sebastian annähernd gleich häufig gelobt. Dies deutet darauf hin, dass für diejenigen befragten Studierenden, die nur oder unter anderem auf den Sachkontext bezogene Argumentationen formulieren, auch insbesondere diese Argumentation entscheidend ist. So loben einerseits Studierende, die selber keine zusätzliche Gewichtsschätzung auf Basis des Dreisatzes formulieren, häufig dennoch auch Sebastians Antwort, in der die sachkontextuelle Argumentation um eine entsprechende Gewichtsangabe ergänzt wird, und andererseits loben Studierende, die selber eine zusätzliche Gewichtsschätzung in der Antwort angeben, nicht nur häufig Sebastians Antwort, sondern mehr als genauso häufig Silkes Antwort, die sich nur auf den Sachkontext bezieht.

Erneut zeigt sich hier bei den befragten Studierenden insgesamt also eine inhaltliche Korrespondenz zwischen dem eigenen Lösungsvorgehen und den von ihnen gelobten Schülerantworten, das heißt, es kann dann erneut festgestellt werden, dass individuelle Präferenzen für ein Lösungsvorgehen auch hier häufig einhergehen mit einer hervorgehobenen Betrachtung, das heißt einer positiven Grunddisposition entsprechenden Schülerlösungen gegenüber. Wenngleich die erwähnte, dieser Aufgabe zugrundeliegenden Annahme einer Verknüpfung von unterschiedlich hohem Fachwissen und der Herangehensweise an die Aufgabe zu berücksichtigen ist, kann dies dennoch als weiteres Indiz für die oben formulierte **Hypothese** gewertet werden, **dass individuelle Repräsentationen fachmathematischer Wissensbestände und Konnotationen zu diesen Wissensbeständen die Anwendung des im Bezug zu dem jeweiligen fachlichen Wissensbestand stehenden fachdidaktischen Wissensbestand auf konkrete Probleme beeinflussen**.

Abschließend sei angemerkt, dass erwartungsgemäß der Rückbezug auf die eigene Lösung beziehungsweise der Einbezug derselben in die Formulierung einer Rückmeldung nicht zwangsläufig unbewusst geschieht, sondern von einigen Studierenden sogar explizit erwähnt wird.

> *[Teilaufgabe 1c:]*
> *"Interview 1: habe ich genauso gelöst... würde ich also o.k. finden" (Studentin, 8. Semester, GHR-Fortgeschrittene, Fragebogen 20)*

> *[Teilaufgabe 2b:]*
> *"Silke: Sie hat ähnliche Gedanken gehabt wie ich."*
> *(Studentin, 2. Semester, GHR-Anfängerin, Fragebogen 76)*

Insgesamt verweisen jedoch nur relativ wenige Studierende explizit auf ihre eigene Lösung (genauer nur die vorangegangen zitierte Studierende in Teilaufgabe 1c und vier Studierende in Teilaufgabe 2b), allerdings ist vor dem Hintergrund der jeweiligen Aufgabenstellungen ein entsprechender direkt formulierter Bezug zur eigenen Lösung auch nicht unmittelbar zu erwarten oder notwendig, so dass nicht ausgeschlossen werden soll, dass auch weitere Studierende bewusst ihre eigene Lösung als einen Bezugshintergrund für die Formulierung einer Rückmeldung herangezogen haben, ohne dies explizit in den entsprechenden Teilaufgaben herauszustellen. Insgesamt verdeutlichen diese expliziten Bezugnahmen auf die eigene Lösung weiterhin, dass die hier als Hypothesen vorgestellten strukturellen Zusammenhängen zwischen verschiedenen Komponenten der professionellen Kompetenz möglicherweise teilweise auch als bewusste Zusammenhänge von den Studierenden formuliert werden könnten und nicht notwendig als unbewusste strukturelle Zusammenhänge zu deuten sind. Außerdem sei deutlich angemerkt, dass die hier vorgenommene Inbeziehungsetzung von eigener Lösung und mit selektivem Lob versehenen Schülerlösungen einerseits wie beschrieben Hinweise für den Schluss liefert, dass individuelle Vorgehensweisen und Präferenzen bei der Lösung einer Aufgabe die Anwendung des diesbezüglichen fachdidaktischen Wissens zur Formulierung einer Rückmeldung beeinflussen, aber dass andererseits dies nicht impliziert, dass die Studierenden ihre eigene Lösung als ausschließlichen Bezugsrahmen für die Formulierung einer Rückmeldung heranziehen. Dies wird beispielsweise daran deutlich, dass in Teilaufgabe 1c im Material deutlich festzustellen war, dass insbesondere die Empirikerinnen und Empiriker auch einen kritisch-würdigenden Umgang mit modellierenden Ansätzen zeigten[189].

2.1.2 *Rekonstruierte strukturelle Zusammenhänge zwischen beliefs und fachlichem sowie fachdidaktischem Wissen*

Grundsätzlich werden in der vorliegenden Studie hinsichtlich der beliefs insbesondere die mathematischen beliefs berücksichtigt (vgl. Abschnitt II.4.7). Für die Rekonstruktion von Zusammenhängen zwischen diesen beliefs der Mathematiklehramtsstudierenden einerseits und den in der vorliegenden Studie betrachteten Wissensgebieten, das heißt dem fachmathematischen und mathematikdidaktischen Wissen andererseits wird dann grundlegend zwischen den beiden zentralen Bereichen der mathematischen beliefs unterschieden, nämlich zwischen auf Mathematik bezogenen beliefs und auf das Lehren und Lernen von Mathematik bezogenen beliefs[190].

---

[189] Die Beobachtung, dass die Gruppe der Empirikerinnen und Empiriker auch Schülerinterviews mit teilweise modellierenden Ansätzen lobt (siehe Tabelle 58, Seite 348), deutet diese Beobachtung bereits an.

[190] Dies steht im Einklang mit der entsprechenden Klassifikation der Teilaufgaben (vgl. Abschnitt III.2.2). Auf Mathematik bezogene beliefs sind in der Klassifikation der Teilaufgaben dadurch gekennzeichnet, dass sie hinsichtlich ihres kognitiven Anteils gemäß MT21

Vor diesem Hintergrund wird im Folgenden zuerst die auf mathematikbezogene beliefs der Studierenden ausgerichtete Codierung im Zusammenhang mit der Codierung von auf Wissensgebiete bezogenen Teilaufgaben betrachtet. Hinsichtlich der Unterscheidung der auf Mathematik bezogenen beliefs wird dafür auf die induktive Codierung der Teilaufgabe 1g zurückgegriffen, in der die Studierenden entscheiden sollten, inwieweit ihrer Meinung nach die Mathematik durch experimentelle und anwendungsbezogene beziehungsweise deduktive und abstrakte Charakteristika beschrieben werden kann. Im Rahmen der Codierung wurde dann, wie oben (siehe Abschnitt IV.1.3.1) beschrieben, unterschieden, ob die Ausführungen der Studierenden eher auf ein statisches, eher statisches, dynamisches oder eher dynamisches Bild von Mathematik schließen lassen, oder ob im Sinne einer Symbiose auf ein Bild von Mathematik geschlossen werden kann, in dem beide Charakteristika relativ gleichberechtigt berücksichtigt sind. Ergänzt wurde weiterhin jeweils eine Codierung für Studierende, die disziplinär-getrennte Ausführungen zu Fachwissenschaft und Fachdidaktik formulierten und für Studierende, deren Ausführungen nur fachdidaktisch geprägt sind. Betrachtet wird dann nachfolgend die gemeinsame Codierung dieser Unterscheidung des Bildes von Mathematik der Studierenden mit verschiedenen deduktiven Codierungen von wissensbezogenen Teilaufgaben. Hierfür wird sowohl für die mathematikbezogene Aktivität des Modellierens als auch für die mathematikbezogene Aktivität des Argumentierens und Beweisens jeweils eine Teilaufgabe zum fachmathematischen und mathematikdidaktischen Wissen genauer betrachtet. Im Gegensatz zum vorangegangen Abschnitt werden hier damit zur Vollständigkeit auch Teilaufgaben zum Argumentieren und Beweisen mit in die Analyse einbezogen. Erneut sei jedoch auf die erwähnte Einschränkung der Analysemöglichkeiten auf Grund der bei diesen Teilaufgaben teilweise stark ins negative verschobenen Codierungen hingewiesen. Hinsichtlich der mathematikbezogenen Aktivität des Modellierens wird weiterhin auf die auch der vorigen Analyse zugrundeliegenden Teilaufgaben zurückgegriffen. Das heißt, im Bezug auf das fachbezogene Wissen wird erneut die Teilaufgabe 1a betrachtet, in der die Studierenden selber die beschriebene Eisdielenaufgabe lösen sollten

auf disziplinär-systematisches Wissen bezogen sind, auf das Lehren und Lernen von Mathematik bezogene beliefs sind in der Klassifikation der Teilaufgaben dadurch gekennzeichnet, dass sie hinsichtlich ihres kognitiven Anteils gemäß MT21 auf lernprozessbezogene und lehrbezogene Anforderungen bezogen sind.

und die deduktive Codierung die Angemessenheit der jeweiligen Studierendenlösung beschreibt, und im Bezug auf das fachdidaktische Wissen wird erneut die Teilaufgabe 1c betrachtet, in der die Studierenden Rückmeldungen zu vorgegebenen Schülerinterviews über die Lösung der Eisdielenaufgabe aus Schülersicht formulieren sollten und die deduktive Codierung die Angemessenheit der Rückmeldung beschreibt. Hinsichtlich der mathematikbezogenen Aktivität des Argumentierens und Beweisens wird dann im Bezug auf das fachliche Wissen auf Teilaufgabe 4b zurückgegriffen, in der die Studierenden die mathematische Aussage über die Verdoppelung der Diagonalenlänge eines Quadrates bei Verdoppelung der Seitenlänge formal beweisen sollten. Hierbei wird durch die deduktiv definierte Codierung jeweils die fachliche Angemessenheit des von den befragten Studierenden formulierten formalen Beweises erfasst. Im Bezug auf das fachdidaktische Wissen unter der Perspektive von Argumentieren und Beweisen wird dann abschließend die Teilaufgabe 5a betrachtet, in der die Studierenden, ähnlich der für diese Analyse hinsichtlich des Modellierens berücksichtigten Teilaufgabe, ebenfalls Rückmeldungen formulieren sollten, dieses Mal zu vorgegebenen schriftlichen Schülerlösungen, in denen die Schülerinnen und Schüler versucht haben, die mathematische Aussage über die Teilbarkeit der Summe dreier aufeinanderfolgender Zahlen durch drei zu beweisen. Auch hier gibt die deduktive Codierung erneut die Angemessenheit der formulierten Rückmeldungen an. In der folgenden gemeinsamen Darstellung ist dann für alle vier Teilaufgaben jeweils die gemeinsame Verteilung der jeweiligen deduktiven Codierung mit der induktiven Codierung bezüglich des Bildes von Mathematik der Studierenden auf Basis von Teilaufgabe 1g aufgeführt:

Mathematikbezogene beliefs und fachliches, auf Modellierung bezogenes Wissen

		Deduktiv definierte Codierung des fachmathematischen Wissens im Bezug auf Modellierung				
		Code 1a: -2	Code 1a: -1	Code 1a: 0	Code 1a: 1	Code 1a: 2
Induktiv definierte Codierung des Bildes von Mathematik auf Basis von Teilaufgabe 1g	Statisch	1	1	0	0	0
	Eher Statisch	1	4	8	1	3
	Symbiose	3	0	2	5	1
	Eher Dynamisch	1	0	6	11	0
	Dynamisch	0	1	0	1	0
	Disziplinär getrennt	0	0	3	2	1
	Nur didaktische Ausführung	0	1	3	3	2

Tabelle 60: Gemeinsame Verteilung der induktiven Codierung hinsichtlich des Bildes von Mathematik auf Basis von Teilaufgabe 1g und der deduktiven Codierung von Teilaufgabe 1a für die befragten Studierenden

Mathematikbezogene beliefs und fachdidaktisches, auf Modellierung bezogenes Wissen

		Deduktive Codierung des lernprozess-bezogenen mathematikdidaktischen Wissens in Bezug auf Modellierung				
		Code 1c: -2	Code 1c: -1	Code 1c: 0	Code 1c: 1	Code 1c: 2
Induktiv definierte Codierung des Bildes von Mathematik auf Basis von Teilaufgabe 1g	Statisch	1	1	0	0	0
	Eher Statisch	7	4	3	2	0
	Symbiose	3	2	0	6	0
	Eher Dynamisch	8	1	5	5	0
	Dynamisch	0	1	0	0	1
	Disziplinär getrennt	2	1	2	0	1
	Nur didaktische Ausführung	5	0	2	1	1

Tabelle 61: Gemeinsame Verteilung der induktiven Codierung hinsichtlich des Bildes von Mathematik auf Basis von Teilaufgabe 1g und der deduktiven Codierung von Teilaufgabe 1c für die befragten Studierenden

Mathematikbezogene beliefs und fachliches, auf Argumentieren und Beweisen bezogenes Wissen

		Deduktiv definierte Codierung des fachmathematischen Wissens in Bezug auf formales Beweisen				
		Code 4b: -2	Code 4b: -1	Code 4b: 0	Code 4b: 1	Code 4b: 2
Induktiv definierte Codierung des Bildes von Mathematik auf Basis von Teilaufgabe 1g	Statisch	1	0	1	0	0
	Eher Statisch	9	1	1	2	3
	Symbiose	3	3	1	1	2
	Eher Dynamisch	6	3	2	5	3
	Dynamisch	1	0	0	1	0
	Disziplinär getrennt	2	0	0	1	1
	Nur didaktische Ausführung	5	2	0	2	0

Tabelle 62: Gemeinsame Verteilung der induktiven Codierung hinsichtlich des Bildes von Mathematik auf Basis von Teilaufgabe 1g und der deduktiven Codierung von Teilaufgabe 4b für die befragten Studierenden

Mathematikbezogene beliefs und fachdidaktisches, auf Argumentieren und Beweisen bezogenes Wissen

		Deduktiv definierte Codierung des lernprozessbezogenen mathematikdidaktischen Wissens in Bezug auf Argumentieren und Beweisen				
		Code 5a: -2	Code 5a: -1	Code 5a: 0	Code 5a: 1	Code 5a: 2
Induktiv definierte Codierung des Bildes von Mathematik auf Basis von Teilaufgabe 1g	Statisch	1	0	0	1	0
	Eher Statisch	2	4	4	6	2
	Symbiose	2	3	2	3	1
	Eher Dynamisch	2	1	2	7	7
	Dynamisch	1	0	0	1	0
	Disziplinär getrennt	0	1	3	2	0
	Nur didaktische Ausführung	1	1	2	3	2

Tabelle 63: Gemeinsame Verteilung der induktiven Codierung hinsichtlich des Bildes von Mathematik auf Basis von Teilaufgabe 1g und der deduktiven Codierung von Teilaufgabe 5a für die befragten Studierenden

Allen gemeinsamen Verteilungen ist gemeinsam, dass sie insgesamt weniger ausgeprägte Tendenzen erkennen lassen. Insbesondere ist nicht ausgeprägt zu beobachten, dass befragte Studierende mit einem statischen oder eher statischen Bild von Mathematik höhere auf das Wissen bezogene Codierungen in Bereichen aufweisen, die auf Argumentieren und Beweisen ausgerichtet sind, und befragte Studierende mit einem dynamischen oder eher dynamischen Bild von Mathematik höhere auf das Wissen bezogene Codierungen aufweisen in Gebieten, die auf Modellierung ausgerichtet sind. Dies scheint auf den ersten Blick zumindest in einem Spannungsverhältnis zu stehen zur Filterfunktion von beliefs (siehe Abschnitt II.4.2), wenn man erwartet, dass die mathematikbezogene beliefs der befragten Studierenden deren Wissenserwerb in denjenigen Gebieten begünstigen, die mit den jeweiligen mathematikbezogenen beliefs korrespondieren und berücksichtigt, dass Argumentieren und Beweisen stärker mit einer statischen Sicht auf Mathematik korrespondieren, während Modellieren stärker mit einer dynamischen Sicht auf Mathematik korrespondiert (vgl. Kapitel II.8). Bei genauerer Betrachtung besteht jedoch eine Einschränkung, die vor dem Hintergrund der hier betrachteten gemeinsamen Verteilungen offensichtlich bedeutsam ist. Im Gegensatz zu den häufig im Kontext der Filter-Funktion von beliefs betrachteten lehr- und lernprozessbezogenen beliefs wurden vorangehend nämlich insbesondere die rein auf die Mathematik bezogenen beliefs in Zusammenhang mit den Wissensbereichen gesetzt. Während also die meisten Aussagen bezüglich des Einflusses der beliefs auf den Wissenserwerb angehender oder praktizierender Lehrerinnen und Lehrer in dem Sinne, dass insbesondere mit den beliefs korrespondierende Wissensinhalte erworben werden, sich auf lehr- und lernprozessbezogene beliefs und damit verwandte Wissensbereiche, also insbesondere fachdidaktische beziehungsweise allgemeiner lehr-lernprozessbezogene Wissensbereiche, beziehen, wurden hier eine Beziehung hergestellt zwischen fachlichen und fachdidaktischen Wissensbereichen und beliefs, die sich auf die Mathematik als fachliche, genauer im Sinne der Fragestellung der Teilaufgabe als fachwissenschaftliche Disziplin beziehen. Deshalb war trotz der Filter-Funktion von beliefs ein direkter Zusammenhang zwischen beliefs und korrespondierenden Wissensbeständen in diesem Falle nicht zwingend zu erwarten, da hinsichtlich der beliefs hier und im Gegensatz dazu im allgemein für die Filterfunktion zugrundeliegenden Fall jeweils grundsätzlich unterschiedliche belief-Objekte zugrunde liegen. Stattdessen kann festgehalten werden, dass für die befragten Studierenden gerade im Fall der mathematikbezogenen beliefs kein Zusammenhang zwischen den beliefs und den fachmathematischen und fachdidaktischen Wisssensdimensionen rekonstruiert werden konnte, das heißt im Fall der befragten Studierenden gehen unterschiedliche mathematikbezogene beliefs nicht häufiger einher mit höherem Wissen in mit diesen beliefs inhaltlich korrespondierenden mathematischen und mathematikdidaktischen Wissensgebieten. Dies könnte Anlass geben für eine zurückhaltende Formulierung der Hypothese, dass fachbezogene, hier also mathematikbezogene, beliefs keine dominierende Rolle in der Beeinflussung des Wissenserwerbs von Mathematiklehramtsstudierenden spielen[191]. Diese Hypothese wird durch folgende Überlegungen gestützt: Es liegt die Annahme nahe, dass beliefs insbesondere dann einen dominierenden Einfluss auf Prozesse des Wissenserwerbs haben können, wenn sie einerseits stark ausgeprägt sind und wenn andererseits eine Anschlussfähigkeit der Wissensangebote zu bereits bestehenden beliefs besteht. Tatsächlich sind jedoch in der Schule erworbene mathematikbezogene beliefs möglicherweise deutlich weniger anschlussfähig an in der Universität gelehrte fachmathematische und mathematikbezogene Wissensbestände, als intuitiv zu erwarten wäre. So basiert gleichsam klassischer Mathematikunterricht in der Schule häufig auf eher schematischen und teilweise anwendungsbezogenen Zugängen, jedoch seltener auf stark formal orientierten Zugängen zur Mathematik. Exemplarisch wird dies daran deutlich, dass in der Schule nur selten axiomatische Systeme überhaupt thematisiert werden können. Ein Beispiel für ein entsprechendes prinzipiell auch in der Schule einführbares axiomatisches System ist dabei das Kolmogoroffsche Axiomensystems als Grundlage der Stochastik, wobei selbst dieses System als für den schulischen Mathematikunterricht äußerst anspruchsvoll angesehen werden kann und daher im Regelfall Mathematikkursen der Sekundarstufe II vorbehalten sein wird (Tietze, Klika & Wolpers, 2002). Dahingegen geht die universitär gelehrte Mathematik grundlegend von axiomatischen Systemen aus, wie etwa im Fall der Einführung in die Analysis durch Verwendung der Peano-Axiome (vgl. Fors-

[191] Wobei deutlich angemerkt werden muss, dass insbesondere die in die Analyse eingegangenen fachmathematisch orientierten Teilaufgaben 1a und 4b keine universitär erworbenen Mathematikkenntnisse voraussetzen, so dass in der Hypothese nur allgemein von Wissenserwerb, aber nicht vom rein universitären Wissenserwerb ausgegangen werden kann.

ter, 2008, Königsberger, 2004[192]). Insgesamt unterscheiden sich damit die im Rahmen des Mathematikunterrichts vermittelten fachmathematischen Inhalte hinsichtlich ihrer grundlegenden Charakteristika teilweise deutlich von den in universitären Mathematiklehrveranstaltungen vermittelten fachmathematischen Inhalten. Dies wird sinnfällig und findet seinen sprachlichen Niederschlag auch in der unterschiedlichen Bezeichnung der jeweils vermittelten Themengebiete, die in der Schule häufig unter der verkürzten Bezeichnung „Mathe", in der Universität unter der vollständigen wissenschaftsbezogenen Bezeichnung als „Mathematik" subsummiert werden (vgl. Bromme, 1994, vgl. Abschnitt II.3.2). Damit kann angenommen werden, dass viele von den Schülerinnen und Schülern bis zum Ende ihrer Schulzeit aufgebaute mathematikbezogene beliefs tatsächlich wenig anschlussfähig sind zu den ab dem Beginn der universitären Ausbildung vermittelten fachmathematischen und mathematikbezogenen Inhalte. Träfe dies tatsächlich zu, impliziert dies weiterhin die Möglichkeit, dass die Schülerinnen und Schüler während ihres Studiums eventuell neue mathematikbezogene beliefs aufbauen, entweder als Substitution der alten beliefs oder in Ergänzung, und dass eventuell teilweise bisherige, in der Schulzeit entwickelte mathematikbezogene beliefs eine Verschiebung erfahren und wegen des assoziativen Schulbezugs zu stärker durch Lehr- oder Lernprozess konnotierten beliefs werden. Daneben wandelt sich teilweise auch während des Mathematiklehramtstudiums erneut der Charakter der vorgestellten Mathematik in Abhängigkeit der jeweiligen curricularen Vorgaben. Während im Grundstudium häufig ein Fokus auf einer stark formal orientierten Mathematikausbildung der angehenden Lehrerinnen und Lehrer liegt, werden im Hauptstudium häufig zusätzlich Bereiche der angewandeten Mathematik verpflichtender Teil der Mathematiklehramtsausbildung. Dies könnte weiterhin zu einer erneuten Ergänzung beziehungsweise Umstrukturierung der mathematikbezogenen beliefs der Studierenden während der universitären Mathematikausbildung führen. Insgesamt ließe sich damit ein entsprechender Neuaufbau beziehungsweise eine Umstrukturierung der mathematikbezogenen beliefs zu Beginn und während der fachmathematikbezogenen

[192] Es sei angemerkt, dass selbst in entsprechenden Werken, die auf eine universitäre Analysisausbildung und nicht auf den Schulunterricht ausgerichtet sind, die Peano-Axiome teilweise nicht umfassend, sondern nur hinsichtlich der axiomatischen Grundlegung des Prinzips der vollständigen Induktion thematisiert werden und die natürlichen Zahlen ansonsten als gegeben vorausgesetzt werden (von den hier zitierten beispielsweise Königsberger, 2004).

Anteile der Mathematiklehramtsausbildung als plausible Erklärung dafür ansehen, warum die entsprechenden mathematikbezogenen beliefs der Lehramtstudierenden möglicherweise während der universitären Phase der Lehrerausbildung weniger stark ausgebildet und fixiert sind und dadurch bedingt eine weniger dominante Rolle in der Beeinflussung des Wissenserwerbs spielen.

Vor dem Hintergrund der vorangegangenen deutlichen Unterscheidung von lehrbezogenen und lernprozessbezogenen beliefs einerseits und mathematikbezogenen beliefs andererseits im Hinblick auf die Filterfunktion von beliefs, die als Grundlage der obigen Interpretation herangezogen wurde, bietet es sich an, ergänzend gleichsam überprüfend zu betrachten, ob die beiden belief-Bereiche für die befragten Studierenden tatsächlich keine deutlichen Zusammenhänge untereinander aufweisen, das heißt, inwieweit die beiden belief-Bereiche tatsächlich unterschiedlich sind. Das bedeutet, im Unterschied zur sonstigen Ausrichtung dieses Abschnitts werden hier im Sinne eines Einschubs zwei Codierungen in Beziehung gesetzt, die beide unter dem Fokus von beliefs betrachtet werden. Dafür werden im Folgenden die Teilaufgaben 1g und 1f in Beziehung gesetzt, die sich mit dem Bild von Mathematik der befragten Studierenden beziehungsweise methodischen Präferenzen bei der Gestaltung einer Unterrichtseinheit befassen. Beide Teilaufgaben sind damit erneut hinsichtlich der mathematikbezogenen Aktivität dem Bereich der Modellierung zuzuordnen und es wird ebenfalls erneut wie auch bei der Betrachtung von Zusammenhängen zwischen den verschiedenen Wissensgebieten auf einen Rückgriff auf eine Teilaufgabe aus dem Bereich des Argumentierens und Beweisens verzichtet. Erneut ist dies zurückzuführen auf die teilweise großen Schwierigkeiten für die Studierenden in der Auseinandersetzung mit dem fachlichen Beweisen, die auch die Beantwortung der nicht fachmathematikbezogenen Fragen aus diesem Gebiet inhaltlich beeinflusst haben.

Für die hier betrachteten Teilaufgaben 1g und 1f wird dann weiterhin jeweils auf eine induktive Codierung zurückgegriffen. Im Fall von Teilaufgabe 1g wird dabei genauer erneut auf die induktive Codierung bezüglich des Bildes von Mathematik der befragten Studierenden zurückgegriffen und im Fall von Teilaufgabe 1f, das heißt der Frage, welches didaktische Vorgehen die befragten Studierenden bei der unterrichtlichen Durchführung einer Modellierungsaufgabe wählen würden, wird dann zurückgegriffen auf die Unterscheidung, ob die befragten Studierenden in ihrer Antwort ein stark oder eher transmissionsorientiertes beziehungsweise ein stark oder eher konstruktionsorientiertes methodisches Vorgehen schildern (siehe Abschnitt IV.1.3.2). Es sei dabei deutlich angemerkt, dass Teilaufgabe 1f dabei ursprünglich als auf mathematikdidaktisches Wissen bezogene Teilaufgabe klassifiziert ist und insbesondere die dazugehörige deduktiv definierte Codierung dies deutlich aufgreift (siehe ebenfalls Abschnitt IV.1.3.2). Wenn hier also das Ziel formuliert wird, im Anschluss an die oben formulierte Unterscheidung verschiedener Bereiche mathematischer beliefs im Gegensatz zur sonstigen Ausrichtung dieses Abschnitts an beliefs orientierte Codierungen miteinander in Beziehung gesetzt werden, dann ist dies wegen der Klassifikation von Teilaufgabe 1f als auf mathematikdidaktische Wissen ausgerichtete Teilaufgabe nur möglich, wenn man die induktive Codierung der Teilaufgabe als Beschreibung des von den Studierenden präferierten methodischen Vorgehens für die unterrichtliche Behandlung einer Modellierungsaufgabe ansieht und dabei über den Bezug zur individuellen Präferenz eines methodischen Vorgehens einen Bezug zu den lehr- und lernprozessbezogenen beliefs herstellt[193]. Auch wegen dieser zusätzlichen Einschränkung ist die hier vorgenommene Betrachtung daher nur als ergänzende Analyse anzusehen, wobei insgesamt das Vorgehen der Tatsache Rechnung trägt, dass beliefs kognitive und affektive Anteile haben.

Vor diesem Hintergrund und unter Berücksichtigung der genannten Einschränkungen lässt sich dann für die befragten Studierenden die nachfolgend dargestellte gemeinsame Verteilung der Codierungen beobachten:

[193] Das bedeutet, dass hier gleichsam im Einklang mit den übrigen Analysen dieses Abschnitts eine auf beliefs bezogene und eine auf eine Wissensdimension bezogene Teilaufgabe in Beziehung gesetzt werden, jedoch im Unterschied zu den übrigen Analysen dieses Abschnitts die auf eine Wissensdimension bezogen Teilaufgabe ebenfalls unter einer auf beliefs ausgerichteten Perspektive betrachtet wird.

		In Teilaufgabe 1f genannte methodische Präferenz bei der Behandlung von Modellierungsaufgaben			
		Konstruktion	Semi-Konstruktion	Semi-Transmission	Transmission
Induktiv definierte Codierung des Bildes von Mathematik auf Basis von Teilaufgabe 1g	*Statisch*	0	1	0	1
	Eher Statisch	7	4	7	0
	Symbiose	6	0	4	1
	Eher Dynamisch	9	4	5	0
	Dynamisch	0	1	0	0
	Disziplinär getrennt	2	2	2	0
	Nur didaktische Ausführung	5	1	2	1

Tabelle 64: Gemeinsame Verteilung der induktiven Codierung hinsichtlich des Bildes von Mathematik auf Basis von Teilaufgabe 1g und der induktiven Codierung von Teilaufgabe 1f hinsichtlich der Art des methodischen Vorgehens für die befragten Studierenden

Tatsächlich fällt dann auf, dass sich für die befragten Studierenden, im Sinne der obigen Unterscheidung von lehr- und lernprozessbezogenen beliefs einerseits und mathematikbezogenen beliefs andererseits, kein schlichter Zusammenhang nachzeichnen lässt in dem Sinne, dass ein eher statisches Bild von Mathematik mit stärker transmissionsorientierten methodischen Unterrichtsansätzen und ein eher dynamisches Bild von Mathematik mit stärker konstruktionsorientierten Unterrichtsansätzen einhergeht. Dies steht im Einklang mit der der oben vorgenommen Unterscheidung zwischen den verschiedenen Bereichen mathematischer beliefs, das heißt zwischen den Bereichen von einerseits lehr- und lernprozessbezogenen und andererseits mathematikbezogenen beliefs. Auch wenn diese gemeinsame Betrachtung der beiden Codierungen, wie erwähnt, daher insbesondere lediglich einen ergänzenden Charakter zu der vorhergegangen Analyse hat, kann daher dennoch ausgehend von der letztgenannten gemeinsamen Codierung sowie auch unter Berücksichtigung der vorigen Analyse, die **Hypothese** formuliert werden, **dass für Mathematiklehramtstudierende innerhalb der mathematischen beliefs keine grundsätzlichen Zusammenhänge zwischen lehr- und lernprozessbezogenen beliefs einerseits und mathematikbezogenen beliefs andererseits von vornherein anzunehmen sind**. Folgt man dieser Hypothese, bietet sich weiterhin insbesondere eine Möglichkeit der Präzision dahingehend, **dass nicht von vornherein das Einhergehen eines tendenziell statischen Mathematikbildes und tendenziell transmissiven lehr- und lernprozessbezogenen beliefs einerseits und von einem Einhergehen eines tendenziell dynamischen Mathematikbildes und tendenziell konstruktiven lehr- und lernprozessbezogenen beliefs andererseits anzunehmen ist**.

Betrachtet man die letztgenannte gemeinsame Verteilung unter anderer Perspektive erneut, fällt zusätzlich auf, dass diejenigen befragten Studierenden, die in Aufgabe 1g trotz der mathematikbezogenen Fragestellung eine nur didaktisch orientierte Antwort formulieren, in der Mehrheit konstruktionsorientierte Unterrichtsansätze anführen. Damit steht das diesbezügliche Antwortverhalten dieser Studierenden unter allgemeinerer Perspektive im Einklang mit der häufig grundsätzlich konstruktivistischen Ausrichtung fach- beziehungsweise mathematikdidaktischer Ansätze (vgl. Leuders, 2005) und weiterhin insbesondere auch mit den entsprechenden Ergebnissen zu konstruktionsorientierten beliefs angehender Lehrkräfte in TEDS-M 2008, wobei hier insbesondere die Ergebnisse im Bezug auf angehende Primarstufenlehrkräfte zu nennen sind (Felbrich, Schmotz, Kaiser 2010) und sich hier im Bezug auf angehende Sekundarstufe-I-Lehrkräfte ein teilweise differenzierteres Bild zeigt (Schmotz, Felbrich, Kaiser 2010).

In Abgrenzung zu diesen Analysen wird nun im Folgenden der Fokus auf den Zusammenhang zwischen den Codierungen von auf lehr- und lernprozessbezogene beliefs ausgerichteten Teilaufgaben einerseits und den Codierungen von auf Wissensbereiche ausgerichteten Teilaufgaben andererseits gelegt. Wie bereits ausgeführt, ist hier ein Zusammenhang dahingehend zu erwarten, dass im Sinne der Filter-Funktion von beliefs der Wissensstand der befragten Studierenden nicht unbeeinflusst ist von den mit diesem Wissen korrespondierenden beliefs. Vor diesem Hintergrund kommt der Betrachtung der gemeinsamen Codierung hier eher die Funktion einer Einbettung der Ergebnisse in bekannte Zusammenhänge zu, das heißt gleichsam eine Überprüfung der Konsistenz der hier betrachteten gemeinsamen Codierung mit zu erwartenden Zusammenhängen. Zu diesem Zweck wird erneut ein Zusammenhang aus dem auf die mathematikbezogene Aktivität des Modellierens ausgerichteten Bereich betrachtet und nicht aus auf das Argumentieren und Beweisen ausgerichteten Bereichen. Die Begründung hierfür ist erneut, wie oben beschrieben, dass in letzterem Bereich die Zusammenhänge stark beeinflusst werden durch den anspruchsvollen Charakter der Aufgabenstellung zum formalen Beweisen für die befragten Studierenden, die sich in eher zu negativen Codierungen tendierenden Verteilungen der entsprechenden Codierungen zeigen.

Betrachtet wird genauer aus dem auf die Modellierung bezogenen Bereich die gemeinsame Verteilung der deduktiv definierten Codierungen von Teilaufgabe 1a und 1e. Teilaufgabe 1a behandelt dabei, wie auch in den vorigen Analysen beschrieben, als eine auf fachmathematisches Wissen ausgerichtete Teilaufgabe die Frage, wie die Studierenden selber die dargestellte Eisdielenaufgabe lösen würden und die dazugehörige deduktiv definierte Codierung beschreibt die Angemessenheit der jeweiligen Lösung (siehe Abschnitt IV.1.1.1). Teilaufgabe 1e kann dann weiterhin dem Bereich der lehrbezogenen beliefs zugeordnet werden. Hier wurden die Studierenden gefragt, ob sie persönlich eine entsprechende Modellierungsaufgabe in ihrem Mathematikunterricht einsetzen würden. Die Aufgabe fokussiert damit nicht auf die Frage, inwieweit ein entsprechender unterrichtlicher Einsatz einer Modellierungsaufgabe aus fachdidaktischer Perspektive angemessen ist, sondern auf die persönliche Präferenz der Studierenden bezüglich eines unterrichtlichen Thematisierens entsprechender Aufgaben. Dies wurde für die befragten Studierenden nicht nur aus der Aufgabenstellung deutlich, sondern auch dadurch, dass diese Frage direkt im Anschluss an die Frage, ob eine solche Aufgabe in den Mathematikunterricht der Sekundarstufe I gehört, gestellt wurde und so auch durch die Abfolge der Fragen im Fragebogen deutlich wurde, dass diese Frage ausschließlich auf die persönliche Einschätzung der Studierenden abzielt. Dennoch werden aufgrund des kognitiven Anteils von beliefs auch fachdidaktisch orientierte Antwortanteile in der deduktiv definierten Codierung mit erfasst, so dass mit dieser Codierung insgesamt Antworten, in denen die befragten Studierenden die unterrichtliche Thematisierung von Modellierungsaufgaben persönlich befürworten, durch nicht – negative Codierungen (Codierung +1 und 0[194]) und Antworten, in denen die befragten Studierenden eine Behandlung von Modellierungsaufgaben in ihrem Mathematikunterricht ablehnen, mit negativen Codierungen versehen wurden (siehe Abschnitt IV.1.3.2). Für die befragten Studierenden ergibt sich dann die nachfolgend dargestellte gemeinsame Verteilung der deduktiv definierten Codierungen:

		Deduktiv definierte Codierung der lehrbezogenen mathematischen beliefs in Bezug auf Modellierung		
		Item 1e: -1	**Item 1e: 0**	**Item 1e: 1**
Deduktive Codierung des fachmathematischen Wissens in Bezug auf Modellierung	**Item 1a: -2**	1	4	3
	Item 1a: -1	3	3	2
	Item 1a: 0	2	11	13
	Item 1a: 1	1	9	16
	Item 1a: 2	0	5	2

Tabelle 65: Gemeinsame Verteilung der deduktiven Codierungen der Teilaufgaben 1a und 1e für die befragten Studierenden

Berücksichtigt man dann, dass insgesamt nur wenige Antworten der befragten Studierenden in Teilaufgabe 1e mit -1 codiert wurden, lässt sich vor diesem Hintergrund erkennen, dass jeweils ein Großteil derjenigen befragten Studierenden, deren Antworten in Teilaufgabe 1e mit einer nicht-negativen Codierung erfasst wurden, in Teilaufgabe 1a eine Antwort formuliert haben, die ebenfalls eine nicht-negative Codierung erhielt, wohingegen umgekehrt die Mehrheit derjenigen befragten Studierenden, die in Teilaufgabe 1e eine negativ codierte Antwort formuliert haben, in Teilaufgabe 1a ebenfalls eine Antwort formuliert haben, die negativ codiert wurde. Das bedeutet, dass der Großteil derjenigen befragten Studierenden, die eine Behandlung von Modellierungsaufgaben im Mathematikunterricht stärker ablehnen (Codierung -1 in Teilaufgabe 1e), nur eine weni-

[194] Wie in Abschnitt IV.1.3.2 beschrieben, liegt der Unterschied zwischen diesen Codierungen dann in der Frage, inwieweit die Begründung zusätzlich ein fachdidaktisch angemessenes Ziel der Behandlung von Modellierungsaufgaben im Mathematikunterricht enthält, was aber hier, wegen der Ausrichtung auf die individuellen lehrbezogenen beliefs der befragten Studierenden nur von sekundärer Bedeutung ist.

ger angemessene Lösung für die gegebenen Modellierungsaufgabe formuliert hat (Codierung -1 oder -2 in Teilaufgabe 1a), wohingegen der Großteil derjenigen befragten Studierenden, die einer unterrichtlichen Behandlung von Modellierungsaufgaben positiv gegenüberstehen (Codierung 0 oder +1 in Teilaufgabe 1e), eine tendenziell angemessene Lösung der Modellierungsaufgabe formuliert hat (Codierung +1 oder +2 in Teilaufgabe 1a). Dies lässt auch in der hier betrachteten gemeinsamen Codierung zweier Teilaufgaben die oben erwähnte Filter-Funktion der in diesem Falle lehrbezogenen beliefs erkennen, in dem Sinne, dass diejenigen befragten Studierenden, deren Antworten auf solche lehrbezogene beliefs schließen lassen, gemäß denen Modellierung als Teil des Mathematikunterrichts begriffen wird, auch größtenteils Antworten formulieren, die auf die Fähigkeit, Modellierungsaufgaben angemessene lösen zu können, schließen lassen.

2.2 Rekonstruierte strukturelle Zusammenhänge zwischen der professionellen Kompetenz und der Lehrerfahrung

Nachdem im vorigen ersten Teil der Darstellung der Ergebnisse die in der vorliegenden Studie rekonstruierten Zusammenhängen zwischen verschiedenen Facetten professioneller Kompetenz beschrieben wurden, fokussiert der nun folgende zweite Teil auf im Rahmen der vorliegenden Studie rekonstruierte Zusammenhänge zwischen einzelnen Facetten professioneller Kompetenz der befragten Studierenden und ihrer Lehrerfahrung.

Zugrunde gelegt wird dabei durchgehend die generelle Unterscheidung, inwieweit die Mathematiklehramtsstudierenden zum Zeitpunkt der Befragung bereits über Lehrerfahrung verfügen oder nicht. Generell zeigt sich für die befragten Studierenden, dass der Bereich von Lehrerfahrungen von Lehramtstudierenden dabei insbesondere Erfahrungen aus Schulpraktika beziehungsweise schulpraktischer Arbeit, Erfahrungen aus dem Erteilen von im weitesten Sinne Nachhilfe sowie Erfahrungen, die im Bereich von Jugendarbeit, beispielsweise als Trainerin oder Trainer im Sportverein, gesammelt werden können, umfasst. Die folgende Darstellung gibt dafür zuerst eine Übersicht, wie häufig bei den befragten Studierenden in der vorliegenden Studie allgemein über Lehrerfahrung verfügt wird und stellt anschließend genauer dar, wie häufig jeweils speziell über Erfahrung in den verschiedenen Bereichen von Lehrerfahrung bei den befragten Studierenden verfügt wird, wobei bei letzterem naturgemäß Mehrfachangaben möglich waren:

	Lehrerfahrung angegeben insgesamt
ja	63
nein	15
keine Angabe	1

Tabelle 66: Übersicht über die angegebene Lehrerfahrung insgesamt für die befragten Studierenden

	Lehrerfahrung angegeben im Bereich von			
	Schulpraktika beziehungsweise schulpraktischer Arbeit	Nachhilfe	Jugendarbeit	Sonstiger Lehrerfahrung
ja	46	37	8	8
nein	32	41	70	70

Tabelle 67: Übersicht über die angegebene Lehrerfahrung getrennt nach den am häufigsten genannten Bereichen für die befragten Studierenden

Man erkennt, dass ein Großteil der befragten Studierenden über Lehrerfahrung im obigen Sinne verfügt, jedoch auch etwa jede beziehungsweise jeder fünfte befragte Studierende bisher keine entsprechenden Lehrerfahrung gesammelt hat. Der Großteil derjenigen befragten Studierenden, die dabei bereits über entsprechende Lehrerfahrung verfügen, hat diese in schulischen oder schulnahen Bereichen und damit auch im weitesten Sinne schulfachbezogenen Bereichen erworben, das heißt entweder im Rahmen schulpraktischer Arbeit oder im Rahmen von Nachhilfe. Dahingegen haben nur relativ wenige der befragten Studierenden Erfahrungen gesammelt im schul- und schulfachunabhängigen Bereichen, das heißt für die befragten Studierenden vor allem im Rahmen von allgemeiner Jugendarbeit, was insbesondere die Arbeit als Trainerin oder Trainer beziehungsweise Betreuerin oder Betreuer im Bereich der Ausbildung und Arbeit in zum Beispiel Sportvereinen repräsentiert. Auffallend ist, dass die Mehrheit der befragten Studierenden bereits über Erfahrungen aus Schulpraktika verfügt. Bedenkt man dabei, dass schulpraktische Erfahrungen häufig eng verbunden sind mit dem Ausbildungsverlauf angehender Lehrerinnen und Lehrer, da Lehramtsstudierende im Verlauf ihres Studiums zwangsläufig auch mehrere Praktika absolvieren, führt dies zu der Frage, inwieweit die Zusammensetzung der befragten Stichprobe hinsichtlich der Studienanfängerinnen und -anfänger sowie fortgeschrittenen Studierenden mit der Verteilung der Lehrerfahrung zusammenhängt. Dafür wird im Folgenden, getrennt für die verschiedenen hier unterschiedenen Arten von Lehrerfahrung, jeweils dargestellt, wie viele Studienanfängerinnen und -anfänger und wie viele fortgeschrittene Studierende[195] über Erfahrungen in dem entsprechen Bereich verfügen:

		Lehrerfahrung angegeben insgesamt
Studienanfängerinnen und -anfänger	**ja**	34
	nein	15
Fortgeschrittene Studierende	**ja**	29
	nein	0

Tabelle 68: Übersicht über die angegebene Lehrerfahrung insgesamt getrennt nach Studienphase für die befragten Studierenden

[195] Zugrunde gelegt wird dabei bezüglich der Frage, ob eine Studierende oder ein Studierender zur Gruppe der Anfängerinnen und Anfänger oder zur Gruppe der Fortgeschrittenen gehört, die Unterscheidung der befragten Studierenden anhand ihrer belegten fachdidaktischen Veranstaltungen, da dieser Bereich des Mathematiklehramtsstudiums inhaltlich insbesondere mit Lehr-Lern-Prozessen befasst ist. Daher ist für eine Unterscheidung im Bezug auf Lehrerfahrungen die Unterscheidung der befragten Studierenden anhand dieser belegten Veranstaltungen naheliegender als eine Unterscheidung anhand der belegten rein fachlichen Veranstaltungen.

		Lehrerfahrung angegeben im Bereich von			
		Schulpraktika beziehungsweise schulpraktischer Arbeit	Nachhilfe	Jugendarbeit	Sonstiger Lehrerfahrung
Studienanfängerinnen und -anfänger	ja	19	21	7	4
	nein	30	28	42	45
Fortgeschrittene Studierende	ja	27	16	1	4
	nein	2	13	28	25

Tabelle 69: Übersicht über die angegebene Lehrerfahrung getrennt nach den am häufigsten genannten Bereichen und getrennt nach Studienphase für die befragten Studierenden

Man erkennt, dass erwartungsgemäß im Einklang damit, dass Schulpraktika fester Bestandteil des Verlaufs einer universitären Phase der Lehrerausbildung sind, und daher entsprechende Erfahrungen mit zunehmender Länge des Studiums wahrscheinlicher werden, in der Gruppe der befragten Studienanfängerinnen und -anfänger sogar die Mehrheit noch kein Schulpraktikum absolviert hat, wohingegen nur wenige befragte fortgeschrittene Studierende noch über keine entsprechenden Erfahrungen verfügen. Anders sind die Zusammenhänge im Bezug auf Erfahrungen aus dem Bereich der Nachhilfe. Hier zeigt sich in der Gruppe der befragten Studienanfängerinnen und -anfänger ein ähnliches Verhältnis zwischen Studierenden mit und ohne entsprechender Erfahrung wie im Bereich der Schulpraktika, wohingegen bei den befragten fortgeschrittenen Studierenden der Anteil ohne entsprechende Erfahrung im Bereich der Nachhilfe deutlich höher ist als im Bereich der Schulpraktika. Insgesamt kann dabei im Bereich der Nachhilfe sowohl für die befragten Anfängerinnen und -anfänger als auch für die befragten fortgeschrittenen Studierenden ein, zumindest in sehr grober Näherung und im Vergleich zu den anderen hier betrachteten Bereichen der Lehrerfahrung, relativ ausgeglichenes Verhältnis von Studierenden mit und ohne entsprechende Erfahrungen beobachtet werden. Der Anteil des dritten hier betrachteten Bereiches von Lehrerfahrung, der Jugendarbeit, ist für die befragten Studierenden bei den Anfängerinnen und -anfängern zwar etwas höher, aber da insgesamt nur relativ wenige der befragten Studierenden über entsprechende Erfahrungen verfügen, ist er in beiden Gruppen deutlich geringer als für die anderen hier betrachteten Arten von Lehrerfahrung.

Auffallend ist ansonsten insbesondere, dass in der Gruppe der befragten fortgeschrittenen Studierenden keine Studierenden ohne Lehrerfahrung vertreten waren. Dies verdeutlicht, dass für die befragten Studierenden im Speziellen und wegen des Zusammenhangs von fortgeschrittenem Studienverlauf und Wahrscheinlichkeit absolvierter Schulpraktika auch im Allgemeinen, geradezu von einem Zusammenhang zwischen Studienphase und Wahrscheinlichkeit von Lehrerfahrung ausgegangen werden kann. Daher lassen sich Einflüsse der Lehrerfahrung und Einflüsse durch eine bereits erfolgte verstärkte Wahrnehmung von Lernangeboten während der universitären Phase der Lehrerausbildung nur sinnvoll separieren, wenn ausreichend große Stichproben auch von fortgeschrittenen Studierenden ohne Lehrerfahrung vorliegen, was wegen des geschilderten Zusammenhangs von fortgeschrittener Studiendauer und Wahrscheinlichkeit des Absolvierens eines Schulpraktikums selbst in großen Stichproben ein eher seltener Fall sein wird und für die vorliegende Studie nicht gegeben ist. Berücksichtigt man weiterhin, dass ein fortgeschrittenes Studium, das heißt eine höhere Anzahl bereits belegter universitärer Lehrveranstaltungen zumindest im Normal- beziehungsweise Idealfall einhergeht mit einer verstärkten Ausprägung verschiedener Wissensbereiche, bedeutet das, dass für die vorliegende Studie ein Separieren und damit auch ein Inbeziehungsetzen von Einflüssen der Lehrerfahrung und Ausprägungen von Wissensbereichen sinnvoll nicht realisiert werden kann. Um dies zu berücksichtigen und dennoch nicht nur Teile der befragten Studierenden, etwa nur die Studienanfängerinnen und -anfänger, die sich nicht bezüglich der Studienphase, wohl aber bezüglich der Lehrerfahrung unterscheiden, in die Auswertung einzubeziehen, wird die Lehrerfahrung in der vorliegenden Studie durchgehend nur mit Auswertungen von Teilaufgaben in Verbindung gebracht, bei denen zumindest nicht primär und ausschließlich davon auszugehen ist, dass eine verstärkte Wahrnehmung universitärer Lehrveranstaltungen diese beeinflusst. Das heißt, die Auswertungen fokussieren im Folgenden nicht darauf, wie ausgeprägt einzelne Wissensbereiche der Studierenden sind, weswegen insbesondere keine Inbeziehungsetzung von Lehrerfahrung und deduktiv definierten Codierungen geschieht[196], da letztere bei wissensbezogenen Teilaufgaben stark auf die Ausprägung des jeweiligen Wissensbereiches ausgerichtet sind. Vielmehr werden in Bezug auf Lehrerfahrung insbesondere induktiv definierte Codierungen berücksichtigt, die genauer darauf fokussieren, wie die Studierenden ihr Wissen unter Bezug auf schulorientierte Vorstellungen darstellen oder wie stark die Studierenden Wissensbereiche verknüpfen. Um dabei die möglichst weitgehende Unabhängigkeit der im Hinblick auf die Lehrerfahrung durchgeführten Auswertungen von dem durch die Wahrnehmung universitärer Lehrveranstaltungen und damit vom Studienfortschritt bedingten Ausprägungen von Wissensbereichen sicherzustellen, sind sämtliche Auswertungen explizit unabhängig von der jeweiligen wissensbezogenen Angemessenheit[197] der Ausführungen der Studierenden. Auf diese Weise wurde angestrebt, für die nachfolgenden Analysen den Einfluss unterschiedlich ausgeprägter Lehrerfahrung möglichst weitgehend in den Auswertungen von demjenigen Einfluss zu trennen, der bedingt ist durch unterschiedlich ausgeprägte Wissensbereiche, die mit der Studienphase und der damit verbundenen unterschiedlichen bereits erfolgte Wahrnehmung universitärer Lehrveranstaltungen zusammenhängt. Als zusätzliche Kontrolle wurden weiterhin in einer gesonderten Analyse sämtliche Ergebnisse nur eingeschränkt auf die befragten Anfängerinnen und Anfänger betrachtet. Diese Analyse ist für diese Gruppe besser möglich als für die Gruppe der befragten fortgeschrittenen Studierenden, da in der Gruppe der Studienanfängerinnen und -anfänger sowohl Studierende mit als auch Studierende ohne Lehrerfahrung in zumindest nicht sehr geringer Zahl vertreten sind. In diesem Fall unterscheidet sich die Studienphase

---

[196] Vor diesem Hintergrund sei angemerkt, dass die Darstellung der Ergebnisse der Inbeziehungsetzung entsprechender deduktiv definierter Codierungen mit den verschiedenen Gruppen von Studierenden bereits geschehen ist (siehe Abschnitt IV.1), was insbesondere die Inbeziehungsetzung zwischen den deduktiven Codierungen und der Studienphase beinhaltet. Die Berücksichtigung dieser Inbeziehungsetzung im Rahmen der vorliegenden Arbeit im Gegensatz zu der Darstellung der Inbeziehungsetzung von Lehrerfahrung und deduktiver Codierung begründet sich damit, dass davon ausgegangen wird, dass während der universitären Phase der Lehrerausbildung für einen Großteil der Studierenden die universitären Lehrveranstaltungen und die dazugehörigen Studieninhalte auf die Ausprägung von Wissensbereichen einen stärkeren Einfluss haben als mögliche Lehrerfahrung, unter anderem beispielsweise im Bezug auf Schulpraktika schon wegen der Längerfristigkeit des universitären Studiums im Vergleich zu den während der universitären Phase der Lehrerausbildung relativ kurzzeitigen Schulpraktika.

[197] Diese wurde, wie dargestellt, vorab im Rahmen der Darstellung der auf die deduktiv definierten Codierungen bezogenen Ergebnisse berücksichtigt.

dann nicht mehr, so dass angenommen werden kann, dass der Einfluss des Zusammenhanges von Studienphase und Lehrerfahrung geringer ausfällt. Berichtet werden dann im Folgenden nur Ergebnisse, in denen die vorgestellten Tendenzen sich nicht nur in der Gruppe aller befragten Studierenden, sondern auch in der Gruppe der Anfängerinnen und Anfänger zeigten.

Vor diesem Hintergrund der zusätzlichen Kontrolle sowie insbesondere vor dem Hintergrund der für die hier vorgestellten Auswertungen gewählten Schwerpunktsetzung auf Analysen, die nicht vorrangig auf die unterschiedlich hohe Ausprägung von Wissensbeständen fokussieren, werden damit alle befragten Studierenden in die jeweiligen Auswertungen einbezogen. Dennoch muss durchgehend der Zusammenhang von Studienphase und der damit einhergehenden unterschiedlichen Anzahl besuchter Lehrveranstaltungen auf der einen Seite und der Wahrscheinlichkeit, bereits Schulpraktika absolviert zu haben auf der anderen Seite, berücksichtigt werden, wenn im Folgenden Bezüge zu Einflüssen der Lehrerfahrung hergestellt werden und auf eine zusätzliche Berücksichtigung der Studienphase verzichtet wird. Daneben wird für die folgende Analyse auf einige weitere, ebenfalls mögliche Unterscheidungen verzichtet, was nachfolgend inhaltlich kurz betrachtet wird Zuerst wird dabei für die nachfolgende Auswertung keine Unterscheidung der verschiedenen Gruppen von Studierenden hinsichtlich des studierten Lehramtes vorgenommen. Dies ist inhaltlich dadurch möglich, dass die nachfolgende Analyse allgemein auf den Zusammenhang zwischen Ausprägungen verschiedener Kompetenzfacetten und der Lehrerfahrung von Mathematiklehramtsstudierenden ausgerichtet ist und kein gesonderter Schwerpunkt auf lehramtsspezifische Beeinflussungen gelegt wird. Weiterhin wird ebenfalls nicht zwischen unterschiedlichem Umfang der Lehrerfahrung unterschieden, weil sich verschiedene Arten von Lehrerfahrung, die sich hinsichtlich ihrer Charakteristika stark unterscheiden, nur wenig sinnvoll anhand eines einheitlichen Zeitmaßstabes vergleichen lassen. Daneben wird jedoch im Anschluss daran auch nicht zwischen verschiedenen Formen von Lehrerfahrung unterschieden. Aus inhaltlicher Perspektive ist dies realisierbar, indem der Fokus der Auswertung nicht auf der Unterscheidung verschiedener Arten von Lehrerfahrung liegt, sondern generell darauf liegt, inwieweit allgemein Erfahrungen als Lehrende in Lehr-Lern-Prozessen, unabhängig, in welchem Umfeld und mit welchem Fachbezug sie gewonnen werden, die Ausbildung professioneller Kompetenz beeinflussen, das heißt, zentral ist, inwieweit die Studierenden überhaupt bereits Erfahrung mit der Initiierung, Leitung und Begleitung von Lernprozessen anderer haben. Daraus folgt direkt, dass, auch wenn Erfahrungen der Studierenden, die sie als Teilnehmerin oder Teilnehmer von Lehr-Lern-Prozessen aus der Perspektive einer oder eines Lernenden gesammelt haben, ebenfalls aktive Erfahrungen mit Lehrprozessen mit sich bringen, erwartungsgemäß mit Lehrerfahrung im Folgenden ausschließlich diejenigen Erfahrungen der Studierenden gemeint sind, die sie als Teilnehmerin oder Teilnehmer von Lehr-Lern-Prozessen aus der Perspektive einer oder eines Lehrenden gesammelt haben.

Der Verzicht auf diese ergänzenden Unterscheidungen zusätzlich zu der grundlegenden Unterscheidung, ob die Studierenden über Lehrerfahrung verfügen oder nicht, geschieht dabei aus einer formalen Perspektive insbesondere auch deshalb, um eine zu starke Zergliederung der in ihrem Umfang wie beschrieben beschränkten Stichprobe zu vermeiden. Vor dem Hintergrund der obigen Überlegungen werden daher keine ergänzenden Ausdifferenzierungen der Stichprobe vorgenommen, um die Möglichkeit des Aufzeigens von Tendenzen anhand von nicht zu geringen Stichprobengrößen zu haben, ohne dass damit impliziert sein soll, dass entsprechende Ausdifferenzierungen keine Bedeutung für die Frage nach dem Zusammenhang von Lehrerfahrung und verschieden Facetten der professionellen Kompetenz haben. Das Ziel der nachfolgenden Analyse ist damit die Entwicklung allgemeiner Hypothesen über Zusammenhänge zwischen der Lehrerfahrung und den Kompetenzfacetten, und nicht auch die Herausstellung speziellerer Hypothesen unter Berücksichtigung der oben geschilderten Ausdifferenzierungen. Vor diesem Hintergrund wie auch allgemein sei für die folgende Darstellung rekonstruierter Zusammenhänge zwischen der Lehrerfahrung der befragten Studierenden und Facetten ihrer professionellen Kompetenz daher erneut hervorgehoben, dass es sich hierbei, wie bei allen in der vorliegenden Studie rekonstruierten Zusammenhängen nur um Hypothesen auf Basis einer qualitativ ausgewerteten Befragung handelt, die als mögliche Grundlage für eine spätere Überprüfung durch quantitative Studien mit umfangreicheren und repräsentativen Stichproben dienen können, aber keinen Generalisierungsanspruch erheben. Im Rahmen entsprechender weiterführender Studien bietet sich dann auch die Durchführung detaillierter Analysen unter Berücksichtigung spezieller, zum Beispiel der oben genannten, Ausdifferenzierungen an. Es ist also erneut nicht ausgeschlossen, dass zusätzliche Bedingungen, etwa Art und Umfang der Lehrerfahrung oder die jeweilige Studienphase beziehungsweise der Studiengang der Studierenden oder weitere, nicht berücksichtigte Faktoren die vorgestellten Zusammenhänge zwischen Kompetenzfacetten und Lehrerfahrung ebenfalls oder sogar überwiegend beeinflussen.

Vor diesem Hintergrund fokussieren damit die nachfolgenden Analysen darauf, welche durch Lehrerfahrung beeinflussten Verknüpfungen von Facetten professioneller Kompetenz von Mathematiklehramtsstudierenden sich im Rahmen der vorliegenden Studie rekonstruieren lassen. Wie beschrieben liegt dabei der Fokus auf Ergebnissen, die sich auf Basis der induktiv definierten Codierungen formulieren lassen, das bedeutet auf Beobachtungen, die sich aus dem Material ergeben haben. Dabei zeigt sich, dass diese insgesamt zusammengefasst werden können in Anlehnung an die Ausführungen Brommes (1992, siehe Kapitel II.7) zum Einfluss der in beruflicher Praxis beziehungsweise in der praktischen Phase der Lehrerausbildung erworbenen Lehrerfahrung. Das Kapitel liefert damit Hinweise zu der Frage, inwieweit sich entsprechende Aussagen auch bereits für Lehramtstudierende, das heißt angehende Lehrerinnen und Lehrer in der ersten, universitär-theoretischen Phase der Lehrerausbildung formulieren lassen. Genauer bedeutet das, es wird im Folgenden anhand der induktiv definierten Codierungen betrachtet, inwieweit sich für die befragten Studierenden möglicherweise durch die Lehrerfahrung beeinflusste Verknüpfungen rekonstruieren lassen, die einerseits zwischen Kompetenzfacetten untereinander ausgebildet werden oder die andererseits Kompetenzfacetten und im wörtlichen Sinne schulbezogene Vorstellungen[198] verbinden. Dafür wird in der folgenden Auswertung insbesondere auf Teilaufgaben zurückgegriffen, die auf die Rückmeldung bezogen sind. Diese Auswahl ist dadurch begründet, dass Wissen über geeignete Rückmeldungen an Schülerinnen und Schüler als Teilbereich des fachdidaktischen Wissens Bezüge zu beiden Aspekten der hier betrachteten Verknüpfungen aufweist. So ist auf die Formulierung von Rückmeldungen zu Schülerleistungen bezogenes Wissen einerseits als Teil des fachdidaktischen Wissens ein typisches Beispiel für das Zusammenwirken verschiedener Wissensbereiche im Hinblick auf

[198] Gemeint sind hier tatsächlich ganz konkret Vorstellungen im Sinne von kognitiven Assoziationen, die mit dem Wissen verbunden werden. Die Frage ist also, inwieweit ein Bild von Schule die Antworten der Studierenden beeinflusst. Nicht intendiert sind an dieser Stelle damit Bezüge zu stärker theoretischen Konzepten von Vorstellung, die eine Nähe zu beispielsweise beliefs aufweisen (vgl. Abschnitt II.4.1).

dieses fachdidaktische Wissen (vgl. Bromme, 1997[199]). Wegen der Rückmeldeprozessen zwangläufig innewohnenden direkten oder indirekten Interaktion zwischen in diesem Fall Lehrenden und Lernenden[200] bieten sich im Bezug auf entsprechendes Wissen darüber hinaus andererseits auch Möglichkeiten, dieses Wissen mit schulbezogenen Vorstellungen in Verbindung zu bringen. Die folgende Darstellung der entsprechenden Ergebnisse gliedert sich damit in zwei Teile. Zuerst wird unter Verwendung der induktiv definierten Codierungen zuerst der Frage nach einer möglicher Beeinflussung der Verknüpfung von Kompetenzfacetten und schulbezogenen Vorstellungen durch Lehrerfahrung nachgegangen, bevor an- und abschließend eine mögliche Beeinflussung der Verknüpfungen von Kompetenzfacetten untereinander betrachtet wird. Indem insbesondere auf die rückmeldungsbezogenen Teilaufgaben zurückgegriffen wird, beziehen sich die Auswertungen weiterhin inhaltlich genauer primär speziell auf diejenige Teilaufgabe, in der die Studierenden aufgefordert waren, ihre Rückmeldungen zu Schülerinterviews bezüglich des Losungsvorgehens der Schülerinnen und Schüler zu der Eisdielenaufgabe (Teilaufgabe 1c) zu beschreiben. Diese Auswahl begründet sich dabei mit der Ausrichtung der nachfolgenden Analysen auf den Einfluss der Lehrerfahrung, das heißt auf den Einfluss realer Erfahrungen mit Lehr-Lern-Prozessen, der besonders dann analysiert werden kann, wenn in der diesbezüglich ausgewerteten Teilaufgabe entsprechende Anschlussmöglichkeiten gegeben sind. Aus diesem Grund ist im Rahmen der im für die vorliegende Studie verwendeten Fragebogen die hier betrachtete Teilaufgabe 1c am besten geeignet, da sie einerseits am wenigsten auf prototypische[201] Schülerlösungen zurückgreift und durch die Aufforderung zur

[199] Bromme (1997, S. 200) führt dazu im allgemeineren Zusammenhang aus: „Die diagnostische Kompetenz ist ein gutes Beispiel dafür, wie die eben skizzierten unterschiedlichen inhaltlichen Bereiche und unterschiedlichen Typen (Überzeugungen, deklaratives Wissen etc.) des professionellen Wissens zusammenwirken. Außerdem ist sie ein Beispiel dafür, daß die Wirkung von Lehrerkognitionen (hier: Diagnostische Kompetenz) auf die Schülerleistungen nur vermittelt über die Unterrichtsprozesse erklärbar ist."

[200] Wobei die direkte Interaktion im Allgemeinen durch mündliche, die indirekte Interaktion im Allgemeinen durch schriftliche Rückmeldungen repräsentiert wird.

[201] Trotz der grundsätzlichen Orientierung der Aufgaben an realen beruflichen Anforderungen von Lehrerinnen und Lehrern (vgl. Abschnitt II.5.5) ist diese, naturgemäß mit einer leichten Aritifizialität verbundene, eher prototypische Gestaltung der Schülerlösungen in den Teilaufgaben 2b und 5a beabsichtigt, um die Studierenden im Rahmen der Bearbeitung des Fragebogens mit den so vorgegebenen Inhalten zu konfontieren, um dies in anschließenden Analysen nutzen zu können. So greift zum Beispiel die Analyse des Zu-

Rückmeldung zu Schülerinterviews einer im Vergleich zu der Aufforderung zur Rückmeldung zu schriftlichen Schülerlösungen zudem einen Bezug herstellt zu einer stärker unmittelbareren Kommunikationssituation zwischen Lernenden und Lehrenden. Die Teilaufgabe stellt daher im Rahmen der Möglichkeiten einer schriftlichen Befragung einen als relativ unmittelbar zu bezeichnenden situativen Kontext her und bietet daher im Vergleich zu den anderen im Fragebogen verwendeten Aufgaben die direkteste Anschlussmöglichkeit für mit realen Lehr-Lern-Situation verbundenen Analysen des Einflusses von Lehrerfahrung. Insbesondere im Fall der Analysen, inwieweit die Lehrerfahrung möglicherweise die Verknüpfung von Kompetenzfacetten, hier also genauer von auf Rückmeldungen bezogenem fachdidaktischen Wissen, mit schulbezogenen Vorstellungen beeinflusst, lassen sich im Bezug auf die rückmeldeorientierten Teilaufgaben des Fragebogens auch sinnvoll Analysen unter Verwendung von Teilaufgabe 5a durchführen, das heißt unter Verwendung derjenigen Teilaufgabe, die auf Rückmeldungen zu Schülerbeweisversuchen zu der mathematischen Aussage bezüglich der Teilbarkeit dreier aufeinanderfolgender natürlicher Zahlen durch Drei ausgerichtet ist. Im Folgenden werden dabei im ersten Teil der Darstellung der auf die Lehrerfahrung bezogenen Ergebnisse mit Bezug auf Teilaufgabe 1c ausschließlich Ergebnisse dargestellt, die sich entsprechend in der Tendenz auch in Teilaufgabe 5a beobachten ließen, was an entsprechender Stelle jeweils zusätzlich angemerkt wird. Auf eine gesonderte Darstellung wird dahingegen größtenteils verzichtet. Dies geschieht zum Einen, da Teilaufgabe 5a, wie erwähnt, wegen der schriftlich vorliegenden und darüber hinaus prototypisch angelegten Schülerlösungen einen weniger realen Kontext herstellt, so dass Bezüge zu auf realen Lehr-Lernprozesse basierender Lehrerfahrung schwerer herzustellen sind. Zum Anderen geschieht dies weiterhin, da eine Betrachtung der Antworten der Studierenden zu Teilaufgabe 5a zeigte, dass im Fall dieser Teilaufgabe vor dem Hintergrund der allgemeinen Beobachtung, dass die auf die mathematikbezogene Aktivität des Beweisens ausgerichteten Teilaufgaben für die Studierenden deutlich anspruchsvoller sind (vgl. Abschnitt IV.1.1.2 und die dadurch bedingte Ex-

---

sammenhangs zwischen individueller Präferenz für ein Lösungsvorgehen und der Behandlung verschiedener Schülerlösungen in Abschnitt IV.2.1.1 auf die, unabhängig von ihrer Angemessenheit, grundsätzliche unterschiedlichen Herangehensweisen an die Muschelaufgabe zurück, die prototypisch unter Orientierung an Lösungsvorgehen von Schülerinnen und Schülern der Sekundarstufe I durch die beiden Antworten der Schülerinnen Beeke und Silke repräsentiert werden.

klusion entsprechender Teilaufgaben in Abschnitt IV.2.1.1), die in den Antworten der Studierenden formulierten Rückmeldungen insgesamt viel stärker fachnah angelegt sind und über den reinen Fachbezug hinausgehende Aspekte einer Rückmeldung insgesamt deutlich weniger stark zu beobachten sind. Dies erschwert ebenfalls die Herstellung von Bezügen zu Lehrerfahrung, die auf realen, das heißt in diesem Zusammenhang insbesondere über den reinen Fachbezug im Allgemeinen hinausgehenden Lehr-Lernprozessen basiert.

Vor diesem Hintergrund werden damit im Folgenden die auf die Lehrerfahrung der Studierenden bezogenen Ergebnisse vorgestellt. Ausgangspunkt im unmittelbar anschließenden ersten Teil der Darstellung ist dabei, wie beschrieben, die Frage, inwieweit möglicherweise einzelne Kompetenzfacetten, in diesem Fall genauer das fachdidaktische Wissen, repräsentiert durch auf Rückmeldung bezogenes Wissen, von den befragten Studierenden mit Lehrerfahrung häufiger mit einer Vorstellung von Schule verknüpft[202] werden als von Studierenden ohne Lehrerfahrung. Konkret fokussiert die Analyse also auf die Frage, inwieweit in den Antworten der befragten Studierenden mit Lehrerfahrung und in den Antworten der befragten Studierenden ohne Lehrerfahrung zu auf Rückmeldung ausgerichteten Teilaufgaben in unterschiedlicher Häufigkeit eine konkrete Vorstellung von Schule zu erkennen ist. Zuerst werden dafür die formale Ausgestaltung der verschiedenen Rückmeldungen der befragten Studierenden in der auf die Eisdielenaufgabe bezogenen Teilaufgabe 1c und ihre Lehrerfahrung in Beziehung gesetzt. Wie beschrieben, wurde mit der Codierung der formalen Ausgestaltung der Rückmeldung dabei erfasst, ob eine Rückmeldung der Studierenden an die Schülerinnen und

[202] Während die Analysen in den vorhergehenden Abschnitten IV.2.1.1 sowie IV.2.1.2 und im zweiten Teil dieses Abschnitts also auf Verknüpfungen verschiedener Kompetenzfacetten untereinander ausgerichtet sind, liegt der Fokus im Folgenden auf der Analyse von Verknüpfungen einzelner Kompetenzfacetten, in diesem Falle genauer des fachdidaktischen Wissens, repräsentiert durch auf Rückmeldung bezogene Wissen, mit einer konkreten Vorstellung von Schule. Strenggenommen ist also zu diskutieren, ob diese Verknüpfungen tatsächlich im wörtlichen Sinne der Fragestellung der vorliegenden Studie als Verknüpfungen innerhalb der professionellen Kompetenz zu bezeichnen sind oder ob sie als Verknüpfungen von Kompetenzfacetten mit Bereichen, die eng mit professioneller Kompetenz verbunden sind, zu bezeichnen sind. Diese Unterscheidung ist jedoch stark begrifflicher Natur und auch, wenn man dem zweiten Fall zustimmt, sind diese Ergebnisse inhaltlich so eng mit strukturellen Zusammenhängen innerhalb der professionellen Kompetenz verbunden, dass dadurch ihre Berücksichtigung in der Gesamtdarstellung der Ergebnisse begründet werden kann.

Schüler jeweils stärker in Form einer Frage oder stärker in Form einer Erklärung formuliert war[203] (siehe Abschnitt IV.1.2.2). Für die befragten Studierenden ergibt sich damit die nachfolgend dargestellte gemeinsame Verteilung der Codierungen:

	Induktiv definierte Codierung der formalen Ausgestaltung der Rückmeldung			
	Frage-dominiert	**Erklärungs-dominiert**	**Keine Dominanz einer Ausgestaltung**	**Nicht klassifizierbar**
Lehrerfahrung	36	14	7	3
Keine Lehrerfahrung	5	6	1	2

Tabelle 70: Gemeinsame Verteilung der Codierung der formalen Ausgestaltung der Rückmeldung in Teilaufgabe 1c und der Lehrerfahrung für die befragten Studierenden

Hier kann also beobachtet werden, dass in der auf die Eisdielenaufgabe bezogenen Teilaufgabe 1c diejenigen Studierenden ohne Lehrerfahrung etwa ausgeglichen häufig stärker frage- oder erklärungsbasierte Rückmeldungen formulieren, während diejenigen Studierenden mit Lehrerfahrung deutlich häufiger Rückmeldungen in stark vorherrschender Frageform als Rückmeldungen in stark vorherrschend erklärender Form formulieren.

Tatsächlich lässt sich eine ähnliche Tendenz auch für die befragten Studierenden in der auf den Beweis der mathematischen Aussagen über die Teilbarkeit dreier aufeinanderfolgender natürlicher Zahlen durch Drei bezogenen Teilaufgabe 5a erkennen. Auch hier zeigt sich, dass in der

---

[203] Diese Codierung weist damit inhaltlich eine Nähe zu der Unterscheidung von stärker konstruktivistisch orientierten beziehungsweise transmissionsorientierten Unterrichtsansätzen, das heißt zu einer Unterscheidung, die auch mit fachdidaktischem Bezug (und weiterhin vor diesem Hintergrund auch mit Bezug zu beliefs) betrachtet werden könnte (vgl. Abschnitt II.4.6). Daneben könnte fachdidaktisch diskutiert werden, inwieweit im Hinblick auf mathematisches Modellieren direkte Erklärungen der Lehrkraft angemessen sein können. Beides wird hier nicht näher betrachtet, insbesondere, da, wie erwähnt, alle im Bezug auf Lehrerfahrung ausgewerteten Codierungen explizit unabhängig von Erwägungen fachdidaktischer Angemessenheit gestaltet sind.

Gruppe der befragten Studierenden mit Lehrerfahrung der Anteil derjenigen Studierenden, die eine fragebasierte Rückmeldung formulieren höher ist als der entsprechende Anteil in der Gruppe der befragten Studierenden ohne Lehrerfahrung. Wie erwähnt sind vor dem Hintergrund der allgemeinen Beobachtung, dass die auf die mathematikbezogene Aktivität des Beweisens ausgerichteten Teilaufgaben für die Studierenden deutlich anspruchsvoller sind, die in den Antworten der Studierenden zu dieser Teilaufgabe formulierten Rückmeldungen jedoch insgesamt viel stärker fachnah angelegt und beinhalten weniger über den reinen Fachbezug hinausgehende Aspekte einer Rückmeldung. Das führt im Bezug auf die hier betrachtete Analyse insbesondere zu der Beobachtung, dass in dieser Teilaufgabe in beiden Gruppen der befragten Studierenden, das heißt sowohl bei den Studierenden mit Lehrerfahrung als auch bei den Studierenden ohne Lehrerfahrung, insgesamt jeweils die Gruppe derjenigen Studierenden überwiegt, die eine Rückmeldung in stärker erklärender Form formulieren. Vor diesem Hintergrund könnte daher spekuliert werden, inwieweit die Studierenden sich allgemein bei für sie stärker herausfordernden fachmathematischen Inhalten stärker auf eine erklärende und damit wegen der nur von ihnen ausgehenden Aktivität grundsätzlich im Ablauf für sie kontrollierbarere Form des Rückmeldeprozesses zurückziehen und auf Fragen beruhende Rückmeldungen, die eine weniger kontrollierbare Form des Rückmeldeprozesses initiieren, indem sie den Lernenden zu einer Reaktion auffordern, stärker vermeiden.

Hervorgehoben werden soll hier jedoch neben dieser vor allem auf Teilaufgabe 5a bezogenen Beobachtung erneut die auf Basis von sowohl insbesondere Teilaufgabe 1c als auch von Teilaufgabe 5a formulierte Aussage, dass Rückmeldungen derjenigen befragten Studierenden mit Lehrerfahrung deutlich häufiger in stark vorherrschender Frageform als in stark vorherrschend erklärender Form formuliert waren. Allgemein versetzt diesbezüglich eine Erklärung Die- oder Denjenigen, Die oder Der etwas erklärt bekommt, lediglich in eine passive Rolle des Rezipienten, und impliziert demnach nur eine tendenziell einseitige Aktion des Erklärenden und demgegenüber eine tendenziell passive Reaktion im Sinne des Nachvollziehens von Der- oder Demjenigen, Die oder Der etwas erklärt bekommt. Dahingegen fordert eine Frage das Gegenüber zu einer Reaktion auf, nämlich zu einer Antwort beziehungsweise zu Überlegungen hinsichtlich der Beantwortung der Frage, und kann deshalb als Initiation eines wie auch immer gestalteten Interaktionsprozesses zwischen Fragendem und Gefragtem aufgefasst werden kann. Wenn man dann weiterhin Interaktion zwischen Lehrenden und Lernenden als ein Charakteristikum von Lehr-Lern-Prozessen in der Schule ansieht, kann in diesem Sinne in Rückmeldungen, die von den Studierenden in frageorientierter Form formuliert werden, eine Vorstellung von Schule als enthalten angesehen werden. Berücksichtigt man weiterhin auf Rückmeldung bezogene Teilaufgaben als Teil der fachdidaktisch ausgerichteten Teilfragen, können dann Rückmeldungen, die von den Studierenden frageorientiert formuliert werden, in verallgemeinernder Perspektive als Hinweis dafür angesehen werden, dass die entsprechenden Studierenden ihr fachdidaktisches Wissen und eine Vorstellung von Schule, repräsentiert durch die Vorstellung eines Ortes der Interaktion von Lehrenden und Lernenden, verbinden. Damit liefert die Beobachtung, dass die befragten Studierenden mit Lehrerfahrung häufiger eine fragebasierte Rückmeldung formulierten als die befragten Studierenden ohne Lehrerfahrung, einen ersten Hinweis, dass Lehramtsstudierende mit Lehrerfahrung ihr fachdidaktisches Wissens stärker mit einer Vorstellung von Schule verknüpfen als Lehramtsstudierende ohne Lehrerfahrung. Allerdings kann dies nur als ein erstes Indiz gewertet werden, insbesondere durch die starke Inbeziehungsetzung von Fragen als mögliche Interaktionsform zwischen Lehrenden und Lernenden einerseits und einer Vorstellung von Schule andererseits. Letzteres nämlich vernachlässigt zumindest teilweise, dass auch das Erklären ein zentraler Teil von Unterricht und hier spezieller auch von Rückmeldeprozessen ist, das heißt ein Teil von schulischen Lehr-Lern-Prozessen sein kann, und daher nur eher begrenzt von der Formulierung einer frageorientierten Rückmeldung auf eine Vorstellung von Schule geschlossen werden kann. Zentral für die Analyse des möglichen Zusammenhangs zwischen der Lehrerfahrung der befragten Studierenden und einer Verknüpfung von fachdidaktischen Wissen und einer Vorstellung von Schule ist daher die im Folgenden betrachtete unmittelbar auf diesen inhaltlichen Aspekt ausgerichtete induktiv definierte Codierung, das heißt diejenige Codierung, die erfasst, inwieweit deutlich wird, dass eine jeweils formulierte Rückmeldung beeinflusst ist von der Vorstellung einer realen Klassenraumsituation, das heißt die darauf fokussiert ist, inwieweit die formulierte Rückmeldung über eine rein fachlich orientierte Rückmeldung hinausgeht (siehe Abschnitt IV.1.2.2). Setzt man diese Codierung für Teilaufgabe 1c in Beziehung zu der Lehrerfahrung, ergibt sich für die befragten Studierenden die nachfolgend dargestellte Verteilung:

	Induktiv definierte Codierung der Beeinflussung der Rückmeldung durch die Vorstellung einer realen Klassenraumsituation		
	Deutliche Beeinflussung der Rückmeldung	Höchstens geringe Beeinflussung der Rückmeldung	Nicht sinnvoll klassifizierbar
Lehrerfahrung	36	23	1
Keine Lehrerfahrung	7	7	0

Tabelle 71: Gemeinsame Verteilung der Codierung der Beeinflussung der Rückmeldung durch die Vorstellung einer realen Klassenraumsituation in Teilaufgabe 1c und der Lehrerfahrung für die befragten Studierenden

In der Gruppe der befragten Studierenden ohne Lehrerfahrung werden also gleich häufig Rückmeldungen formuliert, in denen eine Beeinflussung durch die Vorstellung einer realen Klassenraumsituation deutlich wird oder in denen keine entsprechende Beeinflussung deutlich wird. In der Gruppe der befragten Studierenden mit Lehrerfahrung werden dagegen häufiger Rückmeldungen formuliert, die eine Beeinflussung durch die Vorstellung einer realen Klassenraumsituation erkennen lassen als Rückmeldungen formuliert werden, die keine entsprechende Beeinflussung erkennen lassen[204]. Dies liefert damit im Vergleich zur vorangegan-

[204] Auch hier lässt sich eine ähnliche Tendenz, wenn auch geringer ausgeprägt, bei der auf den Beweis der mathematischen Aussagen über die Teilbarkeit dreier aufeinanderfolgender natürlicher Zahlen durch Drei bezogenen Teilaufgabe 5a beobachten. Genauer überwiegen auch hier in der Gruppe der befragten Studierenden mit Lehrerfahrung Rückmeldungen, die von der Vorstellung einer realen Klassenraumsituation deutlich beeinflusst werden, wohingegen in der Gruppe der befragten Studierenden ohne Lehrerfahrung Rückmeldungen mit deutlicher entsprechender Beeinflussung auf der einen Seite und höchstens geringer entsprechender Beeinflussung auf der anderen Seite annähernd ausgeglichen, sogar mit geringfügigem Übergewicht von höchstens gering beeinflussten Rückmeldungen, zu beobachten sind. Wie vorangehend erwähnt, sind dabei die in dieser Teilaufgabe von den Studierenden formulierten Rückmeldungen vor dem Hintergrund der allgemeinen Beobachtung, dass die auf die mathematikbezogene Aktivität des Beweisens ausgerichteten Teilaufgaben für die Studierenden deutlich anspruchsvoller sind, insgesamt viel stärker fachnah angelegt und beinhalten weniger über den reinen Fachbezug hinausgehende Aspekte einer Rückmeldung. Das führt im Bezug auf die hier betrachtete Analyse zu der Beobachtung der im Vergleich zu Teilaufgabe 1c geringeren Unterschiedlichkeit der Gruppen in der Analyse. In starker Anlehnung an die vorange-

genen Analyse einen allgemeineren Hinweis für die **Hypothese, dass Lehrerfahrung der Studierenden dazu beitragen kann, dass die Studierenden ihr in diesem Falle fachdidaktisches Wissen schon während der universitären Phase der Lehrerausbildung mit einer Vorstellung von Schule verknüpfen können**.

Nachdem damit im ersten Teil der Analysen zur Lehrerfahrung der befragten Studierenden der Fokus auf der möglichen Beeinflussung der Verknüpfung von einer Vorstellung von Schule einerseits mit einer Kompetenzfacette andererseits durch die Lehrerfahrung lag, fokussieren die nachfolgenden Betrachtungen, wie erwähnt, allgemein auf eine mögliche Beeinflussung der Verknüpfungen von Kompetenzfacetten untereinander durch die Lehrerfahrung. Zuerst wird dafür die Lehrerfahrung der befragten Studierenden in Beziehung gesetzt mit der im Zusammenhang mit der Auswertung von Teilaufgabe 1c durchgeführten induktiv definierten Codierung, die darauf fokussiert, inwieweit die einer Rückmeldung jeweils zugrundeliegende Schülerlösung in inhaltlicher Hinsicht in der jeweiligen Rückmeldung von den Studierenden berücksichtigt wird. Die Codierung erfasst also, inwieweit tatsächlich die jeweiligen speziellen inhaltlichen Schwerpunkte der Schülerlösung die Basis für die zugehörige Rückmeldung darstellen (siehe Abschnitt IV.1.2.2)[205]. Für die befragten Studierenden ergibt sich damit die nachfolgend dargestellte gemeinsame Verteilung von entsprechender Codierung und Lehrerfahrung:

gangenen angemerkten Hypothesen zu Teilaufgabe 5a lassen sich damit Vermutungen anstellen, inwieweit die Studierenden sich allgemein bei für sie stärker herausfordernden fachmathematischen Inhalten stärker auf eine grundsätzlich im Ablauf für sie kontrollierbarere Form des Rückmeldeprozesses zurückziehen, indem sie ihre Rückmeldung stärker fachbezogen ausrichten und typische Elemente einer Klassenraumsituation, insbesondere die Interaktion zwischen Lehrenden und Lernenden, die eine weniger kontrollierbare Form des Rückmeldeprozesses bedeuten, weniger stark berücksichtigen.

[205] Die inhaltliche Ausrichtung der Codierung verdeutlicht damit auch, warum von den auf Rückmeldung bezogenen Teilaufgaben hier nur Teilaufgabe 1c Berücksichtigung findet. Dies begründet sich genauer dadurch, dass, wie erwähnt (siehe Abschnitt IV.1.2.2), eine entsprechende Codierung insbesondere im Kontext der dieser Teilaufgabe zugrundeliegenden mathematikbezogenen Aktivität des Modellierens sinnvoll durchführbar ist, da hier wegen der Offenheit der möglichen Lösungen sowie Lösungsansätze für eine Modellierungsaufgabe eine Rückmeldung ohne direkten inhaltlichen Bezug zu der Schülerlösung eher möglich ist als im Fall einer Aufgabe mit enger vorgegebenem Lösungsrahmen.

	Induktiv definierte Codierung der inhaltlichen Berücksichtigung der Schülerlösung		
	Starke inhaltliche Berücksichtigung der Schülerlösungen	**Keine starke inhaltliche Berücksichtigung der Schülerlösungen**	**Nicht klassifizierbar**
Lehrerfahrung	38	7	15
Keine Lehrerfahrung	7	2	5

Tabelle 72: Gemeinsame Verteilung der Codierung der Inhaltlichen Berücksichtigung der Schülerlösung in Teilaufgabe 1c und der Lehrerfahrung für die befragten Studierenden

Man erkennt, dass sowohl in der Gruppe der befragten Studierenden ohne Lehrerfahrung wie auch in der Gruppe der befragten Studierenden mit Lehrerfahrung der Großteil jeweils eine Rückmeldung unter verstärktem inhaltlichem Einbezug der Schülerlösungen formuliert, wobei der Anteil derjenigen Studierenden, die eine Rückmeldung unter deutlicher inhaltlicher Berücksichtigung der Schülerlösungen formulieren, in der Gruppe der befragten Studierenden mit Lehrerfahrung höher ist als in der Gruppe der befragten Studierenden ohne Lehrerfahrung. Es lässt sich also zusammenfassen, dass fachinhaltliche Aspekte der Schülerlösungen in den Rückmeldungen der befragten Studierenden mit Lehrerfahrung stärker berücksichtigt wurden als in den Rückmeldungen der befragten Studierenden ohne Lehrerfahrung, in deren Rückmeldungen relativ betrachtet häufiger keine Benennung inhaltlicher Anschlusspunkte aus den Schülerinterviews sondern von einer inhaltlichen Bezugnahme auf die Interviews unabhängige Formulierungen vertreten sind. Berücksichtigt werden kann dann, dass auf Rückmeldung bezogene Teilaufgaben auf fachdidaktisches Wissen ausgerichtet sind. Eine entsprechende fachinhaltsorientierte Bezugnahme der Rückmeldung auf Schülerlösungen kann weiterhin als Hinweis auf eine Verknüpfung von Fachwissen und fachdidaktischem Wissen gewertet werden, indem man davon ausgeht, dass eine entsprechende Bezugnahme auf die Schülerlösung darauf hinweist, dass der eigentlichen, fachdidaktisch geprägten Rückmeldung im Sinne der Beeinflussung des fachdidaktischen Wissens durch fachliches Wissen (vgl. Abschnitt IV.2.1.1) fachliche Analysen beziehungsweise die Berücksichtigung fachbezogener Aspekte der Schülerlösung vorangegangen sind. Vor diesem Hintergrund kann das Ergebnis dann als erster Hinweis für die Hypothese angesehen werden, dass Lehrerfahrung von Lehramtsstudierenden dazu beitragen kann, dass die Studierenden ihr fachliches und fachdidaktisches Wissen im Sinne der Ausbildung struktureller Zusammenhänge zwischen verschiedenen Facetten professioneller Kompetenz verknüpfen können.

Gerade im Hinblick auf diesen Aspekt bietet der der vorliegenden Studie zugrundeliegende Fragebogen darüber hinaus noch eine weitere, unmittelbarere Analysemöglichkeit, die von einer der vorhergehend berücksichtigten Codierung ähnlichen, aber nicht identischen Codierung ausgeht. Dafür werden in einer weiteren[206] induktiv definierten Codierung die Ausführungen der Studierenden in den Teilaufgaben 1b und 1c gemeinsam betrachtet. In Teilaufgabe 1b wurden die Studierenden, wie beschrieben, dabei nach einer Analyse der Schülerinterviews aus einer fachlichen Perspektive gefragt, bevor sie in Teilaufgabe 1c aufgefordert wurden, eine Rückmeldung zu den Interviews für die einzelnen Schülerinnen und Schüler zu formulieren. Die Codierung fokussiert dann darauf, ob im Falle derjenigen Antworten von Studierenden in Teilaufgabe 1c, in denen für jedes Schülerinterview eine separate Rückmeldung formuliert wurde[207], in mindestens der Hälfte der so formulierten Einzelrückmeldungen die zu dem jeweiligen Interview gehörige fachliche Analyse des Interviews in Teilaufgabe 1b aufgegriffen wird oder ob stattdessen Einzelrückmeldungen überwiegen, die ohne einen entsprechenden Bezug zu der fachlichen Analyse formuliert sind. Im ersten Fall der Bezugnahme auf die Analyse in Teilaufgabe 1b kann dabei sowohl eine Stärke als auch eine Schwäche der Schülerlösung den Ausgangspunkt der von den Studierenden formulierten jeweiligen Rückmeldung bilden. Im zweiten Fall der ausbleibenden Bezugnahme auf die fachliche Analyse in Teilaufgabe 1b kann die Rückmeldung beispielsweise nicht in der fachlichen Analyse

---

[206] Da diese Codierung als einzige Codierung der vorliegenden Studie sich auf zwei Teilaufgaben gleichzeitig bezieht und im Rahmen der Einzeldarstellung der verschiedenen Codierungen (siehe Kapitel IV.1) nur Codierungen vorgestellt wurden, die sich nur auf eine Teilaufgabe beziehen, wird diese Codierung an dieser Stelle erstmalig vorgestellt.

[207] Antworten, in denen in Teilaufgabe 1b oder 1c eine allgemeine Rückmeldung zu allen Schülerinterviews formuliert wurde, wurden in der Auswertung als nicht sinnvoll klassifizierbar berücksichtigt, da in diesem Fall nur schwer ein sinnvoller Bezug zwischen fachlicher Analyse in Teilaufgabe 1b und Rückmeldung in Teilaufgabe 1c herzustellen ist.

der Schülerlösung auftretende inhaltliche Aspekte thematisieren oder allgemeine, nicht inhaltsgebundene Hinweise etwa zum Lösungsvorgehen enthalten. Eine entsprechende Analyse der Ausführungen der Studierenden bietet sich dabei bei diesen Teilaufgaben wegen der ihnen zugrundeliegenden mathematikbezogenen Aktivität des Modellierens an, da hierbei wegen der Offenheit der Lösung beziehungsweise der Vielfalt der Lösungsmöglichkeiten und -vorgehensweisen beim Modellieren eine Rückmeldung unter Bezug auf nicht in der ursprünglichen Schülerlösung vorkommende Aspekte eher möglich ist als bei einer den Schülerinnen und Schülern gestellten Aufgabe mit klar vorgegebener Lösung beziehungsweise klar vorgegebenen Lösungsweg, die weniger Möglichkeiten des Aufgreifens nicht mit der Schülerlösung verbundener inhaltlicher Aspekte bietet. Vor dem Hintergrund der Klassifikation der Teilaufgaben ist dabei zu beachten, dass wegen der Analyse von Schülerlösungen beide Aufgaben formal dem Gebiet des fachdidaktischen Wissens zugeordnet werden. Dennoch wird wegen des stark fachinhaltlichen Bezugs von Teilaufgabe 1b hier, gleichsam in Ergänzung zu den bisherigen auf diese Teilaufgaben bezogenen fachdidaktisch orientierten Analysen, eine Betrachtung über die Verknüpfung von fachlichem und fachdidaktischem Wissen angestellt. Für die gemeinsame Verteilung der Lehrerfahrung und der Codierung, inwieweit in den in Teilaufgabe 1c formulierten Rückmeldungen die fachliche Analyse von 1b aufgegriffen wird, ergibt sich für die befragten Studierenden dann die nachfolgend dargestellte Verteilung:

	Induktiv definierte Codierung der Verknüpfung von fachlicher Analyse und formulierter Rückmeldung		
	Deutliche Verknüpfung von fachlicher Analyse und Rückmeldung	**Höchstens geringe Verknüpfung von fachlicher Analyse und Rückmeldung**	**Nicht sinnvoll klassifizierbar**
Lehrerfahrung	31	9	20
Keine Lehrerfahrung	4	4	6

Tabelle 73: Gemeinsame Verteilung der Codierung der Verknüpfung von fachlicher Analyse in Teilaufgabe 1b und der formulierten Rückmeldung in Teilaufgabe 1c einerseits und der Lehrerfahrung andererseits für die befragten Studierenden

Man erkennt hier unmittelbar den deutlichen Unterschied zwischen den Gruppen der befragten Studierenden ohne Lehrerfahrung und den befragten Studierenden mit Lehrerfahrung. Während in der ersten Gruppe der befragten Studierenden ohne Lehrerfahrung die Studierenden ausgeglichen häufig Rückmeldungen mit und ohne Bezug auf ihre vorangegangen fachliche Analyse formulieren, überwiegen in der Gruppe der Studierenden mit Lehrerfahrung deutlich diejenigen Rückmeldungen, die stark an der von den entsprechenden Studierenden vorher vorgenommene fachliche Analyse orientiert sind. Im Anschluss an die vorherige Analyse kann dies, erneut vor dem Hintergrund der Beeinflussung des fachdidaktischen Wissens durch fachliches Wissen (vgl. Abschnitt IV.2.1.1), als deutlicher Hinweis angesehen werden für die formulierte **Hypothese, dass Lehrerfahrung von Lehramtsstudierenden dazu beitragen kann, dass die Studierenden ihr fachliches und fachdidaktisches Wissen im Sinne der Ausbildung struktureller Zusammenhänge zwischen verschiedenen Facetten professioneller Kompetenz verknüpfen können.**

V. Zusammenfassung, Diskussion und Ausblick

Im Anschluss an die Darstellung der Ergebnisse der vorliegenden Studie im letzten Kapitel und mit unmittelbarem Bezug darauf beinhaltet das folgende Kapitel eine Zusammenfassung und Diskussion der vorliegenden Arbeit sowie einen damit verbundenen Ausblick auf mögliche an die Studie anschließende Fragestellungen und Untersuchungsmöglichkeiten. Unter dieser Perspektive werden zuerst im nächsten Abschnitt die Grenzen der Studie diskutiert, bevor der anschließende Abschnitt mit einer Zusammenfassung der Ergebnisse und deren Einbettung in den Kontext der Diskussion um Lehrerausbildung beziehungsweise Lehrerbildung die vorliegende Arbeit abschließt.

1 Grenzen der Studie

Ziel der vorliegenden Studie war die Rekonstruktion struktureller Zusammenhänge der professionellen Kompetenz angehender Mathematiklehrerinnen und Mathematiklehrer in der ersten Phase der Lehrerausbildung, das heißt strukturelle Zusammenhänge zwischen verschiedenen Facetten der professionellen Kompetenz sowie strukturelle Zusammenhänge zwischen Facetten der professionellen Kompetenz und der Lehrerfahrung. Daraus folgt unmittelbar, dass alle Aussagen der Arbeit ausschließlich auf angehende Mathematiklehrkräfte in der universitären Phase der Lehrerausbildung, das heißt auf Mathematiklehramtsstudierende bezogen sind und durch die Untersuchung keine Aussagen über Referendarinnen und Referendare oder praktizierende Lehrerinnen und Lehrer mit dem Fach Mathematik getroffen werden können. Aus der ausschließlichen Fokussierung auf den ersten, universitären Teil der Lehrerausbildung folgt außerdem direkt, dass die Arbeit ebenfalls nicht auf Aussagen über die Entwicklung der professionellen Kompetenz von Lehrerinnen und Lehrern während der verschiedenen Phasen der Lehrerausbildung sowie während der weiteren beruflichen Entwicklung (vgl. Berliner, 2001, 1994) abzielt. Beide Aspekte stellen deshalb mögliche Perspektiven für an die Arbeit anschließende Forschungsfragen dar, wobei sich für entsprechende Untersuchungen grundsätzlich zwei Möglichkeiten anbieten, nämlich einerseits die Verwendung des auch der vorliegende Arbeit zugrundeliegenden Fragebogens wie auch andererseits der Einbezug von weiteren

Fragestellungen, die für die an das Studium anschließenden Phasen der beruflichen Entwicklung von Lehrerinnen und Lehrern typische Aspekte berücksichtigen.

Formal kann die vorliegende Studie dabei als qualitative Vertiefungs- und Ergänzungsstudie zu größer angelegten, internationalen Vergleichsstudien zur professionellen Kompetenz von angehenden oder praktizierenden Lehrerinnen und Lehrern wie MT21("Mathematics Teaching in the 21st Century", siehe Blömeke, Kaiser, Lehmann, 2008), TEDS-M 2008 ("Teacher Education and Development Study: Learning to Teach Mathematics", siehe Blömeke, Kaise, Lehmann, 2010a und Blömeke, Kaiser & Lehmann, 2010d) oder COACTIV ("Cognitive Activation in the Classroom", siehe Kunter et al., 2011) aufgefasst werden, in dem Sinne dass, skizzenhaft formuliert, entsprechende Studien auf Basis einer größeren Stichprobe unter einer quantitativ orientierten Perspektive die Ausprägungen verschiedener Facetten professioneller Kompetenz von Lehramtsstudierenden und Referendarinnen und Referendaren beziehungsweise praktizierender Lehrkräfte untersuchen und die vorliegende Studie vor diesem Hintergrund ausschließlich bei Lehramtsstudierenden und auf Basis einer deutlich kleineren Stichprobe auf die Rekonstruktion struktureller Zusammenhängen zwischen einigen dieser Kompetenzfacetten untereinander und zwischen einigen dieser Kompetenzfacetten und der Lehrerfahrung unter qualitativer Perspektive zielt. Diesbezüglich schließt die vorliegenden Studie als Vertiefungs- und Ergänzungsstudie wegen ihres Entstehungskontextes theoretisch insbesondere an den konzeptuellen Rahmen von MT21 an, etwa durch das zugrundeliegende Konzept professioneller Kompetenz nach Weinert (2001a) sowie die Ausdifferenzierungen des professionellen Wissens von angehenden beziehungsweise praktizierenden Lehrerinnen und Lehrern nach Shulman (1986) und Bromme (1997, 1994) und die Konzeptualisierungen der beliefs (etwa durch den Ansatz von Richardson, 1996).

Zur Untersuchung der dieser Studie zugrundeliegenden Fragestellung wurden gegen Ende des Sommersemesters 2006 insgesamt 79 Mathematiklehramtsstudierende für die verschiedenen Lehrämter und in verschiedenen Phasen ihres Studiums an der Universität Hamburg anhand einer schriftlichen Untersuchung befragt. Dabei ist im Hinblick auf die Zusammensetzung der Stichprobe festzuhalten, dass diese sowohl Studierende, die später im Bereich von Grund- Haupt- und Realschule arbeiten möchten, als auch Studierende, die später im Bereich von allgemeinbildendem oder berufsbildendem Gymnasium und Gesamtschule arbeiten möchten, umfasst und in jeder Gruppe sowohl Studienanfänger als auch fortgeschrittene Studierende vertreten sind, aber die Stichprobe für keine dieser Gruppe von Studierenden Repräsentativität beansprucht und auch keine ausgeglichenen Größen der verschiedenen Gruppen aufweist. Daneben ergibt sich aus der Befragung an nur einem Hochschulstandort, dass nicht ausgeschlossen werden kann, dass mögliche ortspezifische Charakteristika, etwa bedingt durch die Eingangsselektivität der Hochschule oder hochschulspezifische curriculare Bedingungen, in die Untersuchung einfließen. Daneben sind aufgrund des querschnittlichen Designs in der Arbeit zwar Unterscheidungen zwischen Studienanfängerinnen und -anfängern innerhalb der verschiedenen Lehrämter möglich, jedoch keine Aussagen über die Entwicklung der professionellen Kompetenz während des Studiums. Auch hier bietet sich damit eine an die Arbeit anschließende Untersuchungsperspektive, indem das für die vorliegende Studie verwendete Instrument oder eine geeignete Modifikation im Rahmen eines stärker längsschnittlichen Designs eingesetzt wird.

Inhaltliche Grundlage für die schriftliche Befragung war ein Fragebogen mit durchgehend offenen Fragen, die hinsichtlich der professionellen Kompetenz angehender Lehrerinnen und Lehrer auf die Facetten des fachmathematischen Wissens, des fachdidaktischen Wissens und der beliefs ausgerichtet sind. Dabei beziehen sich jeweils mehrere Teilaufgaben, die auf verschiedene Facetten der professionellen Kompetenz ausgerichtet sind, auf ein übergeordnetes Thema. Aus fachmathematischer Sicht sind dann weiterhin alle Themen an zwei übergeordneten mathematikbezogenen Aktivitäten, nämlich dem Modellieren einerseits sowie dem Argumentieren und Beweisen andererseits, orientiert, wodurch versucht wurde, sowohl eine stärker prozessbezogene als auch eine stärker statische Seite der Mathematik (vgl. Grigutsch, Raatz, Törner, 1998) in der mathematikbezogenen thematischen Ausgestaltung des Fragebogens zu berücksichtigen. Erneut zeigt sich hier auch ein inhaltlicher Bezug zu MT21, da beide Themen, neben anderen, auch in MT21 vertreten sind (vgl. Blömeke et al., 2008b). Die Auswertung der Antworten der Studierenden geschah dann mit Hilfe der qualitativen Inhaltsanalyse nach Mayring (2008, 2007, 2000), wobei sowohl auf eine deduktive als auch auf eine induktive Kategoriendefinition zurückgegriffen wurde. Zuerst wurde dafür jede Teilaufgabe anhand einer deduktiv definierten Codierung ausgewertet, die jeweils orientiert war an derjenigen Kompetenzfacette und demjenigen Thema, nach der beziehungsweise dem die Teilaufgabe ausgerichtet war. Auf Basis des durch diese Codierungen gewonnen Materialeindrucks wurden dann materialbasiert induktiv weitere Unterscheidungen verschiedener Antwortcharakteristika für verschiedene Teilaufgaben festgelegt, die die Grundlage der anschließenden zweiten Auswertung der Teilaufgaben anhand einer induktiv definierten Codierung bildeten. Alle Arbeitsschritte wurden dabei begleitet durch umfangreiche Maßnahmen zur Sicherung der methodischen Nachvollziehbarkeit und Verlässlichkeit der Codierungen (vgl. Abschnitt III.2.7.1).

Insgesamt hat die Arbeit, wie erwähnt, also einen eindeutig qualitativen Charakter, was grundlegend resultiert aus dem Ziel der Studie, das heißt aus dem Ziel der Rekonstruktion von Zusammenhängen zwischen Facetten professioneller Kompetenz und Zusammenhängen zwischen Facetten professioneller Kompetenz und der Lehrerfahrung, indem diese Zielsetzung durch ihren auf rekonstruktive Aspekte ausgerichteten Charakter deutlich im Kontext qualitativer Forschung verortet werden kann (vgl. Bohnsack, 2008). Auf Basis dieser Zielstellung findet der qualitative Charakter der Arbeit dann seine methodische Konkretisierung in der Auswahl der qualitativen Inhaltsanalyse. Hierbei werden die qualitativen Charakteristika des methodischen Vorgehens insbesondere in einigen Schritten der Datenauswertung deutlich. So basiert jede Codierung zwar grundlegend auf den für die Teilaufgabe festgelegten Codiervorgaben, jedoch ist die tatsächliche Anwendung dieser Vorgaben auf eine einzelne Antwort einer oder eines Studierenden dennoch weiterhin zumindest teilweise auch ein Akt der Interpretation der entsprechenden Antwort, indem die vom Einzelfall abstrahierten allgemeinen Codiervorgaben auf die tatsächlichen speziellen Ausführungen einer Antwort bezogen werden und dabei beurteilt wird, ob in den Codiervorgaben genannte Eigenschaften auf die jeweilige Antwort zutreffen. Die Notwendigkeit einer Interpretation der Antwort, die unter anderem in einer nicht vollständigen Übereinstimmung der unabhängigen Codierung derselben Antworten durch zwei Codierer deutlich wird, kann dabei zwar durch eine möglichst eindeutige Formulierung der Codiervorgaben verringert werden, ist aber im Allgemeinen nicht vollständig vermeidbar, sondern umgekehrt gerade auch ein Charakteristikum der qualitativen Inhaltsanalyse (vgl. Mayring, 2008, 2000). Ebenfalls wird der qualitative Charakter der Auswertung deutlich durch in der Entwicklung der induktiv definierten Codiervorgaben, das heißt durch die Entwicklung von Codiervorgaben aus dem Material heraus, also anhand von Charakteristika, die bei Durchsicht der Antworten deutlich werden.

Um dann weiterhin im Sinne der Fragestellung der Arbeit Verknüpfungen zwischen verschiedenen Kompetenzfacetten untereinander und Verknüpfungen zwischen Kompetenzfacetten und der Lehrerfahrung rekonstruieren zu können, wurden jeweils die gemeinsamen Verteilungen der Codierungen von zwei Teilaufgaben beziehungsweise einer Teilaufgabe und der Lehrerfahrung betrachtet und auf Basis der beobachteten Zusammenhänge zwischen den Codierungen Hypothesen über den Zusammenhang zwischen den den Teilaufgaben inhaltlich jeweils zugrundeliegenden Kompetenzfacetten oder über den Zusammenhang entsprechender Kompetenzfacetten mit der Lehrerfahrung formuliert. Dabei kann eine auf eine Facette professioneller Kompetenz bezogene Teilaufgabe naturgemäß nicht auf die Kompetenzfacette als Abstraktum, sondern nur auf eine inhaltliche Konkretisierung dieser Facette ausgerichtet sein[208]. Damit wird unmittelbar deutlich, dass die vorgestellten Zusammenhänge in der allgemeinen Form zwar unter Berücksichtigung ihres hypothetischen Charakters jeweils im Bezug auf verschiedene, allgemeine Kompetenzfacetten formuliert sind, aber jeweils auf Beobachtungen basieren, die anhand von Zusammenhängen zwischen Teilaufgaben entstanden sind, die immer nur eine Repräsentation der jeweiligen Kompetenzfacetten thematisieren können. Dies ist bei der Betrachtung der Ergebnisse also durchgehend zu beachten, weswegen grundsätzlich in der Arbeit zu Beginn einer Analyse der inhaltliche Bezugsrahmen der in der Analyse verwendeten Teilaufgaben genannt wird. Daneben ergibt sich durch das gewählte Vorgehen, dass die Hypothesen damit auf Basis gemeinsamer Verteilungen von Codierungen formuliert werden und vorangestellt die Verteilungen der Codierungen einzelner Teilaufgaben dargestellt werden, was, insbesondere aufgrund der häufig durch Zahlen repräsentierten Codes, Anschlussmöglichkeiten zu einem stärker quantitativen Vorgehen beinhaltet. Dementgegen ist klar der qualitative Charakter der Arbeit zu berücksichtigen, in dessen Sinne die Verteilungen der Codierungen für die Teilaufgaben nur eine vereinfachte Ausdrucksform sind für die im Sinne der methodischen Vorgehensweise vorgenommene qualitative Erfassung und Zusammenfassung verschiedener Ausprägungen von Antwortmustern in Antworten auf offen formulierte Teilaufgaben. Vor diesem Hin-

208 Ein Beispiel ist eine Teilaufgabe zu der Kompetenzfacette des fachmathematischen Wissens. Dieses Wissen kann nicht ohne inhaltlichen Bezug zu einem mathematischen Gebiet abstrakt erhoben werden, sondern immer nur anhand von Fragestellungen, die jeweils konkret auf eines oder mehrere mathematische Inhalte bezogen sind.

tergrund werden in der vorliegenden Arbeit in den Darstellungen der Verteilungen der Codierungen einzelner Teilaufgaben und in der Darstellung der gemeinsamen Verteilungen von Codierungen verschiedener Teilaufgaben oder der Darstellung der gemeinsamen Codierung einer Teilaufgabe und der Lehrerfahrung bewusst durchgehend jeweils die absoluten Häufigkeiten der jeweiligen Codes und keine darauf basierenden prozentualen Angaben angegeben, um damit hervorzuheben, dass alle Aussagen auf Basis der qualitativen Analyse von Einzelfällen basieren. Wegen dieser qualitativen Analyse und insbesondere auch wegen der relativ kleinen und vor allem nicht repräsentativen und hinsichtlich der verschiedenen Untergruppen nicht ausbalancierten Stichprobe sind alle auf Basis der Beobachtungen in den gemeinsamem Codierungen formulierten Aussagen auch eindeutig lediglich als Hypothesen über die strukturellen Zusammenhänge der professionellen Kompetenz angehender Mathematiklehrerinnen und -lehrer zu verstehen. Insbesondere implizieren die Aussagen also keine unmittelbare Generalisierbarkeit, weswegen weiterhin durchgehend auf eine über die Betrachtung der Häufigkeiten hinausgehende statistische Analyse der Codierungen und insbesondere auf die Angabe von Signifikanzniveaus verzichtet wird.

Auch wenn damit die vorgestellten Hypothesen damit keinen Anspruch auf unmittelbare Verallgemeinerbarkeit erheben, kann aufgrund der vorgestellten Ergebnisse weiterhin dennoch ein entsprechendes Generalisierungspotenzial der Hypothesen angenommen werden. Dies lässt sich beispielsweise dadurch begründen, dass im Allgemeinen - mit Ausnahme der beiden letzten auf die beliefs bezogenen Analysen, die jedoch stärker überprüfenden Charakter hatten - in der vorliegenden Arbeit nur Hypothesen formuliert werden, die auf Basis von mehreren Beobachtungen bei Zusammenhängen verschiedener Teilaufgaben entstanden sind. Umgekehrt bedeutet dass, dass nur einzeln beobachtete Zusammenhänge wegen ihres deshalb zwar nicht notwendig gegebenen, aber zumindest grundsätzlich anzunehmenden geringeren Verallgemeinerungspotenzials im Allgemeinen nicht als Grundlage zur Formulierung einer Hypothese herangezogen wurden. So wird beispielsweise die Hypothese bezüglich der Art der Beeinflussung des mathematikdidaktischen Wissens durch das mathematische Wissen auf Basis der Analyse von Zusammenhängen zwischen auf mathematisches Wissen ausgerichteten Teilaufgaben einerseits und sowohl auf lehr- als auch auf lernprozessbezogenes mathematikdidaktisches Wissen ausgerichteten Teilaufgaben andererseits formuliert (vgl. Abschnitt IV.2.1.1) und es wird darauf verzichtet, Hypothesen zu formulieren, die zwischen lehr- und lernprozessbezogenem mathematikdidaktischen Wissen differenzieren, da hier jeweils nur einzelne Zusammenhänge vorliegen.

Um eine zu starke Zergliederung der relativ kleinen Stichprobe und damit einhergehend eine erschwerte Untersuchung von Zusammenhängen zwischen den Codierungen zu vermeiden, wurden darüber hinaus weiterhin nur im Rahmen der Einzelanalysen der einzelnen Teilaufgaben die befragten Studierenden hinsichtlich ihres Studienganges und hinsichtlich ihrer Studienphase unterschieden, wohingegen bei der Betrachtung der den Hypothesen zugrundeliegenden Betrachtung von gemeinsamen Verteilungen von Codierungen zweier Teilaufgaben oder der gemeinsamen Verteilung der Codierung einer Teilaufgabe und der Lehrerfahrung durchgehend alle befragten Studierenden gemeinsam und ohne weitergehende Differenzierung nach Studiengang oder Studienphase berücksichtigt wurden. Vor diesem Hintergrund sind alle formulierten Aussagen nur als erste, grundsätzliche Hypothesen zu verstehen und es ist nicht impliziert, dass weitere, hier nicht berücksichtige Einflussfaktoren, nicht zu einer Modifikation oder weiteren Ausdifferenzierung der Hypothesen führen können. Das bedeutet, dass nicht ausgeschlossen sein soll, dass die erwähnten Unterscheidungen der Studierenden bezüglich Studiengang und Studienphase, aber auch andere mögliche Unterscheidungen der Studierenden, beispielhaft seien Alter, Geschlecht oder die absolvierten Schullaufbahn genannt, einen Einfluss auf die Ausbildung der Verknüpfung verschiedener Facetten professioneller Kompetenz haben können, jedoch in der vorliegenden Studie die Hypothesen ohne Berücksichtigung entsprechender Unterscheidungen formuliert werden.

Weiterhin resultiert aus der unbalancierten Zusammensetzung der Stichprobe neben den damit verbundenen grundsätzlichen Begrenzungen hinsichtlich der Möglichkeit zur Formulierung verallgemeinerbarer Aussagen eine weitere inhaltliche Konsequenz. Diese ergibt sich direkt daraus, dass die verschiedenen Unterscheidungen der befragten Studierenden nicht nur zu einer formalen Partition der Stichprobe führen, sondern dass möglicherweise jede Gruppe auch durch unterschiedliche Charakteristika geprägt ist. Diese können dabei sowohl institutioneller Natur als auch individueller Natur sein. Im ersten Fall der institutionellen Beeinflussung könnten etwa Rahmenbedingungen des Studienganges, im zweiten Falle der individuellen Beeinflussung könnten etwa persönliche inhalts- oder berufsbezogene Präferenzen und Sichtweisen grundsätzliche unterschiedliche Charakteristika der Studierendengruppen bedingen.

Dabei können institutionell und individuell bedingte Unterschiedlichkeiten einerseits jeweils separate Wirkung entfalten, stehen darüber hinaus aber möglicherweise auch in gegenseitiger Wechselwirkung, etwa wenn individuelle Präferenzen die Studiengangswahl beeinflussen oder inhaltliche oder methodische Schwerpunktsetzungen eines Studiengangs die individuelle Wahrnehmung von und den Umgang mit Inhalten und Methoden beeinflussen. Letzteres steht wiederum auch im Zusammenhang mit der Studienphase, da unterschiedlich umfangreiche Studienerfahrungen auch eine unterschiedlich umfangreiche Exposition der Studierenden gegenüber studiengangspezifischen Eigenheiten bedeuten. Für die vorliegende Studie entfalten diese möglichen unterschiedlichen Charakteristika der verschiedenen Studierendengruppen insbesondere dadurch Relevanz, dass entsprechende institutionelle wie auch individuelle Einflüsse zu einem dann gleichsam bedingt durch die Gruppenzugehörigkeit unterschiedlichen Umgang mit den Fragestellungen des Fragebogens führen können. So unterscheiden sich die Studierendengruppen zum Beispiel möglicherweise abhängig von den jeweiligen Schwerpunktsetzungen in einem Studiengang in der Vertrautheit im Umgang mit verschiedenen Aufgaben. Beispielsweise ist etwa nicht auszuschließen, dass eine Auseinandersetzung mit tatsächlich schulrelevanten mathematischen Aufgaben in der Ausbildung von angehenden GHR-Lehrerinnen und -Lehrern einen stärkeren Schwerpunkt einnimmt als in der Ausbildung angehender GyGS-Lehrerinnen und -lehrer und sich deshalb die angehenden Lehrkräfte der verschiedenen Studiengänge hinsichtlich der Erfahrung bei der Beantwortung von auf entsprechende Aufgaben bezogenen Fragestellungen unterscheiden. Auch ist denkbar, dass sich die Gruppen abhängig von einer möglicherweise unterschiedlichen Herangehensweise an mathematische Problemstellungen in den verschiedenen Studiengängen hinsichtlich der Einschätzung von damit verbundenen Fragestellungen sowie hinsichtlich des Umgangs mit solchen Fragestellungen unterscheiden. Vor diesem Hintergrund könnten zum Beispiel Studierende verschiedener Studiengänge bei der Beantwortung entsprechender Teilaufgaben unterschiedlich ausführliche Darstellungen wählen. Letzteres ist weiterhin darüber hinaus naturgemäß erneut nicht nur von der Gruppenzugehörigkeit, sondern auch von individuellen Präferenzen in der Beantwortung schriftlicher Befragungen beeinflusst. Diese Unterschiede in der Ausführlichkeit von Antworten sind umso mehr bedenkenswert, da die der Datenauswertung zugrunde liegende Methode der qualitativen Inhaltsanalyse entsprechend dem in Abschnitt III.2.6 geschilderten Vorgehen lediglich tatsächlich in schriftlicher Form manifestierte Ausführungen der Studierenden erfassen kann und nicht ergänzende, nicht schriftlich fixierte Informationen zusätzlich berücksichtigen kann. Ein Beispiel hierfür sind Antworten auf diejenige Teilaufgabe, in der die Studierenden aufgefordert waren, einen formalen Beweis für die mathematische Aussagen zu formulieren, dass die Länge der Diagonale eines Quadrates sich bei Verdoppelung der Seitenlängen des Quadrates ebenfalls verdoppelt (Teilaufgabe 4b, siehe Abschnitt IV.1.1.2). Hier formulierten einige Studierende lediglich Aussagen wie „Ich hätte mir jetzt 'Pythagoras' vorgenommen. $a^2 + b^2 = c^2 \Rightarrow c = \sqrt{a^2 + b^2}$ jeweils fürs kleine und große Plättchen." (Studentin, 3. Semester, GyGS-Fortgeschrittene, Fragebogen Nr. 41). Auch wenn entsprechende Antworten im Sinne der Codiervorgaben dann nicht als vollständiger Beweis codiert werden konnten, kann sicherlich nicht zwangsläufig davon ausgegangen werden, dass Studierende mit solchen Antworten nicht auch einen vollständig angemessenen Beweis hätten formulieren können, und man könnte vermuten, dass sie nur an dieser Stelle darauf verzichtet haben und stattdessen, vielleicht durch entsprechende Beeinflussungen aus der fachmathematischen Ausbildung im Umgang mit relativ unaufwändig zu beweisenden mathematischen Aussagen, lediglich eine stark verkürzte Skizze des möglichen Vorgehens formuliert haben (vgl. Schwarz et al., 2008 für entsprechende Antwortmuster von in Hongkong befragten Studierenden, deren Gruppe befragter Studierender sich in der entsprechenden Untersuchung bei dieser Teilaufgabe durch im Vergleich höhere fachmathematische Kenntnisstände auszeichnet).

Daneben sind alle in der Auswertung von Zusammenhängen untersuchten gemeinsamen Verteilungen immer nur auf jeweils zwei Codierungen bezogen, was ebenfalls geschieht, um eine zu starke Zergliederung der Stichprobe, in diesem Fall durch gleichzeitigen Einbezug von mehr als zwei Unterscheidungskriterien, zu vermeiden. Das bedeutet, dass entweder zwei Codierungen von Teilaufgaben oder eine Codierung einer Teilaufgabe mit der Lehrerfahrung in Beziehung gesetzt werden. Dies führt dazu, dass, unabhängig vom möglichen Einfluss von Ausdifferenzierungen der Studierenden, die nicht berücksichtigt wurden, auch eingeschränkt auf Bereiche, die in den Analysen über strukturelle Zusammenhängen der professionellen Kompetenz in der vorliegenden Studie berücksichtigt werden, Hypothesen über das strukturelle Zusammenwirken von mehr als zwei Bereichen gleichzeitig basierend auf der hier durchgeführten Datenauswertung prinzipiell nicht formuliert werden können. Sowohl die statistische Überprüfung und Generalisierung der hier formulierten Hypothesen als auch der differenzierte Einbezug möglicher weiterer Einflussgrößen sowie die gleichzeitige Berücksichtigung von mehr als zwei Bereichen in Aussagen über strukturelle Zusammenhänge der professionellen Kompetenz angehender Lehrerinnen und Lehrer sind Ziele, die sich im Sinne einer Perspektive für an die vorliegende Arbeit anschließende Forschungsfragen durch anschließende quantitative Untersuchungen auf Basis größerer, repräsentativer Stichproben anstreben lassen. Vor diesem Hintergrund kann die Studie aufgefasst werden als qualitative, hypothesengenerierende Studie im Sinne der Vorbereitung einer möglichen daran anschließenden quantitativen Untersuchung (vgl. Mayring, 2008). Damit steht die vorliegende qualitative Studie in zweifacher Hinsicht in Relation zu quantitativer Forschung, einerseits, indem die Studie als qualitative Vertiefungs- und Ergänzungsstudie zu verschiedenen vorangegangen quantitativen größer angelegten, internationalen Vergleichsstudien zur Wirksamkeit der Lehrerausbildung angelegt ist, und andererseits, indem sie auch selber als qualitative Vorbereitung einer möglichen weiteren anschließenden quantitativen Ergänzungsstudie aufgefasst werden kann.

2 Zusammenfassung und Diskussion der zentralen Ergebnisse

Zusammenfassend lassen sich die Ergebnisse der vorliegenden Studie in drei Bereiche unterteilen. Dies sind erstens die Einzelanalysen der verschiedenen Teilaufgaben, zweitens die Ergebnisse zu Zusammenhängen zwischen verschiedenen Facetten professioneller Kompetenz und drittens die Ergebnisse zu Zusammenhängen zwischen Facetten professioneller Kompetenz und der Lehrerfahrung.

Der erste Bereich, der die Darstellung der Ergebnisse der einzelnen Teilaufgaben für die befragten Studierenden umfasst, das heißt die Darstellung der Verteilung sowohl der deduktiv wie auch der induktiv definierten Codierungen nimmt dabei insoweit eine Sonderstellung ein, dass dieser Bereich nicht direkt auf die Fragestellung, das heißt die Frage nach strukturellen Zusammenhängen innerhalb der professionellen Kompetenz angehender Lehrerinnen und Lehrer bezogen ist. Vielmehr dienen die entsprechenden Darstellungen in mehrfacher Hinsicht als Grundlage für eine anschließende Beschreibung der tatsächlich direkt auf die Fragestellung bezogenen Ergebnisse. Zum Einen werden im Zuge der Vorstellung der einzelnen Verteilungen von Codierungen grundlegend auch die Codierungen selber verdeutlicht, so dass in der anschließenden Betrachtung gemeinsamer Codierungen darauf Bezug genommen werden kann. Zum Anderen ergibt sich durch die Betrachtung der Verteilung von Codierungen einzelner Teilaufgaben die Möglichkeit, die Stichprobe der befragten Studierenden bezüglich der einzelnen Bereiche, auf die die Codierungen ausgerichtet sind, zu charakterisieren. Um diese Charakterisierung der Stichprobe möglichst detailliert vornehmen zu können, wird bei dieser Einzeldarstellung der verschiedenen Teilaufgaben weiterhin, wie beschrieben im Gegensatz zu der Darstellung der gemeinsamen Verteilungen von Codierungen im Anschluss, jeweils eine Differenzierung der Stichprobe sowohl hinsichtlich des studierten Lehramtes als auch bezüglich der Studienphase vorgenommen. Damit bietet sich die Möglichkeit, die Stichprobe der befragten Studierenden sowohl hinsichtlich möglicher Unterschiede zwischen den verschiedenen Teilgruppen von Studierenden als auch hinsichtlich des generellen Antwortverhaltens bei den einzelnen Fragestellungen einschätzen zu können. Insbesondere wurde im Hinblick auf die anschließende Analyse auf Basis dieser Einzelanalysen die Auswahl von Teilaufgaben getroffen, die in der nachfolgenden Analyse gemeinsamer Verteilungen mehrerer Codierungen Berücksichtigung finden, indem umgekehrt durch zwei Überprüfungen, diejenigen Teilaufgaben identifiziert wurden, die weniger geeignet sind für einzelne weitere Analysen im Bezug auf die Fragestellung der Studie und die daher im Weiteren gegebenenfalls teilweise nicht berücksichtigt wurden. Eine entsprechende Identifikation für einige Analysen weniger geeigneter Teilaufgaben geschah dabei genauer in zweifacher Hinsicht. Wenn zum Einen deutlich wurde, dass Antworten zu Teilaufgaben stark durch inhaltsbezogene Schwierigkeiten oder durch eine von der Aufgabenintention abweichender Rezeptionen der Fragestellung durch die Studierenden geprägt waren, das heißt, wenn deutlich wurde, dass die Antworten geprägt sind durch auffallende oder besondere Merkmale, die kein Resultat der ursprünglichen Intention der Fragestellung sind, wurden diese Aufgaben nicht in weiteren Analysen berücksichtigt. Zum Anderen wurden weiterhin damit zusammenhängend diejenigen Teilaufgaben nicht berücksichtigt, die inhaltlich auf entsprechend identifizierten Aufgaben aufbauen, wenn hier beobachtet werden konnte, dass inhaltliche Schwierigkeiten oder die Rezeption der Fragestellung in einer so identifizierten Aufgabe das Antwortverhalten in darauf aufbauenden Aufgabe beeinflussen. So zeigte sich beispielsweise, dass häufig Teilaufgaben, die dem Bereich der mathematikbezogenen Aktivität des Argumentierens und Beweisens zugeordnet werden, stark beeinflusst waren von fachlichen Schwierigkeiten der Studierenden hinsichtlich der mathematisch zugrundeliegenden Inhalte, was dann auch die Ausführungen in darauf aufbauenden, etwa fachdidaktischen, Fragestellungen beeinflusste. Da eine entsprechende Identifikation von Teilaufgaben, die weniger geeignet für anschließende Analysen gemeinsamer Codierungen waren, dabei auf Basis der Betrachtung des Datenmaterials im Rahmen der vorgenommenen Codierprozesse geschah, kann auch dies als Teil des qualitativen Charakters der Arbeit bewertet werden. Insgesamt ist damit zu konstatieren, dass die hinsichtlich der Fragestellung der vorliegenden Arbeit formulierten Aussagen verstärkt auf Analysen gemeinsamer Verteilungen von Codierungen derjenigen Teilaufgaben basieren, die inhaltlich an Modellierung orientiert sind, wohingegen auf das Beweisen ausgerichtete Teilaufgaben weniger stark in die Auswertungen der gemeinsamen Codierungen von Teilaufgaben eingingen. Dies ist insbesondere vor dem Hintergrund zu berücksichtigen, dass, wie dargestellt, Zusammenhänge zwischen Kompetenzfacetten bezogene Ergebnisse immer auf Basis von Beobachtungen von Zusammenhängen zwischen Teilaufgaben formuliert werden, die die entsprechende Kompetenzfacette unter einer jeweiligen inhaltlichen Schwerpunktsetzung repräsentieren. Wenn daher alle Aussagen immer nur im inhaltlichen Kontext der Teilaufgaben, die der Analyse der Zusammenhänge zugrunde liegen, das heißt auch im Kontext der jeweiligen inhaltlichen Schwerpunktsetzung der zugrundeliegenden Teilaufgaben betrachtet werden können, müssen die Aussagen der vorliegenden Arbeit auch vor dem Hintergrund einer verstärkten zugrundeliegenden inhaltlichen Repräsentation hinsichtlich der mathematikbezogenen Aktivität von Modellierung gesehen werden.

Der zweite Bereich der Ergebnisse fokussiert dann direkt auf die Fragestellung der Studie und umfasst die Darstellung der in der vorliegenden Studie rekonstruierten strukturellen Zusammenhänge zwischen verschiedenen Facetten professioneller Kompetenz von Mathematiklehramtsstudierenden. Zentrales Gliederungskriterium war dabei die Unterscheidung von Zusammenhängen zwischen Wissensgebieten, das heißt zwischen fachmathematischem und mathematikdidaktischem Wissen und zwischen diesen Wissensgebieten und den beliefs. Im Folgenden werden dafür erneut die zentralen auf Basis der rekonstruierten Zusammenhänge abgeleiteten Hypothesen wiederholt und zusammengefasst.

Hinsichtlich der ersten hier betrachteten Art von strukturellen Zusammenhängen innerhalb der professionellen Kompetenz, das heißt hinsichtlich des Zusammenhanges zwischen fachmathematischem und mathematikdidaktischem Wissen, konnte für die befragten Studierenden zuerst insbesondere im Hinblick auf verschieden hoch ausgeprägte Wissensbestände erwartungsgemäß rekonstruiert werden, dass Fachwissen ein entscheidender beeinflussender Faktor für fachdidaktisches Wissen ist, ohne dass damit fachdidaktisches Wissen in seiner Gänze erfasst ist beziehungsweise beschrieben werden kann. Betrachtet man diesen Zusammenhang von fachlichem und fachdidaktischen Wissen weiterhin genauer unter der Perspektive seines strukturellen Charakters, so lieferten die Beobachtungen Hinweise, dass es wenig sinnvoll ist, dem Fachwissen entweder die Funktion eines notwendigen oder eines hinreichenden Einflussfaktors für fachdidaktisches Wissen zuzusprechen, sondern vielmehr lediglich von einer deutlichen, aber nicht ausschließlichen Beeinflussung des fachdidaktischen Wissens durch das fachliche Wissen auszugehen ist.

Dieses Ergebnis lässt sich allgemein in den Zusammenhang stellen mit den verschiedenen theoretischen Konzeptualisierungen von fachdidaktischem Wissen (siehe Abschnitt II.3.2). Man erkennt, wie eine grundsätzliche Annahme in diesen verschiedenen konzeptuellen Ansätzen, nämlich die Annahmen, das fachliches Wissen eine von mehreren für das fachdidaktische Wissen konstituierenden Komponenten darstellt, im Einklang steht mit der hier beschriebenen Hypothese auf Basis der Datenauswertung im Rahmen der vorliegenden Studie, die den Einfluss des in diesem Fall mathematischen auf das mathematikdidaktische Wissen für die befragten Studierenden bestätigt. Hervorhebenswert ist jedoch, dass die betrachteten grundsätzlichen Ansätze zum fachdidaktischen Wissen häufig jeweils auf Lehrpersonen im Allgemeinen, das heißt vor allem auf praktizierende Lehrerinnen und Lehrer, bezogen sind, wohingegen die vorliegende Studie entsprechende Zusammenhänge im speziellen Bezug auf die professionelle Kompetenz von Lehramtstudierenden, das heißt angehenden Lehrerinnen und Lehrern, die noch nicht berufspraktisch tätig sind, formuliert.

Ebenfalls steht die Hypothese im direkten Zusammenhang mit der Frage, wie der nicht durch fachliches Wissen beeinflusste Teil des fachdidaktischen Wissens genauer beschaffen ist, das heißt, welche weiteren Komponenten fachdidaktisches Wissen konstitutiv prägen. Zu dieser Frage finden sich zum Einen bereits, in jeweils verschiedener Art und

Weise, verschiedene Beschreibungen in den unterschiedlichen Ansätzen zur Konzeptualisierung von fachdidaktischem Wissen (siehe Abschnitt II.3.2) und insbesondere stellt die Frage zum Anderen eine weitere Forschungsperspektive dar, die wegen ihres auf eine Beschreibung eines Wissensbereiches ausgerichteten Charakters möglicherweise grundlegend zuerst Zusammenhänge zu ebenfalls qualitativer Forschung impliziert.

Insbesondere im Forschungskontext der vorliegenden Studie als qualitative Studie im Umfeld von größer angelegten, internationalen Vergleichsstudien zur Wirksamkeit der Lehrerausbildung (siehe Kapitel II.6), stehen die Hypothesen, dass fachdidaktisches Wissen deutlich, aber nicht ausschließlich durch fachliches Wissen beeinflusst wird, und dass zusätzlich dieser Einfluss des fachlichen Wissens weder allgemein im Sinne einer notwendigen noch allgemein im Sinne einer hinreichenden Bedingung aufzufassen ist, weiterhin im Bezug zu der Frage der Konzeptualisierung und Operationalisierung entsprechender Wissensbereiche im besonderen, aber nicht ausschließlichen Hinblick auf quantitative Studien zur Lehrerbildung und Lehrerausbildung. So steht das genannte Ergebnis der vorliegenden Studie über das Verhältnis zwischen Fachwissen und fachdidaktischem Wissen auf den ersten Blick zumindest in einem Spannungsverhältnis zu den diesbezüglichen Ergebnissen von MT21, TEDS-M 2008 und COACTIV, in denen durchgehend unter anderem für deutsche angehende Lehrerinnen und Lehrer „von sehr eng zusammenhängenden Dimensionen gesprochen werden kann" (Blömeke, Kaiser, Döhrmann, Suhl, Lehmann, 2010, S. 242) (vgl. für MT21 Blömeke et al., 2008b, für TEDS-M 2008 mit Bezug auf angehende Primarstufenlehrkräfte Blömeke, Kaiser, Döhrmann, Suhl, Lehmann, 2010 und mit Bezug auf angehende Sekundarstufen-I-Lehrkräfte Blömeke, Kaiser, Döhrmann & Lehmann, 2010 und für COACTIV Krauss et al., 2011). Es kann vermutet werden, dass die unterschiedlichen Akzente in den Ergebnissen vielmehr ein Resultat unterschiedlicher konzeptueller Ansätze darstellen[209]. So bildet in den vorher erwähnten Vergleichsstudien „eine konzeptuelle Überlappung zwischen mathematischem und mathematikdidaktischem Wissen" (Blömeke, Kaiser, Döhrmann, Suhl, Lehmann, 2010, S. 240) einen Ausgangspunkt für die Anlage der Studie und bereits aus konzeptueller

---

[209] Vorarbeiten zum Vergleich von MT21 und der vorliegenden Studie wurden in diesem Zusammenhang auch im Rahmen einer Staatsexamensarbeit von Nikolai Redlich (Redlich (2010)) durchgeführt. Dafür gilt ein herzlicher Dank!

Sicht wird mathematisches Wissen „als Voraussetzung für die Lösung mathematikdidaktischer Aufgaben angesehen" (ebd.). Dies stellen auch Blömeke et al. (2008a, S. 127) für MT1 heraus, wenn sie dazu übergehen, „noch einmal an die Operationalisierung der Konstrukte in *MT21* und COACTIV zu erinnern. In beiden Projekten ist das mathematikdidaktische Wissen sehr fachnah und überwiegend als Reaktion auf Situationen angelegt, weniger als Fähigkeit zu vorausschauender Planung"[210]. Im Gegensatz zu dieser also stark fachnahen Operationalisierung auch fachdidaktischer Aufgaben versucht die vorliegende Studie eine stärker originär fachdidaktische Ausrichtung der entsprechenden Fragestellungen. Dies wird angestrebt durch die offenen Fragestellungen, die es ermöglichen, tatsächlich individuelle und nicht über die Fragestellung hinaus eingeschränkte Einschätzungen und Ausführungen der befragten Studierenden etwa bezüglich der Formulierung einer Rückmeldung oder der Formulierung von mit der mathematikunterrichtlichen Thematisierung einzelner mathematikbezogener Aktivitäten verbundenen Zielsetzungen zu erheben. Dies steht zumindest teilweise im Gegensatz zu einer Befragung anhand geschlossener Frageformate, bei der beispielsweise entsprechende Fragen nach der Rückmeldung zu einer Schülerlösung oder nach Zielen von Mathematikunterricht durch die vorgegebenen Antwortmöglichkeiten und die Notwendigkeit einer Unterscheidung zwischen richtigen und falschen Antwortvorgaben eine höhere Wahrscheinlichkeit der fachnahen Umsetzung beinhalten. Aus diesem Grund weist die vorliegende Studie im Vergleich zu den Vergleichsstudien möglicherweise in den entsprechenden fachdidaktischen Teilaufgaben eine stärker speziell fachdidaktische Akzentsetzung auf. Dabei darf jedoch nicht übersehen werden, dass dieser mögliche Zugewinn konzeptueller Nähe zu fachdidaktischen Ansätzen einhergeht mit deutlich erhöhtem Aufwand bezüglich der Auswertungen der einzelnen Antworten, so dass eine entsprechende Auswertung für die umfangreichen und repräsentativen Stichproben der Vergleichsstudien kaum realisierbar wäre.

Vor diesem Hintergrund bestätigen die aus der vorliegenden Studie abgeleitete Hypothesen bezüglich des Verhältnisses von fachlichem und fachdidaktischem Wissen also die Notwendigkeit der grundsätzlichen An-

---

[210] vgl. dazu die entsprechenden Beschreibungen der theoretischen Konzeptualisierungen sowie der Operationalisierung des fachbezogenen professionellen Wissens angehender oder praktizierender Lehrerinnen und Lehrer in MT21 (Blömeke et al., 2008b), TEDS-M 2008 (Döhrmann, Kaiser und Blömeke, 2010a, Döhrmann, Kaiser und Blömeke, 2010b) und COACTIV, Krauss et al., 2011)

forderung an die instrumentelle Gestaltung entsprechender Studien, die spezifischen Charakteristika des fachdidaktischen Wissens angemessen und ohne eine zu fachnahe aber auch ohne eine zu fachferne Operationalisierung zu erheben. Dabei ist weiterhin die konkrete jeweilige instrumentelle Erfassung des fachdidaktischen Wissens in diesem Spannungsfeld einer stärker fachnahen oder stärker fachfernen Operationalisierung grundsätzlich nicht von vorneherein festgelegt, sondern ist, genau wie eine inhaltliche Schwerpunktsetzung, vielmehr eine konzeptuelle und mit methodischen Überlegungen verbundene Entscheidung im Rahmen der jeweiligen Studie. Dies unterstreicht die Bedeutung der Berücksichtigung der jeweiligen theoretischen Konzeptualisierungen und Operationalisierungen von in diesem Fall fachbezogenen Wissensbereichen bei der Betrachtung und dem Vergleich entsprechender Studienergebnisse.

Neben diesen Aussagen über den Einfluss des fachlichen Wissens auf das fachdidaktische Wissen konnte im Rahmen der vorliegenden Studie für die befragten Studierenden im Anschluss daran für diesen Zusammenhang der beiden Wissensbereiche noch eine weitere Hypothese unter der Perspektive seines strukturellen Charakters formuliert werden. Im Gegensatz zu den vorigen Aussagen, die, wie erwähnt, insbesondere vor dem Hintergrund verschieden hoch ausgeprägter Wissensbestände formuliert wurden, stand dabei für die diesbezügliche Auswertung stärker die Art der inhaltlichen Beschaffenheit der einzelnen Wissensbestände im Vordergrund. Diesbezüglich wurde die Hypothese formuliert, dass – bei gegebenenfalls gleichen oder unterschiedlich hoch ausgeprägten fachbezogenen Wissensbeständen – auch individuelle Repräsentationen dieser Wissensbestände und Konnotationen zu diesen Wissensbeständen die Anwendung des im Bezug zu dem jeweiligen fachlichen Wissensbestand stehenden fachdidaktischen Wissensbestand auf konkrete Probleme beeinflussen. In diesem Fall wurden die individuellen Repräsentationen und Konnotationen dabei beispielhaft repräsentiert durch individuelle Präferenzen der Studierenden für ein Lösungsvorgehen bei der Bearbeitung mathematischer Aufgabenstellungen, die in Zusammenhang gestellt wurden mit der von den Studierenden zu Schülerlösungen für die jeweilige Aufgabe formulierten Rückmeldungen. Allgemeiner sind im Bezug auf diese Aussage jedoch auch andere Repräsentationen und Konnotationen denkbar, die die Anwendung des durch einen fachlichen Wissensbestand beeinflussten fachdidaktischen Wissensbestand mitprägen könnten, beispielsweise unterschiedliche mathematische Denkstile der angehenden Lehrkraft, die näher oder weniger nah zu den in einer Schülerlösung deutlichen Denkstilen einer Schülerin oder eines Schüler sind (vgl. Borromeo Ferri, 2011). Vor diesem Hintergrund liefert die vorliegenden Studie also Hinweise, dass Zusammenhänge, die für praktizierende Lehrerinnen und Lehrer formuliert worden sind, in diesem Falle Überlegungen und Ergebnisse zu der Beeinflussung der Anwendung von fachdidaktischem Wissen durch fachliche Repräsentationen und Konnotationen, wie sie beispielsweise im Zusammenhang mit den Denkstilen formuliert wurden (vgl. ebd.), auch bereits bei Lehramtsstudierenden beobachtet werden können.

Hinsichtlich der zweiten hier betrachteten Art von strukturellen Zusammenhängen innerhalb der professionellen Kompetenz, das heißt hinsichtlich des Zusammenhanges zwischen fachmathematischem und mathematikdidaktischem Wissen einerseits und beliefs andererseits, wurde dann grundlegend hinsichtlich der beliefs unterschieden zwischen mathematikbezogenen beliefs auf der einen sowie lehr- und lernbezogenen beliefs auf der anderen Seite (vgl. Abschnitt II.4.6). Dabei ist einschränkend festzuhalten, dass in Bezug auf die lehr- und lernbezogenen beliefs die entsprechenden Teilaufgaben spezieller nur auf lehrbezogene beliefs ausgerichtet waren. Diese Begrenzung geschah insbesondere vor dem Hintergrund der unterschiedlichen Möglichkeiten der Darstellung von Lehr- oder Lernprozessen im Rahmen der Gestaltung eines schriftlich zu beantwortenden Fragebogens mit offenen Aufgaben und daher limitiert zur Verfügung stehender Zeit für die Rezeption einzelner Aufgabentexte. Weiterhin ist durchgehend für alle auf beliefs bezogenen Analysen kritisch anzumerken, dass im Rahmen der vorliegenden Studie auf beliefs bezogene Ausprägungen der professionellen Kompetenz angehender Lehrerinnen und Lehrer möglicherweise schwerer als Ausprägungen von Wissensbereichen anhand der schriftlichen Antworten der Studierenden zu bestimmen sind. Dies ist insbesondere dadurch begründet, dass beliefs, entsprechend ihrem nur teilweise kognitiven Charakter (siehe Abschnitt II.4.1) schwerer direkt anhand einer schriftlichen Befragung zu erheben sind als Wissensbereiche, so dass hier teilweise, im Einklang mit dem qualitativen Ansatz der vorliegenden Studie, eine deutlich höhere Notwendigkeit des interpretativen Zugangs zu den offenen Antworten der Studierenden im Vergleich zu den auf Wissen bezogenen Teilaufgaben vorlag und in diesem Zusammenhang die beliefs teilweise auch nur indirekt bestimmt wurden. So basieren die Codierungen der mathematikbezogenen beliefs beispielsweise auf der auf Basis der Codiervorgaben vorgenommenen Interpretation der Ausführungen der Studierenden zu ihrem Bild von Mathematik. Außerdem sei erneut auf den stark auf Modellierung ausgerichteten Schwerpunkt der Analysen verwiesen, der beispielsweise dazu führte, dass die analysierten lehr- und lernprozessbezogenen beliefs der Studierenden jeweils auf Basis von Ausführungen der Studierenden im Zusammenhang mit auf Modellierung bezogenen Teilaufgaben bestimmt wurden. Diese einschränkenden Anmerkungen müssen bei der Betrachtung der auf die beliefs bezogenen Aussagen durchgehend mit berücksichtigt werden.

Theoretischer Ausgangspunkt der beliefbezogenen Analysen war dann weiterhin insbesondere die Filterfunktion von beliefs, das heißt die Beeinflussung von Lernprozessen beziehungsweise die Beeinflussung von Wissenserwerb durch beliefs (Blömeke, 2004, siehe Abschnitt II.4.2). Diese Schwerpunktsetzung auf die Filterfunktion ist dabei eine direkte Konsequenz aus dem Ziel der Arbeit, strukturelle Zusammenhänge der professionellen Kompetenz von speziell Lehramtsstudierenden zu rekonstruieren, also von angehenden Lehrkräften in der universitären Phase der Lehrerausbildung, das heißt in derjenigen Phase, in der genau der theoretische Wissenserwerb eine zentrale Zielsetzung darstellt. Zuerst wurden dafür die vermittels der Ausführungen zum Bild von Mathematik rekonstruierten mathematikbezogenen beliefs mit Codierungen von fachmathematisch und mathematikdidaktisch orientierten Teilaufgaben in Beziehung gesetzt. Es ließ sich dann für diese entsprechenden Codierungen beobachten, dass für die befragten Studierenden im Fall der mathematikbezogenen beliefs kein Zusammenhang zwischen den beliefs und den fachmathematischen und fachdidaktischen Wisssensdimensionen rekonstruiert werden konnte, das heißt im Fall der befragten Studierenden gehen unterschiedliche mathematikbezogene beliefs nicht häufiger einher mit höherem Wissen in mit diesen beliefs inhaltlich korrespondierenden mathematischen und mathematikdidaktischen Wissensgebieten. Daraus wurde zurückhaltend die Hypothese abgeleitet, dass fachbezogene, hier also mathematikbezogene, beliefs keine dominierende Rolle in der Beeinflussung des Wissenserwerbs von Mathematiklehramtsstudierenden spielen. Dies schien auf den ersten Blick ein Widerspruch zu der Filterfunktion von beliefs zu sein, jedoch muss berücksichtigt werden, dass sich Aussagen über die Filterfunktion im Allgemeinen insbesondere auf lehr- und lernprozessbezogene beliefs beziehen, wohingegen die hier beschriebene Analyse rein auf Mathematik bezogenen beliefs ausgerichtet war, so dass nicht notwendig ein Widerspruch zu der Filterfunktion vorlag. Vor diesem Hintergrund wurde die Hypothese, dass mathematikbezogene beliefs keine dominierende Rolle in der Beeinflussung des Wissenserwerbs von Mathematiklehramtsstudierenden spielen, anschließend betrachtet und es wurde unter der Annahme des Zutreffens dieser Hypothese eine Vermutung zur Begründung dieser Beobachtung formuliert. Ausgangspunkt dieser Vermutung war die Beobachtung, dass während des universitären Mathematikstudiums im Rahmen der Mathematiklehramtsausbildung der Charakter der dort vermittelten Mathematik zumindest teilweise deutlich anders ist als der Charakter der in der Schule vermittelten Mathematik. Vor diesem Hintergrund lässt sich vermuten, dass bestehende und im Laufe der Schulzeit ausgebildete mathematikbezogene beliefs der Studierenden im Laufe des Studiums unter dem Einfluss der veränderten Charakters der vermittelten Mathematik ebenfalls verändert werden, so dass die mathematikbezogenen beliefs wegen ihres Neuaufbaus beziehungsweise wegen ihrer Umstrukturierung, die sich während des Studiums im Prozess befinden, keine dominante Rolle beim Wissenserwerb der Studierenden spielen können. Es sei jedoch deutlich und kritisch angemerkt, dass dies nur Vermutungen ausgehend von der geschilderten Hypothese sind und dass insbesondere die in der vorliegenden Studie verwendeten fachmathematisch orientierten Teilaufgaben mit reiner Schulmathematik vollständig und angemessen bearbeitet werden konnten, so dass kein zwangsläufiger Bezug zu universitär erworbenem fachmathematischem Wissen vorliegt. Letzteres muss insbesondere kritisch berücksichtigt werden, wenn damit von der Codierung fachmathematischer Teilaufgaben, für deren angemessene Bearbeitung mathematisches Schulwissen ausreicht, auf den Wissenserwerb von Mathematiklehramtsstudierenden beziehungsweise deren Beeinflussung durch beliefs geschlossen wird. Dennoch lässt sich die auf Basis der Betrachtung der gemeinsamen Verteilung der Codierungen formulierte Hypothese, dass mathematikbezogene beliefs keine dominierende Rolle in der Beeinflussung des Wissenserwerbs von Mathematiklehramtsstudierenden spielen, dahingehend begründen, dass in der zugehörigen Datenauswertung nicht nur auf Basis von schulwissensorientierten Teilaufgaben erhobenes fachmathematisches, sondern auch fachdidaktisches Wissen berücksichtigt wurde und letzteres zwar möglicherweise durch das Durchlaufen einer schulischen Ausbildung ebenfalls teilweise grundgelegt werden kann, aber als explizites Thema im Allgemeinen erst Teil der Lehrerausbildung ist.

Mit dem weiterhin allgemein den Analysen zugrundeliegenden Ausgangspunkt der Filterfunktion von beliefs und unter Berücksichtigung einer diesbezüglichen Unterscheidung zwischen mathematikbezogenen sowie lehr- und lernprozessbezogenen beliefs fokussiert der zweite Teil der auf die Zusammenhänge zwischen Wissensbereichen einerseits und beliefs andererseits ausgerichteten Analysen dann insbesondere auf die lehr- und lernprozessbezogenen beliefs. Da entsprechende Zusammenhänge gerade durch die Filterfunktion von beliefs beschrieben werden, kommt den vorliegenden Analysen im Rahmen der vorliegenden Arbeit weniger eine beobachtende und rekonstruktive, als mehr eine ergänzende und zumindest ansatzweise überprüfende Perspektive zu in dem Sinne, dass überprüft wird, ob entsprechende im Rahmen der vorliegenden Studie durchführbare Analysen Aussagen ermöglichen, die konsistent mit der Filterfunktion von belief sind. Vor diesem Hintergrund sind die entsprechenden Beobachtungen im Rahmen der ausgewerteten Daten der vorliegenden Arbeit beschränkt auf zwei Zusammenhänge, die jeweils anhand der Analyse einzelner Teilaufgaben formuliert werden, wobei beide Male darüber hinaus lehr- und nicht lernprozessbezogene beliefs im Vordergrund stehen. Zuerst wurde dabei, gleichsam als Ergänzung der Analysen, da hierbei nicht Codierungen bezüglich zweier verschiedener Facetten professioneller Kompetenz in Beziehung gesetzt wurden, betrachtet, inwieweit die Codierungen mathematikbezogener und lehr- und lernprozessbezogener, hier also genauer lehrbezogener beliefs für die befragten Studierenden vor dem Hintergrund der ausgewerteten Teilaufgaben zusammenhängen. Die dabei beobachteten Zusammenhänge standen dann im Einklang mit der vorgenommenen Unterscheidung der beiden Bereiche von beliefs. Genauer zeigt sich, dass sich für die befragten Studierenden kein schlichter Zusammenhang nachzeichnen lässt in dem Sinne, dass ein eher statisches Bild von Mathematik mit stärker transmissionsorientierten methodischen Unterrichtsansätzen und ein eher dynamisches Bild von Mathematik mit stärker konstruktionsorientierten Unterrichtsansätzen einhergeht. Im Zusammenhang mit der vorher geschilderten Beobachtung wurde darauf basierend zurückhaltend die Hypothese formuliert, dass für Mathematiklehramtstudierende innerhalb der mathematischen beliefs keine grundsätzlichen Zusammenhänge zwischen lehr- und lernprozessbezogenen beliefs einerseits und mathematikbezogenen beliefs andererseits von vorneherein anzunehmen sind. Erneut steht dieses Ergebnis in einem Spannungsverhältnis zu den Ergebnissen von MT21 (Blömeke, Müller, Felbrich, Kaiser 2008) und TEDS-M 2008 (Felbrich, Schmotz, Kaiser, 2010, Schmotz, Felbrich, Kaiser, 2010), in denen entsprechende Zusammenhänge zwischen beliefs zur

Struktur der Mathematik und der Genese von mathematischem Wissen empirisch nachgewiesen werden. Zur Auflösung dieses Spannungsverhältnisses bieten sich erneut ein Erklärungsansatz auf Basis der Berücksichtigung der unterschiedlichen methodischen Zugängen an, da auch in diesem Fall in den Vergleichsstudien geschlossene und für die vorliegende Studie offene Aufgabenformate zum Einsatz kamen. Vor diesem Hintergrund sei dann zuerst kritisch daran erinnert, dass die betrachteten beliefs in der vorliegenden Studie, wie erwähnt, im Vergleich zu den Wissensbereichen auf einer stärker interpretativen Basis und darüber hinaus teilweise indirekt, das heißt im Fall der für die voranstehende Hypothese betrachteten lehrbezogenen beliefs beispielsweise im Kontext einer Frage zum methodischen Vorgehen bei der Behandlung einer Modellierungsaufgabe im Mathematikunterricht, bestimmt wurden. Umgekehrt bietet dafür eine offene Aufgabenstellung den befragten Studierenden die Möglichkeit, ihre Aussagen deutlich individueller und stärker unabhängig von vorgegebenen, quasi-prototypischen Aussagen zu formulieren, erneut wie auch im Fall der wissensbezogenen Teilaufgaben um den Preis einer deutlich aufwändigeren und im Falle umfangreicher und repräsentativer Stichproben nicht zu realisierenden Auswertung der einzelnen Antworten. Darüber hinaus unterscheiden sich die Aufgabenstellungen dadurch, dass im Fall von MT21 und TEDS-M 2008 die auf die Unterscheidung von konstruktions- und transmissionsbezogenen beliefs bezogenen Aussagen zwar an Mathematikunterricht allgemein, aber nicht an konkreten Themen und Situationen orientiert sind (vgl. die Beispielaussagen in Blömeke, Müller, Felbrich, Kaiser, 2008 sowie Felbrich, Schmotz, Kaiser, 2010, Schmotz, Felbrich, Kaiser, 2010) wohingegen in der vorliegenden Studie alle Teilaufgaben jeweils orientiert sind an thematisch konkretisierten mathematischen beziehungsweise mathematikdidaktischen Inhalten und damit insbesondere die auf die lehrbezogenen beliefs abzielenden Teilfragen jeweils direkt an thematisch konkret beschriebene mathematikunterrichtliche Situationen anschließen.

Abschließend wurden dann tatsächlich im direkten Bezug zur Filterfunktion von beliefs die Codierung einer auf lehrbezogene beliefs ausgerichteten Teilaufgabe und die Codierung einer auf Fachwissen ausgerichteten Teilaufgabe in Beziehung gesetzt. Die Analyse geschah dabei ebenfalls mit Bezug zu der, wie erwähnt bei den belief-bezogenen Analysen häufig vorherrschenden, mathematikbezogenen Aktivität der Modellierung, was in diesem Falle explizit in die Formulierung des Ergebnisses einging. Genauer ließ sich auf Basis der Betrachtung der gemeinsamen

Codierung zweier entsprechender Teilaufgaben formulieren, dass diejenigen befragten Studierenden, deren Antworten auf solche lehrbezogene beliefs schließen lassen, gemäß denen Modellierung als Teil des Mathematikunterrichts begriffen wird, auch größtenteils Antworten formulieren, die auf die Fähigkeit, Modellierungsaufgaben angemessene lösen zu können, schließen lassen. Dies steht im Einklang mit der Filterfunktion von beliefs, wobei erneut deutlich kritisch darauf hingewiesen werden muss, dass zur angemessenen Lösung und Bearbeitung der entsprechend der Auswertung zugrundeliegenden Modellierungsaufgabe mathematisches Schulwissen der Sekundarstufe I ausreichend gewesen ist, so dass ein unmittelbarer Bezug zu möglichen Beeinflussungen universitären Wissenserwerbs durch beliefs nicht zwangsläufig gegeben ist. Auch aus dieser Perspektive haben die auf lehrbezogene beliefs bezogenen Ergebnisse im Rahmen der vorliegenden Studie also lediglich den erwähnten ergänzenden Charakter.

Im dritten und abschließenden Bereich der Ergebnisse schließlich wurden dann rekonstruierte Zusammenhänge der professionellen Kompetenz der Mathematiklehramtsstudierenden mit ihrer Lehrerfahrung dargestellt. Durchgehend wurden dabei die Studierenden nur danach unterschieden, inwieweit sie bereits über Lehrerfahrung verfügen oder nicht, um eine zu starke Zergliederung der Stichprobe zu vermeiden. Dies bedeutet, das zum Einen nicht zwischen schulischen Lehrerfahrungen einerseits, die beispielsweise im Rahmen von Schulpraktika oder Lehraufträgen gewonnen werden konnten und außerschulischen Lehrerfahrungen, die beispielsweise im Rahmen der Mitarbeit in der Jugendarbeit eines Sportvereins gewonnen werden konnten, unterschieden wurde. Weiterhin bedeutet es darüber hinaus zum Anderen auch, dass nicht zwischen den verschiedenen studierenden Lehrämtern und insbesondere nicht zwischen Studierenden in verschiedenen Phasen des Studiums unterschieden wurde. Insbesondere Letzteres ist explizit hervorzuheben, da wegen der im Studienverlauf eines Lehramtsstudiums im Allgemeinen verpflichtenden Schulpraktika die Wahrscheinlichkeit, keine Lehrerfahrung gewonnen zu haben, für Lehramtsstudierende mit fortschreitender Studienphase sinkt. Um vor diesem Hintergrund dann zu berücksichtigen, dass einerseits die Studierenden nur hinsichtlich ihrer Lehrerfahrung, und nicht hinsichtlich anderer Kriterien wie Studiengang und Studienphase unterschieden wurden und dass andererseits Lehrerfahrung und Studienphase auch nicht vollständig unabhängig sind, wurden weiterhin nur Codierungen berücksichtigt, von denen nicht von vornherein anzunehmen ist, dass diese beispielsweise verstärkt durch die erfolgte Wahrnehmung von universitären Lerngelegenheiten beeinflusst werden. Aus diesem Grund wurden unter anderem keine deduktiv definierten Codierungen, also insbesondere keine Codierungen, die auf die Ausprägung von Wissensbeständen fokussieren, für die auf Lehrerfahrung bezogenen Betrachtungen zugrunde gelegt. Dennoch ist deutlich anzumerken, dass nicht ausgeschlossen werden kann und sogar anzunehmen ist, dass auch die für die entsprechenden auf die Lehrerfahrung bezogenen Analysen verwendeten Codierungen beeinflusst sind von Bereichen wie etwa dem Studiengang, der Studienphase oder weiteren hier nicht berücksichtigten Aspekten. Erneut verdeutlicht dieser Verzicht auf weitere Ausdifferenzierungen, der in dem qualitativen und damit auf weniger umfangreichen Stichproben basierenden Ansatz der Studie begründet liegt, damit das Ziel der Studie, nur erste Hypothesen zu gewinnen, und bedeutet erneut eine mögliche anschließende Forschungsperspektive, indem, möglicherweise auf Basis umfangreicherer und damit stärker hinsichtlich der verschiedenen Kriterien in Einzelgruppen unterscheidbare Stichproben eine Überprüfung und Ausdifferenzierung dieser Hypothesen angestrebt wird.

Auf Basis von wie erwähnt induktiv definierten Codierungen wurden dann insbesondere auf fachdidaktisches Wissen, genauer auf Rückmeldung, ausgerichtete Teilaufgaben unter der Perspektive des Zusammenhangs der Codierungen mit der Lehrerfahrung der Studierenden betrachtet, wobei erneut hinsichtlich der mathematikbezogenen Aktivität die Modellierung im Vordergrund stand. Allgemein ließen sich die Ergebnisse dabei in zwei Bereiche gliedern. Genauer waren dies zum Einen der Bereich des Einflusses der Lehrerfahrung auf die Verknüpfung von Facetten professioneller Kompetenz mit einer Vorstellung von Schule durch die befragten Studierenden und zum Anderen der Bereich der Beeinflussung einer Verknüpfung von Facetten professioneller Kompetenz untereinander durch die Lehrerfahrung. Die Ergebnisse lassen sich damit genau im Einklang mit den Ausführungen Brommes (1992, siehe Kapitel II.7) bezüglich des Einflusses von praktischer Ausbildung und anschließender beruflicher Tätigkeit von Lehrerinnen und Lehrern einordnen, der ebenfalls im Wesentlichen die beiden vorangegangen genannten Bereiche bezeichnet. Es ist jedoch hervorzuheben, dass die vorliegende Studie im Unterschied zu Brommes Fokussierung nicht auf tatsächlich in der Berufspraxis stehende Lehrerinnen und Lehrer, und auch nicht auf angehende Lehrerinnen und Lehrer in der originär praxisorientierten Phase der Lehrerausbildung, das heißt dem Referendariat, ausgerichtet ist, sondern die hier beschriebenen Aussagen sich auf Lehramtsstudierende und damit verbunden also auf Lehrerfahrung, die vor Referendariat und anschließender beruflicher Praxis, gewonnen wurde, beziehen.

Vor diesem Hintergrund ließen sich dann aus den gemeinsamen Verteilungen der induktiven Codierungen der betrachteten Teilaufgaben mit jeweils der Lehrerfahrung zwei zentrale Hypothesen formulieren. Als erste Hypothese konnte hierbei für die befragten Studierenden hinsichtlich des Bereiches der Verknüpfung von Kompetenzfacetten und einer Vorstellung von Schule unter der Perspektive von Lehrerfahrung formuliert werden, dass Lehrerfahrung der Studierenden dazu beitragen kann, dass die Studierenden ihr in diesem Falle fachdidaktisches Wissen schon während der universitären Phase der Lehrerausbildung mit einer Vorstellung von Schule verknüpfen können. Dies ermöglicht einen direkten Bezug zwischen der Lehrerfahrung der Studierenden und dem Charakteristikum des der Arbeit zugrundeliegenden Kompetenzbegriffs nach Weinert (2001b, siehe Abschnitt II.3.1), nicht nur auf Fähigkeiten und Bereitschaft zur Lösung von Problemen zu fokussieren, sondern diese in den Kontext der Bewältigung problemhaltiger Situationen einzubetten, was übertragen auf berufliche Kompetenz mit der Bewältigung für den jeweiligen Beruf typischer Situationen identifiziert werden kann. Daher kann die Verknüpfung von für einen Beruf notwendigen Fähigkeiten mit für die Berufsausübung typischen Vorstellungen ebenfalls als Teil der Ausbildung für den jeweiligen Beruf notwendiger Kompetenz angesehen werden. Übertragen auf den Lehrerberuf ergibt sich damit, dass eine Verknüpfung fachdidaktischen Wissens als ein typisches, das heißt berufsspezifisches, Wissensgebiet für diesen Beruf (vgl. Shulman, 1987, siehe Abschnitt II.3.2) mit einer Vorstellung von Schule als für die Ausübung dieses Berufes typischer Vorstellung als Teil der Ausbildung professioneller Kompetenz von Lehrerinnen und Lehrern begriffen werden kann. Insgesamt stellt dann vor diesem theoretischen Hintergrund die Beobachtung, dass Lehrerfahrung dazu beitragen kann, dass die Studierenden während des Lehramtsstudiums in diesem Fall fachdidaktisches Wissen mit einer Vorstellung von Schule verknüpfen können, ein konkretes Beispiel dar für die beispielsweise durch die Verankerung von Schulpraktika in den Curricula der Lehrerausbildung deutliche werdende allgemeine Erwartung, dass praktische Erfahrungen in der Rolle der oder des Lehrenden während des Lehramtsstudiums einen Beitrag zur Ausbildung professioneller Kompetenz leisten. Konkret kann also zusammenfassend die Annahme formuliert werden, dass bereits in der universitären Phase der Lehrerausbildung Lehrerfahrung einen Beitrag zu der Ausbildung professioneller Kompetenz leisten kann unter anderem in dem Sinne, dass es dazu beiträgt, angehende Lehrerinnen und Lehrer ihr berufsbezogenes Wissen auf berufsbezogene Vorstellungen beziehen können

Auch das zweite auf die Lehrerfahrung bezogene Ergebnis steht insoweit in direktem Bezug zu der Frage des Zusammenhangs von Lehrerfahrung und der Ausbildung professioneller Kompetenz während des Lehramtsstudiums, dass es auf die Ausbildung und Verknüpfung von berufsbezogenen Fähigkeiten, spezieller hier berufsbezogenen Wissensbereichen, im Bezug auf die Lehrerfahrung ausgerichtet ist. Genauer konnte für die befragten Studierenden als zweite Hypothese hinsichtlich des Bereiches der Verknüpfung von Facetten professioneller Kompetenz untereinander unter der Perspektive von Lehrerfahrung formuliert werden, dass Lehrerfahrung von Lehramtsstudierenden dazu beitragen kann, dass die Studierenden ihr fachliches und fachdidaktisches Wissen im Sinne der Ausbildung struktureller Zusammenhänge zwischen verschiedenen Facetten professioneller Kompetenz verknüpfen können. Die letztgenannte Hypothese schließt dabei unmittelbar an die im zweiten Teil der Ergebnisse formulierte grundlegende Hypothese an, dass das fachdidaktische Wissen der Studierenden deutlich, aber nicht ausschließlich durch fachliches Wissen beeinflusst wird und ergänzt diese Aussage und die im zweiten Teil der Ergebnisse daran anschließend formulierten Hypothesen hinsichtlich der grundsätzlich in diesen Aussagen thematisierten Verknüpfungen des in diesem Fall mathematischen Wissens mit dem mathematikdidaktischen Wissen um den zusätzlichen Einbezug einer auf die Lehrerfahrung bezogenen Perspektive.

Geht man weiterhin davon aus, dass die Verknüpfung von verschiedenen Wissensgebieten sowie die Verknüpfung von Wissen mit einer Vorstellung von Schule, in der dieses Wissen angewendet wird, jeweils Bestandteile des Prozesses einer gelingenden Professionalisierung einer Lehrerin oder eines Lehrers sind, liefern die Hypothesen, dass Schulpraxis bei den Studierenden zu eben diesen Verknüpfungen beitragen kann, auch mögliche Impulse für die Gestaltung der Lehrerausbildung. Genauer kann vor diesem Hintergrund angenommen werden, dass Schulpraxis auch in der ersten Phase eine angemessene Bedeutung zukommen sollte. Andererseits impliziert dies nicht die Notwendigkeit, dafür den speziellen Charakter der ersten, universitären Phase der Lehrerausbildung, die durch theoretische und theoriebasiert reflexive Elemente gekennzeichnet ist, zugunsten von Lehrerfahrung aufzugeben. Vielmehr bietet sich, gerade im Bezug auf den hier betrachteten durch die Schulpraxis beeinflussten Wissensaufbau der Studierenden, eine starke universitäre Begleitung der Schulpraxis an, etwa, indem in entsprechenden begleitenden Veranstaltungen Lehrerfahrungen theoretisch reflektiert werden und die erworbene Lehrerfahrung durch die universitäre Vermittlung entsprechender Wissensbestände begleitet und theoretisch eingebettet wird. Insbesondere im Zusammenhang mit der Idee einer Verknüpfung verschiedener Wissensbereiche erscheint es weiterhin auch erstrebenswert, entsprechende Möglichkeiten der Verknüpfungen auch bereits auf institutioneller Ebene zu begünstigen, indem etwa Seminarveranstaltungen zur Begleitung von Phasen des Erwerbs von Lehrerfahrung durch die Studierenden, im Idealfall dabei sogar Phasen des Erwerbs innovativer Lehrerfahrung, als gemeinsame Veranstaltungen von Fachmathematik und Mathematikdidaktik angeboten werden. Ein Beispiel für eine entsprechende, bereits mehrfach positiv evaluierte Veranstaltung, die zudem positive Impulse für den Mathematikunterricht der Hamburger Schullandschaft setzt, sind die Modellierungsprojekte an der Universität Hamburg als gemeinsame Veranstaltungen der Fachbereiche Mathematik und Erziehungswissenschaft. In diesen Veranstaltungen können Studierende einerseits praktische Schulerfahrungen im Bereich des mathematischen Modellierens im Mathematikunterricht sammeln und werden dabei andererseits im Sinne der universitären ersten Phase der Lehrerausbildung durch gemeinsame Veranstaltungen von Mathematik und Mathematikdidaktik begleitet (vgl. Kaiser, Schwarz, Buchholtz, 2011, Kaiser, Schwarz, 2010, Kaiser, Schwarz, 2006).

Weiterhin lassen sich insbesondere an die zweite im Bezug auf die Lehrerfahrung formulierte Hypothese, dass Lehrfahrung zu der Verknüpfung von fachmathematischem und fachdidaktischem Wissen durch die Studierenden beitragen kann, erneut verschiedene weiterführende Fragen anschließen. Beispielsweise ließe sich fragen, in welchem Verhältnis die Ausprägungen der verschiedenen Wissensbereiche und der Einfluss der Lehrerfahrung im Bezug auf die Verknüpfung der verschiedenen Wissensbereiche stehen oder unter welchen Bedingungen eine entsprechende Verknüpfung dieser oder weiterer Kompetenzfacetten beeinflusst oder auch unbeeinflusst von Lehrerfahrung besonders wirkungsvoll im Hinblick auf die Ausbildung professioneller Kompetenz als Grundlage für späteres erfolgreiches Handeln als Mathematiklehrerin oder Mathematiklehrer ist. Das beschriebene Ergebnis markiert damit einerseits das Ende der vorliegenden Arbeit und eröffnet andererseits gleichzeitig zusammen mit den anderen vorgestellten Hypothesen der vorliegenden Arbeit erneut einen erkenntnissuchenden Blick auf die grundsätzliche Perspektive von Forschung zur Lehrerbildung und Lehrerausbildung, indem es andeutet, dass professionelle Kompetenz auch bereits bei angehenden Lehrerinnen und Lehrern nicht nur ein vielfach und vielschichtig diskutiertes Thema, sondern auch ein hinsichtlich verschiedener Facetten und Rahmenbedingungen intensiv und vielschichtig verknüpftes Konstrukt ist.

VI. Literaturverzeichnis

An, S., Kulm, G. & Wu, Z. (2004). The Pedagogical Content Knowledge of Middle School, Mathematics Teachers in China and the U.S. *Journal of Mathematics Teacher Education, 7* (2), 145-172.

Anderson, L. W. & Krathwohl, D. R. (2001). *A Taxonomy for Learning, Teaching, and Assessing: A Revision of Bloom's Taxonomy of Educational Objectives* (Abridged ed., [Nachdr.]). New York, San Francisco, Boston u.a.: Addison Wesley Longman, Inc.

Anderson, R. D. (2002). Reforming Science Teaching: What Research says about Inquiry. *Journal of Science Teacher Education, 13* (1), 1-12.

Apel, H. J. (2006a). Darbietung im Unterricht. In K.-H. Arnold, U. Sandfuchs & J. Wiechmann (Hrsg.), *Handbuch Unterricht* (S. 289–294). Bad Heilbrunn: Klinkhardt.

Apel, H. J. (2006b). Klassenführung. In K.-H. Arnold, U. Sandfuchs & J. Wiechmann (Hrsg.), *Handbuch Unterricht* (S. 230–234). Bad Heilbrunn: Klinkhardt.

Apel, H. J., Horn, K.-P., Lundgreen, P. & Sandfuchs, U. (Hrsg.). (1999). *Professionalisierung pädagogischer Berufe im historischen Prozeß*. Bad Heilbrunn/Obb.: Klinkhardt.

Arnold, R. (2007). *Ich lerne, also bin ich: Eine systemisch-konstruktivistische Didaktik*. Heidelberg: Carl-Auer Verlag.

Bandura, A. (1977). Self-efficacy: Toward a Unifying Theory of Behavioral Change. *Psychological Review, 84* (2), 191-215.

Bandura, A. (1997). *Self-efficacy: the exercise of control*. New York: Freeman.

Bastian, J. & Helsper, W. (2000). Professionalisierung im Lehrberuf - Bilanzierung und Perspektiven. In J. Bastian, W. Helsper, S. Reh & C. Schelle (Hrsg.), *Professionalisierung im Lehrerberuf. Von der Kritik der Lehrerrolle zur pädagogischen Professionalität* (S. 167–192). Opladen: Leske + Budrich.

Baumert, J. & Kunter, M. (2006). Stichwort: Professionelle Kompetenz von Lehrkräften. *Zeitschrift für Erziehungswissenschaft, 9* (4), 469-520.

Baumert, J., Watermann, R. & Schümer, G. (2003). Disparitäten der Bildungsbeteiligung und des Kompetenzerwerbs: Ein institutionelles und individuelles Mediationsmodell. *Zeitschrift für Erziehungswissenschaft, 6* (1), 46-71.

Beck, K. (2006). *Standards - ein Mittel zur Qualitätsentwicklung in der Lehrerbildung?* sowi-online-reader: Lehrer(aus)bildung (Beiträge 1: Struktur und Perspektiven der Lehrer(aus)bildung). Verfügbar unter: http://www.sowi-online.de/reader/lehrerausbildung/beck_standards.htm [Letzter Zugriff: 4.5.2011].

Benthien, J. (2010). *Strukturelle Zusammenhänge zwischen Komponenten des Lehrerprofessionswissens und mathematischen und unterrichtsbezogenen Einstellungen von Mathematiklehramtsstudierenden*. Unveröffentlichte Staatsexamenshausarbeit, Universität Hamburg.

Berliner, D. C. (1994). Teacher Expertise. In T. Husén & T. N. Postlethwaite (Hrsg.), *The International Encyclopedia of Education. Second Edition. Volume 10*. (S. 6020–6026). Oxford: Elsevier Science Ltd.

Berliner, D. C. (2001). Learning about and learning from expert teachers. *International Journal of Educational Research, 35* (5), 463-482.

Biehler, R. & Leiss, D. (2010). Empirical Research on Mathematical Modelling. *Journal für Mathematik-Didaktik, 31* (1), 5-8.

Biermann, M. & Blum, W. (2001). Eine ganz normale Mathe-Stunde?: Was "Unterrichtsqualität" konkret bedeuten kann. *mathematik lehren* (108), 52-54.

Biermann, M. & Blum, W. (2002). Realitätsbezogenes Beweisen: Der "Schorle-Beweis" und andere Beispiele. *mathematik lehren* (110), 19-22.

Biermann, N., Bussmann, H. & Niedworok, H. W. (1977). *Schöpferisches Problemlösen im Mathematikunterricht*. München, Wien, Baltimore: Urban & Schwarzenberg.

Blömeke, S. (2002). *Universität und Lehrerausbildung*. Bad Heilbrunn/Obb.: Klinkhardt.

Blömeke, S. (2003). Lehren und Lernen mit neuen Medien - Forschungsstand und Forschungsperspektiven. *Unterrichtswissenschaft, 31* (1), 57-82.

Blömeke, S. (2004). Empirische Befunde zur Wirksamkeit der Lehrerbildung. In S. Blömeke, P. Reinhold, G. Tulodziecki & J. Wildt (Hrsg.), *Handbuch Lehrerbildung* (S. 59–91). Bad Heilbrunn/Obb. u.a.: Klinkhardt [u.a.].

Blömeke, S. (2009). Lehrerausbildung. In S. Andresen, R. Casale, T. Gabriel, R. Horlacher, S. Larcher Klee & J. Oelkers (Hrsg.), *Handwörterbuch Erziehungswissenschaft* (S. 547–562). Weinheim, Basel: Beltz.

Blömeke, S., Bremerich-Vos, A., Haudeck, H., Kaiser, G., Lehmann, R., Nold, G. et al. (Hrsg.). (2011). *Messung von Lehrerkompetenzen in gering strukturierten Domänen: Testkonzeption und erste Ergebnisse zur Deutsch-, Englisch- und Mathematiklehrerausbildung sowie zum Studierverhalten angehender Lehrkräfte*. Münster: Waxmann.

Blömeke, S., Felbrich, A. & Müller, C. (2008). Theoretischer Rahmen und Untersuchungsdesign. In S. Blömeke, G. Kaiser & R. Lehmann (Hrsg.), *Professionelle Kompetenz angehender Lehrerinnen und Lehrer. Wissen, Überzeugungen und Lerngelegenheiten deutscher Mathematikstudierender und -refendare; erste Ergebnisse zur Wirksamkeit der Lehrerausbildung* (S. 15–48). Münster: Waxmann.

Blömeke, S. & Haag, L. (Hrsg.). (2009). *Handbuch Schule*. Bad Heilbrunn/Obb.: Klinkhardt.

Blömeke, S., Kaiser, G., Döhrmann, M. & Lehmann, R. (2010). Mathematisches und mathematikdidaktisches Wissen angehender Sekundarstufen-I-Lehrkräfte im internationalen Vergleich. In S. Blömeke, G. Kaiser & R. Lehmann (Hrsg.), *TEDS-M 2008. Professionelle Kompetenz und Lerngelegenheiten angehender Mathematiklehrkräfte für die Sekundarstufe I im internationalen Vergleich* (S. 197–238). Münster: Waxmann Verlag GmbH.

Blömeke, S., Kaiser, G., Döhrmann, M., Suhl, U. & Lehmann, R. (2010). Mathematisches und mathematikdiaktisches Wissen angehender Primarstufenlehrkräfte im internationalen Vergleich. In S. Blömeke, G. Kaiser & R. Lehmann (Hrsg.), *TEDS-M 2008. Professionelle Kompetenz und Lerngelegenheiten angehender Primarstufenlehrkräfte im internationalen Vergleich* (S. 195–251). Münster: Waxmann Verlag.

Blömeke, S., Kaiser, G. & Lehmann, R. (Hrsg.). (2008). *Professionelle Kompetenz angehender Lehrerinnen und Lehrer: Wissen, Überzeugungen und Lerngelegenheiten deutscher Mathematikstudierender und -refendare; erste Ergebnisse zur Wirksamkeit der Lehrerausbildung*. Münster: Waxmann.

Blömeke, S., Kaiser, G. & Lehmann, R. (Hrsg.). (2010a). *TEDS-M 2008: Professionelle Kompetenz und Lerngelegenheiten angehender Primarstufenlehrkräfte im internationalen Vergleich*. Münster: Waxmann Verlag.

Blömeke, S., Kaiser, G. & Lehmann, R. (2010b). TEDS-M 2008 Sekundarstufe I: Ziele, Untersuchungsanlage und zentrale Ergebnisse. In S. Blömeke, G. Kaiser & R. Lehmann (Hrsg.), *TEDS-M 2008. Professionelle Kompetenz und Lerngelegenheiten angehender Mathematiklehrkräfte für die Sekundarstufe I im internationalen Vergleich* (S. 11–37). Münster: Waxmann Verlag.

Blömeke, S., Kaiser, G. & Lehmann, R. (2010c). TEDS-M 2008 Primarstufe: Ziele, Untersuchungsanlage und zentrale Ergebnisse. In S. Blömeke, G. Kaiser & R. Lehmann (Hrsg.), *TEDS-M 2008. Professionelle Kompetenz und Lerngelegenheiten angehender Primarstufenlehrkräfte im internationalen Vergleich* (S. 11–38). Münster: Waxmann Verlag.

Blömeke, S., Kaiser, G. & Lehmann, R. (Hrsg.). (2010d). *TEDS-M 2008: Professionelle Kompetenz und Lerngelegenheiten angehender Mathematiklehrkräfte für die Sekundarstufe I im internationalen Vergleich*. Münster: Waxmann Verlag.

Blömeke, S., Lehmann, R., Seeber, S., Schwarz, B., Kaiser, G., Felbrich, A. et al. (2008a). Niveau- und institutionenbezogene Modellierungen des fachbezogenen Wissens. In S. Blömeke, G. Kaiser & R. Lehmann (Hrsg.), *Professionelle Kompetenz angehender Lehrerinnen und Lehrer. Wissen, Überzeugungen und Lerngelegenheiten deutscher Mathematikstudierender und -refendare; erste Ergebnisse zur Wirksamkeit der Lehrerausbildung* (S. 105–134). Münster: Waxmann.

Blömeke, S., Müller, C., Felbrich, A. & Kaiser, G. (2008). Epistemologische Überzeugungen zur Mathematik. In S. Blömeke, G. Kaiser & R. Lehmann (Hrsg.), *Professionelle Kompetenz angehender Lehrerinnen und Lehrer. Wissen, Überzeugungen und Lerngelegenheiten deutscher Mathematikstudierender und -refendare; erste Ergebnisse zur Wirksamkeit der Lehrerausbildung* (S. 219–246). Münster: Waxmann.

Blömeke, S., Seeber, S., Lehmann, R., Kaiser, G., Schwarz, B., Felbrich, A. et al. (2008b). Messung des fachbezogenen Wissens angehender Mathematiklehrkräfte. In S. Blömeke, G. Kaiser & R. Lehmann (Hrsg.), *Professionelle Kompetenz angehender Lehrerinnen und Lehrer. Wissen, Überzeugungen und Lerngelegenheiten deutscher Mathematikstudierender und -refendare; erste Ergebnisse zur Wirksamkeit der Lehrerausbildung* (S. 49–88). Münster: Waxmann.

Bloom, B. S., Engelhart, M. D., Furst, E. J., Hill, W. H. & Krathwohl, D. R. (1969). *Taxonomy of Educational Objectives: The Classification of Educational Goals - Handbook 1: Cognitive Domain* (Nachdr. d. erst. Aufl. von 1956). New York: David McKay Company.

Blum, W. (1996). Anwendungsbezüge im Mathematikunterricht - Trends und Perspektiven -. In G. Kadunz, H. Kautschitsch, G. Ossemitz & E. Schneider (Hrsg.), *Trends und Perspektiven. Beiträge zum 7. internationalen Symposium zur Didaktik der Mathematik* (Schriftenreihe Didaktik der Mathematik, Band 23, S. 15–38). Wien: Hölder-Piechler-Tempsky.

Blum, W., Drüke-Noe, C., Hartung, R. & Köller, O. (Hrsg.). (2006). *Bildungsstandards Mathematik: konkret: Sekundarstufe I: Aufgabenbeispiele, Unterrichtsanregungen, Fortbildungsideen* (2. Aufl.). Berlin: Cornelsen Scriptor.

Blum, W., Drüke-Noe, C., Leiß, D., Wiegand, B. & Jordan, A. (2005). Zur Rolle von Bildungsstandards für die Qualitätsentwicklung im Mathematikunterricht. *Zentralblatt für Didaktik der Mathematik (ZDM), 37* (4), 267-274.

Blum, W., Galbraith, P. L., Henn, H.-W. & Niss, M. (Hrsg.). (2007). *Modelling and Applications in Mathematics Education: The 14th ICMI Study*. New York: Springer Science+Business Media.

Blum, W. & Kirsch, A. (1991). Preformal Proving: Examples and Reflections. *Educational Studies in Mathematics, 22* (2), 183-203.

Blum, W. & Leiß, D. (2005). Modellieren im Unterricht mit der "Tanken"-Aufgabe. *mathematik lehren* (128), 18-21.

Blumberg, E., Hardy, I. & Möller, K. (2008). Anspruchsvolles naturwissenschaftsbezogenes Lernen im Sachunterricht der Grundschule - auch für Mädchen? *Zeitschrift für Grundschulforschung, 1* (2), 59-72.

Bohnsack, F. (2004). Persönlichkeitsbildung von Lehrerinnen und Lehrern. In S. Blömeke, P. Reinhold, G. Tulodziecki & J. Wildt (Hrsg.), *Handbuch Lehrerbildung* (S. 152–164). Bad Heilbrunn/Obb. u.a.: Klinkhardt [u.a.].

Bohnsack, R. (2008). *Rekonstruktive Sozialforschung: Einführung in qualitative Methoden* (7., durchges. und aktualisierte Aufl.). Opladen, Farmington Hills: Verlag Barbara Budrich.

Böllert, K. & Gogolin, I. (2002). Stichwort: Professionalisierung. *Zeitschrift für Erziehungswissenschaft, 5* (3), 367-383.

Borko, H. & Putnam, R. T. (1996). Learning to Teach. In D. C. Berliner & R. C. Calfee (Hrsg.), *Handbook of Educational Psychology* (S. 673–708). New York: Macmillan Library Reference USA [u.a.].

Borromeo Ferri, R. (2007). Modelling from a cognitive perspective. In C. Haines, P. Galbraith, W. Blum & S. Khan (Hrsg.), *Mathematical modelling (ICTMA 12). Education, engineering and economics; proceedings from the twelfth international conference on the teaching of mathematical modelling and applications* (S. 260–270). Chichester: Horwood Publ.

Borromeo Ferri, R. (2011). *Wege zur Innenwelt des mathematischen Modellierens: Kognitive Analysen zu Modellierungsprozessen im Mathematikunterricht*. Wiesbaden: Vieweg+Teubner Verlag / Springer Fachmedien Wiesbaden GmbH.

Borromeo Ferri, R. & Kaiser, G. (2008). Aktuelle Ansätze und Perspektiven zum Modellieren in der nationalen und internationalen Diskussion. In A. Eichler & F. Förster (Hrsg.), *Materialien für einen realitätsbezogenen Mathematikunterricht. Band 12: Die Kompetenz Modellierung: konkret oder kürzer* (S. 1–10). Hildesheim, Berlin: Franzbecker.

Bortz, J. (2005). *Statistik für Human- und Sozialwissenschaftler* (6., vollst. überarb. und aktualisierte Aufl.). Heidelberg: Springer Medizin Verlag.

Bortz, J., Lienert, G. A. & Boehnke, K. (2000). *Verteilungsfreie Methoden in der Biostatistik* (2., korrigierte und aktualisierte Aufl.). Berlin, Heidelberg, New York: Springer.

Borys, T. & Urff, C. (2006). Mathematik in Informations- und Kommunikationstechnik am Beispiel des Huffman-Algorithmus. *MU Der Mathematikunterricht, 52* (1), 8-17.

Bourdieu, P. & Passeron, J.-C. (1971). *Die Illusion der Chancengleichheit: Untersuchungen zur Soziologie des Bildungswesens am Beispiel Frankreichs*. Stuttgart: Klett.

Bromme, R. (1992). *Der Lehrer als Experte: Zur Psychologie des professionellen Wissens*. Bern: Huber.

Bromme, R. (1994). Beyond subject matter: A psychological topology of teachers' professional knowledge. In R. Biehler, R. W. Scholz, R. Sträßer & B. Winkelmann (Hrsg.), *Didactics of Mathematics as a Scientific Discipline* (S. 73–88). Dordrecht, Boston, London: Kluwer Academic Publishers.

Bromme, R. (1995a). Was ist ´pedagogical content knowledge´? Kritische Anmerkungen zu einem fruchtbaren Forschungsprogramm. In S. Hopmann & K. Riquarts (Hrsg.) Didaktik und / oder Curriculum. *Zeitschrift für Pädagogik.* (33. Beiheft), 105-113. Weinheim, Basel: Beltz Verlag.

Bromme, R. (1995b). What Exactly is 'Pegagogical Content Knowledge'? - Critical Remarks Regarding a Fruitful Research Program. In S. Hopmann & K. Riquarts (Hrsg.), *Didaktik and/or Curriculum. IPN Schriftenreihe Band 147* (S. 205–216). Kiel: Leibniz-Institut für die Pädagogik der Naturwissenschaften (IPN).

Bromme, R. (1997). Kompetenzen, Funktionen und unterrichtliches Handeln des Lehrers. In F. E. Weinert (Hrsg.), *Enzyklopädie der Psychologie – Pädagogische Psychologie. Band 3: Psychologie des Unterrichts und der Schule* (S. 177–212). Göttingen, Bern, Toronto, Seattle: Hogrefe Verl. für Psychologie.

Brouwer, N. & ten Brinke, S. (1995). Der Einfluß integrativer Lehrerausbildung auf die Unterrichtskompetenz (II). *Empirische Pädagogik, 9* (3), 289-330.

Bruder, R. (2000). Problemlösen im Mathematikunterricht - ein Lernangebot für alle? *Mathematische Unterrichtspraxis, 20* (1), 2-11.

Bruder, R. & Collet, C. (2009). Problemlösen kann man lernen! In T. Leuders, L. Hefendehl-Hebeker & H.-G. Weigand (Hrsg.), *Mathemagische Momente* (S. 18–29). Berlin: Cornelsen.

Brunner, M., Kunter, M., Krauss, S., Klusmann, U., Baumert, J., Blum, W. et al. (2006). Die professionelle Kompetenz von Mathematiklehrkräften: Konzeptualisierung, Erfassung und Bedeutung für den Unterricht: Eine Zwischenbilanz des COACTIV-Projekts. In M. Prenzel & L. Allolio-Näcke (Hrsg.), *Untersuchungen zur Bildungsqualität von Schule. Abschlussbericht des DFG-Schwerpunktprogramms* (S. 54–82). Münster: Waxmann Verlag.

Buchholtz, N., Blömeke, S., Kaiser, G., König, J., Lehmann, R., Schwarz, B. et al. (2011). Entwicklung von Professionswissen im Lehramtsstudium: Eine Längsschnittstudie an fünf deutschen Universitäten. In K. Eilerts, A. H. Hilligus G. Kaiser & P. Bender (Hrsg.), *Kompetenzorientierung in Schule und Lehrerbildung - Perspektiven der bildungspolitischen Diskussion, der Bildungsforschung und der Mathematik-Didaktik. Festschrift für Hans-Dieter Rinkens* (Paderborner Beiträge zur Unterrichtsforschung und Lehrerbildung, Band 15, S. 201 - 214). Berlin: LIT-Verlag.

Buehl, M. M. & Alexander, P. A. (2001). Beliefs About Academic Knowledge. *Educational Psychology Review, 13* (4), 385-418.

Bugdahl, V. (1995). *Kreatives Problemlösen im Unterricht*. Frankfurt am Main: Cornelsen Scriptor.

Burkhardt, H., Groves, S., Schoenfeld, A. & Stacey, K. (Hrsg.). (1988). *Problem solving - a world view: Proceedings of problem solving theme group. ICME 5.* Nottingham: The Shell Centre for Mathematical Education, University of Nottingham.

Calderhead, J. (1996). Teachers: Beliefs and Knowledge. In D. C. Berliner & R. C. Calfee (Hrsg.), *Handbook of Educational Psychology* (S. 709–725). New York: Macmillan Library Reference USA [u.a.].

Cobb, P. (1994). Where Is the Mind? Constructivist and Sociocultural Perspectives on Mathematical Development. *Educational Researcher, 23* (13), 13-20.

Cochran-Smith, M. (2001). The outcomes question in teacher education. *Teaching and Teacher Education, 17* (5), 527-546.

Combe, A. & Helsper, W. (Hrsg.). (1996). *Pädagogische Professionalität: Untersuchungen zum Typus pädagogischen Handelns.* Frankfurt am Main: Suhrkamp.

Cooney, T. J., Shealy, B. E. & Arvold, B. (1998). Conceptualizing Belief Structures of Preservice Secondary Mathematics Teachers. *Journal for Research in Mathematics Education, 29* (3), 306-333.

Criblez, L. (2001). Die Wirksamkeit der Lehrerbildungssysteme in der Schweiz: Forschungsfeld und Forschungskonzept. In F. Oser & J. Oelkers (Hrsg.), *Die Wirksamkeit der Lehrerbildungssysteme. Von der Allrounderbildung zur Ausbildung professioneller Standards* (S. 99–139). Chur, Zürich: Rüegger.

Cukrowicz, J., Theilenberg, J. & Zimmermann, B. (Hrsg.). (2002). *MatheNetz 7: Gymnasium.* Braunschweig: Westermann Schulbuchverlag GmbH.

Daheim, H. (1992). Zum Stand der Professionssoziologie. Rekonstruktion machttheoretischer Modelle der Profession. In B. Dewe, W. Ferchhoff & F.-O. Radtke (Hrsg.), *Erziehen als Profession. Zur Logik professionellen Handelns in pädagogischen Feldern* (S. 21–35). Opladen: Leske und Budrich.

Darling-Hammond, L. (2002). Standard Setting in Teaching: Changes in Licensing, Certification, and Assessment. In V. Richardson (Hrsg.), *Handbook of research on teaching.* (4. ed., 1. impr.) (S. 751–776). Washington, D.C.: American Educational Research Assoc.

Davis, R. B., Maher, C. A. & Noddings, N. (Hrsg.). (1990). *Constructivist Views on the Teaching and Learning of Mathematics.* Monograph Number 4 of the Journal for Research in Mathematics Education.

De Corte, E., Greer, B. & Verschaffel, L. (1996). Mathematics Teaching and Learning. In D. C. Berliner & R. C. Calfee (Hrsg.), *Handbook of Educational Psychology* (S. 491–549). New York: Macmillan Library Reference USA [u.a.].

Deci, E. L. (1998). The Relation of Interest to Motivation and Human Needs - The Self-Determination Theory Viewpoint. In L. Hoffmann, A. Krapp, K. A. Renninger & J. Baumert (Hrsg.), *Interest and learning. Proceedings of the Seeon Conference on Interest and Gender* (S. 146–162). Kiel: IPN.

Deci, E. L. & Ryan, R. M. (1985). *Intrinsic Motivation and Self-Determination in Human Behavior.* New York: Plenum Press.

Deutsche Gesellschaft für Erziehungswissenschaft (DGfE) (Hrsg.). (2008) Kerncurriculum Erziehungswissenschaft – Empfehlungen der Deutschen Gesellschaft für Erziehungswissenschaft (DGfE). *Erziehungswissenschaft – Mitteilungen der Deutschen Gesellschaft für Erziehungswissenschaft (DGfE), Sonderband 19. Jahrgang*. Opladen, Farmington Hills: Barbara Budrich.

Deutscher Bildungsrat. (1973). *Strukturplan für das Bildungswesen* (Unveränd. Nachdr. der 4. Aufl. 1972.). Stuttgart: Klett.

Dewe, B., Ferchhoff, W. & Radtke, F.-O. (Hrsg.). (1992). *Erziehen als Profession: Zur Logik professionellen Handelns in pädagogischen Feldern*. Opladen: Leske und Budrich.

Diedrich, M., Thußbas, C. & Klieme, E. (2002). Professionelles Lehrerwissen und selbstberichtete Unterrichtspraxis im Fach Mathematik. In M. Prenzel & J. Doll (Hrsg.) Bildungsqualität von Schule: Schulische und außerschulische Bedingungen mathematischer, naturwissenschaftlicher und überfachlicher Kompetenzen. *Zeitschrift für Pädagogik*. (45. Beiheft), 107-123. Weinheim, Basel: Beltz Verlag.

Diehl, T. (2003). Überlegungen zur empirischen Erfassung pädagogischer Professionalität. *Empirische Pädagogik, 17* (2), 236-255.

DMV, GDM, MNU [Deutsche Mathematiker – Vereinigung, Gesellschaft für Didaktik der Mathematik, Deutscher Verein zur Förderung des mathematischen und naturwissenschaftlichen Unterrichts]. (2008). *Standards für die Lehrerbildung im Fach Mathematik: Empfehlungen von DMV, GDM, MNU*. Verfügbar unter:
http://madipedia.de/images/2/21/Standards_Lehrerbildung_Mathematik.pdf
[Letzter Zugriff: 16.9.2010].

Döhrmann, M., Kaiser, G. & Blömeke, S. (2010a). Messung des mathematischen und mathematikdidaktischen Wissens: Theoretischer Rahmen und Teststruktur. In S. Blömeke, G. Kaiser & R. Lehmann (Hrsg.), *TEDS-M 2008. Professionelle Kompetenz und Lerngelegenheiten angehender Mathematiklehrkräfte für die Sekundarstufe I im internationalen Vergleich* (S. 169–196). Münster: Waxmann Verlag GmbH.

Döhrmann, M., Kaiser, G. & Blömeke, S. (2010b). Messung des mathematischen und mathematikdidaktischen Wissens: Theoretischer Rahmen und Teststruktur. In S. Blömeke, G. Kaiser & R. Lehmann (Hrsg.), *TEDS-M 2008. Professionelle Kompetenz und Lerngelegenheiten angehender Primarstufenlehrkräfte im internationalen Vergleich* (S. 169–194). Münster: Waxmann Verlag GmbH.

Dubs, R. (1995). Konstruktivismus: Einige Überlegungen aus der Sicht der Unterrichtsgestaltung. *Zeitschrift für Pädagogik, 41* (6), 889-903.

Duit, R. (1995). Zur Rolle der konstruktivistischen Sichtweise in der naturwissenschaftsdidaktischen Lehr- und Lernforschung. *Zeitschrift für Pädagogik, 41* (6) 905-923.

Duit, R. & Treagust, D. F. (2003). Conceptual change: a powerful framework for improving science teaching and learning. *International Journal of Science Education, 25* (6), 671-688.

Ehrich, J. (2009). *Analyse struktureller Zusammenhänge des Lehrerprofessionswissens von Mathematiklehramtsstudierenden in Bezug auf Modellierung und Realitätsbezüge.* Unveröffentlichte Staatsexamenshausarbeit, Universität Hamburg.

Eichhorn, C. (2008). *Classroom-Management: Wie Lehrer, Eltern und Schüler guten Unterricht gestalten.* Stuttgart: Klett-Cotta.

Einsiedler, W. (2004). Lehrerausbildung für die Grundschule. In S. Blömeke, P. Reinhold, G. Tulodziecki & J. Wildt (Hrsg.), *Handbuch Lehrerbildung* (S. 315–324). Bad Heilbrunn/Obb. u.a.: Klinkhardt [u.a.].

English, L. & Sriraman, B. (2010). Problem Solving for the 21st Century. In B. Sriraman & L. English (Hrsg.), *Theories of Mathematics Education. Seeking New Frontiers* (Advances in Mathematics Education, S. 263–290). Berlin, Heidelberg: Springer.

Ernest, P. (1989a). The Impact of Beliefs on the Teaching of Mathematics. In P. Ernest (Hrsg.), *Mathematics Teaching. The State of the Art* (S. 249–254). New York; Philadelphia; London: The Falmer Press.

Ernest, P. (1989b). The Knowledge, Beliefs and Attitudes of the Mathematics Teacher: a model. *Journal of Education for Teaching, 15* (1), 13-33.

Erpenbeck, J. & von Rosenstiel, L. (Hrsg.). (2007). *Handbuch Kompetenzmessung: Erkennen, verstehen und bewerten von Kompetenzen in der betrieblichen, pädagogischen und psychologischen Praxis* (2., überarb. und erw. Aufl.). Stuttgart: Schäffer-Poeschel.

Even, R. & Tirosh, D. (1995). Subject-matter knowledge and knowledge about students as sources of teacher presentations of the subject-matter. *Educational Studies in Mathematics, 29* (1), 1-20.

Felbrich, A., Schmotz, C. & Kaiser, G. (2010). Überzeugungen angehender Primarstufenlehrkräfte im internationalen Vergleich. In S. Blömeke, G. Kaiser & R. Lehmann (Hrsg.), *TEDS-M 2008. Professionelle Kompetenz und Lerngelegenheiten angehender Primarstufenlehrkräfte im internationalen Vergleich* (S. 297–325). Münster: Waxmann Verlag.

Fend, H. (1980). *Theorie der Schule.* München, Wien, Baltimore: Urban & Schwarzenberg.

Fend, H. (2008). *Neue Theorie der Schule: Einführung in das Verstehen von Bildungssystemen* (2., durchgesehene Auflage.). Wiesbaden: VS Verlag für Sozialwissenschaften / GWV Fachverlage GmbH.

Fischer, R. & Malle, G. (1989). *Mensch und Mathematik: Eine Einführung in didaktisches Denken und Handeln* (Unveränd. Nachdr.). Zürich: Bibliogr. Inst.

Flick, U. (2006). *Qualitative Sozialforschung: Eine Einführung* (4. Aufl., vollst. überarb. und erw. Neuausg.). Reinbek bei Hamburg: Rowohlt Taschenbuch Verlag.

Flick, U., von Kardorff, E. & Steinke, I. (2007). Was ist qualitative Forschung? Einleitung und Überblick. In U. Flick, E. von Kardorff & I. Steinke (Hrsg.), *Qualitative Forschung. Ein Handbuch*. (5. Aufl., Orig.-Ausg.) (S. 13–29). Reinbek bei Hamburg: Rowohlt Taschenbuch Verlag.

Forgasz, H. J. & Leder, G. C. (2008). Beliefs about Mathematics and Mathematics Teaching. In P. Sullivan & T. Wood (Hrsg.), *Knowledge and Beliefs in Mathematics Teaching and Teaching Development* (S. 173–192). Rotterdam, Taipei: Sense Publishers.

Forster, O. (2008). *Analysis 1: Differential- und Integralrechnung einer Veränderlichen* (9., überarbeitete Auflage.). Wiesbaden: Friedr. Vieweg & Sohn Verlag / GWV Fachverlage GmbH.

Frey, A. (2006). Methoden und Instrumente zur Diagnose beruflicher Kompetenzen von Lehrkräften - eine erste Standortbestimmung zu bereits publizierten Instrumenten. In C. Allemann-Ghionda & E. Terhart (Hrsg.) Kompetenzen und Kompetenzentwicklung von Lehrerinnen und Lehrern: Ausbildung und Beruf. *Zeitschrift für Pädagogik.* (51. Beiheft), 30-46. Weinheim, Basel: Beltz Verlag.

Fried, L. (2004). Polyvalenz und Professionalität. In S. Blömeke, P. Reinhold, G. Tulodziecki & J. Wildt (Hrsg.), *Handbuch Lehrerbildung* (S. 232–242). Bad Heilbrunn/Obb. u.a.: Klinkhardt [u.a.].

Führer, L. (2004). Fehler als Orientierungsmittel: Vom respektvollen Umgang mit Fehlleistungen. *mathematik lehren* (125), 4-8.

Furinghetti, F. & Morselli, F. (2009). Leading Beliefs in the Teaching of Proof. In J. Maaß & W. Schlöglmann (Hrsg.), *Beliefs and Attitudes in Mathematics Education. New Research Results* (S. 59–74). Rotterdam, Taipei: Sense Publishers.

Furinghetti, F. & Pehkonen, E. (2002). Rethinking Characterizations of Beliefs. In G. C. Leder, E. Pehkonen & G. Törner (Hrsg.), *Beliefs: A Hidden Variable in Mathematics Education?* (S. 39–57). Dordrecht: Kluwer Academic Publishers.

Gerstenmaier, J. & Mandl, H. (1995). Wissenserwerb unter konstruktivistischer Perspektive. *Zeitschrift für Pädagogik, 41* (6), 867-888.

Geschäftsstelle des Wissenschaftsrates [WR]. (2001). *Empfehlungen zur künftigen Struktur der Lehrerbildung.* Verfügbar unter: http://www.wissenschaftsrat.de/download/archiv/5065-01.pdf [Letzter Zugriff: 14.9.2010].

Goldberg, E. (1992). Beweisen im Mathematikunterricht der Sekundarstufe I Ergebnisse - Schwierigkeiten - Möglichkeiten. *MU Der Mathematikunterricht, 38* (6), 33-46.

Goldin, G. A. (2002). Affect, Meta-Affect, and Mathematical Belief Structures. In G. C. Leder, E. Pehkonen & G. Törner (Hrsg.), *Beliefs: A Hidden Variable in Mathematics Education?* (S. 59–72). Dordrecht: Kluwer Academic Publishers.

Goldin, G., Rösken, B. & Törner, G. (2009). Beliefs - No Longer a Hidden Variable in Mathematical Teaching and Learning Processes. In J. Maaß & W. Schlöglmann (Hrsg.), *Beliefs and Attitudes in Mathematics Education. New Research Results* (S. 1–18). Rotterdam, Taipei: Sense Publishers.

Goode, W. J. (1972). Professionen und die Gesellschaft. Die Struktur ihrer Beziehungen. In T. Luckmann & W. M. Sprondel (Hrsg.), *Berufssoziologie* (S. 157–167). Köln: Kiepenheuer & Witsch.

Graeber, A. & Tirosh, D. (2008). Pedagogical Content Knowledge: Useful Concept or Elusive Notion. In P. Sullivan & T. Wood (Hrsg.), *Knowledge and Beliefs in Mathematics Teaching and Teaching Development* (S. 117–132). Rotterdam, Taipei: Sense Publishers.

Green, T. F. (1971). *The Activities of Teaching.* Tokyo: McGraw - Hill Kogakusha, Ltd.

Grigutsch, S. (1996). *Mathematische Weltbilder von Schülern - Struktur, Entwicklung, Einflußfaktoren.* Dissertation, Gerhard-Mercator-Universität – Gesamthochschule Duisburg. Duisburg

Grigutsch, S., Raatz, U. & Törner, G. (1998). Einstellungen gegenüber Mathematik bei Mathematiklehrern. *Journal für Mathematik-Didaktik, 19* (1), 3-45.

Gruehn, S. (1995). Vereinbarkeit kognitiver und nichtkognitiver Ziele im Unterricht. *Zeitschrift für Pädagogik, 41* (4), 531-553.

Gudjons, H. (2003). *Frontalunterricht - neu entdeckt: Integration in offene Unterrichtsformen.* Bad Heilbrunn/Obb.: Klinkhardt.

Guzzetti, B. & Hynd, C. (Hrsg.). (1998). *Perspectives on Conceptual Change: Multiple Ways to Understand Knowing and Learning in a Complex World.* Mahwah, New Jersey: Lawrence Erlbaum Associates.

Häder, M. (2009). *Delphi-Befragungen: Ein Arbeitsbuch* (2. Auflage.). Wiesbaden: VS Verlag für Sozialwissenschaften / GWV Fachverlage GmbH.

Halsey, A. H. (1973). The Sociology of Education. In N. J. Smelser (Hrsg.), *Sociology: an introduction.* (2. ed.) (S. 247–302). New York: Wiley.

Hanna, G. (2000). Proof, Explanation and Exploration: An Overview. *Educational Studies in Mathematics, 44* (1-3), 5-23.

Hanna, G. & de Villiers, M. (2008). ICMI Study 19: Proof and proving in mathematics education. *ZDM - The International Journal on Mathematics Education, 40* (2), 329-336.

Harney, K. & Krüger, H.-H. (Hrsg.). (1997). *Einführung in die Geschichte von Erziehungswissenschaft und Erziehungswirklichkeit*. Opladen: Leske + Budrich.

Hartmann, H. (1968). Arbeit, Beruf, Profession. *Soziale Welt, 19* (2), 193-216.

Healy, L. & Hoyles, C. (1998). *Justifying and proving in school mathematics: Technical Report on the Nationwide Survey*. London: Institute of Education, University of London.

Hefendehl-Hebeker, L. & Hußmann, S. (2005). Beweisen - Argumentieren. In T. Leuders (Hrsg.), *Mathematik-Didaktik. Praxishandbuch für die Sekundarstufe I und II*. (2. Aufl.) (S. 93–106). Berlin: Cornelsen-Scriptor.

Heid, H. (2003). Standardsetzung. In H.-P. Füssel & P. M. Roeder (Hrsg.) Recht – Erziehung – Staat. Zur Genese einer Problemkonstellation und zur Programmatik ihrer zukünftigen Entwicklung. *Zeitschrift für Pädagogik*. (47. Beiheft), 176-193. Weinheim, Basel, Berlin: Beltz Verlag.

Heinrich, F.-J. (2005). Mehr Professionalität in der Lehrerausbildung. *PÄD Forum: unterrichten erziehen, 33 / 24* (5), 266-268.

Heinrichs, H. (2010). *Zur Rolle von Diagnosekompetenz im Lehrerprofessionswissen: Ergebnisse einer empirischen Studie mit Lehramtsstudierenden*. Unveröffentlichte Staatsexamenshausarbeit, Universität Hamburg.

Helmke, A. (2005). *Unterrichtsqualität erfassen, bewerten, verbessern* (4. Aufl.). Seelze: Kallmeyer.

Helmke, A., Hosenfeld, I. & Schrader, F.-W. (2002). Unterricht, Mathematikleistung und Lernmotivation. In A. Helmke & R. S. Jäger (Hrsg.), *Das Projekt MARKUS. Mathematik-Gesamterhebung Rheinland-Pfalz: Kompetenzen, Unterrichtsmerkmale, Schulkontext* (S. 413–480). Landau: Verl. Empirische Pädagogik e.V.

Helmke, A. & Jäger, R. S. (Hrsg.). (2002). *Das Projekt MARKUS: Mathematik-Gesamterhebung Rheinland-Pfalz: Kompetenzen, Unterrichtsmerkmale, Schulkontext*. Landau: Verl. Empirische Pädagogik e.V.

Helmke, A. & Schrader, F.-W. (2006). Determinanten der Schulleistung. In D. H. Rost (Hrsg.), *Handwörterbuch Pädagogische Psychologie*. (3., überarb. und erw. Aufl.) (S. 83–94). Weinheim, Basel, Berlin: Beltz Verlag.

Helsper, W. (2004). Pädagogische Professionalität als Gegenstand des erziehungswissenschaftlichen Diskurses: Einführung in den Thementeil. *Zeitschrift für Pädagogik, 50* (3), 303-308.

Henn, H.-W. (2001). Dynamische Geometriesoftware: Hilfe für eine neue Unterrichtskultur? In H.-J. Elschenbroich, T. Gawlick & H.-W. Henn (Hrsg.) *Zeichnung – Figur – Zugfigur. Mathematische und didaktische Aspekte Dynamischer Geometrie-Software; Ergebnisse eines RiP-Workshops vom*

12. – 16. Dezember 2000 im Mathematischen Forschungsinstitut Oberwolfach (S. 93–102). Hildesheim, Berlin: Franzbecker.

Henrici, P. (1974). Computational Complex Analysis. In American Mathematical Society (Hrsg.), *Proceedings of Symposia in Applied Mathematics. Volume 20* (S. 79–86)

Hericks, U. (2006). *Professionalisierung als Entwicklungsaufgabe: Rekonstruktionen zur Berufseingangsphase von Lehrerinnen und Lehrern*. Wiesbaden: VS Verl. für Sozialwiss.

Herrmann, U. (2004). Lehrerausbildung für das Gymnasium und die Gesamtschule. In S. Blömeke, P. Reinhold, G. Tulodziecki & J. Wildt (Hrsg.), *Handbuch Lehrerbildung* (S. 335–350). Bad Heilbrunn/Obb. u.a.: Klinkhardt [u.a.].

Herzog, W. (2005). Müssen wir Standards wollen?: Skepsis gegenüber einem theoretisch (zu) schwachen Konzept. *Zeitschrift für Pädagogik, 51* (2), 252-258.

Heske, H. (2002). Methodische Überlegungen zum Umgang mit Beweisen. *mathematik lehren* (110), 52-55.

Heugl, H. (1997). Experimental and Active Learning with DERIVE. *Zentralblatt für Didaktik der Mathematik (ZDM), 29* (5), 142-148.

Heymann, H. W. (1996). *Allgemeinbildung und Mathematik*. Weinheim, Basel: Beltz.

Hill, H. C., Rowan, B. & Loewenberg Ball, D. (2005). Effects of Teachers' Mathematical Knowledge for Teaching on Student Achievement. *American Educational Research Journal, 42* (2), 371-406.

Hill, H. C., Schilling, S. G. & Loewenberg Ball, D. (2004). Developing Measures of Teachers' Mathematics Knowledge for Teaching. *The Elementary School Journal, 105* (1), 11-30.

Hischer, H. (2006). Abtast-Moiré-Phänomene als Aliasing. *MU Der Mathematikunterricht, 52* (1), 18-31.

Hofer, B. K. & Pintrich, P. R. (1997). The Development of Epistemological Theories: Beliefs About Knowledge and Knowing and Their Relation to Learning. *Review of Educational Research, 67* (1), 88-140.

Hoffmann, L., Krapp, A., Renninger, K. A. & Baumert, J. (Hrsg.). (1998). *Interest and learning: Proceedings of the Seeon Conference on Interest and Gender*. Kiel: IPN.

Holland, G. (1996). *Geometrie in der Sekundarstufe: Didaktische und methodische Fragen* (2. Aufl.). Heidelberg, Berlin, Oxford: Spektrum Akad. Verl.

Hoyle, E. (1982). The Professionalization of Teachers: A Paradox. *British Journal of Educational Studies, 30* (2), 161-171.

Hoyle, E. (1991). Professionalisierung von Lehrern: ein Paradox. In E. Terhart (Hrsg.), *Unterrichten als Beruf. Neuere amerikanische und englische Arbeiten zur Berufskultur und Berufsbiographie von Lehrern und Lehrerinnen* (S. 135–144). Köln, Wien: Böhlau.

Humenberger, J. & Reichel, H.-C. (1995). *Fundamentale Ideen der angewandten Mathematik und ihre Umsetzung im Unterricht.* Mannheim: BI-Wiss.-Verl.

Jaumann-Graumann, O. & Köhnlein, W. (Hrsg.). (2000a). *Lehrerprofessionalität - Lehrerprofessionalisierung.* Bad Heilbrunn/Obb.: Klinkhardt.

Jaumann-Graumann, O. & Köhnlein, W. (2000b). Einleitung: Lehrerprofessionalität und Lehrerprofession. In O. Jaumann-Graumann & W. Köhnlein (Hrsg.), *Lehrerprofessionalität - Lehrerprofessionalisierung* (S. 11–23). Bad Heilbrunn/Obb.: Klinkhardt.

Jungwirth, H. (1994). Die Forschung zu Frauen und Mathematik: Versuch einer Paradigmenklärung. *Journal für Mathematik-Didaktik, 15* (3/4), 253-276.

Jungwirth, H. (2003). Interpretative Forschung in der Mathematikdidaktik - ein Überblick für Irrgäste, Teilzieher und Standvögel. *Zentralblatt für Didaktik der Mathematik (ZDM), 35* (5), 189-200.

Jürgens, E. (2006). Offener Unterricht. In K.-H. Arnold, U. Sandfuchs & J. Wiechmann (Hrsg.), *Handbuch Unterricht* (S. 280–284). Bad Heilbrunn: Klinkhardt.

Kaiser, G. (1995). Realitätsbezüge im Mathematikunterricht - Ein Überblick über die aktuelle und historische Diskussion. In G. Graumann, T. Jahnke, G. Kaiser & J. Meyer (Hrsg.), *Materialien für einen realitätsbezogenen Mathematikunterricht - Band 2* (S. 66–84). Bad Salzdetfurth ü. Hildesheim: Franzbecker.

Kaiser, G. (1999). Gleichheit im mathematisch-naturwissenschaftlich-technischen Unterricht: Erfahrungen mit einer Lehrveranstaltung. In H. Krahn & C. Niederdrenk-Felgner (Hrsg.), *Frauen und Mathematik: Variationen über ein Thema der Aus- und Weiterbildung von Lehrerinnen und Lehrern* (S. 103–127). Bielefeld: Kleine Verlag.

Kaiser, G. (2005). Mathematical Modelling in School - Examples and Experiences. In H.-W. Henn & G. Kaiser (Hrsg.), *Mathematikunterricht im Spannungsfeld von Evolution und Evaluation. Festschrift für Werner Blum* (S. 99–108). Hildesheim, Berlin: Franzbecker.

Kaiser, G. (2007). Modelling and Modelling Competencies in School. In C. Haines, P. Galbraith, W. Blum & S. Khan (Hrsg.), *Mathematical modelling (ICTMA 12). Education, engineering and economics; proceedings from the twelfth international conference on the teaching of mathematical modelling and applications* (S. 110–119). Chichester: Horwood Publ.

Kaiser, G. (2010a). Introduction: ICTMA and the Teaching of Modeling and Applications. In R. Lesh, P. L. Galbraith, C. R. Haines & A. Hurford (Hrsg.)

Modeling Students' Mathematical Modeling Competencies. ICTMA 13 (S. 1–2). New York, Dordrecht, Heidelberg, London: Springer Science+Business Media.

Kaiser, G. (2010b). Modeling in Mathematics Education-theoretical Perspectives, Examples and Experiences. *Mathematics Bulletin - A journal for educators, 49* (special issue), 27-37.

Kaiser, G., Blomhøj, M. & Sriraman, B. (2006). Towards a didactical theory for mathematical modelling. *Zentralblatt für Didaktik der Mathematik (ZDM), 38* (2), 82-85.

Kaiser, G., Lederich, C. & Rau, V. (2010). Theoretical Approaches and Examples for Modelling in Mathematics Education. In B. Kaur & J. Dindyal (Hrsg.), *Mathematical Applications and Modelling. Yearbook 2010, Association of Mathematics Educators* (S. 219–246). Singapore: World Scientific Publishing Co. Pte. Ltd.

Kaiser, G., Rath, E. & Willander, T. (2003). *Evaluation des Hamburger SINUS-Projekts von 2001 - 2003: Ergebnisse bezüglich Leistung und Einstellung zur Mathematik beschränkt auf die Jahrgangsstufen 7 - 9.* Verfügbar unter: http://www.erzwiss.uni-hamburg.de/Personal/Ckaiser/pdf-forsch/SINUS-Bericht-1.pdf [Letzter Zugriff: 5.5.2011].

Kaiser, G. & Schwarz, B. (2006). Mathematical modelling as bridge between school and university. *Zentralblatt für Didaktik der Mathematik (ZDM), 38* (2), 196-208.

Kaiser, G. & Schwarz, B. (2010). Authentic Modelling Problems in Mathematics Education - Examples and Experiences. *Journal für Mathematik-Didaktik, 31* (1), 51-76.

Kaiser, G., Schwarz, B. & Buchholtz, N. (2011). Authentic Modelling Problems in Mathematics Education. In G. Kaiser, W. Blum, R. Borromeo Ferri & G. Stillman (Hrsg.), *Trends in Teaching and Learning of Mathematical Modelling. ICTMA 14* (S. 591-601). Dordrecht, Heidelberg, London, New York: Springer Science+Business Media B.V.

Kaiser, G. & Sriraman, B. (2006). A global survey of international perspectives on modelling in mathematics education. *Zentralblatt für Didaktik der Mathematik (ZDM), 38* (3), 302-310.

Kaiser-Meßmer, G. (1986a). *Anwendungen im Mathematikunterricht: Band 2 - Empirische Untersuchungen*. Bad Salzdetfurth: Verlag Barbara Franzbecker.

Kaiser-Meßmer, G. (1986b). *Anwendungen im Mathematikunterricht: Band 1 - Theoretische Konzeptionen*. Bad Salzdetfurth: Verlag Barbara Franzbecker.

Kaiser-Meßmer, G. (1993). Results of an Empirical Study into Gender Differences in Attitudes towards Mathematics. *Educational Studies in Mathematics, 25* (3), 209-233.

Kansanen, P. (2002). Didactics and its Relation to Educational Psychology: Problems in Translating a Key Concept across Research Communities. *International Review of Education, 48* (6), 427-441.

Kelle, U. (2008). *Die Integration qualitativer und quantitativer Methoden in der empirischen Sozialforschung: Theoretische Grundlagen und methodologische Konzepte* (2. Auflage). Wiesbaden: VS Verlag für Sozialwissenschaften / GWV Fachverlage GmbH.

Keller, C. (1997). Geschlechterdifferenzen: Trägt die Schule dazu bei? In U. Moser, E. Ramseier, C. Keller & M. Huber (Hrsg.), *Schule auf dem Prüfstand. Eine Evaluation der Sekundarstufe I auf der Grundlage der <<Third International Mathematics and Science Study>>* (S. 137–179). Chur, Zürich: Rüegger.

Kirk, S. (2006). Partner- und Gruppenarbeit. In K.-H. Arnold, U. Sandfuchs & J. Wiechmann (Hrsg.), *Handbuch Unterricht* (S. 299–303). Bad Heilbrunn: Klinkhardt.

Klieme, E., Avenarius, H., Blum, W., Döbrich, P., Gruber, H., Prenzel, M. et al. (2007). *Zur Entwicklung nationaler Bildungsstandards: Eine Expertise*. Bonn, Berlin: Bundesministerium für Bildung und Forschung (BMBF). Verfügbar unter: http://www.bmbf.de/pub/zur_entwicklung_nationaler_bildungsstandards.pdf [Letzter Zugriff: 28.7.2010].

Koch, J.-J. (1972). *Lehrer - Studium und Beruf: Einstellungswandel in den beiden Phasen der Ausbildung*. Ulm (Donau): Süddt. Verl.-Ges.

Köller, O., Baumert, J. & Neubrand, J. (2000). Epistemologische Überzeugungen und Fachverständnis im Mathematik- und Physikunterricht. In J. Baumert, W. Bos & R. Lehmann (Hrsg.), *TIMSS/III Dritte Internationale Mathematik- und Naturwissenschaftsstudie - Mathematische und naturwissenschaftliche Bildung am Ende der Schullaufbahn. Band 2 Mathematische und physikalische Kompetenzen am Ende der gymnasialen Oberstufe* (S. 229–269). Opladen: Leske + Budrich.

Köller, O., Baumert, J. & Schnabel, K. (2000). Zum Zusammenspiel von schulischem Interesse und Lernen im Fach Mathematik: Längsschnittanalysen in den Sekundarstufen I und II. In U. Schiefele & K.-P. Wild (Hrsg.), *Interesse und Lernmotivation. Untersuchungen zu Entwicklung, Förderung und Wirkung* (S. 163–181). Münster, New York, München, Berlin: Waxmann.

Königsberger, K. (2004). *Analysis 1* (6., durchges. Aufl.). Berlin, Heidelberg, New York: Springer.

Konrad, K. (2008). *Erfolgreich selbstgesteuert lernen: Theoretische Grundlagen, Forschungsergebnisse, Impulse für die Praxis*. Bad Heilbrunn: Klinkhardt.

Kortenkamp, U. (2006). Algorithmische Geometrie im Unterricht: An der Grenze zwischen Mathematik und Informatik. *MU Der Mathematikunterricht, 52* (1), 32-39.

Krackowitz, S. (2006). *Untersuchung von Mathematical Beliefs als Komponente von Professionswissen bei Lehramtsstudenten im Fach Mathematik.* Unveröffentlichte Staatsexamenshausarbeit, Universität Hamburg.

Krapp, A. (2006). Interesse. In D. H. Rost (Hrsg.), *Handwörterbuch Pädagogische Psychologie.* (3., überarb. und erw. Aufl.) (S. 280–290). Weinheim, Basel, Berlin: Beltz Verlag.

Krapp, A. & Ryan, R. M. (2002). Selbstwirksamkeit und Lernmotivation: Eine kritische Betrachtung der Theorie von Bandura aus der Sicht der Selbstbestimmungstheorie und der pädagogisch-psychologischen Interessentheorie. In M. Jerusalem & D. Hopf (Hrsg.) Selbstwirksamkeit und Motivationsprozesse in Bildungsinstitutionen. *Zeitschrift für Pädagogik.* (44. Beiheft), 54-82. Weinheim, Basel: Beltz Verlag.

Krathwohl, D. R., Bloom, B. S. & Masia, B. B. (1965). *Taxonomy of Educational Objectives: The Classification of Educational Goals - Handbook II: Affective Domain* (Nachdr. d. erst. Aufl. von 1964). New York: David McKay Company.

Krauss, S., Baumert, J. & Blum, W. (2008). Secondary mathematics teachers' pedagogical content knowledge and content knowledge: validation of the COACTIV constructs. *ZDM - The International Journal on Mathematics Education, 40* (5), 873-892.

Krauss, S., Blum, W., Brunner, M., Neubrand, M., Baumert, J., Kunter, M. et al. (2011). Konzeptualisierung und Testkonstruktion zum fachbezogenen Professionswissen von Mathematiklehrkräften. In M. Kunter, J. Baumert, W. Blum, U. Klusmann, S. Krauss & M. Neubrand (Hrsg.), *Professionelle Kompetenz von Lehrkräften. Ergebnisse des Forschungsprogramms COACTIV* (S. 135–161). Münster: Waxmann Verlag GmbH.

Krauthausen, G. & Scherer, P. (2007). *Einführung in die Mathematikdidaktik* (3. Aufl.). München: Elsevier Spektrum.

Krippendorff, K. (1980). *Content Analysis: An Introduction to Its Methodology.* Beverly Hills, London: Sage Publications, Inc.

Krüger, H.-H. (1997). *Einführung in Theorien und Methoden der Erziehungswissenschaft.* Opladen: Leske + Budrich.

Krüger, H.-H. & Helsper, W. (Hrsg.). (2007). *Einführung in Grundbegriffe und Grundfragen der Erziehungswissenschaft* (8., durchges. Aufl.). Opladen, Farmington Hills: Barbara Budrich.

Künsting, J., Billich, M. & Lipowsky, F. (2009). Der Einfluss von Lehrerkompetenzen und Lehrerhandeln auf den Schulerfolg von Lernenden. In O. Zlatkin-Troitschanskaia, K. Beck, D. Sembill, R. Nickolaus & R. Mulder (Hrsg.), *Lehrprofessionalität. Bedingungen, Genese, Wirkungen und ihre Messung* (S. 655–667). Weinheim, Basel: Beltz.

Kunter, M., Baumert, J., Blum, W., Klusmann, U., Krauss, S. & Neubrand, M. (Hrsg.). (2011). *Professionelle Kompetenz von Lehrkräften: Ergebnisse des Forschungsprogramms COACTIV*. Münster: Waxmann Verlag GmbH.

Kunter, M. & Klusmann, U. (2010). Kompetenzmessung bei Lehrkräften – Methodische Herausforderungen. *Unterrichtswissenschaft, 38* (1), 68-86.

Kunter, M. & Pohlmann, B. (2009). Lehrer. In E. Wild & J. Möller (Hrsg.), *Pädagogische Psychologie* (S. 261–282). Heidelberg: Springer Medizin Verlag.

Kuntze, S. (2005). "Wozu muss man denn das beweisen?": Vorstellungen zu Funktionen des Beweisens in Texten von Schülerinnen und Schülern der 8. Jahrgangsstufe. *mathematica didactica*, 28 (2), 48-70.

Lamnek, S. (1995). *Qualitative Sozialforschung: Band 1 Methodologie* (3., korrigierte Aufl.). Weinheim: Psychologie Verlags Union.

Lamnek, S. (2005). *Qualitative Sozialforschung: Lehrbuch* (4., vollst. überarb. Aufl.). Weinheim, Basel: Beltz Verlag.

Larson, M. S. (1977). *The Rise of Professionalism. A Sociological Analysis*. Berkeley, Los Angeles, London: University of California Press.

Leder, G. C. & Forgasz, H. J. (2002). Measuring Mathematical Beliefs and Their Impact on the Learning of Mathematics: A New Approach. In G. C. Leder, E. Pehkonen & G. Törner (Hrsg.), *Beliefs: A Hidden Variable in Mathematics Education?* (S. 95–113). Dordrecht: Kluwer Academic Publishers.

Leiß, D. & Wiegand, B. (2005). A classification of teacher interventions in mathematics teaching. *ZDM - The International Journal on Mathematics Education, 37* (3), 240-245.

Lesh, R. & Fennewald, T. (2010). Introduction to Part I Modeling: What Is It? Why Do It? In R. Lesh, P. L. Galbraith, C. R. Haines & A. Hurford (Hrsg.), *Modeling Students' Mathematical Modeling Competencies. ICTMA 13* (S. 5–10). New York, Dordrecht, Heidelberg, London: Springer Science+Business Media.

Lesh, R., Galbraith, P. L., Haines, C. R. & Hurford, A. (Hrsg.). (2010). *Modeling Students' Mathematical Modeling Competencies: ICTMA 13*. New York, Dordrecht, Heidelberg, London: Springer Science+Business Media.

Leuchter, M., Pauli, C., Reusser, K. & Lipowsky, F. (2006). Unterrichtsbezogene Überzeugungen und handlungsleitende Kognitionen von Lehrpersonen. *Zeitschrift für Erziehungswissenschaft, 9* (4), 562-579.

Leuders, T. (2005). *Qualität im Mathematikunterricht in der Sekundarstufe I und II* (2. Aufl.). Berlin: Cornelsen-Scriptor.

Lienert, G. A. & Raatz, U. (1998). *Testaufbau und Testanalyse* (6. Aufl., Studienausg.). Weinheim: Psychologie Verlags Union.

Limón, M. & Mason, L. (Hrsg.). (2002). *Reconsidering Conceptual Change. Issues in Theory and Practice*. Dordrecht, Boston, London: Kluwer Acad. Publ.

Lipowsky, F. (2006). Auf den Lehrer kommt es an. Empirische Evidenzen für Zusammenhänge zwischen Lehrerkompetenzen, Lehrerhandeln und dem Lernen der Schüler. In C. Allemann-Ghionda & E. Terhart (Hrsg.) Kompetenzen und Kompetenzentwicklung von Lehrerinnen und Lehrern: Ausbildung und Beruf. *Zeitschrift für Pädagogik.* (51. Beiheft), 47-70. Weinheim, Basel: Beltz Verlag.

Llinares, S. (2002). Participation and Reification in Learning to Teach: The Role of Knowledge and Beliefs. In G. C. Leder, E. Pehkonen & G. Törner (Hrsg.), *Beliefs: A Hidden Variable in Mathematics Education?* (S. 195–209). Dordrecht: Kluwer Academic Publishers.

Loewenberg Ball, D., Lubienski, S. T. & Mewborn, D. S. (2002). Research on Teaching Mathematics: The Unsolved Problem of Teachers' Mathematical Knowledge. In V. Richardson (Hrsg.), *Handbook of research on teaching.* (4. ed., 1. impr.) (S. 433–456). Washington, D.C.: American Educational Research Assoc.

Lohmann, G. (2005). *Mit Schülern klarkommen: Professioneller Umgang mit Unterrichtsstörungen und Disziplinkonflikten* (3. Aufl.). Berlin: Cornelsen Scriptor.

Luhmann, N. (2002). *Das Erziehungssystem der Gesellschaft.* Frankfurt am Main: Suhrkamp Verlag.

Luhmann, N. & Schorr, K. E. (1982). Das Technologiedefizit der Erziehung und die Pädagogik. In N. Luhmann & K. E. Schorr (Hrsg.), *Zwischen Technologie und Selbstreferenz. Fragen an die Pädagogik.* (S. 11–50). Frankfurt am Main: Suhrkamp.

Maaß, K. (2003). *Mathematisches Modellieren im Unterricht: Ergebnisse einer empirischen Studie. Anhang.* Unveröffentlichte Dissertation, Universität Hamburg.

Maaß, K. (2004). *Mathematisches Modellieren im Unterricht: Ergebnisse einer empirischen Studie.* Hildesheim, Berlin: Franzbecker.

Maaß, K. (2006). What are modelling competencies? *ZDM - The International Journal on Mathematics Education , 38* (2), 113-142.

Maaß, K. (2007). *Mathematisches Modellieren: Aufgaben für die Sekundarstufe I.* Berlin: Cornelsen Scriptor.

Maaß, J. & Schlöglmann, W. (Hrsg.). (2009). *Beliefs and Attitudes in Mathematics Education: New Research Results.* Rotterdam, Taipei: Sense Publishers.

Mackowiak, K., Lauth, G. W. & Spieß, R. (2008). *Förderung von Lernprozessen.* Stuttgart: Kohlhammer.

Malitte, E. (2006). Kleine Aufgaben - kleine Schritte - kleine Rechner: Einstieg in die Tabellenkalkulation. *mathematik lehren* (137), 10-13.

Malle, G. (2002). Begründen: Eine vernachlässigte Tätigkeit im Mathematikunterricht. *mathematik lehren* (110), 4-8.

Mariotti, M. A. & Balacheff, N. (2008). Introduction to the special issue on didactical and epistemological perspectives on mathematical proof. *ZDM - The International Journal on Mathematics Education, 40* (3), 341-344.

Marks, R. (1990). Pedagogical Content Knowledge: From a Mathematical Case to a Modified Conception. *Journal of Teacher Education, 41* (3), 3-11.

Mayring, P. (1993). *Einführung in die qualitative Sozialforschung: Eine Anleitung zu qualitativem Denken* (2. Aufl.). Weinheim: Psychologie Verlags Union.

Mayring, P. (2000). *Qualitative Inhaltsanalyse.* Forum Qualitative Sozialforschung / Forum Qualitative Social Research: 1(2). Verfügbar unter: http://www.qualitative-research.net/index.php/fqs/article/view/1089/2384 [Letzter Zugriff: 20.12.2010].

Mayring, P. (2001). *Kombination und Integration qualitativer und quantitativer Analyse.* Forum Qualitative Sozialforschung / Forum Qualitative Social Research: 2(1). Verfügbar unter: http://www.qualitative-research.net/index.php/fqs/article/view/967/2111 [Letzter Zugriff: 20.12.2010].

Mayring, P. (2007). Qualitative Inhaltsanalyse. In U. Flick, E. von Kardorff & I. Steinke (Hrsg.), *Qualitative Forschung. Ein Handbuch.* (5. Aufl., Orig.-Ausg.) (S. 468–475). Reinbek bei Hamburg: Rowohlt Taschenbuch Verlag.

Mayring, P. (2008). *Qualitative Inhaltsanalyse: Grundlagen und Techniken* (10., neu ausgestattete Aufl.). Weinheim, Basel: Beltz Verlag.

Mayring, P. & Gläser-Zikuda, M. (Hrsg.). (2008). *Die Praxis der Qualitativen Inhaltsanalyse* (2., neu ausgestattete Aufl.). Weinheim, Basel: Beltz Verlag.

McLeod, D. B. (1992). Research on Affect in Mathematics Education: A Reconceptualization. In D. A. Grouws (Hrsg.), *Handbook of Research on Mathematics Teaching and Learning. A Project of the National Council of Teachers of Mathematics* (S. 575–596). New York: Macmillan.

Meinefeld, W. (1988). Einstellung. In R. Asanger & G. Wenninger (Hrsg.), *Handwörterbuch der Psychologie.* (4., völlig neubearb. und erw. Aufl.) (S. 120–126). München, Weinheim: Psychologie-Verl.-Union.

Merenluoto, K. & Lehtinen, E. (2002). Conceptual Change in Mathematics: Understanding the Real Numbers. In M. Limón & L. Mason (Hrsg.), *Reconsidering Conceptual Change. Issues in Theory and Practice* (S. 233–257). Dordrecht, Boston, London: Kluwer Acad. Publ.

Merkens, H. (2007). Auswahlverfahren, Sampling, Fallkonstruktion. In U. Flick, E. von Kardorff & I. Steinke (Hrsg.), *Qualitative Forschung. Ein Handbuch.* (5. Aufl., Orig.-Ausg.) (S. 286–299). Reinbek bei Hamburg: Rowohlt Taschenbuch Verlag.

Meyer, H. (1997). *Schulpädagogik: Band II: Für Fortgeschrittene*. Berlin: Cornelsen Scriptor.

Meyer, M. A. & Meyer, H. (2007). *Wolfgang Klafki: Eine Didaktik für das 21. Jahrhundert?* Weinheim, Basel: Beltz.

Meyer, M. A. & Plöger, W. (Hrsg.). (1994). *Allgemeine Didaktik, Fachdidaktik und Fachunterricht*. Weinheim, Basel: Beltz.

Möller, K. (2006). *Lehrerbildung - die (Un)Vollendete?: Deutschland und Schweden im Vergleich*. Hamburg: Krämer.

Muijs, D. & Reynolds, D. (2000). School Effectiveness and Teacher Effectiveness in Mathematics: Some Preliminary Findings from the Evaluation of the Mathematics Enhancement Programme (Primary). *School Effectiveness and School Improvement, 11* (3), 273-303.

Müller, C., Felbrich, A. & Blömeke, S. (2008a). Schul- und professionstheoretische Überzeugungen. In S. Blömeke, G. Kaiser & R. Lehmann (Hrsg.), *Professionelle Kompetenz angehender Lehrerinnen und Lehrer. Wissen, Überzeugungen und Lerngelegenheiten deutscher Mathematikstudierender und -refendare; erste Ergebnisse zur Wirksamkeit der Lehrerausbildung* (S. 277–302). Münster: Waxmann.

Müller, C., Felbrich, A. & Blömeke, S. (2008b). Überzeugungen zum Lehren und Lernen von Mathematik. In S. Blömeke, G. Kaiser & R. Lehmann (Hrsg.), *Professionelle Kompetenz angehender Lehrerinnen und Lehrer. Wissen, Überzeugungen und Lerngelegenheiten deutscher Mathematikstudierender und -refendare; erste Ergebnisse zur Wirksamkeit der Lehrerausbildung* (S. 247–276). Münster: Waxmann.

Müller, H. (1995). Zur Komplexität von Beweisen im Mathematikunterricht. *Journal für Mathematik-Didaktik, 16* (1/2), 47-77.

Munby, H., Russell, T. & Martin, A. K. (2002). Teachers' Knowledge and How It Develops. In V. Richardson (Hrsg.), *Handbook of research on teaching*. (4. ed., 1. impr.) (S. 877–904). Washington, D.C.: American Educational Research Assoc.

National Board for Professional Teaching Standards [NBPTS]. (2002). *What Teachers Should Know and Be Able to Do*. Verfügbar unter: http://www.nbpts.org/UserFiles/File/what_teachers.pdf [Letzter Zugriff: 13.9.2010].

National Council for Accreditation of Teacher Education [NCATE]. (2008). *Professional Standards for the Accreditation of Teacher Preparation Institutions*. Verfügbar unter: http://www.ncate.org/documents/standards/NCATE%20Standards%202008.pdf [Letzter Zugriff: 13.9.2010].

Nattland, A. & Kerres, M. (2006). Computerbasierte Medien im Unterricht. In K.-H. Arnold, U. Sandfuchs & J. Wiechmann (Hrsg.), *Handbuch Unterricht* (S. 422–432). Bad Heilbrunn: Klinkhardt.

Neber, H. (2006a). Entdeckendes Lernen. In K.-H. Arnold, U. Sandfuchs & J. Wiechmann (Hrsg.), *Handbuch Unterricht* (S. 284–288). Bad Heilbrunn: Klinkhardt.

Neber, H. (2006b). Kooperatives Lernen. In D. H. Rost (Hrsg.), *Handwörterbuch Pädagogische Psychologie*. (3., überarb. und erw. Aufl.) (S. 355–362). Weinheim, Basel, Berlin: Beltz Verlag.

Neuweg, G. H. (2002). Lehrerhandeln und Lehrerbildung im Lichte des Konzepts des impliziten Wissens. *Zeitschrift für Pädagogik, 48* (1), 10-29.

Niss, M., Blum, W. & Galbraith, P. (2007). Introduction. In W. Blum, P. L. Galbraith, H.-W. Henn & M. Niss (Hrsg.), *Modelling and Applications in Mathematics Education. The 14th ICMI Study* (S. 3–32). New York: Springer Science+Business Media.

Nolte, M. (Hrsg.). (2004). *Der Mathe-Treff für Mathe-Fans: Fragen zur Talentsuche im Rahmen eines Forschungs- und Förderprojekts zu besonderen mathematischen Begabungen im Grundschulalter*. Hildesheim, Berlin: Franzbecker.

Oelkers, J. (2003). Standards in der Lehrerbildung: Eine dringliche Aufgabe, die der Präzisierung bedarf. In D. Lemmermöhle & D. Jahreis (Hrsg.) Professionalisierung der Lehrerbildung. *Die Deutsche Schule. 95* (7. Beiheft), 54-70. Weinheim: Juventa Verlag.

Oelkers, J. (2004). Erziehung. In D. Benner & J. Oelkers (Hrsg.), *Historisches Wörterbuch der Pädagogik* (S. 303–340). Weinheim, Basel: Beltz.

Oelkers, J. (2009). Erziehung. In S. Andresen, R. Casale, T. Gabriel, R. Horlacher S. Larcher Klee & J. Oelkers (Hrsg.), *Handwörterbuch Erziehungswissenschaft* (S. 248–262). Weinheim, Basel: Beltz.

Oevermann, U. (1996). Theoretische Skizze einer revidierten Theorie professionalisierten Handelns. In A. Combe & W. Helsper (Hrsg.), *Pädagogische Professionalität. Untersuchungen zum Typus pädagogischen Handelns*. (S. 70–182). Frankfurt am Main: Suhrkamp.

Oevermann, U. (2002). Professionalisierungsbedürftigkeit und Professionalisiertheit pädagogischen Handelns. In M. Kraul, W. Marotzki & C. Schweppe (Hrsg.), *Biographie und Profession* (S. 19–63). Bad Heilbrunn/Obb.: Klinkhardt.

Op`t Eynde, P., De Corte, E. & Verschaffel, L. (2002). Framing Students' Mathematics-Related Beliefs: A Quest For Conceptual Clarity And A Comprehensive Categorization. In G. C. Leder, E. Pehkonen & G. Törner (Hrsg.), *Beliefs: A Hidden Variable in Mathematics Education?* (S. 13–37). Dordrecht: Kluwer Academic Publishers.

Ortlieb, C. P. (2004). Mathematische Modelle und Naturerkenntnis. *mathematica didactica, 27* (1), 23-40.

Ortlieb, C. P., v. Dresky, C., Gasser, I. & Günzel, S. (2009). *Mathematische Modellierung: Eine Einführung in zwölf Fallstudien*. Wiesbaden: Vieweg+ Teubner / GWV Fachverlage GmbH.

Oser, F. (1997a). Standards in der Lehrerbildung: Teil 1: Berufliche Kompetenzen, die hohen Qualitätsmerkmalen entsprechen. *Beiträge zur Lehrerbildung, 15* (1), 26-37.

Oser, F. (1997b). Standards in der Lehrerbildung: Teil 2: Wie werden Standards in der schweizerischen Lehrerbildung erworben? Erste empirische Ergebnisse. *Beiträge zur Lehrerbildung, 15* (2), 210-228.

Oser, F. (2001a). Modelle der Wirksamkeit in der Lehrer- und Lehrerinnenausbildung. In F. Oser & J. Oelkers (Hrsg.), *Die Wirksamkeit der Lehrerbildungssysteme. Von der Allrounderbildung zur Ausbildung professioneller Standards* (S. 67–96). Chur, Zürich: Rüegger.

Oser, F. (2001b). Standards: Kompetenzen von Lehrpersonen. In F. Oser & J. Oelkers (Hrsg.), *Die Wirksamkeit der Lehrerbildungssysteme. Von der Allrounderbildung zur Ausbildung professioneller Standards* (S. 215–342). Chur, Zürich: Rüegger.

Oser, F. (2003). Professionalisierung der Lehrerbildung durch Standards: Eine empirische Studie über ihre Wirksamkeit. In D. Lemmermöhle & D. Jahreis (Hrsg.) Professionalisierung der Lehrerbildung. *Die Deutsche Schule. 95* (7. Beiheft), 71-82. Weinheim: Juventa Verlag.

Oser, F. (2005). Schrilles Theoriegezerre, oder warum Standards gewollt sein sollen: Eine Replik auf Walter Herzog. *Zeitschrift für Pädagogik, 51* (2), 266-274.

Oser, F., Hascher, T. & Spychiger, M. (1999). Lernen aus Fehlern. Zur Psychologie des "negativen" Wissens. In W. Althof (Hrsg.), *Fehlerwelten. Vom Fehlermachen und Lernen aus Fehlern; Beiträge und Nachträge zu einem interdisziplinären Symposium aus Anlaß des 60. Geburtstags von Fritz Oser* (S. 11–41). Opladen: Leske + Budrich.

Oser, F. K. & Heinzer, S. (2009). Die Entwicklung eines Qualitätskonstrukts zur advokatorischen Erfassung der Professionalität. In O. Zlatkin-Troitschanskaia, K. Beck, D. Sembill, R. Nickolaus & R. Mulder (Hrsg.), *Lehrprofessionalität. Bedingungen, Genese, Wirkungen und ihre Messung* (S. 167–179). Weinheim, Basel: Beltz.

Oser, F. & Oelkers, J. (Hrsg.). (2001). *Die Wirksamkeit der Lehrerbildungssysteme: Von der Allrounderbildung zur Ausbildung professioneller Standards*. Chur, Zürich: Rüegger.

Oser, F. & Renold, U. (2005). Kompetenzen von Lehrpersonen - über das Auffinden von Standards und ihre Messung. In I. Gogolin, H.-H. Krüger, D.

Lenzen & T. Rauschenbach (Hrsg.) Standards und Standardisierungen in der Erziehungswissenschaft. *Zeitschrift für Erziehungswissenschaft. 8* (Beiheft 4), 119-140. Wiesbaden: VS Verlag für Sozialwissenschaften.

Pajares, M. F. (1992). Teachers' Beliefs and Educational Research: Cleaning Up a Messy Construct. *Review of Educational Research, 62* (3), 307-332.

Parsons, T. (1968). *Sozialstruktur und Persönlichkeit*. Frankfurt: Europäische Verlagsanstalt.

Patton, M. Q. (1990). *Qualitative Evaluation and Research Methods* (2. ed.). Newbury Park, London, New Delhi: Sage Publications, Inc.

Pehkonen, E. (2001). Offene Probleme: Eine Methode zur Entwicklung des Mathematikunterrichts. *MU Der Mathematikunterricht, 47* (6), 60-72.

Pehkonen, E. & Törner, G. (1996). Mathematical beliefs and different aspects of their meaning. *Zentralblatt für Didaktik der Mathematik (ZDM), 28* (4), 101-108

Philipp, R. A. (2007). Mathematics Teachers' Beliefs and Affect. In F. K. Lester, Jr. (Hrsg.), *Second Handbook of Research on Mathematics Teaching and Learning. A Project of the National Council of Teachers of Mathematics* (S. 257–315). Charlotte, NC: Information Age Publ.

Prenzel, M. (1988). *Die Wirkungsweise von Interesse: Ein pädagogisch-psychologisches Erklärungsmodell*. Opladen: Westdt. Verl.

Rabe-Kleberg, U. (1996). Professionalität und Geschlechterverhältnis. Oder: Was ist >>semi<< an traditionellen Frauenberufen? In A. Combe & W. Helsper (Hrsg.), *Pädagogische Professionalität. Untersuchungen zum Typus pädagogischen Handelns*. (S. 276–302). Frankfurt am Main: Suhrkamp.

Radtke, F.-O. (1999). Anstelle einer Einleitung: Autonomisierung, Entstaatlichung, Modularisierung. Neue Argumente in der Lehrerbildungsdiskussion? In F.-O. Radtke (Hrsg.), *Lehrerbildung an der Universität. Zur Wissensbasis pädagogischer Professionalität* (S. 9–22). Frankfurt am Main.

Radtke, F.-O. (2000). Professionalisierung der Lehrerbildung durch Autonomisierung, Entstaatlichung, Modularisierung. *Onlinejournal für Sozialwissenschaften und ihre Didaktik, 1* (0). Verfügbar unter: http://www.sowi-onlinejournal.de/lehrerbildung/radtke.htm [Letzter Zugriff: 25.2.2010].

Redlich, N. (2010). *Quantitativer Vergleich der Ergebnisse aus zwei Studien zur professionellen Kompetenz angehender Mathematiklehrerinnen und -lehrer.* Unveröffentlichte Staatsexamenshausarbeit, Universität Hamburg.

Reh, S. (2005). Die Begründung von Standards in der Lehrerbildung: Theoretische Perspektiven und Kritik. *Zeitschrift für Pädagogik, 51* (2), 259-265.

Reinhold, P. (2004). Fachdidaktische Ausbildung. In S. Blömeke, P. Reinhold, G. Tulodziecki & J. Wildt (Hrsg.), *Handbuch Lehrerbildung* (S. 410–431). Bad Heilbrunn/Obb. u.a.: Klinkhardt [u.a.].

Reiss, K. (2002). *Argumentieren, Begründen, Beweisen im Mathematikunterricht*, Sinus-Projektserver. Universität Bayreuth. Verfügbar unter: http://sinus-transfer.uni-bayreuth.de/fileadmin/MaterialienDB/53/beweis.pdf [Letzter Zugriff: 24.6.2010].

Rheinberg, F. (2004). *Motivation* (5., überarb. und erw. Aufl.). Stuttgart: W. Kohlhammer.

Rheinberg, F. & Vollmeyer, R. (2010). Paradoxe Effekte von Lob und Tadel. In D. H. Rost (Hrsg.), *Handwörterbuch Pädagogische Psychologie*. (4., überarb. und erw. Aufl.) (S. 635–641). Weinheim, Basel: Beltz Verlag.

Richardson, V. (1996). The role of attitudes and beliefs in learning to teach. In J. Sikula, T. Buttery & E. Guyton (Hrsg.), *Handbook of Research on Teacher Education*. (2. Auflage) (S. 102–119). New York: Macmillan.

Richardson, V. & Placier, P. (2002). Teacher Change. In V. Richardson (Hrsg.), *Handbook of research on teaching*. (4. ed., 1. impr.) (S. 905–947). Washington, D.C.: American Educational Research Assoc.

Rustemeyer, D. (1999). Stichwort: Konstruktivismus in der Erziehungswissenschaft. *Zeitschrift für Erziehungswissenschaft, 2* (4), 467-484.

Sandfuchs, U. (2004). Geschichte der Lehrerbildung in Deutschland. In S. Blömeke, P. Reinhold, G. Tulodziecki & J. Wildt (Hrsg.), *Handbuch Lehrerbildung* (S. 14–37). Bad Heilbrunn/Obb. u.a.: Klinkhardt [u.a.].

Schiefele, U. (2009). Motivation. In E. Wild & J. Möller (Hrsg.), *Pädagogische Psychologie* (S. 151–177). Heidelberg: Springer Medizin Verlag.

Schiefele, U., Krapp, A. & Schreyer, I. (1993). Metaanalyse des Zusammenhangs von Interesse und schulischer Leistung. *Zeitschrift für Entwicklungspsychologie und Pädagogische Psychologie, 25* (2), 120-148.

Schiefele, U. & Wild, K.-P. (Hrsg.). (2000). *Interesse und Lernmotivation: Untersuchungen zu Entwicklung, Förderung und Wirkung*. Münster, New York, München, Berlin: Waxmann.

Schiffauer, W., Baumann, G., Kastoryano, R. & Vertovec, S. (Hrsg.). (2004). *Civil Enculturation: Nation-state, School and Ethnic Difference in The Netherlands, Britain, Germany and France*. New York, Oxford: Berghahn Books.

Schmidt, C. (1997). "Am Material": Auswertungstechniken für Leitfadeninterviews. In B. Friebertshäuser & A. Prengel (Hrsg.), *Handbuch Qualitative Forschungsmethoden in der Erziehungswissenschaft* (S. 544–568). Weinheim, München: Juventa Verlag.

Schmidt, W. H., Houang, R. T., Cogan, L., Blömeke, S., Tatto, M. T., Hsieh, F. J. et al. (2008). Opportunity to learn in the preparation of mathematics teachers: its structure and how it varies across six countries. *ZDM - The International Journal on Mathematics Education, 40* (5), 735-747.

Schmitz, G. S. & Schwarzer, R. (2000). Selbstwirksamkeitserwartung von Lehrern: Längsschnittbefunde mit einem neuen Instrument. *Zeitschrift für Pädagogische Psychologie, 14* (1), 12-25.

Schmotz, C., Felbrich, A. & Kaiser, G. (2010). Überzeugungen angehender Mathematiklehrkräfte für die Sekundarstufe I im internationalen Vergleich. In S. Blömeke, G. Kaiser & R. Lehmann (Hrsg.), *TEDS-M 2008. Professionelle Kompetenz und Lerngelegenheiten angehender Mathematiklehrkräfte für die Sekundarstufe I im internationalen Vergleich* (S. 279–305). Münster: Waxmann Verlag GmbH.

Schoenfeld, A. H. (1985). *Mathematical problem solving*. Orlando: Academic Press.

Schoenfeld, A. H. (2000). Models of the Teaching Process. *Journal of Mathematical Behavior, 18* (3), 243-261.

Schöning, U. (2006). Ein Spiel mit Steinchen auf Graphen zum Studium von Rechenzeit versus Speicherplatz. *MU Der Mathematikunterricht, 52* (1), 40-48

Schrader, F.-W. & Helmke, A. (2002). Motivation, Lernen und Leistung. In A. Helmke & R. S. Jäger (Hrsg.), *Das Projekt MARKUS. Mathematik-Gesamterhebung Rheinland-Pfalz: Kompetenzen, Unterrichtsmerkmale, Schulkontext* (S. 257–324). Landau: Verl. Empirische Pädagogik e.V.

Schütze, F. (1996). Organisationszwänge und hoheitsstaatliche Rahmenbedingungen im Sozialwesen: Ihre Auswirkung auf die Paradoxien des professionellen Handelns. In A. Combe & W. Helsper (Hrsg.), *Pädagogische Professionalität. Untersuchungen zum Typus pädagogischen Handelns.* (S. 183–275). Frankfurt am Main: Suhrkamp.

Schwarz, B., Kaiser, G. & Buchholtz, N. (2008). Vertiefende qualitative Analysen zur professionellen Kompetenz angehender Mathematiklehrkräfte am Beispiel von Modellierung und Realitätsbezügen. In S. Blömeke, G. Kaiser & R. Lehmann (Hrsg.), *Professionelle Kompetenz angehender Lehrerinnen und Lehrer. Wissen, Überzeugungen und Lerngelegenheiten deutscher Mathematikstudierender und -refendare; erste Ergebnisse zur Wirksamkeit der Lehrerausbildung* (S. 391–424). Münster: Waxmann.

Schwarz, B., Leung, I. K. C., Buchholtz, N., Kaiser, G., Stillman, G., Brown, J. et al. (2008). Future teachers´ professional knowledge on argumentation and proof: a case study from universities in three countries. *ZDM - The International Journal on Mathematics Education, 40* (5), 791-811.

Schwarzer, R. & Jerusalem, M. (2002). Das Konzept der Selbstwirksamkeit. In M Jerusalem & D. Hopf (Hrsg.)Selbstwirksamkeit und Motivationsprozesse in Bildungsinstitutionen. *Zeitschrift für Pädagogik.* (44. Beiheft), 28-53. Weinheim Basel: Beltz Verlag.

Schwarzkopf, R. (2001). Argumentationsanalysen im Unterricht der frühen Jahrgangsstufen - eigenständiges Schließen mit Ausnahmen. *Journal für Mathematik-Didaktik, 22* (3/4), 253-276.

Sekretariat der Ständigen Konferenz der Kultusminister der Länder in der Bundesrepublik Deutschland [KMK]. (1994). *Empfehlungen zur Arbeit in der Grundschule: Beschluß der Kultusministerkonferenz vom 2.7.1970 i. d. F. vom 6.5.1994*. Verfügbar unter: http://www.kmk.org/fileadmin/veroeffentlichungen_beschluesse/1970/1970_07_02_Empfehlungen_Grundschule.pdf [Letzter Zugriff: 5.8.2010].

Sekretariat der Ständigen Konferenz der Kultusminister der Länder in der Bundesrepublik Deutschland [KMK]. (2002). *Künftige Entwicklung der länder- und hochschulübergreifenden Qualitätssicherung in Deutschland: Beschluss der Kultusministerkonferenz vom 01.03.2002*. Verfügbar unter: http://www.kmk.org/fileadmin/veroeffentlichungen_beschluesse/2002/2002_03_01-Qualitaetssicherung-laender-hochschuluebergreifend.pdf [Letzter Zugriff: 4.5.2011].

Sekretariat der Ständigen Konferenz der Kultusminister der Länder in der Bundesrepublik Deutschland [KMK]. (2003). *Bildungsstandards im Fach Mathematik für den Mittleren Schulabschluss: Beschluss vom 4.12.2003*. Verfügbar unter: http://www.kmk.org/fileadmin/veroeffentlichungen_beschluesse/2003/2003_12_04-Bildungsstandards-Mathe-Mittleren-SA.pdf [Letzter Zugriff: 5.8.2010].

Sekretariat der Ständigen Konferenz der Kultusminister der Länder in der Bundesrepublik Deutschland [KMK]. (2004a). *Bildungsstandards im Fach Mathematik für den Hauptschulabschluss: Beschluss vom 15.10.2004*. Verfügbar unter: http://www.kmk.org/fileadmin/veroeffentlichungen_beschluesse/2004/2004_10_15-Bildungsstandards-Mathe-Haupt.pdf [Letzter Zugriff: 5.8.2010].

Sekretariat der Ständigen Konferenz der Kultusminister der Länder in der Bundesrepublik Deutschland [KMK]. (2004b). *Bildungsstandards im Fach Mathematik für den Primarbereich: Beschluss vom 15.10.2004*. Verfügbar unter: http://www.kmk.org/fileadmin/veroeffentlichungen_beschluesse/2004/2004_10_15-Bildungsstandards-Mathe-Primar.pdf [Letzter Zugriff: 5.8.2010].

Sekretariat der Ständigen Konferenz der Kultusminister der Länder in der Bundesrepublik Deutschland [KMK]. (2004c). *Standards für die Lehrerbildung: Bericht der Arbeitsgruppe*. Verfügbar unter: http://www.kmk.org/fileadmin/pdf/Bildung/AllgBildung/Standards_Lehrerbildung-Bericht_der_AG.pdf [Letzter Zugriff: 13.9.2010].

Sekretariat der Ständigen Konferenz der Kultusminister der Länder in der Bundesrepublik Deutschland [KMK]. (2004d). *Standards für die Lehrerbildung: Bildungswissenschaften: Beschluss der Kultusministerkonferenz vom 16.12.2004*. Verfügbar unter: http://www.kmk.org/fileadmin/veroeffentlichungen_beschluesse/2004/2004_12_16-Standards-Lehrerbildung.pdf [Letzter Zugriff: 17.9.2010].

Sekretariat der Ständigen Konferenz der Kultusminister der Länder in der Bundesrepublik Deutschland [KMK]. (2005). *Eckpunkte für die gegenseitige*

Anerkennung von Bachelor- und Masterabschlüssen in Studiengängen, mit denen die Bildungsvoraussetzungen für ein Lehramt vermittelt werden: Beschluss der Kultusministerkonferenz vom 02.06.2005. Verfügbar unter: http://www.kmk.org/fileadmin/veroeffentlichungen_beschluesse/2005/2005_06_02-Bachelor-Master-Lehramt.pdf [Letzter Zugriff: 15.9.2010].

Sekretariat der Ständigen Konferenz der Kultusminister der Länder in der Bundesrepublik Deutschland [KMK]. (2008a). *Ländergemeinsame inhaltliche Anforderungen für die Fachwissenschaften und Fachdidaktiken in der Lehrerbildung: Beschluss der Kultusministerkonferenz vom 16.10.2008 i.d.F. vom 08.12.2008.* Verfügbar unter: http://www.kmk.org/fileadmin/veroeffentlichungen_beschluesse/2008/2008_10_16-Fachprofile.pdf [Letzter Zugriff: 13.9.2010].

Sekretariat der Ständigen Konferenz der Kultusminister der Länder in der Bundesrepublik Deutschland [KMK]. (2008b). *Vereinbarung zur Gestaltung der gymnasialen Oberstufe in der Sekundarstufe II: Beschluss der Kultusministerkonferenz vom 07.07.1972 i.d.F. vom 24.10.2008.* Verfügbar unter: http://www.kmk.org/fileadmin/veroeffentlichungen_beschluesse/2008/2008_10_24-VB-Sek-II.pdf [Letzter Zugriff: 6.8.2010].

Sekretariat der Ständigen Konferenz der Kultusminister der Länder in der Bundesrepublik Deutschland [KMK]. (2009). *Vereinbarung über die Schularten und Bildungsgänge im Sekundarbereich I: Beschluss der Kultusministerkonferenz vom 03.12.1993 i.d.F. vom 09.10.2009.* Verfügbar unter: http://www.kmk.org/fileadmin/veroeffentlichungen_beschluesse/1993/1993_12_03-VB-SekI_01.pdf [Letzter Zugriff: 6.8.2010].

Semadeni, Z. (1984). Action Proofs in Primary Mathematics Teaching and in Teacher Training. *For the Learning of Mathematics, 4* (1), 32-34.

Sherin, M. G., Sherin, B. L. & Madanes, R. (2000). Exploring Diverse Accounts of Teacher Knowledge. *Journal of Mathematical Behavior, 18* (3), 357-375.

Shulman, L. S. (1986). Those Who Understand: Knowledge Growth in Teaching. *Educational Researcher, 15* (2), 4-14.

Shulman, L. S. (1987). Knowledge and Teaching: Foundations of the New Reform. *Harvard Educational Review, 57* (1), 1-22.

Sjuts, J. (2003). Metakognition per didaktisch-sozialem Vertrag. *Journal für Mathematik-Didaktik, 24* (1), 18-40.

Slavin, R. E. (1990). *Cooperative learning: Theory, Research, and Practice.* Boston u. a.: Allyn and Bacon.

Smith, T. M., Desimone, L. M., Zeidner, T. L., Dunn, A. C., Bhatt, M. & Rumyantseva, N. (2007). Inquiry - Oriented Instruction in Science: Who Teaches That Way? *Educational Evaluation and Policy Analysis, 29* (3), 169-199.

Spanhel, D. (2004). Lehrerausbildung für die Haupt- und Realschule. In S. Blömeke, P. Reinhold, G. Tulodziecki & J. Wildt (Hrsg.), *Handbuch Lehrerbildung* (S. 325–334). Bad Heilbrunn/Obb. u.a.: Klinkhardt [u.a.].

Spychiger, M., Oser, F., Hascher, T. & Mahler, F. (1999). Entwicklung einer Fehlerkultur in der Schule. In W. Althof (Hrsg.), *Fehlerwelten. Vom Fehlermachen und Lernen aus Fehlern; Beiträge und Nachträge zu einem interdisziplinären Symposium aus Anlaß des 60. Geburtstags von Fritz Oser* (S. 43–70). Opladen: Leske + Budrich.

Sriraman, B., Kaiser, G. & Blomhøj, M. (2006). A brief survey of the state of mathematical modeling around the world. *ZDM - The International Journal on Mathematics Education, 38* (3), 212-213.

Stark, R. (2002). *Conceptual Change: kognitivistisch oder kontextualistisch?* (Forschungsbericht Nr. 149). : Ludwig-Maximiliams-Universität München, Institut für Pädagogische Psychologie und Empirische Pädagogik.

Staub, F. C. & Stern, E. (2002). The Nature of Teachers' Pedagogical Content Beliefs Matters for Students' Achievement Gains: Quasi - Experimental Evidence From Elementary Mathematics. *Journal of Educational Psychology, 94* (2), 344-355.

Steinke, I. (2007). Gütekriterien qualitativer Forschung. In U. Flick, E. von Kardorff & I. Steinke (Hrsg.), *Qualitative Forschung. Ein Handbuch*. (5. Aufl., Orig.-Ausg.) (S. 319–331). Reinbek bei Hamburg: Rowohlt Taschenbuch Verlag.

Stellfeldt, C. (2006). Sitzverteilungen aus algorithmischer Sicht. *MU Der Mathematikunterricht, 52* (1), 49-59.

Stern, E. (1992). Warum werden Kapitänsaufgaben >>gelöst<<?: Das Verstehen von Textaufgaben aus psychologischer Sicht. *MU Der Mathematikunterricht, 38* (5), 7-29.

Stern, E. (2009). Intelligentes Wissen als der Schlüssel zum Können. In M. Neubrand (Hrsg.), *Beiträge zum Mathematikunterricht 2009. Vorträge auf der 43. Tagung für Didaktik der Mathematik vom 02.3. 2009 bis 06.3. 2009 in Oldenburg* (S. 57–64). Münster: WTM-Verlag.

Stichweh, R. (1992). Professionalisierung, Ausdifferenzierung von Funktionssystemen, Inklusion: Betrachtungen aus systemtheoretischer Sicht. In B. Dewe, W. Ferchhoff & F.-O. Radtke (Hrsg.), *Erziehen als Profession. Zur Logik professionellen Handelns in pädagogischen Feldern* (S. 36–48). Opladen: Leske und Budrich.

Stichweh, R. (1996). Professionen in einer funktional differenzierten Gesellschaft. In A. Combe & W. Helsper (Hrsg.), *Pädagogische Professionalität. Untersuchungen zum Typus pädagogischen Handelns.* (S. 49–69). Frankfurt am Main: Suhrkamp.

Süllwold, F. (1969). Theorie und Methodik der Einstellungsmessung. In C.-F. Graumann (Hrsg.), *Handbuch der Psychologie in 12 Bänden. 7. Band*

Sozialpsychologie, 1. Halbband: Theorien und Methoden (S. 475–514). Göttingen: Verlag für Psychologie, Dr. C. J. Hogrefe.

Tal, T., Krajcik, J. S. & Blumenfeld, P. C. (2006). Urban Schools' Teachers Enacting Project-Based Science. *Journal of Research in Science Teaching, 43* (7), 722-745.

Tenorth, H.-E. (1977). Professionen und Professionalisierung Ein Bezugsrahmen zur historischen Analyse des "Lehrers und seiner Organisationen". In M. Heinemann (Hrsg.), *Der Lehrer und seine Organisation*. (S. 457–475). Stuttgart: Klett.

Tenorth, H.-E. (1999). Der Beitrag der Erziehungswissenschaft zur Professionalisierung pädagogischer Berufe. In H. J. Apel, K.-P. Horn, P. Lundgreen & U. Sandfuchs (Hrsg.), *Professionalisierung pädagogischer Berufe im historischen Prozeß* (S. 429–461). Bad Heilbrunn/Obb.: Klinkhardt.

Tenorth, H.-E. (2003). Definitionen helfen nicht Mut zur Theorie der pädagogischen Technologie! *Erwägen Wissen Ethik, 14* (3), 461-463.

Tenorth, H.-E. (2006). Professionalität im Lehrerberuf: Ratlosigkeit der Theorie, gelingende Praxis. *Zeitschrift für Erziehungswissenschaft, 9* (4), 580-597.

Tenorth, H.-E. & Tippelt, R. (Hrsg.). (2007). *BELTZ Lexikon Pädagogik*. Weinheim, Basel: Beltz Verlag.

Terhart, E. (1996). Berufskultur und professionelles Handeln bei Lehrern. In A. Combe & W. Helsper (Hrsg.), *Pädagogische Professionalität. Untersuchungen zum Typus pädagogischen Handelns*. (S. 448–471). Frankfurt am Main: Suhrkamp.

Terhart, E. (1999). Konstruktivismus und Unterricht: Gibt es einen neuen Ansatz in der Allgemeinen Didaktik? *Zeitschrift für Pädagogik, 45* (5), 629-647.

Terhart, E. (2000). *Perspektiven der Lehrerbildung in Deutschland: Abschlussbericht der von der Kultusministerkonferenz eingesetzten Kommission*. Weinheim, Basel: Beltz Verlag.

Terhart, E. (2001). *Lehrerberuf und Lehrerbildung: Forschungsbefunde, Problemanalysen, Reformkonzepte*. Weinheim: Beltz.

Terhart, E. (2002). *Standards für die Lehrerbildung - Eine Expertise für die Kultusministerkonferenz.* sowi-online-reader: Lehrer(aus)bildung (Beiträge 1: Struktur und Perspektiven der Lehrer(aus)bildung). Verfügbar unter http://www.sowi-online.de/reader/lehrerausbildung/terhart_standards.htm [Letzter Zugriff: 4.5.2011].

Terhart, E. (2004). Struktur und Organisation der Lehrerbildung in Deutschland. In S. Blömeke, P. Reinhold, G. Tulodziecki & J. Wildt (Hrsg.), *Handbuch Lehrerbildung* (S. 37–59). Bad Heilbrunn/Obb. u.a.: Klinkhardt [u.a.].

The Abell Foundation. (2001). *Teacher Certification Reconsidered: Stumbling for Quality*. Verfügbar unter: http://www.abell.org/pubsitems/ed_cert_1101.pdf [Letzter Zugriff: 16.9.2010].

Thompson, A. G. (1992). Teachers' Beliefs and Conceptions: A Synthesis of the Research. In D. A. Grouws (Hrsg.), *Handbook of Research on Mathematics Teaching and Learning. A Project of the National Council of Teachers of Mathematics* (S. 127–146). New York: Macmillan.

Tiedemann, S. (2006). *Lehrerbildung in Hamburg: Professionswissen von zukünftigen Mathematiklehrerinnen und -lehrern am Beispiel des Themenbereichs Realitätsbezüge im Mathematikunterricht*. Unveröffentlichte Staatsexamenshausarbeit, Universität Hamburg.

Tietze, U.-P., Klika, M. & Wolpers, H. (1997). *Mathematikunterricht in der Sekundarstufe II: Band 1: Fachdidaktische Grundfragen - Didaktik der Analysis*. Braunschweig, Wiesbaden: Vieweg.

Tietze, U.-P., Klika, M. & Wolpers, H. (Hrsg.). (2000). *Mathematikunterricht in der Sekundarstufe II: Band 2: Didaktik der Analytischen Geometrie und Linearen Algebra*. Braunschweig, Wiesbaden: Vieweg.

Tietze, U.-P., Klika, M. & Wolpers, H. (2002). *Mathematikunterricht in der Sekundarstufe II: Band 3: Didaktik der Stochastik*. Braunschweig, Wiesbaden: Vieweg.

Tillert, B. (2006). *Professionswissen von Lehramtsstudierenden des Fachs Mathematik: Eine empirische Untersuchung unter besonderer Berücksichtigung von Modellierungskompetenzen*. Unveröffentlichte Staatsexamenshausarbeit, Universität Hamburg.

Törner, G. (2000). Kategorisierungen von Beliefs - einige theoretische Überlegungen und phänomenologische Beobachtungen. In M. Neubrand (Hrsg.), *Beiträge zum Mathematikunterricht 2000. Vorträge auf der 34. Tagung für Didaktik der Mathematik vom 28. Februar bis 3. März 2000 in Potsdam* (S. 682–685). Hildesheim, Berlin: Franzbecker.

Törner, G. (2002). Epistemologische Grundüberzeugungen - verborgene Variablen beim Lehren und Lernen von Mathematik. *MU Der Mathematikunterricht, 48* (4/5), 103-128.

Törner, G. (2005). Epistemologische Beliefs - State-of-Art-Bemerkungen zu einem aktuellen mathematikdidaktischen Forschungsthema vor dem Hintergrund der Schraw-Olafson-Debatte. In H.-W. Henn & G. Kaiser (Hrsg.), *Mathematikunterricht im Spannungsfeld von Evolution und Evaluation. Festschrift für Werner Blum* (S. 308–323). Hildesheim, Berlin: Franzbecker.

Törner, G. & Grigutsch, S. (1994). "Mathematische Weltbilder" bei Studienanfängern - eine Erhebung. *Journal für Mathematik-Didaktik, 15* (3/4), 211-251.

Törner, G. & Pehkonen, E. (1996). On the structure of mathematical belief systems. *Zentralblatt für Didaktik der Mathematik (ZDM), 28* (4), 109-112.

Triandis, H. C. (1975). *Einstellungen und Einstellungsänderungen*. Weinheim, Basel: Beltz.

Tschannen-Moran, M. & Woolfolk Hoy, A. (2001). Teacher efficacy: capturing an elusive construct. *Teaching and Teacher Education, 17* (7), 783-805.

Tschannen-Moran, M., Woolfolk Hoy, A. & Hoy, W. K. (1998). Teacher Efficacy: Its Meaning and Measure. *Review of Educational Research, 68* (2), 202-248.

Tulodziecki, G. (2003). Das Paderborner Lehrerausbildungszentrum (PLAZ) als Entwicklungsagentur. In K. Klemm, T. Weth & G. Tulodziecki (Hrsg.), *Lehrerbildung im 21. Jahrhundert aus der Perspektive von Bildungsforschung und Mathematikdidaktik* (Paderborner Universitätsreden, Heft 87, S. 53–62). Universität Paderborn: Paderborn.

Tulodziecki, G. (2006). Funktionen von Medien im Unterricht. In K.-H. Arnold, U. Sandfuchs & J. Wiechmann (Hrsg.), *Handbuch Unterricht* (S. 387–395). Bad Heilbrunn: Klinkhardt.

Vollrath, H.-J. (2001). *Grundlagen des Mathematikunterrichts in der Sekundarstufe*. Heidelberg, Berlin: Spektrum Akad. Verl.

von Prondczynsky, A. (2001). Evaluation der Lehrerausbildung in den USA: Geschichte, Methoden, Befunde. In E. Keiner (Hrsg.), *Evaluation (in) der Erziehungswissenschaft* (S. 91–140). Weinheim, Basel: Beltz Verlag.

Vosniadou, S. (1994). From Cognitive Theory to Educational Technology. In S. Vosniadou, E. De Corte & H. Mandl (Hrsg.), *Technology-Based Learning Environments. Psychological and Educational Foundations [Proceedings of the NATO Advanced Study Institute on Psychological and Educational Foundations of Technology-Based Learning Environments, held in the Orthodox Academy, Kolymbari, Crete, Greece, July 26 - August 3, 1992]* (S. 11–18). Berlin, Heidelberg: Springer.

Vosniadou, S. (2002). On the Nature of Naive Physics. In M. Limón & L. Mason (Hrsg.), *Reconsidering Conceptual Change. Issues in Theory and Practice* (S. 61–76). Dordrecht, Boston, London: Kluwer Acad. Publ.

Walsch, W. (1992). Beweisen im Mathematikunterricht - logische, psychologische und didaktische Aspekte. *MU Der Mathematikunterricht, 38* (6), 23-32.

Walther, G., van den Heuvel-Panhuizen, M., Granzer, D. & Köller, O. (Hrsg.). (2008). *Bildungsstandards für die Grundschule: Mathematik konkret*. Berlin Cornelsen Scriptor.

Wayne, A. J. & Youngs, P. (2003). Teacher Characteristics and Student Achievement Gains: A Review. *Review of Educational Research, 73* (1), 89-122.

Weigand, H.-G. (2006). Der Einsatz eines Taschencomputers in der 10 Jahrgangsstufe - Evaluation eines einjährigen Schulversuchs. *Journal fü Mathematik-Didaktik, 27* (2), 89-112.

Weigand, H.-G. & Vom Hofe, R. (2006). Mit Tabellen kalkulieren: Wie können Programme mit Tabellenkalkulation das Lernen unterstützen? *mathematik lehren* (137), 4-9.

Weinert, F. E. (1999). Aus Fehlern lernen und Fehler vermeiden lernen. In W. Althof (Hrsg.), *Fehlerwelten. Vom Fehlermachen und Lernen aus Fehlern; Beiträge und Nachträge zu einem interdisziplinären Symposium aus Anlaß des 60. Geburtstags von Fritz Oser* (S. 101–109). Opladen: Leske + Budrich.

Weinert, F. E. (2001a). Concept of Competence: A Conceptual Clarification. In D. S. Rychen & L. H. Salganik (Hrsg.), *Defining and selecting key competencies* (S. 45–65). Seattle u.a.: Hogrefe & Huber.

Weinert, F. E. (2001b). Vergleichende Leistungsmessung in Schulen - eine umstrittene Selbstverständlichkeit. In F. E. Weinert (Hrsg.), *Leistungsmessungen in Schulen*. (Dr. nach Typoskript.) (S. 17–31). Weinheim, Basel: Beltz.

Wellenreuther, M. (2000). *Quantitative Forschungsmethoden in der Erziehungswissenschaft: Eine Einführung*. Weinheim, München: Juventa Verlag.

Wiechmann, J. (2006a). Direkte Instruktion, Frontalunterricht, Klassenunterricht. In K.-H. Arnold, U. Sandfuchs & J. Wiechmann (Hrsg.), *Handbuch Unterricht* (S. 265–270). Bad Heilbrunn: Klinkhardt.

Wiechmann, J. (2006b). Grundlagen der Unterrichtsmethodik. In K.-H. Arnold, U. Sandfuchs & J. Wiechmann (Hrsg.), *Handbuch Unterricht* (S. 215–220). Bad Heilbrunn: Klinkhardt.

Wilbers, K. (2006). *Standards für die Bildung von Lehrkräften: Arbeitsbericht.* sowi-online-reader: Lehrer(aus)bildung (Beiträge 1: Struktur und Perspektiven der Lehrer(aus)bildung). Verfügbar unter: http://www.sowi-online.de/reader /lehrerausbildung/wilbers_standards.htm [Letzter Zugriff: 4.5.2011].

Wilson, M. & Cooney, T. (2002). Mathematics Teacher Change and Development: The Role of Beliefs. In G. C. Leder, E. Pehkonen & G. Törner (Hrsg.), *Beliefs: A Hidden Variable in Mathematics Education?* (S. 127–147). Dordrecht: Kluwer Academic Publishers.

Wimmer, M. (1996). Zerfall des Allgemeinen - Wiederkehr des Singulären: Pädagogische Professionalität und der Wert des Wissens. In A. Combe & W. Helsper (Hrsg.), *Pädagogische Professionalität. Untersuchungen zum Typus pädagogischen Handelns*. (S. 404–447). Frankfurt am Main: Suhrkamp.

Winter, H. (1995). Mathematikunterricht und Allgemeinbildung. In M. Neubrand (Hrsg.), *Mitteilungen der Gesellschaft für Didaktik der Mathematik - Nr. 61* (S. 37–46)

Wright, S. P., Horn, S. P. & Sanders, W. L. (1997). Teacher and Classroom Context Effects on Student Achievement: Implications for Teacher Evaluation. *Journal of Personnel Evaluation in Education, 11* (1), 57-67.

Zech, F. (2002). *Grundkurs Mathematikdidaktik: Theoretische und praktische Anleitungen für das Lehren und Lernen von Mathematik* (10., unveränd. Aufl. der 8. völlig neubearb. Aufl.). Weinheim, Basel: Beltz.

Zeichner, K. (2006). Konzepte von Lehrerexpertise und Lehrerausbildung in den Vereinigten Staaten. In C. Allemann-Ghionda & E. Terhart (Hrsg.) Kompetenzen und Kompetenzentwicklung von Lehrerinnen und Lehrern: Ausbildung und Beruf. *Zeitschrift für Pädagogik.* (51. Beiheft), 97-113. Weinheim, Basel: Beltz Verlag.

Ziegenbalg, J. (2006). Zur Einführung. *MU Der Mathematikunterricht, 52* (1), 2-7.

Zimmermann, B. (Hrsg.). (1991). *Problemorientierter Mathematikunterricht*. Bad Salzdetfurth: Franzbecker.

Zimmermann, B. (2003). Mathematisches Problemlösen und Heuristik in einem Schulbuch. *MU Der Mathematikunterricht, 49* (1), 42-57.

Zlatkin-Troitschanskaia, O., Beck, K., Sembill, D., Nickolaus, R. & Mulder, R. (Hrsg.). (2009). *Lehrprofessionalität: Bedingungen, Genese, Wirkungen und ihre Messung*. Weinheim, Basel: Beltz.

VII. Anhang

1 Darstellung aller verwendeten Aufgaben sowie deren Klassifikationen

1.1 Grundlage der nachfolgenden Klassifikationen

im Hinblick auf die Auswertung:

- **Kompetenzkomponente:** Diese Klassifikation basiert auf der primären Unterscheidung derjenigen Kompetenzkomponenten, die der vorliegenden Studie gemäß ihrem theoretischen Ansatz zugrunde liegen. Unterschieden werden fachmathematisches Wissen, mathematikdidaktisches Wissen (hierbei genauer lehrbezogene Anforderungen und lernprozessbezogene Anforderungen) (siehe Abschnitt II.3.3) und beliefs (hier genauer epistemologische beliefs und lehrbezogene beliefs) (siehe Abschnitt II.4.7).
- **mathematikbezogene Aktivität:** Diese Klassifikation basiert auf der Unterscheidung zwischen denjenigen mathematikbezogenen Aktivitäten, auf die die vorliegende Studie bezogen ist, das heißt auf Modellierung und Realitätsbezüge einerseits und Argumentieren und Beweisen andererseits (siehe Abschnitt II.8).

gemäß MT21:

- Diese Klassifikation basiert auf den unterschiedlichen Bereichen professioneller Kompetenz, die im theoretischen Ansatz von MT21 berücksichtigt werden; vgl. Blömeke et al, 2008b, Seite 51

gemäß der fachbezogenen Kompetenzen in den KMK-Standards für die Lehrerbildung:

- Diese Klassifikation basiert auf dem "fachspezifischen Kompetenzprofil" im Bereich Mathematik der "Ländergemeinsamen inhaltlichen Anforderungen für die Fachwissenschaften und Fachdidaktiken in der Lehrerbildung" (KMK, 2008a, S. 22). [Die einzelnen Teilbereiche des Kompetenzprofils wurden dabei von oben nach unten durchnummeriert und mit der Abkürzung FK-X versehen, X bezeichnet den Teilbereich des Kompetenzprofils.]

gemäß der allgemeinen bildungswissenschaftlichen Kompetenzen in den KMK-Standards für die Lehrerbildung:

- Diese Klassifikation basiert auf den Kompetenzbereichen der bildungswissenschaftlichen Standards für die Lehrerbildung (KMK, 2004d, S. 7 – 13). Im Einklang mit dem ausschließlichen Fokus der Studie ausschließlich auf Lehramtsstudierende wurden jeweils nur die auf die theoretischen Bildungsabschnitte bezogenen Anteile berücksichtigt. [Die einzelnen Teilbereiche des jeweiligen Kompetenzbereichs wurden von oben nach unten durchnummeriert, vorangestellt ist jeweils die Nummer des Kompetenzbereichs als Abkürzung KX-Y, X entspricht der Nummer des Kompetenzbereichs, Y dem Teilbereich des Kompetenzbereichs.]

1.2 Darstellung aller im Rahmen der vorliegenden Studie verwendeten Aufgaben

Fragebogen zum Modellieren und Argumentieren/Beweisen im Mathematikunterricht der Sekundarstufe I

1) Modellierung am Beispiel einer Eisdiele

Schülerinnen und Schüler einer achten Klasse eines Gymnasiums wurde folgende Aufgabe zum Thema „Mathematische Modellierung" vorgelegt.

1. *Eisdielenaufgabe*

In Leos Wohnort Grübelfingen gibt es vier Eisdielen. Leo steht, wie so oft in diesem Sommer, mal wieder vor seiner Lieblingseisdiele, dem Eiscafé Sorrento. Eine Kugel kostet 0,60 €. Er fragt sich, für wie viel Geld der Besitzer wohl an einem heißen Sommersonntag Eis verkauft.
Leo geht zur Lösung des Problems wie folgt vor: Er fragt am nächsten Tag seine drei besten Freunde, wie viel Kugeln Eis sie am Sonntag gekauft haben und erhält folgende Antworten:
Markus: 3 Kugeln
Peter: 5 Kugeln
Uli: 4 Kugeln
Als Durchschnitt errechnet Leo (3+4+5):3 = 4 Kugeln pro Tag. Er multipliziert das Ergebnis mit der Anzahl der Einwohner von Grübelfingen (30.000) und teilt, da es vier Eisdielen gibt, das Ergebnis durch 4.
Pro Tag werden in der Eisdiele Sorrento also 30.000 Kugeln verkauft.
*Einnahmen: 30.000*0,60 € = 18.000 €*

Was meinst du dazu?

a) Wie würden Sie selbst die Frage „Für wie viel Geld verkauft der Besitzer der Eisdiele an einem heißen Sommersonntag Eis" bearbeiten? Skizzieren Sie bitte die einzelnen Schritte Ihres Vorgehens!

Klassifizierung der Teilaufgabe

im Hinblick auf die Auswertung:

- **Kompetenzkomponente**: Fachmathematisches Wissen
- **mathematikbezogene Aktivität:** Modellierung und Realitätsbezüge

gemäß MT21:

- disziplinär – systematisches Wissen, das bei der Bewältigung beruflicher Anforderungen zum Tragen kommt (mathematisches Wissen, subject-matter knowledge)

gemäß der fachbezogenen Kompetenzen in den KMK-Standards für die Lehrerbildung:

- FK-1: können mathematische Sachverhalte in adäquater mündlicher und schriftlicher Ausdrucksfähigkeit darstellen, mathematische Gebiete durch Angabe treibender Fragestellungen strukturieren, durch Querverbindungen vernetzen und Bezüge zur Schulmathematik und ihrer Entwicklung herstellen.
- FK-2: können beim Vermuten und Beweisen mathematischer Aussagen fremde Argumente überprüfen und eigene Argumentationsketten aufbauen sowie mathematische Denkmuster auf praktische Probleme anwenden (mathematisieren) und Problemlösungen unter Verwendung geeigneter Medien erzeugen, reflektieren und kommunizieren.

gemäß der allgemeinen bildungswissenschaftlichen Kompetenzen in den KMK-Standards für die Lehrerbildung:

- keine Zuordnung

Anschließend wurden die Schülerinnen und Schüler in einem Interview dazu befragt, wie sie die Aufgabe gelöst hätten. Im Folgenden sind einige Schüleräußerungen wiedergegeben.

Interview 1:

I: *Du siehst hier eine Lösung für eine Aufgabe. Würdest du die auch so lösen? Lies sie dir erstmal durch und dann.*

S: *(35 s) Ich würd das so ähnlich machen. Ich würd hier das, die Einwohner von Grübelfingen würd ich noch durch zwei teilen, weil wahrscheinlich nicht alle an dem Sonntag Eis gekauft haben, sondern nur ungefähr die Hälfte.*

I: *Hhm.*

S: *Wegen den Neugeborenen und alten Opas und so was.*

I: *Genau. Die muss man abziehen. Und sonst? Hast du noch Anmerkungen?*

S: *Sonst hätte ich das wahrscheinlich genauso gemacht. Man kann sich auch noch so vor die Eisdiele stellen und die Leute da zählen, die so reinkommen. Aber wenn ich das jetzt wirklich rechnen würde, dann hätte ich das so gemacht.*

Interview 2:

I: *Würdest du bei der Aufgabe jetzt genau so durch, äh, vorgehen wie der Junge in dem Beispiel? Oder hättest du jetzt nen alternativenVorschlag?*

S: *Ich hätte nen alternativen Vorschlag, da das ja etwas ungenau ist, z.B. ne Alte Dame kauft ja nicht fünf Kugeln Eis.*

I: *Genau.*

S: *Und dann würde ich mich ähm, irgendwo hinstellen, morgens zum Beispiel, zählen, ähm, wenn die rauskommen, mit wie viel Kugeln Eis, das kann ja etwa sehen.*

I: *Mhm.*

S: *Dann würde ich es morgens um neun vielleicht machen und dann einmal so Mittagszeit rum, nach dem Essen und dann noch so vier, fünfe rum. Und das würde ich dann addieren.*

I: *Mhm.*

S: *Und dann, je nach dem, wie viel Leute das halt waren, geteilt durch, und dann das Ergebnis.*

Interview 3:

I: *Würdest du jetzt genau so vorgehen bei der Aufgabe wie im Beispiel oder würdest du anders handeln?*

S: *also, ich würde halt, ja okay; das mit den Kugeln find ich irgendwie ganz gut. Aber das mit den Eisdielen, das man die da durch drei teilt, da würde ich gucken, wo stehen die Eisdielen und so was? Und wie gut sind die besucht und das Eis und so? Und vielleicht ist es woanders billiger, dass da mehr Leute hingehen. Und es gehen ja auch nicht jeden Tag alle 30.000 zur Eisdiele, oder?*

I: *[lacht] Genau! Hättest du vielleicht Vorschläge, wie man das vielleicht besser lösen könnte?*

S: *Ich würde halt irgendwie so die Leute fragen: Wo geht ihr hin? Oder ich würde gucken, wo liegt die Eisdiele, also liegt die mitten in der Stadt oder so. Und das man dann sagt, bei unserer Befragung ist jetzt raus*

	gekommen das 50 % gehen dahin, 25 % gehen dahin oder irgendwie halt so. Und wenn man das dann in Verhältnissen aufrechnet, so. Und bei den Kugeln würde ich auch mal den Besitzer fragen, so.
I:	*Mhm.*
S:	*Wie viel nehmen die denn durchschnittlich so ungefähr?*

Interview 4:

I:	*Würdest du jetzt genau so vorgehen, wie der Junge im Beispiel?*
S:	*Ähm, eigentlich nicht weil, von drei Stück ist zu wenig.*
I:	*Hhm.*
S:	*Man braucht da schon mehr, würde ich sagen.*
I:	*Wie würdest du jetzt vorgehen?*
S:	*Also ich würde halt mehrere Personen befragen, also, die da gekauft haben, zum Beispiel.*
I:	*Mhm.*
S:	*So 100 oder so. Und dann halt genauso wie der da.*

b) Analysieren Sie die Äußerungen daraufhin, inwieweit die vorgeschlagenen Modellierungen angemessen sind! Nehmen Sie dabei Bezug auf Textstellen aus den Interviews.

Klassifizierung der Teilaufgabe

im Hinblick auf die Auswertung:

- **Kompetenzkomponente**: Mathematikdidaktisches Wissen (lernprozessbezogene Anforderungen)
- **mathematikbezogene Aktivität**: Modellierung und Realitätsbezüge

gemäß MT21:

- Wissen, zu den beruflichen Anforderungen, denen sich Lehrpersonen zu stellen haben (mathematik-didaktisches Wissen, pedagogical content knowledge)
- Lernprozessbezogene Anforderungen
 (Einordnung von Antworten bezüglich kognitiver Niveaus

Einordnung von Antworten bezüglich der Komplexität der Struktur
Einordnung von Antworten bezüglich eventueller Fehler oder Fehlermuster)

gemäß der fachbezogenen Kompetenzen in den KMK-Standards für die Lehrerbildung:

- FK-2: können beim Vermuten und Beweisen mathematischer Aussagen fremde Argumente überprüfen und eigene Argumentationsketten aufbauen sowie mathematische Denkmuster auf praktische Probleme anwenden (mathematisieren) und Problemlösungen unter Verwendung geeigneter Medien erzeugen, reflektieren und kommunizieren.
- FK-4: können fachdidaktische Konzepte und empirische Befunde mathematikbezogener Lehr-Lern-Forschung nutzen, um Denkwege und Vorstellungen von Schülerinnen und Schülern zu analysieren, Schülerinnen und Schüler für das Lernen von Mathematik zu motivieren sowie individuelle Lernfortschritte zu fördern und zu bewerten.

gemäß der allgemeinen bildungswissenschaftlichen Kompetenzen in den KMK-Standards für die Lehrerbildung:

- keine Zuordnung

c) Wie gehen Sie mit den Antworten der Schülerinnen und Schüler jeweils um? Welche Rückmeldung würden Sie den Schülerinnen und Schülern jeweils geben?

Klassifizierung der Teilaufgabe:

im Hinblick auf die Auswertung:

- **Kompetenzkomponente:** Mathematikdidaktisches Wissen (lernprozessbezogene Anforderungen)
- **mathematikbezogene Aktivität**: Modellierung und Realitätsbezüge

gemäß MT21:

- Wissen, zu den beruflichen Anforderungen, denen sich Lehrpersonen zu stellen haben (mathematik-didaktisches Wissen, pedagogical content knowledge)
- Lernprozessbezogene Anforderungen
  Angemessene Rückmeldung zu einer Antwort geben)

gemäß der fachbezogenen Kompetenzen in den KMK-Standards für die Lehrerbildung:

- FK-4: können fachdidaktische Konzepte und empirische Befunde mathematikbezogener Lehr-Lern-Forschung nutzen, um Denkwege und Vorstellungen von Schülerinnen und Schülern zu analysieren, Schülerinnen und Schüler fü das Lernen von Mathematik zu motivieren sowie individuelle Lernfortschritte zu fördern und zu bewerten.

gemäß der allgemeinen bildungswissenschaftlichen Kompetenzen in den KMK-Standards für die Lehrerbildung:

- K8-3: kennen Prinzipien der Rückmeldung von Leistungsbeurteilung.
- K7-3: kennen die Grundlagen der Lernprozessdiagnostik.

d) Gehört eine solche Aufgabe in den Mathematikunterricht der Sekundarstufe I? Wenn ja, warum? Wenn nein, warum nicht?

Klassifizierung der Teilaufgabe

im Hinblick auf die Auswertung:

- Kompetenzkomponente: Mathematikdidaktisches Wissen (lehrbezogene Anforderungen)
- mathematikbezogene Aktivität: Modellierung und Realitätsbezüge

gemäß MT21:

- Wissen, zu den beruflichen Anforderungen, denen sich Lehrpersonen zu stellen haben (mathematik-didaktisches Wissen, pedagogical content knowledge)
- Lehrbezogene Anforderungen

  (Auswahl fachlicher Inhalte

  Begründung fachlicher Inhalte)

gemäß der fachbezogenen Kompetenzen in den KMK-Standards für die Lehrerbildung:

- FK-3: können den allgemein bildenden Gehalt mathematischer Inhalte und Methoden und die gesellschaftliche Bedeutung der Mathematik begründen und in den Zusammenhang mit Zielen und Inhalten des Mathematikunterrichts stellen.

gemäß der allgemeinen bildungswissenschaftlichen Kompetenzen in den KMK-Standards für die Lehrerbildung:

- K1-1: kennen die einschlägigen Bildungstheorien, verstehen bildungs- und erziehungstheoretische Ziele sowie die daraus abzuleitenden Standards und reflektieren diese kritisch.

- K1-2: kennen allgemeine und fachbezogene Didaktiken und wissen, was bei der Planung von Unterrichtseinheiten beachtet werden muss.

e) Würden Sie persönlich eine solche Aufgabe in Ihrem Mathematikunterricht in der Sekundarstufe I einsetzen? Bitte begründen Sie Ihre Position und geben Sie an, wovon Sie Ihre Entscheidung abhängig machen!

Klassifizierung der Teilaufgabe

im Hinblick auf die Auswertung:

- **Kompetenzkomponente:** Belief (lehrbezogene beliefs)
- **mathematikbezogene Aktivität:** Modellierung und Realitätsbezüge

gemäß MT21:

- Belief-Item

bezogen auf den kognitiven Anteil von beliefs:

Kompetenzkomponente: Mathematikdidaktisches Wissen (lehrbezogene Anforderungen)

gemäß MT21:

- Wissen, zu den beruflichen Anforderungen, denen sich Lehrpersonen zu stellen haben

(mathematik-didaktisches Wissen, pedagogical content knowledge)

- Lehrbezogene Anforderungen

(Auswahl fachlicher Inhalte

Begründung fachlicher Inhalte)

gemäß der fachbezogenen Kompetenzen in den KMK-Standards für die Lehrerbildung:

- FK-3: können den allgemein bildenden Gehalt mathematischer Inhalte und Methoden und die gesellschaftliche Bedeutung der Mathematik begründen und in den Zusammenhang mit Zielen und Inhalten des Mathematikunterrichts stellen.

gemäß der allgemeinen bildungswissenschaftlichen Kompetenzen in den KMK-Standards für die Lehrerbildung:

- K1-1: kennen die einschlägigen Bildungstheorien, verstehen bildungs- und erziehungstheoretische Ziele sowie die daraus abzuleitenden Standards und reflektieren diese kritisch.
- K1-3: kennen unterschiedliche Unterrichtsmethoden und Aufgabenformen und wissen, wie man sie anforderungs- und situationsgerecht einsetzt.
- K1-2: kennen allgemeine und fachbezogene Didaktiken und wissen, was bei der Planung von Unterrichtseinheiten beachtet werden muss.
- K2-3: kennen Theorien der Lern- und Leistungsmotivation und Möglichkeiten, wie sie im Unterricht angewendet werden.

f) Stellen Sie sich vor, Sie wollen eine solche Aufgabe in einer 8. Klasse im Rahmen Ihres Mathematikunterrichts behandeln. Welches didaktische Vorgehen (zum Beispiel Arbeitsformen) würden Sie wählen? Bitte begründen Sie Ihre Position!

Klassifizierung der Teilaufgabe

im Hinblick auf die Auswertung:

- **Kompetenzkomponente:** Mathematikdidaktisches Wissen (lehrbezogene Anforderungen)
- **mathematikbezogene Aktivität:** Modellierung und Realitätsbezüge

gemäß MT21:

- Wissen, zu den beruflichen Anforderungen, denen sich Lehrpersonen zu stellen haben (mathematik-didaktisches Wissen, pedagogical content knowledge)
- Lehrbezogene Anforderungen

(nicht direkt in MT21 enthalten: Wahl eines angemessenen methodischen Vorgehens)

gemäß der fachbezogenen Kompetenzen in den KMK-Standards für die Lehrerbildung:

- FK-5: können Mathematikunterricht auch mit heterogenen Lerngruppen auf der Basis fachdidaktischer Konzepte analysieren und planen und auf der Basis erster reflektierter Erfahrungen exemplarisch durchführen.

gemäß der allgemeinen bildungswissenschaftlichen Kompetenzen in den KMK-Standards für die Lehrerbildung:

- K1-3: kennen unterschiedliche Unterrichtsmethoden und Aufgabenformen und wissen, wie man sie anforderungs- und situationsgerecht einsetzt.
- K2-1: kennen Lerntheorien und Formen des Lernens.
- K2-2: wissen, wie man Lernende aktiv in den Unterricht einbezieht und Verstehen und Transfer unterstützt.
- K3-2: kennen Methoden der Förderung selbstbestimmten, eigenverantwortlichen und kooperativen Lernens und Arbeitens.
- K1-2: kennen allgemeine und fachbezogene Didaktiken und wissen, was bei der Planung von Unterrichtseinheiten beachtet werden muss.

g) Gehören Modellierungsaufgaben (wie zum Beispiel die Kalkulation einer Eisdiele) zur Mathematik, da sie die experimentelle, angewandte Seite der Mathematik repräsentieren oder ist Mathematik eher als eine deduktive, abstrakte Wissenschaft anzusehen? Bitte begründen Sie Ihre Position!

Klassifizierung der Teilaufgabe

im Hinblick auf die Auswertung:

- **Kompetenzkomponente**: Beliefs (epistemologische beliefs)
- **mathematikbezogene Aktivität:** Modellierung und Realitätsbezüge

gemäß MT21:

- Belief-Item

<u>bezogen auf den kognitiven Anteil von beliefs:</u>

- **Kompetenzkomponente:** Fachmathematisches Wissen

gemäß MT21:

- disziplinär – systematisches Wissen, das bei der Bewältigung beruflicher Anforderungen zum Tragen kommt (mathematisches Wissen, subject-matter knowledge)

gemäß der fachbezogenen Kompetenzen in den KMK-Standards für die Lehrerbildung:

- FK-3: können den allgemein bildenden Gehalt mathematischer Inhalte und Methoden und die gesellschaftliche Bedeutung der Mathematik begründen und in den Zusammenhang mit Zielen und Inhalten des Mathematikunterrichts stellen.

gemäß der allgemeinen bildungswissenschaftlichen Kompetenzen in den KMK-Standards für die Lehrerbildung:

- K1-2: kennen allgemeine und fachbezogene Didaktiken und wissen, was bei der Planung von Unterrichtseinheiten beachtet werden muss.

2) Eine Textaufgabe

Im Rahmen einer Untersuchung wurde Schülerinnen und Schülern der 8. Klasse die folgende Aufgabe gestellt.

Verena sammelt am Strand verschiedene Muscheln und legt zu Hause drei davon auf die Waage. Sie wiegen zusammen 27 g. Danach legt Sie noch zwei weitere dazu. Welches Gesamtgewicht zeigt die Waage nun an? Begründe Deine Antwort!

a) Wie würden Sie diese Aufgabe beantworten?

Klassifizierung der Teilaufgabe

Im Hinblick auf die Auswertung:

- **Kompetenzkomponente:** Fachmathematisches Wissen
- **mathematikbezogene Aktivität:** Modellierung und Realitätsbezüge

gemäß MT21:

- disziplinär – systematisches Wissen, das bei der Bewältigung beruflicher Anforderungen zum Tragen kommt (mathematisches Wissen, subject-matter knowledge)

gemäß der fachbezogenen Kompetenzen in den KMK-Standards für die Lehrerbildung:

- FK-2: können beim Vermuten und Beweisen mathematischer Aussagen fremde Argumente überprüfen und eigene Argumentationsketten aufbauen sowie mathematische Denkmuster auf praktische Probleme anwenden (mathematisieren) und Problemlösungen unter Verwendung geeigneter Medien erzeugen, reflektieren und kommunizieren.

gemäß der allgemeinen bildungswissenschaftlichen Kompetenzen in den KMK-Standards für die Lehrerbildung:

- keine Zuordnung

b) Einige Schülerinnen und Schüler haben folgende Antworten gegeben:

- Beeke:

:3 [3 Muscheln = 27g] :3
•5 [1 Muschel = 9g] •5
5 Muscheln = 45g

- Silke:

Man kann nicht wissen, was die Waage anzeigen wird, da in der Aufgabe erwähnt wird das es unterschiedliche Muscheln sind. D.h. die Muscheln sind wahrscheinlich nicht gleich groß und daher auch nicht gleich schwer.

- *Sebastian:*

Es sind verschiedene Muscheln eine kann also 1g, die nächste 3g und die andere 12g wiegen. Aber ansonsten:
27g/3 = 9 Jede Muschel = 9g
27g + 2 Muscheln à 9g = 27g + 18g = 45g
Die Waage zeigt nun 45g an

Was würden Sie als Lehrerin oder Lehrer den drei Schülerinnen und Schülern jeweils sagen? Bitte begründen Sie Ihre Entscheidung!

Klassifizierung der Teilaufgabe

im Hinblick auf die Auswertung:

- **Kompetenzkomponente:** Mathematikdidaktisches Wissen (lernprozessbezogene Anforderungen)
- **mathematikbezogene Aktivität:** Modellierung und Realitätsbezüge

gemäß MT21:

- Wissen, zu den beruflichen Anforderungen, denen sich Lehrpersonen zu stellen haben (mathematik-didaktisches Wissen, pedagogical content knowledge)
- Lernprozessbezogene Anforderungen

  (Angemessene Rückmeldung zu einer Antwort geben

  dafür zudem nötig:

  Einordnung von Antworten bezüglich kognitiver Niveaus

  Einordnung von Antworten bezüglich der Komplexität der Struktur

  Einordnung von Antworten bezüglich eventueller Fehler oder Fehlermuster)

gemäß der fachbezogenen Kompetenzen in den KMK-Standards für die Lehrerbildung:

- FK-4: können fachdidaktische Konzepte und empirische Befunde mathematikbezogener Lehr-Lern-Forschung nutzen, um Denkwege und Vorstellungen von Schülerinnen und Schülern zu analysieren, Schülerinnen und Schüler für das Lernen von Mathematik zu motivieren sowie individuelle Lernfortschritte zu fördern und zu bewerten.

gemäß der allgemeinen bildungswissenschaftlichen Kompetenzen in den KMK-Standards für die Lehrerbildung:

- K8-3: kennen Prinzipien der Rückmeldung von Leistungsbeurteilung.

c) Würden Sie Aufgaben dieser Art in Ihrem eigenen Mathematikunterricht verwenden? Bitte begründen Sie Ihre Position!

Klassifizierung der Teilaufgabe

im Hinblick auf die Auswertung:

- **Kompetenzkomponente:** Beliefs (lehrbezogene beliefs)
- **mathematikbezogene Aktivität:** Modellierung und Realitätsbezüge

gemäß MT21:

- Belief-Item

bezogen auf den kognitiven Anteil von beliefs:

Kompetenzkomponente: Mathematikdidaktisches Wissen (lehrbezogene Anforderungen)

gemäß MT21:

- Wissen, zu den beruflichen Anforderungen, denen sich Lehrpersonen zu stellen haben (mathematik-didaktisches Wissen, pedagogical content knowledge)
- Lehrbezogene Anforderungen

  (Auswahl fachlicher Inhalte

  Begründung fachlicher Inhalte)

gemäß der fachbezogenen Kompetenzen in den KMK-Standards für die Lehrerbildung:

- FK-3: können den allgemein bildenden Gehalt mathematischer Inhalte und Methoden und die gesellschaftliche Bedeutung der Mathematik begründen und in den Zusammenhang mit Zielen und Inhalten des Mathematikunterrichts stellen.

gemäß der allgemeinen bildungswissenschaftlichen Kompetenzen in den KMK-Standards für die Lehrerbildung:

- K1-1: kennen die einschlägigen Bildungstheorien, verstehen bildungs- und erziehungstheoretische Ziele sowie die daraus abzuleitenden Standards und reflektieren diese kritisch.
- K1-3: kennen unterschiedliche Unterrichtsmethoden und Aufgabenformen und wissen, wie man sie anforderungs- und situationsgerecht einsetzt.
- K1-2: kennen allgemeine und fachbezogene Didaktiken und wissen, was bei der Planung von Unterrichtseinheiten beachtet werden muss.

3) Beweisen im Mathematikunterricht

Im Rahmen einer Studie (Kuntze, 2005) zum Thema „Beweisen im Unterricht" in einer 8. Jahrgangsstufe haben Schülerinnen und Schüler folgende Aussagen formuliert:

1)Matthias:	*In der Mathematik werden mathematische Fragestellungen analysiert, beschrieben und durch Axiome und bestehende Gesetze bewiesen und anderen damit überzeugend mitgeteilt, damit sie als Beweis anerkannt werden. Die Gemeinsamkeiten von Beweisen in der Mathematik und Beweisen außerhalb der Mathematik besteht darin, dass Behauptungen immer begründet und bewiesen werden müssen, um sie glaubhaft anderen verkaufen zu können.*
2) Andrea:	*Eigentlich müsste man doch, wenn jemand sagt, beweisen Sie, dass das der Beweis ist, es beweisen, aber wie? Jetzt kommt noch einer und sagt beweisen sie, das der Beweis des Beweises ein Beweis ist. So könnte man doch ewig weitermachen, oder? Man könnte nie jemandem sagen, dass der Beweis ein Beweis ist. Also könnte man doch bis man tot ist einem zu versuchen zu beweisen, dass der Beweis ein Beweis ist usw.*
3) Daniela:	*Kommen wir aber nun zurück zur Mathematik. In diesem Fachgebiet ist das Beweisen hauptsächlich dazu da, etwas zu verstehen und nachvollziehen zu können.*
4) Philipp:	*Beweise sind dazu dass Mathematiker Gewissheit haben dass irgendwelche Behauptungen richtig sind und ob diese Behauptungen auch auf andere Figuren aus der Geometrie zutreffen.*

a) Benennen Sie jeweils stichwortartig, welche unterschiedlichen Funktionen von Beweisen in den Aussagen deutlich werden!

Klassifizierung der Teilaufgabe

im Hinblick auf die Auswertung:

- Item wurde nicht ausgewertet (vgl. Abschnitt III.2.2)

gemäß MT21:

- Wissen, zu den beruflichen Anforderungen, denen sich Lehrpersonen zu stellen haben (mathematik-didaktisches Wissen, pedagogical content knowledge)
- Lernprozessbezogene Anforderungen

  (nicht direkt in MT21 enthalten: Analyse von Antworten von Schülerinnen und Schülern bezüglich ihres Inhalts; vgl. Item 5b)
- disziplinär – systematisches Wissen, das bei der Bewältigung beruflicher Anforderungen zum Tragen kommt (mathematisches Wissen, subject-matter knowledge)

gemäß der fachbezogenen Kompetenzen in den KMK-Standards für die Lehrerbildung:

- FK-1: können mathematische Sachverhalte in adäquater mündlicher und schriftlicher Ausdrucksfähigkeit darstellen, mathematische Gebiete durch Angabe treibender Fragestellungen strukturieren, durch Querverbindungen vernetzen und Bezüge zur Schulmathematik und ihrer Entwicklung herstellen.
- FK-2: können beim Vermuten und Beweisen mathematischer Aussagen fremde Argumente überprüfen und eigene Argumentationsketten aufbauen sowie mathematische Denkmuster auf praktische Probleme anwenden (mathematisieren) und Problemlösungen unter Verwendung geeigneter Medien erzeugen, reflektieren und kommunizieren.
- FK-4: können fachdidaktische Konzepte und empirische Befunde mathematikbezogener Lehr-Lern-Forschung nutzen, um Denkwege und Vorstellungen von Schülerinnen und Schülern zu analysieren, Schülerinnen und Schüler für das Lernen von Mathematik zu motivieren sowie individuelle Lernfortschritte zu fördern und zu bewerten.

gemäß der allgemeinen bildungswissenschaftlichen Kompetenzen in den KMK-Standards für die Lehrerbildung:

- keine Zuordnung

b) Benennen Sie allgemein alle fach-mathematischen Beweisverfahren, die Sie kennen!

Klassifizierung der Teilaufgabe

im Hinblick auf die Auswertung:

- Item wurde nicht ausgewertet (vgl. Abschnitt III.2.2)

gemäß MT21:

- disziplinär – systematisches Wissen, das bei der Bewältigung beruflicher Anforderungen zum Tragen kommt (mathematisches Wissen, subject-matter knowledge)

gemäß der fachbezogenen Kompetenzen in den KMK-Standards für die Lehrerbildung:

- FK-1: können mathematische Sachverhalte in adäquater mündlicher und schriftlicher Ausdrucksfähigkeit darstellen, mathematische Gebiete durch Angabe treibender Fragestellungen strukturieren, durch Querverbindungen vernetzen und Bezüge zur Schulmathematik und ihrer Entwicklung herstellen.
- FK-2: können beim Vermuten und Beweisen mathematischer Aussagen fremde Argumente überprüfen und eigene Argumentationsketten aufbauen sowie mathematische Denkmuster auf praktische Probleme anwenden (mathematisieren) und Problemlösungen unter Verwendung geeigneter Medien erzeugen, reflektieren und kommunizieren.

gemäß der allgemeinen bildungswissenschaftlichen Kompetenzen in den KMK-Standards für die Lehrerbildung:

- keine Zuordnung

c) Beschreiben Sie verschiedene Niveau-Stufen des Beweisens aus didaktischer Perspektive und veranschaulichen Sie diese skizzenhaft an einem Beispiel!

Klassifizierung der Teilaufgabe

im Hinblick auf die Auswertung:

- Item wurde nicht ausgewertet (vgl. Abschnitt III.2.2)

gemäß MT21:

- Wissen, zu den beruflichen Anforderungen, denen sich Lehrpersonen zu stellen haben (mathematik-didaktisches Wissen, pedagogical content knowledge)
- Lehrbezogene Anforderungen

  (Angemessene Vereinfachung fachlicher Inhalte)

gemäß der fachbezogenen Kompetenzen in den KMK-Standards für die Lehrerbildung:

- FK-1: können mathematische Sachverhalte in adäquater mündlicher und schriftlicher Ausdrucksfähigkeit darstellen, mathematische Gebiete durch Angabe treibender Fragestellungen strukturieren, durch Querverbindungen vernetzen und Bezüge zur Schulmathematik und ihrer Entwicklung herstellen.

gemäß der allgemeinen bildungswissenschaftlichen Kompetenzen in den KMK-Standards für die Lehrerbildung:

- K1-2: kennen allgemeine und fachbezogene Didaktiken und wissen, was bei der Planung von Unterrichtseinheiten beachtet werden muss.

4) Beweisen im Geometrieunterricht

Betrachten Sie den folgenden Satz:

Verdoppelt man die Seitenlängen eines Quadrats, so verdoppelt sich auch die Länge jeder Diagonale.

Folgender präformaler Beweis ist gegeben:

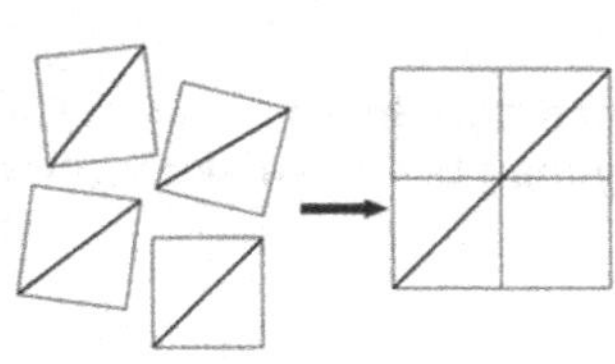

Man verwendet quadratische Plättchen, die gleich groß sind. Legt man vier Plättchen zu einem Quadrat, erhält man ein Quadrat, dessen Seitenlängen doppelt so lang sind wie die eines Plättchens.

Man erkennt dann sofort, dass auch jede Diagonale doppelt so lang ist wie die eines Plättchens, da jeweils zwei Diagonalen von zwei Plättchen direkt aneinander stoßen.

a) Ist diese Argumentation für Sie ein ausreichender Beweis? Bitte begründen Sie kurz!

Klassifizierung der Teilaufgabe

im Hinblick auf die Auswertung:

- Item wurde nicht ausgewertet (vgl. Abschnitt III.2.2)

gemäß MT21:

- Belief-Item

bezogen auf den kognitiven Anteil von beliefs:

- **Kompetenzkomponente:** Mathematikdidaktisches Wissen (lehrbezogene Anforderungen)

gemäß MT21:

- Wissen, zu den beruflichen Anforderungen, denen sich Lehrpersonen zu stellen haben (mathematik-didaktisches Wissen, pedagogical content knowledge)
- Lehrbezogene Anforderungen

  (Angemessene Vereinfachung fachlicher Inhalte

  Gebrauch verschiedener Repräsentationen)

  und

  Lernprozessbezogene Anforderungen

nicht direkt in MT21 enthalten: Analyse von Antworten von Schülerinnen und Schülern bezüglich ihres Inhalts; vgl. Item 5b)

gemäß der fachbezogenen Kompetenzen in den KMK-Standards für die Lehrerbildung:

- FK-2: können beim Vermuten und Beweisen mathematischer Aussagen fremde Argumente überprüfen und eigene Argumentationsketten aufbauen sowie mathematische Denkmuster auf praktische Probleme anwenden (mathematisieren) und Problemlösungen unter Verwendung geeigneter Medien erzeugen, reflektieren und kommunizieren.

gemäß der allgemeinen bildungswissenschaftlichen Kompetenzen in den KMK-Standards für die Lehrerbildung:

- keine Zuordnung

b) Formulieren Sie einen formalen Beweis für den obigen Satz!

Klassifizierung der Teilaufgabe

im Hinblick auf die Auswertung:

- **Kompetenzkomponente:** Fachmathematisches Wissen
- **mathematikbezogene Aktivität:** Argumentieren und Beweisen

gemäß MT21:

- disziplinär – systematisches Wissen, das bei der Bewältigung beruflicher Anforderungen zum Tragen kommt (mathematisches Wissen, subject-matter knowledge)

gemäß der fachbezogenen Kompetenzen in den KMK-Standards für die Lehrerbildung:

- FK-1: können mathematische Sachverhalte in adäquater mündlicher und schriftlicher Ausdrucksfähigkeit darstellen, mathematische Gebiete durch Angabe treibender Fragestellungen strukturieren, durch Querverbindungen vernetzen und Bezüge zur Schulmathematik und ihrer Entwicklung herstellen.
- FK-2: können beim Vermuten und Beweisen mathematischer Aussagen fremde Argumente überprüfen und eigene Argumentationsketten aufbauen sowie mathematische Denkmuster auf praktische Probleme anwenden (mathematisieren) und Problemlösungen unter Verwendung geeigneter Medien erzeugen reflektieren und kommunizieren.

gemäß der allgemeinen bildungswissenschaftlichen Kompetenzen in der KMK-Standards für die Lehrerbildung:

- keine Zuordnung

**c) Welchen Beweis würden Sie in Ihrem Mathematikunterricht verwenden?
Bitte begründen Sie Ihre Position!**

Klassifizierung der Teilaufgabe

im Hinblick auf die Auswertung:

- **Kompetenzkomponente:** Beliefs (lehrbezogene beliefs)
- **mathematikbezogene Aktivität:** Argumentieren und Beweisen

gemäß MT21:

- Belief-Item

<u>bezogen auf den kognitiven Anteil von beliefs:</u>

- **Kompetenzkomponente:** Mathematikdidaktisches Wissen (lehrbezogene Anforderungen)

gemäß MT21:

- Wissen, zu den beruflichen Anforderungen, denen sich Lehrpersonen zu stellen haben (mathematik-didaktisches Wissen, pedagogical content knowledge)
- Lehrbezogene Anforderungen

  (Angemessene Vereinfachung fachlicher Inhalte

  Gebrauch verschiedener Repräsentationen

  Auswahl fachlicher Inhalte

  Begründung fachlicher Inhalte)

gemäß der fachbezogenen Kompetenzen in den KMK-Standards für die Lehrerbildung:

- FK-1: können mathematische Sachverhalte in adäquater mündlicher und schriftlicher Ausdrucksfähigkeit darstellen, mathematische Gebiete durch Angabe treibender Fragestellungen strukturieren, durch Querverbindungen vernetzen und Bezüge zur Schulmathematik und ihrer Entwicklung herstellen.
- FK-5: können Mathematikunterricht auch mit heterogenen Lerngruppen auf der Basis fachdidaktischer Konzepte analysieren und planen und auf der Basis erster reflektierter Erfahrungen exemplarisch durchführen.

gemäß der allgemeinen bildungswissenschaftlichen Kompetenzen in den KMK-Standards für die Lehrerbildung:

- K1-3: kennen unterschiedliche Unterrichtsmethoden und Aufgabenformen und wissen, wie man sie anforderungs- und situationsgerecht einsetzt.
- K1-2: kennen allgemeine und fachbezogene Didaktiken und wissen, was bei der Planung von Unterrichtseinheiten beachtet werden muss.
- K7-1: wissen, wie unterschiedliche Lernvoraussetzungen Lehren und Lernen beeinflussen und wie sie im Unterricht berücksichtigt werden

d) Kann ein präformaler Beweis als einzige Beweisform im Mathematikunterricht ausreichend sein? Bitte begründen Sie Ihre Position!

Klassifizierung der Teilaufgabe

im Hinblick auf die Auswertung:

- **Kompetenzkomponente:** Mathematikdidaktisches Wissen (lehrbezogene Anforderungen)
- **mathematikbezogene Aktivität:** Argumentieren und Beweisen

gemäß MT21:

- Wissen, zu den beruflichen Anforderungen, denen sich Lehrpersonen zu stellen haben (mathematik-didaktisches Wissen, pedagogical content knowledge)
- Lehrbezogene Anforderungen

  (Auswahl fachlicher Inhalte

  Begründung fachlicher Inhalte

  Angemessene Vereinfachung fachlicher Inhalte

  Gebrauch verschiedener Repräsentationen)

gemäß der fachbezogenen Kompetenzen in den KMK-Standards für die Lehrerbildung:

- FK-1: können mathematische Sachverhalte in adäquater mündlicher und schriftlicher Ausdrucksfähigkeit darstellen, mathematische Gebiete durch Angabe treibender Fragestellungen strukturieren, durch Querverbindungen vernetzen und Bezüge zur Schulmathematik und ihrer Entwicklung herstellen.
- FK-3: können den allgemein bildenden Gehalt mathematischer Inhalte und Methoden und die gesellschaftliche Bedeutung der Mathematik begründen und in den Zusammenhang mit Zielen und Inhalten des Mathematikunterrichts stellen.
- FK-5: können Mathematikunterricht auch mit heterogenen Lerngruppen auf der Basis fachdidaktischer Konzepte analysieren und planen und auf der Basis erster reflektierter Erfahrungen exemplarisch durchführen.

gemäß der allgemeinen bildungswissenschaftlichen Kompetenzen in den KMK-Standards für die Lehrerbildung:

- K1-3: kennen unterschiedliche Unterrichtsmethoden und Aufgabenformen und wissen, wie man sie anforderungs- und situationsgerecht einsetzt.

- K1-2: kennen allgemeine und fachbezogene Didaktiken und wissen, was bei der Planung von Unterrichtseinheiten beachtet werden muss.
- K7-1: wissen, wie unterschiedliche Lernvoraussetzungen Lehren und Lernen beeinflussen und wie sie im Unterricht berücksichtigt werden

e) Benennen Sie kurz die Vor- und Nachteile eines formalen und eines präformalen Beweises!

Klassifizierung der Teilaufgabe:

im Hinblick auf die Auswertung:

- **Kompetenzkomponente:** Mathematikdidaktisches Wissen (lehrbezogene Anforderungen)
- **mathematikbezogene Aktivität:** Argumentieren und Beweisen

gemäß MT21:

- Wissen, zu den beruflichen Anforderungen, denen sich Lehrpersonen zu stellen haben (mathematik-didaktisches Wissen, pedagogical content knowledge)
- Lehrbezogene Anforderungen

  (Angemessene Vereinfachung fachlicher Inhalte

  Gebrauch verschiedener Repräsentationen)

gemäß der fachbezogenen Kompetenzen in den KMK-Standards für die Lehrerbildung:

- FK-1: können mathematische Sachverhalte in adäquater mündlicher und schriftlicher Ausdrucksfähigkeit darstellen, mathematische Gebiete durch Angabe treibender Fragestellungen strukturieren, durch Querverbindungen vernetzen und Bezüge zur Schulmathematik und ihrer Entwicklung herstellen.
- FK-3: können den allgemein bildenden Gehalt mathematischer Inhalte und Methoden und die gesellschaftliche Bedeutung der Mathematik begründen und in den Zusammenhang mit Zielen und Inhalten des Mathematikunterrichts stellen.
- FK-5: können Mathematikunterricht auch mit heterogenen Lerngruppen auf der Basis fachdidaktischer Konzepte analysieren und planen und auf der Basis erster reflektierter Erfahrungen exemplarisch durchführen.

gemäß der allgemeinen bildungswissenschaftlichen Kompetenzen in den KMK-Standards für die Lehrerbildung:

- K1-3: kennen unterschiedliche Unterrichtsmethoden und Aufgabenformen und wissen, wie man sie anforderungs- und situationsgerecht einsetzt.
- K7-1: wissen, wie unterschiedliche Lernvoraussetzungen Lehren und Lernen beeinflussen und wie sie im Unterricht berücksichtigt werden

f) Können der präformale und der formale Beweis des auf Seite 13 genannten Satzes über die Länge der Diagonalen eines Quadrats jeweils auf beliebige Rechtecke verallgemeinert werden? Bitte begründen Sie kurz!

Klassifizierung der Teilaufgabe:

im Hinblick auf die Auswertung:

- **Kompetenzkomponente:** Fachmathematisches Wissen
- **mathematikbezogene Aktivität**: Argumentieren und Beweisen

gemäß MT21:

- disziplinär – systematisches Wissen, das bei der Bewältigung beruflicher Anforderungen zum Tragen kommt (mathematisches Wissen, subject-matter knowledge)

gemäß der fachbezogenen Kompetenzen in den KMK-Standards für die Lehrerbildung:

- FK-1: können mathematische Sachverhalte in adäquater mündlicher und schriftlicher Ausdrucksfähigkeit darstellen, mathematische Gebiete durch Angabe treibender Fragestellungen strukturieren, durch Querverbindungen vernetzen und Bezüge zur Schulmathematik und ihrer Entwicklung herstellen.
- FK-2: können beim Vermuten und Beweisen mathematischer Aussagen fremde Argumente überprüfen und eigene Argumentationsketten aufbauen sowie mathematische Denkmuster auf praktische Probleme anwenden (mathematisieren) und Problemlösungen unter Verwendung geeigneter Medien erzeugen, reflektieren und kommunizieren.

gemäß der allgemeinen bildungswissenschaftlichen Kompetenzen in den KMK-Standards für die Lehrerbildung:

- keine Zuordnung

g) Wie schätzen Sie die Bedeutung von Beweisen für den Mathematikunterricht in der Sekundarstufe I ein?

Klassifizierung der Teilaufgabe

im Hinblick auf die Auswertung:

- **Kompetenzkomponente:** Beliefs (lehrbezogene beliefs)
- **mathematikbezogene Aktivität:** Argumentieren und Beweisen

gemäß MT21:

- Belief-Item

bezogen auf den kognitiven Anteil von beliefs:

- **Kompetenzkomponente:** Mathematikdidaktisches Wissen (lehrbezogene Anforderungen)

gemäß MT21:

- Wissen, zu den beruflichen Anforderungen, denen sich Lehrpersonen zu stellen haben (mathematik-didaktisches Wissen, pedagogical content knowledge)
- Lehrbezogene Anforderungen

  (Auswahl fachlicher Inhalte

  Begründung fachlicher Inhalte)

gemäß der fachbezogenen Kompetenzen in den KMK-Standards für die Lehrerbildung:

- FK-3: können den allgemein bildenden Gehalt mathematischer Inhalte und Methoden und die gesellschaftliche Bedeutung der Mathematik begründen und in den Zusammenhang mit Zielen und Inhalten des Mathematikunterrichts stellen.

gemäß der allgemeinen bildungswissenschaftlichen Kompetenzen in den KMK-Standards für die Lehrerbildung:

- K1-1: kennen die einschlägigen Bildungstheorien, verstehen bildungs- und erziehungstheoretische Ziele sowie die daraus abzuleitenden Standards und reflektieren diese kritisch.
- K1-2: kennen allgemeine und fachbezogene Didaktiken und wissen, was bei der Planung von Unterrichtseinheiten beachtet werden muss.

5) Beweisen im Algebraunterricht

Im Unterricht einer 9. Klasse soll folgender Satz gezeigt werden:

Wenn man drei direkt aufeinander folgende natürliche Zahlen addiert, ist das Ergebnis immer ohne Rest durch 3 teilbar.

Schülerinnen und Schüler liefern die folgenden Ansätze als Beweise für die obige Aussage:

1. *Erik:*

3+4+5 = 12 UND 12:3 = 4
9+10+11 = 30 UND 30:3 = 10
14+15+16 = 45 UND 45:3 = 15

DAS GEHT ALSO IMMER UND DER SATZ STIMMT.

2. *Inge:*

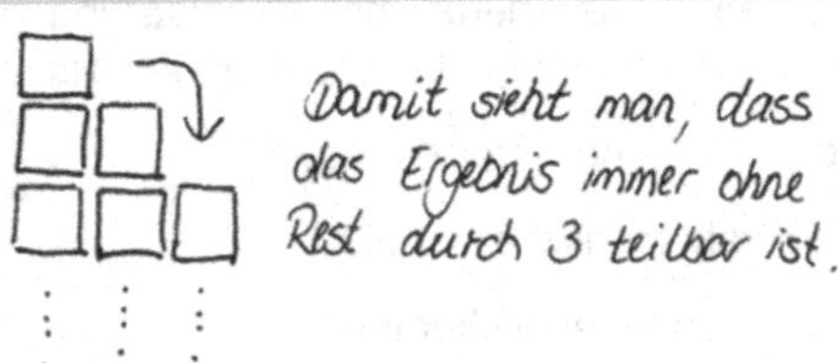

3. *Werner:*

Wenn n die erste der drei Zahlen ist, dann sind die anderen Zahlen n+1 und n+2. Die gesamte Summe ist dann n+ (n+1) + (n+2) = 3n+ 3 = 3(n+1). Damit sieht man, dass das Ergebnis immer durch 3 teilbar sein muss.

4. *Björn:*

Man kann nicht sagen, ob der Satz stimmt, weil es ja unendlich viele natürliche Zahlen gibt, denn zu jeder Zahl gibt es immer noch eine, die größer ist, indem man 1 dazuzählt. Und man daher nie sagen kann, ob man es für alle bewiesen hat.

a) Stellen Sie sich vor, sie sollten als Lehrperson zu jeder Lösung eine Rückmeldung geben, die einerseits die Antwort bewertet und andererseits mögliche Impulse zur Weiterarbeit und Verbesserung beziehungsweise Korrektur gibt. Was würden Sie den SchülerInnen und Schülern jeweils sagen?

Klassifizierung der Teilaufgabe

m Hinblick auf die Auswertung:

- **Kompetenzkomponente**: Mathematikdidaktisches Wissen (lernprozessbezogene Anforderungen)
- **mathematikbezogene Aktivität**: Argumentieren und Beweisen

emäß MT21:

Wissen, zu den beruflichen Anforderungen, denen sich Lehrpersonen zu stellen haben (mathematik-didaktisches Wissen, pedagogical content knowledge)

Lernprozessbezogene Anforderungen

Angemessene Rückmeldung zu einer Antwort geben

afür zudem nötig:

Einordnung von Antworten bezüglich kognitiver Niveaus

Einordnung von Antworten bezüglich der Komplexität der Struktur

Einordnung von Antworten bezüglich eventueller Fehler oder Fehlermuster)

emäß der fachbezogenen Kompetenzen in den KMK-Standards für die ehrerbildung:

- FK-4: können fachdidaktische Konzepte und empirische Befunde mathematikbezogener Lehr-Lern-Forschung nutzen, um Denkwege und Vorstellungen von Schülerinnen und Schülern zu analysieren, Schülerinnen und Schüler für das Lernen von Mathematik zu motivieren sowie individuelle Lernfortschritte zu fördern und zu bewerten.

gemäß der allgemeinen bildungswissenschaftlichen Kompetenzen in den KMK-Standards für die Lehrerbildung:

- K8-3: kennen Prinzipien der Rückmeldung von Leistungsbeurteilung.

b) Benennen Sie kurz, um welche Art von Beweisversuch es sich bei den Antworten der Schülerinnen und Schüler jeweils handelt!

Klassifizierung der Teilaufgabe

im Hinblick auf die Auswertung:

- **Kompetenzkomponente:** Mathematikdidaktisches Wissen (lernprozessbezogene Anforderungen)
- **mathematikbezogene Aktivität:** Argumentieren und Beweisen

gemäß MT21:

- Wissen, zu den beruflichen Anforderungen, denen sich Lehrpersonen zu stellen haben (mathematik-didaktisches Wissen, pedagogical content knowledge)

Lernprozessbezogene Anforderungen

- (nicht direkt in MT21 enthalten: Analyse von Antworten von Schülerinnen und Schülern bezüglich ihres Inhalts; vgl. Item 3a)

gemäß der fachbezogenen Kompetenzen in den KMK-Standards für die Lehrerbildung:

- FK-4: können fachdidaktische Konzepte und empirische Befunde mathematikbezogener Lehr-Lern-Forschung nutzen, um Denkwege und Vorstellungen von Schülerinnen und Schülern zu analysieren, Schülerinnen und Schüler für das Lernen von Mathematik zu motivieren sowie individuelle Lernfortschritte zu fördern und zu bewerten.

gemäß der allgemeinen bildungswissenschaftlichen Kompetenzen in den KMK-Standards für die Lehrerbildung:

- keine Zuordnung

c) Wie würden Sie den auf Seite 17 genannten Satz in Ihrem Unterricht beweisen?

Klassifizierung der Teilaufgabe

im Hinblick auf die Auswertung:

- **Kompetenzkomponente**: Beliefs (lehrbezogene beliefs)
- ***mathematikbezogene Aktivität:*** Argumentieren und Beweisen

gemäß MT21:

- Belief-Item

bezogen auf den kognitiven Anteil von beliefs:

- *Kompetenzkomponente*: Mathematikdidaktisches Wissen (lehrbezogene Anforderungen)

gemäß MT21:

- Wissen, zu den beruflichen Anforderungen, denen sich Lehrpersonen zu stellen haben (mathematik-didaktisches Wissen, pedagogical content knowledge)
- Lehrbezogene Anforderungen

  (Angemessene Vereinfachung fachlicher Inhalte

  Gebrauch verschiedener Repräsentationen

  Auswahl fachlicher Inhalte

  Begründung fachlicher Inhalte)

gemäß der fachbezogenen Kompetenzen in den KMK-Standards für die Lehrerbildung:

FK-1: können mathematische Sachverhalte in adäquater mündlicher und schriftlicher Ausdrucksfähigkeit darstellen, mathematische Gebiete durch Angabe treibender Fragestellungen strukturieren, durch Querverbindungen vernetzen und Bezüge zur Schulmathematik und ihrer Entwicklung herstellen.

FK-5: können Mathematikunterricht auch mit heterogenen Lerngruppen auf der Basis fachdidaktischer Konzepte analysieren und planen und auf der Basis erster reflektierter Erfahrungen exemplarisch durchführen.

gemäß der allgemeinen bildungswissenschaftlichen Kompetenzen in den KMK-Standards für die Lehrerbildung:

- K1-3: kennen unterschiedliche Unterrichtsmethoden und Aufgabenformen und wissen, wie man sie anforderungs- und situationsgerecht einsetzt.
- K1-2: kennen allgemeine und fachbezogene Didaktiken und wissen, was bei der Planung von Unterrichtseinheiten beachtet werden muss.
- K7-1: wissen, wie unterschiedliche Lernvoraussetzungen Lehren und Lernen beeinflussen und wie sie im Unterricht berücksichtigt werden

d) Lässt sich der behandelte Satz zu dem folgenden Satz verallgemeinern?

Addiert man jeweils k direkt aufeinander folgende Zahlen, so ist das Ergebnis ohne Rest durch k teilbar.

Bitte begründen Sie Ihre Antwort kurz!

Klassifizierung der Teilaufgabe

im Hinblick auf die Auswertung:

- **Kompetenzkomponente:** Fachmathematisches Wissen
- **mathematikbezogene Aktivität:** Argumentieren und Beweisen

gemäß MT21:

- disziplinär – systematisches Wissen, das bei der Bewältigung beruflicher Anforderungen zum Tragen kommt (mathematisches Wissen, subject-matter knowledge)

gemäß der fachbezogenen Kompetenzen in den KMK-Standards für die Lehrerbildung:

- FK-1: können mathematische Sachverhalte in adäquater mündlicher und schriftlicher Ausdrucksfähigkeit darstellen, mathematische Gebiete durch Angabe treibender Fragestellungen strukturieren, durch Querverbindungen vernetzen und Bezüge zur Schulmathematik und ihrer Entwicklung herstellen.
- FK-2: können beim Vermuten und Beweisen mathematischer Aussagen fremde Argumente überprüfen und eigene Argumentationsketten aufbauen sowie mathematische Denkmuster auf praktische Probleme anwenden (mathematisieren) und Problemlösungen unter Verwendung geeigneter Medien erzeugen, reflektieren und kommunizieren.

gemäß der allgemeinen bildungswissenschaftlichen Kompetenzen in den KMK-Standards für die Lehrerbildung:

- keine Zuordnung

2 Übersicht über die relevanten Studieninhalte der verschiedenen Studiengänge

Mathematik

„Lehramt an der Oberstufe - Allgemeinbildende Schulen

1. Teilnahme an den Vorlesungen Analysis I-III und Lineare Algebra I-II. […]
2. Drei weitere, einführende Veranstaltungen aus den folgenden Bereichen sind zu wählen: Algebra und Zahlentheorie; Analysis und Topologie; Geometrie; Graphentheorie und Kombinatorik; Angewandte Mathematik; Mathematische Stochastik.
3. In einem der in 2. gewählten Bereiche sind vertiefte Kenntnisse durch eine weiterführende Vorlesung (in der Regel ein zweiter Teil) zu erwerben.
4. Einer der nach 2. gewählten Bereiche muß zur Angewandten Mathematik oder Mathematischen Stochastik gehören.
5. Weiter ist die erfolgreiche Teilnahme an zwei Seminaren aus den in 2. genannten Bereichen erforderlich, davon ein Seminar im Bereich der in 3. gewählten Vorlesung.
6. Teilnahme an einem Kurs zum Erlernen einer Programmiersprache […].
7. Teilnahme an einer Veranstaltung zur Geschichte der Mathematik.

Lehramt Sonderschulen sowie Grund- und Mittelstufe

Für diese beiden Teilstudiengänge werden spezielle Veranstaltungen angeboten.

1. In einem 4-semestrigen Zyklus Mathematik I-IV werden folgende Themen behandelt: Algebra und Zahlentheorie; Geometrie; Analysis. […]
2. Zwei weitere, weiterführende Veranstaltungen aus den folgenden Bereichen sind zu wählen: Algebra und Zahlentheorie; Analysis und Topologie; Geometrie; Graphentheorie und Kombinatorik; Angewandte Mathematik; Mathematische Stochastik.
3. Im Anschluß an eine der Veranstaltungen unter 2. ist ein Proseminar zu besuchen.
4. Teilnahme an einer Veranstaltung zur Geschichte der Mathematik.“

(zitiert nach http://www.math.uni-hamburg.de/teaching/curricula/lehrmath.html, letzter Zugriff: 22.12.2010)

Für beide Lehrämter bilden die jeweils unter 1. angeführten Veranstaltungen das Grundstudium, alle weiteren Veranstaltungen sind Teil des Hauptstudiums.

Mathematikdidaktik:

Lehramt an der Oberstufe – Allgemeinbildende Schulen

Grundstudium:

Mathematikdidaktisches Proseminar in Verbindung mit einer Vorlesung

Hauptstudium:

Mathematikdidaktisches Hauptseminar und in einer der beiden Didaktiken der studierten Fächer ein zweites ergänzendes Hauptseminar zur Vertiefung

(vgl. http://www2.erzwiss.uni-hamburg.de/studium/studienplanneunetz.pdf, letzter Zugriff: 22.12. 2010)

Lehramt Grund- und Mittelstufe sowie Sonderschulen

Grundstudium:

Mathematikdidaktisches Proseminar in Verbindung mit einer Vorlesung

Grundlegende Veranstaltung im mathematischen Anfangsunterricht

Hauptstudium:

Mathematikdidaktisches Hauptseminar und in einer der beiden Didaktiken der studierten Fächer ein zweites ergänzendes Hauptseminar zur Vertiefung

Weiterführende Veranstaltung im mathematischen Anfangsunterricht

(vgl. für das Lehramt an der Grund- und Mittelstufe http://www2.erzwiss.uni-hamburg.de/studium/grumineunetz.pdf, letzter Zugriff: 22.12.2010 und für das Lehramt an Sonderschulen http://www2.erzwiss.uni-hamburg.de/studium/lasoneunetz.pdf, letzter Zugriff: 22.12.2010)

3 Ausgewählte Codierleitfäden

3.1 Codierleitfaden für Aufgabe 4b

Aufgabe 4 b) "Formulieren Sie einen formalen Beweis für den obigen Satz"

Variable: Fachmathematisches Wissen in Bezug auf formales Beweisen

Kategorie	Definition	Codierregeln
+2	Sehr hohes fachmathematisches Wissen in Bezug auf formales Beweisen zeigt sich durch Aufstellen eines formal richtigen Beweises, der zudem eine für den Leser nachvollziehbare Struktur aufweist.	- Der Beweis ist fachlich richtig und vollständig. - Der Beweis weist eine nachvollziehbare Struktur auf, die sich durch folgende Elemente auszeichnet: i) Die Größen werden durch Bezugnahme auf eine Skizze oder verbale Beschreibung gekennzeichnet. ii) Diejenigen mathematischen Sätze, die im Beweis verwendet werden (z. B. Satz des Phytagoras, Strahlensatz etc.) werden genannt. iii) Die einzelnen Beweisschritte werden durch strukturierende Elemente (z. B. Folgepfeile, verbale Konjunktionen wie „daher" oder „daraus folgt") verbunden, wobei dies sehr grob geschehen kann. Der Beweis kann auch als geschlossener Text formuliert sein, der durch seinen Aufbau eine Struktur deutlich werden lässt. Ergebnisse (beispielsweise das Diagonalenergebnis $\sqrt{2}x$) müssen zumindest durch einen vorangegangenen Zwischenschritt (zum Beispiel das Aufschreiben der Gleichung in Anlehnung an den Satz des Phythagoras, also $\sqrt{x^2+x^2}$) verdeutlicht werden.
+1	Hohes fachmathematisches Wissen in Bezug auf formales Beweisen zeigt sich durch Aufstellen eines formalen	- Der Beweis ist fachlich richtig und vollständig. - Der Beweis weist keine nachvollziehbare Struktur auf in dem Sinne, dass nicht alle drei Punkte aus den Codierregeln für „+2" erfüllt sind. Ergebnisse (beispielsweise das Diagonalergebnis $\sqrt{2}x$) müssen nicht durch einen vorangegangenen Zwischenschritt (zum Beispiel das Aufschreiben der Gleichung in

	richtigen Beweises, der jedoch keine besondere Struktur aufzeigt.	Anlehnung an den Satz des Phythagoras, also $\sqrt{x^2+x^2}$) verdeutlicht werden, vielmehr reicht das sofortige Hinschreiben von $\sqrt{2}x$.
0	Durchschnittliches fachmathematisches Wissen in Bezug auf formales Beweisen zeigt sich durch richtige Ansätze, die jedoch nicht zu vollständigen Beweisen ausgeführt werden, jedoch fehlerfrei bleiben.	Der Beweis ist fachlich richtig, aber nicht vollständig, das bedeutet, dass einzelne Teile des Beweises ausgelassen wurden und dadurch die Abfolge der Schritte unklar wird. Dazu gehören auch Fälle, in denen beide Diagonalen berechnet werden, die Ergebnisse aber unkommentiert nebeneinander stehen, das heißt, nicht darauf hingewiesen wurde, dass das eine das doppelte des anderen ist. Ebenfalls fallen in diese Kategorie Lösungen, bei denen das Einheitsquadrat und deren Verdoppelung betrachtet werden.
-1	Niedriges fachmathematisches Wissen in Bezug auf formales Beweisen zeigt sich durch Beweisversuche mit geringeren Fehlern.	Der Beweis weist kleinere fachliche Fehler auf, jedoch wird ein Beweis vollständig ausgeführt. Kleinere Fehler sind zum Beispiel Rechenfehler wie a^2 wird bei Verdoppelung der Seitenlänge zu $2a^2$ oder die Wurzel aus a^2 ist weiterhin a^2 etc.
-2	Sehr niedriges fachmathematisches Wissen in Bezug auf formales Beweisen zeigt sich durch schwerere Fehler im Beweisversuch.	- Der Beweis weist schwerwiegende Fehler auf oder ist unvollständig und hat kleinere Fehler. Schwerwiegende Fehler sind zum Beispiel Fehler im Vorgehen beim Beweisen, also beispielsweise Ringschlüsse, die Verwendung von Sätzen, die nicht angewendet werden dürfen oder der Abbruch ohne Ergebnis. Auch die einfache Äquivalenzumformung, in der beide Seiten verdoppelt werden, gilt als schwerer Fehler, allgemeiner also fallen auch diejenigen in diese Kategorie, die von der zu zeigenden Aussage ausgehen. - Der Beweis formuliert den präformalen Beweis der Aufgabenstellung neu.

Kategorie	Ankerbeispiel
2	Nach Pythagoras gilt für die Diagonale d eines Quadrats mit Seitenlänge a: $a^2+a^2=d^2 \iff 2a^2=d^2$ $\iff d=\sqrt{2}a$ Ist nun $a'=2a$ gilt für d' $d'^2=a'^2+a'^2=4a^2+4a^2=8a^2$ $\iff$ ~~[illegible]~~ $d'=\sqrt{8}a=2\sqrt{2}a$ also ist d' 2-mal so lang wie d Sei a die Seitenlänge eines Quadrats. So ist $\sqrt{2}a$ die Länge der Diagonalen (nach dem Satz des Pythagoras). Verdoppelt man die Seitenlänge des Quadrats, so erhält man 2a. Die Länge der Diagonale beträgt nach dem Satz des Pythagoras $\sqrt{8a^2}=2\sqrt{2}a$. Diese Diagonalenlänge ist eben genau das Doppelte von $\sqrt{2}a$. □
1	Seitenlänge = a dann ist die Diagonale = $\sqrt{2a^2}=a\sqrt{2}$ für Seitenlänge = 2a $\Rightarrow d=\sqrt{4a^2+4a^2}=\sqrt{8a^2}$ $=\underline{\underline{a\cdot 2\sqrt{2}}}$

	Sei a die Seitenlänge; b die Diagonale So gilt: $b^2 = a^2 + a^2 = 2a^2 \Leftrightarrow \sqrt{b^2} = +\sqrt{2a^2} = \sqrt{2}\cdot a$ $\Leftrightarrow b = \sqrt{2}\cdot a$ Sei b^* die Diagonale bei der Seitenlänge $a^* = 2a$: $(b^*)^2 = (a^*)^2 + (a^*)^2 = 2(a^*)^2 \Leftrightarrow \sqrt{(b^*)^2} = \sqrt{2(a^*)^2}$ $\Leftrightarrow b^* = \sqrt{2}\cdot a^*$ $= \sqrt{2}\cdot 2a$ $= 2\cdot\sqrt{2}a$ $= 2\cdot b$ ✓
0	Quadrat mit Seitenlänge a. Diagonale $d = \sqrt{2a^2}$ Bei Verdopplung der Seitenlänge von a zu 2a folgt für die Diagonale $D = \sqrt{8a^2}$ $= 2\sqrt{2a^2} = 2d$ --- Pythagoras: ① Seitenlänge mit a $\rightarrow \sqrt{2}a$ ② Seitenlänge mit 2a $\rightarrow 2\sqrt{2}a$ ③ Seitenlänge mit 3a $\rightarrow 3\sqrt{2}a$

-1	~~Quadrat~~ a [square with side a and diagonal b] $a^2+a^2=b^2 \quad \sqrt{a^2+a^2}=b$ $\sqrt{2a^2}=b$ ~~4(a) 4a 2a~~ 4 Plättchen: $(2a)^2+(2a)^2=(2b)^2$ $b_2 = 4a^2+4a^2 = 4b^2$ ~~$4a^2+a^2 = 16$~~ $2\cdot 4 a^2 = b^2 \quad / \sqrt{\ }$ $2\cdot\sqrt{2}=b$ $a^2+a^2=c_1^2$ $2a^2=c_1^2$ $c_1=\sqrt{2a^2}=a\sqrt{2}$ da Verdoppelg Seitenlänge = 2a $c_2 = 2a^2+2a^2 = 4a^2 = 2a = 2\cdot a\sqrt{2}$
-2	$a^2+a^2=d^2 \quad \cdot 2$ setze für a 2a $\Leftrightarrow \quad 2a^2+2a^2=2d^2$ ~~$4a^2 = 2d^2 \quad / \sqrt{\ }$~~ $2d=\sqrt{2a^2+2a^2}=\sqrt{4a^2}=2a$

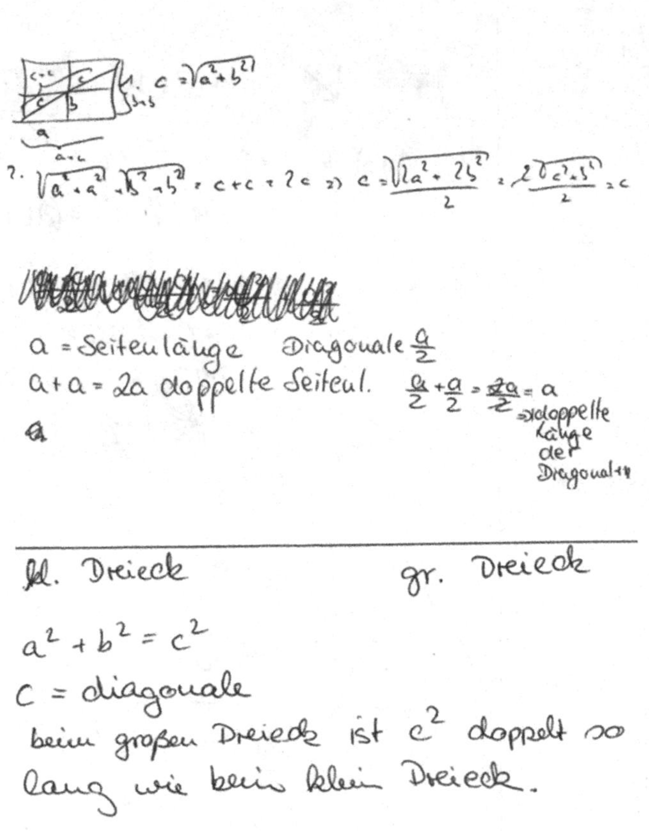

3.2 Codierleitfaden für Aufgabe 1c

Aufgabe 1c) „Wie gehen Sie mit den Antworten der Schülerinnen und Schüler jeweils um? Welche Rückmeldung würden Sie den Schülerinnen und Schülern jeweils geben?“

Variable: Lernprozessbezogenes mathematikdidaktisches Wissen in Bezug auf Modellierung

Das Auswerten der Aufgabe 1c geschieht in zwei Arbeitsgängen. Zunächst werden die Antworten der Probanden analysiert und bewertet.

Für jeden Schüler wird eine angemessene Rückmeldung erwartet, die, falls richtig erfolgt mit jeweils einer Bewertungseinheit (BE) (+) angerechnet wird. Ferner ist zu unterscheiden zwischen nicht angemessenen, aber nicht falschen Rückmel dungen (in der Darstellung Bewertungseinheit 0) und falschen Rückmeldungen, deren Bewertungseinheit (-) ebenfalls angerechnet wird.

Bewertungseinheit	Anforderungen
+	Eine individuell auf die Lösung zugeschnittene Lernhilfe, die der Schülerin oder dem Schüler eine sinnvolle Perspektive zur Weiterarbeit ermöglicht, wobei jeweils ein Aspekt zur Aufforderung zur Weiterarbeit genügt. Da die Interviews nur Ausschnitte wiedergeben, muss die Rückmeldung an den Schüleräußerungen anschließen. Die Kriterien, was jeweils eine sinnvolle Perspektive zur Weiterarbeit ermöglicht, sind den unten aufgeführten Erläuterungen zu den einzelnen Interviews zu entnehmen. Rückmelde-Hilfen im Sinne einer lediglich positiven Bestätigung ohne die Perspektive der Weiterarbeit werden als nicht ausreichend gewertet. Beinhaltet eine Rückmeldung mit Perspektive zur Weiterarbeit eine positive Bestätigung oder neben einem sinnvollen Aspekt zur Aufforderung zur Weiterarbeit noch weitere nicht sinnvolle, aber nicht falsche Aspekte, so schadet dieses der Codierung nicht, sondern wird neutral gewertet. Einen theoretischen Bezug zu Rückmeldungen gibt es beispielsweise durch eine Taxonomie der Lernhilfen (vgl. etwa Zech, 2002, S.315 ff.). Die darin enthaltenen Stufen der inhaltlichen Lernhilfen, also *inhaltsorientierte strategische Hilfen* und *inhaltliche Hilfen* sowie teilweise *allgemein-strategische Hilfen* bilden den Erwartungshorizont für eine angemessene Rückmeldung, da sie dem Schüler oder der Schülerin die Weiterarbeit ermöglichen.
0	Eine Rückmeldung, die nicht falsch ist, aber auch nicht den Kriterien aus "+" entspricht. So etwa mögliche Rückmeldungen wie *Motivationshilfen* und *Rückmeldungshilfen* sowie teilweise *allemein-strategische Hilfen*, die sich nicht explizit auf den Inhalt der Schüleräußerungen beziehen, da sie alleine das Kriterium, dass eine sinnvolle Weiterarbeit ermöglicht werden soll, nicht sicher erfüllen. Eine nicht angemessene, aber nicht falsche Rückmeldung besteht auch darin, eine falsche Schülerlösung lediglich von anderen Mitschülern korrigieren zu lassen.

-	Eine falsche / fehlende Rückmeldung. Zu einer falschen Rückmeldung zählt auch, wenn die Schülerantwort nicht richtig verstanden wurde und trotzdem unreflektiert fachlich rückgemeldet wird oder daraufhin gar nicht rückgemeldet wird (fehlende Rückmeldung). Wenn mindestens ein Teil der Rückmeldung falsch ist, wird der gesamte auf diese Schülerantwort bezogene Teil mit "-" codiert.

Im Anschluss an die Antwortanalyse werden alle Bewertungseinheiten zusammengezogen. Jeweils eine Bewertungseinheit – hebt eine Bewertungseinheit + auf, die Bewertungseinheit 0 hat keinen Einfluss auf die Codierung. Es ergibt sich folgende Codierung:

Kategorie	Definition	Codierregeln
+2	Sehr hohes lernprozessbezogenes mathematikdidaktisches Wissen in Bezug auf Modellierung zeigt sich in der angemessenen Rückmeldung zu jeder Antwort der Schülerinnen und Schüler.	Für eine Bewertung mit +2 benötigt man viermal die Bewertungseinheit +.
+1	Hohes lernprozessbezogenes mathematikdidaktisches Wissen in Bezug auf Modellierung zeigt sich in der angemessenen Rückmeldung zu fast jeder Antwort der Schülerinnen und Schüler.	Für eine Bewertung mit +1 benötigt man dreimal die Bewertungseinheit +.
0	Durchschnittliches lernprozessbezogenes mathematikdidaktisches Wissen in Bezug auf Modellierung zeigt sich in der angemessenen Rückmeldung zu einigen Antworten der Schülerinnen und Schüler	Für eine Bewertung mit 0 benötigt man zweimal die Bewertungseinheit +.
-1	Niedriges lernprozessbezogenes mathematikdidaktisches Wissen in Bezug auf Modellierung zeigt sich in der angemessenen Rückmeldung von nur wenigen Antworten der Schülerinnen und Schüler.	Für eine Bewertung mit -1 benötigt man einmal die Bewertungseinheit +.
-2	Sehr niedriges lernprozessbezogenes mathematikdidaktisches Wissen in Bezug auf Modellierung zeigt sich in der unangemessenen Rückmeldung zu allen Antworten der Schülerinnen und Schüler.	Eine Bewertung von -2 gibt es für höchstens 0 Bewertungseinheiten +.

		oder Eine Bewertung von -2 gibt es für Rückmeldungen, die nicht explizit die einzelnen Schülerlösungen unterscheiden.

Darstellung zu den einzelnen Interviews:

Interview 1:

Hier gibt es zwei Möglichkeiten der Impulssetzung zur Weiterarbeit:

Aufforderung zur Verbesserung des realen Modells: Man könnte die Schülerin oder den Schüler durch Fragen anregen, weitere Modifikationen zu Leos Modell zu entwickeln (auf der Ebene des realen Modells, das heißt etwa Konkurrenz oder Qualität/Lage oder die durchschnittliche Kugelzahl pro Person).

Anregung zur Weiterarbeit auf empirischer Ebene:

Man könnte den Schüler zur Präzision seiner bisherigen elementaren Überlegungen zur empirischen Erhebung auffordern.

BE	**Ankerbeispiele**
+	① Der Schüler aus Interview 1 hat schon treffend erkannt, dass nicht jeder Einwohner Eis isst. ⊕ Ich hätte allerdings versucht gemeinsam mit ihm zu ermitteln ob jeder 2te Einwohner ein Neugeborenes oder ein Senior ist. Außerdem würde ich ihn nach seinen eigenen Eisdielenauswahlkriterien befragen.

	I) guter Ansatz, doch es ist zu verallgemeinernd die Einwohnerzahl zu halbieren. Es ist gut, dass du erkannt hast, dasses unrealistisch ist alle Einwohner in die Rechnung mit einzubeziehen. Versuche deine Idee mit der Erfassung der Leute, die in die Eisdiele gehen, weiter auszubauen und zu verfeinern.
	Bei 1 würde ich den Hinweis geben, dass die Hälfte schon sehr Pi • Daumen ist und das der Zählansatz gut und ausbaufähig ist.
0	zu 1) - welchen Tag würdest du zur Beobachtung wählen - würdest du nur die Leute zählen?.
	Schüler 1 würde ich den Rat geben, bei einer repräsentativen Befragung möglichst viele Menschen zu interviewen, um die Daten, die gesammelt wurden, auszuwerten, um die Ergebnisse seiner Klasse zur Verfügung zu stellen
	• zu Schüler aus Interview ①: „Warum zählst du nicht die Leute, die in die Eisdiele kommen, wenn du es ausrechnen sollst? Wäre das nicht realistischer?" Interview ②:

\- Interview 1: Ziel ist es aber, nicht nur zu rechnen sondern auch etwas über die reale Situation auszusagen.

Interview 2:

Hier gibt es zwei Möglichkeiten der Impulssetzung zur Weiterarbeit:

Anregung zur Entwicklung eines realen Modells als Grundlegung einer mathematischen Modellierung:

Man kann den Schüler zur Entwicklung einer mathematischen Modellierung oder allgemeiner zur Entwicklung einer Alternative zur empirischen Beobachtung anregen, (das heißt zu Überlegungen, die unabhängig von einer empirischen Beobachtung sind) oder ihn alternativ zur kritischen Auseinandersetzung mit Leos Modell anregen.

Anregung zur Weiterarbeit auf empirischer Ebene:

Hier kann man den Schüler einerseits zur Weiterentwicklung seiner bisherigen Überlegungen zur empirischen Erhebung auffordern (Man könnte ihn beispielsweise fragen, welche anderen Daten er erheben könnte oder wie er seine bisherigen Planungen modifizieren oder erweitern könnte). Alternativ kann man den Schüler zur Präzision oder kritischen Reflexion seiner bisherigen Überlegungen zur empirischen Erhebung auffordern, da diese bisher an einigen Stellen unklar und möglicherweise auch wenig zielführend sind.

B E	Ankerbeispiele
+	Interview 2 - hinterfragen, ob es noch einen anderen Weg gibt, eine mögliche Personenzahl zu bekommen als diese selbst zu erheben - in jedem Fall würde ich dem Schüler sagen, dass sein Ansatz mit den untersch. gezeiteten Stichproben sehr sinnvoll ist zu 2) - wie lange würdest du denn jeweils beobachten, an welchen Tagen? - wie könnte deine Beobachtung die Rechnung beeinflussen Interview 2 • Hast du Zeit den ganzen Tag vor der Eisdiele zu stehen? ~~ta~~ Überlege mal, wie man einfacher einen Durchschnittswert heraus bekommen könnte!"

	2) – Frage: „Was meinst Du, wie sich die Verkäufe zu den verschiedenen Zeiten unterscheiden?" – „Kannst Du erklären, was Du meinst wenn Du sagst, geteilt durch und dann das Ergebnis" – „Was erhälst Du, wenn Du die Anzahl der verkauften Kugeln durch die Anzahl der Bewohner teilst?"
0	/ 2: Zustimmung!
	zu 2): Das ist eine gute Lösung.
	2. Sehr gute Idee, leider nicht zu Ende gedacht. Überlege Dir genau, was Du ausrechnen willst.
	– Schüler 2 u. 3: ich würde ihnen sagen, dass es eine sehr gute Idee ist, Zählungen und Umfragen zu machen, da sie die Realität damit gut erfassen können.
-	Interview 2: – Und woher weißt du dann, dass alle vier Eisdielen gleich gut besucht sind?

	~~Bei~~ Ihn würde ich fragen, ob er wirklich glaubt, dass an einem Tag alle Einwohner Eis essen gehen.

Interview 3:

Hier gibt es zwei Möglichkeiten der Impulssetzung zur Weiterarbeit:

Anregung zur Verbesserung des realen Modells /der realen Situation:

Mögliche sinnvolle Anregungen zur Weiterarbeit am realen Modell / der realen Situation sind:

- weitere Verbesserung der Annahmen des realen Modells
- Sinnvolle Integration der Ergebnisse der angedeuteten empirischen Beobachtung in das reale Modell (Eine reine Aufforderung zur Durchführung einer empirischen Beobachtung ist nicht sinnvoll und wird mit 0 codiert, da der Schüler / die Schülerin das angedeutete empirische Beobachtungsschema nur im Kontext der Verbesserung der Annahmen des realen Modells erwähnt).

Anregung zum Übergang zum mathematischen Modell:

Der aktuelle Bearbeitungsschritt, die Arbeit am realen Modell / der realen Situation, ist für eine Schülerin beziehungsweise einen Schüler der achten Jahrgangsstufe angemessen und prinzipiell ausreichend. Man könnte den Schüler daher alternativ auch auffordern, die angegebenen Überlegungen in ein mathematisches Modell zu überführen.

BE	Ankerbeispiele
+	Interview 3 „Super! Notiere mal ~~die~~ deine Überlegungen und stelle eine Rechnung auf.“

	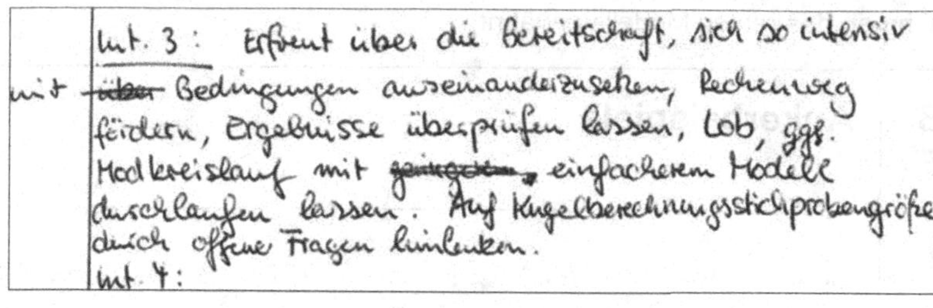 Int. 3: Erfreut über die Bereitschaft, sich so intensiv mit ~~über~~ Bedingungen auseinanderzusetzen, Rechenweg fördern, Ergebnisse überprüfen lassen, Lob, ggf. Modkreislauf mit ~~geringerem~~ einfacherem Modell durchlaufen lassen. Auf Kugelberechnungsstichprobengröße durch offene Fragen hinlenken. Int. 4: 3. Diesen Schüler würde ich durchweg seinen Weg selber weiter verfolgen lassen und dies in ein mathematisches Modell zu bringen und dieses zu analysieren und validieren.
0	Ad 3) Schön. Führe eine Untersuchung durch ohne dich allerdings auf prozentuale Anteile zu verlassen. Zu 3. Probier es doch mal aus.
-	n.n.

Interview 4:

Aufforderung zur Verbesserung des realen Modells: Man könnte die Schülerin oder den Schüler durch Fragen anregen, weitere Modifikationen zu Leos Modell zu entwickeln, etwa auf der Ebene des realen Modells, das heißt Konkurrenz oder Qualität/Lage oder die Kundenanzahl pro Tag (Eine reine Aufforderung zur Durchführung einer empirischen Beobachtung ist nicht sinnvoll und wird mit 0 codiert, da der Schüler / die Schülerin das angedeutete empirische Beobachtungsschema nur im Kontext der Verbesserung der An-

nahmen des realen Modells erwähnt).	
B E	**Ankerbeispiele**
+	I4: Fallen dir noch andere Schwächen in Leos Lösung auf? Glaubst du, ~~4~~ genau 1/4 der Bewohner geht zu Sorrento, d. h. <u>alle</u> Bewohner essen im Durschnitt 4 Kugeln Eis? IV) Du hast recht, dass es zu wenig ist drei Menschen zu befragen. Sieh dir Leos Lösungsweg noch einmal gründlich an, würdest du seine weiteren Schritte dann immer noch übernehmen? Warum ist Leos Lösungsweg nicht gut geeignet? 4. ~~Aber~~ ok, und glaubst du das an einem heißen Tag alle Menschen Eisessengehen, oder bist du auch täglich in der Eisdiele oder geht man da auchmal nicht hin? Was glaubst du muss man das beachten?
0	13: Akzeptiert! 14: ~~Gute Absicht~~ siehe 13.

	-Schüler 4: seine Meinung, dass 3 Leute für eine repräsentative Umfrage zu wenig sind, ist gut Seite 5 von 22 Interview 4: Dieser Schüler sagt von sich aus nicht so viel, sodass man mehr nachfragen muss.
-	Ad4) Hast du Lust zu der Aufgabe? !! Berücksichtige sämtliche obigen Anmerkungen (fehlt alles).

Wenn in Aufgabe 1c nicht zwischen den einzelnen Schülerlösungen unterschieden wird, aber der explizite Hinweis enthalten ist, dass sich auf Aufgabe 1b bezogen wird, werden alle Antwortteile mit "0" codiert.

Wie ich bei Aufgabenteil b) erwähnt habe, finde ich die Schüler immer besser werden. Man soll nicht von der gefragten Situation ausgehen, sondern noch umfassender denken. Man muss alle Möglichkeiten mit einbeziehen, ansonsten man ein falsches Ergebnis herauskriegt. Ich finde die Argumentationsschritte der Schüler gut, weil die Schüler voneinander was gelernt zu haben scheinen. Was einer übersprungen hat, denkt der Andere darüber nach. (offen) Man sollte solche Aufgaben immer machen um ein Gefühl der Lösung zu gelangen.

Ankerbeispiele für die Regel: "*Eine Bewertung von -2 gibt es für Rückmeldungen, die nicht explizit die einzelnen Schülerlösungen unterscheiden.*" (Codierung -2):

Jeder Schüler hat etwas erkannt, was man an deren Rechnung verbessern könnte Das ist sehr lobenswert, man könnte jetzt die Schüler noch fragen, ob sie doch noch andere Aspekte finden, die zu beachten wären. Sie könnten sich auch gut zusammen setzen und darüber diskutieren und dann zusammen einen verbesserten Weg zu formulieren.

Ich würde sie bestärken in ihren Grundgedanken aber sie fragen, welche Faktoren sie vielleicht noch berücksichtigen müssten. Wenn sie darauf gekommen sind, dann könnten sie von da an mit eigenen Ideen weiter denken.

3.3 Codierleitfaden für Aufgabe 1c

Aufgabe 1c) „Wie gehen Sie mit den Antworten der Schülerinnen und Schüler jeweils um? Welche Rückmeldung würden Sie den Schülerinnen und Schülern je weils geben?"

Induktiv definierte Codierung der Beeinflussung der Rückmeldung durch die Vorstellung einer realen Klassenraumsituation

Beeinflussung	Definition	Codierregel
Deutliche Beeinflussung der Rückmeldung	Die Rückmeldung ist – im Rahmen der durch die schriftliche Befragung gegebenen Möglichkeiten – stark durch die Vorstellung einer realen Klassen-	Dieser Code wird vergeben, wenn die formulierte Rückmeldung über eine rein fachlich orientierte Rückmeldung hinausgeht, das heißt, wenn die Ausführungen darauf hindeuten, dass die Rückmeldung durch die Vorstellung einer realen Klassenraumsituation beeinflusst ist. Dies wird deutlich, indem die Rückmeldung geprägt ist durch die Vorstellung von typischen Abläufen wäh-

	raumsituation beeinflusst.	rend einer tatsächlichen unterrichtlichen Situation und beziehungsweise oder geprägt ist durch die Vorstellung der Aktionen einer Lehrkraft und beziehungsweise oder geprägt ist durch die Vorstellung realer Schülerpersönlichkeiten. Dies umfasst genauer • Antworten, in denen die Lernenden zu Interaktionen untereinander aufgefordert werden, etwa, indem sie sich gegenseitig helfen sollen oder eine Lösung den anderen vorstellen sollen • Antworten, in denen eine Vorstellung von Aktivitäten der Lernenden im Unterricht deutlich wird, beispielsweise, indem die Rückmeldung Bezug nimmt auf den Prozess des Lesens der Aufgabe durch die Lernenden, auf die Pausen, die die Schülerinnen und Schüler während der Interviews machen oder auf die unterschiedliche Länge der Wortbeiträge der Schülerinnen und Schüler. • Antworten, in denen die Schülerin oder der Schüler durch die Rückmeldung zu einer Interaktion mit der Lehrkraft auf Basis der bereits formulierten Lösung aufgefordert wird, etwa, indem die oder der Lernende der Lehrkraft etwas näher erläutern soll (wobei dabei tatsächlich ein interaktiver Bezug deutlich werden muss, das heißt, es muss in diesem Fall gefordert werden, dass die oder der Lernende es tatsächlich konkret der Lehrkraft, nicht allgemein erklärt; generell bedeutet das, das nicht jede als Frage formulierte Rückmeldung schon als Aufforderung zur Interaktion begriffen wird). • Antworten, deren Rückmeldung auf

		der Vorstellung einer typischen unterrichtlichen Situation basiert, etwa indem Arbeitsanweisungen mit typisch schulischem Vokabular (z. B. "Unbekannte" statt "Variable") oder unter Verwendung von für die Situation einer mündlichen Rückmeldung typischen Phrasen und Ausdrücken formuliert werden, indem die Vorstellung einer tatsächlichen Lerngruppe dazu führt, dass Bezüge innerhalb der in der Aufgabe genannten Lerngruppe (repräsentiert durch die vier in der Aufgabe genannten Schülerinnen und Schüler) hergestellt werden (z. B. durch einen Vergleich verschiedener Lösungen) oder indem auf anschließende Phasen einer angenommenen Unterrichtseinheit verwiesen wird • Antworten, in denen ein emphatisches Empfinden der Lehrperson zum Ausdruck kommt, etwa, indem die Schülerin oder der Schüler ausdrücklich motiviert wird (dabei reicht die einfache Formulierung eines Lobes nicht aus, vielmehr muss der motivierende Charakter deutlich werden) • Antworten, in denen eine Vorstellung von der Schülerin oder dem Schüler als reale Persönlichkeit mit individueller Erlebnis- und Erfahrungswelt, individuell präferierten mathematischen Inhalten, Denkstilen und Darstellungsformen sowie sozialer Umgebung deutlich wird Die Codierung geschieht dabei unabhängig davon, ob die Rückmeldung in direkter oder indirekter Rede formuliert wurde, das heißt die ausschließliche Verwendung der direkten Rede, ohne dass die Rückmeldung zusätzlich eines der obigen Merkmale aufweist, wird nicht als ausreichender Hinweis

		auf eine Beeinflussung der Rückmeldung durch die Vorstellung einer reale Klassensituation angesehen. Der Code wird vergeben, wenn die gesamte Antwort mindestens eines der oben genannten Merkmale aufweist. Dabei werden sowohl Antworten, in denen für eines oder mehrere Interviews eine explizit auf das jeweilige Interview bezogene Rückmeldung formuliert wird, als auch Antworten, in denen eine allgemeine, nicht - schülerspezifische Rückmeldung für alle Interviews formuliert wird, für die Codierung berücksichtigt. (Im ersten Fall von Antworten, in denen für eines oder mehrere Interviews eine explizit auf das jeweilige Interview bezogene Rückmeldung formuliert wird, genügt es also, wenn in einer der Rückmeldungen eines der genannten Merkmale zu finden ist.) Die Codierung ist dabei unabhängig davon, inwieweit die formulierten Ausführungen aus fachdidaktischer Perspektive angemessen oder unangemessen sind.
Höchstens geringe Beeinflussung der Rückmeldung	Die Rückmeldung ist - im Rahmen der durch die schriftliche Befragung gegebenen Möglichkeiten – nur wenig durch die Vorstellung einer realen Klassenraumsituation beeinflusst.	Dieser Code wird vergeben, wenn die formulierte Rückmeldung nicht deutlich über eine rein fachlich orientierte Rückmeldung hinausgeht, das heißt, wenn die Ausführungen nicht im obigen Sinne darauf hindeuten, dass die Rückmeldung durch die Vorstellung einer realen Klassenraumsituation beeinflusst ist. Der Code wird vergeben, wenn die gesamte Antwort keines der oben in "j" genannten Merkmale aufweist. Dabei werden sowohl Antworten, in denen für eines oder mehrere Interviews eine explizit auf das jeweilige Interview bezogene Rückmeldung formuliert wird, als auch Antworten, in denen eine allge-

		meine, nicht - schülerspezifische Rückmeldung für alle Interviews formuliert wird, für die Codierung berücksichtigt. Dies umfasst auch Rückmeldungen, die, sofern sie nicht zusätzlich eines der oben für "j" genannten Merkmale aufweisen, die Schülerin oder den Schüler lediglich zu einer weiteren rein fachlichen Aktivität auffordern (beispielsweise, weiter über das Problem der Beweisformulierung nachzudenken, andere Lösungszugänge auszuprobieren, konkret auf das Problem der Beweisformulierung bezogene hinführende Fragen zu bearbeiten oder alternative Beweisdarstellungen zu entwickeln). Dies begründet sich damit, dass eine in der Teilaufgabe geforderte Rückmeldung, sofern sie über die reine Bewertung hinausgeht, zwangsläufig auch eine fachlich geprägte Aufforderung zur Weiterarbeit enthalten muss, so dass eine dementsprechende Aufforderung alleine noch nicht auf eine Beeinflussung der Rückmeldung durch eine Vorstellung einer Klassenraumsituation hindeutet. Die Codierung ist dabei unabhängig davon, inwieweit die formulierten Ausführungen aus fachdidaktischer Perspektive angemessen oder unangemessen sind.
Nicht sinnvoll klassifizierbar	Die Rückmeldung kann vor dem Hintergrund der obigen Unterscheidung nicht klassifiziert werden.	Dieser Code wird vergeben, wenn die Antwort vor dem Hintergrund der obigen Unterscheidung nicht klassifiziert werden kann.

Beeinflussung	Ankerbeispiel
Deutliche Beeinflussung der Rückmeldung	Ich würde ähnliche Antworten geben, da ein „Hhm" die Schüler zum weiteren nachdenken anregt und ein „genau" lobt und motiviert. Dort wo einige Schwächen in den Überlegungen sind, würde ich den Schüler noch einmal darauf aufmerksam machen und ihn anregen, noch einmal darüber nachzudenken
	Schüler 1: Dieser Schüler war sehr schnell mit dem lesen durch. Vielleicht sollte er dies noch einmal tun. „Woher weißt du, dass ungefähr die Hälfte der Leute Eis kaufen?" „Wie könnte man dies genauer ermitteln?" „Reicht es, 3 Leute nach Eiskonsum zu befragen?" Schüler 2: Noch einmal nachhaken: „Warum nur zu bestimmten Zeiten die Kugeln zählen?" „Dein Ansatz ist gut. Versuche mal, deinen Rechenweg darzustellen." Schüler 3: „Du bist auf dem richtigen Weg." „Was brauchst du noch für Daten, wenn du weißt, wieviele Leute in der Eisdiele kaufen?" Schüler 4: „Dein Gedanke der Befragung ist gut." „Überlege dir, was du von den Leuten wissen musst und versuche daraus einen Rechenweg zu erstellen."

	Interview 1: Ich würde fragen, ob die Hälfte ein guter Wert sei. Es könnte ja auch ein Viertel sein. Die letzte Antwort des Schülers hätte ich aufgegriffen und ihn seinen so nebenbei gesagten Satz erläutern lassen. Interview 2: Ich hätte den Schüler auch viel erzählen lassen, da er ja von sich aus gut redet. Interview 3: Die vielen Ansätze in der letzten langen Antwort hätte ich mehr aufgegriffen. Interview 4: Dieser Schüler sagt von sich aus nicht so viel, sodass man mehr nachfragen muss.
Höchstens geringe Beeinflussung der Rückmeldung	1) • Wieviele Eisdielen gibt es? • geht also die halbe Stadt zu der Lieblingseisdiele von Leo? • Ist es angemessen nur 3 Leute desselben Alters zu befragen, die alle dieselbe Eisdiele besuchen? • Wie bekommst du die Anzahl der Besucher heraus? • Ist eine Zählung der Leute vielleicht notwendig? 2). Wenn du jetzt die Anzahl der Kugeln heraus bekommen hast, die zu bestimmten Zeiten verkauft werden: Was ist zu den Zeiten, wo du nicht zählst, kann man das abschätzen? • Was willst du genau berechnen? 3) Wo willst du die Befragung machen? Wer geht dort hin? Gehst du davon aus, dass an einem heißen Tag alle Bewohner der Stadt eine von den 4 Eisdielen besucht? • Außer den Besitzer der Eisdiele zu fragen gibt es also keine Möglichkeit, die Einnahmen abzuschätzen? 4) Wenn du 100 Leute befragst, wen willst du befragen, und wo? Wie bekommst du die Anzahl der Besucher heraus, wie Leo? Also, die ganze Stadt geht zur Eisdiele? (zu welcher?) Seite 5 von 22

	1 1: Frage, ob [illegible] und Opas zusammen wirklich die Hälfte der Bevölkerung ~~ausmag~~ ausmachen und ob denn tatsächlich die andere Hälfte jeden Tag ins Eiscafé geht. 1 2: Zustimmung! 1 3: Hinweis darauf, dass er die Kunden auch gleich nach den gekauften Mengen fragen kann. 1 4: Zustimmung und Frage nach der Menge der Kunden pro Tag
Nicht sinnvoll klassifizierbar	- Aus den Gesprächen ist meist deutlich, dass ein Durchschnitt gebraucht wird wie viel ~~ein Kunde~~ Kugeln ein Mensch kauft und dafür muss eine Befragung stattfinden, deshalb ist eine angemessene Befragungszahl; hier u.a. 100 genannt wichtig zu finden, um dann dies auf die gesamt Zahl der Einwohner zu verteilen. - Was garnicht angesprochen wird ist, das man die Besitzer der Eisdielen fragt, wieviel Kilo z.B. Eis sie verkaufen, ~~darauf~~ daraus könnte man eine Vermutung stellen wie viel ein Kugel wiegt und könnte die Menge an verkauften Kugeln feststellen. - die Aufteilung der Bewohner wäre nicht angemessen. - nicht alle kaufen Eis, Kinder, Oma, Opa usw. - wie viel kosten die Kugeln bei den verschiedenen Eisdielen.

3.4 Codierleitfaden für Aufgabe 1c

Teilaufgabe 1 c) "Wie gehen Sie mit den Antworten der Schülerinnen und Schüler jeweils um? Welche Rückmeldung würden Sie den Schülerinnen und Schülern jeweils geben?"

Induktiv definierte Codierung der formalen Ausgestaltung der Rückmeldung

Formale Ausgestaltung	Definition	**Codierregeln**
Frage-dominiert	Die Rückmeldung wird durch Fragen an die Lernenden dominiert.	Im Fall einer Antwort, in der für eines oder mehrere Interviews eine explizit auf das jeweilige Interview bezogene Rückmeldung formuliert wird (das heißt, es wird keine allgemeine, nicht - schülerspezifische Rückmeldung für alle Interviews formuliert), wird dieser Code vergeben, wenn die Mehrzahl der Rückmeldungen in der Antwort vorherrschend in Frageform formuliert ist oder mögliche Fragen an die Lernenden beschreibt. Im Fall einer Antwort, in der eine allgemeine, nicht - schülerspezifische Rückmeldung für alle Interviews formuliert wird, wird dieser Code vergeben, wenn diese Rückmeldung vorherrschend in Frageform formuliert ist oder eine oder mehrere mögliche Fragen an die Lernenden beschreibt.
Erklärungs-dominiert	Die Rückmeldung wird durch Erklärungen für die Lernenden dominiert.	Im Fall einer Antwort, in der für eines oder mehrere Interviews eine explizit auf das jeweilige Interview bezogene Rückmeldung formuliert wird (das heißt, es wird keine allgemeine, nicht - schülerspezifische Rückmeldung für alle Interviews formuliert), wird dieser Code vergeben, wenn die Mehrzahl der Rückmeldungen in der Antwort vorherrschend in erklärender Form formuliert ist, das heißt mögliche, explizit zu gebende Erklärungen für die Lernenden beschreibt. Dies umfasst auch Erklärungen des weiteren möglichen Vorgehens.

		Im Fall einer Antwort, in der eine allgemeine, nicht - schülerspezifische Rückmeldung für alle Interviews formuliert wird, wird dieser Code vergeben, wenn diese Rückmeldung vorherrschend in erklärender Form formuliert ist, das heißt mögliche, explizit zu gebende Erklärungen für die Lernenden beschreibt. Dies umfasst auch Erklärungen des weiteren möglichen Vorgehens.
Keine Dominanz einer Ausgestaltung	In der Rückmeldung ist keine Dominanz einer der beiden Ausgestaltungen erkennbar.	Im Fall einer Antwort, in der für eines oder mehrere Interviews eine explizit auf das jeweilige Interview bezogene Rückmeldung formuliert wird (das heißt, es wird keine allgemeine, nicht - schülerspezifische Rückmeldung für alle Interviews formuliert), und im Fall einer Antwort, in der eine allgemeine, nicht - schülerspezifische Rückmeldung für alle Interviews formuliert wird, wird dieser Code vergeben, wenn die Antwort die in "Frage-dominiert" und "Erklärungs-dominiert" beschriebenen Charakteristika ausgeglichen aufweist.
Nicht klassifzierbar	Die Rückmeldung kann vor dem Hintergrund der obigen Unterscheidung nicht klassifiziert werden.	Dieser Code wird vergeben, wenn die Antwort keine der in "Frage-dominiert" und "Erklärungs-dominiert" beschriebenen Charakteristika aufweist.

Formale Ausgestaltung	Ankerbeispiel
Frage-dominiert	Nr. 1 würde ich nach der Genauigkeit fragen, z.B. wie die Verteilung von jung und alt in den ihm bekannten Familien ist. Nr. 2 würde ich nach der Art und Weise der Hochrechnung fragen. Nr. 3 würde ich fragen was genau er als Ergebnis für die Beantwortung der ursprünglichen Frage erwartet, oder wie sie aussehen soll (in der Hoffnung, dass er merkt, dass es um eine bestimmte Eisdiele an bestimmten Tagen geht.) Nr. 4 würde ich fragen, was er nach der Befragung eigentlich von den 100 Personen weiß, die ein Eis gekauft haben (und was er daher auf die anderen schließt)
Erklärungs-dominiert	Interview 1 „Gute Überlegung, nicht alle Einwohner essen Eis, aber lies nochmal die Aufgabe und schaue ob du noch etwas bedenken musst." Interview 2 • „Hast du Zeit den ganzen Tag vor der Eisdiele zu stehen? Überlege mal, wie man einfacher einen Durchschnittswert heraus bekommen könnte!" Interview 3 • „Super! Notiere mal deine Überlegungen und stelle eine Rechnung auf." Interview 4 • „Welche Möglichkeiten gibt es noch, außer Personen zu zählen?" „Schreibe du mal auf, was du genau tun würdest" Seite 6 von 22

	Ich würde jeweils die besonders guten Ideen betonen, wie zum Beispiel, die Idee, dass nicht alle 20 000 Einwohner Eis essen und die Schüler dazu anregen diese Ideen weiterzuverfolgen und in ihre Rechnungen mit ein zu beziehen. Desweiteren würde ich die Schüler, nachdem sie fertig sind dazu auffordern ihren Klassenkameraden ihre Lösung vorzustellen und gemeinsam mit allen überlegen, welche Lösung wohl den besten Weg hergibt.
Keine Dominanz einer Ausgestaltung	Zusammen haben Sie gute Punkte, die die jeweils Fehlen wird ich die Schule darauf aufmerksam machen, z.B. in Interview 3 haben sie die Altersunterschied nicht Betrachtet. Wenn Sie soviel vorallen haben dass Sie nicht mehr arbeiten koennen. Dann wird ich fragen welche Sie weglassen wollen, oder abschätzen wollen und warum Keine, ich auch nicht, hat das Wetter eingezogen. Komisch!

	Ersteinmal an alle 4 ein Lob, dass sie gute Verbesserungsvorschläge gefunden haben. Bei 1 würde ich den Hinweis geben, dass die Hälfte schon sehr ~~[illegible]~~ Dummes ist und das der Zählansatz gut und ausbaufähig ist. ~~Bei~~ 12 würde ich fragen, ob er wirklich glaubt, dass an einem Tag alle Einwohner Eisessen gehen. 13: Akzeptiert! 14: ~~[illegible]~~ siehe 13.
Nicht klassifzierbar	Wie ich bei Aufgabenteil b) erwähnt habe, finde ich die Schüler immer besser werden. Man soll nicht von der jetzigen Situation ausgehen, sondern noch umfassender denken. Man muss alle Möglichkeiten mit einbeziehen, ansonsten man ein falsches Ergebnis herauskriegt. Ich finde die Argumentationsschritte der Schüler gut, weil die Schüler voneinander was gelernt zu haben scheinen. Was einer übersprungen hat, denkt der Andere darüber nach. (öfter) Man sollte solche Aufgaben immer machen um ein Gefühl der Lösung zu gelangen. Da in jedem Ansatz gute Elemente zu finden sind, die die Ansätze d. anderen ergänzen würden, würde ich sie zur Gruppenarbeit u. „Synthesenbildung" auffordern.